Operations Research Proceedings 1992

DGOR / ÖGOR

Papers of the 21th Annual Meeting of DGOR
in Cooperation with ÖGOR
Vorträge der 21. Jahrestagung der DGOR
zusammen mit ÖGOR

Edited by / Herausgegeben von
K.-W. Hansmann, A. Bachem, M. Jarke
W. E. Katzenberger, A. Marusev

With 105 Figures / Mit 105 Abbildungen

Springer-Verlag

Berlin Heidelberg New York
London Paris Tokyo
Hong Kong Barcelona
Budapest

Prof. Dr. Karl-Werner Hansmann
Universität Hamburg
Von-Melle-Park 5
W-2000 Hamburg 13

Prof. Dr. Achim Bachem
Universität zu Köln
Weyertal 86-90
W-5000 Köln 41

Prof. Dr. Matthias Jarke
RWTH Aachen
Ahornstr. 55
W-5100 Aachen

Univ.-Lektor Dr. Wolfgang E. Katzenberger
Wirtschaftsuniversität Wien
Blumengasse 61
A-1170 Wien

Dr. Alfred Marusev
FIDUCIA AG
Dieselstr. 1
W-7500 Karlsruhe 41

ISBN-13:978-3-540-56642-7   e-ISBN-13:978-3-642-78196-4
DOI: 10.1007/978-3-642-78196-4

Vorwort

Die 21. Jahrestagung der Deutschen Gesellschaft für Operations Research (DGOR) wurde
in Zusammenarbeit mit der Österreichischen Gesellschaft für Operations Research (ÖGOR)
in der Zeit vom 9. bis 11. September 1992 an der RWTH Aachen abgehalten. Im Rahmen
des wissenschaftlichen Programmes wurden von ca. 350 Tagungsteilnehmern und Referenten
die zentralen Themen und neueren Entwicklungstendenzen auf dem Gebiet des Operations
Research (OR) behandelt.

Aus der Vielzahl der anläßlich der Tagung gehaltenen Vorträge wurden 49 Langfassungen
zur Veröffentlichung in dem vorliegenden Proceedingband ausgewählt. Zusammen mit den
Kurzfassungen bzw. Abstracts repräsentieren diese Beiträge das vielseitige und umfangreiche
Spektrum des Operations Research in Praxis und Theorie. Gleichzeitig bieten die am Ende
des Buches zusammengestellten Anschriften der Autoren die Möglichkeit, sich direkt mit den
Referenten in Verbindung zu setzen.

Entsprechend der Struktur der Jahrestagung wurde der Proceedingband in einzelne Sektionen
untergliedert, die folgende Teilbereiche des OR umfassen:
Anwendungsberichte aus der Praxis; OR in Banken, Handel und Versicherungen; OR im
Umweltschutz; Produktionsplanung und -steuerung; Logistik und Lagerhaltung; F&E und
Projektmanagement; OR im Marketing; Lineare Optimierung und Stochastische Optimierung;
Nichtlineare Optimierung und Kontrolltheorie; Kombinatorische Optimierung und
Komplexitätstheorie; Fuzzy Sets; Stochastische Systeme und Warteschlangentheorie;
Statistik, Datenanalyse, Prognose; Entscheidungstheorie und Mehrzielentscheidungen;
Decision Support Systems und Expertensysteme; Wirtschaftsinformatik.

Der Eröffnungsvortrag von Prof. Dr. Karrenberg sowie zwei Plenarvorträge rundeten das
wissenschaftliche Programm der DGOR/ÖGOR-Tagung 1992 in Aachen ab. In einem
Vortrag des wissenschaftlichen Direktors von SUN Micro Systems Inc., John Gage, wurden
"Technology Visions in the Nineties" aufgezeigt. Zum Abschluß der Tagung wurde von
Prof. Dr. K. B. Haley, dem Präsidenten der IFORS (International Federation of Operations
Research Societies), über "The Appropriateness of Operational Research" gesprochen.
Darüber hinaus wurde als Preisträgerin des Studentenwettbewerbs Frau Bettina Drüke mit
ihrem Beitrag zur "Simulation von Planungs- und Steuerungskonzepten in der Galvanik der
Instandhaltungswerft Hamburg der Deutschen Lufthansa AG" ausgewählt.

VI

Aufgrund der Kooperation mit der Österreichischen Gesellschaft für Operations Research
konnte die internationale Ausrichtung der Tagung weiter ausgebaut werden, wobei ungefähr
ein Viertel der Beiträge aus dem Ausland stammen. Neben den primär methodischen
Fragestellungen bilden die praxisorientierten Themen, wie z.B. die Anwendungsberichte aus
der Praxis und die Sektion Produktionsplanung und -steuerung, einen Schwerpunkt in diesem
Proceedingband.

Zum Abschluß möchte ich allen danken, die zum Gelingen der gemeinsamen DGOR/ÖGOR-
Jahrestagung sowie zur Fertigstellung des Proceedingbandes beigetragen haben.

In diesem Zusammenhang gilt mein Dank den Referenten für ihren Beitrag, den
Sektionsleitern für ihre Unterstützung bei der Erstellung des wissenschaftlichen Programmes
sowie den Sitzungsleitern für die reibungslose Abwicklung des Programmes. Darüber hinaus
möchte ich mich bei den Spendern bedanken, die durch ihre finanzielle Hilfe die
Durchführung der Tagung gefördert haben.

Mein besonderer Dank gilt Herrn Prof. Dr. Matthias Jarke und seinen Mitarbeitern für die
hervorragende Tagungsorganisation und das attraktive Rahmenprogramm. Darüber hinaus
möchte ich mich herzlich bei meinem Mitarbeiter Herrn Dipl.-Kfm. Bernd Pokrandt für die
ausgezeichnete Unterstützung bei der Arbeit des Programmausschusses und bei der
Vorbereitung des Tagungsbandes bedanken. Ferner gilt mein Dank Frau Niedzwetski von
der Geschäftsstelle der DGOR für ihren großen Einsatz und dem Springer-Verlag - Frau
Bopp - für die gute Zusammenarbeit und die rasche Veröffentlichung.

Hamburg, im Januar 1993   K.-W. Hansmann

Programmausschuß

Prof. Dr. Karl-Werner Hansmann (Vorsitzender);

Prof. Dr. Achim Bachem, Universität zu Köln;

Prof. Dr. Matthias Jarke, RWTH Aachen;

Dr. Wolfgang E. Katzenberger, Wirtschaftsuniversität Wien;

Dr. Alfred W. Marusev, Universität Karlsruhe

Sektionen	Sektionsleiter
Anwendungsberichte aus der Praxis	Dr. Karl-Peter Schuster
OR in Banken, Handel und Versicherungen	Dr. Alfred W. Marusev
OR im Umweltschutz	Prof. Dr. Harald Dyckhoff
Produktionsplanung und -steuerung	Prof. Dr. Klaus-Peter Kistner
Logistik und Lagerhaltung	Prof. Dr. Wolfgang Domschke
F&E und Projektmanagement	Prof. Dr. Hans-Horst Schröder
OR im Marketing	Prof. Dr. Fokko ter Haseborg
Lineare Optimierung/Stochastische Optimierung	Prof. Dr. Hans Daduna
Nichtlineare Optimierung/Kontrolltheorie	Prof. Dr. Richard F. Hartl
Kombinatorische Optimierung/Komplexitätstheorie	Dr. Franz Rendl
Fuzzy Sets	Prof. Dr. Heinrich Rommelfanger
Stochastische Systeme und Warteschlangentheorie	Prof. Dr. Georg Pflug
Statistik, Datenanalyse, Prognose	Prof. Dr. Karl C. Mosler
Entscheidungstheorie und Mehrzielentscheidungen	Prof. Dr. Ulrike Leopold-Wildburger
Decision Support Systems und Expertensysteme	Prof. Dr. Wilhelm Rödder
Wirtschaftsinformatik	Prof. Dr. Bernd Jahnke

Sponsoren

Für finanzielle Unterstützung der Tagung danken wir folgenden Firmen

und Institutionen:

Deutsche BP

Dresdner Bank

Hanse Merkur Versicherungsgruppe

Reemtsma Cigarettenfabriken

RWTH Aachen

SUN Microsystems Deutschland

Tchibo Frisch-Röst-Kaffee

Westdeutsche Landesbank

Inhaltsverzeichnis

Produktionsplanung und -steuerung

Logistik und Lagerhaltung

F & E und Projektmanagement

OR im Marketing

Lineare Optimierung / Stochastische Optimierung

Nichtlineare Optimierung / Kontrolltheorie

Kombinatorische Optimierung / Komplexitätstheorie

Fuzzy Sets

Stochastische Systeme und Warteschlangentheorie

Statistik, Datenanalyse, Prognose

Entscheidungstheorie und Mehrzielentscheidungen

Decision Support Systems und Expertensysteme

Wirtschaftsinformatik

The Appropriateness of O R

Professor Dr K Brian Haley
President International Federation of Operational Research Societies
School of Manufacturing and Mechanical Engineering
University of Birmingham, U K

The early Operational Research literature is devoted to explaining the applications nature of the subject and appeared in a variety of publications. March 1950 saw the appearance of Volume 1, No.1 of the Operational Research Quarterly[1] - a magazine of 15 pages of which 9 were devoted to abstracts of other papers. One of these papers appeared in the UK journal Research Volume 2 in October 1949 and was by G Preuschen[2] of (Institut fur Landwirtschaftleich Arbeitswissenschaft und Landtecknik, Imtshausen). The paper reviews the work at Institutes in Pommritz, Bonim and Breslau from 1918 and is fascinating in that it clearly represents some pioneering work covering the interaction of a number of factors aimed at production improvement. These include human and mechanical variables as well as the variability of the environment. The use of experimentation and analytical models were considered.

In 1957 at Oxford the first International Conference heard, in addition to formal presentation concerning the state of OR in Holland, Japan, Italy, France, US, Canada and the UK, 9 shorter presentations which included one by Helmut Kegeloh[3] (Darmstadt) who was reporting on the state of OR in Austria, Switzerland and Germany. AKOR (Arbeitskreis Operations Res.) in February 1957 had heard several papers. One was concerned with the sterilisation of hypodermic needles in hospitals - it being observed that it was necessary to disinfect them 2 or 3 times before they became decontaminated. A supply/demand model had been solved by an analogue computer and applications were taking place in metal working, chemical mining, electrical and telecommunications. Inventory and labour wastage were areas of investigation.

Shortly after that report, in the period 1957-63, several developments had occurred in OR particularly the emergence of textbooks, full time education courses and a more scientific framework to the discipline. IFORS was founded with a membership of 3 societies. There was a gathering together of source material in bibliographies and a categorisation of the techniques.

IAOR[4] became a reality in 1961 and offered a division of material into 4 groups each with many sections. It is interesting to note that most of the sections of the present conference would have found a natural home in IAOR in 1962 when Germany joined IFORS; the exceptions being Fuzzy Sets and multi-criteria decision making. As early as December 1962 a set of OR technical terms in English, German and French was published in IAOR[4] as a result of the German ORS (DGU). The 50,000th item appeared in August 1992. The current programme and call for papers shows how the subject interest has expanded with a subtle change from the application of OR to a problem to the recognition that OR is part of a particular sector e.g. Banking, Health and the Environment area. It is seen as a complement to Marketing. The implication is that there is a need for different approaches in different commercial activities. In part this is contradicted by the large concentration of technical and in most cases abstract development of mathematical or computing methods. These methods exist in order to ease the solution of the practical problems and some are particularly appropriate to a specific industry. This paper will concentrate on some of these customer needs and through them discuss the appropriateness of OR's solution methods.

The word appropriate is used because it is assumed that there are approaches to particular problem situations which may not be suitable. The skill is to determine which is the most compatible. The demand is that the method adopted should be fit for the customer's needs. This concept formed the basis of the work of Deming and Juran in the late forties and fifties which led to the growth of the field of Quality Management. In product manufacture Deming had realised that just to inspect a product and accept or reject it was insufficient to produce a satisfactory result. It was vital to build quality into it. Juran[5] had defined quality as "Fit for purpose or Use", and a great many highly successful studies have been carried out to ensure that the fitness of a manufactured article is included in every stage of design from conception to eventual customer use. This frequently means that careful monitoring is carried out over several stages of evaluation and many feed-back loops are followed. If a product is to be successful a number of features must be satisfied.

It is necessary for a manufacturer to identify a need. This may be a well defined and agreed requirement which could be essential or an unsatisfied or unrecognised (desire)/ambition.

The Isles of Scilly have a population of about 20,000 and every year this doubles with holiday visitors. There is enough rainfall to provide water for the population but for the last few years shortages have occurred during the holiday season and it is necessary to ration water. The need is clear.

Less obvious is the need now largely satisfied of being able to transfer almost instantaneously an accurate copy of a document. The fax machine has enabled an unrealised need to be satisfied.

The invention stage involves finding a method of satisfying the need. An area of clear need is to provide a container for medicines which is childproof and at the same time accessible to the elderly or infirm. Any closure which is difficult for a child to remove is likely to be equally difficult for the person who requires to open the container. So far there is no complete solution to this dilemma.

A successful invention was the ceramic material made into tiles for protecting the space shuttles from excessive heat. The requirements were clear and it was necessary to discover an appropriate material.

The design phase of a project may seem to be merely a cosmetic operation concerned with the appearance of a product, but if the result does not have the right appeal to the customer the product will fail or not have complete success. There are many people who did not willingly seek to wear glasses because of the rather ugly designs which were offered. Their sight took second place over their appearance but the more care that has gone into better design and perception of customer need the less reluctance there has been.

The process of manufacture has been ignored by many in producing a product which correctly satisfies other criteria for success. In other cases a redesign has created a cheaper, simpler and often more acceptable product. The use of adhesives in car manufacture has considerably improved the product with both a financial and structural advantage.

The marketing of any product may be aimed at the selling of a particular example, but is more likely to be concerned with making potential customers aware of its existence and that they have a need for it.

Finally the product must be used. One feature which is common on video recorders is an ability to record for a set length of time every day. The recorder normally has facility for 14 days setting but the capacity of the recording tape was restricted to 240 minutes. (It is now possible with more modern recorders to run the tape at half speed and double the recording time at lower quality). The maximum time per day is therefore 17 minutes but there are very few TV programmes that are guaranteed to start and stop exactly on time and are transmitted every day. As a result of an investigation into the ease of use of recorders the multiple feature was found to be totally ignored as there were no circumstances at least in the UK where it could be used. The good product is one which is satisfactory in a number of ways and much work has been devoted to trying to identify essential features which lead to success. One clear approach has been through the recognition of Appropriate Technology[6] which is particularly well defined for use in the Third World. The principal features of this consideration of a product which is to be used in developing countries requires that it should satisfy the consumers' needs using locally available materials within their economic means. It should be locally produced and generate income. Other attributes suggested include the use of renewable sources of energy, an increase in self-reliance, acceptable to the cultural framework and be controllable by the community. Products and services have been found to fail because they did not meet just one of these requirements.

Authors have written about the successes and the reasons for failure of OR starting with the first publications. Explanations that have been advanced have included poor quality of work, inadequate methods, solving the wrong problems, the work was not really relevant to the main requirement and was too research-orientated. On the other hand good OR tackled the executives' problem, gave useful advice and was communicated in a comprehensible manner. In an effort to create a framework which would ensure that a meaningful study was carried out Ackoff[7] proposed the six stages of Problem Formulation, Model Construction, testing and solution, limit setting and Implementation. With this background certain reasons can be identified which can contribute to the effective use of OR. In many instances non-compliance with any one will lead to failure.

It is necessary for a model to represent relevant variables. Both the inclusion of extra variables and the exclusion of vital ones can be critical and potentially disastrous. Part of a study which was carried out in 1963 was concerned with attempting to find which variables were important in forecasting the demand for a public bus service. The service operated in a holiday town which also had a large population who worked in the shipbuilding industry. It had been observed that the demand in terms of passenger journeys had been depleting and many explanations were offered to explain the reduction in passengers. In classical OR fashion it was hoped to find variables which could be grouped into controllable and uncontrollable but at the same time it was necessary to determine their relevance. A strongly held opinion was that the advent of television had changed the habits of families. Reliable data existed for many years concerning the number of passengers which showed a clear decline. Records were also available which showed the number of TV sets/cars which were licensed over the same period. It was suggested that people would not use the buses to seek entertainment because they would stay at home to watch TV.

Simple calculations show an almost exact negative correlation between TV ownership and passengers and it could be concluded that there is a direct effect. Unfortunately a similar relationship exists with the growth in numbers of houses with bathrooms or refrigerators. In order to determine the validity of TV ownership the data was examined in more detail and broken down into times of day.

During the period TV was only available for one hour before 7 p.m. and a comparison of the passenger changes showed no difference when related to the transmission of a programme. The explanation seemed unlikely and a more satisfactory variable – numbers of private cars was substituted. It was vital however to disprove the theory concerning TV.

In recent years OR has become more and more dependent on computers and packages and in order to be credible it is necessary to utilise what is available in both equipment and facilities. Organisations are often reluctant to purchase special machinery or systems until they are fully justified economically. If the computer systems are based on one operating system it would be foolish to insist on using packages written for another. One obvious example is the large selection of simulation systems each of which requires somewhat different computer configurations and it is not unusual for analysts to have to resort to spreadsheets or fortran because of the non-availability of a more focused system.

It may be desirable to be able to collect new reliable data but if there is an on-going recording mechanism then this should be used. Most organisations are reluctant to introduce extra and sometimes duplicate information gathering activities. OR models often use what is available. Clearly economics is important. An international consultant is unlikely to be cost effective in a small company. A satisfactory result i.e. adoption of a changed method of working must be believed to produce a better system and if that system also has a clear client involvement is more likely to be accepted. The benefits must outweigh the disadvantages even if these are merely the individual's resistance to change. It is not clearly evident that keeping a diary on a computer is more efficient than a written version. For a company if all appointments have to be centrally co-ordinated there is an obvious benefit but if the interaction is with other separate organisations without a link to the system then there can be very little advantage.

Early studies of production planning relied on off-line calculations. Investigators took information away and produced results. A problem owner at best could query a result or an item of information and had to rely entirely on accepting the accuracy and validity. If the system can be used and understood by the decision maker then it will be more acceptable. OR is in danger of producing many sophisticated and clever models which are not understood by the originator of the problem. It is in even greater danger of trying to find solutions to problems that do not exist in reality. The first issues of four leading OR journals in 1992 contained 35 articles of which only 7 were not based on a theoretical problem situation.

Problem solutions which require the collection of large amounts of data not needed for normal control purposes are often subjected to errors and resistance. A recent study into the operation of a branch office of a bank was concerned with the activities carried out by the clerks and how long each took. The clerks were asked to complete simple work sheets for a period of two weeks. Some time after another study was attempted using independent observers who discovered that because of pressure of work and the belief that the study hindered the job, the previous information sheets were completed either from memory at the end of the day or sometimes before starting work the following day. Since an individual had dealt with about 100 customers in a day no reliance at all could be placed on the results and any analysis was totally misleading.

Many examples of hardware and software have been developed that later fall into misuse or are discarded because they are not sufficiently user friendly. Mathematical Programming, Simulation and Scheduling packages have been slow in reaching a stage when they can be routinely applied without a long learning or relearning curve.

The advantages of just enough information for the purpose and of management being able to exercise an overriding control are obvious but not necessarily always included in OR models where decision taking is assumed within the logic whether mathematical or computer based. Management can sometimes feel that a computer or automatic system will make their skills less important and may try and retain control of activities that do not require their involvement. One common thread in the history of OR definitions has been the insistence that it involves commonsense. This implies that a result must be explainable to the user who finds it logical.

The bus passenger problem eventually lead to a model which presented a close and well defined relationship between the two uncontrolled variables - ownership of private cars and level of employment. It was argued that these two features had a direct relationship to the need to use buses and by using only these two variables the number of journeys taken on each month over several years could be predicted. The results were discussed with a group of managers who, whilst accepting the idea observed that during the period being studied there had been a major influenza epidemic which caused a large number of people to be off work and not require public transport. When the graphs were examined in detail the predicted number of journeys for the time of the epidemic was observed to exceed the actual. Overall this was not statistically significant but did give the manager confidence in that the model had correctly included the relationship of fewer passengers when there are less people at work.

It would be nice to conclude that OR has so developed that it is always successful but unfortunately this is not even true of a simple forecast. The 1992 UK general election was dominated by opinion polls several of which appeared daily in the press. On the day before the actual election the prediction was for equality between the two main political parties. The actual result showed a major difference totally against all predictions. Many explanations and excuses were advanced for the errors. It seems unfortunate that apparently nothing had been learned from the experience some 44 years earlier in the USA when the polls gave Dewey a 5% advantage over Truman which was reversed in the election with Truman winning with a 4.2% majority.

<u>References</u>

/1/   Davis, M.; Eddison, R.T.
       Editorials Operational Research Quarterly 1, 1-2, 17-18,
       37-38 (1950)

/2/   Preuschen, G.
       Operational Research in German Agriculture
       Research 2, 455-458 (1949)

/3/   Kegeloh, H.
       Austria, Switzerland and Germany, Proceedings - 1st
       International Conference of OR
       ed Davies, M.; Eddison, R.T.; Page, T. 494-5 EUP (1957)

/4/   International Abstracts in OR
       Abstract No. 697 IFORS/ORSA (1962)

/5/   Juran, J.M.
       Quality Control Handbook, 4th Ed McGraw-Hill (1988)

/6/   Lawand, T.A. et al
       Je quier, N(ed) Appropriate Technology, Problems
       and Promises, 124-136 (1976)

/7/   Ackoff, R.L.
       The Development of Operations Research as a Science,
       Operations Research 4, 265-295 (1956)

Simulation von Planungs- und Steuerungskonzepten in der Galvanik der Instandhaltungswerft Hamburg der Deutschen Lufthansa

Bettina Drüke • Haseldorfer Weg 43 • W-2000 Hamburg 54

1 Einleitung: Problemstellung

Die Galvanik der Instandhaltungswerft der Lufthansa in Hamburg ist die größte Reparaturgalvanik Europas. Hier werden in jährlich mehr als 46.000 Einzelaufträgen die Oberflächen von Flugzeugteilen aufgearbeitet. Sie ist ein Dienstleistungsbetrieb der Flugzeuginstandhaltung und hat dafür zu sorgen, daß die Teile dem Ersatzteillager, der Montage oder anderen Werkstätten rechtzeitig zur Verfügung stehen.

Die galvanische und chemische Beschichtung wird von mehr als fünfzig Mitarbeitern in über achtzig Bädern mit verschiedenen Verfahren durchgeführt. Der Auftragsbestand beträgt durchschnittlich 1.000 zu bearbeitende Teile, deren Durchlaufzeit zwischen einigen Stunden und einem Monat schwankt. Die an den einzelnen Teilen durchzuführenden Reparaturarbeiten werden in Abhängigkeit von Schadensart und -ausmaß durch die jeweiligen Mitarbeiter festgelegt. Eine längerfristige Planung ist bisher nicht möglich.

Der Instandsetzungsprozeß ist allgemein durch folgende Kennzeichen zu charakterisieren:

- Fremdbestimmung - Das Spektrum der einsetzbaren Maßnahmen ist auf die Arbeiten beschränkt, die zur Wiederherstellung des Originalzustandes dienen.
- Heterogenität der Maßnahmen - Art und Umfang der nötigen Instandsetzungsarbeiten sind vom Zustand der Einzelteile abhängig.
- Mangelnde Lagerfähigkeit der Leistungen - Durch vorbeugende Instandhaltungsstrategien und Ersatzteillager lassen sich zwar Puffer bilden, Reparaturen können jedoch naturgemäß nur an defekten Teilen vorgenommen werden.
- Dominanz des Produktionsfaktors Arbeit - Instandhaltungsarbeiten lassen sich kaum automatisieren, sie erfordern viel 'Fingerspitzengefühl' und aufwendige manuelle Vorbereitungsarbeiten.

Die Koordination der Galvanik-Aufträge mit anderen Bereichen funktioniert nicht befriedigend und die innerbetriebliche Fertigungssteuerung ist nicht hinreichend systematisiert, um ständige Informations- und Lieferbereitschaft zu garantieren.

Um diesem Umstand abzuhelfen, wird derzeit ein Produktionsplanungs- und -steuerungssystem für die Galvanik entwickelt, mit dessen Hilfe die Transparenz des Fertigungsablaufs erhöht und die Auftragsdurchlaufzeiten bei gleichmäßigerer Betriebsmittelauslastung sowie geringerem Auftragsbestand gesenkt werden sollen.

Um ein PPS-System entwickeln zu können, ist es notwendig, die Wirkzusammenhänge zwischen Auftragslage, Betriebsmittel- und Personalverfügbarkeit zu kennen, um geeignete Planungs- und Steuerungsinstrumente entwickeln zu können.

Dabei ist es von Vorteil, die verschiedenen Bereiche dieses komplexen stochastischen Systems mit einem dynamischen Verfahren simultan zu beobachten. Eine Möglichkeit besteht in der Simulation als Alternative zum Test in der Werkstatt.

In der Diplomarbeit werden verschiedene Möglichkeiten der Fertigungssteuerung für die Galvanik anhand von Simulationsmodellen beschrieben und getestet.
Schwerpunkte der Darstellung sind:

- Beschreibung des untersuchten Betriebes
- Modellbildung durch Begrenzungen und Vereinfachungen
- Datenbeschaffung und -verdichtung
- Abbildung verschiedener Planungs- und Steuerungskonzepte
- Durchführung der Simulationsexperimente

2   Darstellung der Simulationstechik und der verwendeten Software

Eine Simulationsstudie wird allgemein nach folgendem Schema durchgeführt: An die Problemdarstellung und Zielsetzung schließt sich die Formalisierung und Datensammlung an, worauf die Entwicklung und Programmierung der Modelle fußen.
Erst nach Testläufen, Ergebnisüberprüfung und Validierung des Modells erfolgen experimentelle Veränderungen, deren Ergebnisse das Ziel der Untersuchung sind.

Bei der Auswertung ist immer zu berücksichtigen, daß die Simulation unter vereinfachenden Annahmen abläuft und somit nicht direkt auf die Realität übertragbar ist. Dies trifft besonders zu, wenn die Systemabbildung unvollständig ist und die Relationen der Elemente teilweise unbekannt sind, wie es hier der Fall war.

Die Modellierung der Galvanik erfolgt mit der Simulationssoftware SIMAN, die neben der Simulationssprache auch die Programmierumgebung zur Verfügung stellt. Mit dieser Software ist es möglich, diskrete und stetige, prozeß- und ereignisorientierte sowie stochastische und deterministische Systeme abzubilden.

SIMAN stellt sehr mächtige Funktionen bereit, mit denen eine Vielzahl verschiedener Projekte dargestellt werden kann, aber in der DOS-Version ist der Speicherplatz auf 640kB beschränkt, was für die vorliegende Problemstellung sehr knapp bemessen ist (So stehen z.B. nur 50 frei verfügbare Variablen zur Verfügung, die nicht ausreichen, um Informationen über mehr als 80 Betriebsmittel zu speichern.)

3 Entwicklung eines Simulationsmodells der Galvanik

Für die Galvanik wurden im Rahmen einer Materialflußanalyse für das PPS-System Daten erhoben, die den Fertigungsablauf eines Monats repräsentieren. Hieraus wurden die für die Simulation benötigten Daten ermittelt und verdichtet. Das sind insbesondere:
- Auftragseingang (Abstände, Mengen)
- Auftragsmerkmale (Auftragsgröße, Arbeitspläne, Häufigkeiten)
- Bearbeitungszeiten der Verfahren (Verteilungen, Parameter)
- Kapazitäten der Betriebsmittel (Schätzungen anhand der Belegung)
- Mitarbeiterverteilung (Schichtpläne, Zuständigkeit, Fehlzeiten)

Diese Daten werden vor der Programmierung in entsprechenden Flußdiagrammen in einen logischen Zusammenhang gebracht, der die Entscheidungen und Aktionen der Mitarbeiter unter Berücksichtigung der Auftrags- und Kapazitätslage sowie den Weg der Aufträge durch die Werkstatt wiedergibt. (Siehe Grafik nächste Seite!)

Nach Erstellung der Programme wird der Simulationsverlauf getestet. Die Ergebnisse der ersten Simulationsläufe entsprachen keineswegs den realen Werten der Werkstatt. So lag die mittlere Durchlaufzeit erheblich niedriger als in der Produktion und Engpässe entstanden nicht an den Betriebsmitteln, wo sie tatsächlich vorhanden sind. Dies lag daran, daß die Daten der Materialflußstudie einerseits an einem sehr groben Zeitraster ausgerichtet sind und somit viele kurzdauernde Vorgänge nicht erfasst wurden; andererseits waren einige Parameter geschätzt worden, die überhaupt nicht erhoben worden sind. In der Validierungsphase wurde daher das

Modellverhalten schrittweise nach der Trial-and-Error-Methode dem Werkstattverhalten angenähert, bis die Bearbeitungs-, Warte- und Durchlaufzeiten der Aufträge insgesamt sowie an den einzelnen Verfahren in der Simulation des validierten Grundmodells den aus den Werkstatt-Daten ermittelten nahe genug kommen, um darauf Experimente aufzubauen.

SIMULATIONSMODELL DER GALVANIK - FLUßDIAGRAMM

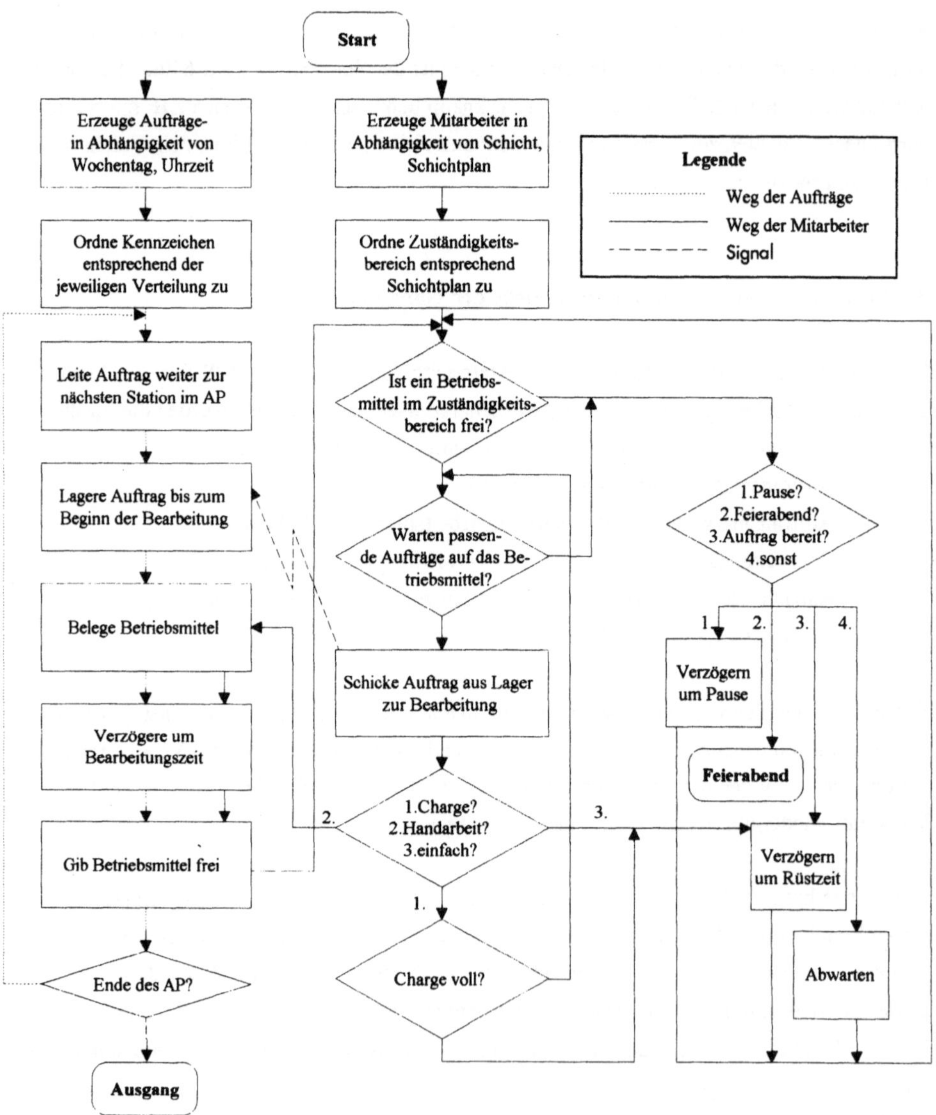

4 Simulation von Planungs- und Steuerungskonzepten

In dieser Arbeit wurden zwei Bereiche untersucht:

Im PERSONALBEREICH wird ein verbesserter Einsatz der Mitarbeiter in zeitlicher und inhaltlicher Hinsicht geprüft:

- Wie können die Mitarbeiter am günstigsten auf zwei Schichten aufgeteilt werden?
- Ist die Einführung von drei Schichten (Nachtarbeit) sinnvoller?
- Ist es günstiger, die Mitarbeiter bereichsunabhängig einzusetzen?
- Ist eine starre Festlegung der Zuständigkeiten sinnvoller?

Im LAGERBEREICH (und damit in der Reihenfolgeplanung) wird der Frage nachgegangen, in welches Lager und in welcher Reihenfolge wartende Aufträge eingereiht werden sollen. Diese Fragen werden beispielhaft am Konzept des zentralen Eingangslagers und der Prioritätsregel 'Kürzeste Operationszeit Zuerst' (KOZ) getestet.

In den Experimenten wird davon ausgegangen, daß folgende Größen konstant bleiben:

- Verteilung der Aufträge nach Kennzeichen, Menge und Ankunftsrate
- Art und Anzahl der Betriebsmittel
- Anzahl der Mitarbeiter

Zielgrößen der Experimente sind:

- Mittlere Durchlaufzeiten ($\Rightarrow$ möglichst gering!)
- Wartezeiten an den Engpässen (=bei bestimmten Betriebsmitteln $\Rightarrow$ möglichst kurz!)
- Auftragsbestand ($\Rightarrow$ möglichst wenige Aufträge!)
- Betriebsmittelauslastung ($\Rightarrow$ möglichst gleichmäßig!)

Kostenaspekte und Termintreue werden in dieser Untersuchung nicht berücksichtigt, da hierzu keine entsprechenden Vergleichsdaten verfügbar waren.

Die Implementierung der Lagerkonzepte in das Grundmodell ist einfach durch den Austausch eines Parameters bzw. einer Auswahlregel zu programmieren. Zur Veränderung der Schicht-pläne sind neue Matrizen zu erstellen, die anstelle der 'echten' die Mitarbeiteraufteilung steuern. Die Programmierung eines bereichsunabhängigen Personaleinsatzes erforderte die Entwicklung eines Algorithmus, durch den die Mitarbeiter ihren Arbeitsplatz entsprechend der Auftrags- und Kapazitätslage selbst festlegen.

Diese Konzepte wurden - aufbauend auf dem Grundmodell - zunächst einzeln programmiert und die Ergebnisse auf Plausibilität geprüft, bevor Modelle aus verschiedenen Konzept-

Kombinationen entwickelt wurden. Zur Auswertung wurden Ergebnistabellen und Grafiken herangezogen, die während der Simulation für einzelne Betriebsmittel und die Gesamtgalvanik erzeugt wurden. Nachfolgend ein Vergleich der Bestandsentwicklung eines simulierten Monats bei Anwendung verschiedener Steuerungskonzepte:

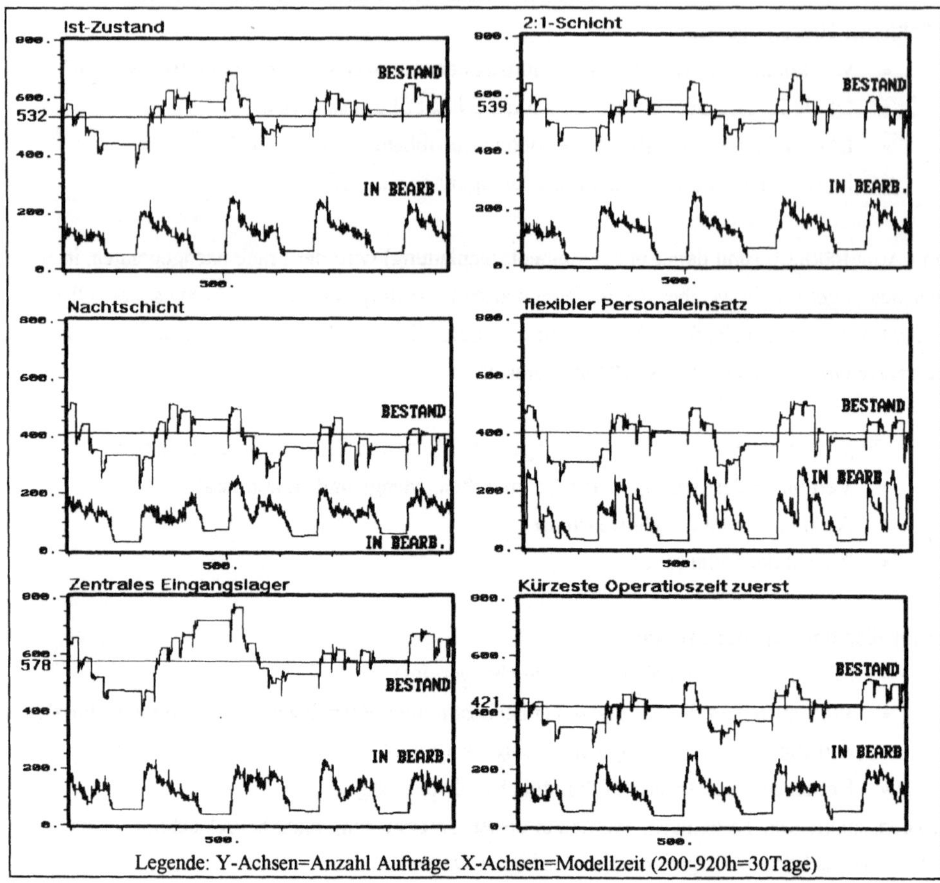

Es hat sich gezeigt, daß die Schichtmodelle sich untereinander nicht sehr in den Ergebnissen unterscheiden. Durch Einführung eines zentralen Eingangslagers in Verbindung mit einem flexibleren Personaleinsatz kann die mittlere Auftragsdurchlaufzeit wegen der Reduzierung der Wartezeiten um bis zu 20% gesenkt werden. Die Auslastung der Betriebsmittel wird gleichmäßiger, da Leerzeiten an den den Engpässen nachgelagerten Fertigungsstellen durch den zügigeren Auftragsdurchfluß abgebaut werden. Bei sinkenden Durchlaufzeiten können die Bestände um bis zu 35% reduziert werden, wenn zusätzlich die Reihenfolge der Abarbeitung nach der KOZ-Regel festgelegt wird.

Modellierung einer integrierten Auftrags– und Tourenoptimierung zur Ersatzteilversorgung der Deutschen Lufthansa AG

Dipl.Wirtsch.-Inf. Gerold Carl
Deutsche Lufthansa AG

Dipl.Wirtsch.-Ing. Martin Schulte
Joh.Vaillant GmbH u. Co.

Zusammenfassung

In der hier vorgestellten Arbeit werden die Möglichkeiten zur Steuerung der Abläufe bei der Ersatzteilversorgung auf der Lufthansa Basis Frankfurt untersucht. Dabei werden Verfahren vorgestellt, um die beiden Teilvorgänge Materialkommissionierung und -transport einmal getrennt und einmal simultan zu planen. Ziel ist eine möglichst termintreue Materialauslieferung. Ausgehend von einer Priorisierung der Auslagerungsaufträge im Lager nach Earliest Due Dates wird dabei versucht, bereits früher für den internen Transportdienst entwickelte Steuerungsalgorithmen zu integrieren und ein geschlossenes Steuerungssystem für den Gesamtvorgang zu erhalten.

Abstract

In this paper we discuss the possibilities of controlling the process of the spare-parts-supply at the maintenance center of the Deutsche Lufthansa AG at the airport Frankfurt / Main. On this occasion two systems will be described — one planning the processes of picking and intramurual transportation separately and one planning those two processes simultaneously. The objective is the delivery of spare-parts right on time as far as possible, using the method of Earliest Due Dates to sort the picking-orders and a recently developed planning-system for the transportation process to get a integrated control-system for the whole process.

1 Einführung

Die Deutsche Lufthansa unterhält auf dem Flughafen Frankfurt a.M. eine große technische Wartungsbasis. Um die Versorgung mit den benötigten Ersatzteilen und Betriebsstoffen zu gewährleisten, ist dort ein großes zentrales Lager eingerichtet, von dem aus die Versorgung mit Hilfe eines eigenen Transportdienstes durchgeführt wird.

In früheren Untersuchungen wurde versucht, den Materialtransport via Transportdienst mit Hilfe von rechnergestützten Planungsverfahren zu optimieren (vgl. [2] und [3]). In einer weiteren Untersuchung wurde die Materialkommissionierung im Lager sowie eine mögliche Integration der zwei Arbeitsschritte Kommissionierung und Transport betrachtet (siehe [6]).

In diesem Artikel geben wir zunächst einen Überblick über die Problemsituation *Ersatzteilversorgung auf der Lufthansa Basis Frankfurt*. Anschließend werden zwei Ansätze zur Optimierung der Bearbeitungsschritte vorgestellt. Dabei wird einmal versucht, die verschiedenen Abschnitte getrennt zu betrachten und zu optimieren. Der zweite Ansatz beschäftigt sich mit der simultanen Planung beider Arbeitsschritte, um so Wechselwirkungen zwischen den Teilsystemen für eine Optimierung des Gesamtsystems auszunutzen. Hierbei werden zwei mögliche Strategien untersucht: frühestmögliche Auslieferung aller Materialien vs. Strategie des Wartens. Abschließend werden die Ergebnisse einer Rechnersimulation der entwickelten Verfahren vorgestellt.

2 Problembeschreibung

Die technische Wartungsbasis, zu der neben drei großen Flugzeughallen mehrere Werkstätten gehören, wird von einem zentralen Materiallager mittels eines eigenen Transportdienstes mit den benötigten Ersatzteilen und Betriebsstoffen versorgt.

Im Materiallager Frankfurt werden zur Zeit ca. 114000 Materialpositionen mit einem Wert von etwa 400 Mio.DM bereitgehalten. Die Materialauslagerung erfolgt rund um die Uhr, 7 Tage in der Woche. Im Durchschnitt werden pro Tag ca. 2000 Positionen ausgeliefert. In der Abteilung *Materialdienst Frankfurt* sind zur Zeit 270 Mitarbeiter beschäftigt, die sich in Gruppen mit den Aufgabenbereichen Warenannahme, Durchgangskontrolle, Materiallager, Materialversand, Bordausrüstungsmateriallager und Transportdienst aufteilen.

Das Lager selbst ist in 12 Bereiche untergliedert. Die Einteilung erfolgt dabei nach Materialklassifikationen und Lagerart. Neben Hochregallagern für Kleinteile, die nur selten bewegt werden, existieren eine vollautomatische Kleinteileanlage, ein Hochregallager für Palettenware, Lagerbereiche für Sperrigteile, für Durchgangsware, Rampenmaterial [1] und Lagerbereiche für speziell zu lagernde Materialien. Die Materialauslagerung erfolgt durch mehrere Gruppen von Mitarbeitern, von denen jede einen bestimmten Bereich, der aus einem oder mehreren der oben genannten Lagerbereiche besteht, bearbeitet.

Alle eingelagerten Materialen sind in eine von 5 Materialklassen (MK-1 bis MK-5) eingruppiert. Die Materialklassen 1 und 2 beinhalten alle Umlaufteile, die aus sicherheitstechnischen oder gesetzlichen Gründen einer Einzelverfolgung (MK-1) oder einer Gruppenverfolgung (MK-2) unterliegen. Die übrigen Materialklassen enthalten Verbrauchs– und Betriebsmaterialien.

Eine Untersuchung der Bewegungshäufigkeiten in den verschiedenen Lagerbereichen im Januar 1992 ergab, daß etwa die Hälfte aller Materialien aus der Kleinteileanlage ausgelagert wurden. Bei den restlichen Lagerbereichen haben das Palettenlager mit ca. 15% und das MK-1–Lager mit ca. 10% einen hohen Anteil. Der Rest verteilt sich etwa gleich auf die verbleibenden Lagerbereiche.

---

[1] hierbei handelt es sich um regelmäßig für einfache Reperaturen benötigte Teile an sich im Umlauf befindlichen Flugzeugen

Für den Versand der angeforderten Materialien auf der Lufthansa Basis gibt es verschiedene Prioritäten. Materialien, die für ein in Kürze startendes Flugzeug benötigt werden, werden mit der Priorität AOG (Aircraft On Ground) schnellstmöglich, d.h. sofort nach der Auslagerung, abtransportiert. Für die restlichen Materialien sind je nach Zielort verschiedene Zeitintervalle definiert, innerhalb derer die Materialien am Zielbahnhof (= definierter Übergabepunkt am Zielort) abgeliefert sein sollen. Im einzelnen sind dies:

- Aufträge der Flugzeughallen: 30 Minuten

- Aufträge der Werkstätten: 60 Minuten

- Basisauslieferung: 120 Minuten

Betrachtet man die Verteilung der Materialanforderungen im Tagesablauf, so stellt man eine Häufung der Zahl der Bestellungen kurz vor Mittag und kurz vor dem Ende der Tagesschicht (ca. 15 Uhr) fest. Um diese auszugleichen und um den Auslieferungsprozeß bezüglich der Ressourcenausnutzung (Fahrtstrecken und Fahrereinsatz) und der Termintreue zu verbessern, wurden mehrere Tourenplanungssysteme entwickelt und in der Realität oder mit Hilfe von Simulationsrechnungen getestet [2].

In der hier vorgestellten Untersuchung wurde das in [2] entwickelte und im Jahre 1990 getestete Tourenplanungsverfahren verwendet. Dieses plant in festen Zeitabständen Touren mit den zu dieser Zeit beim Transportdienst vorliegenden Auslieferungsaufträgen. Dabei werden über den Planungshorizont mehrere Touren geplant, indem die vorliegenden Aufträge so eingeplant werden, daß sie in der spätestmöglichen Tour noch pünktlich abgeliefert werden können. Die Einplanung in eine Tour erfolgt dabei nach dem Nearest-Insertion-Algorithmus. Die erste der geplanten Touren (d.h. diejenige, die als erstes ausgefahren wird) wird anschließend mit Hilfe eines 2-optimalen Verfahrens verbessert. Mit Hilfe einer Regelvariable kann dabei eine Gewichtung der Optimierungsparameter Fahrtstrecke und Summe der Verspätungen eingestellt werden.

3   Lösungsansätze

Für die Steuerung der Vorgänge bei der Ersatzteilversorgung wurden drei verschiedene Algorithmen entwickelt. Während der erste den Transportdienststeuerungsalgorithmus unverändert übernimmt und lediglich eine isolierte Steuerung der Materialkommissionierung voranstellt, werden bei den zwei Varianten des Algorithmus 2 beide Arbeitsabschnitte simultan geplant.

3.1   Getrennte Optimierung — Der Algorithmus 1 (EDD-Algorithmus)

Der Materialauslagerungsvorgang im Lager läßt sich mit Hilfe eines Scheduling-Ansatzes darstellen. Jeder Auftrag stellt dabei einen Job dar, der von einem Bearbeiter ohne Unterbrechung bearbeitet wird.

---

[2] siehe hierzu [1], [2], [3]

In jedem Auslagerungsbereich stehen mehrere Personen zur Auslagerung bereit. Der gesamte Vorgang in einem Auslagerungsbereich läßt sich somit als $n|1||t^+_{max}$-Problem mit paralleler Produktion darstellen [3]. Da AOG-Aufträge sofort ausgeliefert und damit auch kommissioniert werden müssen, sind hier also Reihenfolgebedingungen einzuhalten. Dies kann dadurch umgangen werden, daß alle AOG-Aufträge gesondert geplant werden und die resultierenden zwei Reihenfolgen aneinandergehängt werden. Bereitstellungstermine sind nicht zu berücksichtigen. Insgesamt sind also für jeden der Auslagerungsbereiche zwei solche Optimierungsprobleme zu lösen.

Für das $n|1||t^+_{max}$-Problem hat Jackson [4] 1959 folgende Regel aufgestellt:

Das $n|1||t^+_{max}$-Problem wird durch die EDD–Prioritätsregel gelöst, d.h. durch Anordnung der Aufträge nach nicht steigenden Fertigstellungsterminen.

Mit Hilfe dieser Regel werden die Auslagerungsreihenfolgen der Aufträge geplant und durchgeführt. Für die Planung werden dabei aus Vergangenheitsdaten ermittelte Zeiten verwendet. Die realisierten Zeiten werden in das Planungssystem zurückgemeldet, um die Reihenfolgeplanung ständig zu aktualisieren und anzupassen.

3.2 Verbindung der Teilprobleme — Der Algorithmus 2

3.2.1 Aufbau des Verfahrens

Der Algorithmus 2 ordnet alle vorhandenen Aufträge im Lager ebenfalls nach der EDD–Regel. Während beim EDD-Algorithmus 1 alle auflaufenden Aufträge in die Bearbeitungslisten eingefügt werden, findet beim Algorithmus 2 eine Vorauswahl statt. Mit allen im System vorhandenen Aufträgen, die noch nicht ausgeliefert wurden, wird die nächste Tour vorgeplant. Anschließend werden die Aufträge in verschiedene Cluster eingruppiert. Alle Aufträge, die in der geplanten Tour vorhanden sind, bilden die erste Gruppe (ROT), alle Aufträge, die in Gebäude oder zu Bahnhöfen geliefert werden müssen, welche in der Tour angefahren werden, die aber nicht in der Tour enthalten sind, bilden die zweite Gruppe (GELB). Die restlichen Aufträge bilden die letzte Gruppe (GRUEN). Zur Bildung der Reihenfolgelisten für die Auslagerung werden nicht alle drei Gruppen, sondern lediglich ein Teil herangezogen.

3.2.2 2 Varianten: Sofortige Bearbeitung oder Warten

Der Algorithmus 2 hat zwei Varianten. Variante 2a verfolgt die Politik, die Auslagerung der verplanten Aufträge zum frühestmöglichen Zeitpunkt zu beginnen, Variante 2b hingegen läßt die zu bearbeitenden Aufträge bis zum spätestmöglichen Zeitpunkt liegen. Beim Algorithmus 2a wird mit den Aufträgen der Gruppen ROT und GELB für jeden Lagerbereich eine nach EDD sortierte Liste der zu kommissionierenden Aufträge aufgebaut. Die Aufträge der dritten Gruppe sind noch nicht dringend und werden, um einen Auftragsstau beim Transportdienst zu vermeiden, noch nicht eingeplant.

---

[3] zur Notation siehe [5], $n|1||t^+_{max}$ steht hier für ein Problem mit n Jobs, einer Bearbeitungsstufe und der Zielfunktion *minimiere die maximale Verspätung eines Jobs*

Beim Alghorithmus 2b werden lediglich die Aufträge der ersten Gruppe zum Aufbau der Listen benutzt. Auch hier werden diese zunächst nach EDD aufgebaut. Der Hauptunterschied liegt im Bearbeitungsbeginn. Jedem Kommissionierer ist eine Liste mit den Aufträgen und der Reihenfolge, in der er sie abarbeiten soll, zugeordnet. Mit der Bearbeitung soll aber erst so begonnen werden, daß der letzte Auslagerungsvorgang in der Liste kurz vor dem Start der nächsten Tour beendet wird, also gerade noch in die Planung für diese Tour hineinrutscht. In diesem Algorithmus wird es bewußt in Kauf genommen, daß ein Kommissionierer nichts auslagert, obwohl Aufträge bereitstehen. Der Sinn dieser Vorgehensweise besteht darin, sehr dringende Aufträge, die erst spät eintreffen, noch in die nächste Tour zu bekommen.

Beispiel: Sei X die Startzeit der nächsten Tour. Zum Zeitpunkt X - 5 Min. trifft ein sehr dringender Auftrag (A) im Lager ein. Die Auslagerungsdauer für ihn betrage 4 Min. Da zum Zeitpunkt X - 6 Min. mit der Auslagerung eines weniger dringenden Auftrags (B) mit einer Auslagerungsdauer von 4 Min. begonnen wurde, kann der Auftrag (A) nicht mehr rechtzeitig für die nächste Tour kommissioniert werden. Ist Auftrag (B) der einzige Auftrag für diesen Kommissionierer, so wäre seine Bearbeitung in Algorithmus 2b erst X - 4 Min. begonnen worden. Zu diesem Zeitpunkt befindet sich Auftrag (A) bereits in der Liste und wird dank seiner höheren Priorität zuerst ausgelagert. In diesem Fall kann Auftrag (A) noch mit der nächsten Tour ausgeliefert werden.

4 Ergebnisse

Die Simulationsrechnungen wurden mit einem 1130 Aufträge umfassenden Datensatz durchgeführt. Es handelt sich dabei um im Januar 1992 ermittelte Auftragsdaten. Die erwartete Auslagerungszeit eines Auftrags entspricht der Zeitobergrenze, unterhalb der 95% aller Aufträge in dem jeweiligen Bereich ausgelagert werden konnten. Die realisierten Auslagerungszeiten wurden aus den empirischen Daten direkt übernommen. Die Ergebnisse sind in Tabelle 1 zusammengefaßt und in Abb. 1 - 3 dargestellt.

Für den EDD–Algorithmus konnte bereits ein deutlicher Rückgang sowohl der maximalen Verspätung wie auch der Summe aller Verspätungen gegenüber dem Ist-System festgestellt werden. Auch ist die Anzahl der verspäteten Aufträge zurückgegangen.

Der Algorithmus 2a ist für alle oben genannten Kriterien besser als der jetzige Zustand. Die Ergebnisse sind jedoch nicht so gut wie die des EDD-Algorithmus. Dies ist dadurch zu erklären, daß auch in betriebsschwachen Zeiten die Aufträge der dritten Gruppen nicht bearbeitet und so in nachfolgende Spitzenzeiten hinübergenommen werden, wo sie für zusätzliche Verspätungen sorgen.

Obwohl dieser Effekt beim Algorithmus 2b noch verstärkt wird (nur die Aufträge der ersten Gruppe werden kommissioniert), liegen die Ergebnisse hier noch über denen des EDD-Algorithmus. Hier wird die Verschlechterung durch den oben erläuterten Effekt durch die mögliche frühzeitige Kommissionierung dringenderer Aufträge überkompensiert.

5 Ausblick

Die hier vorgestellten Steuerungsalgorithmen stellen eine Erweiterung der Optimierung der Ersatzteillieferungen auf der Lufthansa Basis Frankfurt dar. Mit ihrer Hilfe kann neben der Materialauslieferung nun auch die Kommissionierung im Lager optimiert werden.

Bei den Algorithmen zur Steuerung der Auslagerungen handelt es sich dabei um Basislösungen. Die realen Abläufe sind in diesen Modellen teilweise vereinfacht abgebildet worden.

Die Verfahren liefern in den Simulationsrechnungen gute Ergebnisse. Diese lassen sich durch Detailoptimierungen sicher noch weiter verbessern. So ist die Möglichkeit von Auftragsgruppenbildungen in Lagerbereichen, in denen ein großer Zeitanteil für den Weg zum und vom Lagerort verloren geht, zu untersuchen. Die Untersuchung einer möglichen Verbesserung des Transportes des ausgelagerten Materials innerhalb des Lagers erscheint ebenfalls empfehlenswert.

Um die Steuerungsverfahren realisieren zu können, sind noch einige Änderungen vorzunehmen. Diese betreffen zum einen die heutige Arbeitsorganisation. Zum zweiten sind die notwendigen Schnittstellen zur Datenübergabe an das Steuerungssystem bereitzustellen. Möglichkeiten einer einfachen Kennzeichnung der ausgelagerten Materialien, die ein einfaches maschinelles Erfassen ermöglichen, sind ebenfalls zu untersuchen.

Literatur

[1] Breitenbach, C.; Carl, G. und Voß, S.: Transportkostenminimierung versus Servicegradmaximierung im Rahmen einer computergestützten Tourenplanung. Arbeitspapier, FG Operations Research, TH Darmstadt

[2] Carl, G. (1989): Optimierungsmöglichkeiten innerbetrieblicher Transportvorgänge am Beispiel des bedarfsgesteuerten Materialtransports der Deutschen Lufthansa AG. Diplomarbeit, FG Operations Research, TH Darmstadt

[3] Carl, G.; Voß, S. (1990): Optimierungsmöglichkeiten innerbetrieblicher Transportvorgänge — Anwendungsbeispiele bei einer Luftfahrtgesellschaft. OR Spektrum 12, S.227 — 237

[4] Jackson, J.R.: Scheduling a production line to minimize maximum tardiness. Research Report, UCLA

[5] Rinnooy Kan, A.H.G. (1976): Machine Scheduling Problems: Classification, Complexity and Computation. Nijhoff, Den Haag

[6] Schulte, M. (1992): Steuerung der Lagerabläufe im Ersatzteillager Frankfurt der Deutschen Lufthansa AG mittels einer integrierten Auftrags- und Tourenoptimierung. Diplomarbeit, Institut für Anwendungen des Operations Research, Universität (TH) Karlsruhe

Tab.1: Ergebnisse der Simulationsrechnungen

IST	Anz.Aufträge	Anz.verspätet	max.Verspätung	Summe Verspätungen
DB 1	257	168	3,45	103,17
DB 2	92	75	4,28	55,65
DB 3	306	133	1,22	35,53
DB 4	169	84	1,07	24,34
DB 5	111	58	1,2	20,93
DB 6	195	87	4,53	22,75
Gesamt	1130	605	4,53	262,37

EDD	Anz.Aufträge	Anz.verspätet	max.Verspätung	Summe Verspätungen
DB 1	257	173	1,58	85,8
DB 2	92	58	2,38	25,49
DB 3	306	148	1,35	45,93
DB 4	169	76	0,72	15,76
DB 5	111	53	0,5	7,02
DB 6	195	83	0,65	15,63
Gesamt	1130	591	2,38	195,63

Alg.2A	Anz.Aufträge	Anz.verspätet	max.Verspätung	Summe Verspätungen
DB 1	257	187	1,85	94,71
DB 2	92	61	2,38	27,51
DB 3	306	141	1,13	42,14
DB 4	169	79	0,75	16,31
DB 5	111	59	0,53	9,43
DB 6	195	87	0,75	17,25
Gesamt	1130	614	2,38	207,35

Alg.2B	Anz.Aufträge	Anz.verspätet	max.Verspätung	Summe Verspätungen
DB 1	257	175	1,62	71,02
DB 2	92	62	2,38	34,07
DB 3	306	134	1,23	38,24
DB 4	169	76	0,8	15,79
DB 5	111	56	0,5	8,37
DB 6	195	85	0,77	17,85
Gesamt	1130	588	2,38	185,34

DB := Auslagerungsbereich; Verspätungen in Industriestunden

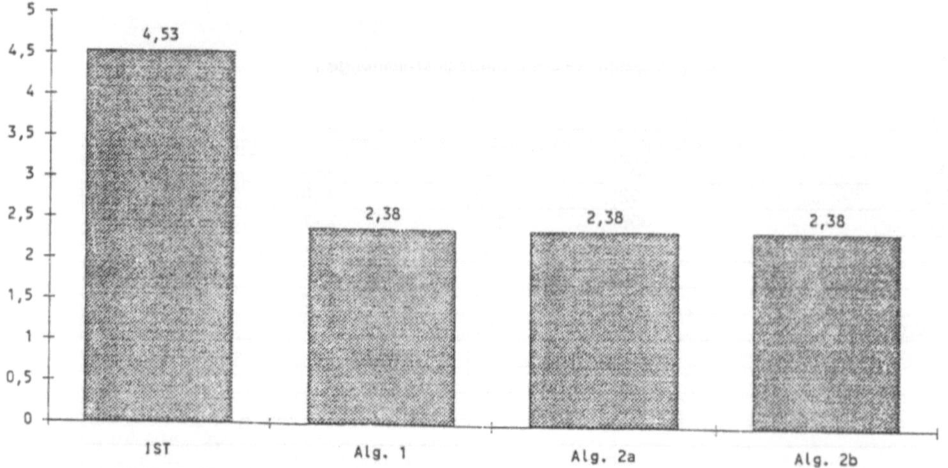

Abb.1: Maximale Verspätungen

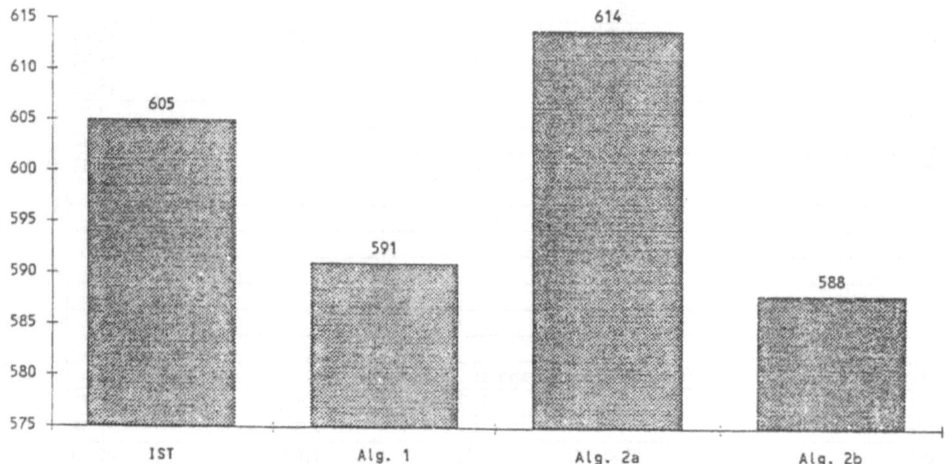

Abb.2: Anzahl verspäteter Aufträge

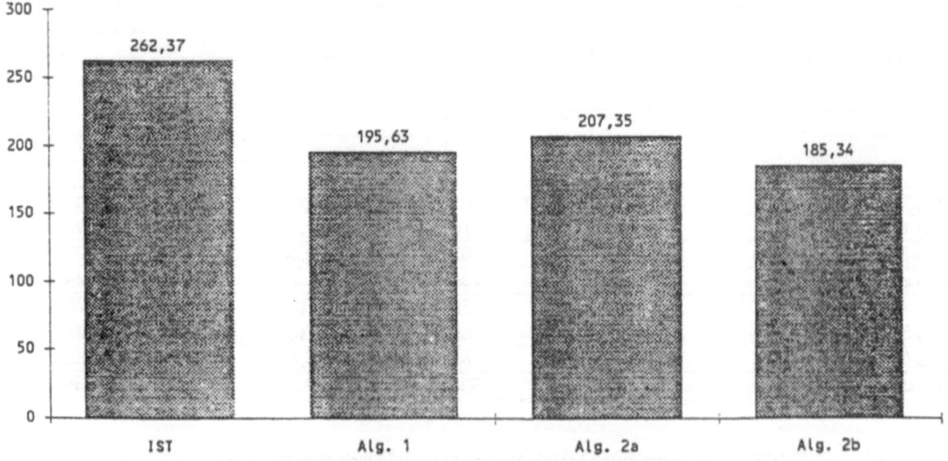

Abb.3: Summe Verspätungen

Wissensbasierte Schwachstellendiagnose im Produktionsbereich

Dipl.-Ing. Frank Fischer
Beiersdorf AG
Systeme Material Management tesa
Unnastraße 48
2000 Hamburg 20
Tel.: 040/569-25 53

Die Wettbewerbsfähigkeit eines Industrieunternehmens hängt von einer Vielzahl von Leistungsmerkmalen ab. Der Preis der Produkte ist sicherlich ein wesentlicher Punkt, aber auch die Gewährleistung der Lieferfähigkeit und kurzer Auftragsdurchlaufzeiten, die Einhaltung von Lieferterminen, sowie ein hoher Qualitätsstandard der Produkte zeichnen ein erfolgreiches Unternehmen aus.

Ferner werden durch ein allgemein gesteigertes Umweltbewußtsein Unternehmen veranlaßt, die Belastung der Umwelt durch Produktion, Anwendung und Entsorgung bzw. Recycling von Produkten zu minimieren.

Das wissensbasierte System ESPRO (**E**xpertensystem für die **S**chwachstellendiagnose im **Pro**duktionsbereich) ist ein Ansatz, dieses interdependente Zielsystem zu integrieren und die Zielerreichung zu verbessern. Zu diesem Zweck werden betriebliche Schwachstellen aufgezeigt, deren mögliche Ursachen - nach ihrer Wahrscheinlichkeit gewichtet - dargestellt, sowie Maßnahmen vorgeschlagen, die Mißstände zu beheben.

Als Eingangsdaten erhält das System Kennzahlen auf mehreren Verdichtungsebenen aus den Bereichen Fertigung, Logistik, Qualitätssicherung, Personal und Umweltschutz.
Ziel ist die Integration in die betrieblichen Informationssysteme (bei Beiersdorf in erster Linie SAP), sodaß der aktive Benutzerdialog auf ein Minimum beschränkt werden kann (im Prototyp werden die Kennzahlen simuliert).

ESPRO bietet die Möglichkeit, Unternehmensziele zu gewichten und berücksichtigt Vorgabewerte für einzelne Kennzahlen. Die ermittelten Maßnahmen werden in ihrer Auswirkung auf die Gesamtzielerreichung überprüft und bewertet.

Die Wissensakquisition fand zum einen in den entsprechenden Bereichen der tesa-Sparte der Beiersdorf-AG Hamburg statt und basiert zum anderen auf theoretischen Grundlagen.

Das Expertensystem läuft auf der Shell XiPlus (Expertech).

Informationsbedarfsanalyse und Konzeptionierung von Executive Information Systems

Stephan Fuchs, Dr. Wolfgang Ibert

KPMG Deutsche Treuhand-Unternehmensberatung GmbH

Olof-Palme-Straße 31

6000 Frankfurt 50

Die Informationsstruktur einer Konzern-Organisation, d.h. die Kommunikation zwischen Vorstand, Zentralabteilungen und Spartengesellschaften, werden aktivitäts- und datenflußorientiert dargestellt. Die Informationsflüsse zwischen und innerhalb der Zentralabteilungen und dem Vorstand werden durch Quell- und Zielaktivitäten, der Verarbeitung am Ziel, der Übermittlungsart und dem Rhythmus beschrieben. Die DV-Landschaft der operativen Systeme in den Spartengesellschaften wird erfaßt. Die zeitliche Dimension wird in einem Planungs- und Berichtskalender abgebildet.

Kritische Informationsflüsse bzgl. mangelnder DV-Unterstützung, aufwendiger Bereitstellung und Aggregation, Zeitaktualität, Rhythmus und Redundanz können identifiziert werden.

Ausgehend von der analysierten Informationsstruktur wird für das Planungs- und Berichtswesen die Modellierung und Konzeptionierung des EIS sowohl auf Sparten- als auch Zentralebene vorgenommen. Dabei sind für die Spartengesellschaften die Organisationsstruktur und der Aufbau der Berichte, zusätzlich für das Konzernberichtswesen die Aggregation der Modelle abzubilden.

Unternehmensmodellierung als Basis einer Anwendungsarchitektur

IBM Deutschland GmbH
Hermann Glück
Postfach 80 08 80
Vaihinger Straße 151
7000 Stuttgart 80

1. Problemfelder der Anwendungsentwicklung

Die Hauptprobleme der heutigen Anwendungsentwicklung liegen in der gewachsenen Daten- und Funktionsredundanz und damit in der aufwendigen Pflege von Altanwendungen. Für Neuentwicklungen sind nur ca. 20 - 30% der verfügbaren Ressourcen einsetzbar, was letztlich zu dem allzubekannten Anforderungsstau in der Anwendungsentwicklung führt.

2. Möglicher Lösungsansatz

Die Lösung dieser Probleme setzt ein grundsätzliches Umdenken in der Anwendungsentwicklung voraus. Man muß von der anwendungsorientierten Sichtweite (bottom up) zur unternehmensweiten Sichtweite (top down) umschwenken. Dies führt zu einem unternehmensweiten Daten- und Funktionenmodell auf einer konzeptionellen Ebene als Basis einer unternehmensweiten Anwendungsarchitektur (Ableiten der Wiederverwendbarkeit von Funktionen).

Zur Modellierungsunterstützung ist der Einsatz von Werkzeugen unabdingbar, da die Flut von Informationen manuell nicht mehr zu bewältigen ist. Der Einsatz moderner Case-Werkzeuge ermöglicht eine Verkürzung der zu langen Projektlaufzeiten (Prototyping).

3. Erfahrungen aus der praktischen Modellierungsarbeit

- Ein Projekt zur Unternehmensmodellierung setzt wegen seines strategischen Charakters eine "TOPMANAGEMENT-ATTENTION" voraus.
- Zur Unternehmensmodellierung gehört die Erstellung eines Migrationskonzeptes für die nächsten 6 - 8 Jahre, je nach Größe der Anwendungslandschaft (Koexistenz von alten mit neuen Anwendungen).
- Die Anwendungsentwicklung auf der Basis eines Unternehmensmodelles hat organisatorische Konsequenzen (Abschneiden alter Zöpfe).
- Für den Anwendungsentwickler ist ein neues Skillprofil erforderlich (den Programmierer ersetzt künftig ein Codegenerator).

Absatzprognosen als Basis für die operative Vertriebsplanung bei Volkswagen

Dr. Reinhard Hecking
Volkswagen AG
Zentrale Absatzplanung (VM-31)
Postfach
3180 Wolfsburg 1

Zentrales Kriterium für eine optimale quantitative Vertriebsplanung bei Volkswagen ist die Güte der Prognose für die Bedarfsentwicklung nach Neufahrzeugen der verschiedenen Konzern-Fahrzeugmodelle in allen Vertriebsbereichen des Konzerns.

Das prognostizierte, marktorientierte Absatzpotential ist eine der entscheidenden Einflußgrößen für die weltweit gültige Festlegung des Produktionsprogramms. Auf diesem wiederum basieren die kurz- und mittelfristige Personal- und Materialplanung sowie Finanz- und Investitionsplanung.

Die Erstellung von Absatzprognosen umfaßt bei VW die Prognose der Gesamtmarktentwicklung je Absatzmarkt und pro Markt dann jeweils die Marktanteils- bzw. Absatzentwicklung je Fahrzeugmodell.

An die konzeptionelle Entwicklung des heute bei VW benutzten Prognosesystems wurden insbesondere die folgenden zentralen Forderungen gestellt:

1. Die gewählte Prognosemethodik muß eine erwiesenermaßen hohe Prognosegüte besitzen und

2. der Grad der mathematischen Komplexität des Verfahrens darf einer breiten Anwendung im gesamten VW-Konzern nicht entgegenstehen (d.h. sowohl Anwendung als auch Ablauf und Steuerung des Verfahrens muß an nicht-mathematisch ausgebildete Mitarbeiter vermittelbar sein).

Entsprechend den differenzierten Anwendungszielen wurde bei VW ein "Pool" von Prognoseverfahren realisiert, der einerseits aus explikativen Verfahren (Regressionsanalyse) und andererseits aus extrapolativen Verfahren (autoadaptive exponentielle Glättung) besteht.

Der Vortrag gibt einen Überblick über die Komponenten des implementierten Prognosesystems und vermittelt die bisher gewonnenen Erfahrungen der Systemanwender.

Verfahren zur Optimierung interner Transporte am Containerterminal

Andreas Henning, Dirk Steenken, Hamburger Hafen- und Lagerhaus AG

An einem Containerterminal werden neben der Be- und Entladung von Schiffen, Bahnwaggons und LKWs interne Transporte zur Gestellung von Containern durchgeführt. Solche Transporte sind z.B. die Gestellung von Leercontainern an Packhallen, das Abräumen entpackter Container und ihr Transport in das Leercontainer-Lager oder der Transport von gepackten Containern in den Vorstau zum Export.

Für diese Transporte fallen am Containerterminal der Hamburger Hafen- und Lagerhaus AG (HHLA) jährlich etwa 100.000 km an; das tägliche Auftragsvolumen liegt bei 200 bis 300 Transporten pro Tag. Die Fahrzeuge zum Transport der Container, sog. Van Carrier, erhalten dabei ihre Aufträge über eine Datenfunkschnittstelle, wobei die z.T. komplexen Transporte zu Auftragsarten zusammengefaßt werden. Durch ein geeignetes *Optimierungsverfahren* und dessen Integration in die bestehende *Fahrauftragssteuerung über Datenfunk* sollten die dabei anfallenden Leerfahrten reduziert werden.

Charakteristisch für diesen Arbeitsbereich ist, daß mehrere Fahrzeuge eingesetzt werden, sich die Auftragslage während einer Arbeitsschicht ändert und daß Zeitfenster zu berücksichtigen sind (Priorität von Aufträgen). Theoretisch läßt sich das Problem beschreiben als *multiples Travelling Salesman Problem mit Zeitfenstern*.

Für diese Aufgabenstellung wurde unter Verwendung heuristischer Verfahren ein Prototyp entwickelt, mit dem tatsächliche Fahrten nachoptimiert wurden. Die Ergebnisse zeigten, daß durch optimalere Kombination der Aufträge die Fahrwege um 15-25% reduziert werden können, was jährlich ca. 20.000 km entspricht.

Im Beitrag wird das Optimierungsproblem und die Integration des Optimierungsverfahrens in die Fahrauftragssteuerung am Containerterminal dargestellt.

Point & Figure Charts in der praktischen Anwendung

Elmar Klausmeier
Westdeutsche Landesbank
Herzogstraße 15
4000 Düsseldorf 1

Es gibt drei wesensmässig verschiedene Ansätze zur Prognose von Aktien- und Devisenkursen. Es sind die

1. Fundamentalanalyse,
2. Technische Analyse,
3. Random-Walk-Theorie.

Der Technischen Analyse liegt die Erfahrung zugrunde, daß sich Anleger in weitgehend ähnlichen Situationen nicht wesentlich anders verhalten, als in der Vergangenheit. Die Wahrscheinlichkeit einer Wiederholung früherer Kursbilder ist also relativ groß. Die OR-Abteilung der WestLB erarbeitete ein Konzept und exakte Definitionen für sogenannte Point & Figure Charts, einer Methode der Technischen Analyse. Seit neuestem beschäftigte sich die OR-Abteilung mit einem Optimierungsansatz für Point & Figure Charts. In dem Vortrag werden Verfahren der Technischen Analyse vorgestellt und die Anwendung mathematischer Verfahren bei der Point & Figure Charttechnik erläutert.

Das Unternehmens-Führungs-Informations-System (U-FIS) der Ruhrkohle AG

Dr. Dieter Klemke
Ruhrkohle AG, Abt. ZK 5.32
Silberstraße 22
4600 Dortmund

Es wird über das seit 3 Jahren im Einsatz und in Weiterentwicklung befindliche System U-FIS berichtet. Das System ist abgestimmt auf das RAG-Rechnernetz (regional ausgebreitetes SNA-Netz im Verbund mit örtlichen LANs). Es ist LAN-basiert und nutzt die Windows-Oberfläche. Über SNA-Gateways besteht für die Berichtserstellung Zugang zu DB2-Datenbanken, die verdichtete Information aus den operativen Systemen enthalten und zusätzlich zu vertiefenden Analysen zur Verfügung stehen (Hochregallager der Information).

Das System ist berichtsorientiert. Die einzelnen Berichte werden direkt oder über einen mehrstufigen Index angewählt. Direkter Aufruf von vertiefender Information oder grafischer Darstellung ist möglich. Der Inhalt des Systems wird anhand des Hauptindexes samt einiger Verzweigungen und an exemplarischen Berichten dargestellt.

Das Unternehmens-Führungs-Informations-System wird abgegrenzt zu den betrieblichen Führungs-Informations-Systemen (B-FIS), die auf der Ebene der Werksdirektionen aufgebaut werden und es werden die Führungsgrundsätze zu dieser Abgrenzung dargestellt.

Führungsinformationssystem

- Kriterien einer erfolgreichen Einführung

Hartmann Knorr
c/o
ANDERSEN CONSULTING
Bleichenbrücke 10

2000 Hamburg 36

Zur Einführung in die Thematik werden Begriffe wie ESS (Executive Support System), EIS (Executive Information System), MIS (Management Information System) kurz gegenübergestellt und die wesentlichen Informationskomponenten genannt, die zu einem ESS als dem umfassenderen Begriff gehören. Anschliessend werden typische Systemarchitekturen (Host/verteilt/ PC-LAN) kurz beschrieben.

Die Kriterien einer erfolgreichen Einführung werden aus dem betriebswirtschaftlichen Umfeld eines EIS als dem engeren Begriff abgeleitet. Zuerst werden die Nutzen-Aspekte betrachtet sowie die Herausforderungen an die Realisatoren. Zentraler Ansatz ist die Ermittlung der kritischen Erfolgsfaktoren eines Unternehmens, die für jedes Unternehmen spezifisch sind und sich aus seiner strategischen Positionierung ergeben. Die Meßgrößen für diese Erfolgsfaktoren sind die eigentlichen Objekte des EIS.

Aus diesem betriebswirtschaftlichen Ansatz ergeben sich Anforderungen an die organisatorische Projektstruktur, an die Projektmitarbeiter sowie an die gesamte Vorgehensweise. Abschließend werden die für den Erfolg eines IES- bzw. ESS-Projektes wichtigsten Einflußgrößen zusammengestellt.

Optimale Infrastrukturinvestitionen im Telekommunikationssektor

Norbert Matthes, Bonn

Zusammenfassung: Eine Planungsaufgabe für den Betreiber eines Telekommunikationsnetzes besteht in der Ermittlung von wirtschaftlichen Investitionsprogrammen. Der Gegenstand des vorliegenden Beitrags ist ein lineares Mehrperiodenmodell zur Anpassung bestimmter Investitionsgüter an den sich im Zeitablauf entwickelnden Bedarf. Bei der Analyse denkbarer optimaler Lösungen dieses Modells werden Interdependenzen zu anderen Planungsrechnungen des Netzbetreibers deutlich.

Abstract: The identification of economical investment programs is a planning exercise for a telecommunications network operator. The subject of this paper is a linear model over a number of periods for matching specific investment goods to developing demand. The analysis of conceiveable optimal solutions of this model reveals interdependences to other planning-related calculations of the network operator.

1 Vorbemerkungen

Telekommunikationsnetze wie das Fernsprechnetz bestehen im allgemeinen aus Verbindungsleitungen und Vermittlungseinrichtungen. Unter Vermittlungseinrichtungen versteht man diejenigen Kapitalgüter des Netzbetreibers, die der Zusammenschaltung von Verbindungswünschen der Teilnehmer dienen. Die optimale zeitliche Anpassung dieser Einrichtungen an die Bedarfsentwicklung innerhalb eines gegebenen Planungszeitraums ist als Teilproblem der Netzplanung anzusehen. Im vorliegenden Beitrag werden die Implikationen optimaler Strategien der Erweiterung und der Kapazitätsbevorratung für Vermittlungseinrichtungen anhand eines linearen Mehrperiodenmodells beschrieben.

Obwohl die Berechnung des optimalen Investitionsprogramms (primales Mengenproblem) für sich genommen eine wichtige Aufgabe darstellt (vgl. z. B. /3/, S. 415 ff.), wird hier das Schwergewicht auf den Bewertungsaspekt (duales Preisproblem) gelegt. Im Rahmen einer ökonomischen Interpretation des Dualproblems kann gezeigt werden, daß eine optimale interne Bewertung der Vermittlungseinrichtungen von der gewählten Ausbaustrategie abhängt. Damit werden Interdependenzen zu allen über die Investitionsplanung hinausgehenden Planungsrechnungen des Netzbetreibers deutlich, bei denen Wertansätze für diese Kapitalgüter als exogene Vorgaben eingehen.

2 Formulierung des Problems

Die je Standort in Periode $t = 1, ..., T$ vom betrachteten Netzbetreiber benötigten Vermittlungs-einrichtungen M_j^t seien in Kapazitätsklassen (Typen) $j = 1, ..., J$ aufsteigend eingeteilt. Zur Bedarfsdeckung in Periode t gibt es die folgenden Alternativen: Zunächst können Vermittlungs-einrichtungen am Markt neu beschafft werden. Darüber hinaus ist es technisch möglich, bereits existierende Vermittlungseinrichtungen kapazitätsmäßig auszubauen oder Vermittlungseinrichtun-gen höherer Kapazität einzusetzen, selbst wenn Kapitalgüter geringerer Kapazität zunächst aus-reichend wären.

Anstatt das allgemeine Problem mit allen denkbaren Arten von Investitionen zu formulie-ren, wird aus Gründen der Anschaulichkeit ein möglichst einfacher Ansatz vorgezogen. Auch wenn zahlreiche in der Praxis relevante Details durch die Vereinfachungen entfallen, erweist sich zur Ableitung der wichtigsten Ergebnisse ein Modell ohne Anfangsbestände und ohne Ersatzin-vestitionen mit zwei Perioden ($t = 1, 2$) als zweckmäßig. Des weiteren wird die Vereinfachung vorgenommen, daß in jeder der beiden Perioden alle benötigten Vermittlungseinrichtungen nur einer einzigen Kapazitätsklasse angehören (M_1^1, M_2^2). Unter dieser Voraussetzung bleibt die Dar-stellung eindeutig, auch wenn auf den Zeitindex verzichtet wird. Solange ein räumliches Umsetzen von Einrichtungen nicht in Frage kommt - etwa aufgrund eines gleichmäßigen Flächenausbaus -, läßt der Ansatz neben standortbezogenen auch netzweite Analysen zu. Zur Problemformulierung werden die folgenden Symbole verwendet:

- C_s: Barwert der Summe der Auszahlungsströme für Infrastrukturinvestitionen in die Ver-mittlungstechnik

- I_1: Anzahl von Investitionsgütern vom Typ 1, die in Periode 0 neu angeschafft werden, da sie in Periode 1 benötigt werden

- I_2: Anzahl von Investitionsgütern vom Typ 2, die in Periode 1 neu angeschafft werden, da sie in Periode 2 benötigt werden

- E_{12}: Anzahl von Maßnahmen zur Aufrüstung von Typ 1 zum Typ 2, die in Periode 1 durchgeführt werden, da der Typ 2 in Periode 2 benötigt wird (Kapazitätserweiterung)

- V_{21}: Anzahl von Investitionsgütern vom Typ 2, die in Periode 0 angeschafft werden, obwohl der Typ 1 in Periode 1 ausreichend wäre und der Typ 2 erst in Periode 2 benötigt wird (Kapazitätsbevorratung)

- c_1, c_2, c_{12}, c_{21}: Barwerte der gegebenenfalls um die Restwerte am Planungsende bereinigten Auszahlungen je Investitionsgut; die Indizes ensprechen denen bei I_1, I_2, E_{12} und V_{21}

- M_1, M_2: Anzahl von in Periode 1 beziehungsweise in Periode 2 erforderlichen Kapitalgütern (Beständen) von Typ 1 und Typ 2

- C_b: Wert der dualen Zielfunktion, die sich auf die Bestandsgüter M_1 und M_2 bezieht

- u_1, u_2, w_1: Dualvariablen

Das Primalproblem lautet:

$$\min C_s = c_1 I_1 + c_2 I_2 + c_{12} E_{12} + c_{21} V_{21} \tag{1}$$

unter den Nebenbedingungen

$$
\begin{array}{rcrcrcrcl}
I_1 & & & & + & V_{21} & \geq & M_1 \\
& & I_2 & + & E_{12} & + & V_{21} & \geq & M_2 \\
I_1 & & & - & E_{12} & & & \geq & 0 \\
I_1 & , & I_2 & , & E_{12} & , & V_{21} & \geq & 0
\end{array}
$$

Das Dualproblem lautet:

$$\max C_b = u_1 M_1 + u_2 M_2 \tag{2}$$

unter den Nebenbedingungen

$$
\begin{array}{rcrcrcl}
u_1 & & & + & w_1 & \leq & c_1 \\
& & u_2 & & & \leq & c_2 \\
& & u_2 & - & w_1 & \leq & c_{12} \\
u_1 & + & u_2 & & & \leq & c_{21} \\
u_1 & , & u_2 & , & w_1 & \geq & 0
\end{array}
$$

Die primale Zielfunktion beschreibt die Minimierung der Barwerte der Auszahlungen für die verschiedenen Arten von standortbezogenen oder netzweiten Investitionen in die Vermittlungstechnik. Da man hier zeigen kann, daß im allgemeinen eine ganzzahlige optimale Lösung resultiert (vgl. z. B. /5/, S. 199), muß der Aspekt der Unteilbarkeit von Investitionen nicht vertieft werden.

Die ersten beiden primalen Restriktionen stellen sicher, daß der Bedarf an Vermittlungseinrichtungen in keiner Periode unterschritten wird. Dabei kann die gegebene Bedarfsentwicklung an diesen Kapitalgütern in Form von Neukäufen, Erweiterungen bestehender Einrichtungen oder Bevorratungen befriedigt werden. Nach der dritten Restriktion können nur Vermittlungseinrichtungen erweitert werden, die vorher angeschafft wurden. Die betreffende Beschränkungsgröße ist im Ansatz ohne Anfangsbestände gleich null.

3 Ökonomische Interpretation des Dualproblems

3.1 Allgemeine Aussagen für das Optimum

Nach dem Dualitätstheorem (vgl. z. B. /2/, S. 58) gilt im Optimum: $C_s = C_b$, so daß die Dimension von C_b $[DM]$ ist.

Wegen $\frac{\partial C_s}{\partial M_2} = \frac{\partial C_b}{\partial M_2} = u_2$ mit der Dimension [DM/ME der in Periode 2 erforderlichen Kapitalgüter M_2] kann u_2 als Verrechnungspreis einer zusätzlichen Einheit des in Periode 2 benötigten Bestandes an Vermittlungseinrichtungen M_2 interpretiert werden. Die Dualvariable u_2 beantwortet, vergleichbar mit den Grenzkosten im statischen Zusammenhang, die Frage nach den Auswirkungen einer marginalen Bedarfserhöhung auf den Barwert der summierten Auszahlungen.

Analog weist u_1 wegen $\frac{\partial C_s}{\partial M_1} = \frac{\partial C_b}{\partial M_1} = u_1$ die Dimension [DM/ME der in Periode 1 benötigten Kapitalgüter M_1] auf. Eine partielle Bedarfserhöhung von M_1 bedeutet ein zeitliches Vorziehen der endgültigen Erfordernisse. Die Dualvariable u_1 gibt an, um wieviel der Barwert der summierten Auszahlungen steigt, wenn eine Vermittlungseinrichtung früher als in Periode 2 benötigt wird.

Insgesamt handelt es sich bei dem Dualproblem um die Verteilung des Barwertes der Summe der Auszahlungen für die Investitionsströme (primale Zielfunktion) auf die Bestandsgrößen M_1 und M_2 (duale Zielfunktion). Damit werden gesonderte Wertansätze für die einzelnen Zeitperioden und gesonderte Wertansätze für die einzelnen erforderlichen Typen ermöglicht, obwohl sich das lineare Problem auf das gesamte Investionsprogramm innerhalb des gesamten Planungszeitraums bezieht. Im Maximum werden die erforderlichen Bestände so bewertet, daß die Summe der Barwerte der Bestände die Summe der Barwerte der Investitionsströme erreicht.

Die bisherigen Aussagen betrafen ausschließlich den Bedarf an Vermittlungseinrichtungen, nicht die tatsächlich angeschafften und daher im Netz vorhandenen Einrichtungen. Aufgrund der ersten beiden primalen Restriktionen ist eine mengenmäßige Unterdeckung des Bedarfs ausgeschlossen. Sollte in diesen Nebenbedingungen das Gleichheitszeichen stehen, entsprechen die vorhandenen Anlagen mengenmäßig dem Bedarf. Nur im Fall mengenmäßiger Überschüsse kann sich die hier vorgeschlagene Bewertung als wenig sinnvoll erweisen (vgl. auch /1/, S. 102 ff., für ein anderes Optimierungsproblem). Steht zum Beispiel in der zweiten primalen Restriktion das Größerzeichen, würden nach dem Theorem des komplementären Schlupfes (vgl. z. B. /2/, S. 63) wegen $u_2 = 0$ alle Auszahlungen allein M_1 zugerechnet werden. Kapazitätsmäßige Überschüsse sind dagegen unproblematisch. $V_{21} > 0$ bedeutet, daß der Bedarf an Typ 1 (M_1) durch den Kauf von Typ 2, also durch den Aufbau von Kapazitätsüberschüssen, gedeckt wird.

Die Zielsetzung der Maximierung einer Auszahlungsgröße ist zunächst ungewöhnlich. Sieht man vom Fall mengenmäßiger Überschüsse ab, so daß die Anzahl M_1 und M_2 der erforderlichen

Bestände mit der Anzahl der tatsächlich beschafften Vermittlungseinrichtungen übereinstimmt, kann eine ökonomisch befriedigende Interpretation der dualen Zielfunktion gefunden werden. Da die bewerteten Vermittlungseinrichtungen als Vermögen des Netzbetreibers anzusehen sind, beinhaltet die duale Zielfunktion eine Suche nach dem maximalen Wert des entsprechenden Anlagevermögens. Dazu muß die zusätzliche Annahme getroffen werden, daß der Netzbetreiber die Anlagegüter mit den für sie getätigten Auszahlungen u_1 und u_2 bewertet.

Um die Analyse zu konkretisieren, sollen mit der Kapazitätsbevorratung und der Erweiterung bestehender Einrichtungen zwei denkbare optimale Strategien zum Ausbau der Infrastruktur betrachtet werden. Gegen eine Strategie der Kapazitätsbevorratung spricht der Zinsnachteil früherer Investitionen. Gegen Erweiterungen sprechen fixe Auszahlungen je Erweiterung.

3.2 Strategie der Kapazitätsbevorratung

Annahmen: $I_2 > 0, V_{21} > 0$; somit folgt aus dem bereits zitierten Theorem des komplementären Schlupfes:

- $u_2 = c_2$

- $u_1 + u_2 = c_{21}$

Demnach entspricht der Verrechnungspreis u_2 dem Barwert für Investitionsgüter c_2 und die Summe der Verrechnungspreise $u_1 + u_2$ stimmt mit dem Barwert für Investitionsgüter c_{21} überein. Eine Kombination dieser Bedingungen führt zu: $u_1 = c_{21} - c_2$; die Dualvariable u_1 drückt den Nachteil eines früheren Erwerbs des Typ 2 aus. Wird u_1 und u_2 in der dualen Zielfunktion ersetzt, ergibt sich:

$$\begin{aligned} C_b &= (c_{21} - c_2)M_1 + c_2 M_2 \\ &= c_{21}M_1 + c_2(M_2 - M_1) \end{aligned} \tag{3}$$

Der Ausdruck nach dem zweiten Gleichheitszeichen besagt, daß der bereits in der ersten Periode erforderliche Bestandszuwachs, der dem Bedarf selbst entspricht, mit dem Barwert c_{21} und der in der zweiten Periode notwendige Bestandszuwachs mit c_2 bewertet werden. Der Ausdruck nach dem ersten Gleichheitszeichen beinhaltet eine andere Sichtweise; der Bedarf der Periode 2 wird mit c_2 bewertet, wobei eine Korrektur für den früher auftretenden Bedarf erfolgt. Eine bereits in Periode 1 benötigte Vermittlungseinrichtung führt zu Auszahlungen in Höhe von c_{21}; dafür entfällt eine spätere Auszahlung für diese Einrichtung, so daß c_2 subtrahiert werden kann. Ändern sich die Zeitwerte für Investitionsgüter der Art 2 zwischen den Perioden nicht, so daß $c_{21} > c_2$ bei einem positiven Kalkulationszinssatz zu erwarten ist, besteht die Korrektur in Höhe der Zinskosten eines früheren Erwerbs. Obwohl die Vermittlungseinrichtungen technisch identisch sind (Typ 2), kommt es zu einer unterschiedlichen Bewertung, da die Periode des Erwerbs entscheidend ist. Nur im Grenzfall eines Kalkulationszinssatzes von null gilt $c_{21} = c_2$ und daher $C_b = c_2 M_2$, so daß die technisch identischen Vermittlungseinrichtungen gleich bewertet werden.

3.3 Strategie der Kapazitätserweiterung

Annahmen: $I_1 > 0$, $I_2 > 0$, $E_{12} > 0$; somit führt das Theorem des komplementären Schlupfes zu:

- $u_1 + w_1 = c_1$

- $u_2 = c_2$

- $u_2 - w_1 = c_{12}$

Kombiniert man die zweite und dritte Restriktion des Dualproblems, ergibt sich: $w_1 = c_2 - c_{12}$. Impliziert ist hier wegen $w_1 \geq 0$: $c_2 \geq c_{12}$; eine Erweiterung wäre nicht sinnvoll, wenn eine Erweiterung teurer als ein Neukauf ist.

Da unter Verwendung der ersten dualen Restriktion folgt: $u_1 = c_1 - w_1 = c_1 + c_{12} - c_2$, ist u_1 als Nachteil eines vorgezogenen Erwerbs mit anschließender Erweiterung zu interpretieren. Einerseits ergeben sich Auszahlungen bei einem Kauf zur Deckung des Bedarfs in Periode 1 in Höhe von c_1 und in der Folgeperiode für die Erweiterung in Höhe von c_{12}, andererseits entfällt eine Zahlung in Höhe von c_2. Vergleicht man $c_1 + c_{12}$ (früher Kauf und anschließende Erweiterung) mit c_2 (späterer Neukauf), wird man erwarten, daß in der Realität aufgrund von Erweiterungsfixkosten und Zinskosten $(c_1 + c_{12}) > c_2$ gilt. Setzt man für u_1 und u_2 ein, lautet die duale Zielfunktion:

$$
\begin{aligned}
C_b &= (c_1 + c_{12} - c_2)M_1 + c_2 M_2 \\
&= (c_1 + c_{12})M_1 + c_2(M_2 - M_1)
\end{aligned}
\tag{4}
$$

Gemäß dem Ausdruck nach dem zweiten Gleichheitszeichen wird der Bedarf beziehungsweise der Zuwachs in Periode 1 mit $c_1 + c_{12}$, der Zuwachs in Periode 2 erneut mit c_2 bewertet. Der Ausdruck nach dem ersten Gleichheitszeichen beleuchtet die Korrektur für den vor der Periode 2 auftretenden Bedarf in Höhe von $(c_1 + c_{12}) - c_2$. Die durch Aufrüstung des Typ 1 entstandenen Vermittlungseinrichtungen entsprechen technisch denen vom Typ 2; dennoch resultiert im allgemeinen eine unterschiedliche Bewertung.

4 Schlußfolgerungen für Periodenmodelle

Als Ergebnis aus der obigen Analyse kann festgehalten werden: Die optimale Bewertung der Vermittlungseinrichtungen hängt von der optimalen Ausbaustrategie ab. Daher müßte vor der

Durchführung periodenbezogener Planungsrechnungen, die auf Vorgaben bezüglich der Faktorpreise für Vermittlungseinrichtungen zurückgreifen, die optimale Bewertung dieser Kapitalgüter
und damit die optimale Ausbaustrategie bekannt sein. Betroffen sind davon alle traditionellen
Modelle der statischen Netzoptimierung, die das Auffinden der optimalen Anzahl, der optimalen
Kapazität und der optimalen Standorte von Systemelementen sowie der optimalen Struktur des
Verbindungsleitungsnetzes zum Ziel haben. Wenn derartige Modelle der optimalen Faktorkombination unter anderem auch zur Prognose des Bedarfs an Vermittlungseinrichtungen, also zur
Bestimmung der Vorgabegrößen für das betrachtete lineare Investitionsmodell, herangezogen wer-
den, wird eine zweite Verbindung zwischen den Planungsansätzen des Netzbetreibers erzeugt (zu
interdependenten Planungsrechnungen einer Unternehmung vgl. z. B. /6/).

Ein theoretisch korrektes Vorgehen verlangt daher die Entwicklung eines dynamischen To-
talmodells. In einem solchen Totalmodell erfolgt die Bestimmung der optimalen Faktorkombination im Zeitablauf; das heißt, die optimale Faktorkombination für jede Periode und die optimale Ausbaustrategie werden simultan ermittelt (vgl. z. B. /4/, S. 365 ff., im Rahmen eines
kontrolltheoretischen Ansatzes). Dieses Verfahren stößt allerdings insbesondere im Telekommu-
nikationsbereich auf Umsetzungsschwierigkeiten. Die oben genannten statischen Probleme der
Netzoptimierung allein sind mathematisch so aufwendig, daß sie im allgemeinen in Teilprobleme
zerlegt werden müssen. Selbst diese Teilprobleme der Netzoptimierung sind sehr komplex. Daher
wird die first-best-Lösung eines einzigen dynamischen Gesamtmodells kaum praktikabel sein.

Eine second-best-Lösung ist in einem iterativen Verfahren zu sehen, das aus statischen Teilmo-
dellen der Netzoptimierung und aus dem hier vorgestellten dynamischen Investitionsmodell besteht
(vgl. die nachfolgende Abb. 1). Mit Startwerten für die Preise von Vermittlungseinrichtungen und
Vorgaben für die auf den einzelnen Zeitstufen zu erwartenden Teilnehmerzahlen werden perioden-
bezogene statische Netzmodelle berechnet. Als Lösung ergeben sich unter anderem die optimalen
Bestände von Vermittlungseinrichtungen und damit die Beschränkungsgrößen für das lineare Programm der optimalen Ausbaustrategie. Die aus dem dynamischen Investitionsmodell gewonnene
interne Bewertung der Vermittlungseinrichtungen wird dann anstelle der Startwerte in die statischen Periodenmodelle einbezogen, so daß die entsprechend gebildeten relativen Faktorpreise auf
die optimale Faktorkombination einwirken können. Bei diesem Vorgehen bleiben die traditionellen
statischen Verfahren der Netzoptimierung, die sich in der Praxis bewährt haben, anwendbar.

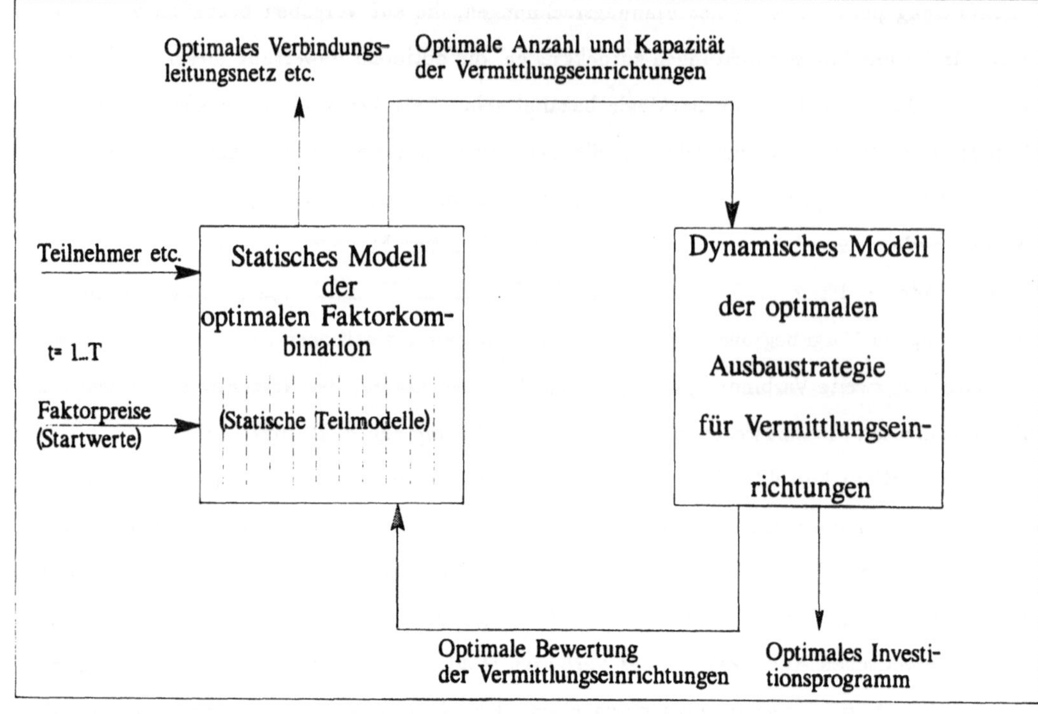

Abb. 1: Iterative Sicht des Gesamtproblems der Netzoptimierung

Literatur:
/1/ Buhr, W.
    Dualvariablen als Kriterien unternehmerischer Planung.
    Meisenheim am Glan: Hain (1967)
/2/ Chvatal, V.
    Linear programming.
    New York: Freeman (1983)
/3/ Clark, M. P.
    Networks and telecommunications.
    Chichester: Wiley (1991)
/4/ Feichtinger, R., Hartl, R. F.
    Optimale Kontrolle ökonomischer Prozesse.
    Berlin: de Gruyter (1986)
/5/ Grötschel, M., Lovasz, L., Schrijver, A.
    Geometric algorithms and combinatorial optimization.
    Berlin: Springer (1988)
/6/ Kilger, W.
    Die Produktionsprogrammplanung mit Hilfe der mathematischen Programmierung.
    Informationssysteme im Produktionsbereich, Hansen, H. R. (Hrsg.)
    München, 121-140 (1975)

Planung von Neuverrohrungen auf Basis eines Optimierungsmodells

Dr. Manfred Meika, Ruhrgas AG, Huttropstr. 60, 4300 Essen 1

Netzausbauvorhaben der öffentlichen Versorgungswirtschaft zeichnen sich durch hohe Kapitalbindung und Langfristigkeit der Investitionsentscheidungen aus. Vor diesem Hintergrund ist ein Optimierungsmodell zur Berechnung von gewinnoptimalen Netzausbaustrategien entwickelt worden.

Als Eingangsgrößen gehen in das Modell ein das Straßennetz des Zielgebietes, das erreichbare Potential für Erdgas, die Verlegekosten sowie betriebswirtschaftliche und technische Parameter. Die Bestandsaufnahme des Straßennetzes wird über eine Digitalisierung anhand geeigneten Kartenmaterials vorgenommen. Für die quantitative Erfassung des erreichbaren Potentials wird eine Direktbefragung im Zielgebiet durchgeführt. Hierbei werden pro Einzelobjekt Informationen zu Gebäude und Heizungsstruktur erfaßt.

Auf Basis dieser Eingangsgrößen berechnet das Optimierungsmodell eine gewinnoptimale Netzausbaustrategie. Anhand der vorgegebenen betriebswirtschaftlichen Parameter werden eine den Netzausbauvorschlag betreffende GuV-Rechnung und eine Liquiditätsbilanz erstellt. Zusätzlich liefert das Modell eine Schadstoffbilanz.

Das Optimierungsmodell ist sehr rechenintensiv und wird deshalb auf dem Großrechner eingesetzt. Für die nachträgliche Überarbeitung der Optimierungsergebnisse und zur Durchführung manueller Sensitivitätsanalysen kann vor Ort das PC-System MAFIOSY (MARKTFORSCHUNGS-, INFORMATIONS- und OPTIMIERUNGSSYSTEM) eingesetzt werden, welches qualitativ die gleichen Ergebnisse liefert.

Auswahl und Anwendung eines EIS-Werkzeuges für das Unternehmens-Reporting in der Drägerwerk AG

Hubert Ohlendorf
c/o Drägerwerk AG
Postfach 1339
W-2400 Lübeck 1

Die Anzahl der Produkte, die zum Stichwort "EIS" (Executive Information System) angeboten werden, ist groß und wächst noch weiter. In dem Bestreben, die herkömmliche Batch-orientierte Unternehmens-Berichterstattung im Drägerwerk durch eine moderne Anwendung zu ersetzen, wurde ein Anforderungskatalog an ein zukünftiges EIS-Werkzeug definiert, der Kriterien enthielt hinsichtlich Funktionalität, Oberfläche, Datenhaltung, Hardware-Architektur, Integrationsfähigkeit. Ohne in eine vollständige Marktanalyse einzutreten, wurden einige Produkte nach diesem Anforderungskatalog bewertet; das danach optimale Werkzeug wurde installiert.

Um das neue Unternehmens-Reporting in der gewünschten Gestalt und Aussagefähigkeit entwickeln zu können, wird im weiteren Projektverlauf doppelgleisig verfahren: Einerseits wird anhand eines bestehenden Tagesberichts ein Prototyp erstellt, der die Möglichkeiten der neuen Oberfläche darlegt und als "Kondensationskern" für die Wünsche der Anforderer dient; andererseits wird parallel dazu auf Basis der bestehenden Schlüsselsysteme ein neues Strukturdatenmodell für Blickwinkel und Berichtsebenen entwickelt und eine Universalschnittstelle zur Datenhaltung der operativen Systeme definiert. Auf der so geschaffenen Basis für ein umfassendes Unternehmens-Reporting werden die konkretisierten Anforderungen der Benutzer realisiert, wobei großer Wert auf weitgehende Flexibilität der Informationsaussagen und deren Modellierbarkeit durch den Benutzer gelegt wird.

Quadratische Optimierung in der industriellen Anwendung
Beispiel: Mischbettrechnung

Dr. Karl-Rüdiger Hüsig   Hüttenwerke Krupp Mannesmann GmbH
Reinhold Müller   Krupp Industrietechnik GmbH
Dr. Ulrich Pickartz   Mannesmann Datenverarbeitung GmbH

Im Zuge einer Modernisierung eines integrierten Hüttenwerkes in DURGAPUR (Indien) wird auch der Bereich der Möller- und Kohlevorbereitung (Raw Material Handling Plant RMHP) automatisiert, in der die Einsatzstoffvorbereitung zur Roheisenerzeugung im Hochofen erfolgt. Insbesondere zur Sintervorbereitung werden unterschiedliche Einsatzstoffe auf sogenannten Mischbetten gemischt.

Diese Mischung erfolgt mit dem Ziel, chemische und physikalische Bedingungen zu schaffen, die für die Sinterproduktion und letztlich für den Hochofenprozeß optimal sind. Dabei sind gegebene betriebliche Randbedingungen zu berücksichtigen. Um diese Zielsetzung zu erreichen soll ein Verfahren ausgewählt werden, das es gestattet, auf dem Prozeßleitrechner das Mischungsverhältnis zu bestimmen.

Im vorliegenden Fall geht es hauptsächlich um das Erreichen einer vorgegebenen chemischen Zielanalyse. Da unter den gegebenen Restriktionen eine vorgegebene Analyse in der Mischung im allgemeinen nicht exakt zu erreichen ist, wird eine Lösung gesucht die möglichst nahe bei der Zielanalyse liegt. " Möglichst nahe " wird im Sinne eines gewichteten euklidischen Abstandes in einem n-dimensionalen Raum interpretiert und führt demnach auf die Minimierung einer quadratischen Funktion mit Nebenbedingungen. Da alle Restriktionen als lineare Gleichungen resp. Ungleichungen formulierbar sind, ergibt sich insgesamt die Fragestellung der quadratischen Optimierung.

Die Lösung des Problems erfolgt mit Hilfe eines Standardverfahrens aus der FORTRAN-Bibliothek IMSL. Der Schwerpunkt des Vortrages wird jedoch nicht auf der algorithmischen Seite liegen. Vielmehr soll der Mathematisierungsprozeß in den Vordergrund gestellt werden, der von der praktischen Fragestellung ausgehend schließlich zu einem quadratischen Optimierungsmodell führt.

**" Anwendung von Petri-Netzen auf die Planung von Autotüren -
Montageinseln "**

Hans - Joachim Schorn

Dornier - GmbH

Postfach 1420
7990 Friedrichshafen

Zielvorgaben:

Für die Fertigung eines neuen Automodelles wird für die Türenmontage die
bisherige Linienfertigung mit der ganzheitlichen Inselfertigungsmethode
kombiniert, wobei ein Werker immer eine Tür komplett bearbeitet. Das hier
dargestellte Modell beschreibt einen geschlossenen Fertigungszyklus , bei dem
am Eingang die zu montierenden Teile (4 Türen + Montagematerial) auf
Paletten einer Fertigungsinsel zugeführt und dort auf 5 parallele Stränge
verteilt werden. Innerhalb der Stränge arbeiten jeweils 12 Werker in 3
Montagegruppen. In einem Strang kann an maximal 5 Paletten gleichzeitig
gearbeitet werden. Ist ein Türensatz fertig, werden die Paletten in einer
Linie einer zweiten Fertigungsinsel für die Feinbearbeitung zugeführt. Am
Ausgang von Insel 2 befindet sich ein Nachbearbeitungsplatz (Annahme : 10%
Nacharbeit erforderlich) , sowie ein Sortierpuffer, in dem für die
nachfolgenden Bearbeitungsschritte die ursprüngliche Auftragsreihenfolge
wieder hergestellt wird, bevor die Paletten entladen und mit neuen Teilen für
den nächsten Durchlauf bestückt werden.

   Bei Vorgabe der einzelnen Takt - bzw. Bearbeitungszeiten ,sowie der
angenommenen Verfügbarkeit der Einzelkomponenten waren zu ermitteln:
- Durchlaufzeitverteilung, Anzahl der erforderlichen Montagepaletten, Sor-
tierpuffergröße, Werkerauslastung , Kapazität des Nacharbeitsplatzes.

Lösungsansatz:

O.g. Fertigungsablauf wurde mit Hilfe eines mehrstufigen hierarchichen Modelles
erweiterter Petrinetze abgebildet. Das Störungs- bzw. Zeitverhalten der zu
betrachtenden Objekte wurde mittels spezieller voneinander unabhängiger Stati-
stikfunktionen ebenfalls mittels Petrinetzen modelliert. In mehreren Läufen, in
denen jeweils Ferigungszeiträume von mehreren Monaten simuliert wurden, konnte
durch Variation weniger Modellparameter für o.g. Fragen die optimalen Werte ermittelt werden.

Qualitative Verkehrsdatenanalyse

Cand.-Inform. A. Schumacher und Dr. H. Kirschfink
Beratende Ingenieure für Verkehrstechnik und Datenverarbeitung
Heusch/Boesefeldt GmbH
Liebigstr. 20
5100 AACHEN

Kurzfassung: Die Überwachung des Verkehrszustandes in einem
Straßennetz und die Verkehrssteuerung durch technische Anlagen sind
die wesentliche Aufgabe einer Verkehrsrechnerzentrale (TCC). Dabei
erhält die TCC zyklisch Meßwerte wie Verkehrsstärken,
Geschwindigkeiten und Belegungsgrade übertragen von den im
Straßennnetz installierten Detektoren. Um mit Hilfe dieser Daten den
Verkehr optimal steuern zu können, müssen die Daten analysiert werden.
Methoden der Künstlichen Intelligenz bieten viele Möglichkeiten, aus
den detektierten Daten streckenbezogene, vollständige und qualitativ
zuverlässige Verkehrsinformationen herzuleiten.

Das vorliegende Papier zeigt Methoden auf zur Überprüfung der
Plausibilität von Detektordaten, zur räumlichen Prognose von
Verkehrsstärken und zur Analyse der Verkehrslage. Dazu werden
linguistische Variblen definiert, die für jeden Streckenabschnitt die
Verkehrsbelastung in den Abstufungen (LOW,MEDIUM,HIGH,VERY HIGH)
beschreiben. Analog werden linguistische Variablen für den
Abbiegeverkehr definiert. Die fehlenden Verkehrsdaten werden durch
einen Inferenzmechanismus, der mit linguistischen Variablen operiert,
auf der Basis der detektierten Daten vervollständigt. Dazu werden zur
Beschreibung der unsicheren und unvollständigen Informationen
unscharfe Mengen definiert. Als Ergebnis erhält man für jeden
Streckenabschnitt eine linguistische Variable, die die Verkehrsstärke
auf dem Streckenabschnitt flexibel beschreibt. Eine Rückführung auf
den "sichersten" möglichen Verkehrsstärkewert ist ebenfalls möglich.

Abstract: The main task of a traffic control center (TCC) is the
centralized monitoring and control of traffic flow in urban and
extraurban areas via technical equipment. The TCC cyclically gets
measured values such as traffic volumes, speeds and occupancy rates
through detectors which are installed within the road network. To
reach the best possible traffic control on the basis of these data
they have to be analysed.

Methods of artificial intelligence offer a variety of possibilities to
derive complete and qualitative reliable traffic information from the
detected data. The paper on hand points out the methods for the
checking of the plausibility of detector data, for the spacial
prognosis of traffic volumes and for the analysis of the traffic
situation. The identification of characteristic traffic situations as
the basis of various traffic control measures corresponds to the way
experts act. Therefore the basic values will be described with
linguistic variables (fuzzification), for instance : traffic density
could be low, medium, high or very high. Also the turning and feeding
flows will be linguistic. A set of rules describing the traffic
behaviour is build and new values are computed with approximate
reasoning. The results of the propagation through the whole network
are fuzzy sets (linguistic terms) for each link which describe the
traffic state of the link.

1. Motivation

Zu den wesentlichen Komponenten einer Verkehrsbeeinflussungsanlage (VBA) gehören die Datenerfassung, die Steuerung und eventuell die Vorhersage von Verkehrsflüssen. Als Beispiele von VBA sind Lichtsignalanlagen, Alternativroutenführung durch Wechselwegweiser, Geschwindigkeitsregulierung und Stauwarnung durch Wechselverkehrszeichen, etc. zu nennen.

In den letzten Jahren versucht man die fixen, zeitabhängigen Entscheidungen (z.B. für Signalplanwechsel) verkehsabhängig zu treffen. Jedoch ist in den meisten Verkehrsnetzen, -linien nur eine eingeschränkte Detektorausstattung zur Messwerterfassung vorhanden, da die Induktionsschleifen und ihre Installation sehr kostspielig sind. Außerdem liefern die üblichen Induktionsschleifendetektoren keine räumlich und zeitlich vollständigen Informationen über den Verkehrsfluß. Die Schleifendetektoren erfassen lediglich räumlich wie zeitlich diskrete Stichproben. Auch andere Erfassungstechniken sind bisher nicht in der Lage, bessere Informationern zu liefern.

Die heutigen rechnergestützten VBA führen nach der Erfassung der Messwerte im allgemeinen sofort eine Datenauswertung durch, der Steuerungsentscheidungen folgen. Die Auswertungsmethoden basieren häufig auf Schwellenwertentabellen.

In der Praxis benutzt der Verkehrsplaner, -techniker jedoch nicht die Schwellenwerte sondern die Begriffe "Verkehrssituation", "Verkehrszustand", "Verkehrslage", "hoher Verkehr", usw.. Die Verarbeitung dieser Begriffe würden auch eine adäquatere Form der Verkehrsinformation bieten.

Anhand von Verkehrsbeobachtungen oder automatisierten und zum Teil graphisch aufbereiteten Datenauswertungen erkennt der Planer (Verkehrsexperte) die aktuell vorliegende typische Verkehrslage in einem Verkehrsnetz z.B. "Berufsverkehr stadteinwärts". Ihm liegt dabei ein abstraktes Bild der Situation vor, das aufgrund seines Wissens und seiner Erfahrungen entstanden ist. Fragt man ihn aufgrund welcher Erkenntnisse er die spezielle Situation erkannt hat, so kann es passieren, daß er verschiedene Gründe mit unterschiedlichen Wichtigkeiten benennt. Der Experte führt mehr oder weniger bewußt eine Quantifizierung und Qualifizierung von Verkehrszuständen durch.

Dieses Wissen des Verkehrsexperten geht in bestehende VBA nur unzureichend oder zu streng ein. Es ist häufig difus, vage und unstrukturiert ist oder aber läßt sich nicht mit konventionellen Programmiertechniken abbilden läßt. Um aber dieses Wissen in der Proxis abzubilden, werden Schwellenwerte in aufwendigen Versuchen "kalibriert", bis sie akzeptable Steuerungen ermöglichen (siehe auch (Kühne92)). Es wird somit ein Bester unter den schlechten Kompromissen gefunden.

Die Eingabedaten der bisherigen Systeme bestehen aus Verkehrsdaten, die durch Detektoren in Straßen erfasst werden.

Daher wird im Rahmen des DRIVE- (Dedicated Road Infrastructure for Vehicle.Safety in Europe) Projektes V2039 "KITS" (**K**nowledge-based and **I**ntelligent **T**raffic control **S**ystems; vgl. auch (Ambrosino 92B), (Kirschfink92B)), und einer damit verbundenen Diplomarbeit ein wissensbasiertes System zur qualitativen Verkehrsdatenanalyse erstellt und in Feldversuchen getestet.

Der KITS-Zugang zur Problemlösung in der Verkehrsleittechnik
basiert auf dem Forschungsprojekt DRIVE V1055 (vgl.
(Ambrosino92A), (Irgens90), (Kirschfink92A)). Vergleichbare
Ansätze zum Verkehrsmanagement werden bereits in Paris
(Forasté90)) eingesetzt. Ferner werden ebenfalls KI-Systeme in
Spanien (AURA92) eingesetzt.

2. Analyseverfahren

2.1 Aufgabe

Der im Rahmen des KITS-Projektes verfolgte Ansatz unterscheidet
sich von den bisherigen durch vier Aspekte:

- Einbeziehung des vorhandenen Expertenwissen,

- Benutzung von linguistischen Variablen,

- räumliche Vervollständigung der erfassten Daten,

- Einführung einer Komponente zur Datenanalyse nach der Erfassung und
  vor der Steuerungskomponente.

Wie bei den übrigen VBA werden die gemessenen Verkehrsdaten verwendet.
Im innerorts Bereich sind dies die Verkehrsstärke (Anzahl der
Fahrzeuge pro Zeitintervall) und der Belegungsgrad (relativewr Anteil
pro Zeitintervall, wo die Schleife durch ein Fahrzeug "belegt" ist),
außerorts wird neben der Verkehrsstärke oft die Geschwindigkeit der
Fahrzeuge gemessen. Eine weitere wichtige Kenngröße ist die Verkehrs-
dichte (Fahrzeuge pro km), die aus der Verkehrsstärke und Belgungsgrad
bzw. Geschwindigkeit hergeleitet werden kann.

Neben diesen gemessenen Information wird das Wissen aus stichprobenar-
tigen Verkehrszählungen über Abbiegeströme und Zusammenhänge von
Verkehrsströmen sowie das Wissen der Experten über die Zustände von
Straßenabschnitten, Kreuzungen, Problembereichen und Verkehrsnetzen in

Abbildung 1: Linguistische Variable "Sättigungsgrad"

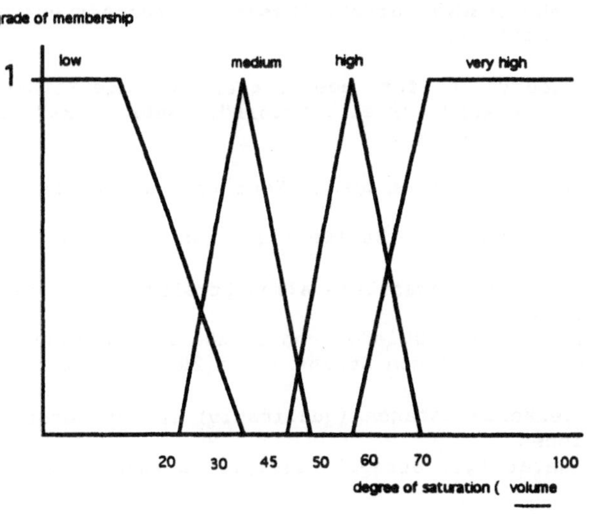

einer Wissensbasis als Regeln oder Frames abgelegt. All diese Größen bestimmen die Verkehrslage. Die Verkehrsexperten benutzen zur Beschreibung der Zustände die Termini z.B. schwacher, freier, hoher, gesättigter oder gestauter Verkehr auf einer Straße bzw. Berufsverkehr stadteinwärts, Feierabendverkehr oder Messeverkehr im Netz. Diese Zustände sind nicht durch scharfe Grenzen voneinander trennbar, sondern haben fließende Übergänge. Daher bietet sich die Interpretation als linguistische Variablen (vgl. (Zimmermann88)) an. (Abbildung ling. Var.)

Die Erkennung einer vorliegenden Verkehrssituation vereinfacht sich durch eine vollständigere Erfassung von Verkehrsdaten, d.h. Ausstattung möglichst vieler Straßen mit Detektoren. Da dies aus Kostengründen oft nicht gegeben ist, wird versucht, die fehlenden Verkehrsdaten zu reproduzieren und im Netz räumliche Datenlücken zu vervollständigen.

Auf Basis eines räumlich mit Verkehrsddaten vervollständigten Verkehrsnetzes erfolgt dann die Analyse der Daten, die zur Benennung von Verkehrzuständen für jede Straße und der gesamten Verkehrssituation im Netz führt.

2.2 Vorgehen

Zur Realisierung eines solchen qualitativen Analyseverfahrens müssen zum einen die Datenstrukturen und die Inferenzverfahren aufgebaut werden (vgl. z.B. (Efstathiou89))zum anderen muß das erforderliche Expertenwissen akquiriert werden.

In die Wissensbasis muß sowohl statisches als auch dynamisches Wissen eingebracht werden.

Unter statischem Wissen sind netztopologische und physikalische Gegebenheiten z.B. Länge der Straße, zulässige Höchstgeschwindigkeit, Anzahl Fahrspuren, etc. gemeint.

Das dynamische Wissen enthält das eigentliche Expertenwissen, z.B. :

 die Benennung typischer Verkehrssituationen
   z.B. "Berufsverkehr stadeinwärts", "Messe", "Brückensperrung",
   "Freitag nachmittag", etc.

 - die Angabe von Intervallen für jede Straße, wann die Straße als
   "sehr schwach", "schwach", "frei", "stark", "sehr stark" belastet
   oder "gestaut" bezeichnet wird

 - die Beschreibung der Verkehrslage im Netz für jede typische Verkehrssituation
   z.B. für "Messe"-Situation : Straße 1 gestaut und Straße 2 gestaut

 - die Beschreibung der Abbiegeflüsse aller Straßen in den verschiedenen Verkehrssituationen
   z.B. "Messe": 90 % Rechtsabbieger von Straße 1 in Straße 2; 80 % des
   Verkehrs auf der Straße 2 von Straße 1 und 20 % aus Straße 3

 - die Angabe der Verkehrszustände (qualitativ) in den verschiedenen
   Verkehrssituationen
   z.B. Straße 1: gesättigt; Straße2: frei,...,Straße n: frei

- die Angabe von Abhängigkeiten zwischen verschiedenen Detektoren
  z.B. Verkehrsstärke an Detektor 1 gemessen kann nie höher sein als
  an Detektor 2 gemessener Wert.

Aus den an einigen Stellen gemessenen Verkehrsdaten werden Sättingungsgrade berechnet und anhand der vorgegebenen linguistischen Variablendefinitionen fuzzyfiziert. Das Ergebnis der Fuzzyfizierung eines Sättigungsgrades kann z.B. "hoch" mit Zugehörigkeit 0.7 und "gestaut" mit Zugehörigkeit "0.8" sein.

Dieses in linguistische Variablen transformierte Wissen wird in darauf arbeitenden Produktionsregeln in der Wissensbasis abgelegt.

z.B.:
    if Sättigungsgrad-Straße 1 (stark,0.8)
    and Abbiegerate (hoch,0.7)
    then Sättigungsgrad-Straße 2 (stark, OP(0.8;0.7))

    if Sättigungsgrad-Straße 1 (stark,0.8)
    and Sättigungsgrad-Straße 2 (sehr stark,0.5)
    and Sättigungsgrad-Straße 3 (stark,0.8)
    then Verkehrssituation
        (Berufsverkehr stadteinwärts, OP(0.8;0.5;0.7))

        (mit OP Verknüpfungsoperator z.B. Minimum oder Maximum)

Aufgrund der Produktionsregeln,die das Abbiegeverhalten bei bestimmten Sättigunggraden beschreiben, werden die vorliegenden fuzzyfizierten Messwerte auf Plausibilität überprüft und durch das gesamte Verkehrsnetz propagiert. Dabei werden Konfidenzfaktoren mit einbezogen, die die Sicherheit der abgeleiteten Information angeben. Die Strategie lautet, den sichersten Wert weiter zu propagieren.

Nach der räumlichen Vervollständigung der Verkehrdaten für alle Straßen kann nun die Analyse der Daten beginnen.

Im innerorts Bereich werden in der Regel 6 Verkehrszustände (Belastungsstufen) von Strecken und Kreuzungen unterschieden :

- "sehr schwach","sehr niedrig"

- "schwach", "niedrig"

- "frei", "ungesättigt"

- "gesättigt"

- "hoch", "fast gestaut"

- "gestaut".

Die Verkehrszustände sind durch Produktionsregeln in der Wissenbasis abgelegt. Die Regeln zur Einstufung des Zustandes beinhalten im Bedingungsteil die Sättigungs- und Belegungsgrade der Strecken.

z.B.:
    if Sättigungsgrad (sehr schwach,0.6)
    and Belegungsgrad (schwach,0.7)
    then Verkehrszustand (sehr schwach, OP(0.6;0.7))

```
if  Sättigungsgrad (schwach,0.3)
and Belegungsgrad (schwach,0.7)
then Verkehrszustand (schwach, OP(0.3;0.7))
```

Da in den meisten Fällen das Ergebnis der Datenvervollständigung nicht
nur einen Sättigungsgrad ist sondern eine Menge von Sättigungsgraden
mit unterschiedlichen Zugehörigkeiten, wobei 1,0 die höchste Zugehörigkeit kennzeichnet und auch die Belegungsgrade linguistische Variablen sind, muß auch hier ein Inferenzverfahren auf fuzzyfizierter
Ebene durchgeführt werden. Die Besonderheit beim Inferenzverfahren mit
unscharfen Werten besteht darin, daß die Strategie, ob forward- oder
backward-chaining keinen großen Unterschied darstellt, da in beiden
Fällen die Regelmenge vollständig geprüft werden muß.

Der letzte Schritt der Datenanalyse besteht dann aus der Erkennung des
entsprechenden Verkehrssituationsmusters, das durch einzelne Verkehrszustände beschrieben wird. Innerhalb der Regeln oder Frames der Situa-
tuinsmuster gehen nur die Verkehrszustände der Straßen und Kreuzungen
ein. Mit Hilfe von Inferenzverfahren auf Regeln oder Frames wird die
Verkehrssituation, die die höchste Zugehörigkeit hat, ermittelt.

2.3 Verwendung

Das Ergebnis der wissensbasierten qualitativen Verkehrsdatenanalyse
ist ein detaillierter Verkehrssituations-(lage-)bericht.

Die aktuelle Verkehrssituation im Netz wird mit der Terminologie des
Experten beschrieben. Dabei wird einmal die globale Verkehrssituation
festgestellt (z.B. Berufsverkehr stadteinwärts), und zum anderen
werden Abweichungen von dem bekannten Muster der festgestellten
Verkehrssituation benannt. Zusätzlich ist für jede Straße der aktuelle
Verkehrszustand bekannt. Diese Information wird in graphischer und
textueller Weise aufbereitet.

Dieses Analyseergebnis ist eine ideale Voraussetzung für Verkehrsin-
formationssysteme und Verkehrssteuerungen. So können die Verkehrsteil-
nehmern durch den Verkehrslagebericht (z.B. via Radio-, Fernsehmeldun-
gen) informiert werden.

Desweiteren kann das Ergebnis detaillierter Analysen zur Problemerken-
nung, z.B. Stauursachen, dienen. Der Verkehrslagebericht enthält dabei
Informationen über die allgemeine Verkehrssituation, über erkannte
Problembereiche im Netz und über die Verkehrszustände in den einzelnen
Abschnitte.

Titel	erkanntes/aggre- giertes Ergebnis	Erklärung
Allgemeine Verkehrssituation :	Typischer Nachmittags- Berufsverkehr	Mit Zugehörigkeit 80% ist diese Verkehrssituation erkannt worden. Es herrscht mit Zugehörigkeit 35% bereits die Situation "Feierabendverkehr"
gültige Problemmuster:	Rund um das Kreuz XY herrscht fast gestauter Verkehr	3 Zufahrten zum Kreuz xy haben "fast gestauten Verkehr"; Das Problemmuster ist mit Zugehörigkeit 65% erkannt.

	Im Bereich von Anschlußstelle zz herrscht Stau.	Die Stauungen auf Streckenabschnitt a und c werden zusammengefaßt zu Staubereich "Anschlußstelle zz". Dieses Problem ist mit Zugehörigkeit 60% erkannt worden
	...	...
Verkehrszustände:	Streckenabschnitt 1 gesättigter Verkehr	$v < 60$; or $> 0,25$; Zugehörigkeit 80%; Nächster Zustand: 25% zu freier Verkehr
	...	...
	Streckenabschnitt n fast gestauter Verkehr	$v > 70$; or $> 0,45$; Zugehörigkeit 80%; nächste Zugehörigkeit: gestaut mit 50%
	...	...

Tabelle 1:   Beispiel eines Verkehrslageberichts

Die Grundlage für die (strategische) Steuerung ist dann dieses Analyseergebnis. Ferner können natürlich auch direkte Verkehrswerte zur (lokalen) Steuerung benutzt werden.

Durch ein solches integrierendes System ist es also möglich, verschiedene Wissens- und Informationsquellen zur Verkehrssteuerung zu Rate zu ziehen. Das Erfahrungswissen der Experten, welches in Regeln oder Frames ausgedrückt ist, ist dabei Bestandteil der "Problemmusteranalyse" aus dem Verkehrslagebericht.

Literatur:

(Ambrosino92A) Ambrosino G., Cuena J., Boero M. "A General Knowledge-Based Architecture for Traffic Control: the KITS-Approach", in: Proceedings of the conference on Artificial Intelligence Applications in Transportation Engineering, San Buenaventura, California, June 1992.
(Ambrosino92B) Ambrosino G., Bielli M., Boero M., Fleischmann S., Kirschfink H., Irgens M., "IUTCS: a Knowledge-based Blackboard Architecture for Advanced Urban Traffic Management and Control", in: Proceedings of the 2nd Int. OECD Workshop on Knowledge Based Expert Systems in Transportation, Montreal, Canada, June 1992.
(AURA92) Arran, L.A., Hernandez, S., Derqui, G., "AURA: Expert System on Traffic Control", in: Proceedings of the 25th ISATA on RTI/IVHS, Florence, Italy, 1992.
(Efstathiou89) Efstathiou, J., "Expert Systemes in Process Control", Longman, London, UK, 1989.
(Irgens90) Irgens M., Bielli M., Ambrosino G., Boero M., Fleischmann S., Hock R., " Artificial Intelligence and Expert Systems: towards an application to Road Traffic Control", in: Proceedings of the 1st International OECD Workshop on Knowledge Based Systems in Transportation, Espoo, Finland, June 1990
(Kirschfink92A) Kirschfink, H., Richter, M., "Knowledge-Based Derivation of Traffic Data", in: Proceedings of the MTT-Conference on Managing Traffic and Transportation, Amsterdam, Netherlands, April 1992.
(Kirschfink92B) Kirschfink H., Jansen B., Richter M., "Traffic Data Support Systems via AI-Based Methods", in: Proceedings of

the conference on Artificial Intelligence Applications in
Transportation Engineering, San Buenaventura, California, June
1992.

(Kühne92) Kühne R., Kroen A., "Knowledge-Based Optimization of
Line Control Systems for Freeways", in: Proceedings of the
conference on Artificial Intelligence Applications in
Transportation Engineering, San Buenaventura, California, June
1992.

(Forasté90) Forasté B., Scemama G., "Surveillance And Congested
Traffic Control In Paris By Expert Systems"Conference on Road
Traffic Control, IEE, 1990.

(Zimmermann88) Zimermann, H.J., "Fuzzy Set Theory - and Its
Applications", 3rd printing, Kluwer-Nijhoff, Dordrecht, 1988.

Anwendung multivariater statistischer Methoden im Versandhandel - Eine Sortimentsanalyse

Dr. Michael Semmler, Quelle Schickedanz AG & Co.
Hornschuchpromenade 7, W-8510 Fürth

Die "Kauf ohne Risiko"- Garantie ist ein wichtiges Marketing-Instrument des Versandhandels. Die durch dieses Service-Angebot entstehenden Waren-Retouren verursachen Kosten und beeinflußen den Netto-Umsatz.

Eine geeignete Prognose der Retourenhäufigkeit auf Artikel-Ebene liefert die Grundlage für die Disposition des Einkaufs (Prognose der Netto-Nachfrage), die Planung des Sortimentsmix (Katalog-gestaltung) und für die Personaleinsatzplanung (Retouren-abwicklung).

In dieser Studie gilt es, für Textilien charakteristische Merkmale, z. B. Preis/Preislage, Material, Modische Einstufung, Schnittführung, etc., herauszufiltern, die am besten die Retourenhäufigkeit beschreiben. Darauf aufbauend kann dann für jeden neuen Artikel die Retourenquote prognostiziert werden.

Es kommen hier multivariate statistische Methoden, lineare und nichtlineare Kovarianzmodelle, zur Anwendung.

SITING LONG-TERM HEALTH CARE FACILITIES BY OPTIMIZING PRODUCTIVITY RATIOS

Homeé F.E. SHROFF
Thomas R. GULLEDGE
Kingsley E. HAYNES

The Institute of Public Policy
George Mason University
Fairfax, Virginia 22030-4444 USA

This paper provides a locational assessment model from a multiple criteria perspective through the utilization of fractional programming. The particular application provides decision support for the siting of a long-term health care facility. The paper extends spatial efficiency measurement methodologies by using Data Envelopment Analysis (DEA) to estimate the relative siting efficiency of 27 planning districts in the Northern Virginia region. The study identified Pareto-optimal sites as potential locations for a new 120 bed long-term care facility.

This study was completed with the support and active participation of the corporate planning department of the major provider of health care services in the Northern Virginia area. The recommendations were included in the organization's strategic plan, and a new facility will be constructed as recommended if regulatory approval is received.

The paper is organized as follows. First, the organization's siting problem is described. This discussion includes patient and employee access, employee availability, patient demographic characteristics, patient economic characteristics, and an assessment of the current Virginia regulatory environment.

Next, a brief review of the DEA methodology is provided. The specific formulation is discussed with specific attention attributed to input and output definitions and measurements. The presentation concentrates on how the present application differs from the more traditional applications of DEA. The distinction between productive efficiency and siting efficiency is stressed. The solution is presented, and the sensitivity analysis is discussed. The sensitivity analysis suggests that the solution is robust and *well-behaved*. Finally, decision support and implementation implications are discussed.

DATENPRÜFUNG MIT HILFE EINES ELEKTRONISCHEN DAUMENABDRUCKS
(PRÜFSCHLÜSSEL)

Konrad Tobey, Essen

Immer häufiger werden Daten über Datenträger oder Modem ausgetauscht. Hierbei ist es notwendig, Prüfungen vorzunehmen, die unmittelbar feststellen, ob der Inhalt der Datei verändert, korrigiert oder vertauscht worden ist. Für jede Datei sollte ein Prüfschlüssel - wie der Daumenabdruck bei einem Menschen - die eindeutige Zuordnung zwischen Datei und Prüfschlüssel wiedergeben. Der R5-Modus (Rechenverfahren in 5 Schritten) ist ein Algorithmus der RWE Energie AG, der den sogenannten "Daumenabdruck" für eine Datei erstellt. Dieser Daumenabdruck ist ein 30-stelliger Schlüssel, der sich aus 5 Rechenschritten zusammensetzt:

- Multiplikationsverfahren

  Die Wertigkeit eines Zeichens wird mit
  einem Positionsfaktor - der je Byte unterschiedlich ist - multipliziert.

- Zählerverfahren

  Aufbau einer Matrix mit Ermittlung der
  Häufigkeit eines jeden Zeichens

- Exklusiv-ODER - Verfahren

  Bit-Verknüpfung und Verschiebung mit
  Vorgabe von Startadressen

- Faktor A

  Ermittlung der Gesamtwertigkeit

- Faktor B

  Ermittlung eines Gesamtzeichen- und
  Gesamtzeilenfaktors

Dieser Algorithmus wird seit 1986 bei allen PC-Übertragungen von Konzerngesellschaften zur RWE AG sowie bei der PC-Bearbeitung eingesetzt. Ein weiteres Anwendungsgebiet für den R5-Modus ist der Datenträgeraustausch zwischen RWE AG und Banken.

(vgl. Scherotzki, U.; Das Loch im Datensicherheitsnetzt, in:
Der Betrieb, Jahrgang 1989, Beilage 13/89 zu Heft 39 S. 22 ff)

PC-gestützte Vorgabenermittlung bei der Schering AG

Dirk Venzlaff
Dr. Erich Wohlfart
Schering AG, 1000 Berlin 65

Zusammenfassung

In diesem Beitrag wird beschrieben, wie ein PC-gestütztes Gleichungsmodell erstellt wurde, das zu Prognose-Rechnungen im Rahmen der Jahresplanung des Schering-Konzerns verwendet wird.

Abstract

This article describes the development of a PC-based model which is used for the forecasting during the annual planning process of the Schering group.

1.   Einführung

Das hier vorgestellte Projekt wurde in Zusammenarbeit zwischen dem Zentralen Controlling der Schering AG und dem Lehrstuhl von Prof. Zwicker (Technische Universität Berlin) im Zeitraum Oktober 1991 und Februar 1992 im Rahmen einer Diplomarbeit durchgeführt.

1.1   Der Schering Konzern im Überblick

Der Schering Konzern ist ein weltweit tätiger Unternehmensverbund der forschenden chemisch-pharmazeutischen Industrie mit einem Umsatz von 6,36 Mrd. DM in 1991.

Der Konzern umfaßt 130 Tochter- und Beteiligungsgesellschaften in 44 Ländern. Außer in der Bundesrepublik Deutschland werden die Produkte in 23 Ländern hergestellt.

Seit dem Verkauf der Chemie-Sparten im Juli/August 1992 konzentriert sich Schering auf die beiden Bio-Sparten Pharma und Pflanzenschutz.

1.2 Die Vorgaben als Teil des Planungsprozesses

Die hier beschriebene Planung beschäftigt sich mit der Abstimmung und Festlegung von **kurz- und mittelfristigen Ergebniszielen.** Diese Ergebnisplanung ist von der handelsrechtlichen und finanzwirtschaftlichen Planung abzugrenzen. Alle Planungen sind wiederum in die strategische Planung eingebettet.

Der Planungsprozeß läßt sich als ein **Ineinandergreifen von Planungs- und Planverfolgungsaktivitäten** beschreiben, der sich über einen Zeitraum von fast einem Jahr erstreckt. Der Prozeß hat die jährlich überarbeitete strategische Grundrichtung zur Basis und findet im **Gegenstromverfahren** statt.

Es handelt sich dabei um eine rollierende Planung mit **dreijährigem Planungshorizont.**

Das hier vorgestellte Projekt beschäftigte sich mit einem Teilprozeß der Jahresplanung, den sog. **Vorgaben.** Es handelt sich dabei um **pauschale quantitative und qualitative Ziele,** die der Vorstand als Auftakt der eigentlichen Planung den Sparten und Unternehmungsfunktionen vorgibt.

Im Zentralen Controlling wird, basierend auf den Planzahlen (für das zweite Planjahr), eine **Prognose** der vorgabenrelevanten Zielgrößen erstellt. In diese Prognose fließen alle Erkenntnisse ein, die seit der Verabschiedung dieses "alten" Planes gewonnen wurden.

Erkenntnisse, d.h. hier Informationen:
- über Vergangenheitsentwicklungen
- aus der Planung des zweiten Planjahres der letzten Mehrjahresplanung
- über feste oder vorausssichtliche Änderungen von Strukturparametern, wie
  * Kurse
  * kalkulatorische Zinssätze
  * Mengen
  * Preise
- über feste oder voraussichtliche Sondereinflüsse.

Die Ermittlung der Vorgaben stellt einen **Kompromiß** zwischen detaillierter Planung (wie dem Vorgehen bei der Mehrjahresplanung) und der einfachen Festlegung der Vorgaben durch den Vorstand ohne nachvollziehbare Prognosemethode dar.

2.   Soll-Konzept

Ziel dieses Projektes war, die Prognosequalität hinsichtlich der Bestimmung der quantitativen Prognosen der Zielgrößen zu erhöhen.

Das sollte durch die Formulierung eines Gleichungsmodells erfolgen, welches in verdichteter Form die wesentlichen Größen der Deckungsbeitragsrechnung einer Sparte abbildet und gleichzeitig die Möglichkeit zur Simulation bietet.

Der Nutzen eines solchen modellhaften Vorgehens liegt:
-   in der erhöhten Transparenz durch Dokumentation (in Form eines Modells)
    *   dadurch werden die inhaltlichen Zusammenhänge leichter durchschaubar
    *   Vereinfachungen des Verfahrens werden klarer identifizierbar
    *   subjektive Wertungen werden offengelegt
-   in der verringerten Fehlermöglichkeit durch den Einsatz geprüfter PC-Software (INZPLA als Basis-Software).

3.   Das Programmsystem INZPLA

INZPLA dient der Unterstützung der PC-gestützten Realisierung des Planungskonzeptes der *inkrementalen Zielplanung,* welches von Prof. Zwicker an der Technischen Universität Berlin entwickelt wird. Es handelt sich dabei um ein Planungskonzept, daß den "Management by Objectives"-Ansatz durch die Verwendung eines quantitativen Modelles konkretisiert. Ein solches Modell stellt die Verknüpfung zwischen den *Topzielen* eines Unternehmens und den *Basiszielen* bestimmter *Verantwortungsbereiche* dar.

Eine inkrementale Zielplanung entspricht dem Gegenstromprinzip und vollzieht sich in drei Phasen:

-   der **Bottom-Up-Phase** (Hochrechnen der freiwilligen Zielverpflichtungen)
-   der **Top-Down-Phase** (Herunterbrechen der Vorstellungen des Top-Managements auf die einzelnen Verantwortungsbereiche)
-   der **Bottom-Up-Konfrontations-Phase** (endgültiges Festlegen der Zielvereinbarungen).

Die INZPLA-Software umfaßt die **Funktionen**:

- nonprozedurale Gleichungsformulierung
- Datenverwaltung
- Planungsrechenverfahren
  * Bottom-Up-Rechnung
  * Top-Down-Rechnung (heuristische Optimierung)
  * Konfrontationsrechnung
- Methoden zur Analyse von Gleichungsmodellen
  * Gleichungsreduktion (erzeugt von einer Variable die reduzierte Form, die angibt, in welchem Maße diese Größe von bestimmten Basisgrößen beeinflußt wird)
  * Kausalkettenanalyse (dient zur Untersuchung der kausalen Verknüpfungen der Größen des Modells)
  * grafische Segmentstrukturanalyse (grafische Aufbereitung der Zusammenhänge einzelner Gleichungsgruppen)

  Tools zur Ergebnisausgabe
  * Standardreportsystem (Listen-Generator)
  * freier Report-Editor in Spreadsheet-Form.

Aufgrund des vorgegebenen Projektrahmens wurde bei dem hier vorgestellten Projekt nicht das ganze Konzept der inkrementalen Zielplanung verwirklicht. Von den Planungsrechenverfahren wurden nur die Bottom-Up-Rechnung und die Konfrontationsrechnung verwendet.

4. Die Erstellung eines Gleichungsmodells

4.1 Die Deckungsbeitragsrechnung als Planungsinstrument

Für die zahlreichen betriebswirtschaftlichen Steuerungs- und Entscheidungsaktivitäten wird im Schering Konzern eine Form der Deckungsbeitragsrechnung verwendet. Für dieses Projekt wurde eine verdichtete Sicht zugrunde gelegt. Die Grundform lautet:

+	Umsatz	
-	Gestehungskosten	GSK
=	Bruttonutzen	BN
-	Gemeinkosten (incl. kalk. Zinsen)	GK
=	Deckungsbeitrag	DB

4.2 Länder-Produkte-Matrix

Das weltweite Geschäft der Pharma-Sparte wurde in neun Regionen und fünf Produktgruppen gegliedert. Daraus ergibt sich folgende 45-Felder-Matrix:

	Produkt-gruppe 1	Produkt-gruppe 2	Produkt-gruppe 3	Produkt-gruppe 4	Produkt-gruppe 5
Region A					
Region B					
Region C					
Region D					
Region E					
Region F					
Region G					
Region H					
Region I					

Jedes Feld enthält die in 4.1 dargestellte Staffel, die man sich als dritte Dimension der Tabelle vorstellen kann.

Das Modell sieht Verdichtungen sowohl nach Regionen (Regionalsicht) als auch nach Produktgruppen (Produktsicht) vor.

4.3 Multiplikatorkonzept

Das Modell besteht aus zwei Zahlengerüsten. Ausgangspunkt der Vorgabenermittlung ist das Zahlengerüst der Planung (Planzahlen). Davon ausgehend wird die Vorgabe (Prognosezahlen) ermittelt.

Anhand der Grundgleichung zur Prognose des Umsatzes soll exemplarisch dieses Modellierungsprinzip erläutert werden:

```
Umsatz_Prog = Umsatz_Plan
              * Mengenfaktor_Umsatz
              * Preisfaktor_Umsatz
              * Kursfaktor
            + Sonder_Umsatz
```

wobei:

Umsatz_Prog	:	der prognostizierte Umsatz
Umsatz_Plan	:	"alte" Planzahl
Mengenfaktor_Umsatz	:	Parameter, um Mengenänderungen abbilden zu können (Eingabegröße, Default-Wert 1)
Preisfaktor_Umsatz	:	Parameter, um Preisänderungen abbilden zu können (Eingabegröße, Default-Wert 1)
Kursfaktor	:	wird errechnet aus dem Kurs, der dem Plan zugrundelag und der neuen Kursschätzung
Sonderumsatz	:	Summand, der die direkte Eingabe von bekannten Werte erlaubt (Eingabegröße, Default-Wert 0)

Dieses Modellierungsprinzip ermöglicht, alle denkbaren Veränderungen in der Länder-Produkte-Matrix abzubilden.

Die folgende Abbildung stellt die Formulierung dieses Multiplikatorkonzeptes bezogen auf die Staffel wie in 4.1 beschrieben dar (jeweils in Regional- und Produktsicht):

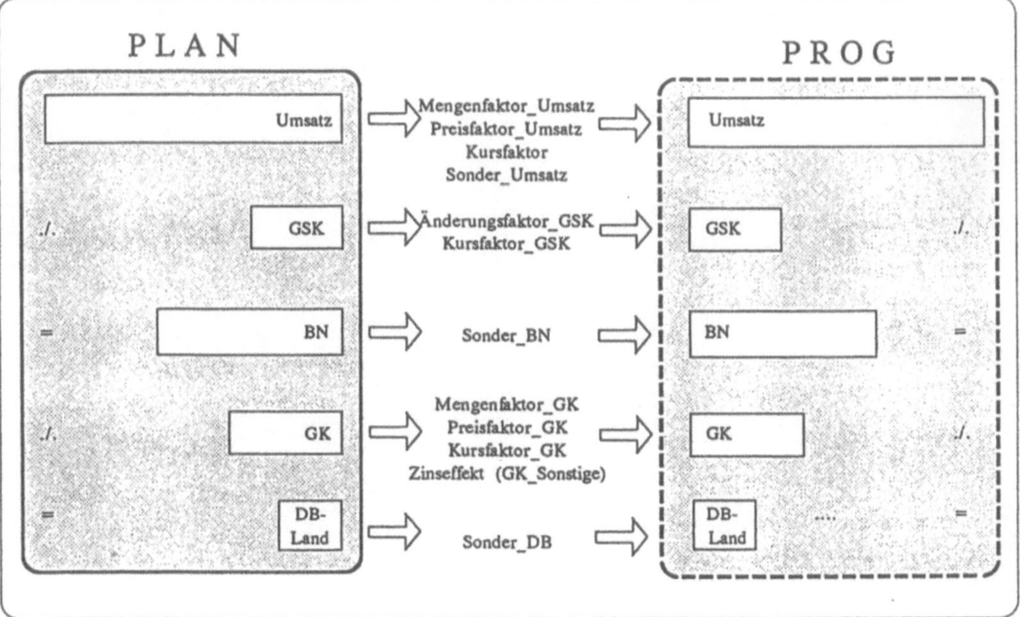

4.4 Größenanzahl

Das vollständige Modell für die Pharma-Sparte beinhaltet 852 Eingabegrößen und 822 berechnete Größen bzw. Gleichungen. In Reports werden 300 Größen ausgegeben.

Ein modifiziertes Modell gleicher Größenordnung wurde auch für die Pflanzenschutz-Sparte erstellt.

Literatur

/1/   Altmann, H.; Kappich, L.
       Controlling Profil - Schering AG
       Beitrag in der Zeitschrift CONTROLLING, Heft 6, November 1989, 338-344

/2/   INZPLA-Benutzerhandbuch
       INZPLA Version 4.0
       Institut für Betriebswirtschaftliche System- und Planungstheorie
       Prof. Dr. E. Zwicker
       TU Berlin 1991

Modellierung bankbetrieblicher Prozesse am Beispiel der Bearbeitung notleidender Kredite

Dipl.-Kfm. Erik Berg, Institut für Betriebswirtschaftslehre,
Christian-Albrechts-Universität zu Kiel, Olshausenstr.40, 2300 Kiel 1

Die Höhe der Aufwendungen und somit das Ergebnis von Kreditinstituten werden u.a. vom Volumen der Bildung von Einzelwertberichtigungen (EWB) für das Kreditgeschäft beeinflußt. Die Notwendigkeit zur EWB-Bildung hängt wiederum vom Ausfallvolumen notleidender Kreditengagements ab.

Im Mittelpunkt der Betrachtungen stehen **Bearbeitungsprozesse bei der Abwicklung notleidender Kreditengagements**. Es geht um die Frage, durch welche Aktivitäten bzw. Aktivitätenreihenfolgen seitens des Kreditinstituts gefährdet erscheinende Einzahlungen eines Zahlungsstromes, der durch eine Kreditgewährung ausgelöst wurde, gesichert bzw. in ihrem Gesamtvolumen erhöht werden können. Hieraus können sich Möglichkeiten zur Beeinflussung der Höhe der EWB-Bildung ergeben.

Neben theoretischen Überlegungen zur Einordnung des Problemkreises werden methodische Betrachtungen angestellt; besonderes Augenmerk gilt dabei speziellen Verfahren der **Prozeß- und der Reihenfolgeanalyse**. Systemanalytische Überlegungen führen zur Aufstellung unterschiedlicher **Modellierungsansätze**.

Es wird diskutiert, inwieweit sich die erstellten Modelle anhand vorhandener empirischer Prozeßdaten replizieren lassen. Die Datenbasis besteht zum einen aus den Ergebnissen einer Betrachtung tatsächlicher Abwicklungsverläufe und zum anderen aus teilweise experimentell durchgeführten Befragungen.

Überlegungen zur Entwicklung einer allgemeinen Produktionstheorie zur Darstellung technologischer und finanzieller Leistungsprozesse

Seminar für Betriebswirtschaftslehre
DER UNIVERSITÄT GÖTTINGEN
- Dr. H. Gert Brüning -

34 Göttingen
Platz der Göttinger Sieben 3

1. Eine allgemeine Produktionstheorie, die auch die Leistungserstellung von Banken und Versicherungen einschließt, gibt es bisher nicht. Solange es Kostenarten (insbes. Zinskosten) gibt, die kein Pendant in der Produktionstheorie haben, ist auch die angestrebte Symmetrie zwischen Produktions- und Kostentheorie nicht realisiert.

2. Die Ausklammerung finanzieller Leistungsprozesse ist selbst für Industriebetriebe problematisch, weil hier ein starker unternehmensinterner Wettbewerb zwischen finanziellen und technischen Leistungsprozessen besteht. Große Industrieunternehmen erwirtschaften heute schon häufig weit mehr als die Hälfte ihres Gewinns aus finanziellen Leistungen. Die Beschränkung der betriebswirtschaftlichen Produktionstheorie auf die technische Fabrikation sollte deshalb als Mangel empfunden werden.

3. Daraus ergibt sich die Forderung, eine allgemeine Produktionstheorie zu entwickeln, die den gesamten Leistungserstellungsprozeß erfaßt.

4. Die betriebswirtschaftliche Input-Output-Theorie in der Formulierung Kloocks bietet gute Voraussetzungen zu einer Erweiterung in Richtung auf eine allgemeine Produktionstheorie. Ausgangspunkt für die weiteren Überlegungen des Autors sind Input-Output-Tabellen für die Funktionen Beschaffung, techn. Produktion und Absatz, aus denen sich die die Kloock - Produktionsfunktion ableiten läßt, die eine Verallgemeinerung der gängigen Typen einer fertigungstechnischen Produktionsfunktion darstellt.

5. Die Anwendung der Kloock-Produktionsfunktion auf finanzielle Leistungsprozesse durch Erweiterung des Systems der Produktionsfaktoren um einen "monetären Faktor" scheitert.

6. Zur Erfassung finanzieller Leistungsprozesse sind die Input-Output-Tabellen um unternehmensexterne Transaktionen des Finanzierungs-, Beschffungs und Absatzbereichs zu erweitern. Als Ergebnis erhält man eine Input-Output-Matrix als "running record", d.h. als dynamisches Input-Output-Protokoll.

7. Der Weg zu einem allgemeinen Modell des betrieblichen Leistungserstellungsprozesses führt dann über folgende Stufen zum Ergebnis:

> Ersatz des running-record-Protokolls durch funktionale Beziehungen, soweit das möglich ist.
> + individuelle Input-Output-Protokolle für funktional nicht fassbare Zusammenhänge
> ____
> = Gesamtmodell des betrieblichen Kombinationsprozesses

8. Die funktionsorientierte Darstellung des Kombinationsprozesses läßt sich matrizenalgebraisch in eine dynamische Darstellung der Geld-, Güter- und Leistungsströme überführen. Durch diese Umformung erhält man eine Schnittstelle zum betrieblichen Rechnungswesen.

KREDITAUSFALL, RESSOURCENPLASTIZITÄT UND AGENCY–COSTS

von Dr. Wolfgang Kürsten
Universität Passau
Innstraße 27
W–8390 Passau

Das Kreditausfallrisiko von Banken wird nicht nur durch die unvorhergesehene Zahlungsunfähigkeit einzelner Kreditkunden, sondern auch durch deren mögliche Anreize zur bewußten, von der Bank infolge asymmetrisch verteilter Information nicht kontrollierbaren, Manipulation am Rückstrom der kreditfinanzierten Projekte induziert (Moral Hazard). Ein klassisches Beispiel ist der Anreiz zur Erhöhung des Projektrisikos (asset substitution oder Risikoanreizproblem), das in der Literatur üblicherweise anhand marginaler Veränderungen an der Varianz des Projektrückstroms bei zinsfixen Kreditverpflichtungen diskutiert wird (Gavish/Kalay 1983, Green/Talmor 1986).

Diese Prämissen sind jedoch, wie der vorliegende Beitrag zeigen soll, restriktiv. Hierzu wird ein bilaterales Agency–Modell zwischen Kreditnehmer und Bank vorgestellt, das zunächst Mean preserving spreads (Rothschild/Stiglitz 1970) als die für das Risikoanreizproblem ursächliche Projektmanipulation identifiziert und dann mögliche Risikoanreize des Schuldners bzw. deren Folgen für die Bank auch im Kontext variabler, d.h. indexgebundener, Zinsverpflichtungen sowie für verschiedene Grade der Manipulierbarkeit des Projektrückstroms, insbesondere auch für globale Manipulationen analysiert. Es wird nachgewiesen, daß es von diesem Grad der "Ressourcenplastizität" und von der Korrelation zwischen Zinsindex und Investitionsrisiko abhängt, ob und in welcher Höhe der Schuldner einen Anreiz zur Erhöhung des Investitionsrisikos hat. Bei Berücksichtigung zusätzlicher Portfolio–Effekte auf der Bank– bzw. Schuldnerseite sind die Anreize gegebenenfalls nochmals zu revidieren. Hieraus ergeben sich insbesondere andere als die bekannten (vgl. z.B. Green/Talmor 1986) Verläufe für die Agency Costs des Fremdkapitals sowie neue Gesichtspunkte für die Lage von Finanzierungsoptima von Unternehmen auf Agency–theoretischer Basis. Bei nur lokaler Ressourcenplastizität entsteht für die Bank zudem ein Trade–off zwischen der anreizkompatiblen Beseitigung des Agency–Problems und einer Verringerung ihres Zinsänderungsrisikos über Parameter des Kreditkontrakts.

DER AUFBAU NEUER UND DIE INTENSIVIERUNG BESTEHENDER KUNDENBEZIEHUNGEN: PROBLEMATIK UND OPTIMIERUNGSANSÄTZE

Andreas Pfingsten, Siegen

Zusammenfassung: Die Aufteilung der Personalkapazität auf Altkunden–Betreuung und Neukunden–Gewinnung ist ein Gesamtbankproblem. Durch ergebnisabhängige Bezahlung kann versucht werden, die Lösung auf Kundenberaterebene zu dezentralisieren. Mittels einfacher Ansätze auf Basis der Prinzipal–Agent–Theory werden Spezialfälle analysiert.

Abstract: Human resources must be allocated in order to service the present customers on the one hand and to attract future customers on the other. Profit–based payment schemes are natural tools to decentralize this allocation decision. On the basis of principal–agent–theory some special cases are analyzed.

1. Veränderungen im Kundenstamm

Der Kundenstamm (und damit unter Umständen auch die Kundenstruktur) einer Bank unterliegt ständigen Veränderungen, da neue Kunden gewonnen und einige bisherige Kunden verloren werden. Auf drei Gesichtspunkte dieses Prozesses wollen wir kurz näher eingehen. Da ist zunächst einmal der sogenannte *Jugendmarkt.* Auf ihm versuchen die Banken, Jugendliche über spezielle Serviceangebote (Das junge Konto, Start–Paket etc.) und Marketingaktionen (Jugendzeitschriften, Diskos etc.) für sich zu gewinnen. Gerade mit dem Rückgang des Anteils Jugendlicher an der Gesamtbevölkerung (Pillenknick) und dem Wachstum ihres verfügbaren pro–Kopf–Einkommens scheint dieser Markt zunehmend härter umkämpft zu werden. Man beachte, daß hier aus Sicht der Banken insgesamt kein Nullsummenspiel vorliegt, da es sich um Kunden handelt, die neu auf dem Gesamtmarkt auftreten.

Am *Seniorenmarkt* ist ebenfalls großes Interesse der Banken festzustellen, das sich insbesondere in Angeboten zur Beratung und Betreuung in Erbschaftsangelegenheiten zeigt. Die Aktivitäten hängen einerseits sicher mit den in vielen Fällen relativ hohen Vermögen dieser Kundengruppe zusammen. Andererseits spielt aber auch die Hoffnung eine Rolle, daß die bei der Bank angelegten (und für diese im Regelfall ertragreichen) Gelder von den Erben nicht abgezogen werden.

Schließlich ist auf die offenbar wachsende Bedeutung von *Zweitbankverbindungen* einzugehen. Hierin zeigt sich die zunehmende Sensitivität der Kunden gegenüber dem Preis–/Leistungsverhältnis der Banken. Eine differenziertere Leistungsnutzung (Kontoführung und Zahlungsverkehr hier, Wertpapiergeschäfte dort) mit der Suche nach "Schnäppchen" ist die Folge – und bietet einen entscheidenden Ansatz für die Frage nach einer optimalen Intensität von Kundenbeziehungen.

2. Personalkapazität

Nun wäre eine solche Bewegung im Kundenstamm gar kein Problem, wenn nicht Kunden im Regelfall auch Erträge für die Bank bedeuteten. (Dem steht nicht entgegen, daß einige Kundenbeziehungen, z.B. im Jugendmarkt, über einige Perioden bewußt defizitär unterhalten werden können.) Auch das wäre nicht so schlimm, wenn beliebige Mittel kostenlos zur Verfügung ständen, mit denen man sich um Kundengewinnung bemühen könnte. Aber da wir bekanntlich nicht in einem Schlaraffenland leben, muß mit den vorhandenen Ressourcen sorgsam umgegangen werden.

In den Banken scheint es derzeit so zu sein, als ob zwar der Vertrieb personell verstärkt wird, insgesamt aber (primär wegen des Kostendruckes) Personal abgebaut wird. Mit Rationalisierungsmaßnahmen (z.B. Kunden–Selbstbedienung) wird das zum Teil aufgefangen, aber verstärktes Interesse der Kundschaft an erklärungsbedürftigen (Allfinanz–) Produkten ist als gegenläufige Tendenz ebenfalls zu beachten.

Angesichts begrenzter (und allgemein kürzer werdender) Arbeitszeiten kommt es daher besonders darauf an, die zur Verfügung stehende Kapazität optimal zu nutzen. Darunter ist hier nicht in erster Linie die Aufteilung der Mitarbeiter nach Kundengruppen–orientierten (Jugend, Senioren, Mengenkunden, gehobene Privatkunden, Firmenkunden etc.) oder Produkt–orientierten (Kredite, Effekten etc.) Märkten zu verstehen. Für unsere Fragestellung heißt das, die Kapazität optimal auf die Akquisition von Neukunden und die Pflege und Intensivierung bestehender Kundenbeziehungen aufzuteilen.

Dieses Allokationsproblem stellt sich zunächst auf Gesamtbankebene. Im Rahmen eines ertragsorientierten Bankmanagements (vgl. SCHIERENBECK) ist dazu zunächst zu fragen, ob langfristigen, intensiven Kundenbeziehungen ein eigener Wert zugemessen wird oder ob sie lediglich als Mittel zur Erreichung des Zieles Ergebnismaximierung angesehen werden. Wir unterstellen in der Folge die zweite Sicht. Es ist dann strategisch zu entscheiden, welches Gewicht Neukundengewinnung und Intensivierungsbemühungen zugemessen wird.

Die Gretchenfrage ist nun, wie sich diese Priorisierung der Bankführung im Alltagsbetrieb umsetzen läßt. Die natürliche Antwort: durch erfolgsabhängige Vergütung (vgl. z.B. KRÜGER, SCHILLER oder STELZER). Im Zuge einer geeigneten ergebnisorientierten Bezahlung von Mitarbeitern findet sich die Zielsetzung des Vorstandes nämlich auf allen Ebenen bis hinunter zum einzelnen Kundenberater wieder. Welche Probleme und Lösungsmöglichkeiten es dabei gibt, soll in der Folge ansatzweise an einigen formalen Modellen analysiert werden. Aus Gründen, die im weiteren Verlauf hoffentlich hinreichend deutlich werden, bietet sich dazu die Klasse der Prinzipal–Agent–Modelle an (siehe REES zu theoretischen Ansätzen und ORDELHEIDE ET AL. zu deren betriebswirtschaftlicher Bedeutung). Im Zentrum des Interesses steht dabei zunächst der Kundenberater mit seinem Umfeld. (Die Formulierung –berater ist geschlechtsneutral gemeint.)

3. Situation des Kundenberaters

Es ist zunächst davon auszugehen, daß der Kundenberater vor Ort ein besseres Wissen um die spezifischen Gegebenheiten "seines" lokalen Marktes hat als eine zentrale Planungsinstanz. Zwei Einschränkungen dazu: Erstens wird der Wissensvorsprung in kleinen Genossenschaftsbanken weniger stark sein als in den Großbanken. Zweitens gilt der Informationsvorsprung des Kundenberaters zumindest für den Absatz bekannter Produkte, nicht jedoch zwingend für Innovationen. Wie es gelingen kann, durch Honorierung der Prognosequalität ehrliche Auskünfte (und keine bewußt verzerrten Schätzungen) als Grundlage der Gesamtbankplanung zu erhalten, soll hier nicht erörtert werden. Der interessierte Leser konsultiere dazu z.B. PFINGSTEN und die dort angegebene Literatur.

Selbst wenn nach bestem Wissen und Gewissen geschätzt und geplant wird, bleiben doch aus Sicht von Kundenberater und Bank noch unkalkulierbare Zufallseinflüsse (z.B. durch das Verhalten der Konkurrenz). Für die Situation ist also Unsicherheit ein weiteres wichtiges Charakteristikum.

Der einzelne Kundenberater hat einen Informationsvorsprung nicht nur bezüglich von Marktgegebenheiten. Für uns viel wichtiger (und kennzeichnend für Agenten–Probleme; vgl. SPREMANN) ist, daß die Zentrale sein Verhalten und seine Anstrengung im Normalfall nicht beobachten kann. Wegen dieser Informationsasymmetrie ist es der Bank nicht möglich, die Bezahlung vom Einsatz abhängig zu machen. Es verbleibt lediglich eine Koppelung an das Ergebnis (vgl. LAUX).

Die Interessen von Bank und Mitarbeiter sind im Regelfall gegenläufig: Erstens strengt sich, bei festem Gehalt, ein Mitarbeiter im Regelfall lieber wenig als viel an. Das gilt auf jeden Fall für die Marginaleffekte, d.h. wenn ausgehend von der aktuellen Belastung über eine weitere Steigerung der Anstrengung nachgedacht wird. (Denn warum strengt er sich sonst in der gegenwärtigen Situation nicht mehr an?!) Ob dem Mitarbeiter eine gewisse "Grundleistung" lieber ist als das vollständig faule Herumsitzen ist für die entscheidungstheoretische Modellierung kaum von Interesse und wegen einer gewissen Möglichkeit der Verhaltensfeststellung (Beschwerden durch Kollegen oder Kunden) auch für die Praxis nicht relevant. Zweitens wird natürlich die Bezahlung unterschiedlich gewertet. Für den Mitarbeiter ist sie erstrebenswerter Ertrag, für den Bankvorstand sind das Aufwendungen, die er möglichst gering halten möchte.

Für das Institut ist der Interessenkonflikt von Nachteil; denn es muß immer damit rechnen, daß der Mitarbeiter, begünstigt von der Nicht–Beobachtbarkeit seines Verhaltens, seinen eigenen Interessen zu Lasten der Bank den Vorrang einräumt. Eine wichtige Aufgabe des Entlohnungssystems ist es aus Sicht der Bankleitung damit, die Interessen soweit zu synchronisieren, daß das (Netto–) Ergebnis für die Bank maximiert wird.

Zur Situation eines Kundenberaters soll hier noch ein Punkt erwähnt werden. Häufig (normalerweise?) gibt es mehrere Kundenberater, die als Agenten dem Prinzipal Bankvorstand gegenüber stehen. Damit hat dieser oft die Möglichkeit, gewisse Rückschlüsse von den Ergebnissen des einen auf das Verhalten des andern zu ziehen. Diese schwierige Problematik (vgl. z.B. DEMSKI/SAPPINGTON und MA ET AL.) mit all ihren strategischen Verhaltensmöglichkeiten soll in unserer theoretischen Analyse zunächst ausgeklammert werden, obwohl sie für die Praxis bedeutsam ist und dort auch gesehen zu werden scheint.

4. Modellierung

Nachdem wir zunächst Gesichtspunkte vermittelt haben, die sowohl für die theoretische Analyse als auch für die praktische Anwendung relevant sind, wollen wir nun einige davon modellmäßig abbilden. Da eine gleichzeitige Integration aller dieser Faktoren in ein einziges Modell erst dann sinnvoll erscheint, wenn die wesentlichen Basiseffekte herausgearbeitet und verstanden worden sind, werden wir hier lediglich einige Spezialfälle betrachten. Insbesondere wird in unseren Modellen unterstellt, daß keine Unsicherheit vorliegt.

Grundsätzlich gehen wir davon aus, daß die Bank versucht, ihren gesamten Deckungsbeitrag DB zu maximieren. Der Deckungsbeitrag eines Geschäfts läßt sich darstellen als Produkt von Volumen und Marge. Wir nehmen an, daß die Margen der Geschäfte mit Alt- und Neukunden (m^A und m^N) innerhalb der Gruppen konstant sind, sich aber unterscheiden. (Für $m^A > m^N$ würde ein gewisser "Vertrauensbonus" sprechen, weil nur Stammkunden in ertragreiche Geschäftsfelder gehen, diese Kunden auch weniger preissensitiv sind und Neukunden (nur) durch Zugeständnisse bei den Konditionen gewonnen werden. Hingegen wäre $m^A < m^N$ zu erwarten, wenn die Bank ihren Stammkunden sozusagen "Rabatt" durch günstige Sonderleistungen einräumt — bei Genossenschaftsbanken z. B. im Rahmen der Mitgliederförderung.)

Weiterhin unterstellen wir, daß das Volumen aus Geschäften mit Altkunden (A) von der Betreuungsanstrengung (x_A) abhängt und dasjenige mit Neukunden (N) entsprechend von den Expansionsbemühungen (x_N). A und N seien streng monoton wachsende und streng konkave Funktionen der Anstrengungen x_A bzw. x_N, da ein Mehr an Einsatz auch zu mehr Geschäftsabschlüssen führt, aber die größeren Tranchen zuerst realisiert werden. Die Bank kenne die Funktionen (im Unterschied zu ihren Kundenberatern) <u>nicht</u>.

Zur Frage der Beobachtbarkeit von x_A und A ist noch eine Bemerkung angebracht. Üblicherweise (vgl. REES) ist ein Ergebnis (entspricht dem <u>Wert</u> A) beobachtbar, nicht aber die dafür geleistete Anstrengung (x_A). Das liegt daran, daß außer der Anstrengung noch eine Zufallsgröße das Ergebnis beeinflußt. Wir nehmen hier an, daß nicht notwendig eine stochastische Komponente vorliegt, sondern ganz allgemein die <u>Funktion</u> A nur dem Mitarbeiter und nicht der Bank bekannt ist. (Andernfalls könnte letztere aus dem Ergebnis eindeutig auf die Anstrengung zurückschliessen.)

5. Dezentralisierung im Basisfall

Wenn die Bank von Mitarbeitern genau eine Arbeitseinheit erhält, d. h. $x_A + x_N = 1$, dann würde sie diese so verteilen wollen, daß der Ausdruck (mit ihr unbekannten Funktionen A und N!)

$$DB(x_A) = A(x_A) \cdot m^A + N(1 - x_A) \cdot m^N$$

maximiert wird. Man erhält als eine notwendige Bedingung für ein Maximum

$$\frac{A'(x_A)}{N'(1 - x_A)} = \frac{m^N}{m^A} . \tag{1}$$

Wegen der Konkavität von A und N ist eine innere Lösung $0 < x_A^* < 1$ von (1) auch tatsächlich ein Maximum. (Wir nehmen an, daß (1) tatsächlich eine innere Lösung hat.)

Wichtig ist nun, ob diese Lösung auch erreicht wird, wenn der Arbeitnehmer nur in seinem Gesamtarbeitseinsatz kontrolliert werden kann, nicht jedoch in der Verteilung auf x_A und x_N. Das ist beispielsweise der Fall, wenn die Arbeitszeit insgesamt festgestellt werden kann (etwa durch Zeiterfassung), nicht aber einzelne Tätigkeiten protokolliert werden.

Da ihm die Arbeitsanstrengung hier fest vorgegeben ist, wird der Arbeitnehmer versuchen, durch eine geschickte Aufteilung seine Bezahlung B zu maximieren. Hängt diese von den Volumina A und N ab, so liefert das als Optimumbedingung

$$B_A(A, N) \cdot A'(x_A) - B_N(A, N) \cdot N'(1 - x_A) = 0,$$

wobei die Subskripte von B die jeweilige partielle Ableitung kennzeichnen.

Wir nehmen die Existenz einer inneren Lösung auch für das Optimierungsproblem des Mitarbeiters an. Diese können wir dann in der Form

$$\frac{A'(x_A)}{N'(1 - x_A)} = \frac{B_N(A, N)}{B_A(A, N)} \tag{2}$$

schreiben. (Man beachte, daß wir auf die Argumente der Funktionen A und N innerhalb von B verzichtet haben.) Es läßt sich leicht nachprüfen, daß insbesondere dann tatsächlich ein Maximum für konkave A und N vorliegt, wenn die Funktion B in A und N streng monoton wachsend und linear ist:

Ergebnis 1:

Im Basisfall führt eine Bezahlungsfunktion

$$B(A, N) = \gamma \cdot (A \cdot m^A + N \cdot m^N) + \delta \quad (0 < \gamma) \tag{3}$$

zur Identität der Interessen von Gesamtbank und Kundenberater in Form der Lösungen von (1) und (2).

Dieses in gewisser Weise triviale Resultat (man kombiniere (1) und (2)) besagt, daß bei einer prozentualen Beteiligung der Mitarbeiter am Deckungsbeitrag eine Kontrolle der Aufteilung der

Arbeitszeit auf Altkunden–Betreuung und Neukunden–Gewinnung nicht nötig ist. Das gilt selbst dann, wenn die Bank die Funktionen A und N gar nicht kennt, d. h.ihr Optimum wie in (1) gar nicht hätte ausrechnen können! (Aus Sicht der Bank wird γ so klein gewählt werden können, daß es für den Mitarbeiter gerade noch merklich ist.)

Dem aufmerksamen Leser wird nicht entgangen sein, daß die Bedingung (1) aus einer Zielfunktion der Bank hergeleitet wurde, die keine Bezahlung der Mitarbeiter (außer evtl. Fixgehältern) beachtete. Es ist daher wichtig zu bemerken, daß durch die Subtraktion von (3) von der ursprünglichen Zielfunktion $DB(x_A)$ die Optimierungsbedingung (1) nach wie vor gültig ist. Sie entsteht hier aus

$$A'(x_A) \cdot m^A - N'(1 - x_A) \cdot m^N - \gamma \cdot [A'(x_A) \cdot m^A - N'(1 - x_A) \cdot m^N]$$

$$= (1 - \gamma) \cdot [A'(x_A) \cdot m^A - N'(1 - x_A) \cdot m^N] = 0.$$

6. Fehlende Unterscheidbarkeit von Alt– und Neugeschäft

Indem man mit einer Bezahlungsfunktion $B(A, N)$ ansetzt, unterstellt man automatisch, daß A und N, die Volumen von Alt– und Neukundengeschäften, getrennt beobachtbar sind; denn eine "gerichtsfeste" Bezahlung kann nur auf objektiv feststellbare Daten Bezug nehmen. Was aber nun, wenn für die Bank auf Beraterebene nur die Summe A + N sichtbar ist? (Das ist z. B. dort der Fall, wo im Berichtswesen des Controlling primär auf Vertriebsstellen und Produkte, nicht aber auf die Verbindung mit Kunden geachtet wird.) In einem solchen Fall maximiert der Mitarbeiter $B(A + N)$ und erhält als Optimumbedingung über

$$B'(A + N) \cdot [A'(x_A) - N'(1 - x_A)] = 0$$

das Kriterium

$$A'(x_A) = N'(1 - x_A) \tag{4a}$$

bzw.

$$\frac{A'(x_A)}{N'(1 - x_A)} = 1. \tag{4b}$$

Die ganz typische Verhaltensweise aus Sicht des Kundenberaters ist hier gemäß (4a) der Ausgleich des marginalen Zusatzvolumens, das mit einer marginalen Erhöhung des Arbeitseinsatzes gewonnen würde. Aus Gesamtbanksicht ist das für $m^A \neq m^N$ unbefriedigend, da dann aus gleichen marginalen Volumensänderungen unterschiedliche marginale Veränderungen in den Deckungsbeiträgen entstehen, so daß profitable Verschiebungen des Arbeitseinsatzes existieren. Formal drückt sich dies darin aus, daß die rechte Seite von (4b) im Unterschied zu (1) nicht die Margen als "Gewichtsfaktoren" bzw. "Preise" enthält. (Die rechte Seite von (2) würde in (4b) zu 1, da dort die Bezahlung nicht nach A und N unterschieden werden kann und somit die partiellen Ableitungen von B gleich wären.)

Ergebnis 2:

Bei ungleichen Margen im Alt- und Neukundengeschäft führt die auf Kundenberaterebene fehlende Unterscheidbarkeit dieser Geschäftstypen zu sub-optimalen Resultaten für die Gesamtbank.

7. Variable Gesamtarbeitszeit

Nach diesem Negativresultat wollen wir jetzt wieder davon ausgehen, daß von der Bank die realisierten <u>Werte</u> A und N unterschieden werden können. Allerdings werden wir ihre Informationssituation im Vergleich zum Basisfall insofern schwächen, als daß auch der gesamte Einsatz, $x = x_A + x_N$, nun nicht mehr beobachtbar ist: die Berater können während ihrer Arbeitszeit "faulenzen" oder aber auch noch nach Dienstschluß Kundenkontakte pflegen.

Wir gehen davon aus, daß der Mitarbeiter seinen Nutzen U maximiert, der in der Bezahlung B streng monoton wächst und im Arbeitseinsatz x streng monoton fällt, d. h. er maximiert $U[B(A, N), x]$ durch Wahl von x_A und x_N. Man erhält folgende Bedingungen erster Ordnung (mit $U_i := \partial U / \partial x_i$ ($i = A, N$), $U_B := \partial U / \partial B$, $U_x := \partial U / \partial x$) bei Verzicht auf das Mitführen der Funktionsargumente (die Existenz "gutartiger" Lösungen nehmen wir wiederum an):

$$U_A = U_B \cdot B_A \cdot A' + U_x = 0, \tag{5a}$$

$$U_N = U_B \cdot B_N \cdot N' + U_x = 0. \tag{5b}$$

Daraus ergeben sich

$$B_A \cdot A' = B_N \cdot N' = -\frac{U_x}{U_B} \tag{6}$$

und

$$\frac{A'(x_A)}{N'(x_N)} = \frac{B_N(A, N)}{B_A(A, N)} \tag{7}$$

Beide Bedingungen für solche Lösungen bringen bekannte, aber darum nicht minder wichtige Sachverhalte zum Ausdruck: Bedingung (6) ist eine typische Nutzenmaximierungsbedingung der Art Preisverhältnis gleich Grenzrate der Substitution. Der "Preis" des Arbeitseinsatzes (Opportunitätskosten) ist die (ggf. entgangene) zusätzliche Bezahlung (im Optimum in beiden Geschäftsarten gleich), der "Preis" des Geldes ist normiert auf 1. Die Bedingung (7) erinnert stark an ihre "Vorläuferin" (2), mit der sie praktisch identisch ist. Auch hier muß wieder das Verhältnis der marginalen Volumina gleich dem umgekehrten Verhältnis der marginalen Entlohnungen sein. Der Unterschied liegt lediglich darin, daß jetzt nicht die Summe der Argumente von A' und N' auf 1 festgelegt ist, sondern durch (6) (in Verbindung mit (7)) bestimmt wird.

Betrachten wir nun das Problem aus Sicht der Bank: Welchen Überschuß (Deckungsbeitrag abzüglich Bezahlung des Mitarbeiters) kann sie maximal erzielen? Für die Antwort wird noch eine weitere Einschränkung gebraucht. Das Maximum für die Bank hängt nämlich davon ab, wie niedrig sie den Nutzen des Mitarbeiters halten kann. Für ein Nutzenniveau u ergibt sich für eine gegebene Bezahlungsfunktion folgender Optimierungsansatz:

$$\max \quad A(x_A) \cdot m^A + N(x_N) \cdot m^N - B[A(x_A), N(x_N)] \tag{8}$$

$$NB \quad U[B(A(x_A), N(x_N)), x_A + x_N] = u$$

Mit dem Verfahren von Lagrange lassen sich Bedingungen erster Ordnung herleiten (hier ohne Funktionsargumente dargestellt):

$$A' \cdot m^A - B_A \cdot A' + \lambda \cdot [U_B \cdot B_A \cdot A' + U_x] = 0 \tag{9a}$$

$$N' \cdot m^N - B_N \cdot N' + \lambda \cdot [U_B \cdot B_N \cdot N' + U_x] = 0 \tag{9b}$$

Die Nebenbedingung, dem Mitarbeiter ein bestimmtes Nutzenniveau geben zu müssen, hat erhebliche Konsequenzen. Wir müssen beachten, daß der Mitarbeiter in seiner (von der Bank nicht beobachtbaren) Optimierung die Bedingungen (5) einhält. Damit sind die eckigen Klammern in (9) gleich 0 und es muß gelten:

$$m^A = B_A \quad \text{und} \quad m^N = B_N \tag{10}$$

Wir haben soeben für eine gegebene Bezahlungsfunktion den Überschuß der Bank für ein beliebiges, aber festes Nutzenniveau des Mitarbeiters maximiert. Auf diese Art werden effiziente Lösungen (vgl. REES) gefunden, die hier eine besondere Form haben:

<u>Ergebnis 3:</u>

Sind die Anstrengungen des Mitarbeiters nicht zu beobachten, so sieht eine effiziente Bezahlung wie folgt aus: dem Mitarbeiter wird der volle Deckungsbeitrag gezahlt, aber ein Fixbetrag abgezogen (sozusagen als Entgelt für die Möglichkeit, mit der Ausstattung und dem Kundenstamm der Bank zu arbeiten). Die in Formel (3) vorgestellten Bezahlungsfunktionen sind in diesem Fall also genau für $\gamma=1$ effizient.

Das Resultat erinnert deutlich an die (nach Wissen des Autors fixen) Zahlungen unter Versicherungsmaklern bei "Verkauf" von Gebieten und Kundenstämmen.

<u>Literatur:</u>

/1/ Demski, J.S.; Sappington, D.
Optimal Incentive Contracts with Multiple Agents.
Journal of Economic Theory 33, 152–171 (1984)

/2/ Krüger, T.
Wie soll ein erfolgsabhängiges Honorierungssystem aussehen?
Bankkaufmann, Heft 5, 41–43 (1990)

/3/   Laux, H.
       Optimale Prämienfunktionen bei Informationsasymmetrie.
       Zeitschrift für Betriebswirtschaft 58, 588–612 (1988)

/4/   Ma, C.; Moore, J.; Turnbull, S.
       Stopping Agents from "Cheating".
       Journal of Economic Theory 46, 355–372 (1988)

/5/   Ordelheide, D.; Rudolph, B.; Büsselmann, E.
       Betriebswirtschaftslehre und Ökonomische Theorie.
       Stuttgart: Poeschel (1991)

/6/   Pfingsten, A.
       Der Einsatz von monetären Anreizsystemen in der Planung.
       Zeitschrift für Betriebswirtschaft 59, 1285–1296 (1989)

/7/   Rees, R.
       The Theory of Principal and Agent: Part I + II.
       Bulletin of Economic Research 37, 3–26 und 75–95 (1985)

/8/   Schierenbeck, H.
       Ertragsorientiertes Bankmanagement.
       Wiesbaden: Gabler (3. Aufl.; 1991)

/9/   Schiller, B.
       Leistungsbeeinflussung von Mitarbeitern im Bankaußendienst.
       Sparkasse 107, Heft 4, 171–176 (1990)

/10/   Spremann, K.
       Agent and Principal.
       Agency Theory, Information, and Incentives (G. Bamberg und K. Spremann), 3–37
       Berlin u.a.: Springer (1987)

/11/   Stelzer, G.
       Strukturwandel im Bankgewerbe.
       Geldinstitute, Heft 4, 4–6 (1990)

Prämissenfreie Margenkalkulation im Rahmen der Marktzinsmethode

Dr. Heinz Schannath

Westdeutsche Landesbank
Mathematische Beratung
Herzogstr. 15
4000 Düsseldorf 1

Zur Bewertung des zinsabhängingen Geschäfts innerhalb der bankbetrieblichen Einzelgeschäfts-kalkulation wurden in den letzten Jahren zahlreiche Methoden vorgeschlagen, die sogenannten **Marktzinsmethoden**. Dabei geht es in erster Linie darum, den *Konditionsbeitrag*, d.h. den Mehrertrag eines Kundengeschäftes gegenüber einem Alternativgeschäft am Geld- und Kapitalmarkt bzw. den Ertrag aus einem Darlehn und seiner Refinanzierung, korrekt zu bestimmen. Weitere Ziele dieser Methoden sind die Ermittlung der zu erzielenden *Marge* und des *Opportunitätszinssatzes*, d.h. des Zinssatzes des Alternativgeschäftes.

Das hier vorgestellte neue Konzept stellt im wesentlichen eine Synthese aus den bisher publizierten Verfahren dar. Jedoch werden die Nachteile der bisherigen Methoden wie etwa die implizit oder explizit vorhandene *Wiederanlageprämisse* oder die nicht *konformen Rechnungskreise* vermieden.

Bezüglich der EDV-technischen Realisierung der Marktzinsmethode wurde ein Algorithmus entwickelt, der es ermöglicht, die notwendigen Berechnungen mit sehr geringem Rechenaufwand durchzuführen.

Als Ergänzung zu diesem Konzept der objektiven Bewertung von Bankgeschäften wird ferner ein Verfahren vorgestellt, wie im Rahmen der Marktzinsmethode *Vorfälligkeitsentschädigungen*, d.h. Entschädigungen für vorzeitig getilgte Kredite unter besonderer Berücksichtigung der aktuellen Rechtssprechung korrekt berechnet werden können.

Anlagestrategien für Depots festverzinslicher Wertpapiere

Wolfgang W. Stahl

Europäisches Studienprogramm für Betriebswirtschaft an der Fachhochschule Reutlingen
Pestalozzistraße 73
7410 Reutlingen

Abstract

Bei der Anlage in festverzinslichen Wertpapieren ist die Frage nach der günstigsten Laufzeit
ein zentrales Problem. Hierzu gibt es Pauschalaussagen, die ein bestimmtes Anlageverhalten
vorschlagen. Aussagen dieser Art sind z.B.

- Anleger sollten immer Papiere derselben Laufzeit kaufen
- Anleger sollten die Laufzeiten ihrer Rentenpapiere systematisch
  staffeln.

Um verschiedene Strategien zu testen, wurde ein Simulationsprogramm entwickelt,
welches den Endwert von unterschiedlichen Anfangsdepots bei differerierenden
Zinsentwicklungen und verschiedenen Anlagestrategien errechnet.
Als Strategie wird hierbei eine Menge von Verhaltensvorschriften verstanden, die für
jede mögliche Situation die zu wählende Alternative angibt.
Im vorliegenden Fall wird eine Strategie durch folgende Größen bestimmt

- Bezugszinssatz
  Die Handlungsalternative wird durch die Höhe des
  Bezugszinssatzes bestimmt (z.B. sind sämtliche
  Rückflüsse bei einem 5-Jahressatz über 8 % in
  Papiere mit 10 jähriger Restlaufzeit zu investieren).

- (Prozentuale) Aufteilung der zufliessenden Mittel auf die
  möglichen Restlaufzeiten.

Das vorliegende Modell geht von straight bonds aus, Neuanlagen werden aus Rückflüssen
getätigt, d.h. dem Depot werden keine Beträge entnommen und es gibt keine Zuflüsse.

Die Berechnungen wurden mit tatsächlichen Zinsscenarien aus den Jahren 1978 - 1991
sowie mit simulierten Zinsentwicklungen durchgeführt.

Optimierung von Agrarsystemen unter Beachtung ökologisch-ökonomischer Ziele - eine Anwendung von CREAMS und ACOMPLEX

Clemens Fuchs
Institut für landwirtschaftliche Betriebslehre (410 B)
Universität Hohenheim, 7000 Stuttgart 70

In den letzten Jahren ist eine zunehmende Umweltbelastung festzustellen. Gleichzeitig kommt ökologischen Zielen eine größere Beachtung zu. Die Forderung nach einer umweltverträglichen Landbewirtschaftung stellt die Naturwissenschaften vor die Aufgabe möglichst genaue Meßmethoden und darauf aufbauend Simulationsmodelle zu entwickeln, um negative ökologische Effekte darstellen und Vermeidungsstrategien entwickeln zu können. Um sachgerechte Lösungen zu erreichen ist ein interdisziplinärer Ansatz notwendig, wie er an der Universität Hohenheim im Sonderforschungsbereich 183 "Umweltgerechte Nutzung von Agrarlandschaften" verfolgt wird.

Das bodenphysikalische Simulationsmodell CREAMS (A Field Scale Model For Chemicals, Runoff, And Erosion From Agricultural Management Systems) wird dazu verwendet den Wasserhaushalt, die Bodenerosion und den Nährstoffhaushalt eines Standortes zu schätzen. Mit diesem Modell werden die Spannungsfelder Bodenbearbeitung und Erosion, N-Düngung und Nitratbelastung sowie Pflanzenschutz und Pestizidrückstände bearbeitet.

Ökonomisch wirksam werden ökologische Restriktionen, welche Umwelt als knappen Faktor berücksichtigen, wenn bislang externe Kosten internalisiert werden. Maßnahmen dies durchzusetzten sind entweder Strafkosten und Steuern, die beim Überschreiten bestimmter Grenzen anfallen, oder absolute Beschränkungen, die bestimmte Praktiken ganz ausschließen. Als ökonomisches Zielsystem dient eine Profitfunktion, welche mit Hilfe des numerischen Suchverfahrens ACOMPLEX optimiert wird. Der Algorithmus erlaubt die Verwendung nichtlinearer Funktionen und die Berücksichtigung verschiedener ex- und impliziter Restriktionen ist möglich.

Die Ergebnisse zeigen, daß mit Hilfe von angepaßten Maßnahmen im Ackerbau die Umweltbelastungen erheblich reduziert werden können. Insbesondere Minimalbodenbearbeitung in Verbindung mit Zwischenfruchtanbau nach Getreide ist in der Lage Erosion zu mindern und der herbstlichen Stickstoffauswaschung entgegenzuwirken. Die Verringerung und optimale zeitliche Verteilung der N-Düngung ergibt in Wasserschutzgebieten im Kraichgau, bei den in Baden-Württemberg derzeit gewährten Ausgleichszahlungen, höhere Deckungsbeiträge als in Gebieten ohne ökologische Auflagen.

SIMULATION DER MASCHINENBELEGUNGSPLANUNG MITTELS EMISSIONSORIENTIERTEN PRIORITÄTSREGELN

Hans-Dietrich Haasis, Otto Rentz, Karlsruhe

Zusammenfassung: Zur Maschinenbelegungsplanung bei Werkstattfertigung werden in der industriellen Praxis i. allg. Prioritätsregeln herangezogen. Diese Regeln werden in dieser Arbeit um emissionsorientierte Prioritätsregeln ergänzt. Zur Analyse ihrer Auswirkungen wird ein mehrstufiges Produktionssystem abgebildet und dessen Maschinenbelegungsplanung simuliert.
Abstract: For industrial scheduling problems in a job-shop environment in general priority sequencing rules are in use. Within this paper emission and waste orientated rules are defined. Their effects on the resulting sequences are analysed with respect to a specified multi-stage production system.

1. Anforderungen des betrieblichen Umweltschutzes an die Ablaufplanung

Produktionswirtschaftliche Entscheidungen sind zunehmend daran ausgerichtet, neben einer wirtschaftlichen Leistungserstellung im Betrieb ebenfalls einen produktionsintegrierten Umweltschutz zu realisieren und Möglichkeiten der gebotenen Emissions- bzw. Abfallvermeidung, -reduzierung und Reststoffverwertung mit zu berücksichtigen. Obgleich dessen Realisierung zunächst technische Möglichkeiten voraussetzt, sind ebenfalls unterstützend organisatorische Maßnahmen etwa im Zusammenhang mit einer betrieblichen Produktionsplanung und -steuerung erforderlich /2, 3/. Deren Aufgabe ist es bekanntlich, Tätigkeitsfolgen zur Gestaltung eines effizienten Produktionsablaufs zeitlich und örtlich zu planen, zu steuern und zu kontrollieren. Hierbei sind notwendigerweise betriebs- bzw. branchenspezifische Unterschiede im Produktionstyp, aber auch in der betrieblichen Emissions- und Abfallcharakteristik zu beachten, also etwa in der Menge unterschiedlicher Emissions- und Abfallarten, im Abfallvolumen, im zeitlichen Anfallmuster, im Quellenpark und/oder in der Emissions- bzw. Abfallursache. So sind etwa Betriebe der Fertigungsindustrie im Vergleich zu Betrieben der chemischen Industrie weit mehr durch verschnitt- bzw. ausschußbedingte Abfälle (anstelle etwa gasförmiger Emissionen) oder recyclingorientierte Montagevorschriften (anstelle von einen emissionsarmen Betrieb gewährleistenden Rezepturen) charakterisiert. Aufgabengebiet der betrieblichen Ablaufplanung innerhalb der Produktionsplanung und -steuerung ist die Planung des zeitlichen und anlagenspezifischen Ablaufs zu bearbeitender (innerbetrieblicher) Aufträge. Sie unterscheidet sich bekanntlich für verschiedene betriebliche Fertigungsablaufarten, etwa für Fließ- oder Werkstattfertigung. Aufgabengebiet der Ablaufplanung bei Werkstattfertigung ist vor allem die Maschinenbelegungsplanung, also die Planung der zeitlichen Belegung mehrerer zur Verfügung stehender Produktionsanlagen mit Aufträgen bzw. Losen (Jobs), welche in einem oder mehreren Arbeitsgängen zu bearbeiten sind. Eine Umsetzung einer emissionsorientierten Ablaufplanung bei Werkstattfertigung läßt sich etwa dadurch erreichen, daß beispielsweise

- Anlagen mit höheren Wirkungsgraden und geringeren Verbrauchs- und Emissionsfaktoren vorrangig eingesetzt werden (optimale Ausnutzung von Roh-, Hilfs- und Betriebsstoffen);

- auf eine gleichmäßige Kapazitätsbelegung geachtet wird;

- bei der Durchlaufterminierung unnötige Liegezeiten vermieden werden (Verminderung lagerungsbedingter Emissionen);

- abfallintensive Umrüstmaßnahmen vermindert werden; so erfolgt beispielsweise eine Bearbeitung von Nichteisenmetallen in einem metallverarbeitenden Betrieb (etwa Messing oder Aluminium) in der Regel nur in der ersten Schicht der Woche, da bei der Umstellung auf metallische Materialien eine Reinigung der gesamten Maschine notwendig wird.

Für eine emissionsorientierte Maschinenbelegungsplanung sind die pro Fertigungsauftrag zur Verfügung zu stellenden Daten je Arbeitsschritt um spezische Stoff- und Energieverbräuche, spezifische Emissionsanfallmengen und spezifische Abfallanfallmengen bei Umrüstvorgängen in Abhängigkeit des Vorgängers zu ergänzen. Dabei können folgende Emissionstypen unterschieden werden:

- Bearbeitungsemission, d. h. die während der Bearbeitung/Operation von Auftrag j an Maschine i freigesetzte Emission:

$$E_{ij}^{o} = x_j \cdot t_{ij}^{o} \cdot \sum_{z=1}^{k} g_z \cdot e_{ijz}^{o}, \qquad (1)$$

mit:

E_{ij}^{o}	Bearbeitungsemission für Auftrag j an Maschine i,
x_j	Losgröße von Auftrag j
t_{ij}^{o}	Bearbeitungs-/Operationsdauer einer Einheit von Auftrag j auf Maschine i,
g_z	Gewichtungsfaktor für Emissionsart z,
e_{ijz}^{o}	Bearbeitungsemission einer Emissionsart z von Auftrag j auf Maschine i pro Zeiteinheit;

- Stillstandsemission, d. h. die während ablaufbedingten Leerzeiten einer Maschine j (diese werde mit verminderter Intensität weiterbetrieben, z. B. Beschichtungsanlagen, Kunststoffspritzanlagen) entstehende Emission:

$$E_{i}^{s} = t_{i}^{s} \cdot \sum_{z=1}^{k} g_z \cdot e_{iz}^{s}, \qquad (2)$$

mit:

E_{i}^{s}	Stillstandsemission der Maschine i während der gesamten Stillstandsdauer,
t_{i}^{s}	Stillstandsdauer von Maschine i,
e_{iz}^{s}	Stillstandsemission einer Emissionsart z der Maschine i pro Zeiteinheit;

- Liegeemission, d. h. die während Liegezeiten eines Auftrages j (z. B. durch Heizen/Kühlen von Werkstücken, Korrosion, Ausgasen von unbeschichteten Kunststoffteilen) freigesetzte Emission:

$$E_{ij}^{l} = (t_{ij}^{l} + t_{ij}^{o} \cdot \frac{x_j}{2}) \cdot \sum_{z=1}^{k} g_z \cdot e_{ijz}^{l}, \tag{3}$$

mit:

E_{ij}^{l} Liegeemission von Auftrag j in Warteschlange W_i vor Maschine i,

t_{ij}^{l} Liegedauer von Auftrag j in Warteschlange W_i von Maschine i (ohne Bearbeitung),

e_{ijz}^{l} Liegeemission einer Emissionsart z von Auftrag j in Warteschlange W_i pro Zeiteinheit;

- Rüstemission, d. h. die während des Rüstens für Auftrag j auf Maschine i (z. B. durch Farbwechsel, Werkstoffwechsel, Reinigungsmittel) freigesetzte Emission:

$$E_{mij}^{r} = t_{mij}^{r} \cdot \sum_{z=1}^{k} g_z \cdot e_{mijz}^{r}, \tag{4}$$

mit:

E_{mij}^{r} Rüstemission an Maschine i beim Umrüsten von Operation m auf i für Auftrag j,

t_{mij}^{r} Rüstdauer an Maschine i von Operation m auf i für Auftrag j,

e_{mijz}^{r} Rüstemission einer Emissionsart z durch Umrüsten für Auftrag j von Operation m auf i pro Zeiteinheit;

- Transportemission, d. h. die während des (innerbetrieblichen) Transportes von Auftrag j von Maschine m zu Maschine i freigesetzte Emission:

$$E_{mij}^{t} = t_{mij}^{t} \cdot \sum_{z=1}^{k} g_z \cdot e_{mijz}^{t}, \tag{5}$$

mit:

E_{mij}^{t} Transportemission durch Transport eines Auftrages j von Maschine m zu Maschine i,

t_{mij}^{t} Transportdauer eines Auftrages j von Maschine m zu Maschine i,

e_{mijz}^{t} Transportemission einer Emissionsart z durch Transport von Auftrag j von Maschine m zu Maschine i pro Zeiteinheit.

Für eine reine Reihenfolgeplanung sind lediglich Rüst- und Stillstandsemissionen sowie der Teil der Liegeemissionen, der während der Wartezeit zwischen zwei Operationen anfällt, entscheidungsrelevant. Bei der Bearbeitungsemission und der Liegeemission während der Bearbeitung des Auftrages handelt es sich ausschließlich um produktbezogene Größen, deren Entstehen allein durch die Entscheidung, ein bestimmtes Los zu fertigen, bestimmt wird. Gleiches gilt für die Transportemission, vorausgesetzt, konstante Entfernungen zwischen den einzelnen Maschinen seien gegeben.

2. Beschreibung des Produktionssystems

Für das zu analysierende Produktionssystem gelten folgende Prämissen:

- Das Produktionsprogramm hat einen Umfang von maximal 20 unterschiedlichen Produkten, welche in Fertigungsaufträgen (Losen) mit einer gleichverteilten Losgröße auf dem Intervall [5, 50] hergestellt werden.

- Die Herstellung der Produkte erfolgt in mehreren Bearbeitungsschritten/Operationen auf maximal 6 verschiedenen Mehrzweckmaschinen.

- Ein Aufspalten (splitting) von Aufträgen auf gleichartige Maschinen einer Maschinengruppe ist nicht möglich. Damit liegt ein reines Reihenfolgeproblem vor; jede Maschine kann nur einen Arbeitsgang durchführen und jeder Arbeitsgang ist nur auf einer Maschine möglich.

- Jeder Auftrag bildet eine unteilbare Einheit.

- Aufträge werden nicht überlappt und stets ohne Unterbrechung gefertigt.

- Für die Bearbeitung einer Mengeneinheit eines Auftrages auf einer Maschine wird eine konstante Bearbeitungszeit vorausgesetzt.

- Die Maschinenfolgen unterschiedlicher Produkte auf den einzelnen Maschinen können beliebig variieren, sind aber für jedes einzelne Produkt technologisch festgelegt.

- Die Maschinen arbeiten nach zuvor bestimmten technisch-wirtschaftlich optimalen Betriebsparametern (etwa Drehzahlen, Schnitt- und Vorschubgeschwindigkeiten), deren Ermittlung nicht Aufgabe der Reihenfolgeplanung ist; ein Optimierung der Anlagen selbst erfolgt nicht.

- Jeder Maschine ist eine unbeschränkte Warteschlange (Warteraum) zugeordnet.

- Transportzeiten bleiben unberücksichtigt, d. h. es kann unmittelbar nach Abschluß einer Bearbeitung und einer eventuellen Umrüstung mit der Folgeoperation begonnen werden.

- Bearbeitungszyklen eines Auftrages auf einer Maschine werden ausgeschlossen.

- Alle Aufträge der Planungsperiode sind zu Beginn der Planung bekannt und können während der Planungsperiode vollständig bearbeitet werden.

- Die Losgröße eines Auftrages ist für die gesamte Planungsperiode konstant.

3. Auswahl emissionsorientierter Prioritätsregeln

Zur Auswahl eines Auftrages j ($j = 1, \ldots, n$) aus den vor einer Maschine i wartenden Aufträgen, der bei Freiwerden des gerade bearbeiteten Auftrages r als nächster eingelastet werden soll, werden in der industriellen Praxis i. allg. Prioritätsregeln angewandt, etwa

- Einlastung nach der kürzesten Operationzeit (KOZ-Regel) gemäß:

$$\min_{j \in W_i} x_j \cdot t^o_{ij}, \tag{6}$$

- Einlastung nach der längsten Restbearbeitungzeit (LRB-Regel) gemäß:

$$\max_{j \in W_i} \sum_{\mu \in R_{ij}} x_j \cdot t^o_{\mu j}, \tag{7}$$

mit:

R_{ij} Menge der Maschinen, auf denen der Auftrag j nach Bearbeitung auf Maschine i noch zu bearbeiten ist.

Diese Regeln sind im Zusammenhang mit einer Planung emissionsarm zu betreibender Produktionssysteme um emissionsorientierte Regeln zu ergänzen, beispielsweise um:

- Einlastung nach minimaler Rüstemission (MRE-Regel) gemäß:

$$\min_{j \in W_i} E^r_{mij}, \tag{8}$$

- Einlastung nach minimaler Liegeemission der in der Warteschlange verbleibenden Aufträge (LMN-Regel) gemäß:

$$\min_{j \in W_i} x_j \cdot t^o_{ij} \cdot \sum_{s=1, s \neq j}^{n} \cdot \sum_{z=1}^{k} g_z \cdot e^l_{isz}, \tag{9}$$

- Einlastung nach maximaler hypothetischer Liegeemission bei Nichteinlastung (LMX-Regel) gemäß:

$$\max_{j \in W_i} \sum_{z=1}^{k} g_z \cdot e^l_{ijz} \cdot \sum_{s=1, s \neq j}^{n} x_s \cdot t^o_{is}. \tag{10}$$

Den Zielkonflikt etwa zwischen der KOZ-Regel und der MRE-Regel zeigen die in der Tabelle 4 dargestellten Ergebnisse für drei Maschinen und vier Aufträge. Als Ausgangsdaten werden die in den Tabellen 1 bis 3 zusammengestellten Daten verwandt.

Tabelle 1: Auftragsdaten zur Demonstration des Zielkonfliktes zwischen der KOZ- und der MRE-Regel

Auftrag	Maschinenfolge			t^o_{ij}			t^r_{ij}			x_j
1	1	2	3	1	1	2	5	9	6	12
2	1	3	1	2	5	2	7	4	12	10
3	2	1	3	1	2	4	6	2	5	10
4	1	2	3	3	1	1	8	7	7	8

Tabelle 2: Liege- und Stillstandsemission

Auftrag	Liegeemission			Maschine	Stillstandsemission
1	0	5	9	1	0
2	2	4	4	2	2
3	1	3	6	3	1
4	2	5	2		

Tabelle 3: Rüstemission

Maschine 1				Maschine 2				Maschine 3			
12	23	27	50	18	21	33	19	14	19	23	12
0	15	78	54	0	27	14	16	0	17	24	29
13	0	47	58	21	0	37	41	27	0	19	34
21	26	0	10	35	18	0	24	16	14	0	15
10	15	21	0	53	35	12	0	23	18	24	0

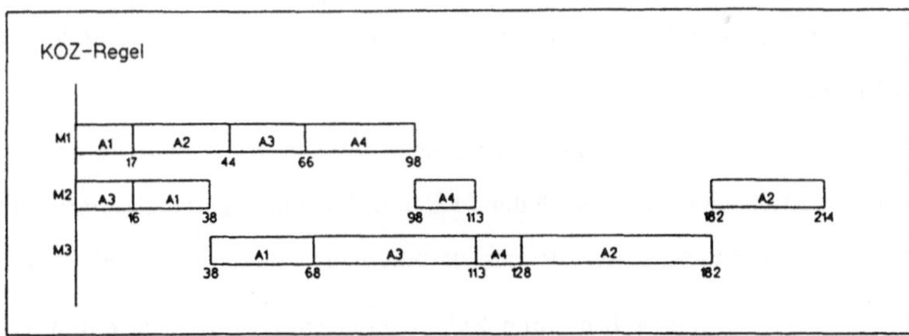

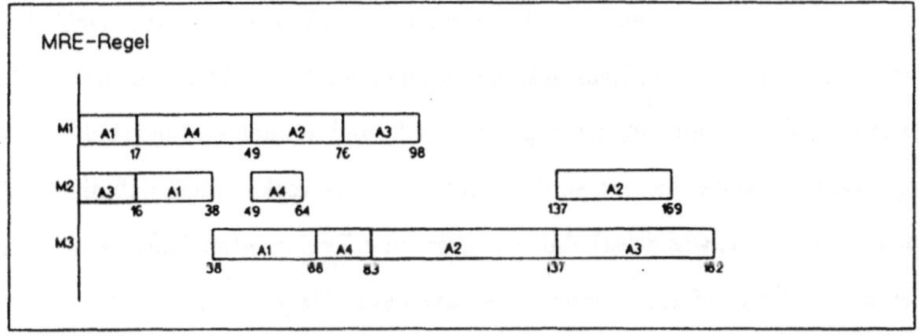

Abbildung 1: GANTT-Diagramm der Maschinenbelegung für die KOZ- und die MRE-Regel

84

4. Simulationsergebnisse

Zur Analyse der Auswirkungen dieser Regeln auf den Zielerreichungsgrad einzelner Zielkriterien der Maschinenbelegungsplanung (etwa Durchlaufzeiten, Kapazitätsauslastung, Termintreue, Auftragswartezeiten, Emissionsanfall) sind diese zu simulieren. Hierzu werden für o. a. Produktionssystem unter Anwendung des Prioritätsregelverfahrens von GIFFLER und THOMPSON /1/ 100 Simulationsläufe ausgeführt. Für jeden Simulationslauf werden der Auftragspool sowie die Losgröße mittels eines Zufallszahlengenerators zufällig gezogen; Anzahl und Art der Aufträge sowie die jeweilige Losgröße pro Auftrag werden gleichverteilt innerhalb eines vorgegebenen Intervalls bestimmt. Für die Aufträge wird dabei die technische Bearbeitungsreihenfolge auf den jeweils benötigten Maschinen, die erforderliche Bearbeitungszeit je Einheit, Umrüstzeiten sowie Liegeemissionen vor einem Bearbeitungsvorgang fest vorgegeben. Gleiches gilt für spezifische Rüst- und Stillstandsemissionen einzelner Maschinen.

Eine Auswertung erfolgt bezüglich den Kriterien: Durchlaufzeit der Aufträge, Wartezeit der Aufträge, Zykluszeit des zu bearbeitenden Auftragspools, Stillstandszeiten der Maschinen, Liegeemissionen der Aufträge, Stillstandsemissionen der Maschinen, Rüstemissionen. Zur Beurteilung der zeitlichen Effizienz der gefundenen Einlastungsreihenfolge der Aufträge auf den Maschinen wird als weiteres Kriterium das mittlere Verhältnis von tatsächlicher Bearbeitungszeit zu benötigter Durchlaufzeit aller Aufträge herangezogen. Des weiteren wird ein Gesamterfüllungsgrad einer Prioritätsregel l als arithmetisches Mittel der Zielerreichungsgrade der einzelnen Kriterien k definiert. Der Zielerreichungsgrad für die zeitliche Effizienz ergibt sich aus $\frac{\mu_{lk}}{\max_l \mu_{lk}}$; sonst aus $\frac{\min_l \mu_{lk}}{\mu_{lk}}$. μ_{lk} bezeichnet die (mittlere) Ausprägung des Kriteriums k bei Anwendung von Prioritätsregel l.

Die Auswirkungen der Prioritätsregeln auf die Erfüllungsgrade der einzelnen Kriterien sind in der Abbildung 1 dargestellt. Die KOZ-Regel liefert nach der LRB-Regel den geringsten Gesamterfüllungsgrad. Dies erstaunt deshalb, weil gerade diese Regel oftmals als besonderes Belegungskriterium beschrieben wird.

Dieses Ergebnis resultiert aus hohen Leer- und Zykluszeiten sowie durch die damit verbundene hohe Stillstandsemission. Hohe Zykluszeiten und Wartezeiten entstehen dabei hauptsächlich dann, wenn in Auftragspools mit relativ homogenen Bearbeitungszeiten einige "Ausreißer" mit hohen Bearbeitungszeiten existieren. Diese erhalten dann stets geringste Priorität und können erst bearbeitet werden, wenn alle übrigen Aufträge praktisch abgeschlossen sind. Dadurch kann es vorkommen, daß dieser Auftrag noch als einziger im Jop-shop verbleibt, was zu erheblichen Leer- und Zykluszeiten führt. Aufgrund des günstigen Durchlaufzeitverhaltens der KOZ-Regel erzielt diese auch gute Liegeemissionswerte. Die LRB-Regel zeigt ein deutlich negatives Zeitverhalten, insbesondere dann, wenn innerhalb des Auftragspools eine große Streuung der Bearbeitungszeiten vorliegt. Man erhält zwar im Vergleich zur KOZ-Regel eine relativ bessere Maschinenauslastung, jedoch warten hier wegen der lange belegten Maschinen die Aufträge, d. h.

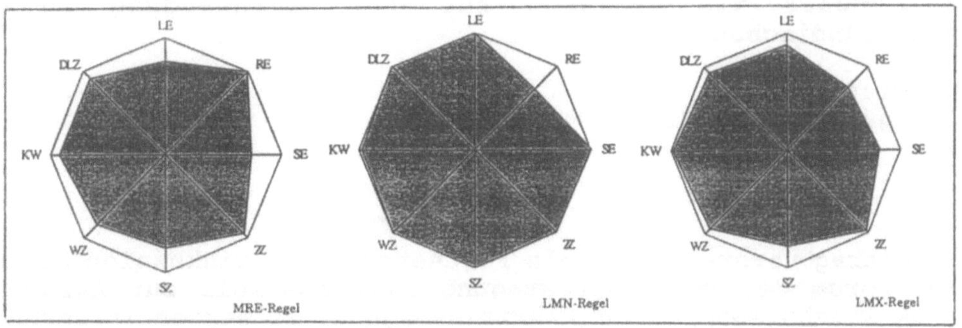

Abbildung 1: Zielerreichungsgrade einzelner Kriterien für unterschiedliche Prioritätsregeln

die mittlere Wartezeit steigt. Dieses erklärt ebenfalls hohe Liegeemissionswerte. In der Praxis wird diese Regel dennoch häufig angewandt, da sie eine hohe Termintreue gewährleistet. Das gute Abschneiden der MRE-Regel resultiert hauptsächlich aus kleinen Rüstemissionswerten. In der Analyse liefert die MRE-Regel nicht nur das im Mittel beste Ergebnis für Rüstemissionen, sondern ebenfalls für jeden einzelnen Auftragspool. Obwohl bei der MRE-Regel explizit keine zeitliche Komponente zum Tragen kommt, liefert sie dennoch ein besseres Zeitverhalten als die LRB-Regel. Die LMN-Regel liefert das deutlich beste Ergebnis. Sie wird lediglich bei der zeitlichen Effizienz von der KOZ-Regel und bei Rüstemissionen von allen übrigen Regeln übertroffen. Die LMX-Regel erzielt das zweitbeste Ergebnis. Die Liegeemission eines Auftrages ist von der Summe der Bearbeitungszeiten der im Augenblick konkurrierenden Aufträge abhängig. Da diese sich immer wieder unterschiedlich zusammensetzen, spielen große Unterschiede bei den Bearbeitungszeiten hier eine untergeordnete Rolle. Damit erklärt sich das relativ gute Abschneiden bei zeitlichen Kriterien. Es wird versucht, hohe Liegeemissionen zu vermeiden, die für die Zukunft erwartet werden, wodurch ein überdurchschnittlicher Erfüllungsgrad in diesem Bereich erreicht wird.

Obgleich eine Verallgemeinerung dieser Ergebnisse aufgrund der in der Analyse getroffenen Prämissen nicht notwendigerweise gegeben sein kann, wäre jedoch für die industrielle Anwendung eine entsprechende Überprüfung im Einzelfall zur dispositiven Unterstützung eines produktionsintegrierten Umweltschutzes empfehlenswert.

Literaturverzeichnis

/1/ GIFFLER, B.; THOMPSON, G. L.: Algorithms for Solving Production Scheduling Problems, in: Operations Research, (1960)8, 487-503.
/2/ HAASIS, H.-D.; RENTZ, O.: "Umwelt-PPS" - Ein weiterer Baustein einer CIM-Architektur?, erscheint in: Proc. GI-Tagung, Karlsruhe, 1992.
/3/ WICKE, L.; HAASIS, H.-D.; SCHAFHAUSEN, F.; SCHULZ, W.: Betriebliche Umweltökonomie, München, 1992.

PPS-Software als Werkzeug für die OR-Anwendung in der mittelständischen Industrie

Paul-Dieter Kluge
Leipziger Str. 47/21.01
O-1080 Berlin

Der Beitrag versteht sich als Fortsetzung der Diskussion auf dem Praxisforum der DGOR-Jahrestagung 1991 speziell zur Akzeptanz von OR-Ergebnissen in der Praxis. Vorgestellt werden Erfahrungen aus der Beratung mittelständischer Industrieunternehmen in der Region Berlin/Brandenburg zur Einführung und Nutzung integrierter PPS-Software mit dem Ziel der Entwicklung eines durchgängigen Wirtschaftlichkeitsdenkens. Ausgehend von einer kurzen Übersicht über Möglichkeiten einer direkten und indirekten Einbindung von OR-Modellen und Methoden in der angebotenen Software werden zwei Stufen einer erfolgversprechenden Nutzungsstrategie diskutiert:

Die erste Stufe zielt auf das Generieren von Vorwarnzahlen für Betriebszustände, in denen der Einsatz von OR-Instrumentarium zwecks Finden von Kompromissen für konfliktäre Zielausprägungen zweckmäßig ist. Dazu werden verallgemeinerungsfähige Ergebnisse insbesondere aus Lagerhaltungs- und Ablaufplanungsmodellen genutzt, die auf heuristischem Weg mit Standardmodellen der Programmplanung gekoppelt werden.

Im Rahmen der zweiten Stufe erfolgt der Modelleinsatz in den vorher definierten kritischen Betriebszuständen unter weitgehender Nutzung von Daten, die durch das PPS-System im Normalbetrieb generiert werden. Dazu werden Beispiele aus der Programm-, Faktor- und Prozeßplanung vorgestellt.

Abschließend werden Möglichkeiten für das Separieren von Effekten der OR-Anwendung bis hin zur Bilanzanalyse erörtert.

UNTERSUCHUNGEN ZUR DYNAMIK VON STOFFTRANSPORTEN UND -UMSÄTZEN IN GEOÖKOSYSTEMEN

Johann-A. Müller, Berlin

Zusammenfassung: Die Untersuchungen sind ein Beitrag zur physisch-geografischen Prozeßforschung. Die Beherrschung und Steuerung von Geoökosystemen erfordert die Modellierung und Vorhersage von Stofftransporten und -umsätzen in verschiedenen Landschaften. Auf der Grundlage von Zeitreihen, die die Witterung, Bodeneigenschaften sowie das Abflußgeschehen kennzeichnen, wird die Abhängigkeit geoökologischer Prozesse von ausgewählten Kenngrößen des meteorologischen Regimes sowie des oberen Bodenhorizontes und der Bodeneigenschaften ermittelt. Zur Anwendung kommt neben Korrelations- und Entropieanalyse die Selbstorganisation mathematischer Modelle.

Abstract: These studies are meant as a contribution to physical-geographical process research. Controlling geo-ecological systems requires the analysis, modelling and forecasting of what happens in both transport and the metabolism of the substances concerned in different landscapes. Based on time series characterizing weather, soil quality and drain events the dependence of geological processes on selected variables such as meteorological regimes, upper soil horizon and soil qualities is considered. Problem solving is pivoted, in addition to correlation and entropic correlation analysis, on the self-organization of mathematical models.

1. Aufgabenstellung

In vielen Gebieten der BRD nimmt die Nitratkonzentration im oberflächennahen Grundwasser jährlich um 1 - 2 mg/l zu /1/. Die Landwirtschaft gilt als Hauptverursacher der Nitratbelastung des Grundwassers.

Die Auswaschung von Nitrat aus dem Wurzelraum in das Grundwasser führt einerseits zu Verlusten von pflanzenverfügbarem Stickstoff, der für die Ertragsbildung landwirtschaftlicher Kulturen wichtig ist. Andererseits stellt die Nitratbelastung des Grundwassers nicht nur eine Qualitätsminderung des Trinkwassers, sondern eine zunehmende Gesundheitsgefährdung insbesondere für Säuglinge dar.

Die Einhaltung entsprechender Gütestandards im Trinkwasser erfordert eine Steuerung des Nitrataustritts im Bereich zulässiger Werte. Voraussetzung für eine erfolgreiche Steuerung ist jedoch die Kenntnis der biochemischen Umsetzung im Boden. Zahlreiche Geländeuntersuchungen der letzten Jahre lieferten bereits wichtige Information über Ursachen, Abhängigkeiten und Ausmaß der Nitratauswaschung. Insbesondere kamen dabei Methoden der theoretischen Systemanalyse (Bilanz- und Differenzengleichungen, Simulation) zur Beschreibung der Stickstoffdynamik im Wurzelraum und der Nitratauswaschung zur Anwendung. Da die einzelnen Teilprozesse der Stickstoffdynamik bislang nur ungenügend theoretisch erfaßt werden konnten, sind die auf diese Weise erhaltenen Ergebnisse trotz erheblich komplizierter Simulationsmodelle bescheiden /1,2/.

Berücksichtigt man die ungenügende A-priori-Information über das Steuerobjekt und die Umwelt, so können prediktive Steuerungen zur Anwendung kommen, für die folgende Herangehensweise gilt

- Speicherung der bisherigen Entwicklung von Aufwand und Ergebnis;
- schrittweise Modellierung auf der Grundlage vorliegender Realisierungen von Input und Qutput mit Methoden der experimentellen Systemanalyse, wobei auf Grund der laufenden Korrektur ein Grobmodell ausreicht;
- Vorhersage der zukünftigen Entwicklung;
- Vergleich der vorhergesagten Entwicklung mit der Solltrajektorie;
- optimale Korrektur der Steuerung auf dieser Grundlage.

Im weiteren werden die Möglichkeiten der experimentellen Systemanalyse untersucht. Ungeachtet ihres eingeschränkten Anwendungsbereichs erweitert sie auf der Grundlage vorliegender Beobachtungen wesentlicher Systemgrößen die vorhandene A-priori-Information und liefert vielfach zur Aufgabenlösung ausreichend gute Modelle.

2. Experimentelle Systemanalyse

Aufgabe der experimentellen Systemanalyse ist es, auf der Grundlage von Beobachtungen meßbarer geoökologischer Kenngrößen wie Witterung, Bodeneigenschaften, Wasserhaushalt und Abflußgeschehen ohne ausreichende Information über die Modellstruktur mathematische Modelle für ausgewählte Kenngrößen, wie Dränageabfluß, Bodenparameter, Nitratauswaschung des Sickerwassers u. a. zu ermitteln, die insbesondere auch für die Vorhersage geeignet sind.

Grundlage für die weiteren Untersuchungen waren Meßwerte, die vom Institut für Geographie und Geoökologie Leipzig täglich bzw. 14-tägig erfaßt wurden. Dabei handelt es sich um Datensätze im Zeitraum vom 1.10.1979 -15.06.1988 zum meteorologischen Regime (Schneehöhe, Lufttemperatur (Tagesmittel, Tagesminimum, Tagesmaximum), Sonnenscheindauer, relative Luftfeuchtigkeit, Niederschlagsmenge), zum oberen Bodenhorizont (Bodenfrost, Bodentemperatur Tagesmittel (5, 10, 50, 100 cm)) sowie zur potentiellen Evapotranspiration, Grundwasserstand und Dränageabfluß. Darüber hinaus lagen vierzehntägige Meßwerte für den CL- und NO_3-Austrag des Sickerwassers sowie der C-, N-, V- und T-Werte und des pH-Wertes vor.

2.1 Autokorrelationsanalyse

Für die Zeitreihen wurden Autokorrelationsfunktionen ermittelt und bezüglich folgender Kenngrößen ausgewertet:

τ_o Korrelationsradius, d. h. Zeitintervall, in dem die Korrelationsfunktion von Null signifikant verschieden ist (für AR-Prozeß).

τ_α Intervall linearer Korrelation, d. h. Zeitintervall, in dem die Korrelationsfunktion angenähert linear beginnend bei R(0)=1 abfällt.

$-\dfrac{dR}{dk}\big/\tau_\alpha$ Geschwindigkeit der Verringerung der Korrelationsfunktion im Intervall τ_α.

$\tau_{0,5}$ Intervall, mit hinreichend großer Korrelation (bei Saisonkomponenten 1. Intervall, bei AR-Prozeß gilt für $k > \tau_{0,5}$: $R(k) < 0{,}5$).

τ_p Es gilt: $R(\tau_p) = \max\limits_{k} \{\, R(k) \; / \; k \neq 0 \,\}$

$\tau_{p/2}$ Es gilt: $R(\tau_{p/2}) = \min\limits_{k} R(k)$.

Anhand dieser Kenngrößen war es möglich zu erkennen, daß alle Einflußgrößen außer Niederschlag, Grundwasserstand und Dränageabfluß eine Saisonkomponente von einem Jahr enthalten. Außer dem Grundwasserstand und pH-Wert kann außerdem angenommen werden, daß diese Prozesse stationär sind. Ausgewiesen wurde für die meisten Kenngrößen eine Korrelationsfunktion, die auf einen autoregressiven Prozeß schließen läßt.

2.2 Selektion von autoregressiven Modellen des Dränageabflusses

Entsprechend den in Punkt 2.1 erhaltenen Ergebnissen liegt es nahe, den Dränageabfluß als AR-Prozeß darzustellen. Zur Vereinfachung wurde zur Auswahl eines AR-Modells

$$x_t = \sum_{i=1}^{p} b_i \, x_{t-i}$$

optimaler Kompliziertheit das Kriterium

$$s^2_{e,p} = \frac{T}{T-p} s^2_e$$

verwendet, wobei

$$s^2_e = \frac{1}{T} \sum_{t=p+1}^{T+p} \left(x_t - \sum_{k=1}^{p} b_k \, x_{t-k} \right)^2.$$

Die erhaltenen Modelle waren durchweg stabil, die maximale Parameteranzahl hing vom Beobachtungszeitraum ab. Für 240 Realisierungen (8 Monate) läßt sich grob folgende Einteilung des Dränageabflusses bezüglich der Abklingzeit (Nachwirkung) vornehmen, die einzelwissenschaftlich zu begründen ist:

I. Geringe Abklingzeit (Nachwirkung) ($p_{max} = 5 - 7$) für Modelle im Zeitraum März - November bzw. September - Juli.

II. Hohe Abklingzeit (Nachwirkung) ($p_{max} = 40 - 60$) für Modelle im Zeitraum Januar - September bzw. Mai - Februar.

Die gute Anpassung, die mit diesen AR-Modellen erreicht wurde, und die Tatsache, daß die vorliegende Informationsbasis nicht vollständig ist, d. h. nicht ausreicht, um durch Einbeziehung der Einflußgrößen eine wesentliche Modellverbesserung zu erreichen, legen nahe, die AR-Modelle auch zur Vorhersage zu verwenden.

Dem steht entgegen, daß durch derartige Modelle lediglich der Abklingvorgang und nicht die kausalen Ursachen für starke und plötzliche Dränageabflüsse erfaßt werden. Außerdem strebt für stabile Modelle die schrittweise Vorhersage auf der Grundlage von Differenzengleichungen mit eindimensionalem Zeitvektor aufgrund des endlichen Gedächtnisses des dynamischen Systems dem eingeschwungenen Zustand zu.

2.3 Distributed-Lag-Modelle

Insbesondere HEILIG /2/ hat gezeigt, daß zur Beschreibung verschiedener landschaftsökologischer Subsysteme wie Bodenfeuchte, Bodentemperatur u. a. sogenannte Distributed-Lag-Modelle zur Untersuchung des Transfers von Energie und Wasser zwischen verschiedenen Örtlichkeiten und Schichten der landschaftsökologischen Systeme mit Speicher geeignet sind. Die autoregressiven Terme berücksichtigen gut die Speichereffekte, das Abklingen der Reaktionsfunktionen u. a. physikalische Vorgänge.

Diese Feststellungen stimmen weitgehend mit eigenen Erfahrungen bei der Modellierung ökologischer bwz. meteorologischer Prozesse, so bei Niederschlagsvorhersagen und Vorhersagen der Tagesmaximumtemperatur oder von Bodentemperaturen, aber auch bei der Analyse und Vorhersage der Wassergüte der mittleren Elbe, überein.

Für lineare, zeitinvariante dynamische Systeme ergibt sich damit

$$\underline{x}_t = A\,\underline{x}_t + \sum_{k=1}^{L} B_k^* \underline{x}_{t-k} + \sum_{j=0}^{L} C_j^* \underline{u}_{t-j}$$

bzw. in reduzierter Form

$$\underline{x}_t = \sum_{k=1}^{L} B_k\,\underline{x}_{t-k} + \sum_{j=0}^{L} C_j\,\underline{u}_{t-j}$$

mit L - maximale Verzögerung (Lag)

$\underline{x}_t$ - Outputvektor $\underline{x} \in R^n$,

$\underline{u}_t$ - Inputvektor $\underline{u} \in R^m$, t = 1, 2,....T,

sowie entsprechenden Koeffizientenmatrizen A, B_k^*, B_k, C_j^*, C_j.

Es ist üblich, diese Modellstruktur mit Hilfe traditioneller mathematisch-statistischer Methoden zu spezifizieren. So liegt es nahe, in einer ersten Etappe zur Ermittlung der maximalen Verzögerung L sowie zur Auswahl der wesentlichen Einflußgrößen die Korrelationsanalyse bzw. Entropieanalyse zu verwenden. Zu diesem Zweck wurden zusätzlich zu den bereits ermittelten Autokorrelationsfunktionen (bzw. Autoentropiefunktionen) (Abschn. 2.1) alle Kreuzkorrelationsfunktionen (bzw. Kreuzentropiefunktionen) berechnet.

Umfangreiche Untersuchungen brachten jedoch keine vollständigen und zufriedenstellenden Ergebnisse, da

1. für den gesamten Beobachtungszeitraum eine lineare Modellstruktur abzulehnen ist,
2. wesentliche Einflußgrößen (Inputgrößen) nicht erfaßt werden können,
3. die Inputgrößen stark miteinander korreliert sind,
4. alle Inputgrößen autokorreliert (bzw. kohärent) sind und damit die Kreuzkorrelationsfunktion (bzw.Kreuzentropiefunktion) sowohl von den gesuchten Systemeigenschaften als auch von den Eigenschaften der Inputgrößen abhängt.

Aus dem gleichen Grunde brachte die Ermittlung der Gewichtsfunktion aus der Kreuz- und Autokorrelationsfunktion über die Entfaltung der Faltungssumme trotz Einbeziehung einer quadratischen Glättungsfunktion zur Regularisierung der nicht korrekt gestellten Aufgabe nur in wenigen Fällen die gewünschten Ergebnisse.

Die weitgehend qualitativen Aussagen aus der Korrelationsanalyse zum Einfluß der verschiedenen Inputgrößen auf den Dränageabfluß (Outputgröße) sowie zur Größenordnung der maximalen Verzögerung stimmten mit denen überein, die sich aus der Entropieanalyse ergaben. Sie reichten jedoch nicht aus, um auf dieser Grundlage eine ausreichend begründete Modellstruktur zu selektieren. Dementsprechend bleibt ein Herangehen der induktiven Modellbildung auf der Grundlage der Selbstorganisation übrig, das im weiteren dargestellt werden soll.

3. Induktive Modellbildung mit Hilfe Selbstorganisation

3.1 Selbstorganisation mathematischer Modelle

Ein induktives Herangehen an die Erkennung von Gesetzmäßigkeiten ausgehend von vorliegenden Fakten beruht auf folgenden Schritten:

1. Aufteilung der Fakten in Lern- und Prüffolge;
2. Generierung von Hypothesen auf der Grundlage der Lernfolge;
3. Überprüfung der Hypothesen auf der Prüffolge;
4. Wenn die Hypothese auf der Prüffolge abgelehnt wird, dann gehe zu 2., anderenfalls kann die Hypothese als die gesuchte Gesetzmäßigkeit angenommen werden.

Es existieren bereits verschiedene in der Praxis erprobte Realisierungen dieser Herangehensweise an die Modellbildung, wie z. B. die Evolutionsmodellierung, die Anwendung der Stochastik bei der Generierung der Hypothesen sowie insbesondere verschiedene Algorithmen und Programme zur Selbstorganisation mathematischer Modelle /3/, die im weiteren angewendet werden sollen.

Ausgehend von der vorhandenen Stichprobe aller Einflußfaktoren und den interessierenden Systemgrößen wird auf dem Computer eine größere Anzahl von Modellen erzeugt und nach vorgegebenen Auswahlkriterien ein sogenanntes Modell optimaler Kompliziertheit ausgewählt. Dabei werden beim Nutzer folgende A-priori-Kenntnisse vorausgesetzt:

- Beobachtung von Kenngrößen (Zeitreihen). Ihre Aufteilung in endogene und exogene Variablen ist nicht unbedingt notwendig.
- Modellklasse. Als eine für die Abbildung dynamischer Systeme besonders geeignete Modellstruktur hat sich die Darstellung durch Systeme interdependenter Gleichungen (lineare oder nichtlineare) erwiesen.
- Maximale Verzögerung L. Wenn Information über die Systemstruktur (z. B. exogene Größe u_i, endogene Größe x_i beeinflussen endogene Größe x_j) vorliegt, kann sie verwendet werden.
- Auswahlkriterien. Entsprechend der zu lösenden Aufgabe werden dem Nutzer verschiedene Auswahlkriterien angeboten.

3.2 Validierung

Die Aufgabe der Validierung, d. h. die Überprüfung, ob das erhaltene Modell in der Lage ist, kausale Zusammenhänge zwischen Ein- und Ausgangsgrößen zu erfassen oder ob das Modell lediglich auf Grund der endlichen Stichprobenrealisierung zufällige nichtkausale Zusammenhänge widerspiegelt, kann mit Hilfe der Randomisierung gelöst werden. Zu diesem Zweck werden für gegebene Beobachtungen zwei Modelle erstellt.

1. Ohne Randomisierung: Modell M ergibt sich für die gegebenen Beobachtungen von Eingangsgangsgrößen $\underline{u}$ und Ausgangsgröße y mit dem entsprechenden Gütewert Q.

2. Mit Randomisierung: Für gegebene Beobachtungen der Eingangsgrößen und randomisierte Realisierungen der beobachteten Ausgangsgröße y^r wird ein Modell M^r erstellt, das lediglich zufällige Zusammenhänge abbildet, der zugehörige Gütewert ist Q^r.

Für den Fall, daß gilt $Q \gg Q^r$, kann die Annahme, daß das Modell wesentliche kausale Zusammenhänge zwischen Eingangs- und Ausgangsgrößen abbildet, nicht widerlegt werden. Zur Bestimmung des signifikanten Unterschiedes zwischen Q und Q^r wurden mit Hilfe Monte-Carlo-Simulation die Werte einer entsprechenden Testgröße (Bestimmtheit) in Abhängigkeit vom Stichprobenumfang und der Kompliziertheit des Modells (potentiell mögliche Anzahl Modellparameter) ermittelt.

4. Ergebnisse

Auf der Grundlage umfangreicher Untersuchungen wurden letztlich die folgenden Ergebnisse erhalten:

1. Die vorliegende Informationsbasis ist unvollständig, wesentliche Einflußgrößen für das Abflußgeschehen wurden nicht erfaßt.

2. Eine signifikante Verbesserung der Ergebnisse erbrachte die Einbeziehung von Schwellwerten für die Luft- und Bodentemperatur, die Frostperioden, Bodenfrost bzw. Wachstumsstimulierung signalisieren.

3. Lineare Modelle haben lediglich eine zeitlich lokale Gültigkeit. Bessere Ergebnisse wurden durch Einbeziehung nichtlinearer Zusammenhänge erhalten.

4. Durch gleitende Modellbildung, d. h. durch Modelle, die für um jeweils einen Monat verschobene Beobachtungszeiträume ermittelt wurden, ergab sich eine Konkretisierung der in Abschn.2.2 angegebenen Einteilung der zeitlichen Systementwicklung in homogene Abschnitte. Damit liegen Klassen typischen Abflußgeschehens und die entsprechenden Modelle vor.

5. Als zusätzliche Einflußgröße wurde der Dränageabfluß des Vorjahres in die Modellbildung einbezogen. Die Berücksichtigung zeitlicher (und räumlicher) Fernwirkungen, in diesem Fall mit Hilfe eines zweidimensionalen Zeitvektors, erbrachte eine weitere wesentliche Verbesserung der Modellergebnisse.

6. Untersuchungen zum Einfluß verschiedener Detailliertheitsebenen der Beobachtungen (tägliche, vierzehntägige, monatliche Meßwerte) auf die Modellgüte und

Vorhersagegenauigkeit zeigten, daß die innerhalb eines Monats anzutreffenden Bedingungen im meteorologischen Regime sowie im Boden durch monatliche Daten weitgehend nivelliert werden, wohingegen tägliche Realisierungen zu viele auf die Modellstruktur einwirkende zufällige Schwankungen, die auch in Beprobungsfehlern gesehen werden, aufweisen. Dementsprechend ergeben vierzehntägige Beobachtungsdaten die besten Modelle und die günstig- sten Vorhersageergebnisse.

Für ein Detailliertheitsniveau von 14-tägigen Werten konnte hinsichtlich der Modellanpassung festgestellt werden, daß der qualitative Prozeßablauf im wesentlichen erkannt wird, der Wechsel von Abschnitten hohen Dränageabflusses mit solchen geringen Abflusses im notwendigen Rhythmus erfolgt (Bild). Einschränkend muß festgehalten werden, daß sehr hohe Austritte zwar signalisiert, jedoch nicht in der notwendigen Höhe ausgewiesen werden. Für fast alle Modelle wurde mit halbjährlichen Vorhersagen die qualitative Tendenz des Dränageabflusses erfaßt.

5. Schlußfolgerungen

Für ökologische Systeme ist zu erwarten, daß eine abgeschwächte mathematische Beschreibung anstelle der Differenzengleichungen zu besseren Ergebnissen führt. Die Systemgrößen bilden für solche Systeme ein bestimmtes Muster, in dem alle Größen miteinander verbunden, untereinander kompliziert verschlungen sind, wobei man schwer Ursachen von Wirkungen zu unterscheiden vermag. In diesem Fall helfen nichtparametrische Auswahlmethoden, wie z. B. die Analogiemethode /4/. Sie geht von folgenden Annahmen aus:
- das betrachtete System läßt sich durch einen mehrdimensionalen Prozeß beschreiben;
- der mehrdimensionale Prozeß ist ausreichend repräsentativ, d. h. die für das Verhalten des Systems wesentlichen Systemgrößen sind erfaßt.

Unter diesen Annahmen kann man annehmen, daß sich Entwicklungsabschnitte der Vergangenheit wiederholen können. Gelingt es, einen solchen zum gegenwärtigen Entwicklungsabschnitt analogen Abschnitt der Vergangenheit zu ermitteln, so läßt sich die Vorhersage aus der in der Vergangenheit bereits bekannten Weiterentwicklung des ermittelten Analogs (oder mehrerer ermittelter Analoge) bestimmen.

Es entsteht folgende Aufgabe: Ausgehend vom gegenwärtigen Entwicklungsabschnitt sind ein oder auch mehrere diesem Abschnitt ähnliche Abschnitte der Vergangenheit zu suchen, mit deren Hilfe die Entwicklung im Vorhersagezeitraum $x_{N+1}, ..., x_{N+T}$ ermittelt werden kann. Diese Aufgabe beinhaltet die folgenden Teilprobleme:
- Auswahl ähnlicher Entwicklungsabschnitte.
- Ermittlung der Vorhersage durch Zusammenfassung der Fortschreibung der ermittelten Abschnitte (Analoge).

Vorliegende erste Erfahrungen mit derartigen nichtparametrischen Auswahlalgorithmen lassen erwarten, daß auf diese Weise plötzliche Veränderungen im Abflußgeschehen noch besser vorhergesagt werden können.

94

Literatur:

/1/ Walther, W.
Grundwasserbeschaffenheit in Niedersachsen - Fallstudien.
Braunschweig: Institut für Siedlungswirtschaft Technische Universität
Heft 48 (1990)

/2/ Quantitative Methoden der Prozeßforschung in der Geographie und ihre Anwendung in der Territorial- und
Landschaftsplanung.
Leipzig: Institut für Geographie und Geoökologie.
Wissenschaftliche Mitteilungen Heft 22 (1987)

/3/ Ivachnenko, A. G.; Müller, J. A.
Selbstorganisation von Vorhersagemodellen.
Berlin: Verlag Technik (1984)

/4/ Ivachnenko, A. G.; Müller, J. A.
Selection procedures and their application in economy and ecologoy
Berlin: 4.th International Symposium on Systems Analysis and Simulation (1992)

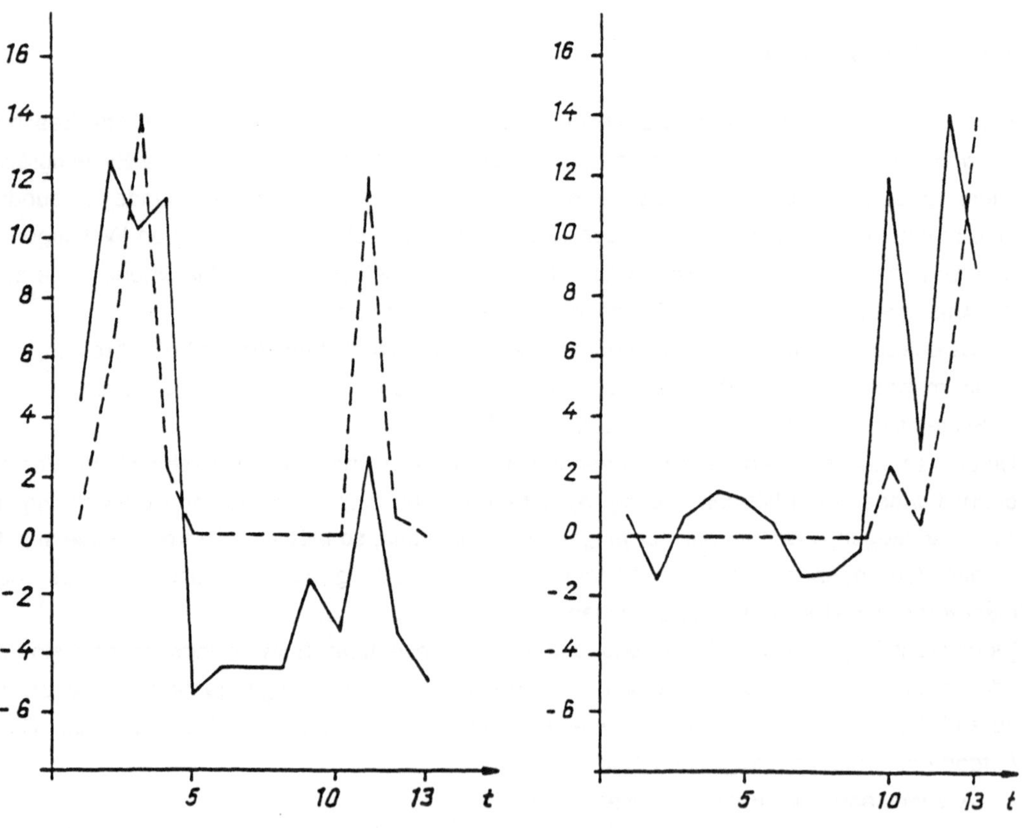

Bild: Vorhersage für vierzehntägige Werte

Ein konnexionistischer Ansatz zur Prognose und Steuerung von Ablaufschadstoffen einer Kläranlage

Martin Natter & Martin Lukanowicz, Wien

Zusammenfassung: Diese Arbeit beschreibt ein konnexionistisches Modell zur Prognose und Steuerung am Beispiel des Ablaufschadstoffs Nitrat (NO_3-N). In einer empirischen Analyse werden Kläranlagenmeßwerte aus einer Betriebsprotokolldatenbank zur Modellschätzung verwendet. Besondere Aufmerksamkeit wird der Modellierung und der Modellselektion gewidmet. Backpropagation, eine Kleinstquadratprozedur, die Gradientenverfahren mit dynamischer Rückkoppelung kombiniert, dient zur Bestimmung der Kantengewichte des Netzwerks. Um die Gefahr der Überschreitung von gesetzlichen Grenzwerten (z.B. Nitrat) zu reduzieren wurden Warn- und Alarmvariable modelliert.

Abstract: This paper presents a connectionist model for forcasting and controlling of nitrate (NO_3-N) which is a typical pollutant of a waste water treatment. In an empirical study we use the operating database of a purification plant for estimating the model. We pay special attention to the process of problem representation and model selection. Backpropagation — a least square procedure that combines the method of gradient decent with dynamic feedback — is applied for estimating the model. To prevent violations of legal bounds (e.g. NO_3-N < 15mg/l) warning and alarm variables are added to the model.

1 Einleitung

Ein konnexionistisches Modell soll Klärwärter bei ihren Aufgaben auf kleinen und mittleren Kläranlagen unterstützen. Die Unterstützung soll zwei Bereiche umfassen. Einerseits soll das Modell die Vorhersehbarkeit von Störfällen ermöglichen. Diesem Punkt kommt eine große Bedeutung zu, da die Vorhersehbarkeit von Störfällen in Deutschland bereits gesetzliche Grundlage ist. Andererseits soll das Modell dem Klärwärter verdeutlichen, welche Auswirkungen Eingriffe in den Klärprozeß haben. Dieser Vorgang wird durch eine Sensitivitätsanalyse ermöglicht. Der Klärwärter hat die Möglichkeit einen Eingriff in den Prozeß zu simulieren. Das Modell prognostiziert die Effekte des simulierten Eingriffs für zwei Tage.

Infolge der Lernfähigkeit konnexionistischer Modelle kann das Modell an spezifische Eigenheiten einer konkreten Kläranlage angepaßt werden.

Im Gegensatz zu [LUKANOWICZ 92], wo ein multivariates Logitmodell als induktive Lernkomponente fungiert, können in einem konnexionistischen Modell metrisch, ordinal und nominal skalierte Variable Verwendung finden. Die in [LUKANOWICZ 92] beschriebene Methode ist dadurch beschränkt, daß nur binär codierte Variable verarbeitet werden können. Der im folgenden beschriebene konnexionistische Ansatz stellt eine Verallgemeinerung multivariater Logitmodelle dar [HRUSCHKA 92].

2 Konnexionistische Modelle

Ein konnexionistisches Modell besteht im allgemeinen aus drei Teilen:

1. Einem Graphen $G = \{U, E\}$ mit einer Menge von Knoten U (Units) und einer Menge von Kanten E, die die Knoten verbinden.

2. Einer Gewichtsmatrix W, mit den Kantenbewertungen $w_{ij} \in W$, die die Stärke der Verbindungen angeben.

3. Einem Verfahren mit dem der Status der Knoten oder die Höhe der Gewichte manipuliert werden.

Im folgenden werden wir uns auf ein spezifisches mehrschichtiges konnexionistisches Modell beschränken, das jedoch die Fähigkeit besitzt, jede kontinuierliche Funktion beliebig genau zu approximieren [WHITE 89, CYBENKO 89].

Die Punkte 1 bis 3 können jetzt näher spezifiziert werden. Unser Modell besteht aus:

1. Einem gerichteten Graphen, dessen Knoten in Schichten eingeteilt werden. Es werden nur Verbindungen E zwischen benachbarten Schichten zugelassen. Die erste Schicht wird üblicherweise als Eingabeschicht oder input-layer (IL) bezeichnet. Als nächstes folgen eine oder mehrere Schichten an verdeckten Knoten, sogenannte hidden-layer (HL). Die letzte Schicht bilden die Ausgabeknoten. Sie wird output-layer (OL) genannt. In unseren Modellen wird nur ein hidden-layer verwendet.

2. Einer Gewichtsmatrix W, wobei $w_{ij} \in W$ die Stärke der Verbindung zwischen dem Knoten i und dem Knoten j bezeichnet. Besteht zwischen zwei Knoten keine Verbindung so sei $w_{ij} \equiv 0$.

3. Backpropagation [WERBOS 74, RUMELHART 86] als dem Verfahren, das den Status der Knoten und die Höhe der Gewichte manipuliert.

2.1 Backpropagation (bp)

Ein konnexionistische Modell kann dazu benutzt werden, einen funktionellen Zusammenhang der Art

$$y = f(\sum_{\forall h} w_{oh} g(\sum_{\forall i} w_{hi} x_i)) \tag{1}$$

darzustellen (wobei die Indizes o Knoten aus dem OL, h Knoten aus dem HL und i Knoten aus dem IL bezeichnen). Dazu wird dem Netzwerk eine Systemeingabe $x_1, x_2, \ldots, x_n$ präsentiert. Für jede Eingabevariable x_i ist ein Eingabeknoten, für jede Outputvariable y_k ist ein Ausgabeknoten vorzusehen. Schicht für Schicht wird dann für jeden Knoten i sein Potenzial z_i, als Summe der Produkte der Knoten der vorhergehenden Schicht mit den Gewichten der Verbindungen zwischen diesen Knoten, berechnet:

$$z_i = \sum_j w_{ij} x_j \tag{2}$$

Setzt man z_i in eine differenzierbare (Bedingung zur Berechnung des Gradienten) nicht-lineare Funktion ein, erhält man den Zustand des Knoten y_i. Als Transferfunktion $f(z_i)$ verwenden wir die logistische Funktion:

$$y_i = \frac{1}{1 + \exp^{-z_i}} \tag{3}$$

Diese Vorwärtsphase endet beim OL. Dort wird dieser Systemoutput y_k mit der tatsächlichen Ausgabe t_k verglichen. Die Differenz entspricht dem Fehler $e_k = t_k - y_k$ der (abhängigen) Output-Variable k. Unser Ziel ist es, die Gewichte w_{ij} des Netzwerks so festzulegen, daß die Hälfte der Fehler-Quadrat-Summe, über alle Beobachtungen p und Ausgabeknoten k, minimal ist.

$$E = \frac{1}{2} \sum_{pk} (t_{pk} - y_{pk})^2 \rightarrow \min! \tag{4}$$

Dazu werden die Fehler Schicht für Schicht bis zum IL durch das Netzwerk zurückpropagiert. Dabei verändert man die Gewichte so, daß sie die Zielfunktion minimieren. Dies erreicht man, indem man die Ableitung der Zielfunktion E mit Rücksicht auf alle z_i des Netzwerks berechnet:

$$\Delta w_{ij} = -\eta \frac{\delta E}{\delta w_{ij}} \tag{5}$$

wobei η eine Lernkonstante zwischen 0 und 1 ist.

Bevor der Schätzvorgang gestartet wird, werden die Gewichte mit kleinen Zufallszahlen initialisiert. Danach werden diese Vorwärts- und Rückwärts-Phasen iterativ wiederholt, solange bis keine weitere wesentliche Verbesserung der Zielfunktion erreicht werden kann.

2.2 Modell-Selektionsphase

Auch bei konnexionistischen Ansätzen ist man nicht davon befreit, festzulegen, zwischen welchen Variablen Interaktionen erlaubt werden. Dies geschieht mit der Festlegung der Verbindungsstruktur. Im folgenden werden einige Kriterien angeführt, anhand derer entschieden werden kann, ob ein bestimmtes Modell besser oder schlechter ist als ein anderes:

Gewichtsanalyse (GA): Selektion der Variablen, die die geringsten absoluten Koeffizienten (Gewichte des Netzwerks) haben. Aufgrund unterschiedlicher Skalierungen der Eingabe-Variablen ist dies kein ausreichendes Kriterium.

Sensitivitätsanalyse (SA): Sie besteht aus folgenden Schritten:

1. Auswahl einer (unabhängigen) Eingabevariablen.

2. Variation der Werte dieser unabhängigen Variablen über alle N Beobachtungen (Meßtage) im Wertebereich der jeweiligen Variablen (z.B. Variation der Fäkalienmenge um die Faktoren 0.7, 0.8, 0.9, 1.1, 1.2, 1.3).

3. Berechnung der Veränderungen der Werte aller abhängigen Variablen.

Entfernen der unabhängigen Parameter, die geringe absolute Koeffizienten haben und bei der die SA keine wesentliche Variation bei den abhängigen Variablen hervorrufen.

Likelihood Ratio Test (LRT): Der LRT überprüft die Nullhypothese, daß die Parameter des erweiterten Modells $M+$ gleich hoch sind wie die des eingeschränkten Modells $M-$. Wenn $Z(\ln(\text{SSE}_{M+}) - \ln(\text{SSE}_{M-})) > \chi^2_{\alpha,df}$ ist, dann kann die Nullhypothese verworfen werden. Dabei ist α das Signifikanzniveau und df die Anzahl der Freiheitsgrade. Wobei SSE die Fehler-Quadrat-Summe über alle Beobachtungen Z bezeichnet. Z ist das Produkt aus Anzahl der Meßtage N und Anzahl der Ausgabevariablen. df entspricht der Differenz der Parameter P, der zu vergleichenden Modelle.

Cross-Validierung (CV): [STONE 74] Wie erwähnt kann in einem mehrschichtigen Netzwerk das nicht-lineare Transferfunktionen verwendet, jede stetige Funktion approximiert werden, wenn nur genügend hidden-units verwendet werden. Bei der Bestimmung der Anzahl der hidden-units sollte man jedoch sehr vorsichtig sein. Verwendet man eine zu große Anzahl, so verliert das Netzwerk die Fähigkeit des Verallgemeinerns. Es kommt zum sogenannten *over-fitting*. Um diesen Effekt zu vermeiden schlägt [WHITE 89] die Methode der Crossvalidierung vor. Das konnexionistische Modell wird dabei nicht mit allen N Beobachtungen geschätzt sondern mit $N-c$, wobei $c \subset N$. Die Güte der Parametrisierung wird anschließend an den c Beobachtungen überprüft. Die Cross-Validierungs-Rate (CVR) entpricht der Summe der Fehler dieser c Beobachtungen über alle N/c Iterationen. Am besten wird ein Datensatz ausgenutzt, wenn $c = 1$

gewählt wird. Dies ist jedoch auch die aufwendigste Art der Crossvalidierung, da das Modell N mal geschätzt werden muß. Wenn N genügend groß ist ($N \gg 100$) wird c üblicherweise mit 5 bis 10 [MOODY 92] festgelegt. Wir verwenden im folgenden $c = 5$.

Prediction Criterion (PC):

$$PC = (SSE/(Z - P)) * (1 + (P/Z)) \tag{6}$$

Das PC bestraft Modelle mit einer zu hohen Anzahl an Parametern. Wenn ein Modell mit mehr Parametern keine signifikant bessere Anpassung liefert, wird das restriktivere Modell vorgezogen. Für weiterführende Kriterien verweisen wir auf [UTANS 91, MOODY 92].

3 Untersuchte Modelle

Die verwendete Betriebsprotokolldatenbank einer Kläranlage enthält 31 Meßwerte, die über 14 Monate hinweg erhoben wurden. Die Messungen wurden im Zulauf (Zulaufschadstoff-Konzentrationen, Zulaufmengen und Abwasser pH-Wert), in 2 Belebungsbecken (Schlammvolumen, Rücklaufschlamm und Sauerstoffzugabe) und im Ablauf (Ablaufschadstoff-Konzentrationen) durchgeführt. Zusätzlich wurden Umweltfaktoren (Wetter, Abwasser-Tempertur) erhoben. Alle Meßwerte wurden in das Intervall $[0; 1] \in \Re$ transformiert. Da die Aufenthaltszeit des Abwassers im Belebungsbecken annähernd 3 Tage beträgt [OEWWV 89], berücksichtigen wir in unseren Modellen die Ablaufschadstoff-Konzentrationen der letzten zwei Tage (Autoregressiver Prozeß 2. Ordnung). Eingriffe des Klärwärters in den Klärprozeß haben ebenfalls zeitverzögerte Auswirkungen. Um den Klärwärter bei seiner Arbeit zu unterstützen, sehen wir in den Modellen Ausgabevariablen für 2 Tage vor. Im weiteren beschreiben wir 2 Modellvarianten:

3.1 Modell mit latenten Variablen ($\mathcal{M}1$)

Die hidden-units werden nicht voll mit dem Meßwerten verbunden. Die Menge der möglichen Interaktionen wird eingeschränkt. Alle hidden-units werden nur mit einer bestimmten Gruppe von zusammenhängenden Meßwerten verbunden. Durch diesen restriktiven Aufbau wird die Interpretation der hidden-units ermöglicht. Jeder hidden-unit kommt eine bestimmte Bedeutung zu (z.B. Umweltzustand), die an sich nicht gemessen werden kann, der jedoch Effekte auf die Ausgabevariablen zugeschrieben werden. Solche Variablen werden gemeinhin latente Variable genannt.

Die anfängliche Verbindungsstruktur entpricht der von Abbildung 1, jedoch wurden nicht 2 hidden-units verwendet sondern 11. Gleichartige Meßwerte (z.B. NH_4-N Zulauf, NH_4-N Trübwasser usw.)

wurden zu einer latenten Variable zusammengefaßt.

Tabelle 1: Reduktionsschritte des Modells $\mathcal{M}1$

Modell	P	SSE	PC	CVR
$\mathcal{M}1\mathcal{A}$	126	140.7	0.0625	
$\mathcal{M}1\mathcal{B}$	121	140.8	0.0623	
$\mathcal{M}1\mathcal{C}$	118	141.3	0.0624	
$\mathcal{M}1\mathcal{D}$	116	142.1	0.0626	
$\mathcal{M}1\mathcal{E}$	106	142.4	0.0623	159.3

Ausgehend vom Modell mit allen Meßwerten wird das Modell $\mathcal{M}1\mathcal{A}$ in 3 Schritten durch Entfernen von unwichtigen Eingabewerten auf das Modell $\mathcal{M}1\mathcal{D}$ reduziert. Der Likelihood Ratio Test wurde mit $\alpha = 0.95$ durchgeführt. Im letzten Schritt werden insignifikante Verbindungen zwischen latenten Variablen und Ausgabevariablen eliminiert.

Tabelle 1 zeigt die Reduktionsschritte und einige Gütekriterien.

3.2 Nicht-parametrisches Regressionsmodell ($\mathcal{M}2$)

Um zu überprüfen, ob durch die restriktive Struktur des Modells $\mathcal{M}1$ keine wichtigen Interaktionen verloren gehen, wurde ein zweites Modell geschätzt. Ausgehend von einer hidden-unit, die mit allen Meßwerten und allen abhängigen Variablen verbunden ist, werden dem Modell schrittweise weitere hidden-units hinzugefügt, bis keine wesentliche Verbesserung der cross-validierten Fehler-Quadrat-Summe erreicht wird. Dies entspricht einem nicht-parametrischen Regressionsmodell [WHITE 89].

Es stellte sich heraus, daß eine zweite hidden-unit die Ergebnisse verbessert. Das Modell mit einer dritten hidden-unit muß abgelehnt werden, da die Crossvalidierung auf *over-fitting* hindeutet. Das so ermittelte Modell $\mathcal{M}2\mathcal{A}$ mit 2 hidden-units wird wiederum einer Modell-Reduktion unterzogen, in der 14 insignifikante Gewichte eliminiert werden. Das Einfügen einer weiteren Schicht bringt keine Verbesserungen. Somit ist $\mathcal{M}2\mathcal{B}$ (siehe Tabelle 2) das endgültige Modell.

Tabelle 2: Modell $\mathcal{M}2\mathcal{B}$

Modell	P	SSE	PC	CVR
$\mathcal{M}2\mathcal{A}$	106	128.9	0.0562	
$\mathcal{M}2\mathcal{B}$	92	130.1	0.0562	143.0

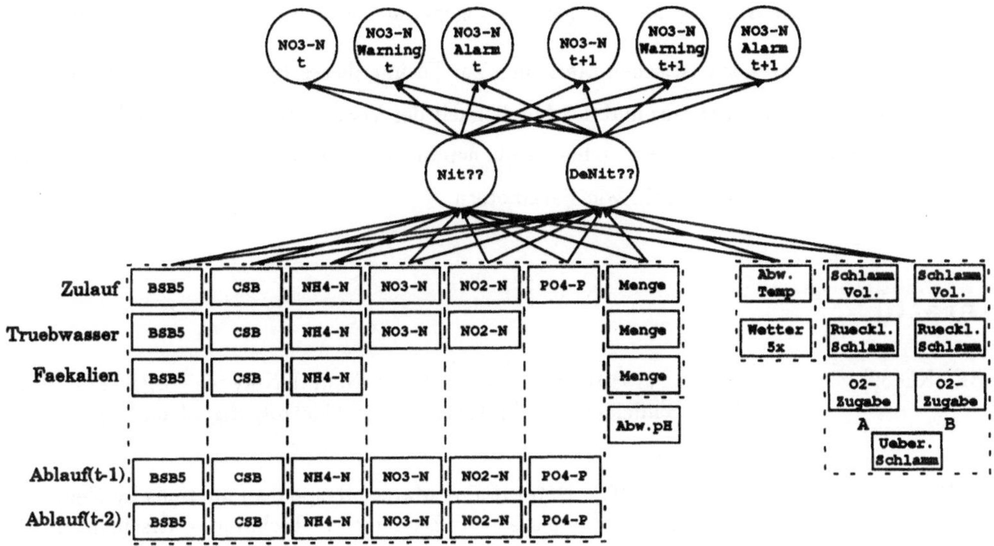

Abbildung 1: Modell $\mathcal{M}2\mathcal{A}$

4 Bewertung

Ein Vergleich der Warn- und Alarmwerte, die das Modell $\mathcal{M}2\mathcal{B}$ prognostiziert, mit den tatsächlichen Grenzwertüberschreitungen für NO_3-N, deutet auf eine gute Prognosefähigkeit von Störfällen hin. Die Ausgabewerte für Warnung und Alarm nehmen kontinuierliche Werte im Intervall [0;1] an. An der Höhe der Werte erkennt man, wie kritisch das Modell die Situation beurteilt. Für die Auswertung in Tabelle 3 wurde für diese Werte eine Schwellwertfunktion angenommen. Nur Ausgabewerte ≥ 0.5 lösen Warnung bzw. Alarm aus. Wird dieser Schwellwert niedriger angesetzt, dann reagiert das Modell „vorsichtiger".

Tabelle 3: Ergebnisse des Modells $\mathcal{M}2\mathcal{B}$

Warnung (W)				Alarm (A)			
tatsächliche prognostizierte Warnstufe		Zpkt. (t)	Zpkt. (t+1)	tatsächliche prognostizierte Alarmstufe		Zpkt. (t)	Zpkt. (t+1)
W	W	101	99	A	A	8	11
	W	35	34		A	1	1
W		29	31	A		13	10
$\sum$ Warnung = 130		136	133	$\sum$ Alarm = 21		9	12

Der Klärwärter gibt im Anwendungsfall die Meßwerte in das Modell ein. Das Modell prognostiziert daraufhin die Ausgabewerte (NO_3-N, Warnung und Alarm für die nächsten 2 Tage). Falls eine Überschreitung der gesetzlichen Grenzwerte vorhergesagt wird, hat der Klärwärter die Möglichkeit durch Variation eines oder mehrerer steuerbarer (z.B. O_2-Zufuhr, Fäkalienmenge) Eingangsvariablen, diese zu verhindern. Mit Hilfe des Modells kann er sogenannte *what-if*-Analysen durchführen.

Vorteile gegenüber anderen statistischen Methoden zur Lösung dieses Problems sehen wir vor allem in der Stabilität des bp-Algorithmus und der Möglichkeit der Verarbeitung unterschiedlich skalierter Daten. Die in der Modell-Selektionsphase beschriebenen Methoden ermöglichen die Bestimmung von Modellen mit einer sparsamen Anzahl von Parametern.

Literatur

[CYBENKO 89]   Cybenko, G. (1989): Continuous Value Neural Networks with Two Hidden Layers are Sufficient, in: Mathematics of Control, Signal and Systems, pp. 303-314

[HRUSCHKA 92]   Hruschka, H. (1992): Determining Market Response Functions by Neural Network Modeling. A comparison to Econometric Techniques. Erscheint in European Journal of Operational Research

[LUKANOWICZ 92]   Lukanowicz, M. (1992): Integration eines multivariaten Logitmodells in das Kläranlagenexpertensystem KLEX als induktive Lernkomponente, Operations-Research Proceedings 1991, Springer-Verlag, Berlin Heidelberg

[MOODY 92]   Moody, J.E. (1992): The Effective Number of Parameters: An Analysis of Generalization and Regularization in Nonlinear Learning Systems; Appears in J.E. Moody, S.J. Hanson, and R.P. Lippmann (editors): Advances in Neural Information Processing Systems 4, Morgan Kaufmann Publishers, San Mateo CA

[OEWWV 89]   ÖWWV (1989): Vortragsunterlagen zum Klärwärter Grundkurs des Österreichischen Wasserwirtschaftsverbandes

[RUMELHART 86]   Rumelhart, D.E.; McClelland, J. (1986): The PDP Research Group: Parallel Distributed Processing: Explorations in the Microstructure of Cognition; Volume 1: Foundations, MIT Press, Cambridge MA

[STONE 74]   Stone, M. (1974): Cross-Validatory Choice and Assessment of Statistical Predictions; in: Journal of the Royal Statistical Society, Series B, pp. 111-133

[UTANS 91]   Utans, J.; Moody, J. (1991): Selecting Neural Network Architectures via the Prediction Risk: Application to Corporate Bond Rating Prediction; First International Conference on Artificial Intelligence Applications on Wall Street; IEEE Computer Society Press, Los Alamitos CA

[WERBOS 74]   Werbos, P. (1974): Beyond Regression: New tools for prediction and analysis in the Behavioral Sciences, Ph.D. thesis Harvard University

[WHITE 89]   White, H. (1989): Connectionist Nonparametric Regression: Multilayer Feedforward Networks Can Learn Arbitrary Mappings, Working Paper, Department of Economics, University of California San Diego

Zur Konvergenz spezifischer Materialparameter bei Mehrfachrecycling

M. Nicolai,   Karlsruhe

Th. Spengler, Karlsruhe

O. Rentz,   Karlsruhe

Zusammenfassung: Zur Einsparung von Ressourcen und zur Schonung von Deponievolumen räumt das Abfallgesetz der stofflichen Verwertung gebrauchter Produkte Vorrang vor deren Beseitigung als Abfall ein. Dies kommt in verschiedenen Rechtsverordnungen zur Rücknahme und Verwertung spezifischer Altprodukte zum Ausdruck. Die Umsetzung dieser Prioritäten und Verordnungen erfolgt durch integrierte Verwertungskonzepte, welche unter anderem Recycling als eine der Hauptkomponenten beinhalten /1/.

Beim Recycling gebrauchter Produkte werden den Rohstoffen im Produktionsprozeß definierte Mengen aufbereiteter Altstoffe zugemischt und auch unvermeidbar Schadstoffe eingetragen. Im Rahmen dieses Vortrags wird die stufenweise Entwicklung ausgewählter Materialparameter beim Mehrfachrecycling untersucht. Hierzu wird zunächst die Zusammensetzung als Funktion der durchlaufenen Zyklenzahl und der Recyclingquote formuliert. Um unvermeidbaren Schadstoffeintrag zu berücksichtigen, wird der Ansatz um den Eintrag beliebig vieler Schadstoffe erweitert. Zur Bestimmung von Konvergenz und Absolutwerten von Rezyklatanteil, Altersstruktur, Schadstoffgehalt und spezifischer Materialparameter werden Potenzreihen angesetzt und mathematische Konvergenzkriterien einerseits sowie eine rechnergestützte Simulation andererseits angewandt. Die Ergebnisse werden an ausgewählten Beispielen dargestellt. Ein Optimieransatz zur kostenminimalen Produktion unter Einbezug von Recycling wird entwickelt und vorgestellt.

Abstract: In order to economize on natural resources as well as to minimize waste disposal, German legislation for waste management promotes recycling rather than disposal of products at the end of their lifetime. The practical realization of this priority is achieved by integrated waste management concepts /1/.

The principle of recycling is to add conditioned old material to the raw materials during the production process whereby foreign substances may also be introduced into the products. A change of the physical properties along with a loss of quality of the products are the effects of recycling. The objective of this paper is to analyse and evaluate the change of selected material parameters during multiple recycling. In a first step material composition is expressed as a function of recycling stages. The input of foreign substances also is taken into account. In order to determine the convergence and the absolute values of the age structure and composition of the materials a potential equation is developed and mathematical convergence criteria as well as computer simulation are applied. Results are presented for selected examples. An optimization problem for the evaluation of the optimal recycling rate and choice of raw materials at minimal costs is formulated and discussed.

1. Zusammensetzung eines Produktes für sortenreines Recycling

Unter sortenreinem Recycling versteht man die Aufbereitung und Rückführung eines Produktes am Ende seiner Lebensdauer in die Produktion. Hierdurch wird ein Teil der eingesetzten Rohstoffe substituiert. Die Altersstruktur der Produkte ändert sich dabei mit fortschreitender Zahl bereits durchlaufener Zyklen. Die Zusammensetzung eines Produktes nach n-maligem Recycling läßt sich unter der Annahme, daß nur "eigenes Material" wiederverwendet wird, wie folgt darstellen:

Zusammensetzung				Anzahl der durchlaufenen Zyklen
a	$(1-a)$			1
a	$a(1-a)$	$(1-a)^2$		2
.				.
a	$(1-a)$	.... $a(1-a)^{n-1}$	$(1-a)^n$	n

Hierin sind: a: Anteil an Neumaterial

$(1-a)$: Anteil an Rezyklat

Das Material der Recyclingstufe 1 geht mit dem Faktor $(1-a)$ als Rezyklat in die Stufe 2 ein, dies wiederum in Stufe 3, u.s.w.. Allgemein ergibt sich die Zusammensetzung Z im n-ten Recyclingzyklus als Funktion des Neumaterialanteils a zu:

$$Z = \sum_{i=0}^{n-1} a(1-a)^i + (1-a)^n$$

Gewichtet man die einzelnen Anteile mit der Anzahl der bereits durchlaufenen Zyklen, so ergibt sich das arithmetisch gemittelte Durchschnittsalter A_ϕ des Materials in Zyklen zu:

$$A_\phi = \sum_{i=0}^{n-1} a(1-a)^i \cdot i + (1-a)^n \cdot n$$

Da in der Produktion jedoch lediglich der Neumaterialanteil a bzw. die Recyclingquote $1-a$, nicht jedoch die Anzahl der durchlaufenen Zyklen n gesteuert werden können, stellt sich die Frage nach der Zusammensetzung nach Durchlaufen unendlich vieler Zyklen. Das sich nach unendlich vielen Zyklen einstellende Durchschnittsalter folgt durch Grenzwertbildung für n→∞:

$$A_\phi = \lim_{n \to \infty} \left[\sum_{i=0}^{n-1} a(1-a)^i \cdot i + (1-a)^n \cdot n \right]$$

Die Konvergenz von $A_\varnothing$ läßt sich mit Hilfe der Majorante $\sum\limits_{i=0}^{\infty}(1-a)^i \cdot i$, $0 \le a \le 1$

und dem d'Alembertschen Quotientenkriterium leicht zeigen. In Abb.1 ist der zeitliche Verlauf des Durchschnittsalters für verschiedene Recyclingquoten dargestellt. Es fällt insbesondere die schnelle Konvergenz für kleine Recyclingquoten auf. Der Grenzwert von $A_\varnothing$ ergibt sich aus

$$\lim_{n \to \infty}(1-a)^i \cdot i = \frac{1-a}{a^2} \qquad \text{zu:} \qquad A_\phi = (1-a)/a$$

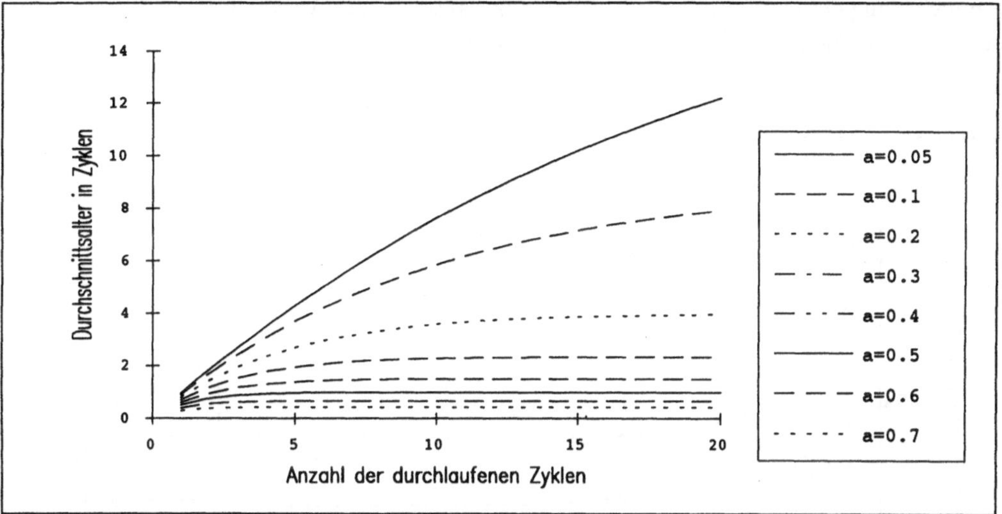

Abb.1: Entwicklung des Durchschnittsalters bei Mehrfachrecycling

Geht man dazu über, zyklusabhängige Qualitätseigenschaften zu betrachten, welche sich als Funktion $Q(i)$ darstellen lassen, so ergibt sich der Mittelwert der Eigenschaft Q des Materials zu:

$$\overline{Q}(n) = \sum_{i=0}^{n-1} a(1-a)^i \cdot Q(i) + (1-a)^n \cdot Q(n)$$

Hierbei wird angenommen, daß sich $Q(n)$ als arithmetisches Mittel der Q_i der Materialanteile ergibt. Formal entspricht dieser Ausdruck einer Potenzreihe der Form:

$$\sum_{k=0}^{\infty} \alpha_k \cdot x^k \qquad \text{mit dem Konvergenzradius:} \qquad r = \lim_{k \to \infty} \left| \frac{\alpha_k}{\alpha_{k+1}} \right|$$

Betrachtet man Qualitätseigenschaften, die sich durch Recycling verschlechtern, d.h.monoton fallende $Q(n)$, so bedeutet dies Konvergenz für $0 \le a \le 1$.

Ein Anwendungsbeispiel hierfür ist das Recycling von Beton. Es wurde in Versuchsreihen /3/ nachgewiesen, daß bei der Herstellung von Beton durch die Substitution der Zuschlagstoffe durch Recyclinggranulat aus Beton die Druckfestigkeit des Betons auf 85% derjenigen eines konventionell hergestellten Betons zurückgeht. Daraus ergibt sich die durchschnittliche Druckfestigkeit eines Betons σ_ϕ nach n-maligem Recycling zu:

$$\sigma_\phi = \sum_{i=0}^{n-1} a(1-a)^i \cdot 0,85^i \sigma_0 + (1-a)^n \cdot 0,85^n \sigma_0$$

Die Entwicklung der Druckfestigkeit von Beton mit ansteigender Anzahl durchlaufener Zyklen ist für verschiedene Recyclingquoten in Abb.2 dargestellt.

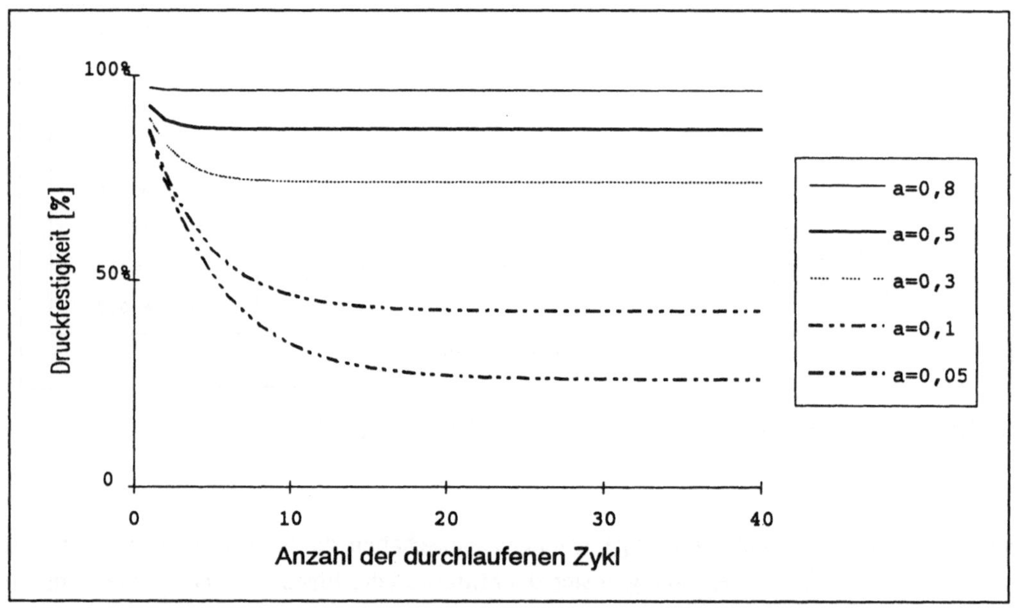

Abb.2: Druckfestigkeit von Beton als Funktion der durchlaufenen Zyklen

2. Eintrag von Schadstoffen mit dem Rezyklat

Der Gebrauch eines Produktes sowie Sammlung und Transport am Ende der Lebensdauer bedingen Verunreinigungen mit Schmutz- und Schadstoffen. Diese können zwar in Aufbereitungsverfahren teilweise abgeschieden werden, ein Rest wird jedoch mit dem Rezyklat in das Produkt eingetragen und akkumuliert sich dort mit zunehmender Anzahl durchlaufener Zyklen. Im folgenden Ansatz wird der Eintrag von Schadstoffen mit dem Rezyklat sowie deren Anreicherung im Produkt untersucht. Die Zusammensetzung eines Produktes in Abhängigkeit von der Anzahl durchlaufener Zyklen, des Neumaterialanteils a und des Schadstoffgehaltes im Rezyklat s läßt sich hierzu wie folgt herleiten:

Zusammensetzung durchlaufene
Zyklen

a	$(1-a)(1-s)$	$(1-a)\cdot s$	1

a	$a(1-a)(1-s)$	$((1-a)(1-s))^2$	$(1-a)s\cdot(1-a)(1-s)$	$(1-a)\cdot s$	2

Hierin sind:

a: Anteil an Neumaterial

$(1-a)(1-s)$: Anteil an Rezyklat ohne Schadstoff

s: Anteil an Schadstoff im Rezyklat

$(1-a)s$: Gesamtanteil an Schadstoff

Ananlog zu **1.** ergibt sich daraus die Zusammensetzung Z zu:

$$Z = \sum_{i=0}^{n-1}[(1-a)(1-s)]^i + [(1-a)(1-s)]^n \quad + \sum_{i=0}^{n-1}(1-a)s\cdot((1-a)(1-s))^i \quad \text{und zu}$$

Anteil an Neumaterial +Rezyklat ohne Schadstoff   Anteil des Schadstoffes S

$$Z = \sum_{i=0}^{n-1}[(1-a)(1-S)]^i + [(1-a)(1-S)]^n \quad + \left(\begin{array}{c} \sum_{i=0}^{n-1}(1-a)s_1\cdot((1-a)(1-S))^i \\ \vdots \\ \sum_{i=0}^{n-1}(1-a)s_m\cdot((1-a)(1-S))^i \end{array} \right)$$

Anteil an Neumaterial +Rezyklat ohne Schadstoff   Anteile der Schadstoffe $S_1...S_m$

für den Eintrag von $s_1..s_m$ Schadstoffen, wobei: $S = \sum_{j=1}^{m}s_j$: Gesamtschadstoffanteil im Rezyklat.

Den sich nach unendlich vielen Zyklen im Gesamtmaterial einstellenden Anteil A_j des Schadstoffes j erhält man durch Grenzübergang:

$$A_j = \lim_{n\to\infty}\sum_{i=0}^{n-1}(1-a)s_j\cdot((1-a)(1-S))^i$$

Sind $a, s_j, S = const.$, so bildet A_j eine geometrische Reihe, woraus sich direkt der folgende Grenzwert ergibt:

$$A_j = \frac{(1-a)s_j}{1-(1-a)(1-S)}$$

Das bedeutet, es ist möglich, aus einem einzuhaltenden maximalen Schadstoffgehalt $A_{j,\max}$ im Gesamtmaterial auf den maximal zulässigen Schadstoffeintrag $s_{j,\max}$ im Rezyklat zu schließen. Nach entsprechender Umformung folgt:

$$s_{j,\max} = \frac{A_{j,\max}(a + S(1-a))}{(1-a)} \qquad \text{bzw. für nur einen Schadstoff:} \qquad s_{\max} = \frac{A_{\max} \cdot a}{(1-A_{\max})(1-a)}$$

Hierbei ist $s_{\max}$ streng konvex in a. Ein typisches Anwendungsbeispiel ist die Produktion von weißem Behälterglas, wo das Recycling von Altglas Stand der Technik ist. Um keinen Grünstich zu bekommen, dürfen im Weißglas insgesamt nur 2% Grünglas enthalten sein /4/. In Abhängigkeit von der Recyclingquote folgt daraus der in der folgenden Abb.3 dargestellte maximale Anteil an Grünscherben im eingesetzten Altglas $s_{\max}$.

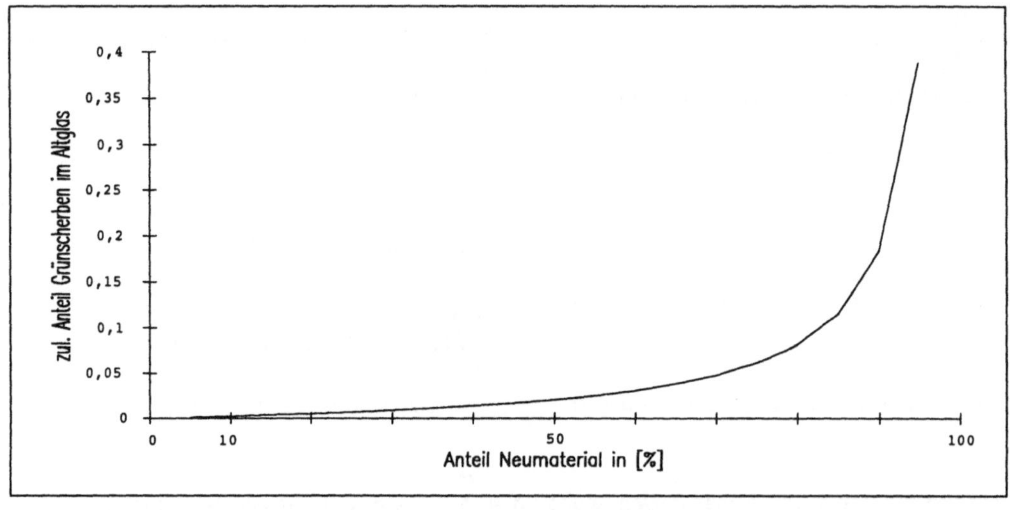

Abb.3: Zulässiger Anteil Grünscherben im Altglas bei der Weißglasproduktion

3. Ein Modell zur Bestimmung der optimalen Recyclingquote

In diesem Abschnitt wird ein einfaches Modell zur Bestimmung der optimalen Recyclingquote formuliert, das sich leicht verallgemeinern und zur Betrachtung komplexerer Problemstellungen modifizieren läßt. Es werden hierfür zusätzlich folgende Bezeichnungen eingeführt:

c_n : spezifische Beschaffungskosten des Neumaterials in [GE/ME]
c_a : spezifische Aufbereitungskosten des Rezyklats in [GE/ME]
c_e : spezifische Entsorgungskosten des Altmaterials in [GE/ME]
d : konstanter Periodenbedarf des Produktes in [ME/Periode]
t : Periodenindex; $t = 0..T$; $1 \leq T \leq \infty$
i : Kalkulationszinsfuß in [1/Periode]

Weiter wird angenommen, daß die Lebensdauer der Produkte genau eine Periode beträgt und am Ende der Periodendauer zu entscheiden ist, welcher Anteil des anfallenden Altmaterials als Rezyklat wiedereingesetzt wird. Nicht eingesetzte Mengen werden entsorgt; eine Lagerung ist nicht zulässig, so daß in der Periode t nur Neumaterial bzw. aufbereitetes Material aus der Periode t-1 zur Verfügung steht. Als Zielfunktion läßt sich die Summe der zur Produktion des konstanten Periodenbedarfs anzusetzenden entscheidungsrelevanten Kosten formulieren zu:

$$K_{ges} = a \cdot d \cdot c_n + (1 - a) \cdot d \cdot c_a + a \cdot d \cdot c_e \rightarrow \min!$$

mit: $a \cdot d \cdot c_n$:   Beschaffungkosten des Neumaterials

       $(1 - a) \cdot d \cdot c_a$:   Aufbereitungskosten des Rezyklats

       $a \cdot d \cdot c_e$:   Entsorgungskosten des nicht eingesetzten Altmaterials

Als Restriktion sind der maximal zulässige Schadstoffanteil A_{max} im Material sowie eine umweltpolitisch geforderte Mindestrecyclingquote $(1 - a)_{min}$ zu beachten. Das Modell nimmt somit folgende Gestalt an:

$$
\begin{array}{|ll|}
\hline
\text{Min} & K_{ges} = a \cdot d \cdot c_n + (1 - a) \cdot d \cdot c_a + a \cdot d \cdot c_e \\[2ex]
\text{u.d.N.} & A = \dfrac{(1 - a)s}{1 - (1 - a)(1 - s)} \leq A_{max} \\[2ex]
 & a \leq a_{max} \\[1ex]
 & a \geq 0 \\
\hline
\end{array}
$$

Zur Lösung sind drei Fälle zu unterscheiden:

Fall 1: $c_n + c_e > c_a$

        $K_{ges}(a)$ ist streng monoton steigend in a $\Rightarrow a^* = 1 - \dfrac{A_{max}}{s + A_{max}(1 - s)}$

Fall 2: $c_n + c_e < c_a$

        $K_{ges}(a)$ ist streng monoton fallend in a $\Rightarrow a^* = a_{max}$

110

Fall 3: $c_n + c_e = c_a$

$$K_{ges}(a)=\text{const.} \qquad \Rightarrow \text{alle } a \in \left[1 - \frac{A_{max}}{s + A_{max}(1-s)}; a_{max}\right] \text{ sind optimal.}$$

Bei gegebenen Aufbereitungskosten und gegebenen Beschaffungskosten für das Neumaterial sind die Entsorgungskosten mit Hilfe geeigneter umweltökonomischer Instrumente (Abfallabgaben, Deponiegebühren,..) so festzusetzen, daß die gewünschte Recyclingquote auch kostenminimal zu erreichen ist.

Erweitert man diesen einfachen statischen Modellansatz auf jährlich schwankende Produktions- und Kostendaten, so ergibt sich die wesentlich komplexere Fragestellung nach der optimalen intertemporalen Recyclingquote $(1 - a_t)$ bzw. den Entsorgungskosten c_{e_t}. Diese Größen kommen insbesondere in einer umweltintegrierten Produktionssteuerung zur Anwendung. Das zugehörige dynamische Modell läßt sich wie folgt formulieren:

$$
\begin{array}{l}
\text{Min} \\
\displaystyle\sum_{t=1}^{T}(a_t \cdot d_t \cdot c_{n_t} + (1-a_t)\cdot d_t \cdot c_{a_t} + (d_{t-1} - (1-a_t))\cdot c_{e_t})\cdot(1+i)^{-t} \\
\text{u.d.N.} \\
\displaystyle\sum_{\tau=0}^{t-1}(1-a_\tau)\cdot s \cdot \prod_{v=1}^{\tau}\left[(1-a_v)(1-s_v)\right] \le A_{max}, \quad t = 1..T \\
a_t \ge 0, \quad t = 1..T
\end{array}
$$

Literatur

/1/   Rentz, O. et al.

Entsorgung von Reststoffen aus der Rauchgasreinigung

Ministerium für Umwelt Baden-Württemberg (Hrsg.), Stuttgart, 1990

/2/   Kunig, Ph.; Schwermer, G.; Versteyl, L.-A.

Abfallgesetz, Kommentar.

München (1992)

/3/   Schäfer, R.-J.

Beiträge zur Entwicklung des Betonrecycling, Dissertation.

Hochschule für Bauwesen, Cottbus (1989)

/4/   Glashütte Achern

Produktion von Behälterglas, Firmeninformation.

Achern (1992)

ENTWICKLUNG EINES AUF DER THEORIE DER UNSCHARFEN MENGEN BASIERENDEN ENERGIE–EMISSIONS–MODELLS

Dipl.-Ing. C. Oder, Prof. Dr. O. Rentz

Institut für Industriebetriebslehre und Industrielle Produktion (IIP), Universität Karlsruhe

Zusammenfassung: Zur Erarbeitung und Analyse von Emissionsminderungsstrategien werden seit einigen Jahren Energie–Emissions–Modelle entwickelt und angewandt. In der Struktur handelt es sich bei diesen Modellen zumeist um mehrperiodige, quasi–dynamische lineare Optimierungsansätze, die als Zielfunktion die Minimierung der diskontierten Gesamtkosten der Energieversorgung verfolgen. Die maximal zulässigen Emissionen durch Energieumwandlung, die durch politische Entscheidungsträger festgesetzt werden sollen, werden dabei als exogene Nebenbedingungen berücksichtigt. Der zulässige Lösungsraum der Optimierungsvariablen, die die Energieflüsse durch das gesamte Umwandlungsnetzwerk darstellen, wird so scharf begrenzt. *In realiter* wird ein Entscheidungsträger aber eine Überschreitung der scharfen Emissionsgrenzen tolerieren, falls daraus eine gravierende Verringerung der Kosten resultiert. Seine Zufriedenheit, die sich in bisherigen Modellen an der scharfen Grenze sprunghaft von eins auf null änderte, wird aber mit wachsender Überschreitung kontinuierlich abnehmen. Dieses Phänomen läßt sich problemadäquat mittels unscharfer Mengen (*Fuzzy Sets*) beschreiben. In dem hier entwickelten Modell werden vage Technologiedaten und Zukunftsprojektionen sowohl in der Technologie–Matrix als auch auf der rechten Seite der Nebenbedingungen berücksichtigt. Auch die Koeffizienten der Zielfunktion, die die Kostendaten des Systems darstellen, werden als unscharfe Parameter modelliert.

Abstract: To elaborate emission reduction strategies energy–emission–models are beeing developed and applied. The structure of these models is a multi–period, quasi–dynamic linear optimization mode, using the minimization of the total discounted costs of energy production as a cost function. The maximum of emissions allowed, set by a political decision maker, are considered in exogenous constraints. Though, the optimization space of the variables, which reflect the energy flow through the energy conversion network, is sharply bounded. In reality, a decision maker will accept a violation of the sharp emission bounds, if a trade–off to the costs occurs. His satisfaction with the achievement of his goals, which in traditional models jumps from 1 to 0 at the sharp bound, will decline the further the limits are exceeded. This phenomenon can be modeled appropriately by using *Fuzzy Sets*. In the model developed here, vague data describing technological options and future developments are considered in the technology matrix as well as in the right–hand side parameters. In addition, the parameters of the cost function, reflecting the cost data for energy production and emission reduction, are modeled as *Fuzzy Sets*.

1. Problemstellung

Zur Entwicklung und Planung kosteneffizienter Energieversorgungssysteme werden weltweit Planungsinstrumente und Modelle eingesetzt. Seit Anfang der achtziger Jahre werden diese Modelle weiterentwickelt, um die mit der Energieumwandlung verbundenen Emissionen von SO_2, NO_x und seit neuestem in verstärktem Maße auch CO_2 berechnen und vermindern zu können. Auf der Basis dieser Planungssysteme sind für viele westliche Länder kosteneffiziente Emissionsminderungsstrategien entwickelt worden (vgl. /2/, /4/). Im allgemeinen handelt es sich bei der Struktur der Modelle um mehrperiodige, quasi–dynamische lineare Optimierungsansätze, die als Zielfunktion die Minimierung der diskontierten Gesamtkosten der Energieversorgung verfolgen. Exogen vorgegeben wird dabei ein projizierter Endenergiebedarf /1/ und ein maximal zulässiger Grenzwert an Emissionen E_k mit $k \in \{SO_2, NO_x, CO_2, ...\}$ in aufeinanderfolgenden Perioden. Gemäß der Struktur eines linearen Programms springt die „Zufriedenheit" mit der Erreichung dieses Grenzwertes bei einer nur minimalen Überschreitung von 1 auf 0, d.h. ein Entscheidungsträger ist voll zufrieden mit jedem Emissionslevel $e_k \leq E_k$ unterhalb der scharfen Grenze und absolut unzufrieden mit einem auch nur geringfügig höheren Wert $e_k = E_k + \epsilon$, $\epsilon \to 0$ (vgl. Abb. 1). Ein solches Modellverhalten ist nur mäßig dazu geeignet, die reale Entscheidungssituation widerzugeben, da ein Entscheidungsträger eine Überschreitung der vorgegebenen Grenze genau dann tolerieren wird, wenn dadurch eine sehr viel kostengünstigere Gesamtlösung erreicht werden kann, die ansonsten aus dem Raum der zulässigen Lösungen ausgeschlossen wäre. Natürlich wird die Zufriedenheit μ des Entscheidungsträgers kontinuierlich mit zunehmender Überschreitung des Grenzwertes auf 0 abnehmen, aber eben nicht sprunghaft, sondern, wie empirische Untersuchungen gezeigt haben /7, 8/, stetig. Dieses Phänomen der menschlichen Wahrnehmungsempfindung läßt sich durch die Methoden der linearen Programmierung nur schwer abbilden.

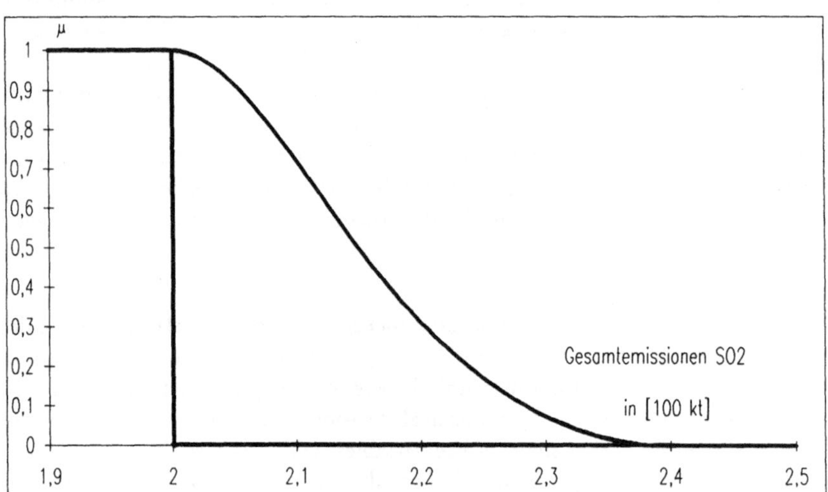

Abbildung 1: Scharfer und Unscharfer Emissionsgrenzwert

Des weiteren sind Daten, die technische Details des momentanen Standes der Technik oder seiner zukünftigen Entwicklung im Energiesektor beschreiben, häufig nur unscharf angebbar. Effizienzen, Emissionsfaktoren, Inputfaktoren, Marktanteilsrelationen etc. weisen eine intrinsische und/oder informationelle Unschärfe auf. Dies gilt vor allem dann, wenn Daten aggregiert werden müssen, um die Modellgröße zu verringern. Besonderes Augenmerk muß bei der Übertragung von westlichen Modellen auf die Wirtschaftssysteme im Übergang von der Plan- zur Marktwirtschaft gelegt werden. Die zu tätigenden Investitionen für Neuanlagen sowie die fixen und variablen Kosten für moderne Energieumwandlungs- und Emissionsminderungsanlagen können nicht wie in westlichen Wirtschaftssystemen bestimmt werden. Außerdem bestehen in diesen Ländern Restriktionen bezüglich der Verfügbarkeit von Devisen für Investitionen und Rohstofflieferungen. Hierbei tritt ein ähnlicher Effekt wie der oben für Emissionsgrenzen angegebene auf.

<u>2. Methodik</u>

Der erfolgversprechendste Ansatz zur Lösung der oben beschriebenen Problematik ist die Theorie der unscharfen Mengen (*Fuzzy–Set* Theorie). Dabei kann die menschliche Wahrnehmungsempfindung bezüglich der Überschreitung von Grenzwerten durch unscharfe Parameter, sgn. *Fuzzy Sets* modelliert werden. Auch die nur unscharf angebbaren Technologie– und Kostenparameter, also die Elemente der Matrix und der Kostenfunktion eines linearen Programms, werden als *Fuzzy Sets* modelliert.

Als Ausgangspunkt dient das (scharfe) Energie–Fluß–Optimierungs Modell EFOM–ENV /6/. Dieses Modell ist eine Netzwerksabbildung der realen Energieumwandlungskette eine Landes, angefangen von der Gewinnung und Einfuhr von Primärenergieträgern über die Umwandlungs– und Verteilungseinrichtungen bis hin zu unterschiedlichen Endenergienachfragesektoren. Die Variablen des linearen Programms sind dabei die Energieflüsse X_f zwischen und die Produktionslevel X_c der Prozesse. Die wichtigsten Gleichungen und die Bedeutung ihrer Parameter ist im folgenden wiedergegeben:

Zielfunktion:
$$\min\left\{\sum_{t=T_0}^{T}\left(\alpha_t\cdot\sum_j[X_{f,jt}\cdot C_{var,jt}+X_{c,jt}\cdot(C_{fix,jt}+C_{inv,jt})]\right)\right\}$$

Nebenbedingungen:

- Energieflußbilanz: $\sum_j X_{f,jt}=\sum_{j'}X_{f,j't}/\eta_{j't}$
- Emissionsrestriktionen: $\sum_j X_{f,jt}\cdot\beta_{kjt}\leq E_{kt}$
- Devisenbeschränkungen: $\sum_j X_{f,jt}\cdot C_{\$inv,jt}\leq\$_{max,jt}$
- Endenergiebedarf: $\sum_j X_{f,jt}\geq D_t$

Weitere Gleichungen sind Kapazitäts– und Flußrestriktionen, Marktanteilsrestriktionen, Emissionstechnologiegleichungen etc. Dabei bedeuten:

α	: Annuitätenfaktor	D_t	: Endenergiebedarf
$C_{var,jt}$	: (spez.) Variable Kosten	β_{kjt}	: Emissionsfaktoren
$C_{fix,jt}$	: (spez.) Fixe Kosten	E_{kt}	: Emissionsobergrenzen
$C_{inv,jt}$	: (spez.) Investitionskosten	k	: Emissionsart
$X_{c,jt}$	: Neu installierte Kapazitäten	j	: Prozess oder Energieträger
$X_{f,jt}$	: Energiefluß	t	: Jahr
$\eta_{j't}$	: Effizienz	T_0	: Basisjahr
		T	: Zeithorizont

Dabei können alle Parameter in Ungleichungen sowie die Kostenparameter der Zielfunktion unscharfe Mengen sein. Die allgemeine Form des unscharfen linearen Programms lautet damit:

$$\widetilde{\min}\quad \tilde{z}(X)\ =\ \tilde{c}^T\cdot x$$
$$\text{u. d. N.}\quad \tilde{A}\cdot x\ \tilde{\leq}\ \tilde{b}\qquad x\in X$$

mit $A \in R^{m \times n}, b \in R^m, c \in R^n, x \in R^n$ und X dem zulässigen Lösungsraum von x. Unter Verwendung der LR–Darstellung von Fuzzy–Zahlen können die darin vorkommenden Koeffizienten als $\tilde{A}_i = (\underline{a}_i; \overline{a}_i; \Delta\underline{a}_i; \Delta\overline{a}_i)_{LR}, (i=1,\ldots,m), \tilde{c}_i = (\underline{c}_i; \overline{c}_i; \Delta\underline{c}_i; \Delta\overline{c}_i)_{LR}, (i=1,\ldots,n), \tilde{b}_i = (b_i; 0; \Delta\overline{b}_i)_{RR}, (i=1,\ldots,s), \tilde{b}_i = \hat{b}_i, (i=s+1,\ldots,m)$ geschrieben werden. Für die verschiedenen Arten an Nebenbedingungen bedeuten dabei die Gleichungen $i=1,\ldots,r$ (modell)technische Restriktionen, $i=r+1,\ldots,s$ steht für Emissions– und Devisenrestriktionen und für die zusätzlichen Gleichungen zur Definition des Netzwerks werden die Parameter mit $i=s+1,\ldots,m$ benötigt.

3. Umsetzung der Unscharfen Ungleichungen

Die technischen Restriktionen werden nach dem Konzept in /5/ umgesetzt.

$$\tilde{A}_i(x) \tilde{\leq} \tilde{b}_i \quad , \qquad i = 1,\ldots,r \tag{1}$$

mit

$$\tilde{A}_i(x) = \left(\sum_{j=1}^{n} \underline{a}_{ij}x_j; \sum_{j=1}^{n} \overline{a}_{ij}x_j; \sum_{j=1}^{n} \Delta\underline{a}_{ij}x_j; \sum_{j=1}^{n} \Delta\overline{a}_{ij}x_j; \right)_{LR}$$

werden unter Verwendung eines optimistischen und pessimistischen Indexes modelliert:

Optimistischer Index:

$$\sigma\left(\tilde{A}(x)\tilde{\leq}\tilde{b}\right) = L\left(\frac{\underline{a}(x) - b}{\Delta\underline{a}(x) + \Delta\overline{b}}\right) \geq \tau$$

wobei τ ein vom Entscheidungsträger anzugebendes Glaubwürdigkeitsniveau ist Damit ergibt sich für die unscharfe Kleiner–Gleich–Relation (1) eine (scharfe) Ungleichung

$$\underline{a}_i(x) - \Delta\underline{a}_i(x) \cdot L^{-1}(\tau) \leq b_i + \Delta\overline{b}_i \cdot L^{-1}(\tau)$$

Der pessimistische Index π erzeugt für dieselbe Relation eine zweite Ungleichung:

$$\pi\left(\tilde{A}(x)\tilde{\leq}\tilde{b}\right) = b - \overline{a}_i(x) + \Delta\overline{b}_i \cdot L^{-1}(\varepsilon) - \Delta\overline{a}_i(x) \cdot R^{-1}(\varepsilon) \geq 0$$

Er besagt, daß die maximal zur Verfügung stehenden Quantitäten, denen das Zufriedenheitsniveau $0 + \varepsilon$ zugeordnet wird, in keinem Fall überschritten werden dürfen. Der optimistische Index ist der Abszissenwert des Schnittpunktes der linken Referenzfunktion von $\tilde{A}(x)$ und der rechten Referenzfunktion von $\tilde{b}$. Je größer er ist, desto richtiger ist die Annahme der Ungleichung. Mittels der Parameter ε und τ kann der Entscheidungsträger gewisse Niveaus der Möglichkeit und Glaubwürdigkeit in einem interaktiven Prozess den Restriktionen seines Lösungsraums zuordnen.

Die Restriktionen bezüglich der Emissionsgrenzwerte und der zur Verfügung stehenden finanziellen Mittel ($i = r + 1,\ldots,s$) werden mit Blick auf die in der Problemstellung eingeführte Entscheidungssituation nach einem in /3/ vorgeschlagenen Konzept modelliert. Dabei wird wiederum der oben angegebene pessimistische Index zur Sicherstellung der maximalen Quantitäten verwendet. Die Unterschreitung des Zufriedenheitsniveaus $\mu_R(x) = 1$ soll demnach minimiert werden, d. h. das Zufriedenheitsniveau für jede der Emissions– und Budgetrestriktionen soll maximiert werden. Diese Situation ist in untenstehender Abbildung durch den Pfeil an der Zugehörigkeitsfunktion angedeutet.

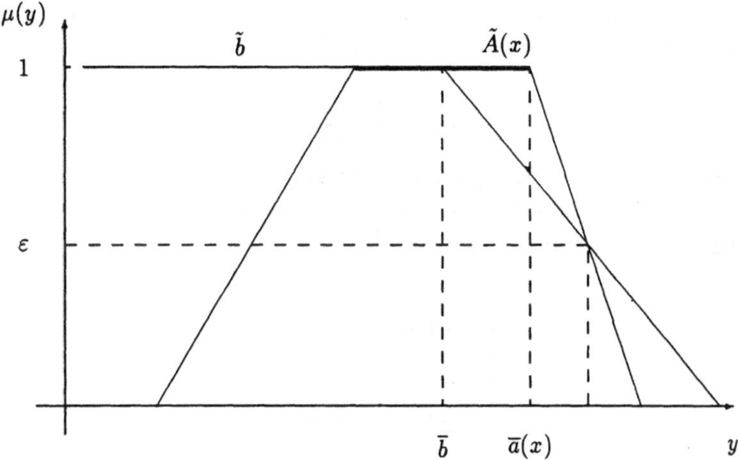

Insgesamt werden die Restriktionen $(i = r+1, \ldots, s)$ also ersetzt durch die Ungleichung

$$\overline{a}_i(x) + \Delta \overline{a}_i(x) \cdot R^{-1}(\varepsilon) \leq b + \Delta \overline{b}_i \cdot L^{-1}(\varepsilon)$$

und die Zielfunktionen

$$\mu(\overline{a}(x)) \longrightarrow \max$$

wobei

$$\mu(\overline{a}(x)) = \begin{cases} 1 & \text{für} & \overline{a}(x) \leq b \\ R\left(\dfrac{\overline{a}(x) - b}{\Delta \overline{b}}\right) & \text{für} & \overline{a}(x) > b \end{cases}$$

4. Umsetzung der Unscharfen Zielfunktion

Neben den Parametern der Restriktionen können, wie oben angedeutet, auch die Kostenparameter der Zielfunktion eine intrinsische oder informationale Unschärfe aufweisen. Unter Verwendung der LR-Darstellung und den Regeln der erweiterten Addition für Fuzzy–Zahlen läßt sich die Zielfunktion schreiben als:

$$\begin{aligned} \tilde{z}(x) &= \left(\sum_{j=1}^{n} \underline{c}_j x_j; \sum_{j=1}^{n} \overline{c}_j x_j; \sum_{j=1}^{n} \Delta \underline{c}_j x_j; \sum_{j=1}^{n} \Delta \overline{c}_j x_j; \right)_{LR} \\ &= (\underline{c}(x); \overline{c}(x); \Delta \underline{c}(x); \Delta \overline{c}(x))_{LR} \end{aligned}$$

Damit bewegt sich der optimale Wert der Zielfunktion $\tilde{z}(x)$ im Intervall $[\underline{c}(x) - \Delta \underline{c}(x) \, L^{-1}(\varepsilon), \overline{c}(x) + \Delta \overline{c}(x) \, R^{-1}(\varepsilon)]$. Dies bedingt, daß statt der Minimierung *eines* Zieles nun vier Ziele simultan verfolgt werden müssen:

$$\text{Min} \begin{cases} Z_1 &= & \underline{c}(x) \\ Z_2 &= & \overline{c}(x) \\ Z_3 &= & \underline{c}(x) - \Delta \underline{c}(x) \cdot L^{-1}(\varepsilon) \\ Z_4 &= & \overline{c}(x) - \Delta \overline{c}(x) \cdot R^{-1}(\varepsilon) \end{cases}$$

Dieses multikriterielle Modell wird mit Hilfe der Fuzzy–Set Theorie durch die Zuordnung von Zufriedenheitsniveaus für jedes einzelne Ziel gelöst, wobei die Zugehörigkeitsfunktion für das erste Ziel beispielsweise bestimmt wird durch

$$\mu_{Z_1} = \frac{P_1 - \underline{c}(x)}{P_1 - Q_1}$$

Dabei wird Q_1 durch die Lösung des Optimierungsprogramms $Q_1 = \min_{x \in X_D} \underline{c}(x)$ bestimmt. P_1 ist das Maximum der ersten Zielfunktion bei Optimierung der anderen drei Optimierungsprogramme $P_1 = \max\{\underline{c}(x_2^*), \underline{c}(x_3^*), \underline{c}(x_4^*)\}$. Damit ergibt sich folgendes Gesamtoptimierungssystem:

$$\text{Max} \begin{cases} \mu_{Z_1}(\underline{c}(x)) \\[4pt] \mu_{Z_2}(\overline{c}(x)) \\[4pt] \mu_{Z_3}(\underline{c}(x) - \Delta\underline{c}(x) \cdot L^{-1}(\varepsilon)) \\[4pt] \mu_{Z_4}(\overline{c}(x) + \Delta\overline{c}(x) \cdot R^{-1}(\varepsilon)) \\[4pt] \mu_{r+1}(\overline{a}_{r+1}(x)) \\[4pt] \cdots \\[4pt] \mu_{s}(\overline{a}_{s}(x)) \end{cases} \tag{2}$$

u. d. N. $\qquad\qquad x \in X_D.$

Zur Lösung des multikriteriellen Programms (2) kann ein äquivalentes lineares Ersatzprogramm angegeben werden, falls die linken und rechten Referenzfunktionen der Zugehörigkeitsfunktionen lineare Form aufweisen. Dies wird im Rahmen des unscharfen Energie–Emissions–Modells durch Linearisierung der allgemeinen logistischen Funktion $\mu(x) = \frac{1}{1 + \exp^{-a(x-b)}}$ erreicht. Diese logistische Funktion wird durch eine nichtlineare Regression aus zwei Polynomen dritten Grades abgeleitet, die ihrerseits durch die Abfrage der Zufriedenheitsniveaus $\mu(x) = 1$, $\mu(x) = 0.5$ und $\mu(x) = 0$ und zusätzlichen axiomatischen Anforderungen an die Gestalt von Zugehörigkeitsfunktionen /7/ eindeutig bestimmt werden.

Aufgrund der kompensatorischen Effekte zwischen Emissions– und Kostenverringerung wird zur Aggregation der Zugehörigkeitsfunktionen ein kompensatorischer Operator gewählt, nachdem gleichartige Funktionen, die also keinen Trade–off untereinander aufweisen, durch eine geeignete *t–norm* (hier Minimum-Operator) aggregiert wurden. Unter Verwendung des *Min–Bounded–Sum* Operators, der in empirischen Untersuchungen das beste Aggregationsverhalten für das beschriebene Problem aufwies, läßt sich das zu lösende Problem folgendermaßen schreiben (bezeichne $\mu_{Z_1}, \mu_{Z_2}, \mu_{Z_3}, \mu_{Z_4}$, $\mu_{r+1}, \ldots, \mu_t$ die Zugehörigkeitsfunktionen für die unscharfe Zielfunktion und die Budgetbeschränkungen und $\mu_{t+1}, \ldots, \mu_s$ für die Emissionsrestriktionen)

$$\begin{aligned} &\max \\ &\delta \cdot \min\Big\{\min\{\mu_{Z_1}, \ldots, \mu_{Z_4}, \mu_{r+1}, \ldots, \mu_t\}, \min\{\mu_{t+1}, \ldots, \mu_s\} + \\ &(1 - \delta) \cdot \min\Big\{\min\{\mu_{Z_1}, \ldots, \mu_{Z_4}, \mu_{r+1}, \ldots, \mu_t\} + \min\{\mu_{t+1}, \ldots, \mu_s\}, 1\Big\} \end{aligned}$$

so daß $\qquad\qquad x \in X_D$

wobei X_D den unter Beachtung der bisher eingeführten Nebenbedingungen zulässigen Lösungsraum und $\delta \in [0,1]$ den vom Entscheidungsträger zu bestimmenden Kompensationsgrad darstellen.

Dieses Optimierungsprogramm kann schließlich transformiert werden in:

$$\max \quad \delta \cdot \lambda_1 + (1 - \delta) \cdot \lambda_2$$

$$\text{so daß} \quad \gamma_1 \leq \mu_{Z_1}(.)$$

$$\vdots$$

$$\gamma_1 \leq \mu_{Z_4}(.)$$

$$\gamma_1 \leq \mu_{r+1}(.)$$

$$\vdots$$

$$\gamma_1 \leq \mu_t(.)$$

$$\gamma_2 \leq \mu_{t+1}(.)$$

$$\vdots$$

$$\gamma_2 \leq \mu_s(.)$$

$$\lambda_1 \leq \gamma_1$$

$$\lambda_1 \leq \gamma_2$$

$$\lambda_2 \leq \gamma_1 + \gamma_2$$

$$\lambda_2 \leq 1$$

$$x \in X_D$$

5. Implementation und erste Ergebnisse

Die Modellgleichungen wurden mit Hilfe der von der Weltbank für lineare und nichtlineare Optimierungsprobleme entwickelten Modelliersprache *GAMS (General Algebraic Modeling System)* auf einem PC 486 mit 16 MB Hauptspeicher implementiert. Das Programm umfaßt einen Code von 4500 Zeilen und generiert eine Problemmatrix von ca. 8000 × 7000 für die am Institut für Industriebetriebslehre und Industrielle Produktion entwickelte EFOM-ENV Modellapplikation für Litauen. Die ersten Tests mit dem entwickelten Modell zeigen, daß der *Min–Bounded–Sum* Operator gut geeignet ist, die dargestellte Entscheidungssituation abzubilden und dem Entscheidungsträger in einem interaktiven Prozeß genügend Freiraum bietet, seine subjektiven Präferenzen bezüglich der Kompromißbildung zu berücksichtigen. Bei einem anfänglichen minimalen Möglichkeitsniveau von $\varepsilon = 0$ für die Restriktionen und einer indifferenten Haltung ($\delta = 0$) des Entscheidungsträgers bezüglich der konkurrierenden Ziele wird für die Zielfunktionswerte im Mittel ein Zufriedenheitsniveau von $\mu_{Z_i} = 0.607$ erreicht, für die Budgetrestriktion $\mu_B = 0.864$ und für eine vorgegebene Schranke für SO_2-Emissionen eine Zufriedenheit von $\mu_{E_{SO_2}} = 0.317$. Durch Erhöhung des Kompensationsgrades δ auf $\delta = 0.5$ erreicht man Werte von $\mu_{Z_i} = 0.578$, $\mu_B = 0.796$ und $\mu_{E_{SO_2}} = 0.323$. Die Zufriedenheit mit der Einhaltung der Emissionsgrenzwerte nimmt also auf Kosten einer Kostenerhöhung zu. Bei voller Kompensation nimmt die Zufriedenheit mit dem Kostenminimierungsziel weiter ab, während, wie erwartet, die Emissionsbeschränkung einen höheren Zufriedenheitswert liefert. Die jeweils ermittelten Lösungen sind für die jeweils getroffenen Voraussetzungen optimal, man kann also nicht von einer globalen Zunahme der Zufriedenheit mit zunehmender Kompensation sprechen. Es obliegt jeweils dem Entscheidungsträger, welche der Lösungen er für den von ihm anvisierten Optimierungsfall auswählen will. Er hat jedoch mit Hilfe dieses Werkzeugs die Möglichkeit, die für die Lösung sensiblen Parameter zu bestimmen und den Grad der Unschärfe durch zusätzliche Untersuchungen zu verringern. Des weiteren kann das Glaubwürdigkeitsniveau einer Lösung von vornherein durch die

118

Angabe von beispielsweise $\varepsilon = 0.3$ erhöht werden. Mit dieser Wahl ergeben sich für $\delta = 0$ Zufriedenheitswerte von $\mu_{Z_i} = 0.504$, $\mu_B = 0.996$ und $\mu_{E_{SO_2}} = 0.50617$. Mit einer solchen Lösung schließt der Entscheidungsträger also von vornherein alle extremen Zufriedenheitsniveaus unterhalb von $\mu = 0.3$ aus, so daß relativ unscharfe Werte nicht in die Lösung einfließen, gesicherte Grenzen also weniger leicht verletzt werden.

<u>Literatur</u>

/1/ Oder, C.; Haasis, H.-D.; Rentz, O.
Analysis of the Final Energy Demand for Lithuania Using Fuzzy Sets
Angenommen zur Veröffentlichung in: Energy Research (1992)

/2/ Rentz, O.; Haasis, H.-D.; Morgenstern, Th.; Remmers, J.; Schons, G.
Optimal Control Strategies for Reducing Emissions from Energy Conversion and Energy Use in all Countries of the European Community.
KfK-PEF Series No. 72 (1990)

/3/ Rommelfanger, H.
Entscheiden bei Unschärfe
Springer–Verlag, Berlin (1988)

/4/ Russ, P.; Haasis, H.-D.; Oder, C.; Rentz, O.
Cost–Efficient Emission Control Strategies for European Countries
Operations Research Proceedings, Springer-Verlag (1992)

/5/ Slowinski, R.
A Multicriteria Fuzzy Linear Programming Method
in: Fuzzy Sets and Systems 19, pp. 217–237 (1986)

/6/ Van der Voort, E. et al.
Energy Supply Modelling Package EFOM 12C Mark I, Mathematical Description
Louvain-la-Neuve, CEC (1984)

/7/ Zimmermann, H.-J.; Zysno, P.
Latent Connectivities in Human Decision Making
in: Fuzzy Sets and Systems 4, pp. 37–51 (1980)

/8/ Zimmermann, H.-J.
Fuzzy Set Theory – and its Applications
2nd ed. (1st 1985), Kluwer Academic Publishers, Dordrecht (1991)

Zur Bestimmung ökologischer Kosten am Beispiel einer mehrstufigen Produktionsplanung unter Berücksichtigung von Recycling und Entsorgung

Dipl.-Kfm. Andrea Piro, Fachgebiet für Allgemeine BWL, insb. Unternehmensforschung (Operations Research), Universität des Saarlandes, Bau 16, Im Stadtwald, W-6600 Saarbrücken 11

Unter Zugrundelegung einer anthropozentrischen Betrachtungsweise und einer funktionalen Umweltdefinition wird die natürliche Umwelt in das System der betriebswirtschaftlichen Produktionsfaktoren eingeordnet. Aufbauend auf dieser Faktorensystematik wird eine „mengenmäßige Bewertung" des Produktionsfaktors natürliche Umwelt nach ökologischen Knappheitskalkülen, unter Zuhilfenahme des von MÜLLER-WENK im Rahmen der ökologischen Buchhaltung entwickelten Konzepts der Bewertung mit Äquivalenzkoeffizienten, vorgenommen, wobei die Fälle der Raten- bzw. Kumulativknappheit unterschieden werden. Nun bleibt noch das Problem der Transformation einer mengenmäßigen Bewertung in eine Bewertung mit Geldgrößen, hier die Bestimmung ökologischer Kosten, zu lösen. Für ein Problem der kurzfristigen Produktionsplanung mit der Struktur einer zyklischen, mehrfachen starren Kuppelproduktion werden ökologische Kosten bestimmt. Dabei wird die natürliche Umwelt sowohl als Lieferant für natürliche Ressourcen als auch als Lieferant von Aufnahmekapazitäten für produktionsbedingte Rückstände explizit berücksichtigt. Als mögliche Strategien für die Umweltschonung werden Maßnahmen des Recycling in den Entstehungsprozeß und der innerbetrieblichen Entsorgung mit in die Betrachtung einbezogen. Das vorab charakterisierte Produktionsplanungsproblem wird unter Zugrundelegung einer Zielsetzung der Deckungsbeitragsmaximierung als lineares Programm formuliert. Die ökologischen Kosten werden unter Anwendung der Dualitätstheorie der linearen Programmierung abgeleitet.

Fertigungssteuerung in Gießereien

McA Braun GmbH
Software & Systeme
Königsallee 178a
4630   Bochum 1
Referenten: Dipl.-Ing. Hans-Peter Seibert, Dipl.-Ökonom Volker Koster

Anhand eines Praxisbeispieles werden die Besonderheiten einer PC-gestützten Fertigungssteuerung in einer Gießerei dargestellt:

Die Produktionsstruktur einer Gießerei ist durch folgende Charakteristika gekennzeichnet:

* kundenbezogene Auftragsfertigung
  in klein- und mittelgroßen Serien
* einstufige Fertigung
* Zeitwirtschaft ist wichtigster Planfaktor,
  die Materialwirtschaft ist von untergeordneter Bedeutung
* keine komplexe Stücklistenverwaltung
* hohe Kosten durch vorbereitende Produktion
  (Herstellung von Modellen, Werkzeugen, etc.)

Aufgrund dieser Kennzeichnung werden die besonderen Anforderungen an eine Fertigungssteuerung hinsichtlich

* Auftragsverwaltung
* Planhorizonte
* Durchlaufterminierung
* Kapazitätsplanung
* Werkstattsteuerung
* betriebliches Rückmeldewesen

erörtert.

Verteilte Fertigungsplanung und -steuerung auf Agentenbasis

Stefan Baldi[+], Günter Schmidt[*]

[+]European Business School
Fachbereich Wirtschaftsinformatik
Schloß Reichartshausen
D-6227 Oestrich-Winkel
e-mail: baldi@ebs.uucp

[*]Universität des Saarlandes
Lehrstuhl für Betriebswirtschaftslehre
insbes. Wirtschaftsinformatik
Im Stadtwald, Bau 30
D-6600 Saarbrücken
e-mail: gs@wi2.uni-sb.de

Für Fertigungsorganisationen gewinnen flexible Fertigungsstrukturen mit dezentralen, teilautonomen Arbeitsgruppen an Bedeutung. Die Struktur von Informationssystemen muß sich diesen geänderten Rahmenbedingungen in geeigneter Weise anpassen und diese Formen der Fertigung, sowie deren Integration in den betrieblichen Gesamtablauf, unterstützen.

In der Verteilten Künstlichen Intelligenz bilden Agentensysteme eine Unterklasse, die aufgrund ihrer Struktur besonders geeignet scheint, die Anforderungen in einer dezentralen, teilautonomen Fertigung zu unterstützen. In der vorliegenden Arbeit werden verschiedene Agentensysteme zur Fertigungsplanung und -steuerung untersucht (YAMS, CADENCE, CSS, DEPRODEX, sowie je ein System von Baker bzw. Shaw). Die gemeinsame Grundlage der Systeme bildet das Kontrakt-Netz.

Nach einer Darstellung der Ziele der Fertigungsplanung und -steuerung, in der insbesondere die Unterscheidung zwischen Zeit- und Kostenzielen betont wird, steht eine vergleichende Untersuchung der verschiedenen Systeme im Mittelpunkt der Arbeit. Dabei sind von besonderem Interesse:
- die verwendeten Kooperationsmechanismen,
- die implementierten Agenten,
- die zugrundeliegenden Organsisationsstrukturen,
- die Grundlagen der Planungsentscheidung,
- sowie die Einbettung in die Systemumgebung.

Die verschiedenen Konzepte werden einer kritischen Bewertung unterzogen. Einen weiteren Schwerpunkt stellt die Integration von Systemen zur Fertigungsplanung und -steuerung in den betrieblichen und überbetrieblichen Zusammenhang dar. Die Einbeziehung menschlicher Entscheidungsträger sowie die Realisierung elekronischer Märkte werden hierbei angesprochen. Schließlich werden die Perspektiven marktwirtschaftlich orientierter Organisationsformen zur Integration von lokalen und globalen Planungsverhalten in Agentenmodellen dargestellt.

Eine Branching-Regel für das Job-Shop Scheduling Problem

Jürgen Bednarzik
Universität Hamburg
Lehrstuhl für Fertigungswirtschaft
Von-Melle-Park 5
2000 Hamburg 13

Job-Shop Scheduling Probleme werden meist mit einem Disjunktiven Graphen dargestellt. Aufbauend auf diesem Modell wird eine einfache Branching-Regel vorgestellt. Im Gegensatz zu den neuesten Entwicklungen auf dem Gebiet des Job-Shop Scheduling, die Branching-Regeln benutzen, die eine Operation zum Vorgänger oder Nachfolger einer Gruppe anderer Operationen machen, wählt diese Regel an jedem Branching-Knoten einzelne disjunktive Pfeile aus, die als konjunktive Pfeile in der einen oder anderen Richtung in den Graphen eingebaut werden.

Diese Regel eignet sich sowohl für die Gestaltung von Branch-and-Bound Verfahren, als auch als Grundlage von Heuristiken.

Weiterhin läßt sich bei der Benutzung dieser einfachen Regel das Branch-and-Bound Verfahren leicht so modifizieren, daß es Job-Shop Probleme mit reihenfolgeabhängigen (nicht überlappenden) Rüstzeiten lösen kann.

Es wird über Erfahrungen mit dieser Regel sowohl mit herkömmlichen Job-Shop Problemen als auch mit Job-Shop Problemen mit reihenfolgeabhängigen Rüstzeiten berichtet. Dabei wird sowohl der Einsatz im Rahmen eines Branch-and-Bound Verfahrens als auch im Rahmen einer Heuristik berücksichtigt. Beispielsweise läßt sich das bekannte 10X10-Problem von Fischer und Thompson auf einem 486er PC mit 25 MHz in einer knappen Stunde lösen oder aber es lassen sich heuristische Lösungen mit Werten zwischen 985 und 957 (je nach Aufwand der Heuristik) erzielen.

Bestandsregelnde Auftragssteuerung mit unscharfer Optimierung

Winfried Brecht, Leipzig

Zusammenfassung: Forderungen zur bestandsregelnden Auftragsfreigabe und Maschinenbelegung wurden "unscharf" formuliert, in Optimierungsmodelle umgesetzt und mit Verfahren der gemischt-ganzzahligen Optimierung gelöst. Geplant sind Erprobungen der Modelle und Verfahren in Simulationsexperimenten für echtzeitorientierte Anwendungen.

Abstract: Requirements for a queue-controlled order release and job-shop-scheduling was represented in fuzzy optimization models and solved using mixed integer programming. Future work will test this approuch using simulation experiments for real-time oriented applications.

1. Problemstellung und Lösungskonzept

Steigender Wettbewerbsdruck zwingt die Industrieunternehmen zu höchster Rationalität ihrer Fertigung. Marktorientierte Ziele gewinnen gegenüber betriebsorientierten Zielen zunehmend an Bedeutung. Beiden Zielrichtungen kann mit Bestandssenkungen an Zwischenprodukten in der Fertigung hervorragend entsprochen werden, da Bestandssenkungen i.a. zu erheblichen Kosteneinsparungen und bei Auftragsfertigung darüber hinaus auch zur Verkürzung der Lieferfristen sowie zur Erhöhung der Termintreue führen /13/. Deshalb hat sich die wirksame Bestandsregulierung als ein zentrales Problem der Fertigungssteuerung herausgestellt.

In Japan wurde dieses Problem schon vor mehr als 10 Jahren erkannt. Mit Just-In-Time-Konzepten /14/ und KANBAN-Organisation /9/ wurde eine nach dem Pull-Prinzip steuerbare Fertigung mit minimalen Zwischenlager-Beständen ermöglicht - allerdings nur für Hersteller von Standardprodukten in überschaubaren Varianten! Zahlreiche Auftragsfertiger von kundenspezifischen Produkten benötigen jedoch Lösungen, welche auch bei unumgänglicher Auftragssteuerung nach dem Push-Prinzip eine bestandsarme Fertigung sichern können. Derartige Lösungen werden vom Verfasser seit mehreren Jahren innerhalb des methodischen Gesamtkonzeptes einer bestandsregelnden Auftragssteuerung entwickelt und erprobt. Als Erprobungsbasis (Testbett) dient seit über einem Jahr eine flexible Werkstatt-Simulations-Shell /5/, welche auf dem von NIEMEYER entwickelten Simulationssystem "AMTOS" (Automaton based Modelling and Task Operating System) beruht /8/.

Diese Simulations-Shell kann mit beliebigen

a) real gegebenen oder zufallsabhängig generierten Daten über Aufträge, Maschinen u.a. sowie

b) Entscheidungsregeln bzw. -verfahren (notiert in PROLOG oder PASCAL bzw. ADA)

"gefüllt" werden. In einer Erprobungsphase können die wahlweise in das Simulationssystem eingebetteten Entscheidungskomponenten in mehreren Testläufen (Experimenten) auf bestimmte Anwendungsbedingungen "eingestellt" (selektiert, ggf. parametriert) und in der anschließenden Anwendungsphase insbesondere für

- auftrags- und ressourcenbezogene Terminprognosen (bei Simulation der Fertigungs- und Entscheidungsprozesse) sowie
- echtzeitorientierte Entscheidungen zur Auftragsfreigabe, Maschinenbelegung u.a. (bei Ersatz der Ferti-
gungssimulation durch BDE-Anbindung)

genutzt werden.

Bei den bisher mit AMTOS durchgeführten Simulationsexperimenten zur Erprobung eines neuentwickelten Ansatzes und Verfahrens der bestandsregelnden Auftragsfreigabe (BRAF) wurden in Anbetracht des Rechenaufwandes nur relativ einfache Regeln bzw. heuristische Verfahren zur Entscheidungsfindung (Auswahl) herangezogen. Die Softwareentwicklungen von BACHEM (Universität Köln), DUECK (IBM-Forschungszentrum Heidelberg) u.a. zeigen jedoch, daß sich für die Lösung vieler Optimierungsprobleme akzeptable Näherungsverfahren entwickeln lassen. Diese liefern i.a. auch bei relativ komplexen Problemstellungen an PC's und Workstations bereits nach wenigen Sekunden deutlich bessere Ergebnisse, als einfache Regeln bzw. Heuristiken. Damit wird es denkbar, auch innerhalb von Simulationen komplexer Fertigungsprozesse die anfallenden Entscheidungen bei vertretbarem Aufwand echtzeitorientiert (d.h. bei relativ kleinem zeitlichen Vorgriff in entsprechend kleinen Bündeln oder sogar einzeln) mit Hilfe von Näherungsverfahren vor allem der linearen stetigen, kombinatorischen, ganzzahligen und gemischt-ganzzahligen Optimierung abzuleiten.

Um die Entwicklung leistungsfähiger und in Simulationssysteme integrierbarer Optimierungsverfahren anzuregen, wurden nachfolgend die unter Werkstattbedingungen gegebenen Entscheidungs- bzw. Auswahlprobleme

a) einer bestandsregelnden Auftragsfreigabe (BRAF) und

b) einer bestandsregelnden Maschinenbelegung (BEMA)

als gemischt-ganzzahlige unscharfe lineare Optimierungsprobleme formuliert.

2. Optimierungsmodell zur bestandsregelnden Auftragsfreigabe (BRAF)

Ausgehend von einer kritischen Betrachtung der belastungsorientierten Auftragsfreigabe (BOA - vgl. /1/, /12/, /11/) wurde vom Verfasser bereits in /3/ das neue Konzept einer bestandsregelnden Auftragsfreigabe (BRAF) vorgestellt (Einzelheiten enthält /6/). Generell werden in diesem Konzept die vor den einzelnen Arbeitssystemen befindlichen Bestände (Warteschlangen) an Aufträgen ausgedrückt in (Real-)Zeiteinheiten ihrer noch zu erwartenden Belastung für diese Systeme, wobei für jedes der Arbeitssysteme $i = 1,...,m$ (i.d.R. Maschinen/-gruppen)

- b_i^I bzw. b_i^S = direkte Ist- bzw. Sollbestände und

- r_i^I bzw. r_i^S = direkte und indirekte (volle) Sollbestände

unterschieden werden.

Während die direkten Sollbestände b_i^S i.a. mit Hilfe von Simulationsexperimenten befriedigend "eingestellt" werden können, lassen sich die vollen Sollbestände r_i^S (in /3/ auch als "Normalreichweiten" bezeichnet) aus den direkten Sollbeständen anhand von repräsentativen Aufträgen (die ggf. auch zufallsabhängig generierbar sind) für diskontinuierliche Prozesse problemlos ableiten (vgl. (1) in /3/). Die mit den Sollbeständen b_i^S

und r_i^S vergleichbaren Istbestände b_i^I und r_i^I als noch zu erwartende Zeitbelastungen durch die in der Fertigung befindlichen Aufträge lassen sich anhand der aktuellen Rest-Arbeitspläne dieser Aufträge durch einfache Vorgabezeit-Summierungen ermitteln.

Durch einige Überlegungen läßt sich zeigen, daß mit der Auftragsfreigabe als Übergabe von konstruktiv, technologisch u.a. vorbereiteten Aufträgen aus einer Zentrale (z.B. einem PPS- System) an einen dezentralen Fertigungsbereich (bzw. dessen Leitstand) zweckmäßigerweise eine Soll-Ist-Angleichung bei den vollen Beständen (nicht bei den direkten Beständen) angestrebt werden sollte.

Dabei kann davon ausgegangen werden, daß bei einem annähernd ausgeglichenen Zustand

$$r_i^I \approx r_i^S \qquad \text{für } i = 1(1)m \tag{1}$$

zum gegebenen Zeitpunkt im weiteren Zeitverlauf bei gleichbleibenden r_i^S die r_i^I durch die Fertigstellung von bestimmten Arbeitsvorgängen für bestimmte Aufträge sukzessiv kleiner werden. Damit tritt allmählich ein Zustand

$$r_i^I < r_i^S \tag{2}$$

für einige oder alle $i \in \{1,...,m\}$ ein. Nun wird es erforderlich, durch Freigabeentscheidungen $x_j = 1$ (sonst 0) eine Teilmenge der zentral zur Übergabe anstehenden Aufträge $j = 1,...,n$ mit vergleichbaren Zeitbelastungen a_{ij} bezogen auf die Arbeitssysteme $i = 1,...,m$ deren reduzierte Istbestände r_i^I wieder soweit aufzufüllen, daß für alle $i = 1,...,m$ Arbeitssysteme

$$r_i^I + \sum_{j=1}^{n} a_{ij}x_j \approx r_i^S \tag{3}$$

bzw.

$$\sum_{j=1}^{n} a_{ij}x_j \approx r_i^S - r_i^I \tag{4}$$

erreicht wird ("$\approx$" bedeutet "möglichst gleich").

Offensichtlich wächst der Umfang der jeweils freizugebenden Aufträge mit dem Zeitverzug zwischen zwei aufeinanderfolgenden Freigabeprozessen. Dieser Zeitverzug kann so bestimmt werden, daß pro Freigabe entweder

a) höchstens ein Auftrag (mitunter auch kein Auftrag) oder

b) mehrere (relativ viele) Aufträge

ausgewählt und der Fertigung übergeben werden. Hier sollen im folgenden Bedingungen der bisher propagierten Auswahl mehrerer Aufträge und deren "gebündelte" Freigabe unterstellt werden. Unter diesen Bedingungen läßt sich die mit (3) bzw. (4) nur "unscharf" formulierte Forderung noch möglichst weitgehender Angleichung des Istzustandes an einen definierten Sollzustand auch wie folgt in ein gemischt-ganzzahliges (unscharfes) lineares Optimierungsmodell überführen, indem

- die $\approx$-Beziehungen durch $\leq$-Beziehungen und $\geq$ -Beziehungen ersetzt und

- ein möglichst hoher Grad $y \leq 1$ der Einhaltung aller (Gleichheits-) Forderungen angestrebt wird (vgl. /7/ und die bis auf /15/ zurückgehenden Quellen).

$$y \longrightarrow \text{max!} \tag{z}$$

$$\sum_{j=1}^{n} a_{ij} x_j + b\,y \le (r_i^S - r_i^I) + b, \quad i = 1(1)m \tag{o}$$

$$\sum_{j=1}^{n} a_{ij} x_j - b\,y \ge (r_i^S - r_i^I) - b, \quad i = 1(1)m \tag{u}$$

$$0 \le y \le 1; \quad x_j \in \{0;1\}, \qquad j = 1(1)n \tag{vs}$$

(b = Konstante, die zur Sicherung der Lösbarkeit unter schwankenden Bedingungen hinreichend groß gewählt wird, z.B. $b \ge r_{max}^S$)

Tabelle 1 zeigt am Beispiel von $m = 3$ verschiedenartigen Maschinen i und $n = 7$ zur Freigabe anstehenden Aufträgen j eine gegebene Ausgangssituation für die Auswahl der freizugebenden Aufträge.

Tabelle 1: Bestands- bzw. Belastungssituation vor einer Auftragsfreigabe

				Freigebbare Aufträge $j = 1,...,7$						
i	r_i^S	r_i^I	$r_i^S - r_i^I$	a_{i1}	a_{i2}	a_{i3}	a_{i4}	a_{i5}	a_{i6}	a_{i7}
1	56	9	47	11	7	7	18	11	6	6
2	66	18	48	10	7	14	11	14	9	7
3	82	42	40	9	9	9	8	12	6	5

In Tabelle 2 sind sowohl die Eingangsdaten (bei $b = 100$) wie auch die Ergebnisse (letzte Zeile) einer mittels MIP-Software am PC in wenigen Sekunden bewältigten bestandsregelnden Auftragsfreigabe (BRAF) aufgeführt.

Tabelle 2: Eingangsdaten und Ergebnisse zur bestandsregelnden Auftragsfreigabe mittels gemischt-ganzzahliger unscharfer linearer Optimierung

Zeilen-Nr.	Namen	Spalten (Variablen) -Namen								Schranken	$\Sigma a_{ij} x_j$
		x1	x2	x3	x4	x5	x6	x7	y		
1	z	0	0	0	0	0	0	0	1	≥ 0	0
2	o1	11	7	7	18	11	6	6	100	$\le 47 + 100$	48
3	o2	10	7	14	11	14	9	7	100	$\le 48 + 100$	48
4	o3	9	9	9	8	12	6	5	100	$\le 40 + 100$	40
5	u1	11	7	7	18	11	6	6	-100	$\ge 47 - 100$	48
6	u2	10	7	14	11	14	9	7	-100	$\ge 48 - 100$	48
7	u3	9	9	9	8	12	6	5	-100	$\ge 40 - 100$	40
Unterschr.		0	0	0	0	0	0	0	0		
Oberschr.		1	1	1	1	1	1	1	1		
opt. Lösung		0	1	0	1	1	1	1	0,99		

Da in den bisherigen Simulationsexperimenten mit AMTOS (vgl. /4/) bereits bei Nutzung eines vom Verfasser im Rahmen von /2/ entwickelten heuristischen Verfahrens zur Auswahl der freizugebenden Aufträge beachtliche Reduzierungsmöglichkeiten für Terminverzüge, Durchlaufzeiten und Bestände im Vergleich zu herkömmlichen Vorgehensweisen nachgewiesen werden konnten, ist bei Anwendung von exakt oder näherungsweise optimierenden Verfahren ein weiterer Effektivitätszuwachs zu erwarten.

3. Optimierungsmodell zur bestandsregelnden Maschinenbelegung (BEMA)

Es kann davon ausgegangen werden, daß die analytisch oder simulationsexperimentell für die einzelnen Arbeitssysteme $i = 1,...,m$ befriedigend bestimmten direkten Sollbestände b_i^S im Zeitverlauf möglichst weitgehend durch die entsprechenden Istbestände b_i^I eingehalten werden sollen, also

$$b_{i(t)}^I \approx b_i^S \quad \text{für } i = 1(1)m \quad \text{zu } (t) = (0),(1),... \tag{5}$$

$(t) = (0),(1),...:$ diskrete Zeitpunkte, die ausgehend vom aktuellen Punkt (0) jeweils im Intervall von p Zeiteinheiten aufeinanderfolgen

Zum aktuellen Zeitpunkt (0) kann ausgehend von den gegebenen direkten Istbeständen $b_{i(0)}^I$ zunächst deren Niveau $b_{i(1)}^I$ im nachfolgenden Zeitpunkt (1) bekanntlich nur über die (voraussichtlichen) Zugänge $z_{i(01)}^I$ und Abgänge $a_{i(01)}^I$ im Zeitintervall zwischen (0) und (1) beeinflußt werden, also

$$b_{i(1)}^I = b_{i(0)}^I + z_{i(01)}^I - a_{i(01)}^I \quad \text{für } i = 1(1)m \tag{6}$$

Aufgrund von (6) geht (5) vorerst über in

$$z_{i(01)}^I - a_{i(01)}^I \approx b_i^S - b_{i(0)}^I \quad \text{für } i = 1(1)m \tag{7}$$

Die Zu- und Abgänge beziehen sich hier auf Bestände an (auftragsbezogenen) Arbeitsvorgängen, die auf ihre Realisierung an bestimmten Arbeitssystemen warten. Die (Teil-)menge D soll dabei die bereits direkt vor bestimmten Arbeitssystemen anstehenden Arbeitsvorgänge umfassen, während alle auf Arbeitsvorgänge der Menge D direkt nachfolgenden Arbeitsvorgänge der (Teil-)Menge E angehören sollen.

Wird nun für einen direkt anstehenden Arbeitsvorgang $d \in D$ eine Realisierungsentscheidung $x_d = 1$ getroffen, so bewirkt diese Entscheidung

a) einen Abgang des Arbeitsvorganges d aus dem direkten (Warte-) Bestand des realisierenden Arbeitssystems $h \in \{1,...,m\}$, - formal erfaßt mit

$$a_{hd} x_d \quad \text{für } h \in \{1,...,m\} \text{ und } d \in D \tag{8}$$

und zugleich (bei Abstraktion von Transportverzügen)

b) den Zugang der unmittelbaren Nachfolge-Arbeitsvorgänge $e \in E$ für d, d.h. deren Übergang vom indirekten in den direkten Wartezustand an dem zur Realisierung vorgesehenen Arbeitssystem $i \in \{1,...,m\}$, - formal erfaßt mit

$$(a_{ie}/n_{d,e}) x_d \quad \text{für } i \in \{1,...,m\}, d \in D \text{ und } e \in E \tag{9}$$

wobei im Fall einer Anzahl $n_{d,e} \geq 1$ von Vorgängern $d \in D$ für den Arbeitsvorgang $e \in E$ dieser zweckmäßigerweise nur partiell mit dem Vorgabezeitanteil $a_{ie}/n_{d,e}$ bei Realisierung eines Vorgängers bestandswirksam gemacht wird.

Für ein Arbeitssystem $i \in \{1,...,m\}$ können alle im Zeitintervall zwischen (0) und (1) anfallenden Abgänge ausgehend von (8) nach

$$a_{i(01)}^I = \sum_{\forall d \in D(i)} a_{id} x_d \quad \text{für } i = 1(1)m \tag{10}$$

und alle Zugänge ausgehend von (9) nach

$$z^I_{i(01)} = \sum_{\substack{\forall d\in D(h),\\ \forall e\in E(i)}} (a_{ie} / n_{d,e}) x_d \quad \text{für } i = 1(1)m \tag{11}$$

bestimmt werden.

Somit läßt sich aufgrund von (10) und (11) die mit (7) formulierte Forderung nach weitgehender Sollbestands-Einhaltung letzlich wie folgt ausdrücken:

$$\sum_{\substack{\forall d\in D(h),\\ \forall e\in E(i)}} (a_{ie} / n_{d,e}) x_d - \sum_{\forall d\in D(i)} a_{id} x_d \approx b^S_i - b^I_{i(0)} \quad \text{für } i = 1(1)m \tag{12}$$

Um die Zu- und Abgänge systemübergreifend koordinieren zu können, müssen für alle Arbeitssysteme i=1,...,m die Abgänge (und damit zwangsläufig auch entsprechende Zugänge) auf das gleiche Zeitintervall zwischen (0) und (1) bzw. entsprechende Kapazitäten $kap_{i(01)}$ (kurz: kap_i) bezogen werden, also

$$\sum_{\forall d\in D(i)} a_{id} x_d \approx kap_i \quad \text{für } i = 1(1)m \tag{13}$$

Dabei bedarf die zweckmäßige Festlegung des Zeitintervalls und damit der Planungsfrequenz noch eingehender Untersuchungen - hier wurde zunächst ein etwa der mittleren Arbeitsvorgangsdauer entsprechendes Intervall angenommen.

Die mit (12) und (13) nur "unscharf" formulierten Forderungen können analog zur Auftragsfreigabe in folgendes gemischt- ganzzahliges (unscharfes) lineares Einperioden-Optimierungsmodell zur bestandsregelnden Maschinenbelegung (BEMA) überführt werden:

$$y \longrightarrow max! \tag{z}$$

$$\sum_{\forall d\in D(i)} a_{id} x_d + kap_i\, y \leq 2\, kap_i, \quad i = 1(1)m \tag{bo}$$

$$\sum_{\forall d\in D(i)} a_{id} x_d - kap_i\, y \geq 0, \quad i = 1(1)m \tag{bu}$$

$$\sum_{\substack{\forall d\in D(h),\\ \forall e\in E(i)}} (a_{ie}/n_{d,e}) x_d - \sum_{\forall d\in D(i)} a_{id} x_d + kap_i\, y \leq b^S_i - b^I_{i(0)} + kap_i, \quad i = 1(1)m \tag{zao}$$

$$\sum_{\substack{\forall d\in D(h),\\ \forall e\in E(i)}} (a_{ie}/n_{d,e}) x_d - \sum_{\forall d\in D(i)} a_{id} x_d - kap_i\, y \geq b^S_i - b^I_{i(0)} - kap_i, \quad i = 1(1)m \tag{zau}$$

$$0 \leq y \leq 1; \quad x_d \in \{0;1\}, \; \forall d \in D \tag{vs}$$

Offensichtlich wird hier mit kap_i ein (notfalls zu erweiternder) Spielraum zur Sicherung der Lösbarkeit geschaffen.

Tabelle 3 zeigt wiederum am Beispiel von m = 3 verschiedenartigen Maschinen i und n = 18 direkt zur Belegung an diesen Maschinen anstehenden Arbeitsvorgängen d (von denen sich 3 bereits in Realisierung befinden) bei einem Intervall von 12 Zeiteinheiten und entsprechenden Maschinenkapazitäten kap_i sowohl die Eingangsdaten wie auch die Ergebnisse (letzte Zeile) eines wiederum mittels MIP-Software am PC in wenigen Minuten (bei knapp 1700 Iterationen) gelösten Belegungsproblems.

Die für den Nachweis von Effekten fortlaufender Belegungen auf die wichtigsten Zielgrößen der Fertigung erforderlichen Simulationsexperimente und dabei zu erwartende Präzisierungen des hier vorgestellten Belegungsmodells stehen noch aus.

Tabelle 3: Eingangsdaten und Ergebnisse zur bestandsregelnden Maschinenbelegung mittels gemischt-ganzzahliger unscharfer linearer Einperioden-Optimierung

Zeilen-Nr.	Namen	x1	x2	x3	x4	x5	x6	x7	x8	x9	x10	x11	x12	x13	x14	x15	x16	x17	x18	y	Schranken
1	z	0	0	0	0	0	0	0	0	0	0	0	0	0	0	0	0	0	0	1	≥ 0
2	bo1	0	0	0	0	0	0	0	0	0	3*	9	0	2	0	5	6	0	0	12	≤ 24
3	bo2	0	0	0	0	0	7*	5	8	4	0	0	4	0	7	0	0	0	0	12	≤ 24
4	bo3	2*	10	6	4	3	0	0	0	0	0	0	0	0	0	0	0	0	0	12	≤ 24
5	bu1	0	0	0	0	0	0	0	0	0	3*	9	0	2	0	5	6	0	0	-12	≥ 0
6	bu2	0	0	0	0	0	7*	5	8	4	0	0	4	0	7	0	0	0	0	-12	≥ 0
7	bu3	2*	10	6	4	3	0	0	0	0	0	0	0	0	0	0	0	0	0	-12	≥ 0
8	zao1	0	0	0	0	0	0	0	0	0	-3*	-9	0	-2	0	-5	-6	12	0	12	≤ 12
9	zao2	0	0	0	0	0	-7	-5	-8	-4	0	0	-4	0	-7	0	0	0	12	12	≤ 12
10	zao3	-2*	-10	-6	-4	-3	6	4	0	2	5	3	3	4	4	3	0	0	0	12	≤ 12
11	zau1	0	0	0	0	0	0	0	0	0	-3*	-9	0	-2	0	-5	-6	12	0	-12	≥-12
12	zau2	0	0	0	0	0	-7	-5	-8	-4	0	0	-4	0	-7	0	0	0	12	-12	≥-12
13	zau3	-2*	-10	-6	-4	-3	6	4	0	2	5	3	3	4	4	3	0	0	0	-12	≥-12
Unterschr.		1*	0	0	0	0	1*	0	0	0	1*	0	0	0	0	0	0	0	0	0	
Oberschr.		1	1	1	1	1	1	1	1	1	1	1	1	1	1	1	1	1	1	1	
opt. Lösung		1	1	0	0	0	1	0	1	0	1	0	0	0	0	0	1	1	1	0,75	

* Bereits in Realisierung befindliche Arbeitsvorgänge (Restzeiten)

↑ max. Einhaltungsgrad aller Forderungen!

4. Ausblick

Die Untersuchungen zur Anwendung optimierender Entscheidungsverfahren innerhalb von Werkstattsimulationen befinden sich erst im Anfangsstadium. Bisher dominierte die Auffassung, daß die bei der Simulation von Fertigungsprozessen notwendigen Entscheidungen mittels einfacher (Prioritäts-)Regeln oder darauf aufbauenden regelbasierten Systemen getroffen werden können. Dementsprechend wurden Vorstellungen zur Kooperation von Simulations- und Expertensystemen entwickelt /10/. Diese Vorstellungen müssen m.E. erweitert werden - Simulationssysteme können mit Entscheidungsverfahren aus einer breiten Palette von auf unscharfen Regeln basierenden bis zu exakt optimierenden Verfahren kooperieren!

Deshalb steht vielmehr die Frage, unter welchen Bedingungen für welche Entscheidungszwecke welche dieser Verfahren anzuwenden sind und diese Frage läßt sich i.a. erst nach Simulationsstudien unter alternierender Anwendung verschiedener Entscheidungsverfahren anhand der festgestellten Effekte befriedigend beantworten. Für die Ableitung von relativ komplexen Entscheidungen erscheint es nach bisherigen Erfahrungen des Verfassers auch sinnvoll, unter "Arbeitsteilung" zwischen wissensbasierten und optimierenden Verfahren

- im 1. Schritt eine wissensbasierte (Vorab-)Selektion und Sonderbehandlung aller Sonderfälle bzw. Ausnahmen (z.B. aller termingefährdeten Aufträge) und
- im 2. Schritt eine optimierungsgestützte Normalbehandlung aller (übrigen) Normalfälle zu realisieren.

130

Literatur:

/1/ Bechte, W.
Steuerung der Durchlaufzeit durch belastungsorientierte Auftragsfreigabe.
Dissertation, Universität Hannover 1980.
Düsseldorf: Fortschritt-Berichte VDI, Reihe 2, Nr. 70 (1984)

/2/ Brecht, W.
Projektierung, Planung und Steuerung der betrieblichen Produktion.
Beiträge zur Rechnerunterstützung betriebswirtschaftlicher Entscheidungsprozesse.
Habilitation, Technische Hochschule Leipzig (1989)

/3/ Brecht, W.; Grigorjan, A.
Neue Wege zur arbeitsteiligen Steuerung der Auftragsfertigung.
OR-Proceedings 1991, 186-193 (1992)

/4/ Brecht, W.
Realisierung neuartiger Auftragsfreigaben in komplexen Werkstattsimulationen.
CIM-Management, Heft 3 (1992), 47-52

/5/ Brinkkötter, D.
Integration von Leitstandsfunktionen und komplexen Simulationsmodellen.
CIM-Management, Heft 6 (1991), 54-59

/6/ Grigorjan, A.
Vergleichende Untersuchungen zur Auftragsfreigabe.
Dissertation (Manuskript), Technische Hochschule Leipzig (1992)

/7/ Lehmann, I.; Weber, R.; Zimmermann, H.-J.
Fuzzy Set Theorie. Die Theorie der unscharfen Mengen.
OR-Spektrum, Heft 1 (1992), 1-9

/8/ Niemeyer, G.
Projekt- und Prozeßplanung auf dem PC.
Das universelle Planungsverfahren AMTOS.
München, Wien (1987)

/9/ Ohno, T.
Toyota Produktion System.
Beyond Large-Scale Production.
Cambridge-Norwalk (1988)

/10/ O'Keefe, R
Expert Systems and Simulation.
Simulation, Heft 1 (1986), 11-16

/11/ Wedemeyer, H.-G.
Entscheidungsunterstützung in der Fertigungssteuerung mit Hilfe der Simulation.
Düsseldorf: Fortschritt-Berichte VDI, Reihe 2, Nr. 176 (1989)

/12/ Wiendahl, H.-P.
Belastungsorientierte Auftragsfreigabe.
Grundlagen, Verfahrensaufbau, Realisierung.
München, Wien (1987)

/13/ Wiendahl, H.-P. (Hrsg.)
Anwendung der Belastungsorientierten Fertigungssteuerung.
München, Wien (1991)

/14/ Wildemann, H.
Just-In-Time in Deutschland.
Universität Passau (1985)

/15/ Zadeh, L.A.
Fuzzy sets.
Information and Control, Heft 8 (1965), 338-353

A UNIFYING APPROACH TO PRIORITISATION AND OPTIMISATION OF MAINTENANCE

by Rommert Dekker, Econometric Institute, Erasmus University Rotterdam

Here we present a unifying and integrating approach which can be used for long term optimisation, priority setting, and combination of maintenance. The approach focuses on the timing aspect of an action to be taken, like replacement, overhaul, or inspection. This is a typical aspect for many maintenance models. A penalty cost function is defined which expresses the expected costs of deferring the action to the next decision moment. The action is taken if the cost function exceeds a threshold level. We will show that several models fit within this structure, such as the block replacement model, the minimal repair model, an efficiency model, and also an opportunity block replacement model. The penalty cost function is also suitable for data elicitation purposes and avoids that questions are model dependent. This plays a role in setting up userinterfaces for decision support systems incorporating maintenance optimisation models. The penalty function can also serve as priority function, in case execution of activities has to be deferred because of capacity constraints. Furthermore, it is useful in combining activities if a first planning has been made by separate models (a decomposition approach). Finally, it can serve as a heuristic to derive structured maintenance policies, which we will demonstrate with a group replacement problem.

Simulationsuntersuchung zu Verfahren der Werkstattsteuerung

Bernhard Fleischmann und Torsten Henneberg
Lehrstuhl für Produktion und Logistik, Universität Augsburg
Memminger Straße 14, D-8900 Augsburg

Ausgangspunkt der Untersuchung war die kontroverse Diskussion um die Eignung der Belastungsorientierten Auftragsfreigabe (BOAF) für den Fall typischer Werkstattfertigung mit Montageprozessen und wechselnden Engpässen [1, 2, 3]. Anhand mehrerer Fertigungsstrukturen, insbesondere der in [1] betrachteten Situation, wurden verschiedene Steuerungsverfahren verglichen, die sich in den Merkmalen

- Schätzung der Durchlaufzeiten für die Terminierung (feste Werte; vergangenheitsorientiert; Warteschlangen-theoretisch),
- Regeln zur Auftragsfreigabe (insbesondere BOAF),
- Prioritätsregeln

unterscheiden.

Wir erläutern die Implementierung der Verfahren in der Simulationssoftware SIMAN und berichten über die Ergebnisse. Es werden zahlreiche Zielgrößen im Hinblick auf Bestände, Durchlaufzeiten und Termintreue betrachtet. Es zeigt sich, daß die BOAF bei geeigneter Zerlegung der Montagestruktur auch für die Werkstattsituation deutliche Vorteile bringt, vor allem eine drastische Varianzreduktion der Durchlaufzeiten und damit eine erhöhte Zuverlässigkeit der Terminierung. Der Warteschlangen-theoretische Ansatz erlaubt zwar eine recht genaue Schätzung der mittleren Durchlaufzeiten, beeinflußt aber nicht deren Varianzen.

[1]   Adam, D.: Die Eignung der belastungsorientierten Auftragsfreigabe für die Steuerung von Fertigungsprozessen mit diskontinuierlichem Materialfluß; in: ZfB 58. Jg. (1988), H. 1, S. 98-115.
[2]   Adam, D.: Probleme der belastungsorientierten Auftragsfreigabe; in: ZfB 59. Jg. (1989), H. 4, S. 443-447.
[3]   Wiendahl, H.-P.: Erwiderung: Probleme der belastungsorientierten Auftragsfreigabe; in: ZfB 58. Jg. (1988), H. 11, S. 1224-1227.

Lösung dynamischer mehrstufiger Mehrprodukt-Losgrößenprobleme unter Kapazitätsrestriktionen durch lokale Suchverfahren

Dipl.-Wirtsch.-Ing. Stefan Helber
Ludwig-Maximilians-Universität München
Institut für Produktionswirtschaft und Controlling
Leopoldstr. 11B
8000 München 40

Zusammenfassung:

Es wird das Problem der Losgrößenbildung für eine generelle Erzeugnisstruktur betrachtet, in der jedes (Teil-) Produkt eines von mehreren Betriebsmitteln (Maschinen, Kapazitätsarten) in Anspruch nimmt. Ein Betriebsmittel kann von Produkten unterschiedlicher Dispositionsstufen belegt werden. Unter dynamisch schwankendem, deterministischem Bedarf für die Endprodukte sollen kostenminimale Losgrößen gefunden werden, die hinsichtlich der Kapazitäten zulässig sind. Das Entscheidungsproblem wird auf Grundlage des *Capacitated Lotsizing Problem (CLSP)* formuliert.

Zur Lösung werden lokale Suchverfahren wie *Simulated Annealing* und *Tabu-Suche* und Verfahren auf Grundlage einer Suche über Populationen wie *genetische Algorithmen* eingesetzt.

Die Verfahren werden anhand einer Reihe kleinerer Probleme vergleichend bewertet, für die optimale Ergebnisse bekannt sind. Ferner erfolgt für einige etwas größere Beispiele ein Vergleich mit Ergebnissen, die über eine Kombination der Verfahren von *Heinrich* und *Dixon* ermittelt wurden.

Kommunikation als Schlüssel zur Qualitätssicherung[1]

Manfred Jeusfeld[†], Robert Grob[‡]

† Informatik V, RWTH Aachen, Ahornstr. 55, 5100 Aachen

‡ WZL, RWTH Aachen, Steinbachstr. 53B, 5100 Aachen

Die wissensbasierte Unterstützung des Lebenszyklus' eines Produktes ist durch eine Inselsituation geprägt: für die einzelnen Phasen existieren zwar individuelle Lösungen bzw. Lösungsansätze, jedoch gibt es meist keine automatisierte Kommunikation zwischen den beteiligten Systemen, da sie auf inhomogenen Paradigmen der Wissensrepräsentation und -verarbeitung beruhen. Dieses Papier stellen einen Ansatz vor, wie diese Kommunikationslücke für das Fallbeispiel der lebenszyklusweiten Qualitätssicherung geschlossen werden kann. Die Hauptthese ist, daß eine effiziente Kommunikation zwischen den Teilsystemen sowie den beteiligten Abteilungen eine Schlüsselfunktion für die Steigerung der Qualität des Produktionsprozesses — ergo des Produktes — einnimmt. Als Begründung sei daran erinnert, daß am Anfang der Herstellung eines Produktes praktisch nie ein optimaler Produktionsprozeß zur Verfügung steht, sondern erst im Laufe der Zeit durch Fehlerberichte und Analysen entsteht. Eine an den Produktionsprozeß orientierte Kommunikationsstruktur dient also der Minimierung der Zeitspanne zwischen der Feststellung eines Mangels und seiner Behebung.

Ein weiterer Aspekt der Kommunikation ist die geeignete Darstellung der Information für die verschiedenen Mitglieder des Produktionsteams. Die Rolle der Teammitglieder wird als Teil des Kommunikationsmodells aufgefaßt, so daß eine Verteilung der relevanten Information formal beschrieben werden kann. Die Implementierung soll auf einem Wide-Area-Netz mit Datenbankunterstützung stattfinden. Das Basismodell ist in Abbildung 1 aufgeführt. Es zeigt den Begriff "Objekt", der prinzipiell für alle im Produktzyklus auftretenden Gegenstände und Informationseinheiten steht. Eine "Aufgabe" geht von einem Objekt aus und liefert ein neues Objekt, z.B. einen Konstruktionsplan, der aus einem Funktionskonzept eines Produktes entwickelt wurde. Die Aufgaben werden durch "Methoden" unterstützt, die wie oben beschrieben für einzelne Phasen des Produktzyklus' bereits existieren bzw. entwickelt werden. Der letzte Begriff schließlich steht für den "Handelnden", der die zentrale Funktion im Prozeß innehat.

Neben Vereinheitlichung der Begriffe kann das Basismodell auch zur Ableitung der zwischen den Methoden auszutauschenden Informationsstrukturen benutzt werden. Da sowohl die Methoden als auch die Handelnden in Beziehung zu Aufgaben und Objekten stehen, kann auch der Informationsaustausch innerhalb des Modells beschrieben werden. Ein globales Wissensbankverwaltungssystem hält alle Daten, die methodenübergreifend von Interesse sind und stellt eine Art Kommunikationskanal zur Verfügung, über den die Informationen ausgetauscht werden. Der Zugriff von weit entfernten Rechnern auf die Wissensbank ist dank der in den letzten Jahren fortgeschrittenen Rechnervernetzung kein technisches Problem

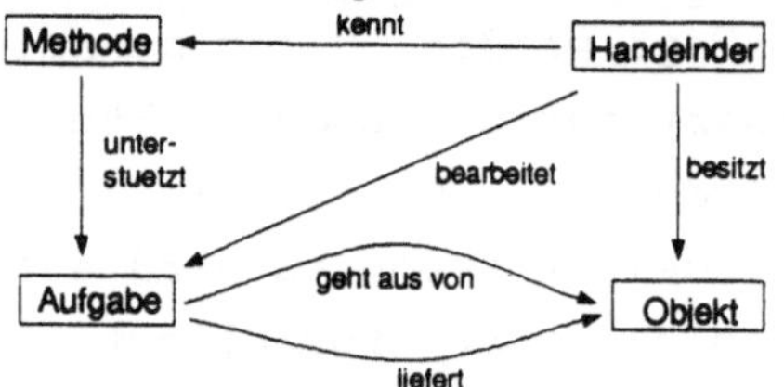

Abb. 1: Modell für Qualitätsprozesse

Das Modell aus Abbildung 1 wird als Ausgangspunkt für die Modellierung aller Methoden und ihrer Abhängigkeiten, die für die Qualitätssicherung relevant sind. Durch die Verwendung einer verteilten Wissensbank kann die Entwicklung des Modells innerhalb eines Teams geschehen. Integritätsbedingungen werden dazu genutzt, um frühzeitig Konflikte zwischen Begriffsdefinitionen aufzudecken.

Literatur

[Jarke et al. 1990] M. Jarke, M. Jeusfeld, T. Rose: A software process data model for knowledge engineering in information systems. *Informations Systems 15*, 1, 1990.

[Pfeifer et al. 1990] T. Pfeifer, R. Grob: Das wissensbasierte Fehleranalysesystem FAS II — Entwicklung und Einsatz. In Christaller, Mantz, Scheer: Expertensysteme in Industrie und Wissenschaft, GMD-Forum 1990, GMD-Studien 185, St. Augustin, 1990.

---

[1] Diese Arbeit wurde gefördert vom Projektträger des BMFT für Fertigungstechnik und Qualitätssicherung am Kernforschungszentrum in Karlsruhe im Rahmen des Programms Qualitätssicherung. Besonderer Dank gilt Rolf Flamm, Rainer Gallersdörfer, Stefan Hartung und Peter Szczurko.

Resource-Constrained Project Scheduling with Setup-Times

Rainer Kolisch
Christian-Albrechts-Universität zu Kiel
Institut für Betriebswirtschaftslehre
Ohlshausenstr. 40
2300 Kiel 1

The well-known multiple resource-constrained project scheduling problem (RCPSP) can be stated as follows [1]: $j=1,...,J$ partially ordered jobs have to be scheduled subject to $r=1,...,R$ renewable resources with a constanct period capacity of K_r units. Each nonpreemptive job has a duration d_j and uses k_{jr} units of resource r while being in process. The objective function is to minimize the project-makespan.

Traditionally setup-times have been either neglected or added to each processing time. We present a mixed-integer formulation of the RCPSP which explicitly considers setup-times. As a generalization of the RCPSP it belongs to the class of NP-complete problems [2].

Therefore a heuristic algorithm is presented which is an adapted version of the parallel scheduling method, which builds up a feasible schedule in a single pass [3]. Furthermore this approach is enhanced by a multiple-pass procedure, which utilizes regret-based priority values as outlined in [4].

Computational results comparing the two heuristics with optimal solutions derived from the presented MIP-formulation are given.

[1] Pritsker, A.A.B./Watters, L.J./Wolfe, P.M. (1969): "Multiproject scheduling with limited resources: A zero-one programming approach", Management Science, Vol.16, pp.93-108.

[2] Karp, R.M. (1972): "Reducibility among combinatorial problems", in: Miller, R.E./ Thatcher, J.W. (eds.): "Complexity of computer computations", Plenum Press, New York, pp.85-103.

[3] Alvarez-Valdes, R./Tamarit, J.M. (1989): "Heuristic algorithms for resource-constrained project scheduling: A review and an empirical analysis", in: Slowinski, R./Weglarz, J. (eds.): "Advances in project scheduling", Elsevier, Amsterdam, pp.113-134.

[4] Drexl, A./Grünewald, J. (1992): "Nonpreemptive multi-mode resource-constrained project scheduling", to appear in IIE Transactions.

Ein Formalmodell der Produktionsplanung und -steuerung - angewandt auf Fabrik-Fraktale (autonome Prozeßkomponenten)

Dr.-Ing. Dipl.Math. Hermann Kühnle
Fraunhofer-Institut für Produktionstechnik
und Automatisierung (IPA), Stuttgart
7000 Stuttgart 1

Prof. Dr.- Sc. Dr. Lothar Friedrich
Wirtschaftsmathematiker
Bergfelderstraße 26
0-1403 Birkenwerder

Produktionsplanungs- und -steuerungsentscheidungen laufen stets auf einem Abgleich der Bedarfe an Ressourcen mit den im Leistungserstellungsprozeß angebotenen Ressourcen hinaus. Dieser Sachverhalt läßt sich auch durchgängig formalisieren, was grundsätzlich die Voraussetzung für die EDV-Bearbeitung des PPS-Problems darstellt. Das Modell umfaßt Mengenstrukturen, Zeitstrukturen, Diagnose- und Entscheidungsoperatoren. Das vorgeschlagene Modell wird an Beispielen verifiziert, wobei der Schwerpunkt auf die herkömmlichen Produktionsplanungs- und -steuerungsverfahren gelegt ist. Im zweiten Teil des Beitrages werden neuere Entwicklungen hinsichtlich der Organisation industrieller Leistungserstellungsprozesse mit in die Überlegungen mit einbezogen. Es erfolgt die Anwendung des Formalmodells auf Fabrikfraktale. Fabrikfraktale sind zielähnliche, sich selbst organisierende Einheiten einer Fabrik, die einen Abschnitt des Leistungserstellungprozesses eigenverantwortlich durchführen. Es wird gezeigt, daß sich der Einsatz der Produktionsplanung und -steuerung gegenüber den traditionellen Anwendungen ändert, da Fabrikfraktale keine Vorgaben für die Detailabläufe in Empfang nehmen, sondern sich selbst situationsgerecht mit Informationen aus dem PPS versorgen. Das Formalmodell gestattet darüber hinaus den Nachweis, daß der Einsatz von PPS innerhalb von Fabrikfraktalen an der Logik der Produktionsplanung- und -steuerung nichts verändert. Lediglich die Art und Weise des Zugriffs und der Stellenwert des Entscheidungsträgers, der sich des Produktionsplanungs- und -steuerungssy-stems bedient, haben sich verändert. Abschließend gibt der Beitrag einen Ausblick auf die noch durch die PPS unausgeschöpften Möglichkeiten der Fraktalsteuerung.

Bestimmung des Zusatzbedarfs infolge des Ausschusses

doc. dr. Petrišič Jože
prof. dr. Starbek Marko

Universität in Ljubljana, Maschinenbaufakultät
Murnikova 2, 61000 Ljubljana
SLOWENIEN

Ausgangspunkt der Bedarfsermittlung ist die graphische Darstellung der mengenmäßigen Erzeugnisstruktur. Das Endprodukt wird aus Baugruppen und Einzelteilen zusammengesetzt. Diese mehrstufige Erzeugnisstruktur läßt sich in mehrere Baukastenstücklisten zerlegen. Den Materialbedarf kann man so bestimmen, daß man aus der Baukastenstückliste die Mengenübersichtsstückliste bestimmt; oder mit der Bildung des entsprechenden Gleichungssystems und seiner Lösung. Da kann die Matrizendarstellung angewendet werden.

Im Artikel wird die Methode für die Einschätzung des Materialbedarfs infolge des Ausschußes beschrieben. Unsere Methode berücksichtigt als Ausschuß nur diejenigen Erzeugnisse, die als unentsprechend hinsichtlich der Qualität des Endproduktes die laufende Kontrolle gleich bei ihrer Fertigung entdeckt. Unserer Annahme nach sind einzelne Baugruppen aus einwandfreien Teilen zusammengesetzt. Der Anteil der Baugruppen, welche die entsprechende Qualität nicht erreichen können, können durch eine längere Periode eingeschätzt werden. Diesen Anteil betrachten wir als eine Eigenschaft der entsprechenden Bauoperation, bzw. der entsprechenden Baukastenstückliste.

Den materiellen Bedarf kann man aus den, auf diese Weise, erweiterten Baukastenstücklisten herausbekommen und sie in der Form einer erweiterten Mengenübersichtsstückliste darstellen. Im Artikel wird auch eine andere Art der Bestimmung des Materialbedarfs mit der Bildung des entsprechenden Gleichungssystems dargestellt. Die Lösung des Gleichungssystems wird mit Hilfe der Matrizen dargestellt.
Die Methode der Bestimmung des Zusatzbedarfs infolge des Ausschusses wird an einem realen Beispiel dargestellt. Sie wurde bei der Bestimmung der optimalen Lagermengen im Lager angewendet.

Wissensbasierte Unterstützung der Konstruktion von Faserverbundwerkstoffen

K. Pohl[1], *J. Turek*[2]

Der Konstruktionsprozeß von Bauteilen aus Faserverbundkunststoffen (FVK) wird durch viele Einflüße bestimmt, z.B. durch den Werkstoff, das Fertigungsverfahren, den Laminataufbau und die Geometrie. Diese Einflüße weisen starke Abhängigkeiten untereinander auf. Aus diesem Grund werden FVK trotz ihrer Vorteile gegenüber herkömmlichen Werkstoffen hauptsächlich in speziellen Anwendungsbereichen, wie beispielsweise dem Flugzeugbau benutzt.

Basierend auf Erkenntnissen der systematischen Bauteilekonstruktion von Faserkunstoffverbunden [Beh87] unterstützt das vorgestellte Expertensystem den Konstrukteur bei der Konstruktion von FVK-Bauteilen. Der Konstruktionsprozeß erfolgt in drei Phasen. In der ersten Phase wird ein grobes Anforderungsprofil für das Bauteil festgelegt [Jen91]. Diese Anforderungen werden in der zweiten Phase für die einzelnen Einflußgrößen "Werkstoffe, Fertigungsverfahren, Laminataufbau und Geometrie" detailierter spezifiziert. Aufgrund dieser Spezifikationen werden Lösungen für jeden der Einflußbereiche ermittelt und diese klassifiziert (siehe [Kle92], [Kop92]). In der dritten Konstruktionsphase werden aus den klassifizierten Teillösungen mögliche Konstruktionen für das Bauteil erstellt.

Literatur

[Beh87] U. Behrenbeck. *Fertigungs- und werkstoffgerechte Konstruktion von Faserverbundbauteilen.* PhD thesis, IKV, RWTH-Aachen, 1987.

[Jen91] J. Jennissen. *Auswahl von Materialien zur rechnerunterstützten Konstruktion von Bauteilen aus Faserkunststoffverbunden.* Technical report, IKV, RWTH-Aachen, 1991.

[Kle92] G. Klein. *Wissensrepräsentation und Wissensakquisition bei einem Expertensystem zur Konstruktion von faserverstärken Kunststofformteile..* Master's thesis, RWTH-Aachen, 1992.

[Kop92] C. Kopner. *Entwicklung einer Kopplung von Expertensystem mit relationalem DMBS und mathematischen Subsytemen..* Technical report, IKV, RWTH-Aachen, 1992.

[1] RWTH-Aachen, Lehrstuhl für Informatik V, Ahornstr.55, 5100 Aachen; email: pohl@informatik.rwth-aachen.de
[2] RWTH-Aachen, Institut für Kunstoffverarbeitung, Pontstr. 49, 5100 Aachen

Zur Abstimmung der Losgrößen in mehrstufigen Produktionsprozessen im Rahmen des JIT-Konzeptes

Dipl.-Kfm. Bernd Pokrandt
Universität der Bundeswehr Hamburg
Institut für Industrielles Management
Holstenhofweg 85   2000 Hamburg 70
Tel. (040) 6541-2654

Das Just-in-Time-Konzept ist eine globale Fertigungsphilosophie, die eine Fülle von Teilkonzepten aus dem Gebiet der Produktionsplanung und -steuerung miteinander kombiniert. Ein charakteristisches Merkmal des JIT-Konzeptes ist die Forderung nach produktionssynchroner Bereitstellung, die innerhalb eines Betriebes zur Produktion mit gleichen Losgrößen auf allen Fertigungsstufen führt. Auf der Beschaffungsseite des JIT-Anwenders manifestiert sich das JIT-Konzept unternehmensübergreifend in der Ausprägung von Lieferabrufsystemen. Als begleitende Maßnahme investieren die beteiligten Unternehmen in die Verminderung von Rüstzeiten.

Die Umsetzung des JIT-Konzeptes führt nach den Verfechtern des Ansatzes unmittelbar zu einer verbesserten Beherrschbarkeit des Produktionsprozesses, einer deutlichen Senkung der Durchlaufzeiten, einer Absenkung der Zwischenlagerbestände und einer Erhöhung der Produktivität sowie der Erzeugnisqualität. Die Diskussion des JIT-Konzeptes erfolgt meistens qualitativ, und der Nachweis der angestrebten positiven Effekte wird empirisch geführt.

Das Problem der Vorteilhaftigkeit produktionssynchroner Bereitstellung läßt sich jedoch mit Hilfe eines mehrstufigen dynamischen Losgrößenmodelles formalisieren. Auf Basis dieses Modells können Bedingungen hergeleitet werden, die eine Quantifizierung der Entscheidung für gleiche Losgrößen auf allen Produktionsstufen ermöglichen. Gleichzeitig lassen sich Strategien zur Steuerung rüstreduzierender Investitionen bei mehrstufiger Fertigung ableiten.

Zum Einsatz von Fertigungsleitständen in Industriebetrieben

H. Stadtler und S. Wilhelm

Fachgebiet Fertigungs- und Materialwirtschaft, Institut für Betriebswirtschaftslehre, Fachbereich 1,
Technische Hochschule Darmstadt, Hochschulstraße 1, 6100 Darmstadt

Elektronische Leitstände zur Unterstützung der Fertigungssteuerung wurden in den letzten Jahren sowohl von Softwarehäusern als auch in Publikationen stark propagiert. So soll es mit Fertigungsleitständen aufgrund der größeren Fertigungsnähe eher möglich sein, den Fertigungsprozeß zu erfassen, zu steuern und zu kontrollieren, als dies zentrale Standard-PPS-Systeme (allein) vermögen.

Zu den auf dem Markt angebotenen Fertigungsleitständen und ihrer Funktionalität gibt es inzwischen zahlreiche Veröffentlichungen, über deren erfolgreichen Einsatz existieren jedoch nur wenige exemplarische Berichte.

Mit der Auswertung eines an ca. 900 Industriebetriebe - in den alten Bundesländern, Österreich und der Schweiz - verschickten Fragebogens (Rücklaufquote ca. 20%) wird nun erstmals ein Bild vermittelt über
- den Einsatz von Fertigungsleitständen,
- die derzeit benutzten Funktionen,
- die noch bestehenden Unzulänglichkeiten und
- die zukünftigen Einsatzvorstellungen der Anwender.

COMPUTERUNTERSTÜTZTE KONSTRUKTION DES FRISTENPLANES

prof. dr. Starbek Marko
doc. dr. Petrišič Jože

Universität in Ljubljana, Maschinenbaufakultät
Murnikova 2, 61000 Ljubljana
SLOWENIEN

Der Fristenplan veranschaulicht die Dauer und die Aufeinanderfolge von Vorgängen, die zur Fertigung eines Teiles, einer Gruppe oder eines Erzeugnisses durchgeführt werden müssen. Der Fristenplan bildet eine Nahtstelle zwischen Fertigungsplanung und Fertigungssteuerung, er ist auftragsunabhängig; bei seiner Erstellung wird er aber von einem Mengenbereich ausgehen. Der Fristenplan enthält noch keine Termine, sondern beginnt mit der Zeitpunkt 0 (bei Vorwärtsrechnung) oder endet mit der Zeitpunkt 0 (bei Rückwärtsrechnung). Die Vorwärtsrechnung geht vom Startzeitpunkt des ersten Arbeitsvorgangs aus, so daß die einzelnen Vorgänge zum frührstmöglichen Zeitpunkt beginnen und enden. Die Rückwärtsrechnung dagegen geht vom Endzeitpunkt der letzten Vorgänge aus, so daß die einzelnen Vorgänge zum spätestmöglichen Zeitpunkt beginnen und enden.

Die Erstellung des Fristenplans ermöglichen nachstehende Daten:
- Zeichnung des Erzeignisses,
- Erzeugnisstruktur,
- Stückliste,
- durchschnittliche Auftragsmenge,
- Arbeitspläne,
- Matrize der Übergangszeiten.

Wir haben festgestellt, daß das manuelle Verfahren zur Konstruktion des Fristenplans nicht geeignet ist, darum haben wir uns für ein maschinelles Verfahren entschlossen.

Wir haben den shematischen Ablauf des maschinellen Verfahrens zusammengesetzt und ein Programm geschrieben. Das Program für computerunterstützte Konstruktion des Fristenplans "ROKOVNIK" ist so geschrieben, daß der Bediener vom Programm selbst geführt wird. Die Menüpunkte sind selbsterklärend. Das Programm hat nachstehende Kapazitäten:
- 365 Kalendertage
- 350 Zeitachsen

Bisherige Experimente haben viele Vorteile der rechnerunterstützten Konstruktion des Fristenplans gezeigt.

PC-Implementation of 1-& 2-dimensional Cutting Stock Heuristics
Abstract

Prof. Dr. Richard Vahrenkamp
University of Kassel
Department of Economics
D-3500 Kassel

To implement a cutting stock algorithm on a Personal Computer
one aim of the development is the reduction of complexity. The
amount of data generated by the algorithm and the required
computation time have to be compressed. By the random selection
of good patterns we reduce complexity in the framework of the
Haessler heuristic (1975). In this heuristic the algorithm is
governd by serveral measures: the number of required stocks to
complete the total order, the percentage of the current demand to
be satisfied by a multiple application of one pattern (using
level) and the percentage of trim loss. The orders not satisfied
so far are sorted by the number of demanded pieces. More generally
this sort can be considerd as priority rule applied to the open
orders. The computational experience of our approach is based on
10000 randomly generated problems with 4 to 8 different orders.
The ordered lenghts varied between 9% and 49% of the stock length.
This stock length ranged from 100 to 200 length untis. The computational experience exhibites solutions of high quality in the
region of 3% trim loss yielding some evidence for the thesis that
good patterns are lying densely in the solution space. On the
basis of the 1-dimensional case we construct the 2-dimensional
heuristic with the approach of Guillotine-cuts. With this approach
we get a trim loss in the region of about 20%. This higher trim
loss is due to the 2-dimensionality of the problem.

Combining Maintenance Activities in an Operational Planning Phase

R.E. Wildeman   R. Dekker
Erasmus University Rotterdam, The Netherlands

Joint execution of maintenance activities can reduce costs because set-up activities like opening a machine, may be shared. Combining execution however, may also imply that activities are carried out at other times than originally planned. In this paper we analyse the problem of determining which activities should be combined on which moments of time.

We assume that each activity has an optimal execution time, and a penalty function expressing the additional expected costs made when this execution time is shifted. Further we suppose that there are fixed set-up costs for each activity, which implies that combining n activities saves $n-1$ times the set-up costs. If the cost reduction, as a result of the combined execution of a set of activities, outweighs the penalty costs due to deviating from original execution times, combining execution is cost effective. The objective is to combine the activities in such a way that the savings are maximal.

This problem can be formulated as a set partitioning problem. However, set partitioning is NP-complete and becomes intractable for a large number of activities. Reduction theorems will be presented, that reduce the number of combinations to be considered, but do not yield a polynomial time algorithm. By assuming that the penalty cost functions are symmetric however, it can be proven that there exists an optimal solution with consecutive activities. This leads to a dynamic programming formulation of the problem, which can be solved in polynomial time.

BESTANDSPLANUNG UND -CONTROLLING BEI CHEMISCH-PHARMAZEUTISCHER PRODUKTION

Jörg Budde/Karl Inderfurth

Universität Bielefeld, Fakultät für Wirtschaftswissenschaften

Zusammenfassung

Es wird ein Controllinginstrument beschrieben, das - zugeschnitten auf die speziellen Bedingungen chemisch-pharmazeutischer Wirkstoffproduktion - dazu dienen soll, dem Logistikmanagement einen laufenden Einblick in die aktuelle Bevorratungssituation mit Ausweis von Über- und Unterbevorratung sowie deren differenzierter Analyse zu geben. Kernpunkt dieses Instruments ist die zeitpunktbezogene Ermittlung von aussagefähigen Sollbeständen, in denen neben den Produktionsstrukturdaten auch Daten der Bedarfsplanung und Dispositionsparameter der Lagerhaltungspolitik sachgerecht einbezogen werden müssen. Für ein Unternehmen der Pharmaindustrie wird die Weiterentwicklung eines entsprechenden Instruments dargestellt und an Hand eines konkreten Anwendungsfalls demonstriert.

Summary

An instrument for stock controlling is presented which is destinated to give logistics management of companies with pharmaceutical production insights into the current stock position, especially reporting overstocking and understocking as well as an analysis of stock variances. This instrument is mainly based upon the determination of meaningful target stocks which appropriately have to take into account data of production structure, requirements planning, and inventory control rules. Development and operation of that controlling instrument is described for a pharmaceutical company and demonstrated by means of a practical application.

1   Bestandscontrolling bei pharmazeutischer Wirkstoffproduktion

Zu den Aufgaben der Produktionslogistik in dem dieser Untersuchung zugrundeliegenden multinationalen Pharmaunternehmen zählt u.a. die laufende Kontrolle und Beurteilung der Bestände an Rohstoffen, chemischer Zwischenproduktion und pharmazeutischen Wirkstoffen. Die weit über 1000 Einsatzstoffe in diesem Bereich der Unternehmenslogistik machen über 50% der Gesamtbestände des Unternehmens aus. Die Pharmawirkstoffe aus der Chemieproduktion werden teils in anschließenden Endfertigungsbetrieben zu fertigen

Arzneimitteln weiterverarbeitet, teils an ausländische Tochtergesellschaften versandt und teilweise an fremde Unternehmen weiterverkauft.

Die pharmazeutische Wirkstoffproduktion ist durch die Besonderheit gekennzeichnet, daß sich die Gesamtproduktion nach dem Verwandtschaftsgrad einzelner Wirkstoffgruppen in eine Reihe voneinander fast unabhängiger Produktionsstrukturen (Produktionsschienen) aufteilen läßt. Diese Produktionsschienen wiederum zeichnen sich dadurch aus, daß alle Wirkstoffe i.w. aus dem Einsatz eines einzigen Basisrohstoffs gewonnen werden. Dieser Rohstoff wird im Rahmen einer mehrstufigen Produktion in aufeinanderfolgenden chemischen Prozessen weiterverarbeitet und kann dabei Stufe für Stufe in eine Vielzahl unterschiedlicher Zwischenprodukte und schließlich fertiger Wirkstoffe umgewandelt werden, wodurch sich für jede Produktionsschiene eine typische divergierende Produktionsstruktur ergibt. Solche Produktionsschienen können über 100 Zwischen- und Endprodukte enthalten und eine maximale Durchlaufzeit von über einem Jahr besitzen. Abbildung 1 zeigt als Beispiel für eine solche Produktionsstruktur den Teilausschnitt einer größeren Produktionsschiene. Produkt-Nr. 37150 bildet hier (als Basisrohstoff dieses Beispiels) die Wurzel des entsprechenden "Produktionsbaums", während die Produkte der obersten Ebene (Nr. 689 569, Nr. 188 995 und Nr. 299 537) die hieraus hergestellten Wirkstoffe (Endprodukte) wiedergeben.

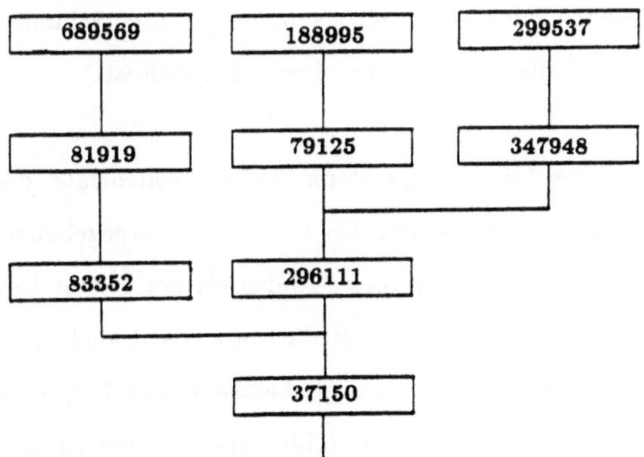

Abb. 1: Produktionsstruktur einer Teilschiene

Weitere Charakteristika der Wirkstoffproduktion, die für ein Bestandscontrolling von Bedeutung sind, lassen sich wie folgt zusammenfassen: Die einzelnen Produktionsstufen haben i.w. feste Durchlaufzeiten (Umwandlungszeiten, Transportzeiten, Analytikzeiten) und feste Prozeßerträge (chemische Ausbeuten). Aufgrund von chargenweiser Fertigung in normierten Reaktoren sind technisch bedingte Mindestlosgrößen (Normausbringungsmengen) vorgegeben. Die Gesamtproduktion erfolgt bedarfsorientiert auf Basis von monatlichen Nachfrageprognosen für die Wirkstoffe (Primärbedarfe der Endstufe). Die Produktion auf allen Stufen wird im Rahmen eines MRP-Planungskonzepts bei quartalsweiser Planrevision festgelegt (siehe auch JÄGER et. al. [2]). Zur Absicherung gegen Bedarfs- und Prozeßrisiken wird eine Sicherheitsbestandshaltung vorgenommen. Auf ausgewählten Vorstufen erfolgt aus ökonomischen Gründen eine bewußte Losgrößenbildung in Form einer durchgehenden Produktion des Bedarfs mehrerer Monate (Kampagnenfertigung).

Im Rahmen dieser Produktionszusammenhänge hat ein System zum Bestandscontrolling folgende Funktionen zu erfüllen (vgl. auch BRUSE/SOLARO [1] und NÜHRICH [3]); (1) Ermittlung und Gegenüberstellung von Ist-, Soll- und Planvorräten auf Stichtagsbasis, (2) Aufspaltung der Vorräte in Sicherheits-, Umschlags- und Prozeßbestände und (3) Durchführung von Abweichungsanalysen, insbesondere im Rahmen von Soll/Soll- und Soll/Ist-Vergleichen. Diese Informationen sollten für einzelne Stoffe sowie für Stoffgruppen (insbesondere ganze Produktionsschienen) und auf mengen- sowie wertmäßiger Basis vorliegen, so daß damit auch eine Ausgangsbasis für Reichweitenrechnungen und weitere Kennzahlenbestimmung auf allen Aggregationsebenen gegeben ist.

Kernstück der Datenbasis des Controllingsystems sind die Sollvorräte, die den materialwirtschaftlich notwendigen Mindestvorräten bei Einhaltung vorgegebener Bevorratungspolitik entsprechen. In die Bestimmung dieser Maßgröße der Bestandseffizienz müssen neben Daten der Produktionsverfahren und Bedarfsprognosen auch die Parameter der Lagerhaltungspolitik auf allen Stufen (Sicherheitsbestände und Losgrößen in Form von Produktionskampagnen) eingehen. Sollvorräte bilden die Basis der Ermittlung von Planvorräten (durch Modifizierung um im Planungszeitraum erwartete Abweichungen vom

Soll) und geben durch Gegenüberstellung mit den aktuellen Istvorräten Auskunft über Unter- oder Überbevorratung. Bei mehrstufiger Produktion stellt sich die Ermittlung von Sollvorräten recht komplex dar, weil die Verkettung der aufeinanderfolgenden Produktionsstufen mit ihren zeitbezogenen Auswirkungen auf die Vorratshöhe angemessen berücksichtigt werden muß.

2. Die Ermittlung von Sollvorräten

Sollvorräte müssen für Einzelstoffe sowie für Zwecke einer Gesamtbeurteilung auch für ganze Produktionsschienen ermittelt werden. Hierbei kann aufgrund der Baumstruktur der Produktion eine mengenmäßige Zusammenfassung aller Stoffe (sowie auch aller Stoffbedarfe) auf der Grundlage des Basisrohstoffes vorgenommen werden. In einer einfachen Version lassen sich Sollvorrate für Einzelstoffe unter der Annahme gleichmäßigen Bedarfsverlaufs und Produktionsdurchflusses ermitteln. Berücksichtigt man die stoffspezifischen Dispositionsparameter über vorgegebene (mtl.) Reichweiten für Sicherheitsbestand (SIB-RW) und Produktionskampagne (KAM-RW), erfaßt man die Nachfrageseite in Form eines (mtl.) Durchschnittsbedarfs (BED) und bezieht man Verfahrensdaten über stoffindividuelle Durchlaufzeiten (DLZ) und Normausbringungsmengen (NAB) ein, so erhält man damit einen stationären Sollbestand (SOB_1) in Höhe von

$$SOB_1 = (\text{SIB-RW} + \tfrac{1}{2}* \text{KAM-RW} + \text{DLZ}) * \text{BED} + \text{NAB-Rest}.$$

Der erste Term gibt hierbei die Summe aus Sicherheits-, Umschlags- und Prozeßbestand wieder, die im zweiten Term (NAB-Rest) jeweils auf das nächste Vielfache einer Normausbringungsmenge aufgerundet wird. Bei Kampagnenfertigung wird von unendlicher Produktionsgeschwindigkeit ausgegangen.

Dieses zunächst im Unternehmen eingesetzte Schema der Sollvorratsermittlung führt zu unbefriedigenden Ergebnissen. Die mangelnde Berücksichtigung der Zeitstruktur von Bedarf und Kampagnenfertigung ergibt laufend eine Unter- oder Überschätzung der stichtagsbezogenen Sollbestände. Die fehlende Einbeziehung der Produktionsdauer bei Kampagnenfertigung sowie die pauschale Berücksichtigung der Normausbringungsmenge im Rahmen der Chargenfertigung haben eine systematische Überschätzung der Sollvorräte zur Folge. Als Basis für ein aussagefähiges Controllingsystem ist somit eine differenzierte Ermittlung der Sollgrößen notwendig.

Dies kann zum einen dadurch geschehen, daß die konkreten monatlichen Bedarfszahlen (BED_t) als Grundlage für die Ermittlung der Prozeß- und Umschlagbestände herangezogen werden. Dem zeitpunktbezogenen Einfluß der Kampagnenproduktion kann Rechnung getragen werden, indem ausgehend vom nächsten geplanten Kampagnenstarttermin t_K der Umschlagbestand durch Kumulation der Bedarfe bis zu diesem Termin errechnet wird. Wird gemäß der vorgegebenen Produktionsrate einer Kampagne (KPR) zum Kontrollzeitpunkt τ noch eine Kampagnenproduktion durchgeführt,

$$\text{d.h.} \qquad \tau < \tau_K \; := \; t_K - \text{KAM-RW} + \frac{1}{KPR} * \sum_{t=t_K-\text{KAM-RW}}^{t_K-1} BED_t$$

(mit τ_K als hochgerechnetem Endtermin der letzten Kampagne), so ist die restliche Produktion bis τ_K vom Umschlagbestand abzuziehen und zusätzlich ein entsprechender Prozeßbestand anzusetzen.

Der chargenbedingte Umschlagbestand läßt sich aufgrund des feinen Zeitrasters der Chargenproduktion ohne Detailinformation aus der Produktionssteuerung nicht zeitpunktgenau hochrechnen. Stattdessen wird ein durchschnittlicher Bestand angesetzt, der naturgemäß im Bereich zwischen den Werten Null und NAB liegen muß. Unter der Annahme stationär verteilter Wirkstoffbedarfe läßt sich zeigen, daß die chargenbedingten Umschlagbestände eine homogene Markoffkette bilden, aus der sich als Grenzverteilung eine Gleichverteilung des Umschlagbestands ableiten läßt. Damit liegt der Durchschnittsbestand genau bei einer halben Normausbringungsmenge. Bei stufenweise aufeinander abgestimmten Chargengrößen läßt sich durch eine einfache Modifikation der bestandsreduzierende Effekt dieser Abstimmung erfassen. Der bei Chargenfertigung auftretende Prozeßbestand entspricht - bei analoger Durchschnittsbildung - gerade dem Bedarf in der Durchlaufzeit.

Damit gilt für den Sollbestand in seiner zweiten differenzierteren Version:

$$\text{SOB}_2 \ = \ \text{SIB-RW} * \text{BED} + \sum_{t=\tau}^{\tau+DLZ} BED_t + \sum_{t=\tau}^{t_K-1} BED_t - \delta_K * KPR * (\tau_K - \tau) +$$

$$+ \ \delta_K * KPR \ + \ \tfrac{1}{2} * \text{NAB}$$

$$\text{mit} \quad \delta_K = \begin{cases} 1 & \text{für} \quad \tau < \tau_K \\ 0 & \text{sonst} \end{cases}$$

Der Genauigkeitsgewinn für die Sollvorratsermittlung nach zweiter Version zeigt sich für das Beispiel der Teilschiene aus Abbildung 1 unter Zugrundelegung realer Daten darin, daß die Berücksichtigung der Zeitstruktur der Bedarfe Anpassungen der Sollbestände zwischen +9% und –14% zur Folge hat. Die differenzierte Einbeziehung der Kampagneneffekte führt zu Anpassungen zwischen +10% und –30%, während die sachgerechtere Verarbeitung der Chargeneffekte durchgehend eine Verminderung der Sollbestände um 14% bewirkt.

3 Soll/Ist-Vergleich und Bestandsanalyse

Durch Gegenüberstellung der gemessenen Istbestände mit den so ermittelten Sollbeständen kann man für alle Stoffe einer Produktionssschiene mengenmäßige Über- oder Unterbevorratung feststellen. Durch Umrechnung auf anteilige Einheiten des Basisrohstoffs läßt sich auch für die gesamt Produktionsschiene eine entsprechende Information gewinnen. Eine Bewertung der einzelnen Bestände mit Herstellkosten führt schließlich zu einem bewerteten Soll/Ist-Vergleich, wie er für das ausgewählte Produktionsbeispiel in Tabelle 1 wiedergegeben ist.

150

```
Schiene: e              Erhebung: 6/91
-------------------------------------------------------
Prod- |Bestandswert (TDM) |   Echelon-Bestandswert
 Nr.  |Soll | Ist | Abw.  |  Soll |  Ist  | Abw.
-------------------------------------------------------
299537|   58|  129|    72 |    58 |   129 |    72
347948|   76|    0|   -76 |   134 |   129 |    -4
188995|  126|  115|   -12 |   126 |   115 |   -12
279125|   72|    0|   -72 |   198 |   115 |   -84
296111|   57|  152|    96 |   389 |   396 |     8
689596|    9|   16|     7 |     9 |    16 |     7
 81919|  151|  223|    72 |   160 |   239 |    79
 83352|  110|  133|    24 |   270 |   372 |   102
 37150|   87|   28|   -59 |   745 |   ⁻96 |    51
```

Tab. 1: Soll/Ist-Bestandsvergleich

Spalten 2-4 geben einen Überblick über die Bestandswerte und Abweichungen für jeden einzelnen Stoff, während in den Spalten 5 bis 7 (unter Echelon-Bestandswerten) die
entsprechenden Angaben für die gesamte Teilschiene vom jeweiligen Stoff bis zur Endstufe
zu finden sind. So besagt der Abweichungswert in der letzten Spalte und letzten Zeile
(Prod.Nr. 37150) der Tabelle, daß in der gesamten Schiene aus Abbildung 1 eine Überbevorratung in Höhe von 94 TDM zu verzeichnen ist, während der Basisrohstoff selbst
mit 59 TDM unterbevorratet ist. Die übrigen Daten der Tabelle 1 lassen erkennen, welche Teilschienen und welche einzelnen Stoffe in welchem Ausmaß an diesen Überständen
beteiligt sind.

Für eine genauere Beurteilung der Ursachen von Über- oder Unterbeständen läßt sich eine
Anweichungsanalyse anschließen, bei der die Differenz zwischen Ist- und Sollbeständen
bzw. zwischen Sollbeständen aus unterschiedlichen Planungszyklen auf Änderungen von
Daten der Produktionsverfahren (→ Verfahrensabweichungen), der Bedarfsplanung (→
Bedarfsabweichungen) sowie der logistischen Dispositionsparameter (→ Parameterabwei-
chungen) zurückgeführt werden. Eine solche Abweichungsanalyse läßt sich auf Basis der
Auswertung des Einflusses der einzelnen bestandsverursachenden Faktoren in der SOB$_2$-
Formel einfach durchführen. Des weiteren kann auf Grundlage dieses formellen Zusam-
menhangs auch eine Zerlegung der gesamten Sollbestände in Sicherheits-, Prozeß- und
Umschlagsbestände vorgenommen werden. Für die obige Produktionsschiene ist eine solche Funktionsnalayse der Sollbestände in Tabelle 2 wiedergegeben.

```
Funktionalanalyse der Sollbestaende
Schiene:                Erhebung: 6/91
-----------------------------------------------------------------
Prod-  | Sollbestandswert (TDM)   | Schienenfuellungswert (TDM)
       | Sich. |Proz. |Ums.  |Ges. | Sich. |Proz.  |Ums.  |Ges.
-----------------------------------------------------------------
299537|    24|    13|    21|     58|    24|     13|    21|     58
347948|     0|    12|    64|     76|    24|     25|    85|    134
188995|    19|    47|    60|    126|    19|     47|    60|    126
279125|     0|    11|    60|     72|    19|     58|   120|    197
296111|     0|    24|    32|     57|    43|    107|   238|    388
689596|     3|     0|     6|      9|     3|      0|     6|      9
 81919|    51|    33|    66|    151|    54|     33|    72|    159
 83352|     0|    40|    70|    110|    54|     73|   142|    269
 37150|     0|    65|    23|     87|    97|    245|   403|    745
```

Tab. 2: Funktionsanalyse der Sollbestände

Für jeden Stoff ist hier - wiederum auf Ebene des Einzelstoffs und für die Restschiene - zu entnehmen, wie sich der wertmäßige Gesamtsollbestand auf die drei Vorratskategorien aufteilt. So läßt sich ablesen, daß der gesamte Sollvorrat der Produktionsschiene in Höhe von 745 TDM sich zu 13% auf Sicherheits-, zu 33% auf Prozeß- und zu 54% auf Umschlagbeständen zurückführen läßt.

Über eine solche Analyse kann im Rahmen eines Zeitvergleichs festgestellt werden, wie sich Änderungen der Dispositionsparameter (z.B. im Zuge einer Optimierung von Produktions- und Lagerhaltungspolitik) oder anderer Einflußgrößen auf die Höhe und Struktur der Einzel- und Gesamtbestände ausgewirkt haben bzw. in Zukunft auswirken werden, so daß auch wertvolle Informationen zur Bestandsplanung verfügbar sind.

Literatur

[1] Bruse, H.; Solaro, D., Vermögenscontrolling.
In: Albach, H.; Weber, J. (Hrsg.), Controlling: Selbstverständnis - Instrumente - Perspektiven, Wiesbaden (1991), S. 217-231.

[2] Jäger, K.; Peemöller, W.; Rohde, M., A Decision Support System for Planning Chemical Production of Active Ingredients in a Pharmaceutical Company.
In: Grubbström, R.W. et al. (Hrsg.), Production Economics: State-of-the-Art and Perspectives, Amsterdam (1989), S. 377-388.

[3] Nührich, K.P., Bestandscontrolling in der Praxis.
In: Albach, H., Pfohl, H.-C. (Hrsg.), Unternehmensführung und Logistik, Wiesbaden (1984), S- 100-113

SIMULATIONSUNTERSUCHUNGEN ZUR ABSTIMMUNG VON PRODUKTIONS- UND TRANSPORTLOSGRÖßEN IN DER SERIENFERTIGUNG

Manfred Gronalt, Hans-Otto Günther, Marion Roth

Institut für Betriebswirtschaftslehre, Universität Wien,
Brünner Str. 72, A-1210 Wien

Bekanntlich gehen mit dem Vordringen von JIT-Konzepten in der Produktion die Forderungen nach einer Verringerung der Produktionslosgrößen (Losgröße = 1!) und nach der Aufteilung eines Produktionsloses in mehrere Transportlose einher. Damit verbunden ist häufig eine technische Umgestaltung der Fertigungsprozesse mit dem Ziel, die Rüstzeiten beim Produktwechsel zu reduzieren und auf diese Weise kleinere Produktionslosgrößen wirtschaftlich zu rechtfertigen. Während traditionell der Abgleich von Rüst- und Lagerkosten im Mittelpunkt der Losgrößenplanung steht, sind bei hochautomatisierten Fertigungssystemen die zu beachtenden Wirkungszusammenhänge so komplex, daß sie nicht mehr ohne weiteres in geschlossener Form modellanalytisch erfaßt werden können. Daher drängt sich der Einsatz der Computersimulation geradezu auf.

In einer Simulationsstudie werden die Wechselwirkungen zwischen Produktions- und Transportlosgrößen untersucht. Außerdem wird exemplarisch an Hand der Simulationsergebnisse gezeigt, wie die Erreichung ausgewählter produktionswirtschaftlicher Ziele (Maschinenauslastung, Durchlaufzeiten, Lagerbestände) durch die Wahl der Produktions- und Transportlosgröße beeinflußt wird. Der Simulationsstudie zugrundegelegt wurde ein flexibel automatisiertes Fertigungssystem mit automatisch arbeitenden Fördereinrichtungen und begrenzten Pufferkapazitäten. Durchgeführt wurde die Studie mit Hilfe der Simulationssoftware XCELL+. Der Vortrag endet mit einer kritischen Beurteilung der verwendeten Simulationssoftware.

Finanzwirtschaftliche Ansätze in der Lagerhaltung

Rainer Schefer, Bielefeld

Zusammenfassung: Im vorliegenden Artikel werden einige auf kapitalmarktorientierten Modellen basierende investitionstheoretische Erweiterungen einfacher stochastischer Lagerhaltungsmodelle kurz vorgestellt. Basierend auf einer Untersuchung einer approximativen (R, T)-Politik in einer Capital Asset Pricing Model - Formulierung von RATURI UND SINGHAL (1990) wird ein erweitertes Modell vorgestellt, das eine Optimierung der Lagerhaltungspolitik ermöglicht und so zu allgemeingültigeren Ergebnissen kommt.

Abstract: This paper gives a short review of recent capital-market oriented extensions of simple stochastic inventory models. Based on the analysis of an approximate (R, T)-policy by RATURI AND SINGHAL (1990), which uses the capital asset pricing model for evaluating the risky cash flow associated with the inventory decision, an extended model is presented which facilitates the derivation of an optimal inventory policy and thereby leads to more general results.

1 Investitionstheoretische Kritik an Standardmodellen der Stochastischen Lagerhaltungstheorie

Ausgangspunkt der folgenden Überlegungen ist der modelltheoretische Rahmen, in dem stochastische Lagerhaltungsmodelle üblicherweise analysiert werden. Diese Modellumgebung läßt sich unter anderem dadurch charakterisieren, daß die zugrundeliegende Zielsetzung in der Minimierung der erwarteten Kosten beziehungsweise der Maximierung des erwarteten Gewinns während des Betrachtungszeitraums besteht, was Risikoneutralität der Entscheidungsträger impliziert. Darüber hinaus wird auch deutlich, daß die Analyse der Problemstellung auf der Ebene von Kosten- und Erfolgsrechnung vorgenommen wird.

Da das Problem der Ableitung einer optimalen Lagerhaltungspolitik bei Unsicherheit auch als Investitionsentscheidungsproblem unter Risiko interpretiert werden kann, stellt sich nun die Frage, wie diese Vorgehensweise aus Sicht der modernen Investionstheorie zu beurteilen ist.

Die Annahme risikoneutraler Entscheidungsträger – wie im Fall der Erwartungswertmaximierung oder -minimierung – muß vom Standpunkt einer kapitalmarktorientierten Investitionstheorie als eine zu restriktive Annahme betrachtet werden. Verhalten sich Investoren nicht risikoneutral, so muß das Risiko der Investition in Lagerbestände bei der Bestimmung der optimalen Lagerhaltungspolitik berücksichtigt werden. Hierbei ermöglichen die Verfahren der modernen Investitionstheorie den Übergang von einer subjektiven Risikobewertung, wie sie den klassischen Entscheidungskriterien zugrundeliegt, zu einer kapitalmarktorientierten Bewertung des Risikos.

Zusammenfassend läßt sich feststellen, daß eine investitionstheoretische Betrachtungsweise sich dadurch auszeichnet, daß sie das Investitionsrisiko explizit berücksichtigt, cash flow-orientiert ist und als Zielsetzung die Marktwertmaximierung verfolgt.

Das zur Zeit wohl am meisten verbreitete Verfahren zur Bewertung von Investitionen bei Unsicherheit dürfte das Capital Asset Pricing Model sein [vgl. z.B. SHARPE, W.F. (1964)]. In der Sicherheitsäquivalentformulierung [vgl. z.B. COPELAND, T.E. UND J.F. WESTON (1988)] liefert die Anwendung des einperiodigen CAPM für den Marktwert eines unsicheren cash flows $\tilde{X}$ folgende Bewertungsvorschrift:

$$V(\tilde{X}) \; = \; \frac{E(\tilde{X}) - \lambda \cdot \mathrm{Cov}(\tilde{X}; \tilde{R}_m)}{1 + R_f} \; = \; \frac{E(\tilde{X})}{1 + r} \tag{1}$$

$$
\begin{aligned}
\text{mit} \qquad \lambda \;&=\; \text{Marktpreis pro Risikoeinheit,}\\
\tilde{R}_m \;&=\; \text{unsichere Kapitalmarktrendite,}\\
R_f \;&=\; \text{risikoloser Basiszinssatz und}\\
r \;&=\; r(\lambda, \mathrm{Cov}, R_f)\\
&=\; \text{risikoangepaßter Kalkulationszinsfuß.}
\end{aligned}
$$

2 Investitionstheoretische Erweiterungen

In den bisherigen Untersuchungen zu diesem Thema haben verschiedene Autoren sowohl das CAPM als auch das Optionspreismodell von Black und Scholes auf das einperiodige Zeitungsjungenproblem angewendet [vgl. ANVARI, M. (1987), SINGHAL, V.R. (1988) sowie KIM, Y.H. UND K.H. CHUNG (1989)]. Dabei zeigt sich, daß das Risiko der Lagerinvestition vom Nachfragerisiko $\mathrm{Cov}(\tilde{D}; \tilde{R}_m)$, also der Kovarianz zwischen der stochastischen Endproduktnachfrage und der unsicheren Kapitalmarktrendite, abhängt. Weitere wichtige Ergebnisse sind, daß der marktwertmaximierende Lagerbestand mit steigendem Nachfragerisiko abnimmt und daß der Kalkulationszinsfuß für eine Lagerinvestition eine steigende Funktion des Lagerbestandes ist.

Um den Mängeln dieses Ansatzes, die aus der Beschränkung auf einen einperiodigen Kontext resultieren, entgegenzutreten, haben RATURI, A.S. UND V.R. SINGHAL (1990) eine approximative (R, T)-Politik in einem solchen Modellrahmen analysiert. Bei einer (R, T)-Politik handelt es sich um eine sogenannte Bestellgrenzen-Bestellzyklus-Politik, bei der alle T Perioden eine Bestellung aufgegeben wird, um die 'inventory position' auf R anzuheben. RATURI UND SINGHAL (1990) zeigen mit Hilfe ihres Modells, daß der risikoangepaßte Kalkulationszinsfuß mit zunehmender Lieferzeit und zunehmenden Bestellkosten steigt. Erhöht man die Länge des Bestellzyklus, gibt es zuerst einen Bereich sinkender Kapitalkosten, worauf sich ein Bereich steigender Kapitalkosten anschließt. Die Aussagefähigkeit dieser Ergebnisse ist allerdings als recht eingeschränkt zu beurteilen, da sie mit Hilfe einer systematischen Parametervariation – ohne Bestimmung der optimalen Parameter für die Bestellgrenze R und den Bestellzyklus T – abgeleitet wurden. Außerdem haben RATURI UND SINGHAL (1990) eine Modellformulierung gewählt, die das Auftreten von Fehlmengen nicht zuläßt. In dem im folgenden vorgestellten Modell werden diese beiden Aspekte berücksichtigt, um zu aussagefähigeren Resultaten und zu einer besseren Vergleichbarkeit mit dem klassischen Modell zu kommen.

3 Untersuchung einer (R, T)-Politik in einer CAPM-Umgebung – Modellformulierung und analytische Lösung

Bei der Modellierung des Lagerhaltungsproblems wird von folgenden Annahmen ausgegangen [zur Darstellung des Standardmodells s. HADLEY, G. UND T.M. WHITIN (1963)]:

- Das rein eigenfinanzierte Unternehmen, das ein Gut kauft (produziert) und verkauft, betreibt eine (R, T)-Politik.

- Die Lieferzeit τ sei deterministisch.

- Ein Jahr bestehe aus J Teilperioden.

- Die Periodennachfragen nach dem Gut seien unabhängig identisch normalverteilt mit $\tilde{D}_j \sim N(\mu_D; \sigma_D^2)$.

- Betrachtet wird der back-order-Fall. Back-orders treten nur in kleinen Mengen auf: wenn eine Bestellung eintrifft, reicht sie aus, um die ausstehenden back-orders befriedigen zu können.

- Seien

c	:	Einstandspreis (pro Stück)
p	:	Verkaufspreis (pro Stück)
L	:	bestellfixe Kosten (pro Bestellvorgang)
H	:	Lagerhaltungskosten (pro Stück und Jahr)
π	:	back-order-Kosten (pro Stück).

  L, H und π beinhalten dabei nur die reinen 'out-of-pocket costs'.

- Alle Erlöse und Kosten werden am Jahresende realisiert.

Damit ergibt sich für den jährlichen unsicheren cash flow $\tilde{X}$ folgender Ausdruck:

$$\tilde{X} = (p - c) \cdot \sum_{j=1}^{J} \tilde{D}_j - \frac{L \cdot J}{T} - H \left(R - \sum_{j=1}^{\tau} \tilde{D}_j - \frac{\sum_{j=1}^{T} \tilde{D}_j}{2} \right) \tag{2}$$
$$- \frac{\pi \cdot J}{T} \cdot \max \left\{ \sum_{j=1}^{\tau+T} \tilde{D}_j - R; 0 \right\}$$

Dabei beschreibt der erste Term die jährlichen unsicheren Verkaufserlöse, der zweite Term die jährlichen Bestell- und Kontrollkosten, der dritte Term die jährlichen unsicheren Lagerhaltungskosten und der letzte Ausdruck umfaßt die jährlichen unsicheren Fehlmengenkosten.

Um den Marktwert dieses unsicheren cash flows mit Hilfe des CAPM [vgl. Gleichung (1)] bestimmen zu können, müssen nun der Erwartungswert des cash flows $E(\tilde{X})$ und die Kovarianz zwischen diesem cash flow und der Kapitalmarktrendite $\text{Cov}(\tilde{X}; \tilde{R}_m)$ bestimmt werden.

Für den Erwartungswert dieses cash flows gilt:

$$E(\tilde{X}) = (p - c) \cdot J \cdot \mu_D - \frac{L \cdot J}{T} - H \cdot \left(R - \tau \cdot \mu_D - \frac{T}{2} \cdot \mu_D \right) \tag{3}$$
$$- \frac{\pi \cdot J}{T} \left\{ [(\tau + T) \cdot \mu_D - R] \left(1 - F^{\tau+T}(R) \right) + (\tau + T) \cdot \sigma_D^2 \cdot f^{\tau+T}(R) \right\}$$

$E(\tilde{X})$ ist nun u.a. eine Funktion von R und T und entspricht bis auf die zusätzlich berücksichtigten erwarteten Verkaufserlöse dem Ausdruck, den man im Standardmodell auszuwerten hat [vgl. HADLEY UND WHITIN (1963)].

Für die Kovarianz zwischen $\tilde{X}$ und $\tilde{R}_m$ ergibt sich der folgende Ausdruck [vgl. auch SINGHAL, V.R. (1988), S. 34 f.]:

$$\mathrm{Cov}(\tilde{X};\tilde{R}_m) = (p-c)\cdot\mathrm{Cov}\left(\sum_{j=1}^{J}\tilde{D}_j;\tilde{R}_m\right) + H\cdot\mathrm{Cov}\left(\sum_{j=1}^{\tau}\tilde{D}_j;\tilde{R}_m\right) \tag{4}$$

$$+ \frac{H}{2}\cdot\mathrm{Cov}\left(\sum_{j=1}^{T}\tilde{D}_j;\tilde{R}_m\right) - \frac{\pi\cdot J}{T}\cdot\mathrm{Cov}\left(\max\left\{\sum_{j=1}^{\tau+T}\tilde{D}_j - R; 0\right\};\tilde{R}_m\right)$$

$$= \left[(p-c)\cdot J + H\cdot\tau + \frac{H\cdot T}{2}\right.$$

$$\left. - \frac{\pi\cdot J}{T}\cdot(\tau+T)\cdot\left(1 - F^{\tau+T}(R)\right)\right]\cdot\mathrm{Cov}(\tilde{D};\tilde{R}_m)$$

Für den Marktwert des unsicheren cash flows $V(\tilde{X})$ ergibt sich somit:

$$V(\tilde{X}) = \frac{1}{1+R_f}\cdot\left[(p-c)\cdot J\cdot\mu_D - \frac{L\cdot J}{T} - H\cdot\left(R - \tau\cdot\mu_D - \frac{T}{2}\cdot\mu_D\right)\right. \tag{5}$$

$$- \frac{\pi\cdot J}{T}\left\{[(\tau+T)\cdot\mu_D - R]\left(1 - F^{\tau+T}(R)\right) + (\tau+T)\cdot\sigma_D^2\cdot f^{\tau+T}(R)\right\}$$

$$\left. - \lambda\cdot\left[(p-c)\cdot J + H\cdot\tau + \frac{H\cdot T}{2} - \frac{\pi\cdot J}{T}\cdot(\tau+T)\cdot\left(1 - F^{\tau+T}(R)\right)\right]\cdot\mathrm{Cov}(\tilde{D};\tilde{R}_m)\right]$$

Differenziert man Gleichung (5) – bei gegebenem T – nun nach R, ergibt sich folgende Bedingung erster Ordnung für ein Optimum:

$$\frac{\partial V(\tilde{X})}{\partial R} = -H + \frac{\pi\cdot J}{T}\cdot\left(1 - F^{\tau+T}(R)\right) - \lambda\cdot(\tau+T)\cdot f^{\tau+T}(R)\cdot\frac{\pi\cdot J}{T}\cdot\mathrm{Cov}(\tilde{D};\tilde{R}_m) = 0 \tag{6}$$

beziehungsweise

$$\frac{H\cdot T}{\pi\cdot J} = 1 - F^{\tau+T}(R) - \lambda\cdot(\tau+T)\cdot f^{\tau+T}(R)\cdot\mathrm{Cov}(\tilde{D};\tilde{R}_m) \tag{7}$$

Auf die Bedingungen, unter denen Gleichung (7) ein eindeutiges Maximum liefert, kann im Rahmen dieser Darstellung nicht eingegangen werden.

Vergleicht man nun die Bedingung erster Ordnung für ein Optimum mit dem Ergebnis des klassischen (R, T)-Modells, so wird deutlich, daß die traditionelle Lösung einen Spezialfall dieses verallgemeinerten Modells darstellt, nämlich genau dann, wenn $\lambda = 0$ (Risikoneutralität) beziehungsweise $\mathrm{Cov}(\tilde{D};\tilde{R}_m) = 0$.

Darüber hinaus kann man feststellen, daß die optimale Bestellgrenze R in diesem Modell ceteris paribus immer kleiner als im klassischen (R, T)-Modell ist, wenn λ und $\mathrm{Cov}(\tilde{D};\tilde{R}_m)$ größer als Null sind. Ähnlich wie bei der Analyse des Zeitungsjungen-Problems in einer CAPM-Umgebung [vgl. Abschnitt 2] kann man auch hier sehen, daß die marktwertmaximierende Bestellgrenze mit steigendem Nachfragerisiko kleiner wird [zu weiteren Ergebnisse vgl. Abschnitt 4].

Auf die Darstellung des Vorgehens zur simultanen Optimierung von R und T muß an dieser Stelle verzichtet werden, auch wenn im folgenden Abschnitt zur Herleitung einiger numerischer Ergebnisse davon Gebrauch gemacht wurde.

4 Einige numerische Ergebnisse

Um die aus diesem Modell resultierenden Implikationen mit dem klassischen (R, T)-Modell und dem Ansatz von RATURI UND SINGHAL (1990) vergleichen zu können, soll ein Beispiel betrachtet werden. Dabei wurde zum einen die optimale Bestellgrenze R bei Variation von T bestimmt und zum anderen wurden R und T bei Variation von L, τ und $\mathrm{Cov}(\tilde{D}; \tilde{R}_m)$ simultan optimiert, um die Auswirkungen auf den Marktwert des unsicheren cash flows beziehungsweise den risikoangepaßten Kalkulationszinsfuß zu analysieren.

Den numerischen Auswertungen liegen die folgenden Beispieldaten zugrunde:

$$
\begin{array}{ll}
p = 12 & \mu_D = 4000 \\
c = 8 & \sigma_D = 1500 \\
H = 3 & R_f = 0.08 \\
\pi = 5 & \lambda = 3 \\
\tau = 4 & J = 50 \\
L = 2000 & -25 \leq \mathrm{Cov}(\tilde{D}; \tilde{R}_m) \leq 100.
\end{array}
$$

Abbildung 1 stellt den Marktwert des unsicheren cash flows $V(\tilde{X})$ bei Variation der Länge des Bestellzyklus T dar, wenn die optimale Bestellgrenze R gewählt wird. Der Verlauf für das 'Klassische Modell' wird durch die durchgezogene Linie, also $\mathrm{Cov}(\tilde{D}; \tilde{R}_m) = 0$, repräsentiert. Abbildung 1 verdeutlicht, daß der Marktwert von $V(\tilde{X})$ bei steigendem Nachfragerisiko abnimmt.

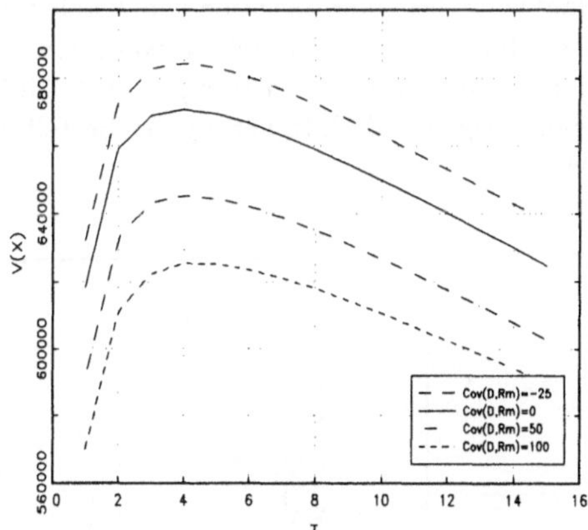

Abbildung 1: $V(\tilde{X})$ in Abhängigkeit von T bei Wahl des optimalen R

Wie bereits bei der kurzen Interpretation der analytischen Lösung angedeutet, zeigt Abbildung 2, daß die marktwertmaximierende Bestellgrenze R mit steigendem Nachfragerisiko, d.h. mit steigender Kovarianz zwischen Nachfrage und Kapitalmarktrendite, kleiner wird. Die optimale Länge des Bestellzyklus T dagegen reagiert verhältnismäßig insensitiv auf eine Veränderung des Nachfragerisikos [vgl. Abbildungen 3 und 1].

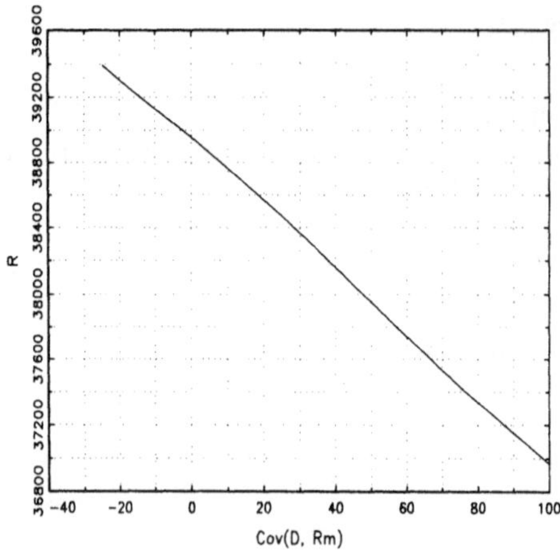

Abbildung 2: Optimale Bestellgrenze R in Abhängigkeit von $\mathrm{Cov}(\tilde{D}; \tilde{R}_m)$

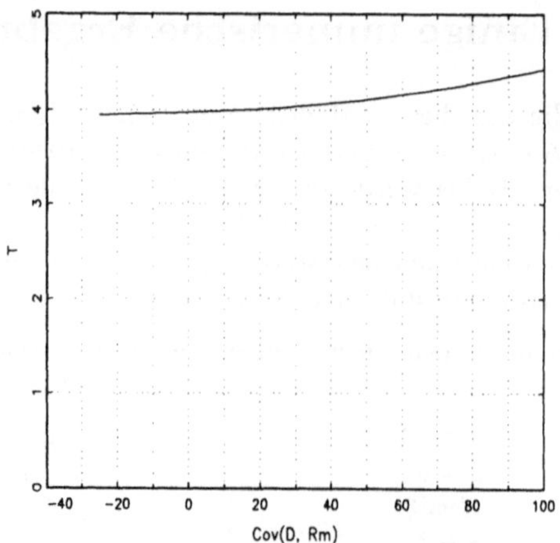

Abbildung 3: Optimaler Bestellzyklus T in Abhängigkeit von $\mathrm{Cov}(\tilde{D}; \tilde{R}_m)$

Die Auswirkungen einer Variation von T und $\mathrm{Cov}(\tilde{D}; \tilde{R}_m)$ auf die risikoangepaßten Kapitalkosten können den Abbildungen 4 und 5 entnommen werden. Die durchgezogene Linie in Abbildung 4 repräsentiert dabei wieder das Standardmodell. Hier liegt der "risikoangepaßte" Kalkulationszinsfuß r bei 8 %, was dem risikolosen Basiszinssatz R_f entspricht. Deutlich wird auch, daß der risikoangepaßte Kalkulationszinssatz mit steigendem Nachfragersiko zunimmt [vgl. Abbildung 5; hier wurden R und T bei verschiedenen Werten für $\mathrm{Cov}(\tilde{D}; \tilde{R}_m)$ simultan optimiert]. Die Ergebnisse, die RATURI UND SINGHAL (1990) für den Verlauf von r bei einer Variation von T ableiten, können hier allerdings nicht bestätigt werden. Während sie durch eine reine Parametervariation und bei Vernachlässigung von Fehlmengen einen fast U-förmigen Verlauf von r erhalten, zeigt Abbildung 4, daß die Kapitalkosten bei Berücksichtigung von Fehlmengen und Optimierung der Bestellgrenze R in Abhängigkeit von T nicht allzu sensitiv reagieren.

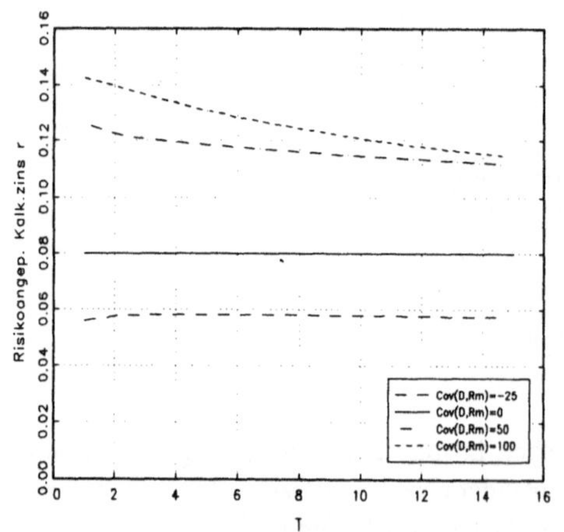

Abbildung 4: Risikoangep. Kalk.zins r in Abhängigkeit von T bei Wahl des optimalen R

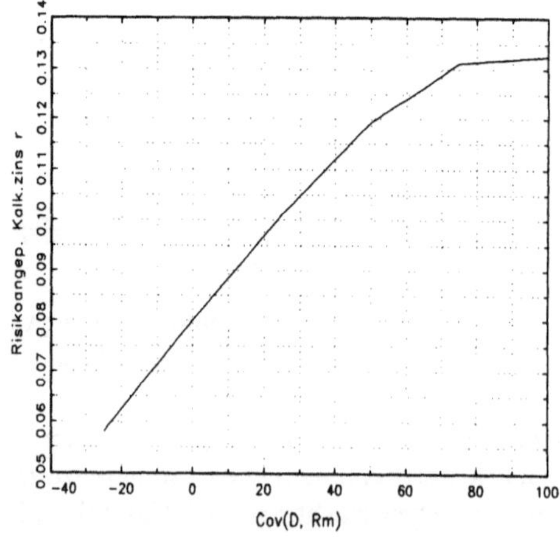

Abbildung 5: Risikoangep. Kalk.zins r in Abhängigkeit von $\mathrm{Cov}(\tilde{D}; \tilde{R}_m)$

Genauso wenig lassen sich die Ergebnisse bestätigen, die RATURI UND SINGHAL (1990) für den

Verlauf der Kapitalkosten bei Variation der Bestell- und Kontrollkosten L sowie der Lieferzeit τ vorgestellt haben. Dies soll hier nur noch am Beispiel der Auswirkungen einer Variation von L demonstriert werden. Abbildung 6 zeigt, daß der Marktwert des unsicheren cash flows bei steigenden Bestellkosten L abnimmt. Allerdings sind die Auswirkungen auf den risikoangepaßten Kalkulationszinssatz r sehr gering [vgl. Abbildung 7]. r steigt zwar leicht an, aber nicht so stark wie RATURI UND SINGHAL (1990) bei ähnlicher Datenkonstellation aufzeigen. Dies ist darauf zurückzuführen, daß sie in ihrem Modell keine (optimale) Anpassung der Bestellparameter R und T berücksichtigen.

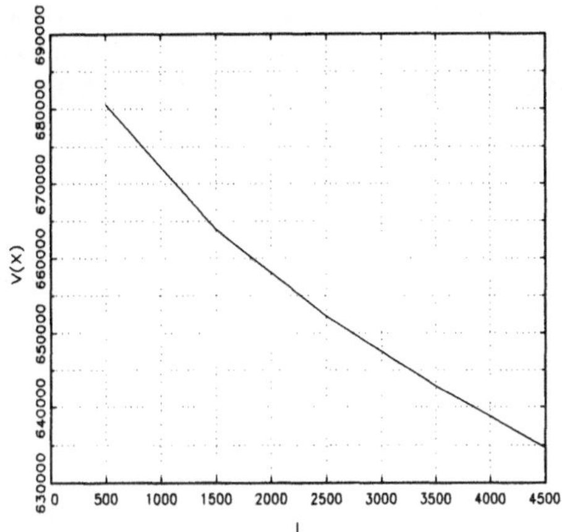

Abbildung 6: $V(\tilde{X})$ in Abhängigkeit von den Bestellkosten L

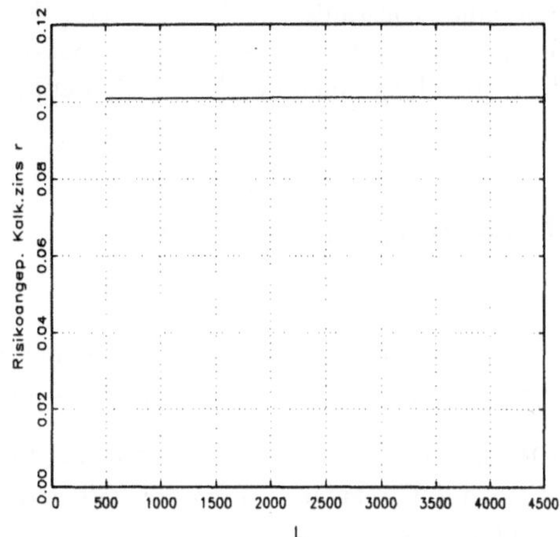

Abbildung 7: Risikoangep. Kalk.zins r in Abhängigkeit von Bestellkosten L

Die Abbildungen 8 und 9 zeigen schließlich noch den Einfluß einer Variation von L auf die optimale Bestellgrenze und den optimalen Bestellzyklus.

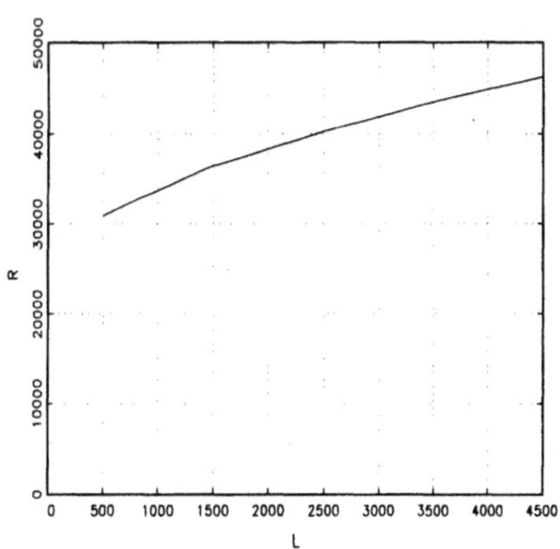

Abbildung 8: Optimale Bestellgrenze R in Abhängigkeit von Bestellkosten L

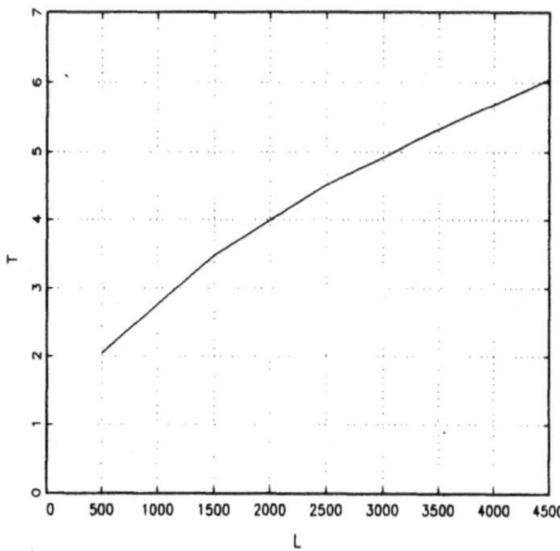

Abbildung 9: Optimaler Bestellzyklus T in Abhängigkeit von Bestellkosten L

Auch eine Variation der Lieferzeit τ führt zu ähnlich konträren Ergebnissen. RATURI UND SINGHAL (1990) erhalten für ihr Beispiel bei steigender Lieferzeit τ relativ stark zunehmende risikoangepaßte Kapitalkosten. Optimiert man die Bestellgrenze R und den Bestellzyklus T jedoch simultan, dann verlaufen die risikoangepaßten Kapitalkosten auch bei einer Variation der Lieferzeit nahezu konstant.

Zusammenfassend läßt sich festhalten, daß die Ergebnisse von RATURI UND SINGHAL (1990) nur sehr eingeschränkt bestätigt werden können. Aufrechtzuerhalten ist sicherlich die Forderung nach Verwendung eines Ansatzes zur Bestimmung von Kapitalkosten, der das Risiko einer Investition in Lagerbestände explizit zu berücksichtigen erlaubt. Darüber hinausgehende Forderungen, wie beispielsweise die Verwendung eines geringeren risikoangepaßten Kalkulationszinsfußes für Investitionen zur Reduzierung von Bestellkosten (bzw. Rüstkosten) oder Lieferzeiten (bzw. Rüstzeiten), sind wahrscheinlich nicht gerechtfertigt, da sich gezeigt hat, daß der Verlauf der Kapitalkosten eher konstant ist, wenn man eine optimale Lagerhaltungspolitik betreibt. Das führt zu dem Schluß, daß die Annahme eines konstanten risikoangepaßten Kalkulationszinsfußes – in der beschriebenen Modellumgebung – als eine relativ gute Approximation für den 'richtigen' Zinssatz angesehen werden kann und die Verwendung eines variablen Kalkulationszinssatzes nicht unbedingt notwendig erscheint.

5 Literaturverzeichnis

1. ANVARI, M. (1987):
   Optimality Criteria and Risk in Inventory Models: The Case of the Newsboy Problem.
   Journal of the Operational Research Society, Vol. 38, No. 7, S. 625-632.

2. COPELAND, T.E. UND J.F. WESTON (1988):
   Financial Theory and Corporate Policy, third ed.
   Reading et al.

3. HADLEY, G. UND T.M. WHITIN (1963):
   Analysis of Inventory Systems.
   Englewood-Cliffs.

4. KIM, Y.H. UND K.H. CHUNG (1989):
   Inventory Management Under Uncertainty: a Financial Theory for the Transactions Motive.
   Managerial and Decision Economics, Vol. 10, S. 291-298.

5. RATURI, A.S. UND V.R. SINGHAL (1990):
   Estimating the Opportunity Cost of Capital for Inventory Investments.
   Omega, Vol. 18, No. 4, S. 407-413.

6. SHARPE, W.F. (1964):
   Capital Asset Prices: A Theory of Market Equilibrium Under Conditions of Risk.
   Journal of Finance, Vol. 19, S. 425-442.

7. SINGHAL, V.R. (1988):
   Inventories, Risk, and the Value of the Firm.
   Journal of Manufacturing and Operations Management, No. 1, S. 4-43.

SCHRANKEN FÜR EIN KAPAZITÄTSBESCHRÄNKTES TRAVELING SALESMAN PROBLEM MIT QUELLEN UND SENKEN

Günther Schulz, Magdeburg

Zusammenfassung: Die Arbeit befaßt sich mit der Berechnung unterer Schranken für ein kapazitäts-beschränktes Traveling Salesman Problem mit Quellen und Senken. Wir benutzen eine Relaxation durch minimale 1-Gerüste mit zusätzlichen Einschränkungen bzgl. der Auswahl der Kanten. Das Problem wird als minimal gewichtetes Matroid-Intersection- Problem auf dem Durchschnitt von zwei Matroiden gelöst. Ein polynomialer Algorithmus der Komplexität $O(n^4)$ wird angegeben.

Abstract: The paper deals with the computation of lower bounds for a capacitated traveling salesman problem with sources and sinks. We use a relaxation by minimal spanning 1-trees with additional constraints respecting the choice of edges. The problem is solved as a minimal weighted matroid intersection problem for two matroids. A polynomial algorithm of complexity $O(n^4)$ is given.

1. Einleitung und Problemstellung

Das Traveling Saleman Problem ist eines der klassischen Probleme der kombinatorischen Optimierung. In seiner reinen Form ist es aber auf Probleme der Praxis kaum anwendbar, da bei der Suche nach einer kürzesten Rundfahrt meist zusätzliche Bedingungen wie Aufkommen und Bedarfsmengen, Ladekapazitäten, Zeitfenster u.a. zu berücksichtigen sind.

Hier soll ein Rundfahrtproblem betrachtet werden, bei dem ein Fahrzeug mit beschränkter Ladekapazität auf einer Tour eine Menge von Orten aufsuchen soll, in denen eine Vergrößerung (Quelle) oder eine Verringerung der Ladung des Fahrzeuges (Senke im Ladungsstrom) erfolgen kann. Gesucht ist die kürzeste Rundfahrt durch n Orte, wobei von jedem Ort bekannt ist, ob er Quelle oder Senke ist und welche Mengen zu- bzw. abgeladen werden sollen. Probleme dieser Art treten z.B. bei der Belieferung von Großmärkten mit Getränken in Mehrwegflaschen und gleichzeitiger Rücknahme von Leergut auf. Aber auch Untersuchungen zur Linienführung von Verkehrsmitteln unter Beachtung von Fahrgastaufkommen und -ziel führen zu derartigen Problemen.

Wir wollen das Problem wie folgt modellieren:

Gegeben sei ein ungerichteter Graph $G(N, E)$ mit der Knotenmenge $N = \{1, 2, ... n\}$ und der Kantenmenge $E = \{e : e = \{i, j\}; i \neq j; i, j \in N\}$. Jeder Kante $e \in E$ seien eine nichtnegative Kantenbewertung, die Länge $d_e \geq 0$ und die Flußkapazität q (Ladekapazität des Fahrzeuges) zugeordnet.

Die Knotenmenge N besteht aus drei paarweise disjunkten Teilmengen

N_Q Menge der Quellen,

N_S Menge der Senken,

N_0 Menge der neutralen Knoten.

$$N = N_Q \cup N_S \cup N_0 \, , \quad N_\mu \cap N_\nu = \emptyset \, , \mu \neq \nu.$$

Jeder Quelle $i \in N_Q$ ist ein Aufkommen q_i mit $0 < q_i \leq q$ und jeder Senke $j \in N_S$ ein Bedarf s_j mit

$0 < s_j \leq q$ zugeordnet; o.B.d.A. sei

$$\sum_{i \in N_Q} q_i = \sum_{j \in N_S} s_j = \Phi.$$

Sei außerdem o.B.d.A. der Knoten 1 ein ausgezeichneter Knoten (z.B. Depot), so kann das Problem wie folgt formuliert werden:

Gesucht wird ein in 1 beginnender und endender geschlossener Weg minimaler Länge auf G, der alle Knoten aus N enthält und auf dem der Gesamtfluß Φ zwischen den Quellen und Senken realisiert wird, wobei der Fluß auf jeder Kante $e \in E$ durch die Kapazität q beschränkt ist.

Das Problem ist NP-hard, denn der Spezialfall $q \geq \Phi$ entspricht dem klassischen Traveling Salesman Problem. Unter diesem Gesichtspunkt sind polynomiale untere Schranken für die Länge einer minimalen zulässigen Tour von Interesse. Als zulässig wollen wir eine Traveling Salesman Tour bezeichnen, wenn auf ihr ein Fluß der Größe Φ zwischen den Quellen und Senken unter Beachtung der Kantenkapazität q existiert.

2. Notwendige Bedingungen für zulässige Touren

Für jede Teilmenge A_Q der Menge der Quellen läßt sich die folgende notwendige Bedingung für die Existenz einer zulässigen Tour angeben:

Lemma 1: Wenn ein Fluß der Größe Φ auf einer Traveling Salesman Tour existiert, dann enthält die Tour für jede beliebige Teilmenge $A_Q \subseteq N_Q$ mindestens

$$\beta_{A_Q} = 2 \left\lceil \frac{1}{q} \sum_{i \in A_Q} q_i \right\rceil$$

Kanten, die A_Q mit $N \setminus A_Q$ verbinden.
($\lceil a \rceil$ bezeichnet die kleinste ganze Zahl $\geq a$.)

Betrachtet man den durch eine beliebige Teilmenge A_Q induzierten Untergraphen $G_{A_Q} \subseteq G$, so folgt aus Lemma 1 die

Kantenauswahlbedingung: Wenn ein Fluß der Größe Φ auf einer Tour existiert, dann enthält sie höchstens

$$\alpha_{A_Q} = |A_Q| - \frac{\beta_{A_Q}}{2}$$

Kanten des durch A_Q induzierten Untergraphen $G_{A_Q} \subseteq G$.

Analoge Aussagen ergeben sich auch für jede Teilmenge $A_S \subseteq N_S$ und für die durch A_S induzierten Untergraphen $G_{A_S} \subseteq G$.

3. Bestimmung unterer Schranken

Zur Bestimmung unterer Schranken wollen wir als Relaxation für zulässige Touren minimale 1-Gerüste /2/ benutzen, die außerdem der Kantenauswahlbedingung genügen. Die Aufgabe, eine Menge von n Kanten eines Graphen zu bestimmen, die für jede Teilmenge $A_Q \subseteq N_Q$ und für jede Teilmenge $A_S \subseteq N_S$ der Kantenauswahlbedingung genügen, läßt sich etwas allgemeiner wie folgt formulieren:

Gegeben sei eine Menge $A = \{a_1, a_2, ...a_m\}$ und eine Familie F von Teilmengen von A.

$$F = \{A_1, A_2, ...A_l\} : A_i \subseteq A, i = 1, 2, ...l.$$

Jeder Teilmenge A_i sei eine natürliche Zahl k_i zugeordnet. Gesucht ist eine Teilmenge $I \subseteq A$ mit $|I| = n$ und $|I \cap A_i| \leq k_i$ für $i = 1, 2, ...l$.

Sei $S_i = \{B \subseteq A : |B \cap A_i| \leq k_i\}$ die Menge aller Teilmengen von A mit der Eigenschaft, daß höchstens k_i Elemente zu A_i gehören, so ist $M_i = (A, S_i)$ für $i = 1, 2, ...l$ ein Matroid, und die Bestimmung der Teilmenge I entspricht der Bestimmung einer Menge mit der Kardinalität n auf dem Durchschnitt von l Matroiden. Dieses Problem ist für $l \geq 3$ NP-vollständig /1/. Damit ist es i.a. nicht möglich, mit polynomialem Aufwand ein minimales 1-Gerüst zu ermitteln, das allen Kantenauswahlbedingungen genügt.

Wir betrachten deshalb 2 Spezialfälle:

1. $A_1 \subset A_2 \subset ... \subset A_l = A$ mit $0 < k_1 \leq k_2 \leq ... \leq k_l = n$

   Hierfür läßt sich zeigen, daß

   $$M = (A, S) \quad \text{mit} \quad S = \{I \subseteq A : |I \cap A_i| \leq k_i, i = 1, 2, ...l\}$$

   ein Matroid ist.

2. $A_i \subseteq A$ für $i = 1, 2, ...r$, $A_i \cap A_j = \emptyset$, $i \neq j$.

   Hierfür hat *Lawler* /3/ gezeigt, daß

   $$M = (A, S) \quad \text{mit} \quad S = \{I \subseteq A : |I \cap A_i| \leq k_i, i = 1, 2, ...r\}$$

   ebenfalls ein Matroid ist .(Partitionsmatroid)

Faßt man beide Spezialfälle zusammen, so erhält man die Aussage von

Lemma 2: Gegeben sei eine Menge $A = \{a_1, a_2, ...a_m\}$ und zwei disjunkte Familien von Teilmengen

$$F^{(1)} = \{A_1^{(1)}, A_2^{(1)}, ...A_l^{(1)}\} \quad \text{und} \quad F^{(2)} = \{A_1^{(2)}, A_2^{(2)}, ...A_r^{(2)}\}$$

mit $\quad A_1^{(1)} \subset A_2^{(1)} \subset ... \subset A_l^{(1)} = A^{(1)} \subseteq A \quad$ und $\quad 0 < k_1^{(1)} \leq k_2^{(1)} \leq ... \leq k_l^{(1)}$

und $\quad A_1^{(2)} \subset A_2^{(2)} \subset ... \subset A_r^{(2)} = A^{(2)} \subseteq A \quad$ und $\quad 0 < k_1^{(2)} \leq k_2^{(2)} \leq ... \leq k_r^{(2)}$,

sowie $\quad A_i^{(1)} \cap A_j^{(2)} = \emptyset$ für $i = 1, 2, ...l$ und $j = 1, 2, ...r$.

Dann ist $M = (A, S)$ mit $S = \{I \subseteq A : |I \cap A_i^{(1)}| \leq k_i^{(1)}, \forall i \wedge |I \cap A_j^{(2)}| \leq k_j^{(2)}, \forall j\}$ ein Matroid.

Betrachten wir als Grundmenge A des Matroids die Menge der Kanten des Graphen $G = (N, E)$, und wählen wir je eine Folge von Teilmengen der Quellen und Senken von G so aus, daß die Kantenmengen der dadurch induzierten Untergraphen von G den Bedingungen des Lemma 2 genügen und die $k_i^{(\nu)}$ sich aus den Kantenauswahlbedingungen ergeben, so ist die Bestimmung einer gewichtsminimalen Kantenmenge gegebener Kardinalität, die den Kantenauswahlbedingungen genügt, ein Optimierungsproblem über einem Matroid.

Da die Bestimmung von 1-Gerüsten im wesentlichen der Bestimmung von spannenden Bäumen auf dem von $N \setminus \{1\}$ induzierten Untergraphen $G_{N \setminus \{1\}}$ entspricht, d.h. der Bestimmung einer Menge maximaler Kardinalität auf einem Graphenmatroid, läßt sich die Bestimmung minimaler 1-Gerüste.

die für je eine Folge von Teilmengen der Quellen und Senken den Kantenauswahlbedingungen entsprechen, als Optimierungsproblem auf dem Durchschnitt von 2 Matroiden M_1 und M_2 formulieren. *Lawler* /3/ hat für dieses Problem einen polynomialen Algorithmus angegeben, der hier spezialisiert werden soll. Grundidee dieses Algorithmus ist die iterative Berechnung einer gewichtsminimalen Menge $I_{p+1} \subseteq M_1 \cap M_2$ mit $|I_{p+1}| = p + 1$ aus einer gewichtsminimalen Menge $I_p \subseteq M_1 \cap M_2$ mit $|I_p| = p$ für $p = 1, 2, \ldots$ mittels eines knotenbewerteten bipartiten Hilfsgraphen. Ausgehend von dem Graphenmatroid M_1 auf $G_{N \setminus \{1\}}$ und dem Matroid M_2 entsprechend Lemma 2 wird der Hilfsgraph $HG = (A \setminus I_p, I_p; HB)$ wie folgt definiert:

Die Knotenmenge A (Menge der Kanten von $G_{N \setminus \{1\}}$) wird in $A \setminus I_p$ und I_p zerlegt. Jedem $a \in A \setminus I_p$ wird entsprechend der Wichtung des Graphen G ein $d_a \geq 0$ zugeordnet, jedem $a \in I_p$ ein $-d_a \leq 0$. Die Kantenmenge HB ergibt sich wie folgt: Zu jedem $a_i \in A \setminus I_p$, das mit den Elementen $a_j \in I_p$ einen Kreis $C^{(1)}(a_i)$ im Matroid M_1 (gewöhnlicher Kreis im Graphen G) bildet, existiert eine von a_j nach a_i gerichtete Kante (a_j, a_i). Von jedem $a_i \in A \setminus I_p$, das mit den Elementen $a_j \in I_p$ einen Kreis $C^{(2)}(a_i)$ im Matroid M_2 bildet, existiert eine von a_i nach a_j gerichtete Kante (a_i, a_j).(Ein Kreis $C^{(2)}(a_i)$ im Matroid M_2 ist eine Menge von Elementen $a_j \in (I_p \cup \{a_i\}) \cap A_t^{(s)}$ mit $|(I_p \cup \{a_i\}) \cap A_t^{(s)}| = k_t^{(s)} + 1$ für ein Paar s,t.)

Ein zyklenfreier Weg W von einer Quelle $a_Q \in A \setminus I_p$ zu einer Senke $a_S \in A \setminus I_p$ im Hilfsgraphen HG (erweiternder Weg) liefert ausgehend von $I_p \subseteq M_1 \cap M_2$ mit $|I_p| = p$ durch

$$I_p \oplus W = (I_p \cup W) \setminus (I_p \cap W)$$

eine Teilmenge $I_{p+1} \subseteq A$ mit der Kardinalität $p + 1$, die im Durchschnitt von M_1 und M_2 liegt. Ist I_p außerdem minimal gewichtet und W_0 ein erweiternder Weg mit minimalem Gewicht, dann ist $I_p \oplus W_0 = I_{p+1} \subseteq M_1 \cap M_2$ ebenfalls minimal gewichtet.

Für einen erweiternden Weg $W = (a_1, a_2, \ldots a_t)$ mit $a_1, a_t \in A \setminus I_p$ gilt folgende Aussage:

Lemma 3: Jeder aus einer geraden Anzahl von Knoten bestehende Anfangsteil $(a_1, a_2, \ldots a_u)$ mit $u < t$ und u gerade oder Endteil $(a_v, a_{v+1}, \ldots a_t)$ mit $v > 1$ und v gerade eines erweiternden Weges $W = (a_1, a_2, \ldots a_t)$ besitzt ein nichtnegatives Teilgewicht.

Auf der Grundlage dieses Lemmas kann die Suche nach einem minimal gewichteten erweiternden Weg abgebrochen werden, wenn für einen Weg aus k Knoten ein Gewicht L erreicht wurde, und die restlichen Wege mehr als k Knoten enthalten und ihr bereits erreichtes Teilgewicht nicht kleiner als L ist. Damit kann z.B. das Verfahren von *Ford* zur Bestimmung kürzester Wege erheblich abgekürzt werden.

4. Der Algorithmus

Bezeichnen wir mit $V(a)$ die Menge der Vorgänger des Knotens a in HG und mit $v(a)$ den Vorgänger von a im erweiternden Weg, und sei $w^{(k)}(a)$ für $k > 0$ das Gewicht eines minimalen Weges aus höchstens $2k - 1$ Knoten von einer Quelle zum Knoten $a \in A \setminus I_p$, so können wir folgenden Algorithmus zur Berechnung unterer Schranken angeben:

ALGORITHMUS (minimales 1-Gerüst unter Kantenauswahlbedingungen auf $G(N; E)$)

Schritt 0: $A := E \setminus \bigcup_i \{1, i\}$, $p := 0$, $I_p := \emptyset$,

Schritt 1: (Aufbau des Hilfsgraphen HG)
  1.0: $V(a) := \emptyset$ für alle $a \in A$
  1.1: Bestimme Kreis $C^{(1)}(a)$ in $I_p \cup \{a\}$ für jedes $a \in A \setminus I_p$
  $V(a) := \{a_j : a_j \in C^{(1)}(a) \setminus \{a\}\}$
  1.2: Bestimme Kreis $C^{(2)}(a)$ in $I_p \cup \{a\}$ für jedes $a \in A \setminus I_p$
  $V(a_j) := \{a : a_j \in C^{(2)}(a)$ für $a \in A \setminus I_p\}$

Schritt 2: (Bestimmung eines minimal gewichteten erweiternden Weges)
  2.0: $k := 0$, $w^{(0)}(a) := \infty$, $v(a) := 0$ für alle $a \in A$
  2.1: $w^{(k+1)}(a) := \min\{w^{(k)}(a), \min_{u \in V(a)}(w^{(k)}(u) + d_a)\}$ für alle $a \in A \setminus I_p$
  $v(a) := e$, wenn $w^{(k+1)}(a) = w^{(k)}(e) + d_a$.
  2.2: $L := \min_{a \in A \setminus I_p} w^{(k+1)}(a) = w^{(k+1)}(a_{2k+1})$
  Wenn a_{2k+1} Senke in HG ist, dann ist $W = (a_1, a_2, ...a_{2k+1})$
  mit $a_i = v(a_{i+1})$ für $i = 1, 2, ...2k$ ein minimal gewichteter erweiternder Weg
  $I_{p+1} := I_p \oplus W$
  Falls $p < n - 3$, gehe mit $p := p + 1$ zu Schritt 1.
  Falls $p = n - 3$, gehe zu Schritt 3.
  2.3: $w^{(k+1)}(a) := \min\{w^{(k)}(a), \min_{u \in V(a)}(w^{(k+1)}(u) - d_a)\}$ für alle $a \in I_p$
  $v(a) := e$, wenn $w^{(k+1)}(a) = w^{(k+1)}(e) - d_a$.
  Gehe mit $k := k + 1$ zu 2.1.

Schritt 3: (Vervollständigung des minimal gewichteten spannenden Baumes zum 1-Gerüst)
  $d_{e_1} := \min\{d_e : e \in \bigcup_i \{1, i\}\}$, $d_{e_2} := \min\{d_e : e \in \bigcup_i \{1, i\} \setminus e_1\}$
  STOP.
  $I_{n-2} \cup \{e_1, e_2\}$ ist das minimal gewichtete 1-Gerüst,
  $L + d_{e_1} + d_{e_2}$ die untere Schranke.

Die Komplexität des Algorithmus ist $O(n^4)$. Der Aufwand für die Konstruktion des Hilfsgraphen wird durch die Ermittlung der Kreise $C^{(1)}(a)$ und $C^{(2)}(a)$ für $a \in A \setminus I_p$ bestimmt. Er beträgt $O(n)$ und muß $O(n^2)$ mal ausgeführt werden. Die Bestimmung eines gewichtsminimalen erweiternden Weges im Hilfsgraphen erfordert ebenfalls den Aufwand $O(n^3)$. Beides ist $n - 2$ mal zu wiederholen, so daß sich eine Gesamtkomplexität von $O(n^4)$ ergibt.

Literatur:
/1/   Garey. M.R.;Johnson. D.S.
       Computers and Intractibility: a guide to the theory of NP-completeness.
       San Francisco: Freeman (1979)
/2/   Held. M;Karp, R.M.
       The travelling salesman problem and minimum spanning trees.
       Operations Research 18. 1138-1162 (1970)
/3/   Lawler. E.L.
       Combinatorial Optimization: Networks and Matroids.
       New York: Holt.Rinehart and Winston (1976)

Ein heuristisches Verfahren zur Lösung des dynamischen mehrstufigen Mehrproduktlosgrößenproblems unter Berücksichtigung nehrerer Betriebsmittelkapazitäten

Prof. Dr. Horst Tempelmeier
Matthias Derstroff

Technische Universität Braunschweig
Fachgebiet Produktionswirtschaft
Pockelsstraße 14
3300 Braunschweig

Die Berücksichtigung von Betriebsmittelkapazitäten im Rahmen der Losgrößenplanung ist insbesondere im Hinblick auf die Umsetzbarkeit der Losgrößenentscheidungen in nachfolgenden Planungsstufen notwendig. In den gegenwärtig in der Praxis eingesetzten EDV-gestützten Systemen zur Produktionsplanung und -steuerung (PPS-Systemen) werden knappe Betriebsmittelkapazitäten im Rahmen der Losgrößenplanung nicht berücksichtigt. Dies ist nicht verwunderlich, weil derzeit nur wenige Verfahren zur Lösung des sich stellenden kapazitierten Losgrößenproblems verfügbar sind.

Es wird ein heuristisches Verfahren zur Lösung des dynamischen mehrstufigen Mehrproduktlosgrößenproblems für generelle Erzeugnis- und Prozeßstrukturen unter Berücksichtigung mehrerer Ressourcen vorgestellt. Dabei können Produkte unterschiedlicher Dispositionsstufen um die gleichen Betriebsmittel konkurrieren. Ferner können mit dem Verfahren Rüstzeiten berücksichtigt werden. Das Verfahren basiert auf dem Ansatz der Lagrange-Relaxation. Die mit dem Verfahren erreichbare Lösungsqualität wird für kleine Probleme anhand optimaler Lösungen aufgezeigt.

Konzept eines Controlling-Systems für F+E

Herr Dr. R. Alves
Uranit GmbH
Postfach 1411
5170 Jülich

In Anbetracht der Verschärfung des internationalen Wettbewerbs ist die zeitgerechte Umsetzung von Unternehmens-Know-How in vermarktungsfähige Produkte unumgänglich. Voraussetzung hierfür ist eine enge Verzahnung von F+E mit Fertigung und Marketing. Eine effiziente Steuerung und Kontrolle dieser Aktivitäten läßt sich nur auf Basis eines integralen Ansatzes durchführen. Die Anforderungen an ein entsprechendes Controlling-System werden aus Sicht des F+E präzisiert und in einen konzeptuellen Rahmen eingebettet.

Mit Vorrang vor Gesichtspunkten der Aussagefähigkeit und der Benutzerorientierung wird als Hauptanforderung an integrierte Controlling-Systeme die der methodischen Kohärenz behandelt. Die Kompatibilität der im F+E angewandten Methoden mit Verfahren des CAx wird untersucht. Im Vordergrund der Analyse stehen Möglichkeiten und Grenzen der Formalisierung von Know-How.

Aufbauend auf dem Anforderungskatalog wird das Konzept eines adaptiven Controlling Support Systems entwickelt. Den Schwerpunkt der Untersuchung bilden die Auslegung der Module für die Bewertung von Projekten und für die Ableitung zielkonformer Anpassungsmaßnahmen. Entsprechende Formalismen/Kalküle werden diskutiert.

Vor dem Hintergrund des State of the Art werden die Erfordernisse weiterer Untersuchungen herausgestellt.

Projektoptimierung und Projektmanagement bei flexiblen Anlagentechnologien

Peter Betge
Fachbereich Wirtschaftswissenschaften, Universität Osnabrück
Postfach 4469, W-4500 Osnabrück

Zusammenfassung: Zielsetzung des Beitrages ist die Vorstellung eines Optimierungsansatzes und dessen Anwendung für die konzeptionelle Gestaltung von Produktionsanlagen bei auch längerfristig wechselnden Produktionsanforderungen in einem gegebenen Produktfeld.

Abstract: The objective of this paper is to present an optimization approach and the application for the conceptual design of manufacturing plants with long term changes of production requirements in a given production setting.

Der projektspezifische Koordinationsbedarf (Technik, Beschaffung, Finanzierung u.a.) ist als Ergebnis einer DV-gestützten Planungsrechnung Grundlage kurz-, mittel- und langfristiger Dispositionen, um bei jeder Veränderung von Rahmenbedingungen einer Fertigung Neurechnungen führen zu können - vor einer Erstinbetriebnahme oder zu jedem beliebigen Zeitpunkt danach, müssen derartige Rechnungen anwenderfreundlich wiederholbar sein. Die Projektoptimierung ist Teil des Projektmanagements. Produktionsanlagen sind Investitionsprojekte, deren Vorteilhaftigkeit auch an den Erträgen einer Finanzinvestition zu messen ist. Folglich muß ein Kapitalwertmodell für die Projektoptimierung verwendet werden. Ansatzpunkte für Optimierungen durch das Management ergeben sich daraus, daß Produktionsanlagen aus Modulen und Komponenten zusammengesetzt sind. Eine Technologieflexibilität ergibt sich dann aus folgenden Gestaltungsmöglichkeiten:

(1) Variation von Leistung (= technische Leistung), Produktionsleistung, (2) Umstellungs- und Fertigungsmöglichkeiten bei verschiedenen Produkten **ohne** Veränderung der Produktionsanlage im Modul- und Komponentenbereich, (3) Variation der Ausstattung im Komponentenbereich, (4) Konzeptionelle Gestaltungsmöglichkeiten durch Veränderung der Kombination von Modulen, (5) Umrüstungen auf **neue** Produktionsmöglichkeiten (= Herstellung anderer Produkte) und (6) Erweiterungen bei gegebenem Produktionsprogramm.

Die Flexibilitätsaspekte (4) bis (6) stellen als Umrüstungs- und Erweiterungsinvestitionen Entwicklungsreserven besonderer Art dar; sie werden als Entwicklungsflexibilität bezeichnet. Das Projektmanagement hat die Aspekte (1) bis (6) antizipativ zu erfassen, um die gesamtoptimale Maschinenauslegung vor Produktionsablauf einschließlich Veränderungsmöglichkeiten in einem zeitlich vorab festgelegten Zeitablauf simultan planen zu können. Der modulare Aufbau von Produktionsanlagen (4) begünstigt insbesondere Umrüstungen (5) und Erweiterungen (6). Für das Projektmanagement geht es darum, gesamtoptimale Komponentenausstattungen, Modulkombinationen, durchzuführende Umrüstungen und Erweiterungen zu wirtschaftlich optimalen Zeitpunkten zu bestimmen. Die Netz- oder sonstige Ablaufplanung, ggf. unter Einschluß der Finanzplanung, wird sich anschließen. Das äußerst komplexe Optimierungsproblem ist mit Hilfe eines leistungsfähigen gemischt-ganzzahligen Optimierungsmodells zu lösen, das eine große Anzahl von Steuerungsbedingungen enthält, um der besonderen Entscheidungsstruktur des Planers Rechnung zu tragen. Für Zwecke der Projektentwicklung können Komponentenstruktur, optimale Modulkombinationen und in Verbindung mit längerfristig wechselnden Produktionsanforderungen zeitlich abgestimmte, optimale Anlagenkonzepte erarbeitet werden, die bei einer Anfangsinvestition über Anlagenmodifikationen der langfristigen Entwicklung einer Unternehmung Rechnung tragen. Das ökonomische Ergebnis ist der maximale Kapitalwert des Projektes.

Besondere Anforderungsproblematik für die Rechnerunterstützung
von Forschungs- und Entwicklungsprojekten

Dipl.oec. Steffen Gackstatter und
Dipl.oec. Birgit Schnelle-Zürn
Universität Hohenheim
Institut für Betriebswirtschaftslehre
Lehrstuhl für Industriebetriebslehre (510 A)
Postfach 70 05 62
7000 Stuttgart 70

Abstract

Projekte im Bereich der Forschung und Entwicklung (FuE) sind durch
Neuigkeit und Unsicherheit charakterisiert. Häufig sind mehrere
Projekte parallel zu bearbeiten. Der Druck, die Entwicklungszeit zu
reduzieren, erhöht zusätzlich die Komplexität der notwendigen
Managementaktivitäten.

Daraus resultierend ergibt sich die zunehmende Nachfrage nach EDV-
Unterstützung. Die Untersuchung von 13 der meistverkauften Projektma-
nagementsysteme ergab einen inzwischen beachtlichen Leistungsumfang
und zunehmende Benutzerfreundlichkeit. Eine Orientierung der Systeme
an besonderen FuE-Spezifika ist jedoch nicht festzustellen.

Ziel der Arbeit ist es, die Anforderungen an ein Projektmanagement-
System aus den Charakteristika der FuE-Tätigkeiten abzuleiten.

Die Ermittlung dieser Systemanforderungen basiert auf einer Einteilung
des FuE-Projektmanagements in fünf Bereiche:
- Benutzer
- allgemeine Projektmerkmale
- Projektplanungsprobleme
- Projektsteuerungsprobleme
- Multiprojekt-Managementproblematik

Ferner werden die Einsatzmöglichkeiten von geeigneten Problemlösungs-
methoden zur Umsetzung dieser Anforderungen dargestellt.

STRUKTURORIENTIERTE PARALLELISIERUNGSSTRATEGIEN BEI KONKURRIERENDEN AKTIVITÄTEN ALS INSTRUMENT ZUR VERKÜRZUNG DER DAUER VON FORSCHUNGS- UND ENTWICKLUNGS(F&E)-VORHABEN

Hans-Horst Schröder, Aachen

Zusammenfassung: Ausgehend von einer Kennzeichnung und Differenzierung des Sachverhaltes der Parallelisierungsstrategien werden anhand einfacher Modelle die Auswirkungen der sukzessiven Parallelisierung konkurrierender Alternativen für die Durchführung zeitkritischer Projektaktivitäten auf die Dauer, Kosten und (technischen) Erfolgsaussichten der Aktivitäten untersucht. Es wird gezeigt, daß die Verkürzung der Vorgangsdauer zu steigenden Kosten führt und daß mit konvexen Zeit-Kosten-Funktionen zu rechnen ist; dieses Ergebnis ist unabhängig von der Berücksichtigung von Lerneffekten. Eine Beschränkung der Analyse auf den "tradeoff" zwischen Projektdauer und Projektkosten hingegen ist nur bei Vernachlässigung von Lerneffekten zulässig: Werden Lerneffekte berücksichtigt, so hängen auch die (technischen) Erfolgsaussichten von der Verknüpfung der verfügbaren Alternativen ab und müssen deshalb berücksichtigt werden.

Abstract: Based on the characterization and classification of parallel processing strategies the effects on the duration, costs and (technical) success of successively paralleling alternatives for the realization of a given (time) critical project activity are investigated using simple models. It is shown that reductions in the duration of an activity result in cost increases with convex time-cost functions; this result holds whether learning effects are considered or not. The feasibility of restricting the analysis to the trade-off between activity duration and costs, however, depends on the consideration of learning effects: If learning is included, the prospects of (technical) success also depend upon the way in which the various alternatives are linked; thus they have to be included in the analysis.

I.　　Einführung

Kurze Dauern von Forschungs- und Entwicklungsvorhaben sind zu einem kritischen Erfolgsfaktor im Innovationsmanagement geworden (vgl. - stellvertretend für viele - /7/ und /11/-/13/):

- Sie erweitern den Handlungsspielraum für die Festlegung des Einführungszeitpunktes neuer Produkte und Verfahren und damit die **Erfolgsaussichten** des Einsatzes neuer Produkt- und Prozeßtechnologien.
- Sie verringern das mit Innovationen verbundene **Risiko**.
- Sie erhöhen die **Flexibilität** von Organisationen.

In der Literatur werden eine Fülle von Maßnahmen zur Verkürzung der Dauer von F&E-Vorhaben diskutiert (vgl. dazu insbesondere /3/, /5/, /6/, /10/ und /15/). Besondere Bedeutung wird dabei häufig der Überlappung bisher sequentiell durchgeführter Vorgänge - im folgenden als Parallelisierungsstrategie bezeichnet - zugeschrieben (so z.B. /16/, S. 153 f.).

Parallelisierungsstrategien zeichnen sich gegenüber anderen Ansätzen zur Verkürzung der Dauer von F&E-Vorhaben dadurch aus, daß entweder
- bisher sequentiell angeordnete Vorgänge teilweise oder ganz parallelisiert werden, oder daß
- **zusätzliche** alternative Ansätze zur Erfüllung von Teilaufgaben im Rahmen eines Projektes oder auch zur Realisierung der Projektziele insgesamt parallel zu den bereits vorgesehenen Ansätzen verwirklicht werden.

Da die erstgenannte Variante an der **Verknüpfung** der Projektelemente ansetzt, soll sie im folgenden als **struktur**orientierte Parallelisierungsstrategie bezeichnet werden. Analog kann die zweite Alternative, die die Projektdauer primär über Veränderungen der Vorgangsmenge selbst beeinflußt, als **element**orientierte Parallelisierungsstrategie bezeichnet werden. Sie wird im folgenden vernachlässigt.

Bei den **struktur**orientierten Parallelisierungsstrategien können zwei Typen unterschieden werden :
a. Zum einen können Vorgänge parallelisiert werden, mit denen **unterschiedliche** (Teil-)Aufgaben erfüllt werden, die also im Hinblick auf die Verwirklichung der Projektziele **komplementären** Charakter besitzen. Beispiele für diesen Fall sind die (partielle) Überlappung pharmakologischer, toxikologischer und klinischer Tests in der pharmazeutischen Forschung und Entwicklung oder die teilweise Parallelisierung von Produkt- und Verfahrensentwicklung.
b. Zum anderen können Vorgänge oder Vorgangskomplexe parallelisiert werden, die der Lösung **derselben** Aufgabe dienen und insofern **konkurrierenden** Charakter haben. Dabei kann es sich um die Parallelisierung alternativer Ansätze für die Lösung von **Teil**aufgaben, aber auch um die Parallelschaltung konkurrierender Konzepte für **ganze** Forschungs- und Entwicklungs**projekte** handeln (vgl. z.B. /1/, S. 2). Beispiele für diese Variante finden sich vor allem in der **militärischen** Forschung und Entwicklung, die häufig durch einen starken Zeitdruck geprägt ist; weithin bekanntgeworden sind die Parallelarbeiten bei der Entwicklung der Atombombe gegen Ende des 2. Weltkriegs. Als Beispiel aus der **zivilen** Forschung und Entwicklung kann die Suche nach chemischen Verbindungen mit bestimmten Eigenschaften genannt werden.

II. Grundmodell für die Analyse strukturorientierter Parallelisierungsstrategien bei konkurrierenden Aktivitäten

1. Allgemeine Betrachtungen

Die potentielle Zweckmäßigkeit der Durchführung mehrerer konkurrierender Aktivitäten resultiert aus der **Unsicherheit** von F&E-Vorhaben. Dabei lassen sich **zwei Situationen** unterscheiden :

- Zum einen kann sich die Unsicherheit auf die Höhe und zeitliche Verteilung des Mitteleinsatzes beschränken; die grundsätzliche Erreichbarkeit der Projektziele steht nicht in Frage. Dieser Fall entspricht der Situation bei **Routineentwicklungen**.

- Zum anderen kann Unsicherheit **sowohl bezüglich des Ergebnisses als auch bezüglich der einzusetzenden Ressourcen** bestehen; dieser Fall beschreibt tendenziell die Situation bei **Forschungsvorhaben und Pionierentwicklungen** und bildet den Bezugsrahmen für die folgende Analyse.

Die Berücksichtigung der Unsicherheit der Vorgänge hat zur Folge, daß die Abhängigkeiten nur noch bedingt formuliert werden können : Ist der Erwerb bestimmter Informationen, die für die Durchführung eines Vorgangs v_j benötigt werden, durch die Aktivität v_{i1} unsicher, so kann v_j nur dann durchgeführt werden, wenn v_{i1} erfolgreich abgeschlossen wurde; im Mißerfolgsfall muß zunächst die konkurrierende Alternative v_{i2} realisiert werden u.s.w.. Dieser reinen Sequentialisierung oder "**Serien**schaltung" steht als andere extreme Handlungsweise die reine "**Parallel**schaltung" gegenüber : Hier werden **alle Alternativen simultan** durchgeführt, und die Folgeaktivität v_j kann ablaufen, wenn mindestens eine Alternative erfolgreich beendet wurde.

Geht man vereinfachend davon aus, daß die verschiedenen Alternativen unabhängig voneinander sind, so kann die **Dauer bei rein sequentieller** Anordnung aller Alternativen v_{ik} im günstigsten Fall mit der Dauer der ersten Alternative übereinstimmen, im ungünstigsten Fall die Summe der Dauern aller Alternativen erreichen. Entsprechend können die **Kosten** zwischen den Kosten der ersten Alternative und der Summe der Kosten aller Alternativen liegen. Bei **rein paralleler** Anordnung aller Alternativen dagegen schwankt die **Dauer** nur zwischen der kürzesten und der längsten Dauer aller Alternativen; die **Kosten** bewegen sich in dem Intervall, das durch die Summe der Kosten aller N Alternativen bis zum Erreichen des Zeitpunktes, an dem die Alternative mit der kürzesten Dauer beendet ist, nach unten und durch die Summe der Kosten aller Alternativen nach oben begrenzt ist. Geht man davon aus, daß alle Alternativen insofern qualitativ gleichwertig sind, als sie entweder die für die Durchführung der Folgeaktivität benötigten Informationen (und keine anderen !) liefern oder nicht, so ist die **sequentielle** Strategie durch eine **hohe Dauer** - genauer einen hohen Erwartungswert der Dauer - **bei geringen Kosten** - genauer : geringem Erwartungswert der Kosten -, die **parallele** Strategie dagegen durch eine **geringe Dauer bei hohen Kosten** gekennzeichnet.

Natürlich können parallele und sequentielle Implementierung der Alternativen auch miteinander **kombiniert** werden, indem z.B. zunächst n Alternativen (n = 2, 3, ..., n < N) parallel und dann - im Mißerfolgsfall - die verbleibenden N - n Alternativen sequentiell durchgeführt werden. Die Auswirkungen derartiger partieller Parallelisierungsstrategien bzw. gemischt parallel-sequentieller Strategien auf die Dauer und die Kosten der Aktivität und damit - unter der den folgenden Ausführungen zugrundeliegenden Annahme, daß die Aktivitäten i und j (zeit)kritisch sind, Veränderungen ihrer Dauer sich also unmittelbar in der Projektdauer niederschlagen - letzten Endes auch auf die Projektdauer und -kosten sollen nachfolgend anhand eines sehr einfachen Modells analysiert werden.

2. Modellformulierung

Für die Betrachtungen in diesem Abschnitt wird von folgenden stark vereinfachenden Prämissen ausgegangen :

- Für die Lösung einer Aufgabe sind N Alternativen verfügbar.
- Alle Alternativen haben dieselbe Erfolgswahrscheinlichkeit p, dieselben Kosten K und dieselbe Dauer D.
- Alle Alternativen sind unabhängig voneinander.

Der **Erwartungswert $E(D_S)$ für die Dauer der Aktivität bei rein sequentieller Strategie** beträgt dann:

$$E(D_S) = D \cdot [p + 2 \cdot (1-p) \cdot p + 3 \cdot (1-p)^2 \cdot p + 4 \cdot (1-p)^3 \cdot p + \dots +$$

$$(N-1) \cdot (1-p)^{N-2} \cdot p + N \cdot (1-p)^{N-1}]$$

$$= \frac{1 - (1 - p)^N}{p} \cdot D \qquad (1\,a)$$

Werden dagegen **zunächst 2 Alternativen parallel und dann** im Mißerfolgsfall beider Alternativen die verbleibenden N-2 Alternativen **sequentiell** realisiert, so erhält man als **Erwartungswert der Dauer $E(D_{P1})$** :

$$E(D_{P1}) = D \cdot [1 - (1-p)^2 + 2 \cdot (1-p)^2 \cdot p + 3 \cdot (1-p)^3 \cdot p + \dots +$$

$$(N-2) \cdot (1-p)^{N-2} \cdot p + (N-1) \cdot (1-p)^{N-1}]$$

$$= D \cdot [\frac{1 - (1 - p)^N}{p} - (1 - p)] \qquad (2\,a)$$

Der Erwartungswert für die Dauer der Aktivität verkürzt sich mithin als Konsequenz des Übergangs von der rein sequentiellen zur partiell parallelen Strategie mit 2 parallelen Alternativen um die mit der Mißerfolgswahrscheinlichkeit q = 1 - p multiplizierte Dauer D der parallelisierten Alternative.

Die Verkürzung (des Erwartungswertes) der Aktivitätsdauer ist nicht kostenlos : Der Erwartungswert der **Kosten** bei rein sequentieller Strategie

$$E(K_S) = K \cdot [\,1 - (1-p)^N\,] / p \qquad (1\,b)$$

steigt bei partiell paralleler Strategie mit 2 parallelen Alternativen auf

$$E(K_{P1}) = E(K_S) + K \cdot p \qquad (2\,b),$$

also um den Betrag $K \cdot p$.

Analoge Überlegungen für die **sukzessive Parallelisierung weiterer Alternativen** ergeben, daß bei Parallelisierung der n-ten Alternative, d.h. bei paralleler Durchführung von n+1 Alternativen und - im Mißerfolgsfall - anschließender sequentieller Durchführung der verbleibenden N-(n+1) Alternativen der **Erwartungswert der Dauer** auf

$$E(D_{Pn}) \quad = \quad D \cdot [1 + [\,(1-p)^{n+1} - (1-p)^N\,]\,/\,p] \qquad\qquad (\,3\,a\,)$$

sinkt, der **Erwartungswert der Kosten** hingegen auf

$$E(K_{Pn}) \quad = \quad K \cdot [\,(n+1) + [(1-p)^{n+1} - (1-p)^N]/p\,] \qquad\qquad (\,3\,b\,)$$

steigt. Durch die Parallelisierung der n-ten Alternative verringert sich der Erwartungswert der Dauer um

$$\Delta E(D_{Pn}) \quad = \quad D \cdot (1-p)^n \qquad\qquad (\,4\,a\,)$$

Zugleich erhöht sich der Erwartungswert der Kosten um

$$\Delta E(K_{Pn}) \quad = \quad K \cdot [\,1 - (1-p)^n\,] \qquad\qquad (\,4\,b\,)$$

Während der Erwartungswert der Dauer mit zunehmender Parallelisierung degressiv sinkt, steigen die Kosten(erwartungswerte) progressiv.

Das Ausmaß der möglichen Verkürzung der Dauer hängt ebenso wie der Kostenzuwachs bei fortgesetzter Parallelisierung von der Zahl bereits parallel durchgeführter Alternativen einerseits, ihren Erfolgswahrscheinlichkeiten andererseits ab : Je kleiner die Teilmenge bereits parallel durchgeführter Alternativen ist, und je geringer ihre Erfolgswahrscheinlichkeiten sind, desto größer sind die möglichen Zeitersparnisse und desto kleiner sind die zusätzlich entstehenden Kosten bei paralleler Durchführung einer weiteren Alternative.

Wie sich aus der Entwicklung des Quotienten

$$\frac{\Delta E(K_{Pn})}{-\Delta E(D_{Pn})} \quad = \quad \frac{K \cdot [1 - (1-p)^n]}{-\,D \cdot (1-p)^n} \quad = \quad \frac{K}{D} \cdot [\,1 - \frac{1}{(1-p)^n}\,]$$

$$(\,5\,)$$

ergibt, wird die **Verkürzung der Vorgangsdauer immer teurer.** Die **Zeit-Kosten-Funktion** muß folglich den in der Literatur (/4/, S. 48 ff.; /9/, S. 136 ff.; /14/, S. 73 ff.) mehrfach postulierten **konvexen** Verlauf haben; Abbildung 1 a zeigt die Zeit-Kosten-Funktion für den Fall p=0,25 und N=10. Dabei ist die Konvexität um so ausgeprägter, je geringer die Erfolgswahrscheinlichkeit ist, wie sich auch an dem Vergleich der Zeit-Kosten-Funktion für Erfolgswahrscheinlichkeiten p von 0,25, 0,50 und 0,75 in Abbildung 1 b ersehen läßt.
Die strukturorientierte Parallelisierungsstrategie bei konkurrierenden Alternativen bietet sich also ceteris paribus um so eher an, je kleiner die Erfolgswahrscheinlichkeiten und Kosten der Alternativen sind.

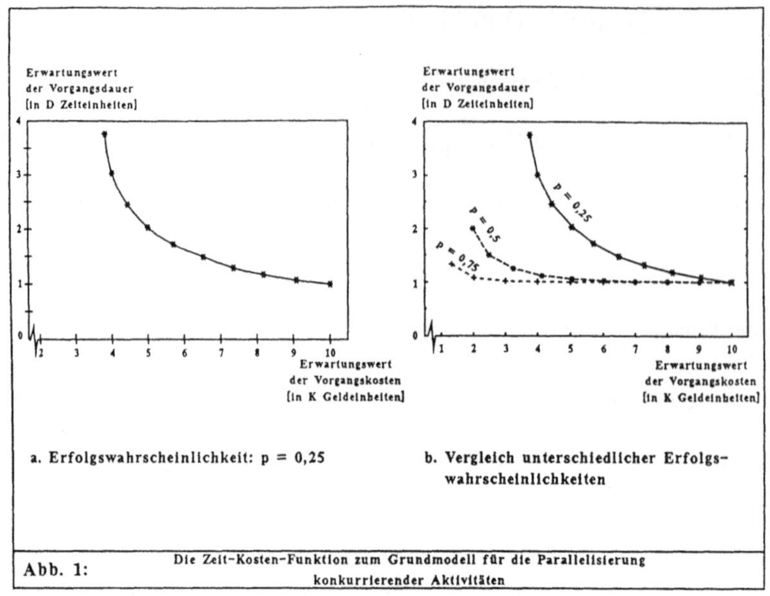

Abb. 1: Die Zeit-Kosten-Funktion zum Grundmodell für die Parallelisierung konkurrierender Aktivitäten

III. Erweiterungen des Grundmodells

Das der Analyse zugrundegelegte Modell ist gegenüber den Bedingungen in der Praxis sicherlich eine "heroische Vereinfachung". Insbesondere die Annahme gleicher Erfolgswahrscheinlichkeiten, Dauern und Kosten aller Alternativen und die Unabhängigkeitsprämisse stellen grobe Vereinfachungen der Realität dar. Während die Aufhebung der erstgenannten Annahme zwar die Intensität der Auswirkungen der Parallelisierungsstrategie, nicht aber ihre Tendenzen berührt, ist die letztgenannte Prämisse **kritisch** für die Analyse. Ihre Beseitigung durch die Berücksichtigung von Lerneffekten auch erfolgloser Alternativen steht daher im Mittelpunkt der folgenden Überlegungen.

Lerneffekte drücken sich dadurch aus, daß auch diejenigen Alternativen zusätzliche Informationen liefern, die die für eine Fortführung des Projektes benötigten Informationen nicht (vollständig) erbrachten. Diese zusätzlichen Informationen bewirken Veränderungen in den Daten der noch ausstehenden Alternativen; sie können sich in Veränderungen der Ressourcen- und Zeitbedarfe wie der Erfolgsaussichten niederschlagen. Für die nachfolgend beschriebene Modellierung wird davon ausgegangen, daß lediglich die Erfolgsaussichten der noch nicht durchgeführten Alternative beeinflußt werden - eine Annahme, die insofern keine Einschränkung beinhaltet, als Auswirkungen auf die Ressourcen- und Zeitbedarfe in Ergebniseffekte transformiert werden können. Im einzelnen wird angenommen, daß

- die zusätzlichen Informationen die ursprünglichen Fehlschlagswahrscheinlichkeiten $q_{ik} = 1 - p_{ik}$ der nach ihren Erfolgswahrscheinlichkeiten geordneten Alternativen k (k = 1, 2, ..., N) verringern,
- die Verringerung der Fehlschlagswahrscheinlichkeiten um so größer ist, je mehr Fehlschläge einer Alternativen vorausgegangen sind, und
- die Erfolgswahrscheinlichkeiten aller Alternativen entsprechend der Grundannahme über die Existenz von Ergebnisunsicherheit auch bei Berücksichtigung von Lerneffekten immer kleiner als 1 sind.

Die **Berücksichtigung von Lerneffekten begünstigt sequentielle Strategien**, da bei ihnen Lerneffekte bei **allen** Alternativen - mit Ausnahme der ersten - auftreten und somit die Erfolgswahrscheinlichkeiten aller Alternativen gegenüber der Ausgangssituation steigen. Bei Parallelisierungsstrategien dagegen steigen die Erfolgswahrscheinlichkeiten nur derjenigen Alternativen, die (erforderlichenfalls) nach dem Scheitern der parallel durchgeführten Alternativen realisiert werden. Daraus resultiert zum einen eine **relative** Begünstigung sequentieller Strategien hinsichtlich der Erwartungswerte von **Kosten und Dauern**. Daraus resultiert aber auch - und hierin liegt ein wesentlicher Unterschied zu den bisherigen Untersuchungen, bei denen die totalen Erfolgswahrscheinlichkeiten als Ausdruck der Ergebnisdimension konstant gehalten wurden - eine **höhere totale Erfolgswahrscheinlichkeit für (rein) sequentielle Strategien als für Parallelisierungsstrategien.** Die bisher vorgenommene Reduzierung der Betrachtungen auf die Beziehungen zwischen Projektdauer und -kosten ist damit nicht länger möglich. Nunmehr ist auch die bisher vernachlässigte dritte Dimension des "Magischen Dreiecks" bei der Hervorbringung neuer technisch-wissenschaftlicher Kenntnisse zu berücksichtigen.

Für die konkrete Analyse sollen folgende **Annahmen** getroffen werden:

(1) Die Erfolgswahrscheinlichkeiten p_{ik} ($k = 1, 2, ..., N$) der nach der Höhe ihrer Erfolgswahrscheinlichkeiten geordneten Alternativen zur Realisierung der Aktivität i sinken exponentiell:

$$p_{ik} \quad = \quad a \cdot e^{-k/b} \quad (k = 1, 2, ..., N) \tag{6}$$

Für die numerischen Berechnungen wurden $a = 1$ und $b = 3{,}075$ zugrundegelegt; mit diesen Werten ergab sich näherungsweise dieselbe durchschnittliche Erfolgswahrscheinlichkeit (für $N = 10$) wie im Grundmodell.

(2) Die Lerneffekte in Abhängigkeit von der Zahl j vorangegangener Fehlschläge schlagen sich in einer Erhöhung der Ausgangswahrscheinlichkeiten gemäß

$$\Delta p_{ikj} \quad = \quad j/N \cdot (1 - p_{ik}) \qquad j = 1, 2, ..., N\text{-}1 \tag{7}$$

nieder; dabei wurde N - im Interesse der Vergleichbarkeit mit dem Grundmodell - wiederum auf 10 fixiert.

Damit ergibt sich als korrigierte Erfolgswahrscheinlichkeit p'_{ikj} der Variante k nach j erfolglosen Versuchen, die mit Aktivität i gesuchten Informationen (vollständig) zu beschaffen

$$p'_{ikj} \quad = \quad p_{ik} + \Delta p_{ikj} = p_{ik} + j/N \cdot (1 - p_{ik}) = p_{ik} \cdot (1 - j/N) + j/N$$
$$j < k \,; \quad k = 2, ..., N \tag{8 a}$$

Für die numerischen Analysen wurde die Funktion

$$p'_{ikj} \quad = \quad e^{-k/3{,}075} \cdot (1 - j/10) + j/10 \tag{8 b}$$

zugrundegelegt. Die resultierenden Werte für p_{ik}, Δp_{ikj} und p'_{ikj} bei rein sequentieller Strategie sind in Abbildung 2 dargestellt.

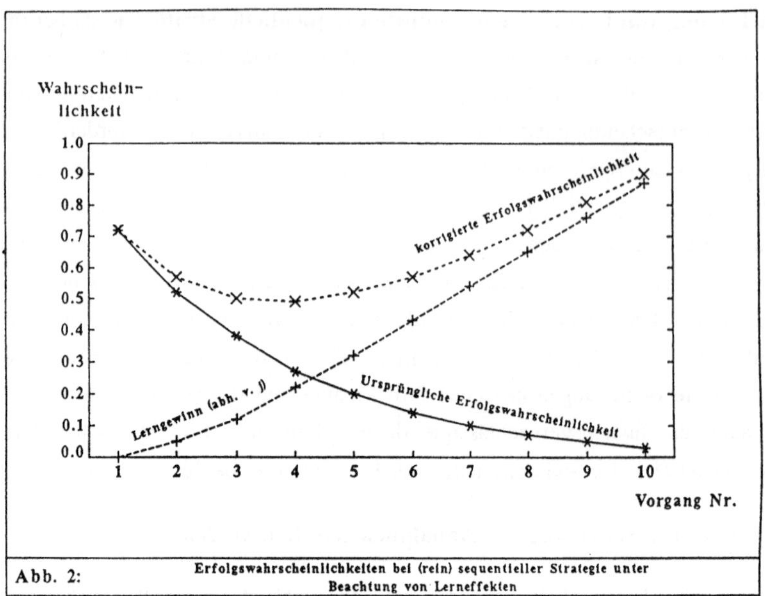

Abb. 2: Erfolgswahrscheinlichkeiten bei (rein) sequentieller Strategie unter Beachtung von Lerneffekten

Wie die in Abbildung 3a dargestellten Erwartungswerte für die Dauer und die Kosten der Aktivität i in Abhängigkeit von der Anzahl parallel geschalteter Alternativen zeigen, ergeben sich auch in diesem Fall mit der Zahl parallel geschalteter Alternativen steigende (Erwartungswerte der) Vorgangskosten und sinkende (Erwartungswerte der) Vorgangsdauern. Auch die Zeit-Kosten-Funktion besitzt wieder die bereits bekannte konvexe Gestalt, wie Abbildung 3b zeigt. Zusätzlich zu berücksichtigen ist aber, daß mit zunehmender Parallelisierung die totale Erfolgswahrscheinlichkeit abnimmt und im Grenzfall bei reiner Parallelisierung "nur noch" knapp 97% gegenüber deutlich über 99% bei rein sequentieller Strategie beträgt. Damit hat das Entscheidungsproblem eine zusätzliche Dimension erhalten : Vorgangsdauer, -kosten und -ergebnis sind wegen der zwischen ihnen bestehenden Interdependenzen simultan zu bestimmen.

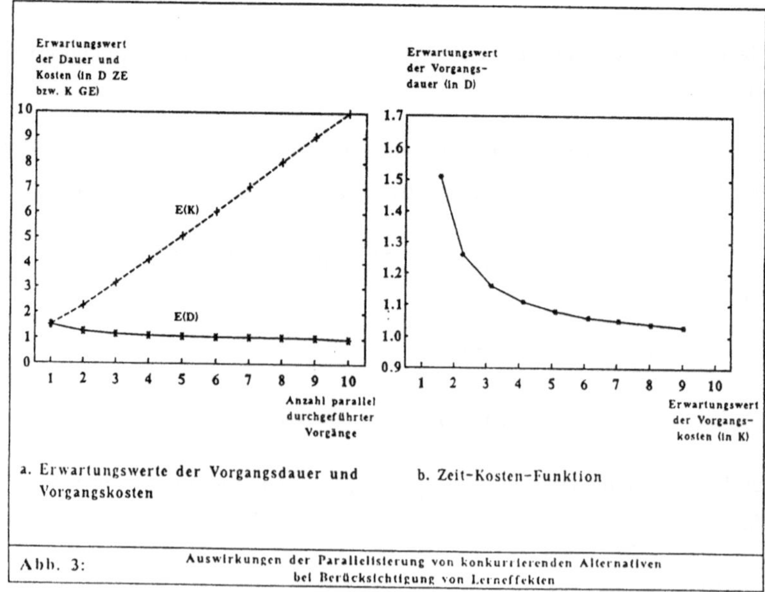

Abb. 3: Auswirkungen der Parallelisierung von konkurrierenden Alternativen bei Berücksichtigung von Lerneffekten

IV. Resümee

Die Ergebnisse der modellanalytischen Betrachtungen können in drei Thesen zusammengefaßt werden:

(1) Die Parallelisierung ursprünglich sequentiell angeordneter alternativer Ansätze für die Durchführung (zeit)kritischer Aktivitäten von F&E-Projekten ist ein grundsätzlich geeignetes Instrument zur Verringerung der (Erwartungswerte der) Projektdauern.

(2) Die Verringerung (des Erwartungswertes) der Projektdauer wird mit einer Erhöhung (des Erwartungswertes) der Projektkosten erkauft (vgl. dazu auch die Ergebnisse der empirischen Untersuchungen in /2/, S. 320 ff., und /8/, S. 1162 ff.); die Zeit-Kosten-Relation hat den in der Literatur postulierten konvexen Verlauf. Diese Aussagen gelten selbst dann, wenn Lerneffekte dadurch berücksichtigt werden, daß fehlgeschlagene Ansätze die Erfolgsaussichten nachfolgender Alternativen erhöhen.

(3) Eine Beschränkung der Untersuchungen auf den "tradeoff" zwischen Vorgangsdauer und Vorgangskosten setzt voraus, daß Lerneffekte der erwähnten Art nicht auftreten; anderenfalls müssen Projektdauer, Projektkosten und (technische) Erfolgsaussichten, die drei Elemente des "Magischen Dreiecks" bei der Produktion neuer technischer Kenntnisse, **simultan** optimiert werden.

Selbst damit wird aber nur ein Ausschnitt aus dem Problem der optimalen Entwicklungsdauer erfaßt: Zusätzlich zu den hier untersuchten Auswirkungen alternativer Entwicklungsdauern im **Entstehung**szusammenhang neuer technischer Kenntnisse sind ihre direkten und indirekten Wirkungen auf den Erfolg der **Nutzung** dieser Kenntnisse zu berücksichtigen.

Literatur:

/ 1/   Abernathy, W.J.; Rosenbloom, R.S.
Parallel and Sequential R&D Strategies: Application of a Simple Model.
IEEE Transactions on Engineering Management EM-15, 2-10 (1968)

/ 2/   Albach, H.; de Pay, D.; Rojas, P.
Quellen, Zeiten und Kosten von Innovationen. Deutsche Unternehmen im Vergleich zu ihren japanischen und amerikanischen Konkurrenten.
ZfB 61, 309-324 (1991)

/ 3/   Brockhoff, K.; Urban, Chr.
Die Beeinflussung der Entwicklungsdauer.
In: Brockhoff, K.; Picot, A.; Urban, Chr. (Hrsg.): Zeitmanagement in Forschung und Entwicklung, zfbf-Sonderheft 28/88, Düsseldorf: Handelsblatt-Verlag, 1-42 (1988)

/ 4/   Fenneberg, G.
Kosten- und Terminabweichungen im Entwicklungsbereich.
Berlin: Erich Schmidt (1979)

/ 5/   Gerpott, T.J.; Wittkemper, G.
        Verkürzung von Produktentwicklungszeiten. Vorgehensweise und Ansatzpunkte zum Erreichen
        technologischer Sprintfähigkeit.
        In: Booz, Allen & Hamilton (Hrsg.): Integriertes Technologie- und Innovationsmanagement.
        Konzepte zur Stärkung der Wettbewerbskraft von High-Tech-Unternehmen, Berlin: Erich
        Schmidt, 119-150 (1991)

/ 6/   Gold, B.
        Approaches to Accelerating Product and Process Development. Journal of Product Innovation
        Management 4, 81-88 (1987)

/7/   Gupta, A.K.; Wilemon, D.L.
        Accelerating the Development of Technology-Based New Products.
        California Management Review, Winter 1990, 24-44 (1990)

/8/   Mansfield, E.
        The Speed and Cost of Industrial Innovation in Japan and the United States : External vs.
        Internal Technology.
        Management Science 34, 1157-1168 (1988)

/9 /   Mansfield, E.; Rapoport, J.; Schnee, J.; Wagner, S.; Hamburger, M.
        Research and Innovation in the Modern Corporation.
        New York: Norton (1971)

/10/   Millson, M.R.; Raj, S.P.; Wilemon, D.
        A Survey of Major Approaches for Accelerating New Product Development.
        Journal of Product Innovation Management 9, 53-69 (1992)

/11/   Perillieux, R.
        Der Zeitfaktor im strategischen Technologiemanagement. Früher oder später Einstieg bei
        technischen Produktinnovationen ?
        Berlin: Erich Schmidt (1987)

/12/   Pfeiffer, W.; Weiß, E.
        Zeitorientiertes Technologie-Management als Kombination von "just-in-time-design", "just-in-
        time-production" und "just-in-time-distribution".
        In: Pfeiffer, W.; Weiß, E. (Hrsg.): Technologie-Management. Philosophie - Methodik -
        Erfahrungen, Göttingen: Vandenhoeck & Ruprecht, 1-39 (1990)

/13/   Reichwald, R.
        Der Zeitfaktor in der industriellen Forschung und Entwicklung.
        In: Wildemann, H. (Hrsg.): Gestaltung CIM-fähiger Unternehmen, München: gfmt (o.J.)

/14/   Scherer, F.M.
        Time-Cost Tradeoffs in Uncertain Empirical Research Projects.
        Naval Research Logistics Quarterly 13, 71-82 (1966)

/15/   Schmelzer, H.J.; Buttermilch, K.-H.
        Reduzierung der Entwicklungszeiten in der Produktentwicklung als ganzheitliches Problem.
        In: Brockhoff, K.; Picot, A.; Urban, Chr. (Hrsg.): Zeitmanagement in Forschung und
        Entwicklung, zfbf-Sonderheft 28/88, Düsseldorf : Handelsblatt-Verlag, 43-73 (1988)

/16/   Smith, P.G.; Reinertsen, D.G.
        Developing Products in Half the Time.
        New York: van Nostrand Reinhold (1991)

Projektverfolgung als notwendiges Instrument zur Erfolgssicherung

Heinz Strebel, Karl Zotter
Institut für Innovationsmanagement

A-8010 Graz
Johann-Fux-Gasse 36

Die steigende Dynamik der Technologienentwicklung und die damit verbundene Verkürzung der Produktlebenszyklen verlangen eine effiziente Forschung und Entwicklung. Diesem Erfordernis stehen limitierte Finanzmittel gegenüber. Daraus folgt das bekannte Problem, die knappen Finanzmittel und Kapazitäten so auf Projekte zu verteilen, daß der zu erwartende Nutzen aus der Vermarktung der Ergebnisse die eingesetzten Mittel möglichst weit übersteigt.

Da Forschungs- und Entwicklungsvorhaben Zeit in Anspruch nehmen, sich aber auch die Bedürfnisse potentieller Produktabnehmer während des Projektablaufs verändern können, müssen diese Projekte permanent kontrolliert und Konsequenzen aus veränderten Daten gezogen werden.

Im Rahmen der kontinuierlichen Projektkontrolle ist auch die Überwachung des technischen Reifungsprozesses - das Project timing - von wesentlicher Bedeutung für den Erfolg eines Forschungs- und Entwicklungsvorhabens. Dabei besteht ein wesentliches Problem für die mit der Finanzmittelallokation betrauten Führungskräfte: der Finanzmanager - welcher technisch oft unerfahren ist - muß über Mittelzuweisungen entscheiden, ohne den dafür wesentlichen technischen Status des Projektes einschätzen zu können.

In diesem Beitrag sollen Möglichkeiten zur Bewältigung dieser Probleme diskutiert werden. Für die Entscheidungsvorbereitung werden spezielle Kriterien formuliert, deren Merkmalsausprägungen Kennzahlen für den technischen Projektfortschritt ergeben. Diese Ergebnisse kennzeichnen dann den Projektstatus so, daß betriebswirtschaftliche Entscheidungen über die Projektfortführung getroffen werden können. Der Vortrag soll zeigen, daß die so abgestützte Projektverfolgung, mit ihren technischen und ökonomischen Komponenten ein unverzichtbares, operationales und praktikables Instrument zur Projektplanung darstellt, das auch gefährliche Fehlschläge verhindern kann.

HYPERTEXTSYSTEME - OPTION ZUR ENTSCHEIDUNGSUNTERSTÜTZUNG IM INNOVATIONSPROZESS

Cornelia Zanger, Aachen

Abstract: The article presents new opportunities of supporting innovation - related decisions resulting from the application of hypertext systems.

Zusammenfassung: Im Artikel werden neue Möglichkeiten der Entscheidungsunterstützung im Innovationsprozeß dargestellt, wie sie sich aus der Anwendung von Hypertextsystemen ergeben.

Die Suche nach Wachstums- und Erfolgspotentialen angesichts sich verschärfender Wettbewerbsbedingungen hat die Innovationstätigkeit zu einem strategischen Erfolgsfaktor unternehmerischen Handelns werden lassen.

Unter dem Innovationsbegriff werden im betriebswirtschaftlichen Sinne alle qualitativ neuartigen Produkte, Prozesse und Organisationslösungen verstanden, die durch ein Unternehmen erstmals am Markt eingeführt oder im Unternehmen selbst genutzt werden.

Innovationen sind Ergebnis eines iterativen, kreativen Prozesses von der Initiierung der Neuerung über die Forschung und Entwicklung bis zur Einführung und Durchsetzung der Innovation am Markt (vgl. u.a. BROCKHOFF92; DOSI88; HAUSCHILDT89; v.HIPPEL88). Der Innovationsprozeß ist mit vielfältigen Entscheidungstatbeständen verbunden.

Empirische Befunde zeigen, daß innovative Entscheidungsprozesse komplexe, schlecht definierte Handlungsabläufe sind, die sich durch objektive Unsicherheit auszeichnen [WITTE / HAUSCHILDT / GRÜN88].

Die Ursache dafür liegt in dem nicht oder nur wenig strukturierten Problemfeld, in dem der Entscheidungsträger, in der Regel eine Führungskraft, die Entscheidung trifft. Der Entscheidungsprozeß selbst stellt sich als Abfolge der Phasen

(1) kognitive Phase (Wahrnehmung und Abgrenzung des Entscheidungsproblems, Analyse und Zielfestlegung)
(2) konzeptionelle Phase (Generieren von Lösungsalternativen, Bewertung von Alternativen und Auswahl)
(3) Realisierung (Durchführung und Kontrolle),

dar, die oft mehrmals vollständig oder unvollständig durchlaufen werden.

In diesem Sinne ist der Entscheidungsprozeß als zielgerichtete Informationsverarbeitung zu verstehen, in deren Ergebnis, durch die Entscheidung, eine bestimmte, vorgegebene oder ermittelte Handlungsalternative ausgewählt wird. Die Güte einer Entscheidung steht in unmittelbarem Zusammenhang mit den verfügbaren

Operations Research Proceedings 1992
© Springer-Verlag Berlin Heidelberg 1993

Informationen. Die Gesamtheit des im Entscheidungsprozeß zu verwertenden zweckorientierten Wissens beinhaltet eine Menge von Teilinformationen. Die für das Erkennen und Klarstellen des Problems erforderlichen Anregungsinformationen stehen mit den Alternativen- und Zielinformationen in enger Beziehung. Das gleiche gilt für die Anweisungs- und Kontrollinformationen [HEINEN66, S. 24]. Die Menge dieser Teilinformationen bilden den zur Lösung des innovativen Entscheidungsproblems relevanten Informationsbedarf.

Nun wird jedoch in innovativen Entscheidungssituationen der Entscheidungsträger - das belegen empirische Untersuchungen - auf der einen Seite mit einer latenten Informationsüberflutung konfrontiert, kann aber andererseits seinen entscheidungsrelevanten Informationsbedarf nur ungenügend befriedigen, da sich, wie bereits festgestellt, das Problemfeld als zu wenig strukturiert erweist [WITTE88, S. 155 ff.]. Auf die Unterstützung solcher schlecht strukturierter, komplexer Entscheidungsprozesse sind seit Beginn der 70er Jahre Bemühungen zur Schaffung von interaktiven, rechnergestützten Systemen gerichtet, die als Entscheidungsunterstützungssysteme (EUS) oder Decision Support Systems (DSS) bezeichnet werden [GORRY/ MORTON71].

Das Nacheilen der technisch-technologischen Möglichkeiten vorhandener Rechentechnik und zu perfektionistische Konzeptionen früherer Jahre führten zum Widerspruch zwischen praktischer Realisierbarkeit und theoretischem Anspruch. Der mittlerweile erreichte Entwicklungsstand der Informations- und Kommunikationstechnologie mit solchen Merkmalen wie Verfügbarkeit leistungfähiger Computertechnik am Arbeitsplatz, nutzerorientierte Software (graphische Benutzeroberfläche/ Visualisierung), Netzwerke, interne und externe Datenbanken, Softwaretools für EUS, erste nutzbare Ergebnisse auf dem Gebiet von Expertensystemen haben den Rahmen für eine neue Generation von EUS geschaffen. Moderne EUS dienen der Zusammenführung und Aufbereitung führungsrelevanter Informationen mit dem Anspruch der individuellen Manipulierbarkeit [KRALLMANN/RIEGER 87], [NASTANSKY/SEIDENSTICKER90].

Die praktischen Erfahrungen besagen jedoch, daß die Möglichkeiten moderner Informationstechnik durch Führungskräfte im Unternehmen gerade bei sehr komplexen, wenig strukturierten innovativen Entscheidungssituationen bisher nur unzureichend genutzt werden, während für den Sachbearbeiter der Computer bereits zum unentbehrlichen Werkzeug geworden ist. Das heißt, es ist nach neuen inhaltlichen Konzepten für eine wirksame Entscheidungsunterstützung zu suchen.

Neue Optionen für die Entwicklung von EUS durch eine entscheidungsgerechte Selektion, Strukturierung und Präsentation von Informationen für Entscheidungsträger in innovativen Entscheidungssituationen ergeben sich aus dem Hypertext-Ansatz.

Hypertext bedeutet die nicht-lineare Organisation von Informationen beliebiger Modalität (Text, Grafik, Images, Sprache/Geräusche, Animationen, Video) und deren Verwaltung in einer Nicht-Standard-Datenbank [CONKLIN87].

Hypertextsysteme sind durch folgende Aspekte zu kennzeichnen (vgl. u.a. GLOOR/STREITZ90, HOFMANN91, KUHLEN91, NASTANSKY/SEIDENSTICKER90, SCHOOP91):

1.   Struktureller Aspekt

Ein Hypertextsystem entsteht durch die Elementarisierung komplexer Informationen beliebigen Formats in voneinander unabhängige Informationselemente (Knoten/Nodes), die über Verweise (Links) hierarchisch oder in Form eines Informationsnetzes miteinander verbunden sind. Softwareseitig wird dies objektorientiert realisiert, z.B. über Buttons unter HyperCard, die mit Mausklick aktiviert werden. Über das Buttonscript wird die Verbindung zwischen Quell- und Zielinformation hergestellt.

Links können durch den Entwickler des Systems statisch vorgegeben werden oder sich automatisch generieren, z.B. beim Zugriff auf Standard-Datenbanken oder externe Datenbestände.

2. Operationaler Aspekt

Der Nutzer kann sich unter Zuhilfenahme von Navigationswerkzeugen und Orientierungshilfen Hypertext-Browser assoziativ entsprechend seinem Informationsbedarf in dem durch das System zur Verfügung gestellten Netzwerk bewegen.

3.   Medialer Aspekt

Hypertextsysteme sind nur computergestützt denkbar. Entsprechend den Möglichkeiten moderner Informations- und Kommunikationstechnologie ermöglichen sie die Integration von Informationen beliebigen Formats, d.h. neben Text auch Grafik, Bild, Ton, Animation und Video.

4.   Visueller Aspekt

Im Unterschied zu anderen Informationssystemen, wie z.B. Standard-Datenbanken, werden Hypertextsysteme überhaupt erst durch eine direkt manipulierbare, grafische Benutzeroberfläche anwendbar. Kennzeichen dieser Oberfläche sind i.d.R. überlappende Fenstertechnik, Pull-down-/Pop-up-Menüs und aktivierbare Objekte auf einer Schreibtischoberfläche.

Bisherige Hypertextapplikationen liegen vor allem im Bereich des Information Retrieval und des Computer Based Training vor. Anspruchsvolle Anwendungen im betriebswirtschaftlichen Bereich sind noch weitestgehend im Stadium der prototypischen Realisierung [NASTANSKY/ SEIDENSTICKER90].

Aber gerade aus der Anwendung des Hypertext-Konzeptes werden neue Impulse erwartet. Im folgenden soll daher das Modell einer prototypischen Lösung für ein hypertextbasiertes, endbenutzerorientiertes EUS dargestellt werden, das Unterstützung genau in dem dargestellten Bereich der unzureichenden Strukturierung des Entscheidungsproblems, wie dies für Innovationsentscheidungen typisch ist, geben kann.

Zu schaffen ist folglich ein interaktives System, das die speziellen Möglichkeiten moderner Rechentechnik und den Hypertext-Ansatz zum Speichern und Wiederauffinden, Verknüpfen, Selektieren und Präsentieren von Daten mit den spezifischen innovativen Erfahrungen, dem Wissen und Können des Entscheidungsträgers für die Lösung des Entscheidungsproblems optimal verknüpft. Im Gegensatz zu bisherigen Lösungen steht mit dem Hypertext-Ansatz nicht das System, sondern der Entscheidungsträger konsequent im Mittelpunkt. Es bleibt dem Nutzer selbst überlassen, mit dem System flexibel, individuell und spontan zu agieren. Die Systemreaktionen bleiben durch die Navigationswerkzeuge und Orientierungshilfen transparent. Damit wird für den Entscheidungsträger das interaktive Verhalten des Systems intuiti nachvollziehbar.

Daraus entwickelt wurde das Konzept einer hypertextbasierten Entscheidungsunterstützung, das für verschiedene betriebliche Entscheidungssituationen, die durch Erst- und Einmaligkeit sowie Unstrukturiertheit gekennzeichnet sind, genutzt werden kann (vgl. Abbildung 1).

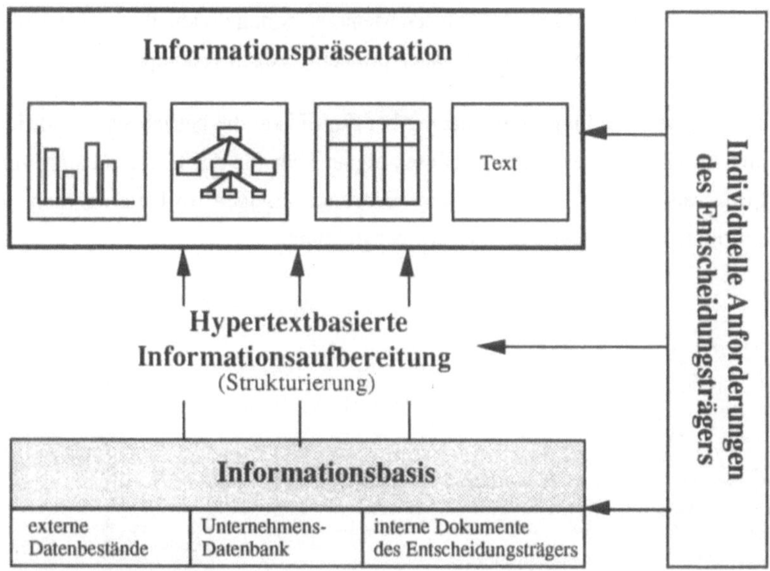

Abbildung.1 : Konzept der hypertextbasierten Strukturierung und Präsentation von Informationen

Die prototypische Lösung wird in einem Kooperationsprojekt mit dem Lehrstuhl für Wirtschaftsinformatik der Universität Würzburg (Prof. Thome) erarbeitet.

Technische Grundlage des Systems ist eine verteilte Client-Server-Architektur. Auf dem Server befindet sich das Back-End in Form der zentralen Unternehmensdatenbank unter Oracle, die alle betriebswirtschaftlichen entscheidungsrelevanten Daten verwaltet. An den Server können im Netz mehrere Client-Komponenten angeschlossen werden, die das Hypertext-Front-End unter Nutzung von HyperCard ganz individuell anpassen können, beispielsweise für Entscheidungen zur Aufnahme von Entwicklungsarbeiten an einem neuen Produkt anhand von Umsatzzahlen, Lebenszyklus-, Altersstruktur- und Konkurrenzanalysen.

Die Informationsknoten des Hypertextes stellen die in der zentralen Unternehmensdatenbank gespeicherten betrieblichen Daten, die in der unmittelbaren Arbeitsumgebung des Entscheidungsträgers befindlichen Informationen, wie Texte, Tabellen, Grafiken sowie ein Methodenpool an betriebswirtschaftlichen Basistechniken der Planung und Entscheidung sowie in zukünftigen Entwicklungsstufen die Online-Verbindung zu externen Datenbeständen dar.

Um eine für Innovationsentscheidungen typische einzellfallbezogene Entscheidungsunterstützung zu erreichen, kann der Entscheidungsträger im System navigieren.

Orientierungshilfe bieten Strukturübersichten, die zu anklickbaren Strukturknoten führen. Diese wiederum führen zu vorstrukturierten Teilen des Hypertext-Inhaltsnetzes, die thematische Gemeinsamkeit repräsentieren. Die Führungskraft erhält somit schrittweise neue Informationen zum Entscheidungsproblem. Eine deutliche Reduzierung des Aufwandes für die Entscheidungsvorbereitung wird durch das Angebot betriebswirtschaftlicher Basistechniken erreicht, die für alle Entscheidungsprobleme relevant sind.

Der Entscheidungsträger kann aus dem angebotenen Methodenpool individuell einzelne Moduln auswählen und mit den Unternehmensdaten bzw. eigenen Daten problembezogen verknüpfen.

Das Grundmodell der Entscheidungsunterstützung bei Zugriff auf die betriebswirtschaftlichen Standardtechniken ist aus Abbildung 2 ersichtlich. Dieses eignet sich für die Unterstützung von innovativen Entscheidungsprozessen ebenso wie für weitere Führungsaufgaben im Unternehmen, beispielsweise Marke-ting, Controlling und strategische Unternehmensführung.

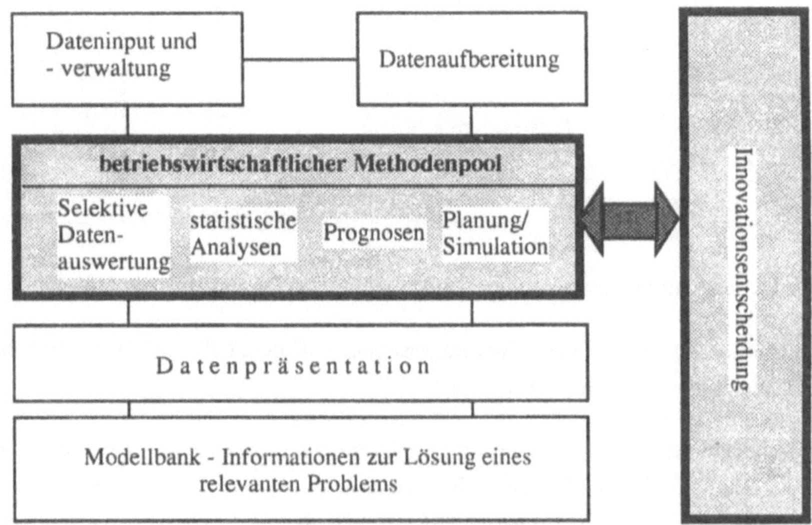

Abbildung 2:   Grundmodell der Entscheidungsunterstützung bei Zugriff auf betriebswirtschaftliche Standard-Techniken

Mit dem schrittweisen Ausbau der Funktionalität der prototypischen Lösung werden die in Abbildung 3 spezifizierten Methoden integriert.

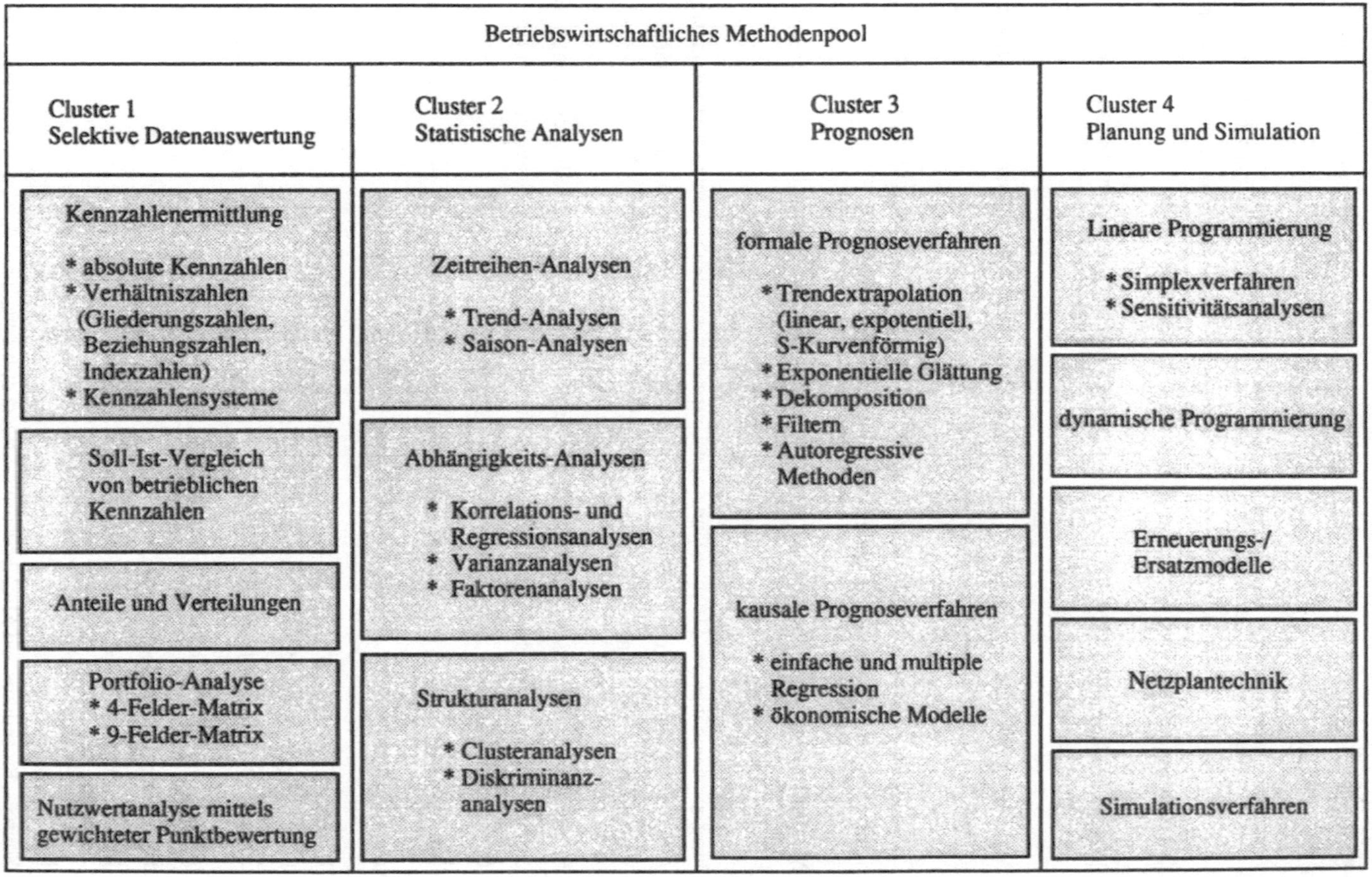

Betriebswirtschaftliches Methodenpool

Cluster 1 — Selektive Datenauswertung

Kennzahlenermittlung
* absolute Kennzahlen
* Verhältniszahlen (Gliederungszahlen, Beziehungszahlen, Indexzahlen)
* Kennzahlensysteme

Soll-Ist-Vergleich von betrieblichen Kennzahlen

Anteile und Verteilungen

Portfolio-Analyse
* 4-Felder-Matrix
* 9-Felder-Matrix

Nutzwertanalyse mittels gewichteter Punktbewertung

Cluster 2 — Statistische Analysen

Zeitreihen-Analysen
* Trend-Analysen
* Saison-Analysen

Abhängigkeits-Analysen
* Korrelations- und Regressionsanalysen
* Varianzanalysen
* Faktorenanalysen

Strukturanalysen
* Clusteranalysen
* Diskriminanzanalysen

Cluster 3 — Prognosen

formale Prognoseverfahren
* Trendextrapolation (linear, expotentiell, S-Kurvenförmig)
* Exponentielle Glättung
* Dekomposition
* Filtern
* Autoregressive Methoden

kausale Prognoseverfahren
* einfache und multiple Regression
* ökonomische Modelle

Cluster 4 — Planung und Simulation

Lineare Programmierung
* Simplexverfahren
* Sensitivitätsanalysen

dynamische Programmierung

Erneuerungs-/Ersatzmodelle

Netzplantechnik

Simulationsverfahren

Abbildung 3: Spezifikationen des betriebswirtschaftlichen Methodenpools

Hierbei ist jedoch nicht an eine vollständige Neuimplementierung gedacht. Bereits als Standardsoftware verfügbare Moduln werden über Daten- und Funktionsaustausch in das hypertextbasierte Entscheidungsunterstützungssystem integriert.

Mit der Nutzung des Hypertextansatzes für die Entwicklung dieses Systems zur Unterstützung von innovativen Entscheidungsprozessen können somit folgende Fortschritte im Vergleich zu bisherigen Lösungen erzielt werden:

- niedrige Akzeptanzbarrieren für Entscheidungsträger durch grafische Benutzeroberfläche, Hierarchiegrafiken, Historylisten u.ä.

- Aktivierung der Bereitschaft zur Informationsaufnahme durch Integration alternativer Medien (Grafik, Bild, Ton) neben Textdokumenten

- Erhöhung der Informationsaufnahme pro Zeiteinheit und der problembezogenen Suchkapazität durch geeignete Strukturierung und Präsentation von Informationen

- Möglichkeit zur beliebigen Erweiterung des Informationsnetzes entsprechend dem relevanten Informationsbedarf

- Integration von internen Datenbeständen der Unternehmensdatenbank und Daten der individuellen Arbeitzplatzumgebung des Entscheidungsträgers sowie externen Datenbeständen (Online-Verbindung zu externen Informationssystemen).

- Möglichkeit zur Anpassung des Systems an einzelfallbezogene, situative Entscheidungsprozesse durch die Möglichkeit der Auswahl von Modulen aus einem Pool betriebswirtschaftlicher Basistechniken

<u>Literature:</u>

Brockhoff, K.
Forschung und Entwicklung: Planung und Kontrolle
3. Auflage, München und Wien (1992)

Conklin, Jeff
Hypertext: An Introduction and Survey
IEEE Computer, 20 (9), 17-41 (1987)

Dosi, G.
Sources, Procedures and Microeconomic-Effects of Innovation
Journal of Economic Literature 26, 1120-1171 (1988)

Gloor, P.A.; Streitz, N.A. (Hrsg.)
Hypertext und Hypermedia. Von theoretischen Konzepten zur praktischen Anwendung.
Informatik Fachberichte 245, Berlin et al. (1990)

Gorry, G.A./Morton, M.S.
A Framework for Management Information Systems
Sloan Management Review, Vol. 13, No. 1, Fall 1971, 55-70 (1971)

Hauschildt, J.
Innovationsmanagement
IN: Schuster, J. (Hrsg.), Handbuch des Wissenschaftstransfers, Berlin et al., 263-282 (1990)

v. Hippel, E.
The Sources of Innovation
Oxford University Press, Oxford (1988)

Hoffmann, M.
Hypertextsysteme - Begrifflichkeit, Modelle, Problemstellungen
Wirtschaftsinformatik 33, 177-185 (1991)

Krallmann, H./Rieger, B.
Vom Decision Support System zum Executive Support System (ESS)
Handbuch der modernen Datenverarbeitung (HMD) 24, Heft 138, 28-38

Kuhlen, R.
Hypertext - Ein nicht-lineares Medium zwischen Buch und Wissensbank
Berlin et al. (1991)

Nastansky, L./Seidensticker, F.-J.
Anwendungen und Konzepte für Hypermedia-basiertes Informationsmanagement am
netzintegrierten Managerarbeitsplatz,
Wirtschaftsinformatik 6/90,519 - 537 (1990)

Schoop, E.
Hypertext: Organisation schlecht strukturierter Information
technologie & management 40, 20-25 (1991) 1

Witte, E.; Hauschildt, J.; Grün, O.
Innovative Entscheidungsprozesse
Tübingen (1988)

ERFAHRUNGEN MIT DIFFUSIONSMODELLEN UNTER BESONDERER BERÜCKSICHTIGUNG VON MARKETING-VARIABLEN

Claudia Fantapié Altobelli, Tübingen

Zusammenfassung:
Eine Prognose der Ausbreitung von Innovationen kann auf der Grundlage von Diffusionsmodellen erfolgen. Die Grundmodelle beschreiben die Diffusion neuer Produkte lediglich in Abhängigkeit der Zeit; es ist jedoch möglich, die Grundmodelle um den Einfluß von Marketing-Variablen auf die Adoption neuer Produkte zu berücksichtigen; auf diese Weise kann nicht nur der Erklärungsgehalt, sondern auch die Prognosequalität der Modelle erhöht werden.
Abstract:
New product forecasting can be done by using diffusion models. The basic models describe only the time pattern of new product diffusion; however, marketing-variables as determinants of new product adoption can be integrated into the basic models. Thus, the models not only provide a better explanation, but also their forecasting quality can be improved.

1. Einführung

In ihrer ursprünglichen Form wurden Diffusionsmodelle zu dem Zweck entwickelt, die autonome Ausbreitung von Neuerungen im Zeitablauf abzubilden (vgl. z. B. FOURT/WOODLOCK, (9), BLACKMAN, (4), FISHER/PRY, (7), MANSFIELD, (14) und BASS, (1)). Damit lassen sich auf der Basis der Grundmodelle der Diffusionstheorie lediglich Entwicklungsprognosen erstellen; aus diesem Grunde ist deren Erklärungsgehalt gering, die Anwendbarkeit für Marketing-Entscheidungen begrenzt.

Es ist jedoch möglich, die Grundmodelle dahingehend zu erweitern, daß der Einfluß von Marketing-Variablen auf die Ausbreitung neuer Produkte explizit berücksichtigt wird (entsprechende Modellerweiterungen finden sich beispielsweise bei DOLAN/JEULAND, (5), HORSKY/SIMON, (12) und ROBINSON/LAKHANI, (17)). Dadurch wird es zum einen möglich, die Ausbreitung von Neuerungen in Abhängigkeit der Ausprägungen der betrachteten Marketing-Variablen zu *erklären*; zum anderen können auf der Basis der erweiterten Diffusionsmodelle für geplante Marketing-Strategien *Wirkungsprognosen* erstellt werden. Damit können die Modelle für konkrete Marketing-Entscheidungen herangezogen werden.

Im folgenden werden ausgewählte Grundmodelle dahingehend modifiziert, daß die Parameter der Diffusionsgleichungen nicht mehr als konstant angenommen, sondern als Funktionen ausgewählter

Marketing-Variablen ausgedrückt werden. Die Analyse erfolgt i. e. unter Berücksichtigung der Werbeaufwendungen und des Preis- bzw. Gebührenniveaus für ausgewählte Informations- und Kommunikationstechniken; getestet werden die erweiterten Modelle unter Zugrundelegung der empirischen Absatz- bzw. Bestandszahlen ab dem jeweiligen Zeitpunkt der Markteinführung bis einschließlich Ende 1988. Zur Berücksichtigung der Marketing-Variablen werden für den Zusammenhang zwischen den einzelnen Diffusionsparametern und den betrachteten Marketing-Instrumentalvariablen alternative funktionale Zusammenhänge zugrundegelegt.

2. Modelltheoretische Grundlagen

2.1. Grundmodelle der Diffusionstheorie

Die allgemeine Struktur der Grundmodelle der Diffusionstheorie kann wie folgt charakterisiert werden: Der Bestandszuwachs einer Neuerung in der Periode t, n(t), ist ein (konstanter) Anteil des noch nicht ausgeschöpften Marktpotentials für die Innovation. Je nach Modellformulierung wird dieser Anteil in Abhängigkeit der Massenkommunikation, der interpersonellen Kommunikation oder beider Kommunikationsformen gleichzeitig ausgedrückt, wobei angenommen wird, daß die Innovatoren von der Massenkommunikation, die Imitatoren dagegen von der interpersonellen Kommunikation beeinflußt werden (vgl. z. B. BASS, (1), S. 216 und MAHAJAN/PETERSON, (13), S. 21).

Die Modelle sind i. d. R. als Differentialgleichungen - bei stetiger Betrachtung der Zeit - oder, bei diskreter Zeitbetrachtung, als Differenzengleichungen formuliert; Abb. 1 zeigt eine Übersicht über die einzelnen Grundmodelle. Bezüglich des Marktpotentials wird im Gegensatz zu den ursprünglichen Grundmodellen, welche von einem konstanten Sättigungsniveau ausgehen, angenommen, das Marktpotential ändere sich im Zeitablauf, beispielsweise aufgrund der Ansprache neuer Zielgruppen (vgl. hierzu FANTAPIÉ ALTOBELLI, (6), S. 78 ff.). Aus Abb. 1 wird ferner ersichtlich, daß die Diffusionsparameter a bzw. b als im Zeitablauf konstant angenommen werden: eine Berücksichtigung von Marketing-Variablen erfolgt nicht; selbst die Annahme, die Innovatorennachfrage - repräsentiert durch den Koeffizienten a - entwickle sich in Abhängigkeit der Massenkommunikation, impliziert in keinster Weise eine explizite Berücksichtigung der Kommunikationspolitik in den Diffusionsmodellen, da zwischen der Periodennachfrage n(t) und der Kommunikationspolitik als erklärende Variable keinerlei funktionaler Zusammenhang betrachtet wird.

1. **Modelle mit reiner Innovatorennachfrage**
   Exponentielles Modell:

   $$n(t) = a \cdot (\bar{N}(t) - N(t-1))$$

2. **Modelle mit reiner Imitatorennachfrage**
   Logistisches Modell:

   $$n(t) = b \cdot N(t-1) \cdot (\bar{N}(t) - N(t-1))$$

   Gompertz-Modell:

   $$n(t) = b \cdot N(t-1) \cdot (\ln\bar{N}(t) - \ln N(t-1))$$

3. **Modelle mit gleichzeitiger Innovatoren- und Imitatoren-nachfrage**
   Bass- Modell:

   $$n(t) = (a + bN(t-1)) \cdot (\bar{N}(t) - N(t-1))$$

$n(t)$:	Bestandszuwachs in Periode t
$\bar{N}(t)$:	Marktpotential in der Periode t
$N(t-1)$:	Bestand der Vorperiode
a:	Koeffizient der Innovatorennachfrage
b:	Koeffizient der Imitatorennachfrage

Abb. 1: Grundmodelle der Diffusionstheorie
(diskrete Zeitbetrachtung)

2.2. Möglichkeiten der Einbeziehung von Marketing-Variablen in die Grundmodelle

Grundsätzlich gilt, daß sowohl das Marktpotential $\bar{N}(t)$ als auch die Diffusionskoeffizienten a bzw. b als Funktionen von Marketing-Variablen ausgedrückt werden können, wobei Letzteres die gebräuchlichere Variante darstellt. Im folgenden sollen ausgewählte Marketing-Variablen, nämlich die Werbepolitik und die Preispolitik, in den Diffusionsmodellen berücksichtigt werden; dabei wird die Werbepolitik durch die Höhe der Werbeaufwendungen für das jeweilige Medium, W(t), die Preispolitik durch die absolute Preis- bzw. Gebührenhöhe, p(t), operationalisiert; die Grundmodelle werden in der Form erweitert, daß die Parameter a bzw. b in Abhängigkeit der genannten Marketing-Variablen ausgedrückt werden, wobei hinsichtlich des funktionalen Zusammenhangs unterschiedliche Modelltypen herangezogen werden. Die Abbildungen 2 und 3 zeigen die zugrundegelegten Modellerweiterungen im Überblick; je nachdem, welches Grundmodell zugrundegelegt wird, kann jeweils der Parameter a und/oder b als Funktion von W(t) bzw. p(t) ausgedrückt werden.

<table>
<tr><td colspan="2">Modelle unter Berücksichtigung der Werbeaufwendungen</td></tr>
<tr><td colspan="2">I. Logarithmische Werbeerfolgsfunktion</td></tr>
<tr><td colspan="2">

(1) Modelle mit statischer Werbewirkung

(a) Ohne autonome Nachfrage

$a(t) = a_1 \cdot \ln W(t)$ $b(t) = b_1 \cdot \ln W(t)$

(b) Mit autonomer Nachfrage

$a(t) = a_0 + a_1 \cdot \ln W(t)$ $b(t) = b_0 + b_1 \cdot \ln W(t)$

(2) Modelle mit dynamischer Werbewirkung

(a) Ohne autonome Nachfrage

$a(t) = a_1 \cdot \ln W(t) + a_2 \cdot \ln W(t\text{-}1)$ $b(t) = b_1 \cdot \ln W(t) + b_2 \cdot \ln W(t\text{-}1)$

(b) Mit autonomer Nachfrage

$a(t) = a_0 + a_1 \cdot \ln W(t) + a_2 \cdot \ln W(t\text{-}1)$ $b(t) = b_0 + b_1 \cdot \ln W(t) + b_2 \cdot \ln W(t\text{-}1)$

</td></tr>
<tr><td colspan="2">II. S-förmige Werbeerfolgsfunktion</td></tr>
<tr><td colspan="2">

(1) Ohne autonome Nachfrage

$$a(t) = a_1 \cdot \frac{W(t)^\delta}{c + W(t)^\delta} \qquad b(t) = b_1 \cdot \frac{W(t)^\delta}{c + W(t)^\delta}$$

(2) Mit autonomer Nachfrage

$$a(t) = a_0 + a_1 \cdot \frac{W(t)^\delta}{c + W(t)^\delta} \qquad b(t) = b_0 + b_1 \cdot \frac{W(t)^\delta}{c + W(t)^\delta}$$

</td></tr>
</table>

Quelle: FANTAPIÉ ALTOBELLI, (6), S. 152 ff.

Abb. 2: Möglichkeiten der Berücksichtigung der Werbeaufwendungen in den Diffusionsmodellen

Bei den Werbemodellen werden zum einen logarithmische, zum anderen S-förmige Werbeerfolgsfunktionen herangezogen, wobei auch Modelle mit einperiodigem Carry-over getestet werden (vgl. z. B. FANTAPIÉ ALTOBELLI, (6), S. 150 ff. und (7), GOULD, (10), HORSKY/SIMON, (12) und MONAHAN, (15)); die Berücksichtigung der Preispolitik erfolgt einmal auf der Basis von linearen, zum anderen mittels nichtlinearer Preis-Absatz-Funktionen (vgl. hierzu z. B. SIMON, (18), S. 241, ROBINSON/LAKHANI, (17), DOLAN/JEULAND, (5)).

Modelle unter Berücksichtigung der Preispolitik	
I. Lineare Preis-Absatz-Funktion	
$a = a_1 - a_2 \cdot p(t)$	$b = b_1 - b_2 \cdot p(t)$
II. Nichtlineare Preis-Absatz-Funktion	
(1) Ohne preisunabhängige Nachfrage	
$a(t) = a_1 \cdot e^{-k \cdot p(t)}$	$b(t) = b_1 \cdot e^{-k \cdot p(t)}$
(2) Mit preisunabhängiger Nachfrage	
$a(t) = a_0 + (a_1 - a_0) \cdot e^{-k \cdot p(t)}$	$b(t) = b_0 + (b_1 - b_0) \cdot e^{-k \cdot p(t)}$

Quelle: FANTAPIÉ ALTOBELLI, (6), S. 212 f.

Abb. 3: Möglichkeiten der Berücksichtigung der Preispolitik in den Diffusionsmodellen

3. Ergebnisse

Getestet werden die einzelnen Modelle anhand der empirischen Zeitreihen für ausgewählte Neue Medien:
- Videogeräte,
- Kabelfernsehen,
- Satellitenempfangsanlagen,
- Telefax,
- Teletex und
- Bildschirmtext.

Zunächst erfolgt die Parameterschätzung auf der Basis der Grundmodelle, wobei das Marktpotential $\bar{N}(t)$ als im Zeitablauf variabel betrachtert wird (zu den Einzelheiten vgl. hierzu FANTAPIÉ ALTOBELLI, (6), S. 78 ff.). Anschließend erfolgt eine erneute Parameterschätzung unter Berücksichtigung der Werbeaufwendungen und des Preis- bzw. Gebührenniveaus für die einzelnen Medien. Damit können die einzelnen Modellergebnisse verglichen werden: Zum einen wird ein Vergleich auf der Basis der am Bestimmtheitsmaß gemessenen Anpassungsgüte, zum anderen auf der Grundlage der mittels der Mittleren Absoluten Abweichung (MAA) gemessenen Prognosegenauigkeit vorgenommen.

Die Parameterschätzung auf der Basis der Grundmodelle zeigt bereits eine sehr gute Anpassung an die empirischen Werte. In der ersten Spalte der Abb. 4 sind die Schätzergebnisse für das jeweils beste Grundmodell angegeben: Bis auf eine Ausnahme konnten durchweg Bestimmtheitsmaße von über 80% erzielt werden. Dabei zeigte sich in fast allen Fällen das Gompertz-Modell als überlegen.

	Grundmodell	Modell mit Werbewirkung	Modell mit Preiswirkung
Videogeräte	**Bass-Modell** a $= 0{,}029539$ b $= 0{,}000000015$ $R^2 = 0{,}960$ **Gompertz-Modell** b $= 0{,}256724$ $R^2 = 0{,}963$	**II. (1)** $a_1 = 0{,}1493$ $\delta = 1{,}117$ c $= 500.000.000$ b $= 0{,}00000016$ $R^2 = 0{,}989$	**II. (2)** $b_0 = 0{,}2346$ $b_1 = 0{,}9402$ k $= 0{,}0025$ $R^2 = 0{,}969$
Kabelfernsehen	**Gompertz-Modell** b $= 0{,}207296$ $R^2 = 0{,}923$	**II. (1)** $b_1 = 0{,}09477$ $\delta = 0{,}14234$ c $= -4{,}85663$ $R^2 = 0{,}970$	**II. (2)** $b_0 = 0{,}0551$ $b_1 = 0{,}4627$ k $= 0{,}0013$ $R^2 = 0{,}951$
Satellitenfernsehen	**Gompertz-Modell** b $= 0{,}051359$ $R^2 = 0{,}816$		**II. (1)** $b_1 = 0{,}0192$ k $= 0{,}0003$ $R^2 = 0{,}833$
Telefax	**Gompertz-Modell** b $= 0{,}32474$ $R^2 = 0{,}829$	**II. (1)** $b_1 = 1$ $\delta = 1{,}3564$ c $= 408.303.730$ $R^2 = 0{,}956$	**I.** $b_1 = 4{,}1285$ $b_2 = 0{,}0023$ $R^2 = 0{,}896$
Teletex	**Gompertz-Modell** b $= 0{,}382289$ $R^2 = 0{,}870$	**II. (1)** $b_1 = 0{,}805995$ $\delta = 1{,}277746$ c $= 79.429.723$ $R^2 = 0{,}982$	**II. (2)** $b_0 = 0{,}0956$ $b_1 = 0{,}5347$ k $= 0{,}000048$ $R^2 = 0{,}872$
BTX — privat genutzt	**Bass-Modell** a $= 0{,}001503$ b $= 0{,}00000015$ $R^2 = 0{,}791$	**II. (1)** $a_1 = 0{,}0009$ $\delta = 0{,}536315$ c $= -935$ $R^2 = 0{,}823$	**I.** $a_1 = 0{,}01118097$ $a_2 = 0{,}00000551$ $b_1 = 0{,}00000050$ $b_2 = 0{,}0000000015$ $R^2 = 0{,}928$
BTX — gewerblich genutzt	**Bass-Modell** a $= 0{,}002456$ b $= 0{,}00000024$ $R^2 = 0{,}953$	**II. (1)** $a_1 = 0{,}00178$ $\delta = 0{,}7918$ c $= -25.655$ b $= 0{,}000000245$ $R^2 = 0{,}958$	**I.** $a_1 = 0{,}018652$ $a_2 = 0{,}000006069$ $b_1 = 0{,}0000004176$ $b_2 = 0{,}000000000641$ $R^2 = 0{,}977$

Quelle: FANTAPIÉ ALTOBELLI, (6).

Abb. 4: Ergebnisse der Parameterschätzungen bei alternativen Modellen

Ein Vergleich mit den um die Marketing-Variablen erweiterten Modelle zeigt jedoch, daß die *Anpassungsgenauigkeit* der Modelle weiter gesteigert werden kann, z. T. sogar in einem beachtlichen Ausmaß. In allen Fällen führte die S-förmige Werbeerfolgsfunktion vom Typ II.(1) zur besten

Modellanpassung; hinsichtlich der Berücksichtigung der Preispolitik ist dagegen keine eindeutige Aussage möglich. Die explizite Einbeziehung der Werbeaufwendungen als erklärende Variable in die Grundmodelle führte zu einer deutlich besseren Anpassung bei Videogeräten, Kabelfernsehen, Teletex und Telefax; ein signifikanter Einfluß der Preis-bzw. der Gebührenhöhe auf die Ausbreitung neuer Medien zeigte sich dagegen beim Kabelfernsehen, Telefax und Bildschirmtext - hier insbesondere hinsichtlich der privat genutzten BTX-Anschlüsse (vgl. hierzu auch BERNDT/FANTAPIÉ ALTOBELLI, (3)).

Auf der Grundlage der erweiterten Modelle wird es also möglich, die Bedeutung einzelner Marketing-Variablen für die Diffusion der betrachteten Medien festzustellen; damit ist man in der Lage, den Erfolg oder Mißerfolg der einzelnen Kommunikationstechniken zu erklären, was wertvolle Hinweise für die Gestaltung der Marketing-Politik liefern kann. Am Beispiel von Videogeräten kann z. B. gezeigt werden, daß die Werbung als Determinante für die Kaufentscheidung verstärkt zu Beginn des Ausbreitungsprozesses von Videogeräten eine Rolle spielte, wohingegen in späteren Perioden eher Mee-too-Effekte dominierten (vgl. Abb. 5).

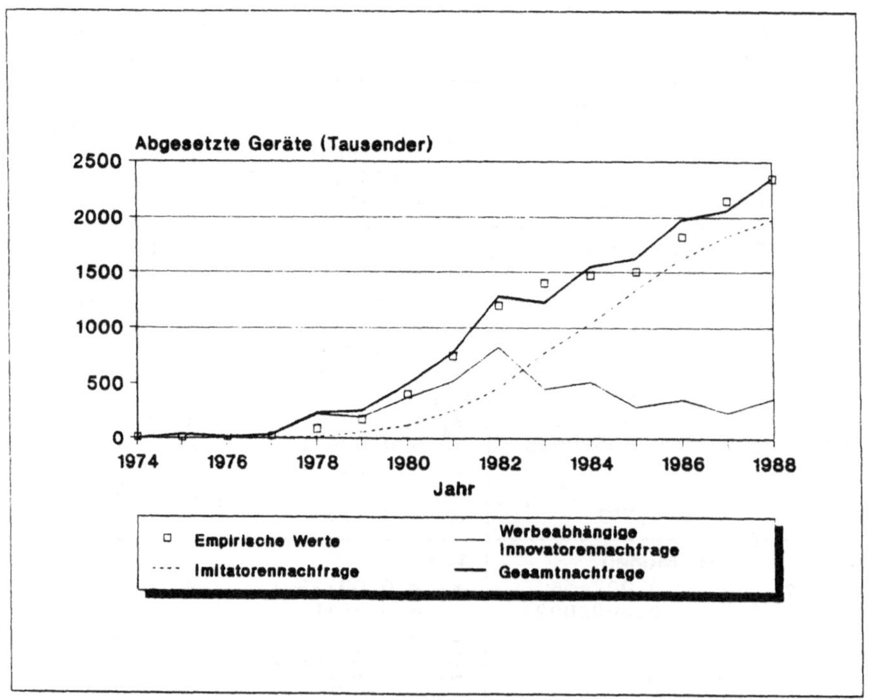

Quelle: FANTAPIÉ ALTOBELLI, (6), S. 162.

Abb. 5: Werbeabhängige Absatzentwicklung von Videogeräten

Die Beurteilung der *Prognosequalität* der Modelle kann zum einen dadurch erfolgen, daß die Reproduzierfähigkeit der Modelle *ex ante* getestet wird (vgl. FANTAPIÉ ALTOBELLI, (6), S. 98 ff., 124 f., 138 f.); *ex post* kann die Prognosegüte auf der Basis von Fehlermaßen wie der Mean Square

Error oder die Mittlere Absolute Abweichung untersucht werden. Letzteres soll exemplarisch am Beispiel der Modelle für Videogeräte vorgenommen werden, für die die erforderlichen Inputdaten bis Ende 1991 beschafft werden konnten. Parametrisiert wurden die Modelle auf der Basis der empirischen Zeitreihen von der Einführung 1974 bis Ende 1988; für die Jahre 1989, 1990 und 1991 wurden die empirischen Werte bzgl. der Werbeaufwendungen der Branche und der durchschnittlichen Gerätepreise in die erweiterten Modelle eingesetzt. Die empirischen Absatzzahlen 1989 - 1991 und die jeweiligen Schätzwerte der einzelnen Modelle werden in Abb. 6 gegenübergestellt; zusätzlich werden die einzelnen Werte der MAA sowie - bei den erweiterten Modellen - die jeweilige prozentuale MAA-Verringerung gegenüber dem zugehörigen Grundmodell angegeben.

	Empirische Werte[1]	Gompertz-Modell	Durchschnittliche Gerätepreise (in DM)	Gompertz-Modell mit Preiswirkung (II.(2))
1988	2,30	1,88	1130	2,08
1989	2,85	1,74	1021	1,96
1990	2,70	1,53	947	1,74
MAA		0,90		0,69
MAA-Verringerung				23,33%
	Empirische Werte[1]	Bass-Modell	Werbeaufwendungen der Branche (in Mio. DM)	Bass-Modell mit Werbewirkung (II.(1))
1988	2,30	2,29	15,18	2,26
1989	2,85	2,03	10,12	2,03
1990	2,70	1,73	28,98	1,94
MAA		0,60		0,54
MAA-Verringerung				3,6%
1) Alte Bundesländer; Absatz in Mio.				

Quellen: FANTAPIÉ ALTOBELLI, (6); GRUNDIG AG, (11); NIELSEN WERBEFORSCHUNG, SCHMIDT + POHLMANN, (16) und eigene Berechnungen.

Abb. 6: Die Prognosequalität alternativer Diffusionsmodelle für Videogeräte im Vergleich

Es wird ersichtlich, daß das unter Berücksichtigung der durchschnittlichen Gerätepreise erweiterte Gompertz-Modell zu einer beachtlichen Verringerung der MAA um rd. 23% führt; durch die Berücksichtigung der Werbeaufwendungen im erweiterten Bass-Modell kann die MAA immerhin um knapp 4% reduziert werden.

Insgesamt erscheint es vorteilhaft, trotz des erhöhten Aufwands bei der Datenbeschaffung die Diffusion neuer Produkte unter Einbeziehung von Marketing-Variablen zu erklären und zu prognostizieren. Welches Modell im Einzelfall für eine Wirkungsprognose heranzuziehen ist, ist jedoch situationsspezifisch zu bestimmen: Es empfiehlt sich, im konkreten Fall eine Parameterschätzung zunächst auf der Grundlage unterschiedlicher Modelle vorzunehmen, und die Auswahl sowohl auf der Basis der Anpassungsgüte, als auch auf der Basis der Prognosegenauigkeit der Modelle zu treffen.

Literatur:

(1) Bass, F. M.
     A New Product Growth Model for Consumer Durables.
     Management Science 15, 215-227 (1969)

(2) Berndt, R.; Fantapié Altobelli, C.
     Die Diffusion von Videogeräten in der Bundesrepublik Deutschland.
     Jahrbuch der Absatz- und Verbrauchsforschung 37, 245-257 (1991)

(3) Berndt, R.; Fantapié Altobelli, C.
     Warum Bildschirmtext in der Bundesrepublik Deutschland scheiterte. Eine diffusionstheoretische Analyse einer verfehlten Marketing-Politik.
     Zeitschrift für betriebswirtschaftliche Forschung 43, 955-970 (1991)

(4) Blackman, A. W. Jr.
     A Mathematical Model for Trend Forecast.
     Technological Forecasting and Social Change 4, 441-452 (1972)

(5) Dolan, R. J.; Jeuland, A. P.
     Experience Curves and Dynamic Demand Models: Implications for Optimal Pricing Strategies.
     Journal of Marketing 45, 52-62 (1981)

(6) Fantapié Altobelli, C.
     Die Diffusion neuer Kommunikationstechniken in der Bundesrepublik Deutschland. Erklärung, Prognose und marketingpolitische Implikationen.
     Heidelberg: Physica-Verlag (1991)

(7) Fantapié Altobelli, C.
     Diffusionsprozesse neuer Medien: Die Bedeutung der Kommunikationspolitik.
     Werbeforschung und Praxis 35, 159-164 (1990)

(8) Fisher, J. C.; Pry, R. H.
     A Simple Substitution Model of Technological Change.
     Technological Forecasting and Social Change 3, 75-88 (1971)

(9) Fourt, L. A.; Woodlock, J. W.
     Early Prediction of Market Success for New Grocery Products.
     Journal of Marketing 25, 31-38 (1960)

(10) Gould, J. P.
     Diffusion Processes and Optimal Advertising Policy.
     E. S. Phelps (ed.): Microeconomic Foundations of Employment and Inflation Theory.
     New York, 338-368 (1970)

(11) Grundig AG.
     Schriftliche Mitteilung über die Marktentwicklung bei Videogeräten und die durchschnittlichen Endgerätepreise mit AZ AM-B1/AM 101, Fürth 16. 3. 1992

(12) Horsky, D.; Simon, L.
Advertising and the Diffusion of New Products.
Marketing Science 2, 1-17 (1983)

(13) Mahajan V.; Peterson, R. A.
Models for Innovation Diffusion.
Sage University Papers, Series: Quantitative Applications in the Social Sciences.
Beverly Hills, London, New Delhi: Sage Publications (1985)

(14) Mansfield, E.
Technical Change and the Rate of Imitation.
Econometrica 29, 741-765 (1961)

(15) Monahan, G. E.
A Pure Birth Model of Optimal Advertising With Word of Mouth.
Marketing Science 3, 169-178 (1984)

(16) Nielsen Werbeforschung, Schmidt + Pohlmann.
Schriftliche Mitteilung über die Werbeaufwendungen der Video-Branche 1989-1991, Hamburg 1. 4. 1992

(17) Robinson, B.; Lakhani, C.
Dynamic Price Models for New Product Planning.
Management Science 21, 1113-1122 (1975)

(18) Simon, H.
Preismanagement.
Wiesbaden: Gabler (1982)

AN ALGORITHM FOR NEW PRODUCT IDEA GENERATION

Wolfgang Gaul
Institut für Entscheidungstheorie und Unternehmensforschung
Universität Karlsruhe, Postfach 6980, Kaiserstraße 12, 7500 Karlsruhe 1

Given desirable attributes for new product concepts and possible alternatives of the attributes under consideration the proposed algorithm handles the problem of compatibility between alternatives from different attributes and determines "best" concepts under various restrictions. An example from the area of kitchen accessories is used for demonstration of the findings.

Zur Planung des Einsatz-Timing von Werbemitteln

Fokko ter Haseborg, Hamburg

Zusammenfassung: Ziel des Beitrages ist die Formulierung und Analyse eines dynamischen Modells zur Bestimmung gewinnmaximaler simultaner Werbemittelprogramm- und Mediabudgetpolitiken für ein Konsumprodukt. Es wird gezeigt, daß der komplexe Ansatz der Simultanoptimierung zerlegt werden kann in (1) Voroptimierungsstufen zur Mediabudgetierung und in (2) eine Hauptoptimierungsstufe zur Werbemittelprogrammplanung. Beispielhafte Anwendungen des Planungsansatzes zeigen den Einfluß von Reihenfolgebedingungen für den Einsatz von Werbemitteln sowie von Werbemittel-Produktionskosten auf Mediabudgets und Gewinn sowie auf die Ersatzentscheidungen für die einzusetzenden Werbemittel.

Summary: The purpose of this study is to formulate and analyse a dynamic model for the assessment of a profit-maximizing integrated copy and media spending policy for a consumer product.
It ist shown that the complex approach toward simultaneous optimization can be decomposed in (1) pre-planning processes regarding media spending and in (2) a major optimization process regarding copy program planning. Exemplary applications of the planning approach show the impact of sequence-conditions for copy insertion as well as the influence of copy production costs on media spending budgets, profits and decisions regarding copy replacement.

A.   Problemstellung

Bei der Werbeplanung für viele laufend beworbene Produkte stellt sich immer wieder neu das werbepolitische Entscheidungsproblem, ob die Werbekampagne geändert werden soll und - wenn ja - wann und wie. Empirische Befunde legen es nahe, bei der dynamischen Modellierung der Absatzreaktionsprozesse von zeitlichen Veränderungen der Absatzeffektivität von Werbemitteln im Verlauf ihrer Einschaltzyklen auszugehen [1] [2] [3] [4] [5] [7]. Insbesondere die dabei referierten temporären Abnutzungseffekte dürften verantwortlich dafür sein, daß werbungtreibende Unternehmungen ihre Werbemittel nach bestimmten Zeitabständen offensichtlich als verbraucht oder als ineffektiv im Sinne der jeweiligen verfolgten werbepolitischen Zielsetzung ansehen und sie aus der Werbung herausnehmen. Im folgenden wird gezeigt, wie ausgehend von empirisch abgesicherten Absatzreaktionseffekten der Werbung ein Planungssystem zur Planung von Werbemittel- und Mediamaßnahmen entwickelt werden kann, mit dessen Hilfe u. a. auch die investitionstheoretischen Fragen nach den Einsatz- und Ersatzperioden von Werbemitteln beantwortet werden können.

Den weiteren Planungsüberlegungen liegt ein Konsumprodukt als Werbeobjekt zugrunde, welches auf einem monopolistischen, nicht-segmentierten (unvollkommenen) Markt angeboten wird und für welches die Werbung in Massenmedien (Insertions- und elektronische Medien) dominante absatzpolitische Einflußvariable hinsichtlich des Absatzes ist. Das Werbeziel ist die Maximierung des diskontierten Gewinns in einem endlichen Planungszeitraum zuzüglich eines Restwertes. Der Planungszeitraum ist in einzelne Perioden mit einer Länge von mindestens 1 Woche und maximal 3 Monaten eingeteilt.

B.   <u>Modellierung dynamischer Absatzreaktions- und Entscheidungsprozesse bei der Werbemittelprogramm- und Mediabudgetplanung</u>

1.   <u>Dynamische Absatzreaktionsmodelle</u>

Als erklärende Variable für die Absatzreaktion der Werbung wird im folgenden das werbemittelspezifische Mediabudget verwendet: Das werbemittelspezifische Mediabudget gibt an, welche Werbemittelkombination mit welchem Mediabudget eingesetzt wird. Der Werbemittel- und Mediaeinfluß auf die Absatzreaktion wird im folgenden modelliert durch

-     Absatzreaktionsfunktionen (sowie -Parameter), die von den eingesetzten Werbemittelkombinationen abhängig sind, und durch

-     Verwendung der Perioden-Mediabudgets als (treibende) unabhängige Variablen.

Bezeichnet

t : Periodenindex ($t = 1,...,T$)

x_t : Absatzmenge in t

w_t : Mediabudget in t

λ : Absatzabnahme-Parameter

x^- : Minimalabsatz

k : Index der Werbemittelkombinationen ($k = 1,...,K$)

t' : Ersteinsatzperiode der Werbemittelkombination k

$r_{t't}{}^k$: Absatzeffektivitäts-Koeffizient der Werbung, wenn die in t eingesetzte Werbemittelkombination k erstmalig in t' eingesetzt wird,

so ist mit

$$x_t = x_{t-1} - \lambda\ (x_{t-1} - x^-) + r_{t't}{}^k \cdot \sqrt{w_t} \tag{1}$$

ein einfaches Beispiel eines Absatzreaktionsmodells gegeben, mit dem die skizzierten Abhängigkeiten der Absatzwirkungen von den eingesetzten Werbemitteln durch den werbemittelabhängigen Parameter r erfaßt werden. Zu weiteren Absatzreaktionsmodellen vgl. [2] [4] [6].

2.   <u>Dynamische Entscheidungsmodelle</u>

Im folgenden wird davon ausgegangen, daß die infrage kommenden Werbemittel, deren zeitlicher Einsatz zu planen ist, bereits produziert sind und ohne weiteres in die entsprechenden Werbemedien eingeschaltet werden können. Ferner sind die aus den einzelnen Werbemittel bildbaren und für die Streuung in Betracht gezogenen Werbemittelkombinationen ($k = 1,..., K$) bekannt und auf ihre Absatzeffektivität hin getestet. In jeder Periode t kann also ohne Beschränkung der Allgemeinheit maximal eine Werbemittelkombination eingesetzt werden.

Zur simultanen Optimierung der Werbemittelprogramm- und Mediabudgetpolitik im betrachteten Planungszeitraum lassen sich Ansätze der nicht-linearen und gemischt-ganzzahligen Programmierung formulieren. Im folgenden wird zur Vermeidung verzerrter Werbeentscheidungen, die sich aufgrund der zeitlichen Abbruchproblematik der Planung ergeben können, von einer Restbewertung der am Ende des Planungszeitraumes erreichten Absatzsituation ausgegangen. Beispielhaft wird als Restbewertung von dem diskontierten Deckungsbeitrag der sich bei ausgesetzter Werbung lt. (1) ergebenden Absatzentwicklung in den Perioden T+1, T+2, ... ausgegangen. Unter der Zielsetzung der Maximierung des diskontierten Gesamtgewinns im Planungszeitraum zzgl. des Restwertes lautet die zu maximierende Zielfunktion

$$C_0 = \sum_{t=1}^{T} [d_t x_t - w_t]\, q^{-t} + \sum_{t=T+1}^{\infty} d_t x_t q^{-t} \qquad (2)$$

mit

d_t : Deckungsspanne des Produktes in t

q : q: = 1 + i und i als Kalkulationszinsfuß.

Als Nebenbedingungen sind zu berücksichtigen die nicht-linearen Absatzbewegungsgesetze beispielsweise nach (1), Reihenfolgebedingungen und Altersfortschreibungsbedingungen für die Werbemittelkombinationen, Nichtnegativitätsbedingungen in den Perioden $t = 1, ..., T$ und die Bedingungen $w_t = 0$ für

$T+1, T+2,...$

Die durch die Nebenbedingungen bedingte Komplexität des Optimierungsproblems läßt eine Verwendbarkeit dieses Simultanansatzes für realistische Verhältnisse fraglich erscheinen. Im folgenden wird gezeigt, daß der Planungsprozeß zur Bestimmung optimaler simultaner Werbemittelprogramm- und Mediabudgetpolitiken zerlegt werden kann in (1) einzelne Vorplanungsprozesse zur Mediabudgetierung für einzelne Werbemittelkombinationen und in (2) einen Hauptplanungsprozeß zur Werbemittelprogrammplanung.

Ist nämlich der Einschaltzyklus t',...,t für das Werbemittelprogramm k bekannt, so kann die optimale Mediabudgetpolitik von k in diesen Perioden isoliert bestimmt werden, denn

- die früheren Absatz- und Werbedaten beeinflußen die im Einschaltzyklus von k zu erreichenden zusätzlichen Gewinne nicht und

- die Mediabudgetpolitik für k hat keinen Einfluß auf die durch spätere Werbemaßnahmen erreichbaren zusätzlichen Periodengewinne. Die Bestimmung einer optimalen Mediabudgetpolitik für die Werbemittelkombination k im Zyklus ab t' kann mit Hilfe eines klassischen dynamischen Mediabudgetierungsmodells ohne Ganzzahligkeitsbedingungen erfolgen. Im Beispiel der Absatzreaktionsfunktion (1) ergeben sich die notwendigen Bedingungen:

$$\frac{\partial x_t}{\partial w_t} \left[d_t + \sum_{\tau=1}^{\infty} d_{t+\tau}\, (1-\lambda)^\tau\, q^{-\tau} \right] q^{-t} - q^{-t} \overset{!}{=} 0$$

$$[\,...\,] =: m_t$$

Da die kurzfristige Absatzwirkung $\dfrac{\partial x_t}{\partial w_t}$ in t gleich $\dfrac{r_{t't}^{\ k}}{2\sqrt{w_t}}$ ist, folgt

$$w_t^{opt} \quad = \quad \tfrac{1}{4}\, m_t^2\, (r_{t't}^{\ k})^2. \qquad (3)$$

Der maximale diskontierte Gewinn $c_{t't}{}^k$ im Zyklus $t'...,t$ der Werbemittelkombination k ergibt sich:

$$c_{t't}{}^k = \frac{1}{4} \sum_{\tau=t'}^{t} m_\tau{}^2 (r_{t'\tau}{}^k)^2 q^{-\tau} \qquad (4)$$

Um zu einer optimalen simultanen Werbemittelprogramm- und Mediabudgetpolitik im Planungszeitraum zu kommen, stellt sich die Optimierungsaufgabe, unter Beachtung der Reihenfolgebedingungen eine optimale Abfolge von zusammenpassenden Einschaltzyklen für die verschiedenen Werbemittelkombinationen zu bestimmen. Für die Bestimmung der optimalen Einschaltzyklen wird im folgenden eine Rekursionsbeziehung hergeleitet, deren sequenzielles Abarbeiten nach dem Prinzip der Dynamischen Programmierung die Lösung für das dynamische Werbemittelprogramm-Planungsproblem liefert. Zur Formulierung der Rekursionsbeziehungen werden folgende Bezeichnungen verwendet:

$h_{t't}{}^k$: Maximaler diskontierter Gewinn in $1,...,t$, wenn Werbemittelkombination k im Zyklus t' bis t eingesetzt wird und in $1,...,t'-1$ eine optimale Werbemitteleinsatzpolitik entsprechend den jeweils geltenden Reihenfolgebedingungen verfolgt wird

$h_t{}^k$: Maximaler diskontierter Gewinn in $1,..., t$ bei optimaler Werbemitteleinsatzpolitik mit k als End-Werbemittelkombination

Für die rekursive Bestimmung der $h_{t't}{}^k$ und $h_t{}^k$ wird danach unterschieden, ob für den Werbemitteleinsatz eine strenge Reihenfolgebedingung (s) gilt - sie besagt, daß die Werbemittelkombination k erst eingesetzt werden kann, wenn unmittelbar zuvor die Werbemittelkombination k-1 tatsächlich eingesetzt worden ist - oder ob eine lockere Reihenfolgebedingung (l) gilt, bei der einzelne Werbemittelkombinationen im Einsatz übersprungen werden können. Es gelten folgende Rekursionsbeziehungen

- strenge Reihenfolgebedingung (s):

$$h_{t't}{}^{k,s} = h_{t'-1}{}^{k-1,s} + c_{t't}{}^k \qquad \text{mit} \qquad h_t{}^{k,s} := \max \left\{ h_{t',t}{}^{k,s} \mid k \leq t' \leq t \right\} \qquad (5)$$

- lockere Reihenfolgebedingung (l):

$$h_{t't}{}^{k,l} = \max \left\{ h_{t'-1}{}^{k',l} \mid 1 \leq k' \leq k \right\} + c_{t't}{}^k \ \text{mit} \ h_t{}^{k,l} = \max \left\{ h_{t't}{}^{k,l} \mid 1 \leq t' \leq t \right\} \quad (6)$$

- Dabei ist $h_0{}^{k,s} := 0$ und $h_0{}^{k,l} := 0$.

Mit diesen Rekursionsbeziehungen läßt sich der maximale Zielfunktionswert im Planungszeitraum ermitteln. Er lautet im Falle der

- strengen Reihenfolgebedingung und bei Kompletteinsatz: $h_T{}^{k,s}$

- strengen Reihenfolgebedingung mit zul. Rest (nicht alle Werbemittelkombinationen müssen eingesetzt werden: $\max \{ h_T{}^{k,s} \mid 1 \leq k \leq K\}$

lockeren Reihenfolgebedingung: $\max\{ h_T{}^{k,l} \mid 1 \leq k \leq K\}$

3.   Ein Beispiel

Ein Beispiel mit drei Werbemittelkombinationen k = 1,2,3 mit grundlegender Einsatzreihenfolge 1 - 2 - 3 soll das Vorgehen und weitergehende Fragen illustrieren. Für die drei Werbemittelkombinationen gilt speziell das Absatzreaktionsmodell

$$x_t = x_{t-1} - 0{,}2\,(x_{t-1} - x^-) + r_{t-t'+1}^{\,k}\,\sqrt{w_t} \qquad \text{für } t = 1,\dots, 10, \tag{7}$$

wobei die Wirkungskoeffizienten in Tabelle 1 gegeben sind und $x^- = 0$ ist.

Tabelle 1: Wirkungskoeffizienten $r_{t-t'+1}^{\,k}$

k \ Einsatzperiode	1	2	3	4	5	6	7	8	9	10
1	1,6	2,2	2,4	2,1	1,5	1,2	1	0,8	0,6	0,4
2	1,8	2	2,1	2,2	2	1,8	1,5	1,2	0,9	0,7
3	2	1,8	1,62	1,46	1,31	1,18	1,06	0,96	0,86	0,77

Die Wirksamkeit der Werbemittel hängt also speziell davon ab, wieviele Perioden seit der 1. Einsatzperiode vergangen sind. Der Stückdeckungsbeitrag des beworbenen Produktes beträgt d = 100 Geldeinheiten, der Kalkulationszinsfuß i = 10 % und der Planungszeitraum umfaßt 10 Perioden (T= 10).

Tabelle 2 gibt einen Ausschnitt aus einer Berechnungsmatrix des in 2. angegebenen Allgorithmus wieder. Sie zeigt, wie sich unterschiedliche Reihenfolgebedingungen, Anforderungen an die Vollständigkeit des Einsatzes von Werbemittelkombinationen und unterschiedliche Ersatzzeitpunkte der Werbemittelkombinationen auf den maximalen Zielfunktionswert auswirken.

Tabelle 2:   Maximaler diskontierter Gewinn $h_{t',10}^{\,k,s/l}$

t' \ k,s/l	1	2^S	3^S	3^l
1	3.142,25	3.632,80 [1]	-	2.443,15
2	-	3.703,26	-	2.729,97
3	-	4.096,75	2.866,23	3.112,05
4	-	4.541,91	3.328,56	3.680,52
5	-	4.722,41	3.864,18	4.012,73
6	-	4.572,70	4.162,16	
7	-	4.302,06	4.356,68	
8	-	3.959,31	4.568,78	
9	-	3.589,03	4.722,43	
10	-	3.362,99	4.776,90	

1) Hier 2^l

Aus Tabelle 2 geht hervor:

- Werden nur die Werbemittelkombinationen 1 und 2 eingesetzt (Politik 1), so ist die optimale Ersteinsatzperiode der End-Werbemittelkombination 2 in Periode 5. Der maximale Zielfunktionswert beträgt dann 4.722,41.

- Ist $k = 3$ die Endwerbemittelkombination, so ist es optimal, diese Kombination erst in Periode 10 zum Einsatz zu bringen. Jeder frühere Einsatz von $k = 3$ führt zu keinen nennenswert besseren Zielergebnissen als mit der Politik 1.

Berücksichtigt man zusätzlich die in Tabelle 3 angegebenen Kosten der Werbemittelproduktion, so zeigt ein Produktionskostenvergleich für die Ersteinschaltperioden folgendes: Werbemittelkombination $k = 1$ ($k = 2$) ist bereits für die dritte Periode (2. Periode) vorzuproduzieren, wenn der erste Einsatz in Periode 4 oder 5 (Periode 3 oder 4) erfolgen soll.

Tabelle 3: Kosten der Werbemittelproduktion $p_{t'}$ (bezogen auf die erste Einschaltperiode der Werbemittelkombination)

$k \backslash t'$	1	2	3	4	5	6	7	8	9	10
1	1000	1000	1000	1500	1500	1200	1000	500	500	500
2	800	800	1000	1000	800	800	800	800	800	800
3	700	700	700	700	700	700	700	700	700	700

Die sich daraus ergebenden tatsächlich abgezinsten Werbemittelproduktionskosten sind im Algorithmus bei den $c_{t't}^{k}$ in Abzug zu bringen. Tabelle 4 zeigt den Einfluß unterschiedlich strenger Reihenfolgebedingungen auf Mediabudgets und Kapitalwerte C_0. Außerdem ist vermerkt, welche Ergebnisse sich ergeben, wenn nicht - wie bisher - von der grundsätzlichen Reihenfolge 1 - 2 - 3, sondern von 3 - 2 - 1 im Falle

Tabelle 4: Einfluß unterschiedlich strenger Reihenfolgebedingungen auf Budgets und Kapitalwerte

	Kapitalwerte			Mediabudgets + WM - Produktionskosten		
	Lockere RF	Strenge RF mit evtl. Rest	Strenge RF ohne Rest	Lockere RF	Strenge RF mit evtl. Rest	Strenge RF ohne Rest
T = 1	40	-	-	1.600	-	-
T = 2	537	267	-	2.202	2.376	-
T = 3	1.072	1.072	-	3.447	3.447	-
T = 4	1.665	1.632	88	3.866	4.267	5.379
T = 5	2.127	1.891	849	4.610	4.686	6.450
T = 6	2.467	2042	1.533	5.213	4.953	7.270
T = 7	2.682	2.349	1.951	5.631	7.233	8.013
T = 8	2.807	2.769	2.370	5.900	8.133	8.833
T = 9	3.084	3.084	2.625	8.877	8.877	9.436
T = 10	3.317	3.317	3.101	9.480	9.480	10.477
Zum Vergleich: die Zahlen für die grundlegende RF-3-2-1 bei T 10:						
	3.465	3.066	3.066	8.577	9.759	9.759

T = 10 ausgegangen wird. Es zeigt sich, daß im konkreten Beispiel nur dann, wenn einzelne Werbemittelkombinationen ausgelassen werden dürfen, ein besseres Ergebnis mit der veränderten grundsätzlichen Reihenfolge erzielt werden kann.

Für T = 10 gelten beispielsweise die in Tabelle 5 zu unterschiedlichen grundsätzlichen Reihenfolgen und jeweils bei komplettem Einsatz der 3 Werbemittelkombinationen angegebenen Optimalpolitiken für den Werbemittel- und Mediabudgeteinsatz.

Tabelle 5:   Optimalpolitiken bei Kompletteinsatz

		1	2	3	4	5	6	7	8	9	10
strenge	k_t	1	1	1	1	2	2	2	2	2	3
Reihenfolge	w_t	476	900	1071	820	602	744.	822	900	744	900
1 - 2 - 3	p_t	1000	-	-	-	800	-	-	-	-	700
strenge	k_t	3	2	2	2	2	2	2	1	1	1
Reihenfolge	w_t	900	602	744	820	900	744	602	476	900	1071
3 - 2 - 1	p_t	700	800	-	-	-	-	-	500	-	-

Wird für den Fall der Reihenfolge 1 - 2 - 3 die Restriktion des Kompletteinsatzes aufgehoben, dann ist es optimal, k = 2 auch in t = 10 noch einzusetzen. Wird im Fall der Reihenfolge 3 - 2 - 1 die Reihenfolgebedingung gelockert, dann wird k = 2 ab t = 1 eingesetzt und es wird auf den Einsatz von k = 3 verzichtet.

Abbildung 1 zeigt beispielhaft den Einfluß der Werbemittelproduktionskosten auf die optimale Ersatzentscheidung im 10-periodigen Planungszeitraum, wenn k=3 durch k=2 in Periode t' abgelöst werden soll: Unter Berücksichtigung von Werbemittelproduktionskosten bleibt k=3 eine Periode länger im Einsatz.

C.   Schlußbemerkungen

Der vorgestellte hierarchische Planungsansatz zur Koordination von mehrperiodigen Werbemittel- und Mediabudgeteinsatzpolitiken erweitert das Modellierungsobjekt der vielen in der Werbeliteratur behandelten dynamischen Werbebudgetierungsmodelle in folgender Hinsicht: Erfaßt und bewertet werden (a) die Abhängigkeit der Absatzwirkung von den eingesetzten Werbemitteln, (b) zeitliche Veränderungen der Absatzeffektivität von Werbemitteln im Verlauf ihrer Einschaltzyklen, (c) Reihenfolgebedingungen - mehr oder weniger inhaltlich begründet - für den Einsatz von Werbemitteln und (d) Werbemittelproduktionskosten. Die Ausführungen zeigen die hohen Anforderungen an die benötigten Werbewirkungsdaten bereits in relativ einfach gelagerten Fällen. Die Berücksichtigung empirisch gehaltvollerer Absatzreaktionsmodelle, die z.B. nicht separabel in den Zustands- und Kontrollvariablen sind, erfordern weitergehendere Schätz- und Optimierungsprozeduren [4].

Abbildung 1:

Einfluß der Werbemittel-Produktionskosten auf die Ersatzentscheidung

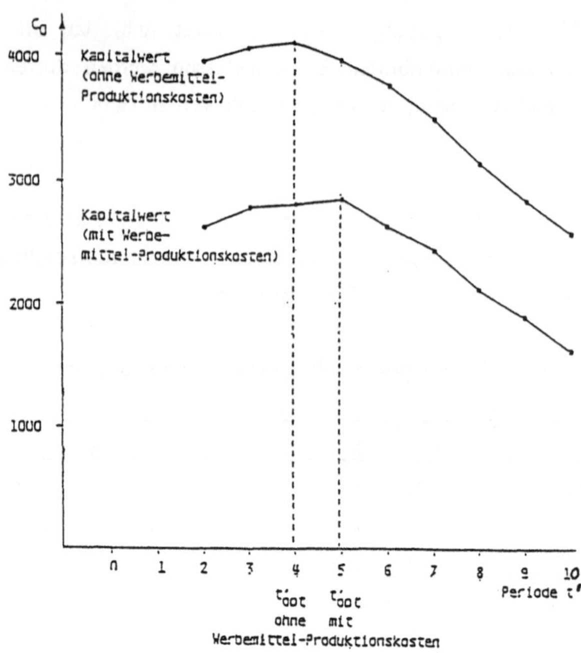

<u>Literatur:</u>

/1/ Aaker, D. A.; Carman, J. M.; Jacobsen, R., Modeling Advertising - Sales Relationships, in: Journal of Marketing Research, Vol. 19, Febr. 1982, S. 116 - 125

/2/ Arnold, St. J.; Oum, T. H.; Pazderka, B.; Snetsinger, D.W., Advertising Quality in Sales Response Models, in: Journal of Marketing Research, Vol. XXIV, 1987, S. 106-113

/3/ Bloom, D.; Jay, A.; Twyman, R., The Validity of Advertising Pretests, in: Journal of Advertising Research, Vol. 17, 1977, S. 7 - 16

/4/ ter Haseborg, F., Dynamische Marktreaktions- und Entscheidungsmodelle zur Zeitplanung des Werbemittel- und Mediabudgeteinsatzes, Habiliationsschrift, Hamburg 1983

/5/ ter Haseborg, F., Statische und dynamische Absatzreaktionsbeziehungen beim Werbemittel- und Mediabudgeteinsatz, in: der markt, Heft 4, 1984, S. 104-117

/6/ ter Haseborg, F., Dynamische Werbebudget-Absatzreaktionsmodelle, in: Schellhaas et al (Hrsg.), Operations Research Proceedings 1987, Heidelberg, S. 339 - 346

/7/ Pekelmann, D.; Tse, E., Experimentation and Budgeting in Advertising: An Adaptive Control Approach, in: Operations Research, Vol. 28, Nr. 2, 1980, S. 321-347

Wettbewerbliche Produktpositionierung

Dipl.-Kfm. Ulf Gerold Marks

Universität Kiel
Graduiertenkolleg für Betriebswirtschaft
Holzkoppelweg 2
2300 Kiel 1

Produktpositionierungsmodelle ermöglichen eine frühzeitige Abschätzung des Markt-erfolges hypothetischer Neuproduktkonzepte und sind daher ein wichtiges Hilfsmittel im Produktplanungsprozeß. Bei der Prognose des Markterfolges sollten jedoch die mit der Markteinführung bei den etablierten Anbietern ausgelösten Reaktionen im Einsatz interessierender Instrumentalvariablen (hier insbesondere der Produktposition, des Preises und des Marketingbudgets) bedacht werden.

In bisherigen Forschungsansätzen zur wettbewerblichen Produktpositionierung gelingt der Einbezug von Konkurrenzreaktionen in Positionierungsmodelle mit Hilfe starrer Reaktions-annahmen, die keinen Raum für Lernverhalten und abgestimmte Strategien bieten. Im Rahmen des referierten Projektes wird demgegenüber mit dem eigens zu diesem Zweck entwickelten Marketingplanspiel PRODSTRAT untersucht, wie sich mit Markteinführungen ausgelöste Reaktionsprozesse vollziehen, wenn reale Entscheidungsträger den Wettbewerb austragen.

Kann interaktive Marketingsimulation als Methode zur Antizipation von Reaktions-prozessen eingesetzt werden? Ergeben sich stabile Marktstrukturen im Anschluß an eine Markteinführung? Welchen Einfluß haben Markteinführungsstrategie und Merkmale des Marktes auf Verlauf und Ergebnis von Wettbewerbsprozessen? Diese Fragen sollen in dem Vortrag erörtert und erste empirische Befunde präsentiert werden.

Zur Validität von Conjoint-Analysen

Prof. Dr. Lothar Müller-Hagedorn, Dipl.-Kff. Eva Sewing, Dipl.-Wirtsch.-Mathm. Waldemar Toporowski,
Universität zu Köln, Seminar für Allgemeine Betriebswirtschaftslehre, Handel und Distribution, Albertus-Magnus-Platz 1, 5000 Köln 41

Ziel des Beitrages ist es festzustellen, inwieweit aufgrund der in der Conjoint-Analyse ermittelten Teilnutzenwerte, wie behauptet, die Wichtigkeiten einzelner Eigenschaften angegeben werden können. Im Rahmen einer kriterienbezogenen Validierung werden die Ergebnisse der Trade-Off-Analyse mit denen der Full-Profile-Technik verglichen, indem überprüft wird, ob sich bei beiden Varianten der Conjoint-Analyse die gleiche Rangfolge der Eigenschaften ergibt, wenn sie nach ihren Wichtigkeiten geordnet werden. Es wird gleichzeitig festgestellt, ob dem jeweils wichtigsten Merkmal eine ähnlich hohe Maßzahl für die Wichtigkeit zugewiesen wird. Die Unterschiede zwischen beiden Verfahren werden sowohl theoretisch als auch empirisch überprüft.

In der theoretischen Analyse wird festgestellt, daß sich die mit der Trade-Off-Analyse bzw. der Full-Profile-Technik erhobenen Präferenzrangfolgen bezüglich des Informationsgehaltes unterscheiden. Die Unterschiede wirken sich auf die relative Wichtigkeit des für die Beurteilung bedeutendsten Merkmals aus. Bei einem dominanten Merkmal ist zu erwarten, daß die Full-Profile-Methode diesem Merkmal eine höhere Wichtigkeit zumessen wird als die Trade-Off-Methode. Das theoretisch hergeleitete Ergebnis wird mit Hilfe simulierter Daten bestätigt. Weitere Ergebnisse beziehen sich auf Fälle, bei denen keine Dominanz vorliegt. Ist die Nutzenstruktur eines Probanden durch ungleichgewichtige Merkmale gekennzeichnet, so wird bei der Full-Profile-Methode ebenso dem wichtigsten Merkmal eine höhere Bedeutung zugewiesen als bei der Trade-Off-Methode. Ein Vergleich der Ergebnisse beider Verfahren mit der als bekannt unterstellten Nutzenstruktur zeigt, daß die Full-Profile Methode diese besser rekonstruiert. Liegen gleichgewichtige Merkmale vor, liefern die Trade-Off- und die Full-Profile-Methode annähernd gleiche Ergebnisse.

Neben der theoretischen Analyse werden die Ergebnisse von zwei empirischen Untersuchungen dargestellt, in denen überprüft wurde, inwieweit die nach der Full-Profile-Technik und die nach der Trade-Off-Analyse ermittelten relativen Wichtigkeiten der als relevant angesehenen Produkteigenschaften übereinstimmen. Während sich die erste Untersuchung auf Fernsehgeräte bezieht, beschäftigt sich die zweite mit Wine-cooler. Die Ergebnisse der Studien bestätigen, daß die Profil-Methode dem wichtigsten Merkmal eine höhere Bedeutung zumißt als die Trade-Off-Methode.

Ein Zwei-Stufen-Modell der Marktreaktion
Adelheid Weber, Kiel

Für zahlreiche Hersteller von Markenartikeln des täglichen Bedarfs werden Daten über die Gedächtnisinhalte ihrer Zielgruppen - wie z.B. Markenbekanntheit oder Werbekenntnis - routinemäßig erhoben. Gedächtnisinhalte werden in der Marktanalyse bisher überwiegend als Zielgrößen kommunikationspolitischer Maßnahmen verwendet. Ihre wesentliche Bedeutung besteht jedoch in ihrem Einfluß auf die Marktanteilsreaktion.

Zur umfassenden Analyse von Gedächtnisinhalten der Zielgruppe wurde ein Zwei-Stufen-Modell entwickelt, das psychographische Variablen als Zwischenstufe der Marktanteilsreaktion auf den Einsatz des Marketinginstrumente-Mix berücksichtigt. Um Anteilseffekte in konsistenter Form abbilden zu können, folgt der Ansatz der mathematischen Form von Attraktionsmodellen.

Beim Test des Zwei-Stufen-Modells wurden Datenbasen verwendet, die durch ein simulatives Verfahren generiert wurden. Durch diese Vorgehensweise konnten die den Daten zugrundeliegenden Marktverhältnisse systematisch variiert werden. Variationsparameter waren die Preis- und Werbeempfindlichkeit des Marktes.

Der Test erfolgte im Vergleich zu einer Modellversion ohne explizite Berücksichtigung psychographischer Variablen. Für die erwarteten Marktbedingungen zeigte sich, daß das Zwei-Stufen-Modell die Erklärung des Marktmechanismus verbessert.

Für den Marketingmanager bietet das Zwei-Stufen-Modell einen geeigneten Ansatz, um bei der Planung des Marketinginstrumenteeinsatzes psychographische Variablen in ihrem intervenierenden Einfluß auf die Marktanteilsreaktion berücksichtigen zu können.

Simultaneous Events in General Queueing Systems

and their Impact on

Perturbation Analysis Derivative Estimation

B. Heidergott

Institut für Mathematische Stochastik der Universität Hamburg

Bundesstraße 55, 2000 Hamburg 13, Germany

Abstract

Queueing theory is a widespread approach for analyzing complex stochastic networks, such as flexible manufacturing systems or communication networks. Actually, the goal of system analysis is to optimize or at least to improve the performance of the system. Typical performance measures are throughput, utilization or mean sojourn times. In optimizing, the derivative of the performance measure with respect to a system parameter is of interest. One approach, known as *Infinitesimal Perturbation Analysis*, is to estimate the derivative via the sample derivatives of the performance measure.

We study simultaneous events in a general queueing system setting and thereby derive sufficient and necessary conditions for the existence of sample path derivatives. Having stated the relationship between simultaneous events and the existence of sample derivatives, we extend significantly the area of problems in which the sample path derivative provides an unbiased estimator for the derivative of the performance. Our results extend to queueing systems with discrete service time or interarrival distributions.

The use of linear programming in stochastic optimization

Lodewijk C.M. Kallenberg
University of Leiden
Institute of Applied Mathematics and Computer Science
P.O.Box 9512, 2300 RA Leiden, The Netherlands

In this talk we give an overview of the use of linear programming in stochastic dynamic optimization. The survey consists of four parts.

In the first part Markovian decision problems are considered with different optimality criteria: discounted rewards, average rewards, bias-optimality and Blackwell-optimality. We summarize the results in such a way that the similarity between the models for the various criteria becomes apparent. The notion of superharmonicity plays a central role. From that notion the primal linear program follows. An optimal policy can be obtained from the dual. The dual variables can be interpreted as state-action frequenties. For solving Markovian decision problems there are three main methods: linear programming, policy improvement and successive approximation. Only linear programming can handle additional constraints and we will show how that can be done.

The second part of the talk concerns Markov decision problems with two objectives: maximizing the mean and minimizing the variance. A unifying framework is presented that covers the various way of modelling. An effective computational procedure to solve this problem is given. This procedure is based on parametric linear programming.

In the third part some special models are discussed: the optimal stopping problem, the replacement problem, the inventory problem, the separable model and the multi-armed bandit problem. In each case the computational procedures can be simplified. Complexity results are also given.

The survey will be concluded with results on stochastic games. A two-player zero-sum stochastic game in which one of the players controls the transition probabilities is considered. For both optimality criteria, the discounted rewards and the average rewards, optimal policies can be computed for the two players. The results are also based on the notion of superharmonicity.

Optimization of Discrete-Event Systems

Georg Pflug

Institut für Statistik und Informatik der Universität Wien
Universitätstr. 5
A-1010 Wien

We consider a Discrete-Event System described by a generalized Semi-Markovian process. For such a system we study differnt notions of estimating the derivative of a performance functior with respect to some parameter. In particular, we compare perturbation analysis, the score-function method and weak derivatives. It is shown that a combination of all three methods leads to low variance estimators.

Reference: G. Pflug: Gradient estimates for the performance of Markovian Chains and Discrete-Event Processes; to appear in Annals of Operations Research

Stability in a stochastic sense - Dependent samples

Silvia Vogel
Technische Hochschule Ilmenau
Institut für Mathematik
Postfach 327
O-6300 Ilmenau

Often mathematical programming problems are not completely known. Then the decision maker usually replaces the unknown quantities in the objective function and/or the constraints by estimates, and the question arises under what conditions on the original problem and the estimates the optimal values and the solution sets of the surrogate problems approximate the optimal value and the solution set of the original problem in a suitable sense.

The present paper will provide statements that may help to answer this question. We shall propose a random framework for stability considerations and investigate to what extent random versions of well-known stability theorems in deterministic parametric programming can be derived.

Semicontinuous convergence (almost surely, in probability, in distribution) of a sequence of random functions is one of the crucial assumptions in this setting. Therefore sufficient conditions for the semicontinuous convergence will be given for the cases that the original functions are expectations of certain functions which depend on a random variable Z and the surrogate functions are obtained by

i) replacing unknown parameters by estimates,

ii) estimating the true distribution function of Z by the empirical distribution function, and

iii) estimating the probability density of Z by kernel estimators. Dependent samples will be taken into account.

A software system for the parallel and distributed solution of nonlinear optimization problems

Harald Boden, Manfred Grauer
University of Siegen, Faculty of Economics,
Information and Decision Sciences Institute
Hölderlinstr. 3, D-W-5900 Siegen, Germany
E-mail: hboden@fb5.uni-siegen.de

This paper deals with the software environment "Optix-II" which supports the modelling and coarse grained parallel solution of (decomposed) nonlinear optimization problems. Optix-II consists of a problem editor, a problem compiler, and a runtime environment:

The problem description is entered into a graphically controlled problem editor using the Optix-II problem description language which resembles mathematical notations for nonlinear optimization problems. In addition to this, external functions written in C or FORTRAN for the solution of complex mathematical models may be included. The Optix-II compiler translates the problem description into a collection of functions written in the computer language C. Thereby the compiler calculates symbolic first and second order derivatives for all objective functions and constraints. This ensemble of C-functions is then compiled and linked into optimization servers for different hardware/software platforms (e.g. SPARC/SunOs, MIPS/Ultrix, T800/Helios). The Optix-II runtime environment is used to control the ongoing optimization process on NFS-based heterogenous computer networks, multiprocessor workstations, and transputer-based parallel computers. The control is based on a user definable strategy script, describing a sequence of parallel optimization steps. In each parallel step, the user may combine the following strategies:

(1) It is possible to apply a simultaneous combination of different optimization algorithms to one optimization problem. In this situation, the controlled information exchange between the participating and parallel running methods is the basis for a more reliable and, in some situations, even faster solution. Until now, the following optimization strategies for constrained nonlinear optimization have been implemented: random search techniques, a polytope strategy, a penalty function method, a strategy based on an augmented lagrange function, a sequential quadratic programming method, and a generalized reduced gradient strategy.

(2) The calculations may be started from different initial points. Thereby problems resulting from multimodality, nondifferentiability, and nonconvexity of the feasible set and the objective function may be overcome.

(3) In the case of decomposed optimization problems, all subsystem optimizations can be run in parallel, reducing the overall computational time effort.

The user-interface to the Optix-II runtime environment applies to the Open Look standard and is completely interactive. Therefore, the user may set up experiments and adapt the program to an optimal sequence of (parallel running) algorithms for his/her type of nonlinear constrained optimization problems.

THE INDEFINITE LQ-PROBLEM: EXISTENCE OF A UNIQUE SOLUTION

Jacob C. Engwerda, Tilburg

Abstract: In this paper we consider the problem under which conditions there is, for a discrete-time system and an arbitrary finite planning horizon, a unique control that minimizes a general quadratic cost functional. The cost functional differs from the usual one considered in optimal control theory in the sense that we do not assume that the considered weight matrices are (semi) positive definite. The system is described by a linear time-invariant recurrence equation and has an exogenous component. For single input, single output systems both necessary and sufficient conditions are derived.

Zusammenfassung: Diese Arbeit behandelt die Frage unter welche Bedingungen die Optimierung einer quadratischen Kostenfunktion in einem Zeitdiscreten System mit endlichem Planungshorizont, eine eindeutige Lösung hat. Die Kostenfunktion unterscheidet sich von der Standardsituation dadurch, daß nur vorausgesetzt wird daß die Gewichtmatrizen symmetrisch sind. Für single input, single output Systeme wird eine komplette Charakterisierung der Existenzfrage gegeben.

I. Introduction

To motivate the general problem studied in this paper we first consider a simple example from environmental economics (see also Engwerda (1992)). The example models the dual decision problem for a government to reduce on the one hand pollution and government expenditures in the country, and on the other hand to raise consumption and investment as much as possible. Assume that the economy of the country is described by the following macro-economic model

$$P(k+1) = \alpha P(k) - \beta u_1(k) + \gamma_1 C(k) + \gamma_2 I(k) + \gamma_3 u_2(k) + P_{imp}(k)$$

$$C(k+1) = cY(k)$$

$$Y(k) = C(k) + I(k) + u_1(k) + u_2(k)$$

$$I(k) = v(Y(k-1) - Y(k-2)) + I_{imp}(k)$$

Here variable P denotes the environmental pollution; P_{imp} is pollution imported from abroad; Y is the value of the national income; C is the consumption; I is the investment; I_{imp} investment of foreign countries; u_1 is the value of government expenditures spend to reduce pollution; and u_2 is the remaining part of government expenditures. The index k expresses that all variables are measured at time k.

Then, under the assumption that the government is rather indifferent to discriminate between small revenues of a "product" but that high revenues of that product are appreciated very much (and similar opposite arguments for the costs of a "product"), the next social welfare function gives an accurate description of the government's dual decision problem:

$$\min \sum_{k=1}^{N-1} \{q_1 P^2(k) - q_2 C^2(k) - q_3 I^2(k) + r_1 u_1^2(k) + r_2 u_2^2(k)\} + q_1 P^2(N) - q_2 C^2(N) - q_3 I^2(N),$$

where q_1, q_2, q_3, r_1 and r_2 are prespecified positive weights and N is the length of the planning horizon. Introducing the state variable $y^T(k) := (P(k)\ C(k)\ I(k))$, the control variable $u^T(k) := (u_1(k)\ u_2(k))$ and the exogenous variable $x^T(k) := (P_{imp}(k)\ 0\ I_{imp}(k))$, this problem can be rewritten into the following standard form:

$$\min J(N) := \frac{1}{2} \sum_{k=1}^{N-1} \{y^T(k)Qy(k) + u^T(k)Ru(k)\} + y^T(N)Qy(N) \tag{1}$$

w.r.t. the linear finite-dimensional time-invariant difference equation:

$$y(k+1) = Ay(k) + Bu(k) + Cx(k), \quad k = 1, 2, ..., \tag{2}$$

where the weight matrices Q and R are symmetric, but not necessarily positive (semi)definite.

Note that in case the weight matrices are positive (semi)definite the solution to this problem is well-known, see e.g. Pindyck (1973), Chow (1975), Pitchford et al. (1977), Preston and Pagan (1982), de Zeeuw (1984) or Engwerda (1990). Moreover, most of these references also treat the case of an infinite planning horizon. This last case is of special importance, because it can be shown that under some smooth conditions the resulting solution to the optimal control problem stabilizes the system. However, in case the definiteness assumption is dropped, it is clear that in general problem (1) will not have a solution. So, the question arises under which conditions on the weight matrices there exists a solution. From e.g. Engwerda (1992, theorem 4) (see also Rappaport et al. (1971)) the following result is easily obtained:

<u>Theorem 1</u>:
Problem (1) has a unique solution if and only if (iff.) $R + B^T K_N(k)B$ is positive definite (> 0) for $k = 1, .., N$. Here $K_N(k)$ is given by the backwards recurrence equation:

$$K_N(k-1) = A^T(k)\{K_N(k) - K_N(k)B(R + B^T K_N(k)B)^{-1}B^T K_N(k)\}A + Q,$$

$$\text{with } K_N(N) = Q.$$

□

The disadvantage of this solution is that, in particular for a large planning horizon, the verification of these conditions is a cumbersome job. So, the question arises whether it is possible to present arguments from which we can directly conclude whether the problem for a given planning horizon exists.

In this paper we treat the problem under which conditions the indefinite LQ-problem (1), with an arbitrarily long planning horizon, has a solution. As a consequence, these conditions will guarantee that problem (1) has a solution for any planning horizon.

It will be clear that this problem in its full generality is a rather involved problem from which it is not à priori clear that simple solvability conditions exist. For the special case that matrix A equals the identity matrix, Engwerda showed in (1992, theorem 6) the following result:

<u>Theorem 2</u>:
With $A = I$ in (2), problem (1) has a unique solution for all $N \in \mathbf{N}$ iff. i) $4R + B^T QB \geq 0$; ii) $B^T QB \geq 0$; and iii) $R + B^T QB > 0$. □

From the proof of this result it is, however, unclear how this result extends for a general matrix A. So, the basic question posed above in essence remains to be solved. In order to tackle this problem obviously the best one can do to get an idea about the solvability conditions is to solve first the most simple case. In casu this is the Single-Input Single-Output case (i.e. A and B scalars). We will see in the rest of this paper that the derivation of conditions which coincide with related literature on this subject is already non-trivial for the SISO case. However, we finally will succeed in presenting both necessary and sufficient solvability conditions for it, and we shall discuss how this result might be extended to the general case.

II. The SISO-case:

In this section we exhaustively study the SISO-case. From theorem 1, some elementary rewriting yields that the problem to be analyzed reads as follows:

Problem statement 3:
Find necessary and sufficient conditions on the system parameters A, B, Q and R such that $v(k) > 0$ for all $k \in \mathbb{N}$, where $v(k)$ satisfies the recurrence equation:

$$v(k+1) = A^2 R + v(0) - \frac{A^2 R^2}{v(k)}; \ v(0) = R + B^2 Q.$$

$\square$

The next quadratic equation plays a crucial role in finding solvability conditions:

$$v^2 - (A^2 R + v(0))v + A^2 R^2 = 0. \tag{3}$$

In the sequel we will denote s to be the smallest real solution and l to be the largest real solution of this equation. In case the equation does not have a real solution s and t are defined to be ∞.
The following preliminary result can now be proved using elementary analysis.

Lemma 4:
Problem 3 has a solution iff. i) $v(0) > 0$, ii) $v(0) \geq$ s and iii) $A^2 R + v(0) \geq 0$.
Moreover, if a solution exists $v(k) \to l$, unless $v(0)=s$ in which case $v(k)=s \ \forall k \in \mathbb{N}$.

Proof:
We will only give a brief geometric outline of the proof.
To that end we first note that whenever $A^2 R + v(0) < 0$, the recurrence equation yields that $v(1) < 0$. So, condition iii) is a necessary one.

Consequently, apart from the two trivial cases ($A = 0$ and $R = 0$) which are easily verified, only the next two situations, sketched in fig.1a and 1b, respectively, can occur.

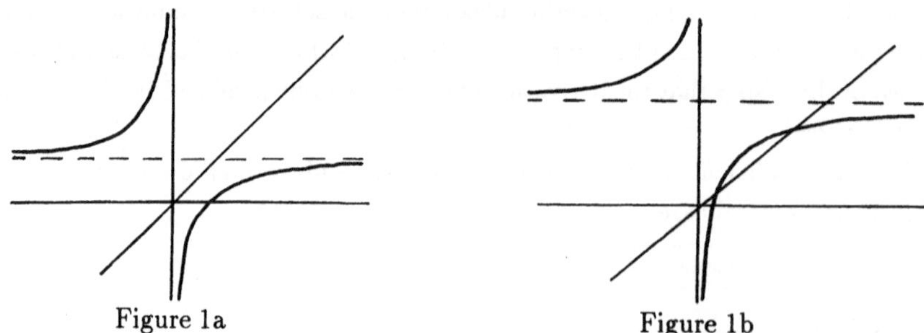

Figure 1a   Figure 1b

Figure 1a represents the case in which equation 3 has no real solution. From the figure it is obvious that irrespective of the initial starting point $v(0)$ of the recurrence equation, there exists a k such that $v(k)$ becomes negative. So, problem 3 has no solution in this case.

Figure 1b represents the case that equation (3) has (at least) one positive real solution. Again it is easily verified that in this case $v(k)$ remains positive iff. the starting point of the recurrence equation is situated to the right of s.

The other statements of the lemma are obtained using the same arguments. $\qquad\square$

By explicitly calculating the solution of (3) we have that the above statement can be reformulated as:

<u>Corollary 5:</u>
Problem 3 has a solution iff. i) $v(0) > 0$; ii) $(A^2R + v(0))^2 - 4A^2R^2 \geq 0$; iii) $v(0) \geq A^2R - \sqrt{(A^2R + v(0))^2 - 4A^2R^2}$; and iv) $A^2R + v(0) \geq 0$. $\qquad\square$

In principle, corollary 5 gives the conditions posed in terms of the system parameters we were looking for. However, to link this result with existing results on this and related subjects (as e.g. theorem 2) we have to further elaborate these conditions. In the appendix we show that they can be reformulated as follows:

<u>Theorem 6:</u>
Both necessary and sufficient conditions for existence of a unique solution for problem 3 are:
if $|A| < 1$: i) $R + B^2Q > 0$; ii) $(A - 1)^2R + B^2Q \geq 0$; and iii) $(A + 1)^2R + B^2Q \geq 0$,
if $A \geq 1$: i) $R + B^2Q > 0$; ii) $B^2Q \geq 0$; and iii) $(A + 1)^2R + B^2Q \geq 0$,
if $A \leq -1$: i) $R + B^2Q > 0$; ii) $(A - 1)^2R + B^2Q \geq 0$; and iii) $B^2Q \geq 0$. $\qquad\square$

Note that for $A = 1$ we get back the result from theorem 2.

In e.g. Jonckheere et al. (1980) and Lancaster et al. (1986) problem 3 is considered for an infinite planning horizon, with the additional restriction that the state variable must converge to zero. The solvability conditions in these papers are formulated in the frequency domain. For the SISO-case the following result can be extracted from Lancaster et al. (1986, theorem 2.4):

<u>Theorem 7:</u>
Let $0 < |A| < 1$ and $B \neq 0$.

Then the above stated problem is solvable iff.

$$\psi(z) := B(\frac{1}{z} - A)^{-1}Q(z - A)^{-1}B + R \geq 0 \qquad (4)$$

for all z on the unit circle Γ. $\qquad\qquad\square$

We conclude this paper by linking this result to theorem 6. To that end we first note that:

<u>Lemma 8</u>:
Let $\mid A \mid \neq 1$. Then,
$\psi(z) \geq 0 \ \forall z \in \Gamma$ iff. i) $(A-1)^2 R + B^2 Q \geq 0$ and ii) $(A+1)^2 R + B^2 Q \geq 0$.

<u>Proof</u>:
$\Rightarrow$ Follows by direct substitution of $z = 1$ and $z = -1$, respectively.
$\Leftarrow$ Follows immediately from the observation that $\psi(z) = B^2 Q + R(1 + A^2 - 2\mathrm{Re}z \ A)$, where $-1 \leq \mathrm{Re}z \leq 1$. $\qquad\qquad\square$

Theorem 6 can now be reformulated as follows:

<u>Theorem 6'</u>: Both necessary and sufficient conditions for existence of a unique solution for problem 3 are:
if $\mid A \mid < 1 :$ i) $\psi(z) \geq 0 \ \forall z \in \Gamma$; and ii) $det\psi \neq 0$
if $\mid A \mid = 1 :$ i) $R + B^2 Q > 0$; ii) $B^2 Q \geq 0$; and iii) $4R + B^2 Q \geq 0$
if $\mid A \mid > 1 :$ i) $\psi(z) \geq 0 \ \forall z \in \Gamma$; ii) $\det \psi \neq 0$; and iii) $B^2 Q \geq 0$. $\qquad\square$

<u>III. Concluding Remarks</u>:

In this paper we studied for SISO-systems the problem under which conditions the indefinite LQ problem with an arbitrarily long planning horizon has exactly one solution. We exhaustively studied this problem in the sense that we presented for all possible parameter combinations solvability conditions. So no controllability or stabilizability assumptions or restrictions on parameter sets were made.

We choose to present the solvability conditions depending on the value of the system "matrix" A. We observed that for $\mid A \mid = 1$ a discontinuity appears in the solvability conditions. That is, the presented solvability conditions differ for $\mid A \mid \geq 1$ and $\mid A \mid \leq 1$.

To facilitate a comparison with existing liturature on the infinite horizon LQ (stabilization) problem, the conditions were reformulated in the frequency domain. We showed that for $0 < \mid A \mid < 1$ our solvability conditions are directly related to the existing literature in that area. Since we provided solvability conditions without posing any restrictions on the system, our conditions may be useful to solve the infinite horizon LQ (stabilization) problem under less severe restrictions. It seems that the eigenvalues of matrix A situated on the unit circle play a crucial role in generalizing these conditions.

<u>Appendix: Proof of Theorem 6</u>

As the starting point for our analysis we take the both necessary and sufficient conditions of corollary

5. The first condition yields condition i) mentioned throughout theorem 6. So, the basic new things left to be proved are the conditions ii) and iii).

Simple calculation shows that by introducing the variable $d := \frac{A^2 R}{R + B^2 Q}$ the conditions ii), iii) and iv) of corollary 5 can be reformulated, respectively, as follows:

$$\left(\left(1 - \frac{2}{A}\right)d + 1\right)\left(\left(1 + \frac{2}{A}\right)d + 1\right) \geq 0; \text{ and} \tag{5}$$

$$d - 1 \leq \sqrt{\left(\left(1 - \frac{2}{A}\right)d + 1\right)\left(\left(1 + \frac{2}{A}\right)d + 1\right)}. \tag{6}$$

$$d \geq -1 \tag{7}$$

(Note that in case $A = 0$, the theorem trivially holds.)

Inequality (5) implies that either:

$$i)\ \left(1 - \frac{2}{A}\right)d + 1 \geq 0; \text{ and } ii)\ \left(1 + \frac{2}{A}\right)d + 1 \geq 0 \text{ or} \tag{8}$$

$$iii)\ \left(1 - \frac{2}{A}\right)d + 1 \leq 0; \text{ and } iv)\ \left(1 + \frac{2}{A}\right)d + 1 \leq 0 \tag{9}$$

To proceed the analysis, we discern eight cases: I. $A < -2$; II. $A = -2$; III. $-2 < A < -1$; IV. $-1 \leq A < 0$; V. $0 < A \leq 1$; VI. $1 < A < 2$; VII. $A = 2$; and VIII. $A > 2$.

<u>Case I</u>: $\qquad\qquad \frac{-1}{1 + \frac{2}{A}} \qquad -1 \qquad \frac{-1}{1 - \frac{2}{A}} \qquad 0$

Obviously, in this case (8) is satisfied iff. $d \geq \frac{-1}{1 - \frac{2}{A}}$, and (9) iff. $d \leq \frac{-1}{1 + \frac{2}{A}}$. Note that in the last case we have $d \leq -1$. This contradicts (7), so this case can be excluded.

If $d \geq \frac{-1}{1 - \frac{2}{A}}$, (6) is trivially satisfied as long as $d \leq 1$. For $d > 1$, inequality (6) reduces to $d \leq A^2$. So, summarizing, (5) and (6) are satisfied iff. $i)\ B^2 Q \geq 0$ and $ii)\ (A - 1)^2 R + B^2 Q \geq 0$.

<u>Case II</u>: This case can be verified by direct substitution of $A = -2$.

<u>Case III</u>: $\qquad -1 \qquad \frac{-1}{1 - \frac{2}{A}} \qquad\qquad 0 \qquad 1 \qquad \frac{-1}{1 + \frac{2}{A}}$

Obviously, in this case equation (9) never holds, whereas equation (8) is satisfied iff.

$$\frac{-1}{1 - \frac{2}{A}} \leq d \leq \frac{-1}{1 + \frac{2}{A}} \tag{10}$$

Note that now equation (6) is trivially satisfied whenever $d < 1$. If $d \geq 1$ equation (6) reduces to $d \leq A^2$. Since $\frac{-1}{1 + \frac{2}{A}} \geq A^2$, we have that equations (5) and (6) are equivalent to the inequality $\frac{-1}{1 - \frac{2}{A}} \leq d \leq A^2$. Elementary calculation yields then the result as stated in the theorem.

<u>Case IV</u>: $\qquad\qquad \frac{-1}{1 - \frac{2}{A}} \qquad\qquad 0 \qquad \frac{-1}{1 + \frac{2}{A}} \qquad 1$

Similar to the previous case we obtain the both necessary and sufficient inequality condition (10). Since $\frac{-1}{1 + \frac{2}{A}} < 1$ this implies that equation (6) is always trivially satisfied. Elementary calculation yields then that the inequalities of equation (6) can be rewritten as stated in the theorem.

<u>Case V, VI, VII, VIII</u>: These cases are symmetric to the cases IV, III, II and I, respectively. Consequently, they can be proved by dualizing (i.e. replace A by $-A$) the corresponding proofs. We therefore omit detailed proofs. $\qquad\qquad\qquad\square$

<u>Literature:</u>

Chow, G.C.
Analysis and Control of Dynamic Economic Systems.
New York: John Wiley & Sons (1975)

Engwerda, J.C.
The solution of the infinite horizon tracking problem for discrete time systems possessing an exogenous component.
Journal of Economic Dynamics and Control 14, 741-762 (1990)

Engwerda, J.C.
The indefinite LQ-problem: the finite planning horizon case.
Preprint Volume Dynamic Games and Applications-Proceedings 1992, 1-18 (1992)

Jonckheere E.A.; Silverman L.M.
Spectral theory of the linear-quadratic optimal control problem: a new algorithm for spectral computations.
I.E.E.E. Transactions Automatic Control 25, 880-888 (1980)

Lancaster P.; Ran A.C.M.; Rodman L.
Hermitian solutions of the discrete algebraic Riccati equation.
International Journal Control 44, 777-802 (1986)

Pindyck, R.S.
Optimal Planning for Economic Stabilization.
Amsterdam: North Holland (1973)

Pitchford J.D.; Turnovsky S.J.
Applications of Control Theory to Economic Analysis.
Amsterdam: North Holland (1977)

Preston A.J.; Pagan A.R.
The Theory of Economic Policy.
New York: Cambridge University Press (1982)

Rappaport D.; Silverman L.M.
Structure and stability of discrete-time optimal systems.
I.E.E.E. Transactions Automatic Control 16, 227-232 (1971)

Zeeuw de A.J.
Difference Games and Linked Econometric Policy Models.
Phd. Thesis Tilburg University, The Netherlands (1984)

Fallstudie: Einsatz von Methoden der nichtlinearen Optimierung
bei der Konstruktion von Motoren

Helmut Gfrerer

Institut für Mathematik

Johannes Kepler Universität Linz

Altenbergerstr.69

A-4040 Linz

Grundlage dieses Beitrags ist ein in Kooperation mit der Forschungs- und Entwicklungsabteilung eines europäischen Automobilkonzerns durchgeführtes Projekt, das zur Untersuchung der Einsatzmöglichkeit von Optimierungstechniken bei der Auswahl gewisser Konstruktionsparameter von 4-Takt-Ottomotoren, wie z.B. Öffnungs – und Schließwinkel der Ventile, Nockenform usw. diente. Das vorgegebene Ziel ist dabei die Erhöhung des Wirkungsgrades, und zwar nicht nur bei einer bestimmten Motorendrehzahl, sondern möglichst über den gesamten Drehzahlbereich. Zu diesem Zweck sind für 11 verschiedene Drehzahlen im Bereich von 1500 bis 6500 Upm Zielwerte für den Wirkungsgrad vorgegeben, die näherungsweise eine Kurve definieren. Ziel der Optimierung ist nun, diese Kurve möglichst genau zu approximieren. Die Auswahlmöglichkeiten für die Designparameter sind weiters noch durch verschiedene Nebenbedingungen eingeschränkt, wie zum Beispiel durch die Forderung, daß der Motorkolben nicht mit einem der Ventile kollidieren darf.

Die Zielvorgabe, nämlich eine an diskreten Punkten vorgegebene Kurve zu approximieren, läßt sich als Minimum–Norm–Problem formulieren:

$$\min_{x=(x_1,\ldots,x_p)} \sum_{i=1}^{11} r_i \left(\lambda_i(x) - \lambda_i^*\right)^2$$

wobei $x = (x_1,\ldots,x_p)$ die zu bestimmenden Konstruktionsparameter sind, λ_i^* die Zielvorgaben für die Wirkungsgrade und $\lambda_i(x)$ die tatsächlichen Wirkungsgrade in Abhängigkeit von den aktuellen Parametergrößen für die 11 verschiedenen Motordrehzahlen bedeutet. Zusätzlich bezeichnet r_i verschiedene Gewichte, die die Wichtigkeit einer guten Approximation der Zielvorgabe bei verschiedenen Motordrehzahlen messen sollen. Weiters lassen sich die Nebenbedingungen als nichtlineare Ungleichungen formulieren. Als Resultat erhält man als Modell ein nichtlineares Optimierungsproblem mit Restriktionen.

Die direkte Anwendung von Programmpaketen auf den vorliegenden Problemtyp ist nicht möglich, da die Bestimmung des Wirkungsgrades in Abhängigkeit von den Designparametern überaus kompliziert ist. Im vorliegenden Fall erfolgte dies mittels eines Programmpakets für strömungsdynamische Berechnungen, eine Auswertung der Zielfunktion für eine konkrete Parameterkonfiguration benötigte mehr als 2 Stunden CPU–Zeit auf einer DEC–Station 5000. Ein weiteres Problem ist die Tatsache, daß Informationen über Ableitungen nur mit relativ großem Aufwand zu erhalten sind, da solche Strömungsdynamikpakete das zu Grunde liegende Modell nur näherungsweise zu lösen in der Lage sind. Der vorliegende Beitrag soll aufzeigen, wie mit Hilfe einer sorgfältigen Datenanalyse das Problem Optimierungstechniken zugänglich gemacht werden kann.

The Dynamic Theory of the Investing Firm with Investment and Disinvestment Costs

Peter M. Kort (Tilburg University, Economics Department, P.O. Box 90153, 5000 LE Tilburg, The Netherlands) and Charles S. Tapiero (ESSEC, Department of Decision Sciences and Logistics, 95021 Cergy Pontoise, France).

Some recent papers on dynamic investments (e.g. Pindyck (1988), Kort (1990)) adopt the very strong assumption that investments are completely irreversible. Here we relax this assumption by allowing the firm to disinvest. However, every time it disinvests the firm has to pay transaction costs which are linearly dependent on the size of disinvestment. This implies that, despite of dropping the irreversibility assumption, the problem still has a really dynamic structure: when taking its investment decision now the firm has to reckon with the fact that disinvesting later on is costly. It turns out that, depending on the size of the cash balance and the amount of assets, one out of five different policies is optimal and that disinvestments can be optimal for reasons of cash shortage and size reduction when the firm has grown beyond some optimal levels of capitalization.

References

Kort, P.M., 1990, Dynamic firm behavior within an uncertain environment, *European Journal of Operational Research*, 47, 371-386

Pindyck, R.S., 1988, Irreversible investment, capacity choice and the value of the firm, *American Economic Review*, 78, 969-985

Reduktion großer nichtlinearer prozeßanalytischer Optimierungsmodelle zur Energieplanung

Rolf Kühner, Helmuth-M. Groscurth
Institut für Energiewirtschaft und Rationelle Energieanwendung (IER)
Universität Stuttgart, Pfaffenwaldring 31, W-7000 Stuttgart 80

Zur Mittel- und Langfristplanung werden in der Energiewirtschaft und der Energiepolitik dynamische (mehrperiodige) Energiesystemmodelle eingesetzt. Die Modellierung erfolgt im wesentlichen prozeßanalytisch, d.h. durch eine mathematische Beschreibung der physikalisch-technischen Zusammenhänge im zu untersuchenden Realsystem.
Modelle dieser Kategorie bestehen in der Regel aus mehreren Tausend Variablen und Restriktionen. Wenn es bei der Planung um Minimierungs- oder Maximierungsfragen geht, werden am Modell Optimierungsrechnungen durchgeführt.

In vielen Fällen können Fragestellungen nur dadurch beantwortet werden, daß Teilsysteme mit hoher Genauigkeit im Modell dargestellt werden. Eine realitätsnahe Darstellung der realen Zusammenhänge führt fast immer zu nichtlinearen Modellen.
Diese wurden in der Vergangenheit meist linearisiert, da Optimierungsrechnungen an großen nichtlinearen Modellen mit einem hohen Rechenzeit- und Rechenkapazitätsaufwand verbunden sind, wurden bisher nur in wenigen Spezialbereichen große nichtlineare Optimierungsmodelle von Energiesystemen erstellt (z.B. bei der Lastflußoptimierung).

Durch eine Verkleinerung des Rechenaufwands für die Optimierung kann das Anwendungsfeld von nichtlinearen prozeßanalytischen Energiesystemmodellen auf einen größeren Bereich ausgedehnt werden.

Eine Vereinfachung läßt sich dadurch erreichen, daß das Modell von überflüssigen Variablen und Restriktionen befreit wird. So können beispielsweise rechnergestützt lineare (und linearisierte konvexe) redundante Restriktionen sowie Nullvariablen ermittelt und entfernt oder fixierte Variablen in Konstanten umgeschrieben werden. Nichtextremale Variablen können als Funktion der anderen Variablen ausgedrückt werden. Darüberhinaus kann die Variablen- und Restriktionsanzahl durch Ausnutzung mathematisch formulierbarer immanenter Eigenschaften von nichtlinearen prozeßanalytischen Energiesystemmodellen und speziell von Optimallösungen dieser Modelle verringert werden. Insbesondere können (nichtlinearen) Restriktionen ermittelt werden, die im Optimalpunkt aufgrund solcher immanenter Eigenschaften der Modellklasse aktiv sein müssen oder mit großer Wahrscheinlichkeit aktiv sind.

Markov equilibria in perfect differential games

Alexander Mehlmann

Institute for Econometrics, Operations Research and Systems Theory
University of Technology Vienna
A-1040 Vienna, Argentinierstr. 8/119, AUSTRIA

Abstract

The basic feature shared by the games analyzed in this paper is the subgame perfectness of open-loop equilibria (if they exist). Clemhout and Wan (1974), Leitmann and Schmitendorf (1978), and Reinganum (1982) isolated different classes of such *perfect* games. The typological connection between their classes of games has been investigated by Mehlmann and Willing (1983), Fershtman (1987) and Mehlmann (1988). The first two types of games are characterized by the structural property of *state-redundancy*. After replacement of multipliers by the solutions of the corresponding costate equations, the Hamiltonian maximizing conditions $\partial H_i / \partial u_i = 0$ are independent of the state variables, and the initial state value. The claim implicitly issued by Mehlmann and Willing (1983) is that any perfect game is either state-redundant or can be transformed to a state-redundant game. That state transformations are the main tool of proving the perfectness of a given game has been demonstrated by Fershtman (1987). Denote by $\Gamma_{T;x_0}$ a finite horizon differential game starting at the initial state value x_0. Fershtman's main criterion for the identification of perfect games is the equivalence of $\Gamma_{T;x_0}$ with $\Gamma_{T;\chi}$ for all admissible initial state values x_0 and a fixed value χ. The subgame-perfectness of open-loop equilibria is, however, not the only consequence of equivalence between games posessing identical payoffs and dynamics but starting from different initial states. If this relation is defined by diffeomorphisms then any equilibrium outcome as well as any Pareto efficient outcome generated by a team optimal set of decision rules is necessarily independent of initial state value and corresponding state trajectory. Triggering defined under these circumstances offers a credible alternative to the direct extensions of bargaining schemes to N-person differential games. It may be shown that Pareto efficient outcomes can be implemented as Markovian type equilibria.

THE ADAPTATION PROCESS OF THE FIRM DURING THE BUSINESS CYCLE

Piet A. Verheyen, Professor Management Science, Tilburg

Abstract: In business cycle models attention is mostly oriented on the peak and the lowest point of the cycle, but, in practice the firm adapts the technology at the end of the inflation period and at the start of the growth path. With the model of Leban and Lesourne [4] this policy of a firm during the adaptation period is explicable. In this article we describe the economic rules of this process, in a control theoretical context as e.g. Feichtinger and Hartl [2].
Successively we formulate a model, based on Leban and Lesourne [4], analyse the phases of the development focus on the important adaptations of the firm and formulate the conclusions.

The model [4,6]

$$\max \int_0^\infty \exp(-it)[pQ - wL - I - cR]\,dt \tag{1}$$

s.t.

$$\dot{K} = I - aK \tag{2}$$

$$\dot{L} = R - sL \tag{3}$$

$$I \geq 0 \tag{4}$$

$$R \geq 0 \tag{5}$$

$$f(K,L) - Q \geq 0 \tag{6}$$

in which

$$Q(t) = be^{\gamma t} \qquad (t \leq \tau_u) \qquad (7)$$

$$Q(t) = be^{\gamma t}\, e^{-\mu(t-\tau_u)} \qquad (\tau_u \leq t \leq \tau_d) \qquad (8)$$

$$Q(t) = be^{\gamma t}\, e^{-\mu(\tau_d-\tau_u)} \qquad (\tau_d \leq t) \qquad (9)$$

and

$$f(K,L) = K^{\alpha}L^{1-\alpha} \qquad (10)$$

The definitions are:

$I(t)$	: rate of investment	f	: production function
$K(t)$	: stock of capital	i	: interest rate
$L(t)$	: employment	s	: retirement rate
$Q(t)$	: demand	α	: Cobb Douglas coefficient
$R(t)$	: rate of recruitment	γ	: expansion rate of demand
a	: depreciation rate	$\mu-\gamma$	: contraction rate of demand
b	: output-coefficient	τ_d	: lowest point of the cycle
c	: unit recruitment cost	τ_u	: peak of the cycle

The firm maximizes the net present value of the cash flows with an infinite horizon date (1). Given the usual formulas of net investment (2), of the growth of employment (3) and of the non-negative restrictions (4, 5), the Cobb Douglas production function with capital-labour substitution is formulated in (10), the excess capacity in (6) and the demand function in (7), (8) and (9).

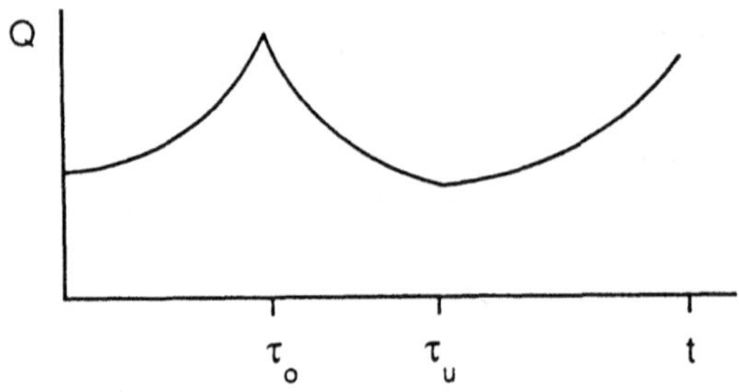

Figure 1. The demand function.

The phases of development

We analyse the case of a hidden business cycle $(\mu-\gamma > \max(a,s))$, i.e. the contraction rate of demand is higher than the contraction rate of equipment and employment. Because of the low depreciation and retirement rates the recession induces stopping recruitment and investment and results in excess capacity of equipment.

Figure 2. Policy of the firm during the hidden business cycle.

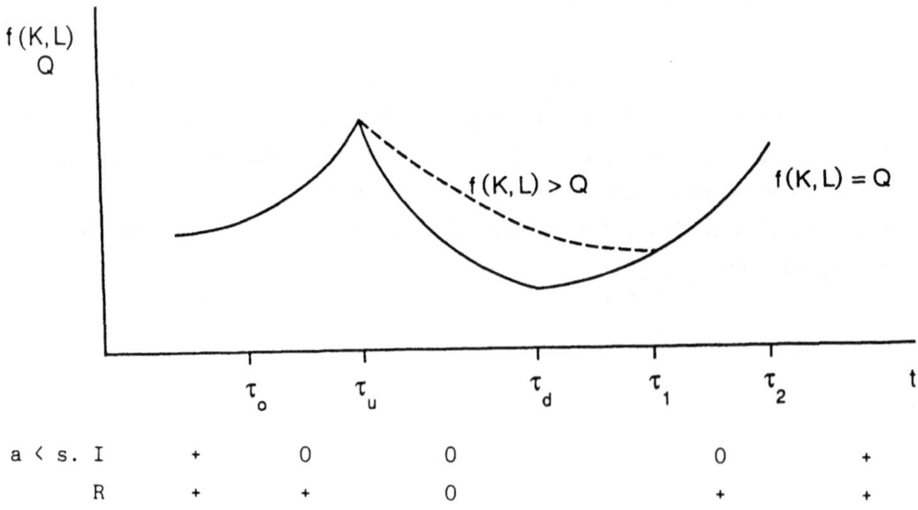

The development of the total path is well understandable: after the top of
the boom period, the investment and recruitment are reduced to zero because of the decline of demand and "the firm resumes investment and recruitment after demand has started growing again" (Leban and Lesourne
1983). In the case of low depreciation rate the investment stops before
the top.

The adaptation periods $(\tau_0 - \tau_u$ and $\tau_d - \tau_1)$

During the boom periods before τ_0 and after τ_1 the present value of marginal investment is 1, the recruitment costs are c and, given the lemma:
"the slope of the isoquant is equal to the ratio of the factor prices",
the technology of the firm is fixed.
Between $\tau_u - \tau_d$ recruitment and investment are zero. The optimal declining
rate of the production is

$$\frac{f(K,L)}{f(K,L)} = -a\alpha - s(1-\alpha) = -\pi$$

During the adaptation period the firm will adapt the technology in a way
that this declining rate π is possible.
We can explain the development by the following figure:

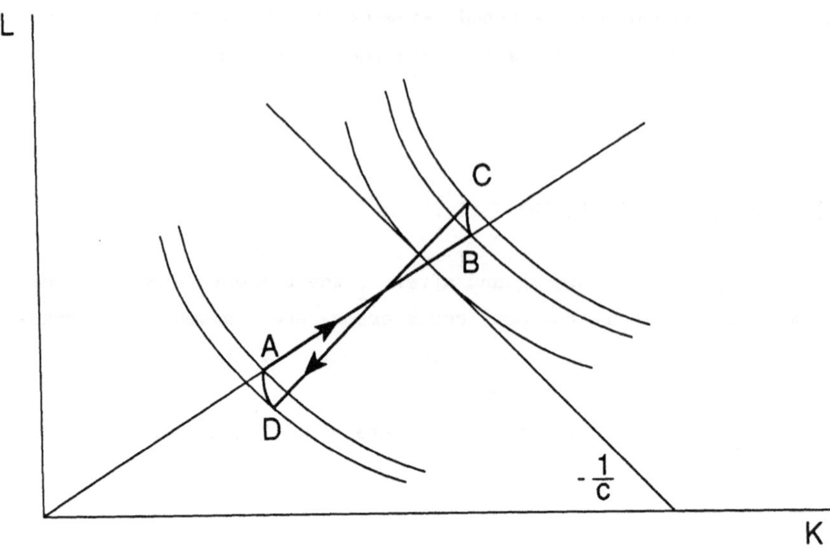

Figure 3. The growth of labour and capital.

In the period before τ_0 and after τ_1 the capital/labour relation is given by the ratio of the input prices, as formulated by the lemma (line AB).

In the adaptation periods (τ_0-τ_u and τ_d-τ_1) labour can grow ($\dot{L} = R$-sL) because of the fast declining rate of labour (s > a). The investment stops and also $\dot{K} = $ -aK. In economic terms: the price and the marginal revenue of labour is c = wf_L as during the boom period and labour grows. The marginal revenue of capital is below its marginal cost (λ_1 < 1): the net present value of the benefits of an investment of one dollar is smaller than the initial investment-outlay of one dollar and therefore, the investment is zero and capital declines with depreciation [5]. So labour is scarce with respect to capital and the firm substitutes capital into labour (labour deepening effect) (lines BC and DA).

Because of the severe recession (μ-γ > max(a,s)) the benefits of labour are also smaller as the wages and recruitment stops:

$$\frac{\partial L}{\partial K} = \frac{\overset{\cdot}{L}}{\underset{K}{\overset{\cdot}{}}} = \frac{-sL}{-aK} = \frac{sL}{aK}$$

(see line CD in figure 3.1).

The conclusions

The analysis of the business cycle is based on two economic decision rules as necessary conditions for optimization:
- the net present value of marginal investment is zero: the discounted revenue stream minus the initial investment-outlay is zero [3];
- the marginal rate of substitution of the inputs equals the price ratio of these inputs.

Because of the irreversibility of labour and capital and the sharpness of the recession the declining rate of the production during the period τ_u-τ_d is optimal by

$$\frac{\overset{\cdot}{f(K,L)}}{f(K,L)} = -a\alpha - s(1-\alpha) = -\pi.$$

In this situation the firm wants to avoid a relative surplus of labour and of capital at the peak of the business cycle. So we can explain the practical economic decisions in many firms during a period of moderate growth and the dynamic evolution of capital and employment: the firm stops investment or recruitment to anticipate a period of recession. In this way the activities of the firms are also signals of their expectations of what the future might bring.

"When a firm forecasts a recession, its current behaviour consists in stopping investment and recruitment before the demand slump and resuming them after demand has started growing again. Hence, *the expectation of a recession by a firm is enough to launch a real recession in the demand for production factors* (equipment and recruitment especially)." [4]
Given the irreversibility of labour and "the highly regulated nature of European labour markets constrain the flexibility of firms' employment

policies in such ways that hiring a worker is definitely a risky proposition, and the degree of uncertainty about the future is a crucial parameter in the firm's problem." [1]

The analysis of the adaptation period is especially important in understanding the real economic development.

Literature

[1] Bentolila, S. and G. Bertola (1990), Firing costs and labour demand: how bad is Eurosclerosis, Review of Economic Studies, 57, 381-402.

[2] Feichtinger, G. and R.F. Hartl (1986), Optimale Kontrolle Ökonomischer Prozesse, De Gruyter, Berlin.

[3] Kort, P.M. (1990), A dynamic net present value rule in a financial adjustment cost model, Optimal Control Applications and Methods, 11, 277-282.

[4] Leban, R. and J. Lesourne (1983), Adaption strategies of the firm through a business cycle, Journal of Economic Dynamics and Control, 5, 201-234.

[5] Verheyen, P.A. (1992a), The jump in models with irreversible investment, in G. Feichtinger (ed.), Dynamic Economic Models and Optimal Control; Proceedings of the Fourth Viennese Workshop on Dynamic Economic Models and Optimal Control, North Holland, Amsterdam, p. 75-89.

[6] Verheyen, P.A. (1992b), The economic explanation of the strategy of a self-financing firm during the recession period, Working paper Tilburg University.

FixArc — Ein System zur PC-gestützten Lösung von Fixkosten-Netzwerkflußproblemen

Christoph Arlt, Göttingen

Zusammenfassung: Zur Lösung des Fixkosten-Netzwerkflußproblems zur Gesamtkostenminimierung wurde ein neues Verfahren entwickelt und als Microsoft Windows-Anwendung implementiert. Es setzt sich aus einem Branch-and-Bound-System und einem Problemlöser für die linearen Relaxationen zusammen, der eine neue Implementation des primalen Netzwerk-Simplex-Verfahrens darstellt und im Vergleich mit den schnellsten primal-dualen Verfahren konkurrenzfähig ist. Das Branch-and-Bound-System berechnet aus der LAGRANGE-Relaxation abgeleitete Penalties sowohl für Basis- als auch für Nichtbasisvariable. Bei intensiven Testrechnungen wurden aus verschiedenen Penalties, Separations- und Verzweigungsregeln die günstigsten Kombinationen ermittelt. Mit ihnen bereitet erstmals auch die Lösung großer Probleme (mehrere tausend Knoten, mehrere zehntausend Pfeile, davon bis zu fünftausend mit Fixkosten belastet) auf PCs keine Schwierigkeiten mehr.

Abstract: For solving fixed charge minimum cost network flow problems a new method has been developed and implemented under Microsoft Windows. It is composed of a branch-and-bound system and a solver for linear relaxations, which is a new implementation of the primal network simplex method. This solver is competitive with the fastest primal-dual algorithms. The branch-and-bound system utilizes penalties, which are derived from the LAGRANGE relaxation, not only on basis variables but also on nonbasic variables. In extensive computational tests the best combinations of different penalties, separation and branching rules were determined. Using these the solution of large problems (thousands of nodes, ten thousands of arcs with fixed charges on up to five thousand arcs) no longer causes any difficulties on PCs.

1 Einleitung

In vielen praktischen Anwendungen sind Fixkosten-Probleme zu lösen. Häufig liegt diesen Problemen eine Netzwerkstruktur zugrunde, so daß sie sich als Netzwerkflußprobleme formulieren lassen, deren Pfeile oft nur zum Teil mit Fixkosten belastet werden. Beispiele hierfür sind das *Warehouse Location Problem*, das *Fixed-Charge Transportation Problem* sowie eine Vielzahl weiterer Probleme aus der Investitions- und der Distributionsplanung. Bei allen diesen Problemen werden Entscheidungen wie „Errichten eines Lagers oder nicht" oder „Versenden einer Ware oder nicht" durch die Berücksichtigung von Fixkosten modelliert, die zu einzelnen Pfeilen des Netzwerkes hinzugefügt werden und jeweils bei echt positivem Fluß anfallen.

Das Fixkosten-Netzwerkflußproblem zur Gesamtkostenminimierung ist ein gemischt-ganzzahliges Programm mit spezieller Struktur, das zur Klasse der $\mathcal{NP}$-vollständigen Probleme gehört. Zu seiner Lösung wurde ein neues Branch-and-Bound-Verfahren entwickelt. Dabei wurde ein ganzheitlicher Ansatz verfolgt: Jede Komponente des Verfahrens, wie der Problemlöser für die linearen Relaxationen des Fixkosten-Problems oder die Penalty-Berechnung im Branch-and-Bound-System, wurde so konzipiert, daß sie dem Ziel der Minimierung der Gesamtlaufzeit Rechnung trägt und die vorliegende Netzwerkstruktur bestmöglichst ausnutzt. Außerdem sollten Probleme, bei denen Fixkosten nur für einen Teil der Pfeile anfallen, besonders effizient behandelt werden können.

Der Einsatzbereich von Personal Computern hat sich in den letzten Jahren immens vergrößert. Dies liegt unter anderem an der hohen Benutzerfreundlichkeit, wie sie z. B. durch graphische Oberflächen

Operations Research Proceedings 1992
© Springer-Verlag Berlin Heidelberg 1993

erreicht wird, sowie an der stark gestiegenen Leistungsfähigkeit der Rechner. Um den Problemlöser mit einer vielseitigen und komfortablen Benutzeroberfläche ausstatten zu können, wurde daher das Verfahren als Microsoft Windows-Anwendung implementiert. Vor allen Dingen war die Frage von Interesse, bis zu welcher Größenordnung sich Probleme in angemessener Zeit auf einem PC optimal lösen lassen.

2   Die Formulierung des Problems

Geht man von einem gerichteten Netzwerk aus, das durch die Menge der Knoten N und die Menge der Pfeile $A \subset N \times N$ gegeben ist, so läßt sich das kapazitierte Fixkosten-Netzwerkfluß-Problem wie folgt formulieren:

$$\text{Minimiere} \quad \sum_{(i,j)\in A} (c_{ij} x_{ij} + d_{ij} y_{ij}) \qquad \text{unter den Nebenbedingungen}$$

$$\sum_{j\,\in\,\{j\,:\,(k,j)\in A\}} x_{kj} \quad - \sum_{i\,\in\,\{i\,:\,(i,k)\in A\}} x_{ik} \quad = \quad a_k, \qquad k \in N, \tag{1}$$

$$0 \le x_{ij} \le m_{ij}, \qquad (i,j) \in A, \tag{2}$$

$$y_{ij} = \begin{cases} 0, & \text{falls} \quad x_{ij} = 0, \\ 1, & \text{falls} \quad x_{ij} > 0. \end{cases} \qquad (i,j) \in A. \tag{3}$$

Dabei gibt c_{ij} die Kosten für den Fluß einer Mengeneinheit auf dem Pfeil (i,j) von Knoten i nach Knoten j an und $d_{ij} \ge 0$ bezeichnet die Fixkosten, die bei seiner Benutzung fällig werden. Der Fluß x_{ij} auf Pfeil (i,j) wird durch m_{ij} beschränkt. Die Flußerhaltungsbedingungen sind durch (1) gegeben. a_k ist dabei die in Knoten k vorrätige bzw. benötigte ($a_k > 0$ bzw. $a_k < 0$) Menge. Im Falle $a_k = 0$ wird in Knoten k ausschließlich „umgeladen". Das Anfallen von Fixkosten wird durch die y_{ij} modelliert. Ersetzt man (2) und (3) durch

$$0 \le x_{ij} \le m_{ij} y_{ij}, \qquad (i,j) \in A, \tag{4}$$

$$y_{ij} \in \{0,1\}, \qquad (i,j) \in A, \tag{5}$$

so erhält man eine äquivalente Formulierung, die im weiteren mit **(FCNFP)** bezeichnet wird. Die lineare Relaxation von **(FCNFP)** sei $(\overline{\textbf{FCNFP}})$. In ihrer optimalen Lösung $(\bar{x}, \bar{y})$ gilt $\bar{x}_{ij} = m_{ij} \bar{y}_{ij}$ für alle mit Fixkosten $d_{ij} > 0$ belasteten Pfeile /1/. Daher ist es möglich, im Rahmen eines Branch-and-Bound-Verfahrens bei der Lösung der linearen Relaxation die y_{ij} implizit über die x_{ij} zu berechnen. Man löst an Stelle von $(\overline{\textbf{FCNFP}})$ das Programm

$$\textbf{(NFP)} \quad \text{Minimiere} \quad \sum_{(i,j)\in A} h_{ij}(x_{ij}) \qquad \text{unter den Nebenbedingungen}$$

$$\sum_{j\,\in\,\{j\,:\,(k,j)\in A\}} x_{kj} \quad - \sum_{i\,\in\,\{i\,:\,(i,k)\in A\}} x_{ik} \quad = \quad a_k, \qquad k \in N,$$

$$0 \le x_{ij} \le m_{ij}, \qquad (i,j) \in A,$$

wobei

$$h_{ij}(x_{ij}) := \begin{cases} c_{ij} x_{ij} + d_{ij}, & \text{falls} \quad y_{ij} \ge 1, \\ M x_{ij}, & \text{falls} \quad y_{ij} \le 0, \\ (c_{ij} + d_{ij}/m_{ij})\, x_{ij} & \text{sonst} \end{cases}$$

und M eine große positive Konstante ist. Die zusätzlichen Restriktionen der Form $y_{ij} \geq 1$ bzw. ≤ 0 werden im Verlaufe des Branch-and-Bound-Verfahrens implizit hinzugefügt, wenn nach nicht-ganzzahligen y_{ij} verzweigt wird.

3   Die Lösung der linearen Relaxationen

Das Programm (**NFP**) ist ein lineares Netzwerkflußproblem, zu dessen Lösung eine neue Implementation des primalen Simplex-Verfahrens für Netzwerke entwickelt wurde. Die Struktur der Nebenbedingungen eines Netzwerkflußproblems ermöglicht die Darstellung jeder Simplex-Basis als spannenden Baum aus $|N|$ Knoten mit einer Wurzel r /6, 11/. Zu seiner Speicherung wurden in der Literatur überwiegend Kombinationen der Listenfunktionen *Predecessor*, *Thread*, *Reverse Thread*, *Depth*, *Number of Successors* und *Last Subtree Node* verwendet /2, 6, 11/.

Hier wurden zu Vergleichszwecken zwei Varianten implementiert: Das Programm LPArc-I verwendet die Listenfunktionen *Predecessor*, *Thread*, *Reverse Thread* und *Depth*, während LPArc-II anstelle von *Depth* die Funktionen *Number of Successors* und *Last Subtree Node* benutzt. LPArc-I ist die Wurzel r vorzugeben, sie bleibt im Laufe des Verfahrens fest. LPArc-II dagegen ermöglicht es, daß in jedem Pivotschritt bei der Umstrukturierung des Baumes nur derjenige Teilbaum neu geordnet werden muß, der die wenigsten Knoten enthält. Mit Hilfe der *Number of Successors*-Listenfunktion kann der entspechende Teilbaum ausgewählt werden. Abhängig von dieser Wahl kann es erforderlich sein, die Wurzel des Baumes zu wechseln.

Zum Startverfahren und der Auswahl des nächsten in die Basis aufzunehmenden Pfeiles (*Pricing*) wurde in beiden Versionen die von GRIGORIADIS /11/ im Programm RNET, dem zur Zeit anerkanntermaßen schnellsten primalen Verfahren, verwendete Vorgehensweise übernommen. Die sogenannte *Gradual Penalty Method* ist eine Modifikation der *Big-M*-Methode, bei der die Kosten für künstliche Pfeile schrittweise erhöht werden. Beim *Pricing* wird jeweils nur aus einer Teilmenge $A_t \subset A$ derjenige Pfeil mit den besten reduzierten Kosten ausgewählt.

In ausgiebigen Testrechnungen wurden die Programme LPArc-I/II mit dem primal-dualen Verfahren RELAXT-III von BERTSEKAS UND TSENG /4/ verglichen. Dazu wurden mit dem Problemgenerator NETGEN /12/ insgesamt 158 aus der Literatur bekannte Testprobleme mit einer Größe von bis zu 8000 Knoten und 40000 Pfeilen erzeugt. Für die einzelnen Problemklassen wurden zuerst neue Standardwerte für den die Teilmengen A_t bestimmenden *Frequenz*-Parameter f ermittelt, die dann für alle Rechnungen beibehalten wurden. Es zeigte sich, daß LPArc-II durchschnittlich rund 10% schneller läuft als LPArc-I. War in /4/ RNET im Schnitt über die Standard NETGEN Benchmarks 3,10 mal (siehe Tabelle 1) und im Schnitt über alle dort gerechneten Probleme 5,95 mal langsamer als RELAXT-III, so ist dieser Vorsprung mit LPArc-II auf den Faktor 1,52 bzw. 2,08 gesunken. Die Umladeprobleme 16 bis 27 werden sogar etwa gleich schnell gelöst. Probleme mit hohen Kosten c_{ij} lösen die LPArc-Programme durchschnittlich sogar schneller als RELAXT-III. Bei Zuordnungsproblemen ist nach wie vor der RELAXT-III-Code überlegen. Obwohl keine direkten Vergleiche mit RNET durchgeführt werden konnten, läßt sich schließen, daß LPArc-II ungefähr zwei- bis dreimal schneller läuft.

4   Das Branch-and-Bound-Verfahren

Das Verfahren zur Lösung von (**FCNFP**) ist ein Branch-and-Bound-Verfahren, das zur Verwaltung der Kandidatenliste die *Last In-First Out*-Strategie verwendet. Das Verfahren verschärft zu Beginn

Problem	μVAX /4/			PC 486DX/33			
	RELAXT-III Sek.	RNET Sek.	Verhältnis	RELAXT-III Sek.	LPArc-II f	Sek.	Verhältnis
1	1,22	2,94	2,41	0,19	2,2	0,30	1,58
2	0,97	3,32	3,42	0,19	2,2	0,31	1,63
3	1,54	4,80	3,12	0,26	2,2	0,40	1,54
4	1,28	5,16	4,03	0,26	2,2	0,52	2,00
5	1,79	5,73	3,20	0,37	2,2	0,53	1,43
6	2,03	8,20	4,04	0,42	2,2	0,77	1,83
7	2,76	11,23	4,07	0,54	2,2	0,85	1,57
8	2,91	13,58	4,67	0,62	2,2	1,02	1,65
9	2,83	16,69	5,90	0,56	2,2	1,02	1,82
10	2,08	14,57	7,00	0,64	2,2	1,16	1,81
Durchschnitt			4,19				1,69
11	0,82	4,32	5,27	0,20	2,7	0,41	2,05
12	0,98	6,23	6,36	0,21	2,7	0,61	2,90
13	1,36	6,70	4,93	0,20	2,7	0,71	3,55
14	1,42	8,79	6,19	0,32	2,7	0,72	2,25
15	1,88	8,65	4,60	0,38	2,7	0,96	2,53
Durchschnitt			5,47				2,66
16	1,76	3,26	1,85	0,33	8,3	0,35	1,06
17	1,98	3,40	1,72	0,56	8,3	0,40	0,71
18	1,25	2,57	2,06	0,24	8,3	0,34	1,42
19	3,08	3,30	1,07	0,63	8,3	0,46	0,73
20	2,47	3,33	1,35	0,45	8,3	0,37	0,82
21	2,77	4,53	1,64	0,55	8,3	0,48	0,87
22	2,58	3,08	1,19	0,48	8,3	0,34	0,71
23	2,53	3,41	1,35	0,51	8,3	0,37	0,73
24	1,11	2,59	2,33	0,24	8,3	0,37	1,54
25	1,73	5,11	2,95	0,36	8,3	0,60	1,67
26	1,35	2,26	1,67	0,27	8,3	0,27	1,00
27	1,06	2,69	2,54	0,35	8,3	0,34	0,97
Durchschnitt			1,81				1,02
28	4,61	6,07	1,32	0,84	5,0	0,87	1,04
29	4,16	8,12	1,95	0,64	5,0	0,78	1,22
30	4,77	8,16	1,71	0,91	5,0	0,97	1,07
31	3,13	9,84	3,14	0,60	5,0	1,07	1,78
32	6,82	12,97	1,90	1,25	5,0	1,43	1,14
33	5,47	14,22	2,60	1,00	5,0	1,28	1,28
34	6,09	14,74	2,42	1,13	5,0	1,62	1,43
35	6,13	15,40	2,51	1,04	5,0	1,95	1,88
Durchschnitt			2,19				1,35
Insgesamt			3,10				1,52

Tabelle 1: Lösungszeiten für die Standard NETGEN Benchmarks im Vergleich

die Kapazitätsschranken m_{ij} so weit wie möglich, ohne dabei zulässige Lösungen auszuschließen. Dadurch wird die Qualität der linearen Approximation $c_{ij} + d_{ij}/m_{ij}$ insbesondere für unkapazitierte Verbindungen verbessert. Penalties werden sowohl für Basis- als auch für Nichtbasisvariable berechnet und dienen nicht nur der Wahl der Verzweigungsvariablen, sondern werden auch zur Auslotung verwendet. Für Basisvariable wurden drei verschiedene Penalties verglichen. Kombinationen verschiedenster Separations- und Verzweigungsregeln wurden getestet.

4.1 Penalties

Die LAGRANGE-Relaxation von (**FCNFP**) bzgl. der Flußerhaltungsbedingungen (1) lautet

$$\textbf{(LFCNFP)} \quad \text{Minimiere} \quad \sum_{(i,j)\in A} (c_{ij} - \bar{u}_i + \bar{u}_j)\, x_{ij} + \sum_{(i,j)\in A} d_{ij} y_{ij} + \sum_{k\in N} a_k \bar{u}_k$$

unter den Nebenbedingungen (4) und (5).

Dabei sind die $\bar{u}_k$ die dualen Variablen aus der optimalen Lösung $(\bar{x}, \bar{y})$ von ($\overline{\textbf{FCNFP}}$). Um Penalties für die nicht-ganzzahligen $\bar{y}_{pq}$ zu erhalten, wird (**LFCNFP**) die Verzweigungsrestriktion $y_{pq} \geq 1$ (bzw. $y_{pq} \leq 0$) hinzugefügt, indem sie in die rechte Ungleichung von (4) eingesetzt wird, die man auch als $x_{pq} - m_{pq} y_{pq} + s_{pq} = 0$ mit einer Schlupfvariablen $s_{pq} \geq 0$ schreiben kann. Dabei wird die Basisvariable $0 < \bar{x}_{pq} < m_{pq}$ durch die Nichtbasisvariablen ausgedrückt und die Schlupfvariable s_{pq} über ihren Multiplikator d_{pq}/m_{pq} in die Zielfunktion mitaufgenommen. Die optimale Lösung dieses Programmes liefert eine Up-Penalty UP_{pq} (bzw. Down-Penalty DN_{pq}), die eine untere Schranke für den Zielfunktionswert nach Zufügen der Verzweigungsrestriktion angibt.

Da das um die Verzweigungsrestriktion erweiterte (**LFCNFP**) nicht trivial lösbar ist, bildet man Relaxationen, die sich mit weniger Aufwand lösen lassen /8, 9/. Hier wurden die folgenden Relaxationen untersucht:

Pen-1: $x_{ij} \geq 0$ und $0 \leq y_{ij} \leq 1$: Diese Relaxation liefert die klassischen DRIEBEEK-TOMLIN-Penalties, die die Änderung des Zielfunktionswertes bei einem dualen Simplexschritt angeben und sich mit einer einfachen Minimumsbildung äußerst schnell berechnen lassen.

Pen-2: $x_{ij} \geq 0$, $x_{ij} \leq m_{ij}$ für alle (i,j) mit $c_{ij} - \bar{u}_i + \bar{u}_j < 0$ und $y_{ij} \in \{0,1\}$: Für diese Relaxation geben CABOT UND ERENGUC /7, 8/ eine untere Schranke an, die häufig sogar die optimale Lösung liefert. Die daraus resultierenden Penalties wurden für die Verwendung mit einem primalen Simplex-Verfahren, das wie LPArc-I/II Kapazitätsschranken implizit durch Substitutionen der Form $x_{ij} := m_{ij} - x_{ij}$ berücksichtigt, erweitert. Diese erweiterten Penalties wurden anschließend mit den DRIEBEEK-TOMLIN-Penalties kombiniert. BOENCHENDORF /5/ zeigt, daß eine solche Kombination stärkere Penalties liefert.

Pen-3: $0 \leq x_{ij} \leq m_{ij}$ und $0 \leq y_{ij} \leq 1$: Dann hat man ein kontinuierliches Rucksackproblem zu lösen, dessen Lösung sich leicht angeben läßt, aber eine Sortieroperation erfordert.

Zur Berechnung der Penalties wird die Listenfunktion *Generalized Predecessor* /3/ verwendet, die es ermöglicht, mit nur *einem* Durchgang über die Daten der Pfeile die Penalties für *alle* nicht-ganzzahligen Basisvariablen zu berechnen. Dies bedeutet für Pen-2, daß auch nur eine Sortieroperation (via *Quicksort*) für die Berechnung aller Penalties erforderlich ist.

Aus (**LFCNFP**) lassen sich aber auch Penalties für Nichtbasisvariable mit $\bar{x}_{ij} = 0$ ableiten /7, 9/. Sie dienen der Verminderung der Zahl der bei der Penalty-Berechnung für Basisvariable zu berücksichtigenden Pfeile. Diese Penalties wurden ebenso integriert, wie auch berücksichtigt wurde, daß im Falle der Verzweigung $y_{pq} \geq 1$ die aktuelle Basis auch nach der Verzweigung optimal bleibt, wenn bei der Up-Penalty-Berechnung in der Lösung der entsprechenden Relaxation des erweiterten **(LFCNFP)** $s_{pq} > 0$ und $x_{ij} = 0$ für alle (i, j) ist /7, 8/.

4.2 Separations- und Verzweigungsregeln

Sechs Separationsregeln (SR) zur Auswahl der Verzweigungsvariablen wurden implementiert. Es wird dabei nach derjenigen Variable $0 < \bar{y}_{pq} < 1$ verzweigt, die je nach Regel einen der folgenden Werte maximiert:

SR-1	SR-2	SR-3	SR-4	SR-5	SR-6
$\max(UP_{pq}, DN_{pq})$	$\lvert UP_{pq} - DN_{pq} \rvert$	$\min(UP_{pq}, DN_{pq})$	$UP_{pq} + DN_{pq}$	UP_{pq}	DN_{pq}

Zur Entscheidung, in welche Richtung zuerst verzweigt werden soll, wurden vier Verzweigungsregeln (VR) untersucht:

VR-1	VR-2	VR-3	VR-4
$y_{pq} \geq 1$	$y_{pq} \leq 0$	$y_{pq} \begin{cases} \geq 1, \text{ falls } UP_{pq} \leq DN_{pq}, \\ \leq 0 \text{ sonst} \end{cases}$	$y_{pq} \begin{cases} \geq 1, \text{ falls } UP_{pq} \geq DN_{pq}, \\ \leq 0 \text{ sonst} \end{cases}$

4.3 Ergebnisse der Laufzeitvergleiche

Zur Ermittlung günstiger Kombinationen von Separations- und Verzweigungsregeln wurden Testrechnungen sowohl mit den kleinen, dicht besetzten Transportproblemen von GRAY /10/ als auch mit zahlreichen größeren kapazitierten und unkapazitierten Transport- und Umladeproblemen, die mit FIXGEN /3/ erzeugt wurden, durchgeführt.

Zu Separation und Verzweigung erwiesen sich unabhängig von den verwendeten Penalties SR-4/VR-3, SR-4/VR-4, SR-6/VR-1 und SR-2/VR-3 als die vier besten Kombinationen, wobei SR-2/VR-3 bei kleinen und SR-6/VR-1 bei größeren Transportproblemen dominierte.

Beim Vergleich der Penalties konnte bei Rechnungen mit den GRAY-Problemen das Resultat von CABOT UND ERENGUC /7/ bestätigt werden: Durch Pen-2 wird gegenüber Pen-1 nicht nur die Zahl der Teilprobleme sondern auch die Gesamtlaufzeit vermindert. Bei Pen-3 wird die reduzierte Zahl der Teilprobleme durch den höheren Aufwand bei der Penalty-Berechnung kompensiert, so daß die Laufzeiten in derselben Größenordnung wie die von Pen-1 liegen.

Bei größeren Problemen zeigte sich aber ein völlig anderes Bild. Dort dominierten die DRIEBEEK-TOMLIN-Penalties (Pen-1), die mit großem Abstand die besten Laufzeiten erzielten, obwohl bei ihrer Verwendung die meisten Teilprobleme zu lösen waren. Es folgten Pen-2 und Pen-3, die beide eine vergleichbare Zahl von Teilproblemen lösten. Tabelle 2 zeigt dies für die mit FIXGEN analog zu den Standard NETGEN Benchmarks 16 bis 27 /12/ erzeugten leicht kapazitierten Umladeprobleme, bei denen 50% der Pfeile mit Fixkosten im Bereich von 1 bis 100 belastet wurden. Diese Probleme wurden mit der Kombination SR-4/VR-3 gerechnet. Bei zahlreichen Rechnungen lieferte Pen-1 auch für größere Transport- und stark kapazitierte Umladeprobleme die deutlich kürzesten Laufzeiten. Bei diesen beiden Problemklassen zeigte sich außerdem eine starke Überlegenheit von Pen-3 gegenüber Pen-2. Bei Verwendung von Pen-3 waren mit Abstand die wenigsten Teilprobleme zu lösen.

Wenn man die DRIEBEEK-TOMLIN-Penalties in Verbindung mit einem effizienten Teilproblemlöser wie LPArc verwendet, überwiegt bei größeren Problemen ihre einfache Berechenbarkeit die vergleichsweise niedrige Qualität. Daß mehr Teilprobleme gelöst werden müssen, fällt auch deshalb nicht so

Problem	Problemgröße			Pen-1		Pen-2		Pen-3	
	Knoten	Pfeile	Fix-kosten	Sek.	Teil-prob.	Sek.	Teil-prob.	Sek.	Teil-prob.
16f	400	1306	611	4,06	4	5,21	4	5,00	1
17f	400	2443	1165	9,50	22	13,72	24	13,82	18
18f	400	1306	611	3,60	1	4,74	1	5,00	1
19f	400	2443	1165	6,19	8	7,96	6	10,28	8
20f	400	1416	648	4,83	9	6,54	9	7,48	9
21f	400	2836	1353	8,51	5	11,47	3	16,21	5
22f	400	1416	648	5,16	11	6,90	11	7,80	10
23f	400	2836	1353	8,12	5	11,38	5	14,98	5
24f	400	1382	645	4,72	8	5,93	6	6,58	8
25f	400	2676	1311	4,95	7	6,86	8	8,27	7
26f	400	1382	645	2,82	8	3,29	6	4,09	8
27f	400	2676	1311	5,72	13	6,97	12	8,73	13
Summe				68,18	101	90,97	95	108,24	93

Tabelle 2: Lösungszeiten für Fixkosten-Umladeprobleme auf einem PC 486DX/33

stark ins Gewicht, da wegen der *Last In-First Out*-Strategie jeweils nur das letzte Teilproblem re-optimiert werden muß, was häufig in wenigen Pivotschritten möglich ist. Da die Rechenzeiten zur Teilproblemlösung und zur Penalty-Berechnung für kleine Probleme ungefähr im Verhältnis 3:1 stehen, während sich bei größeren Problemen dieses Verhältnis zu 1:2 bis 1:3 umkehrt, wirkt sich die Penalty-Berechnung erst bei großen Problemen stärker auf die Gesamtlaufzeit aus. Dies erklärt, warum gerade dann Pen-1 von Vorteil ist.

Es lohnt sich daher für größere Probleme unter dem Strich nicht, qualitativ höherwertige Penalties zu berechnen. Neu ist vor allen Dingen die Beobachtung, daß auch relativ einfach berechenbare Penalties wie Pen-2 keine Laufzeitverbesserungen gegenüber Pen-1 und teilweise sogar gegenüber Pen-3 erbringen.

5 Die Implementation

Das FixArc-System wurde als Microsoft Windows-Anwendung entwickelt. Die Lösungsalgorithmen wurden in FORTRAN codiert, die Benutzeroberfläche objektorientiert mit Turbo Pascal entwickelt. Es können Probleme bis zu einer Größe von 32767 Knoten und 65535 Pfeilen gelöst werden. Neben RELAXT-III wurden auch die Problemgeneratoren NETGEN und FIXGEN miteingebunden.

FixArc beinhaltet einen Editor zur Eingabe und Modifikation von Netzwerk-Daten. In gesonderten Knoten- und Pfeilfenstern werden die zu einem Knoten bzw. einem Pfeil gehörigen Daten übersichtlich dargestellt. Zu jedem Knoten werden beispielsweise alphabetische Listen der ein- und ausgehenden Pfeile angezeigt. Nach Lösung eines Problems lassen sich unbenutzte Pfeile ausblenden. Besondere Funktionen vereinfachen das Durchwandern von Wegen im Netzwerk, so daß die kostenoptimalen Verbindungen schnell und einfach nachvollzogen werden können.

Das Branch-and-Bound-Verfahren nutzt das *non-preemptive Multitasking*, über das Windows die quasi-parallele Ausführung mehrerer Anwendungen ermöglicht, so daß der Rechner während der Optimierung weiter für andere Anwendungen zur Verfügung steht. In einem Dialogfenster wird der

Stand des Verfahrens und der aktuell beste Zielfunktionswert angezeigt. Der Benutzer kann die Optimierung jederzeit mit der zugehörigen suboptimalen Lösung abbrechen.

6 Zusammenfassung

Bei der Verwendung des hier entwickelten, schnellen Netzwerk-Simplex-Verfahrens erwies es sich für große Probleme als günstiger, Penalties zu benutzen, die zwar keine hohe Qualität besitzen, sich aber äußerst schnell berechnen lassen.

Insgesamt steht mit FixArc ein System zur Lösung von Fixkosten-Netzwerkflußproblemen zur Verfügung, das als Microsoft Windows-Anwendung eine komfortable Benutzeroberfläche mit einem äußerst effizienten Problemlöser verbindet. Damit macht nun auch die Lösung großer Probleme auf einem PC keine Schwierigkeiten mehr.

Literatur

/1/ M. L. BALINSKI, Fixed-Cost Transportation Problems, *Naval Research Logistics Quarterly* 8 (1961), 41–54.

/2/ R. S. BARR, F. GLOVER UND D. KLINGMAN, Enhancements of Spanning Tree Labelling Procedures for Network Optimizations, *INFOR* 17(1) (1979), 16–34.

/3/ R. S. BARR, F. GLOVER UND D. KLINGMAN, A New Optimization Method for Large Scale Fixed Charge Transportation Problems, *Operations Research* 29(3) (1981), 448–463.

/4/ D. P. BERTSEKAS UND P. TSENG, RELAXT-III: A New and Improved Version of the RELAX Code, Report P-1990, Laboratory for Information and Decision Systems, Massachusetts Institute of Technology, Cambridge, Massachusetts, Juli 1990.

/5/ K. BOENCHENDORF, Combining Penalties for the Fixed-Charge Transportation Problem, *Methods of Operations Research* 53 (1986), 231–237.

/6/ G. H. BRADLEY, G. B. BROWN UND G. W. GRAVES, Design and Implementation of Large Scale Primal Transshipment Algorithms, *Management Science* 24(1) (1977), 1–34.

/7/ A. V. CABOT UND S. S. ERENGUC, Some Branch-and-Bound Procedures for Fixed-Cost Transportation Problems, *Naval Research Logistics Quarterly* 31 (1984), 145–154.

/8/ A. V. CABOT UND S. S. ERENGUC, Improved Penalties for Fixed Cost Linear Programs Using Lagrange Relaxations, *Management Science* 32(7) (1986), 856–869.

/9/ A. M. GEOFFRION, Lagrangean Relaxation for Integer Programming, *Mathematical Programming Study* 2 (1974), 82–114.

/10/ P. GRAY, *Mixed Integer Programming Algorithms for Site Selection and Other Fixed Charge Problems Having Capacity Constraints*, Ph.D. Dissertation, Stanford University, Stanford, California, November 1967.

/11/ M. D. GRIGORIADIS, An Efficient Implementation of the Network Simplex Method, *Mathematical Programming Study* 26 (1986), 83–111.

/12/ D. KLINGMAN, A. NAPIER UND J. STUTZ, NETGEN: A Program for Generating Large Scale Capacitated Assignment, Transportation, and Minimum Cost Flow Network Problems, *Management Science* 20(5) (1974), 813–821.

Genetic Algorithms for Job Shop Scheduling

Ulrich Dorndorf, Aachen
Erwin Pesch, Maastricht

Abstract: Solving the minimum makespan problem of job shop scheduling a genetic algorithm serves as a meta–strategy to guide an optimal design of dispatching rule sequences for job assignment as well as one machine decomposition sequences in the sense of the shifting bottleneck procedure. Computational experiments show that our algorithm can find shorter makespans than the shifting bottleneck heuristic, tabu search, or simulated annealing with the same running time.

Zusammenfassung: Der Aufbau von Prioritätsregelsequenzen als auch von Einmaschinen-Teilproblemsequenzen im Sinne der Shifting Bottleneck Heuristik zur Lösung des Job Shop Scheduling Problems wird durch einen übergeordneten genetischen Algorithmus optimal gesteuert. Rechenvergleiche zeigen, daß der Ansatz durchaus konkurrenzfähig zu den besten vorhandenen Heuristiken ist, so z.B. Tabu Search, Simulated Annealing und Shifting Bottleneck.

The Job Shop Scheduling Problem

A job shop consists of a set of different machines that perform operations on jobs. Each job has a specified processing order through the machines; that is a job is an ordered list of operations, each of which is determined by the machine it requires and by its processing time. Operations cannot be interrupted (non–preemption), each machine can handle only one job at a time, and each job can be performed on only one machine at a time. The operation sequences on the machines are unknown and have to be determined so as to minimize the makespan, i. e. the time required to complete all jobs.

It is well known that the problem is NP–hard (see Lenstra / Rinnooy Kan (1979)) and belongs to the most intractable problems considered. A variety of scheduling rules for certain types of job shops have been considered in an enormous number of publications, see Blazewicz (1987).

An illuminating problem representation is the disjunctive graph model due to Roy and Sussmann (1964). Let $V = \{0,1, \ldots ,n\}$ denote the set of operations where 0 and n are considered as dummy operations "start" and "end", respectively. Let M denote the set of machines; A is the set of pairs of operations constrained by the precedence relations for each job. For each machine k, the set E_k describes the set of all pairs of operations to be performed on machine k, i. e. operations which cannot overlap. In the disjunctive graph there is a vertex for each operation i $\in$ V and vertices 0 and n representing the start and the end, respectively, of a schedule. For every two consecutive operations of the same job there is a directed arc; the start vertex 0 is considered to be the first operation of every job and the end vertex n is considered to be the last operation of every job.

For each pair of operations $\{i,j\} \in E_k$ that require the same machine there are two arcs (i,j) and (j,i) with opposite directions. Thus, single arcs between operations represent the precedence constraints on the operations and opposite directed arcs between two operations represent the fact that each machine can handle at most one operation at the same time. Each arc (i,j) is labeled by a positive weight p_i corresponding to the processing time of operation i . All arcs from 0 have a label 0. The job shop scheduling problem requires to find an order of the operations on each machine, i.e. to select one arc among all opposite directed arc pairs such that the resulting graph is acyclic (i. e. there are no precedence conflicts between operations) and the length of the maximum weight path between the start and end vertex is minimal. The length of a maximum weight (or longest) path determines the makespan.

Genetic Algorithms

As the name suggests, genetic algorithms are motivated by the theory of evolution and date back to the early work of Rechenberg (1973), Holland (1975), see also Goldberg (1989). They have been designed as general search strategies and optimization methods.

Roughly speaking, a genetic algorithm aims at producing near–optimal solutions by letting a set of random solutions undergo a sequence of unary and binary transformations governed by a selection scheme biased towards high–quality solutions.

These transformations constitute the recombination step of a genetic algorithm and are performed on the population by three simple operators. The effect of the operators is that implicitly good properties are identified and combined into a new population which hopefully has the property that the best solution and the average value of the solutions are better than in previous populations. The process is then repeated until some stopping criteria are met. It can be shown that the process converges to an optimal solution with probability one (cf. Eiben et al. (1991)). The three basic operators of a genetic algorithm are reproduction, crossover and mutation, defined below.

Compared to standard heuristics, for instance for the travelling salesman problem, "genetic algorithms are not well suited for fine–tuning structures which are very close to optimal solutions" (Grefenstette (1987)). Therefore it is essential if a competitive genetic algorithm is desired, to incorporate (local search) improvement operators. The resulting algorithm has then been called genetic local search heuristic; in case of the travelling salesman we refer to the papers of Ulder et al. (1991), Johnson (1990), and Kolen / Pesch (1991). Putting things into a more general framework, a solution of a combinatorial optimization problem may be considered as a sequence of local decisions, see Dorndorf / Pesch (1992). A local decision for the job shop scheduling problem might be the choice of an operation to be scheduled next. In what follows we will consider more general decision rules. In an enumeration tree of all possible decision sequences a solution of the problem is represented as a path corresponding to the different decisions from the root of the tree to some leaf. Genetics can guide a search process in order to learn to find the most promising decisions within a reasonable amount of time.

During the recombination step for reproduction the fitness value of a solution has to be defined. Usually the fitness value is the value of the objective function or some scaled version of it when all local decision rules and the improvement step have been applied. Next a new population is constructed. Therefore a new temporary population is generated where each member is a replica of a member of the old population. A copy of an old string is produced with probability proportional to its fitness value, i.e. better strings probably get more copies. The generation of new solutions is handled by the crossover operator.

In order to apply the crossover operator the population is randomly partitioned into pairs. Next, for each pair, the crossover operator is applied with a certain probability by choosing a position randomly in the string and exchanging the tails (defined as the substring starting at the chosen position) of the two strings.

The mutation operator which makes random changes to single elements of the string only plays a secondary role in genetic algorithms. Mutation serves to maintain diversity in the population.

Besides the unary and binary recombination operator one may also introduce operators of higher arities such as consensus operators, that fix arc directions common to most schedules of a current population, cf Aarts et al (1991) and Nakano / Yamada (1991). Selection can be realized in a number of ways: one could adopt the scenario of Goldberg (1989) or use deterministic ranking. Further it matters whether the newly recombined offspring compete with the parent solutions or simply replace them.

The traditional genetic algorithm based on a binary string repesentation of a solution is often unsuitable for combinatorial optimization problems because it is very difficult to represent a solution such that substrings have a meaningful interpretation. Choosing a more natural representation of solutions, however, involves more intricated recombination operators, in particular crossover operators in order to get feasible offspring; for the job shop scheduling problem, see Yamada / Nakano (1992); for the travelling salesman problem see Mühlenbein et al. (1988) or Kolen / Pesch (1991). (The travelling salesman problem was also the driving force behind earlier approaches on genetic based scheduling, inter alia motivated by the close relationship of the travelling salesman and the flow shop problem, see Stöppler / Bierwirth (1992).) To overcome these difficulties and apply the simple crossover operator one can use an interpretation of an individual solution as a sequence of decision rules.

Job Shop Scheduling Problem Heuristics

Priority rules are probably the most frequently applied heuristics for solving (job shop) scheduling problems in practice because of their ease of implementation and their low time complexity. The algorithm of Giffler and Thompson (1960) can be considered as a common basis of all priority rule based heuristics. It assigns available operations to machines, i. e. operations which can start being processed. Conflicts, i. e. operations competing for the same machine, are solved randomly. The Giffler / Thompson algorithm can generate all active schedules and hence also all optimal schedules. As the conflict set consists only of operations, i. e. jobs, competing for the same machine, the random choice of an operation or job from the conflict set may be considered as the simplest version of a priority rule where the priority assigned to each operation or job in the conflict set corresponds to a certain probability. We apply 12 different rules to decide which of the operations or jobs in the conflict set gets highest priority: "shortest (largest) operation time", "shortest (largest) remaining job processing time", "longest remaining processing time", "Random", "first come first serve", "shortest (largest) total processing time", "longest subsequent operation", "fewest (most) remaining job operations"; for an extended summary and discussion see Haupt (1989).

The **Shifting Bottleneck Heuristic** from Adams, Balas, and Zawack (1988) is probably the most powerful procedure known up to now among all heuristics for the job shop scheduling problem. The idea is to solve for each machine a one machine scheduling problem to optimality under the assumption that a lot of arc directions in the optimal one machine schedules coincide with an optimal job shop schedule. Consider all operations of a job shop scheduling instance that have to be scheduled on machine m. In the (disjunctive) graph including a partial selection of opposite directed arcs (corresponding to a partial schedule) there exists a longest path of length h_i from dummy operation 0 to each operation i scheduled on machine m. Processing of operation i cannot start before time (also called head) h_i. There is also a longest path of length q_i (called tail) from i to the dummy operation n. Obviously, when i is finished it will take at least q_i time units to finish the whole schedule. The one machine scheduling problem with heads and tails is also NP–complete, however, there is a powerful branch and bound method proposed by Carlier (1982) which dynamically changes heads and tails in order to improve the operations' sequence. The one machine scheduling problems in consideration are those which arise from the disjunctive graph model when certain machines are already sequenced. The operation orders on sequenced machines are fully determined by their one machine problem solutions. Hence sequencing an additional machine probably results in a change of heads and tails of those operations whose machine order is still open. For all machines not sequenced, the maximum makespan of the corresponding optimal one machine schedules, where the arc directions of the already sequenced machines are fixed, determines the bottleneck machine. In order to minimize the makespan of the job shop scheduling problem the bottleneck machine should be sequenced first. For details see Adams / Balas / Zawack (1988).

The quality of the schedules obtained by the shifting bottleneck heuristic heavily depends on the sequence in which the one machine problems are solved and, furthermore, their arc directions are included into the whole (partial) schedule. Sequence changes, i.e. disregarding the bottleneck machine as to be scheduled next, may yield substantial improvements.

Obviously a complete enumeration of the search tree is not acceptable. Therefore a breadth–first search up to depth l is followed by a depth–first search. In the former case, for a search node all possible branches are considered which result from inclusion of a machine m scheduled not yet. Beyond the depth l an extended bottleneck criterion is applied, i. e. there are several successor nodes generated corresponding to the inclusion of the bottleneck machine as well as several other machines.

Genetic Based Learning

Genetic algorithms do not fit best for scheduling problems in order to get near–optimal solutions if no improvement heuristic, such as local search, is incorporated (cf. Davis (1985), Whitley et al. (1989)). There are several possibilities to apply an improvement heuristic. During the recombination phase an improvement step can be applied to all or several of the solutions in a population. Some type of an improvement heuristic may also be incorporated into the crossover operator (see Kolen / Pesch (1991), Yamada / Nakano (1992)). In any case the improvement step as well as the crossover operator heavily depend on the representation of the solution. Usually a simple representation requires more sophisticated recombination operators and vice versa. To overcome these difficulties our solution representation enables us to use the simplest type of crossover as well as to incorporate problem specific knowledge, i. e. as Davis (1985) claimed "to examine the workings of a good deterministic program in that domain", in order to be competitive with special purpose heuristics. The strategy controls a sequence of priority rules or the machine inclusion sequence for the SB–heuristic and learns to find best combinations in both cases. Genetic local search approachs based on an arc solution representation are described in Nakano / Yamada (1991) or Aarts et al. (1991). Their ideas are stimulated by the encouraging results obtained for the travelling salesman problem (cf. Ulder et al. (1991)).

Each individual of the **priority rule based genetic algorithm** (for short: **P–GA**) is a string of $n-1$ entries $(p_1, p_2, ..., p_{n-1})$ where $n-1$ is the number of operations in the underlying problem instance. An entry p_i represents one rule of the set of twelve priority rules described earlier. The entry in the i–th position says that a conflict in the i–th iteration of the Giffler / Thompson algorithm should be resolved using priority rule p_i . More precisely, an operation from the conflict set has to be selected by rule p_i ; ties are broken by a random choice. Within a genetic framework a best sequence of priority rules has to be determined. The crossover operator is straightforward. Obviously, the simple crossover, where the substrings of two cut strings are exchanged, applies and always yields feasible offspring. Heuristic information already occurs in the encoding scheme and a particular improvement step is dropped. The mutation operator applied with a very small probability simply switches a string position to another one, i. e. the priority rule of a randomly chosen string entry is replaced by a new rule randomly chosen among the remaining ones. One can use other kinds of rules which fix the order of operations on the same machine. For instance, any permutation of unscheduled operations might represent a rule (Davis (1985)). Our approach to search a best sequence of decision rules for selecting opertions is just in line with the ideas of Fisher and Thompson (1963) on probabilistic learning of sequences consisting of two priority rules, and Crownston et al (1963) on learning how to find promising linear combinations of basic priorities.

In the first implementation the genetic algorithm serves as a meta–strategy to optimally control the use of priority rules, whereas the genetic algorithm controls the selection of nodes in the enumeration tree of the shifting bottleneck heuristic in our second implementation, the **shifting bottleneck based genetic algorithm** (for short: **SB–GA**). The SB–heuristic tries to determine the best single machine sequence which can also be achieved by a genetic strategy, even in a more effective way. Contrary to Whitley et al. (1989) scheduling of one machine alone does not in general provide a highly constrained solution space.

Hence, an individual is encoded over the alphabet from 1 to the number of machines and a (partial) string just describes the sequence in which the single machine solutions are considered for inclusion. As a crossover operator we can use any travelling salesman crossover. The difference between the shifting bottleneck heuristic and our genetic approach is that the bottleneck is no longer a decision criterion for the choice of the next machine.

Computational Results

Our implementation uses the algorithm of Baker (1987) for selection, the simple (P–GA) as well as the cycle (SB–GA) crossover as described in Goldberg (1989), mutation and inversion only in case of the P–GA, and an elitist strategy, i. e. the best individual in each population always survived. The whole system is implemented as a general genetic algorithm environment for different types of problems (see Dorndorf / Pesch (1992)). It is written in PASCAL and all problems were solved on a DECstation 3100 under the operating system Ultrix.

Besides our genetic strategies a random choice of priority rules is applied, i. e. whenever during the execution of the Giffler / Thompson algorithm a choice point is reached, where a next operation has to be selected, one of the 12 priority rules is chosen at random in order to select the next operation with respect to this priority rule. Table 1 contains the results for the probably 3 best known test problems for job shop scheduling (Fisher / Thompson (1963): the 6 x 6, the 5 × 20, and the 10 × 10 problem the optima of which are 55, 1165, and 930, respectively (cf. Brucker et al. (1991)). The makespan of the best solution found by each of the heuristics is shown in column "f", column "t sec" refers to the computation time needed for the correponding algorithm. Besides column "SB–ABZ" which presents the shifting bottleneck results of Adams et al. (1988) (on a VAX 780/11), the columns "P–GA" and "SB–GA" contain the results obtained by the two genetic learning strategies. The results for the randomly chosen priority rules in column "RND" are based on the same number of objective function evaluations (fitness evaluations) as in the P–GA algorithm. The time difference is an effect of the random number generation.

problem	RND		P–GA		SB–ABZ		SB–GA		GLS–ALU		SA–ALU		TS–DT		GA–NY	GA–YN	
	f	t sec	f	t sec	f	t sec	f	t sec	f	t sec	f	t sec	f	t sec	f	f	OPT
6 x 6	58	12.1	55	11.4	55	1.5	55	19.7	55	9.4	55	9.4	55	2.4	55	55	55
5 x 20	1374	1992.5	1249	1609.6	1178	80	1178	95.7	1294	88.4	1216	88.4	1165	160.1	1215	1184	1165
10 x 10	1088	1498.1	960	932.6	930	851	938	106.7	978	99.4	969	99.4	935	155.8	965	930	930

Table 1. The 3 Fisher / Thompson standard problems

A random choice of a priority rule in order to detect the next operation to be scheduled turned out to yield better solutions than a fixed choice of a priority rule. However the running times are pretty high, even higher than in P–GA, due to the elaborative random number generation. As expected, if the problem sizes turn out to be large enough SB–GA dominates, for both, the quality of the obtained solutions as well as the running time. The initial population was always randomly generated. Columns "GLS–ALU" and "SA–ALU" contain the best of two results obtained by two different implementations for each, a genetic local search strategy and simulated annealing, respectively (see Aarts et al. (1991)). These four algorithms got the same time restrictions and the part after the decimal point is truncated. Their values are average results over 5 runs on a VAX 8650. The neighbourhood structure for the simulated annealing and the genetic local search versions are the same: (i) Reversing an edge on a longest path in the graph, and (ii) reversing an edge on a longest path in the graph such that this edge is incident to an edge of the arc set A. For details we refer to Aarts et al. (1991). In the genetic local search algorithms a local search procedure is performed after the recombination step of the genetic algorithm such that each member of the population is made locally optimal with respect to the two neighbourhood structures. The last two columns contain the results (there are no times) obtained by Nakano and Yamada (1991, 1992). Their Giffler / Thompson based crossover operator (Yamada / Nakano (1992)) solves conflicts (in the offspring) equally distributed with respect to parents' solutions. Column "TS–DT" presents the excellent tabu search results of Dell'Amico / Trubian (1992) on a 80386PC, 33 MHz, using an extension of the above mentioned neighbourhood structure, cf. the simulated annealing approach of Van Laarhoven et al. (1992).

Although P–GA is less powerful than the other approaches it has its advantages: Ease of implementation, also in a more general framework, as well as robustness to problem changes (SB–GA seems to be much more sensitive) can give P–GA the user's preference, even to simulated annealing.

References

/1/   Aarts, E.H.L.; van Laarhoven, P.J.M.; Ulder, N.L.J.: Local–search–based algorithms for job shop scheduling. Working paper, University of Eindhoven (1991)

/2/   Adams, J.; Balas, E.; Zawack, D.: The shifting bottleneck procedure for job shop scheduling. Management Science 34, 391–401 (1988)

/3/   Baker, J.E.: Reducing bias and inefficiency in the selection algorithm. Proc. 2nd Int. Conf. Genetic Algorithms and Their Applications (J.J. Grefenstette, ed.), Lawrence Erlbaum Ass., 14–21 (1987)

/4/   Blazewicz, J.: Selected topics in scheduling theory. Annals of Discrete Mathematics 31, 1–60 (1987)

/5/   Brucker, P.; Jurisch, B.; Sievers, B.: A fast branch & bound algorithm for the job–shop scheduling problem. Disrete Mathcmatics (to appear) (1991)

/6/   Carlier, J.: The one machine sequencing problem. European Journal of Operational Research 11, 42–47 (1982)

/7/   Crowston, W.B; Glover, F.; Thompson, G.L; Trawick J.D.: Probabilistic and parametric learning combinations of local job shop scheduling rules. ONR Research Memorandum No. 117, GSIA, Carnegie–Mellon University, Pittsburg, PA (1963)

/8/   Davis, L.: Job shop scheduling with genetic algorithms. Proc. an Int. Conf. Genetic

Algorithms and Their Applications (J.J. Grefenstette, ed.), Lawrence Erlbaum Ass., 136–140 (1985)

/9/ Dell'Amico, M.; Trubian, M.: Applying tabu–search to the job shop scheduling problem. Annals of Operations Research (to appear) (1992)

/10/ Dorndorf, U.; Pesch, E.: Evolution based learning in a job shop scheduling environment. Research Memorandum 92–019, University of Limburg (1992)

/11/ Eiben, A.E.; Aarts, E.H.L; van Hee, K.H.: Global convergence of genetic algorithms: a Markov Chain analysis. Proc. 1st. Int. Workshop on Parallel Problem Solving from Nature (H.–P. Schwefel and R. Männer, eds.), Lecture Notes in Computer Science 496, 4–9 (1991)

/12/ Fisher, H.; Thompson, G.L.: Probabilistic learning combinations of local job–shop scheduling rules. Industrial Scheduling (J.F. Muth and G.L. Thompson, eds.), Englewood Cliffs: Prentice Hall (1963)

/13/ Giffler, B.; Thompson, G.L.: Algorithms for solving production scheduling problems. Operations Research 8, 487–503 (1960)

/14/ Goldberg, D.E.: Genetic Algorithms in Search, Optimization and Machine Learning. Reading: Addison–Wesley (1989)

/15/ Grefenstette, J.J.: Incorporating problem specific knowledge into genetic algorithms. Genetic Algorithms and Simulated Annealing (L. Davis, ed.), Pitman, 42–60 (1987)

/16/ Haupt, R.: A survey of priority rule–based scheduling. OR Spektrum 11, 3–16 (1989).

/17/ Holland, J.H.: Adaptation in Natural and Artificial Systems. Ann Arbor: The University of Michigan Press (1975)

/18/ Johnson, D.S.: Local optimization and the traveling salesman problem. Proc. 17th Colloq. Automata, Languages, and Programming, Springer, 446–461 (1990)

/19/ Kolen, A.; Pesch, E.: Genetic local search in combinatorial optimization. Discrete Applied Mathematics (to appear) (1991)

/20/ Van Laarhoven, P.J.M.; Aarts, E.H.L.; Lenstra, J.K.: Job shop scheduling by simulated annealing. Operations Research 40, 113–125 (1992)

/21/ Lenstra, J.K.; Rinnooy Kan, A.H.G.: Computational complexity of discrete optimization problems. Annals of Discrete Mathematics 4, 121–140 (1979)

/22/ Mühlenbein, H.; Gorges–Schleuter, M.; Krämer, O.: Evolution algorithms in combinatorial optimization. Parallel Computing 7, 65–85 (1988)

/23/ Nakano, R.; Yamada, T.: Conventional genetic algorithm for job shop problems. Proc. 4th Int. Conference on Genetic Algorithms and their Applications, San Diego, CA, 474–479 (1991)

/24/ Rechenberg, I.: Optimierung technischer Systeme nach Prinzipien der biologischen Evolution. Frommann–Holzboog: Problemata (1973)

/25/ Roy, B.; Sussman, B.: Les problèmes d'ordonnancement avec contraintes disjonctives. Paris: SEMA, Note D.S. No. 9. (1964)

/26/ Stöppler, S; Bierwirth, C.: The application of a parallel genetic algorithm to the $n/m/P/C_{max}$ flowshop problem. Working paper, University of Bremen (1992)

/27/ Ulder, N.L.J; Aarts, E.H.L.; Bandelt, H.–J.; van Laarhoven, P.J.M; Pesch, E.: Genetic local search algorithms for the traveling salesman problem. Proc. 1st. Int. Workshop on Parallel Problem Solving from Nature (H.–P. Schwefel and R. Männer, eds.). Lecture Notes in Computer Science 496, 109–116 (1991)

/28/ Whitley, D.; Starkweather, T.; Fuquay, D.: Scheduling problems and traveling salesmen: the genetic edge recombination operator. Proc. 3rd Int. Conf. Genetic Algorithms (J.D. Schaffer, ed.). Morgan Kaufmann Publ., 133–140 (1989)

/29/ Yamada, T.; Nakano, R.: A genetic algorithm applicable to large–scale job–shop problems. Proc. 2nd. Int. Workshop on Parallel Problem Solving from Nature (to appear) (1992)

ON AN ALGORITHM FOR SOME PACKING-PROBLEM

Walter Goessens
Faculteit Toegepaste Economische Wetenschappen,
UFSIA, Universiteit Antwerpen,
Prinsstraat 13, B-2000 Antwerpen

Zusammenfassung: In dieser Arbeit wird ein Algorithmus zur Lösung eindimensionaler Zuschnittprobleme beschrieben. Hierbei ist aber die Kapazität nicht vorher festgelegt worden. Im Algorithmus wird sie aber gewählt als der Mittelwert der einzuordenen Längen mal eine ganzzahlige, vorher vom Gebraucher nach oben begrenzte Macht von zwei. Die von diesem Algorithmus generierten Lösungen werden mit Hilfe eines Algorithmus von Martello und Toth untersucht.

Abstract: In this paper, we give an algorithm for the one-dimensional packing-problem, in which a certain liberty is permitted, concerning the unique size of the packings. An upper bound on this size is the average itemsize multiplied by the i-th power of two, i being a random integer. The performance of this algorithm is tested using an algorithm developed by Martello and Toth.

1.INTRODUCTION

The aim of binpacking is to pack a set of n given items with length l_i i=1,...,n in a number of bins of capacity
c $\geq$ max$\{l_i:i=1,...,n\}$ minimizing the waste, i.e. the numbers of bins used. It can be formulated in a linear-programming-way as follows:

$$\sum_{j=1}^{n} l_j x_{ij} \leq c y_i \qquad i=1,\ldots,n$$

$$\sum_{i=1}^{n} x_{ij} = 1 \qquad i=1,\ldots,n$$

$$x_{ij}, y_j \in \{0,1\} \qquad i,j=1,\ldots,n$$

$$\min \; z=\sum_{i=1}^{n} y_i$$

where x_{ij} = 1 if and only if item j is placed in bin i
    y_i = 1 if and only if bin i is really used.

To solve this problem, an exact algorithm would require an exponential running-time, while certain approximate algorithms have known worst-case-performances, their average-case-performance usually being to difficult to determine. Best known approximate algorithms are BFD (Best Fit Decreasing) and FFD (First Fit Decreasing). If, for any algorithm A, we put

$$A(L) = \text{number of bins A needs for itemlist L}$$
$$OPT = \text{an exact algorithm solving the problem}$$
$$R_A(L) = A(L)/OPT(L)$$
$$R^{\infty}_A = \inf\{r \geq 1 : \exists\, N : (OPT(L) \geq N \Rightarrow R_A(L) \leq r)\}$$
$$R^{\infty}_A(\alpha) = \inf\{r \geq 1 : \exists\, N : ((OPT(L) \geq N \text{ and items} \leq \alpha c) \Rightarrow R_A(L) \leq r)\},$$

both BFD and FFD satisfy (see /2/,/3/,/4/)

$$R^{\infty}_{BFD} = R^{\infty}_{FFD} = 11/9$$
$$R^{\infty}_{BFD}(1/2) = R^{\infty}_{FFD}(1/2) = R^{\infty}_{BFD}(1/3) = R^{\infty}_{FFD}(1/3) = 71/60$$
$$R^{\infty}_{BFD}(1/4) = R^{\infty}_{FFD}(1/4) = 1.15$$

The aim of the following algorithm is to look for a value of c which will turn out to be approximately equal to the average itemsize multiplied by 2^i, where i can be any given integer, that enables us to find a packing in polynomial time with good performance. This will be tested using the MTP-algorithm described by Martello and Toth (see /4/).

2.DESCRIPTION OF THE ALGORITHM.

2.1. A first packing

The idea behind the algorithm(PPA) is sketched in the following steps:

step1: put $j=1$; $n^{(1)}=n$; $l_i^{(1)}=l_i$ $i=1,\ldots,n$
step2: sort $(l_i^{(j)})_i$ in non-increasing order.
step3: Define $l_i^{(j+1)} = l_i^{(j)} + l_{n+1-i}^{(j)}$ $i=1,\ldots,\lfloor n^{(j)}/2 \rfloor$
and $l_{\lceil n/2 \rceil}^{(j+1)} = l_{\lceil n/2 \rceil}^{(j)}$; $n^{(j+1)} = \lceil n^{(j)}/2 \rceil$ if $n^{(j)}$ is odd
and $n^{(j+1)} = n^{(j)}/2$ if $n^{(j)}$ is even
step4: put $j=j+1$; go to step 2.

By the actions defined in step3, the average size of $(l_i)_i$ is modified by a multiplicative factor that differs only a little bit from 2 because of a number of odd integers in $\{n^{(j)}:j\geq1\}$ that give items that, afterwards, are to be packed in one of the previous packings of size

$$c^{(j)}=\max\{l_i^{(j)}:1\leq i\leq n^{(j)}\}$$

After each execution of step3, the percentage of waste is calculated. The configuration minimizing this percentage is considered to be the good one. The maximum number of executions α of step3 can be set to any integer number resulting in a packing in bins of size not much more than the average itemsize multiplied by 2^α.

2.2 Packing the rest

In the implementation, step3 is executed i times, i varying in a loop up to α. To handle with odd numbers of items, we can change n into max{m:2$^\alpha$|m and m≤n} and perform the loop up to α, or we can for each value i between 1 and α change n into max{m:2^i|m and m≤n}. The items that remain, are packed in the other bins by a FFD-algorithm ('decreasing' is done by step2).

2.3. The datastructures

In order to remember which item is assigned to which bin, and to adapt them by step 2 and 3 in a fast way, several arrays are defined: begin, next, last, and cont are four integer-arrays of size n. The array cont contains the lengths of the items in the original sequence. This array is never changed during the algorithm. For the other arrays, one puts

$$begin(i) = j$$

if the first item of bin i can be found in cont(j) and

$$next(j) = k$$

if the following item of the same bin can be found in cont(k). If there isn't any following one, k is zero. The last item of bin i can be found in cont(last(i)). If there isn't any i-th bin,

$$last(i) = 0$$

as well as

$$begin(i) = 0$$

In this way, the sorting in step2 needs only a swap which can be done by exchanging begin-values and last-values, while the addition in step3 needs an append, that can be done by putting the begin of one bin to the next of the last of the other bin. So, swap and append can be performed in O(1) time. Nevertheless, in order only to compare the packing-algorithms, we used the same sort-subroutine as Martello and Toth. Therefore, only appends are done, no swaps.

3.TESTING.

On an IBM PS/2 model 30 286,the PPA-algorithm was tested using the MTP-algorithm of Martello and Toth (see /4/), in a way that the ideal c found by the algorithm above, had to be used by MTP. The MTP-algorithm can be used both as an exact and as an approximate one by setting the maximum number of backtrackings allowed. This number was set equal to 2000 by reasons of time. If the number of performed backtrackings is less than 2000, the found solution is optimal. We divide the examples in 9 cases:

    1°   MTP performed better, worse, or as good as PPA.

    2°   The solution of MTP took 2000 backtrackings (some minutes), between 10 and 2000 backtrackings (some seconds), or less than 10 backtrackings (less than a second).

number of backtrackings:	2000	10-2000	<10
MTP better	case 1	case 2	case 3
MTP worse	case 4	case 5	case 6
MTP the same	case 7	case 8	case 9

Apparently, case 1 didn't occur, while cases 5 and 6 evidently are impossible. PPA always terminated after less than a second. Following random itemlists were tested over nrex examples of each n items, opt standing for the number of examples solved optimally:

case	2	3	4	7	8	9
uniform{1,...,20}						
n= 64;α=4;nrex=200;200≤opt≤200	0	0	31	0	10	159
n= 85;α=3;nrex=200;200≤opt≤200	0	0	64	0	120	16
n=128;α=4;nrex=200;200≤opt≤200	0	0	37	0	2	161
n=320;α=3;nrex=200;200≤opt≤200	0	0	47	0	0	153
n=360;α=3;nrex=200;200≤opt≤200	0	0	43	0	0	157
uniform{10,...,20+i} i=1,...,nrex						
n= 32;α=3;nrex=200;200≤opt≤200	0	0	6	0	73	121
n= 64;α=3;nrex=200;200≤opt≤200	0	0	8	0	89	103
n= 80;α=3;nrex=200;200≤opt≤200	0	0	10	0	81	109
n= 96;α=3;nrex=200;200≤opt≤200	0	0	10	0	111	79
n= 96;α=4;nrex=200;200≤opt≤200	0	0	7	0	106	87
n=100;α=2;nrex=200;199≤opt≤199	0	1	11	0	34	154
n=128;α=3;nrex=200;200≤opt≤200	0	0	7	0	103	90
n=200;α=3;nrex=200;200≤opt≤200	0	0	11	0	89	100
n=368;α=3;nrex=500;256≤opt≤478	5	17	166	212	15	85

4.ABOUT THE PERFORMANCE.

Analyzing the last examples, we saw that of the 166 times PPA
was better, a minimum of 156 solutions were exact by the fact
that the percentage of waste was less than 1/(number of bins
used), or equivalently by the fact that the total waste was
less than the size of a bin. A total of 135 examples were
solved in one bin less then by MTP, the other 21 in two bins
less, giving totals of bins used over the 368 examples 15272
vs. 15459. The examples that MTP handled better, were all
solved in one bin less giving totals 2024 vs. 2002. We can
conclude for the last examples that over 500 examples:

-at least 256 were solved optimally, 156 of which were
better than MTP.

-22 were solved one bin worse than MTP and also one bin
less than optimally.

-for the 222 remaining ones, MTP didn't find any better

solution after 2000 backtrackings in 212 cases, and didn't find the better solution of PPA in 10 cases, meaning that all these solutions could eventually be optimal.

In general, we saw that most of the cases in which PPA performed worse than MTP, occurred in examples of big variance. Evidently, the variance of the itemlist, as well as of the final packings determine how bad the algorithm could behave. Therefore, we try to find upperbounds for

$$\text{(variance in step } i+1) \;/\; \text{(variance in step } i)$$

If we put

$$\Gamma^{(i)} = \text{the first } n^{(i)}/2 \text{ numbers } l^{(i)}$$
$$\Delta^{(i)} = \text{the last } n^{(i)}/2 \text{ numbers } l^{(i)}$$
$$\sigma^2_{(i)} = \text{Var}(\Gamma^{(i)}, \Delta^{(i)})$$
$$\nu_{(i)} = \min(\sigma_{\Gamma(i)}/\sigma_{\Delta(i)}, \sigma_{\Delta(i)}/\sigma_{\Gamma(i)})$$
$$\gamma^{(i)} = \text{Arctg}(\nu_{(i)})$$
$$c^{(i)} = |r(\Gamma^{(i)}, \Delta^{(i)})|$$
$$r(\Gamma^{(i)}, \Delta^{(i)}) < 0 \text{ (by construction almost } -1)$$
$$2^\alpha \text{ divides } n=n^{(1)},$$

and suppose that after i iterations of the algorithm our numbers are approximately continuous and uniformly distributed between their extreme values a and b, so with $\sigma^2_{(i)} = (b-a)^2/12$, we can prove

$$4\, \sigma^2_{(i+1)} = 2\, \sigma^2_{(i)} - 8\, c^{(i)}\, \sigma_{\Gamma(i)}\, \sigma_{\Delta(i)}$$
$$\sigma^2_{(i+1)}/\sigma^2_{(i)} = 1/2 - c^{(i)}\, f^{(i)}$$
$$\nu_{(i)}/(1 + \nu_{(i)}^2) = f^{(i)} \leq 1/2$$

So, globally,

$$(1 - c^+)^i/2^i \leq \sigma^2_{(i+1)}/\sigma^2_{(1)} \leq (1/2 - c^-\nu^-/(1 + (\nu^-)^2))^i$$

where

$$c^+ = \max\{c^{(j)} : 1 \leq j \leq \alpha+1\}$$
$$c^- = \min\{c^{(j)} : 1 \leq j \leq \alpha+1\}$$
$$\nu^- = \min\{\nu_{(j)} : 1 \leq j \leq \alpha+1\}$$

5.REFERENCES.

/1/   Coffman, E.G.Jr.; Garey, M.R.; Johnson, D.S.
       "Approximate algorithms for binpacking-an updated sur-
       vey", in:
       Ausiello, G.; Lucertini, M.; Serafini,P. (eds): Algorithm
       Design for Computer System Design, Springer, Vienna, 49-
       106 (1984)

/2/   Garey, M.R.; Johnson,D.S.
       "Approximation algorithms for binpacking problems:A sur-
       vey", in:
       Ausiello,G.; Lucertini, M.(eds.) : Analysis and Design of
       Algorithms in Combinatorial Optimization, Springer-Ver-
       lag, Vienna, 147-172 (1981)

/3/   Johnson, D.S.; Demers, A.; Ullman, J.D.; Garey, M.R.;
       Graham, R.L.
       Worst-case performances for simple one-dimensional algo-
       rithms.
       SIAM Journal on Computing 3,299-325 (1974)

/4/   Martello, S.; Toth, P.
       Knapsack Problems
       Chicester:John Wiley & Sons(1990)

A New Efficient Evolutionary Algorithm for the Quadratic Assignment Problem

Volker Nissen, Göttingen

Abstract: Evolution Strategies (ES) belong to the class of evolutionary search and optimization techniques inspired by the mechanics of natural genetics and Darwinism. The focus here is on their applicability to the Quadratic Assignment Problem (QAP). The QAP has many practical applications such as factory layout, but is known to be NP-hard. A new Evolutionary Algorithm, based on the ES-idea, is presented. It appears to be very efficient and outperforms even Simulated Annealing. Experimental results on two test problems taken from the literature are given. Evolutionary Algorithms are a promising approach to solve difficult optimization problems. Necessary extensions for practical applications in factory layout form the final section of the paper.

Zusammenfassung: Evolutionsstrategien (ES) gehören zur Klasse naturanaloger Such- und Optimierungsverfahren, die Ideen aus Genetik und Darwinismus aufgreifen. Hier wird ihre Anwendbarkeit auf das Quadratic Assignment Problem (QAP) betrachtet. Das QAP ist von großer praktischer Bedeutung z.B. in Gestalt des Maschinenaufstellungsproblems, aber gleichzeitig wegen seiner NP-Vollständigkeit nur schwer effizient zu lösen. Ein neuer Evolutionärer Algorithmus auf Basis des ES-Ansatzes wird für dieses Problem vorgestellt. Er erweist sich als sehr effizient und aktuellen Simulated Annealing-Ansätzen überlegen. Ergebnisse bzgl. zweier Testprobleme aus der Literatur werden präsentiert. Evolutionäre Algorithmen sind ein erfolgversprechender Ansatz zur Lösung komplexer Optimierungsprobleme. Abschließend werden notwendige Erweiterungen des Algorithmus im Hinblick auf eine praktische Anwendung im Rahmen des Maschinenaufstellungsproblems erörtert.

1 Introduction

During millions of years evolution has produced an amazing variety of complex living things, fully adapted to their environments. Variation and selection are viewed as the driving forces behind this process which can be described as an ongoing adaptation and optimization. Evolutionary Algorithms (EA) abstract the basic principles from evolution to form powerful general purpose search and optimization techniques applicable to many difficult problems. In this paper the focus is on Evolution Strategies (ES) /1,2/, though the term 'Evolutionary Algorithm' as used here extends to other algorithms as well.

2 Evolution Strategies

Evolution Strategies differ from conventional search and optimization techniques in a number of ways:

1. They, generally, process a 'population' of solutions (real-valued vectors of the objective variables, also refered to as 'individuals'), exploring the search space from many different points simultaneously.

2. To keep the search goal-directed only payoff information derived from objective function values is required. No other auxiliary knowledge such as derivatives is used.

3. ES are stochastic algorithms deliberately employing random elements. However, they are no pure random search.

Mutation is the dominating operator within ES, implementing some kind of hill-climbing search procedure. Recombination of different solutions, though, takes a prominent part in some ES as well.

Imitating the biological observation that children are similar to their parents, mutation adds different vectors of independent Gaussian random numbers with zero mean and specified standard deviation (mutation step size) to the parameter vectors of all individuals.

A special feature of ES is the self-adaptation of mutation variances and covariances. This is achieved through incorporating them into the genetic representation and making them object of genetic operators themselves. With 'extinctive selection' ES also employ a 'tough' selection scheme. Here, λ offsprings are generated from μ parents which have equal selection probabilities. Only the μ best individuals survive to form the next generation. If the parents have a chance to survive until they are replaced by better offsprings this is denoted by the term $(\mu + \lambda)$-ES. When the parents die out after each generation this is called a (μ, λ)-ES. Figure 1 gives an overview of the ES-cycle. There exist many variants of this basic scheme.

```
10    generate initial population of μ individuals at random;
15    repeat
20        intermediate population = {};
25        while intermediate population not full do
30            select two individuals for mating with equal probability;
35            discrete recombination (component values are randomly
                  copied from either parent) to determine values for
                  objective variables of offspring;
40            intermediate recombination (averaging parent values) to
                  determine strategy parameter values of offspring;
45            mutate offspring;
50            insert offspring into intermediate population;
55        end of while;
60        evaluate all new individuals;
65        select μ best individuals (including or excluding
                  parents) as new population;
70    until termination criterion holds;
75    print results;
80    stop;
```

Figure 1: Multimembered ES in pseudo-code

3 The Quadratic Assignment Problem (QAP)

Locating facilities with material flow between them is a difficult layout problem. KOOPMANS and BECK-MANN /3/ were the first to model this in a way which is now known as the Quadratic Assignment Problem.

Formally, it can be stated as an integer program /4/:

$$\min Z = \sum_{i=1}^{n} \sum_{j=1}^{n} a_{ij} x_{ij} + \sum_{i=1}^{n} \sum_{j=1}^{n} \sum_{k=1}^{n} \sum_{l=1}^{n} f_{ik} c_{jl} x_{ij} x_{kl}$$

s.t. $\quad \sum_{j=1}^{n} x_{ij} = 1, \quad i = 1, 2, \ldots, n \qquad \sum_{i=1}^{n} x_{ij} = 1, \quad j = 1, 2, \ldots, n$

$\qquad x_{ij} \in \{0, 1\} \quad i, j = 1, 2, \ldots, n$

with $\quad$ n $\quad = \quad$ total number of facilties/locations

$\qquad a_{ij} \ = \ $ fixed cost of locating facility i at location j

$\qquad f_{ik} \ = \ $ flow of material from facility i to facility k

$\qquad c_{jl} \ = \ $ cost of transferring a material unit from location j to location l

$\qquad x_{ij} \ = \ $ 1, if facility i is at location j; 0 otherwise.

The QAP is NP-hard as was shown by SAHNI and GONZALES /5/. Many algorithms have been developed to solve the QAP, since it is of great practical importance. Even with large computers optimal algorithms such as branch-and-bound methods are only able to solve rather small QAPs in acceptable time. Therefore, researchers have concentrated on developing efficient heuristics.

The large number of different QAP-heuristics are not reviewed here. Extensive reviews of the QAP and associated algorithms can be found in /4,6/. Recent developments in facility layout are also covered in /7/.

4 A new Evolutionary Algorithm for the QAP

4.1 Introduction

The author is only aware of two previous attempts to apply EA to the QAP /8,9/. In both cases Genetic Algorithms and parallel computers are utilized to obtain solutions of high quality.

However, both algorithms are tailored to parallel systems and would be rather time-consuming to run on a serial computer. In business applications parallel computers are seldom available, since conventional software does not run on them, nor would it usually benefit from a parallel environment. The algorithm presented in the next section runs on a rather small serial computer. The aim is to produce high quality solutions with reasonable computational requirements in terms of hardware and elapsed CPU-time. It is our view that Evolutionary Algorithms will only then be widely used in business applications, when they run on conventional computers as used for other applications in a company.

4.2 Description of the algorithm

The algorithm to be presented here is a combinatorial variant of Evolution Strategies, called CES. The genetic representation is straightforward.

Each position ('gen') on a solution vector represents a location and integer values are assigned to genes as numbered facilities. With this concept, the QAP objective function given in chapter 3 can directly be employed as a fitness function for the Evolutionary Algorithm. A predefined number of generations was set as the termination criterion. Other criteria, more related to the achieved quality level of the solution or elapsed CPU time could be thought of.

CES is basically a (1,100)-ES, i.e. each generation 100 children are generated from one parent solution by randomly swapping integer values on the chromosome (mutation). The max. number of swaps is a user-defined strategy parameter (swaps). However, the actual number of swaps can lie anywhere in the interval [0,swaps], Note, that this will occasionally preserve the parent solution and also allow for deterioration.

The best child then becomes the new parent solution. If its fitness value is not better than the former parent's value, then a counter is increased. When this counter reaches a user-defined level (no_improve), a procedure destabilization is called. The concept of destabilization in the context of ES is also described in /10/ but realized differently. During this phase, the counter is set to zero and a new generation is created with doubled number of integer swaps. Thereby, individuals which differ more strongly from previous solutions are generated. CES then searches randomly through the population of children until it finds an individual, which meets a certain aspiration level in terms of solution quality. This level is dynamically determined by an external strategy parameter (aspiration factor), the fitness value of the best solution generated so far and the best known or optimum value. If no such individual can be found, the aspiration level is lowered considerably and the search for a 'qualifying' solution starts again. Having found such a solution, CES makes it the new parent. Otherwise, a randomly determined element of the destabilized population will be the parent. Procedure destabilization is then left and the search continues as before.

CES starts from a randomly generated initial individual and keeps a record of the best solution generated so far. It outputs this solution and the associated fitness value every 10 generations, allowing the user to monitor the optimization process. Best results were obtained with the following parameter setting: aspiration factor = 25%, no_improve = 20, swaps = 2.

4.3   Empirical results

CES was run on two test problems taken from /11/ with numbers of facilities N=30 and N=12 respectively. The number of generations was varied, each time using ten different random number seeds. Results are given in tables 1 and 2. Figure 2 pictures cost values obtained by the best and worst runs of CES on the problem with N=30 in steps of 50 generations.

Two well-known conventional combinatorial heuristics, 2-Opt and CRAFT, were implemented as benchmarks for the solution quality of CES. 2-Opt considers pairwise exchange between positions of facilities and is described in /12/, but the idea can be traced back to /13/. CRAFT /14/ employs a steepest-descent pairwise exchange heuristic to iteratively improve the achieved solution. Both have very low computational requirements. Also, results of two efficient Simulated Annealing algorithms described in /12/ for these problem instances are given.

CES produces far better average solutions with more reliability than conventional heuristics. Compared to the plain Simulated Annealing algorithm (SA), CES generates much better solutions and is faster if the difference in employed computers is taken into account (see CPU requirements for 2-Opt). The hybrid

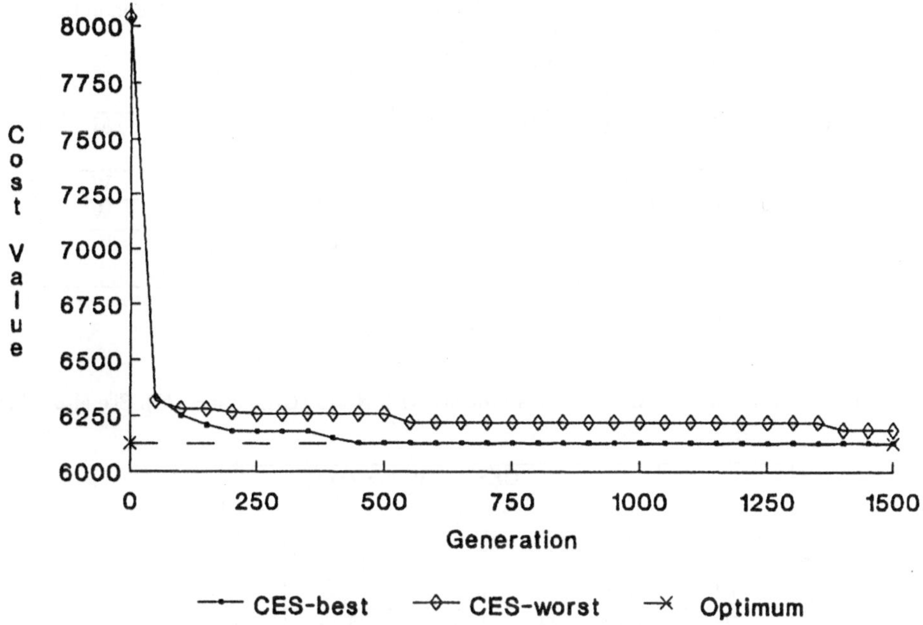

Figure 2: Convergence of CES

		Solution				Av.Elap.	Com-
Algorithm	# of runs	Best	Worst	Average	Std. Dev.	CPU(s)	puter
SA	5	6136 (3068)	6458 (3229)	6215,6 (3107,8)	121,76 (60,88)	162,1	M
HSA	5	6124 (3062)	6158 (3079)	6138,4 (3069,2)	11,13 (5,56)	633,1	M
2-Opt	5	6294 (3147)	6658 (3329)	6406,0 (3203,0)	136,12 (68,06)	0,7	M
	10	6166	6532	6357,2	86,71	4,3	W
CRAFT	10	6294	6598	6420,8	96,52	4,7	W
CES (Gen=10.000)	10	6124	6150	6139,0	8,68	523,2	W

M=Mainframe (VAX 6420)
W=Workstation (IBM RS/6000-320H)

Table 1: Empirical results for NUGENT et al.'s problem with N=30 (Optimum=6124). The values for SA, HSA, and 2-Opt (mainframe) were taken from /12/. Since the problem is symmetrical, the cost values obtained by these authors must be doubled for direct comparison. Their original cost values are given in brackets.

algorithm (HSA), which combines Simulated Annealing with the MP algorithm presented in /15/, produces very good solutions, but has high computational requirements.

CES yields solutions of the same quality as HSA with even better reliability after 10.000 and 1.500

Algorithm	# of runs	Best	Worst	Average	Std. Dev.	Av.Elap. CPU(s)	Computer
			Solution				
SA	5	578 (289)	586 (293)	582 (291)	3,58 (1,79)	9,7	M
HSA	5	578 (289)	578 (289)	578 (289)	0	34,4	M
2-Opt	10	590	630	614,2	12,05	< 0,1	W
CRAFT	10	594	640	610,4	15,59	< 0,1	W
CES (Gen=1500)	10	578	578	578	0	21,7	W

M=Mainframe (VAX 6420)
W=Workstation (IBM RS/6000-320H)

Table 2: Empirical results for NUGENT et al.'s problem with N=12 (Optimum=578). See also table 1.

	CES A (10 runs each)				
	Solution				Av. Elap.
Generation	Best	Worst	Average	Std. Dev.	CPU (s)
100	6252	6378	6307,6	41,37	5,5
500	6128	6304	6221,4	59,58	26,8
1000	6128	6244	6186,6	35,23	53,7
1500	6128	6224	6173,2	26,08	80,0
3000	6128	6186	6157,8	16,26	158,7
10.000	6124	6150	6139,0	8,68	523,2
	CES B (10 runs each)				
	Solution				Av. Elap.
Generation	Best	Worst	Average	Std. Dev.	CPU (s)
100	6212	6378	6297,4	44,58	5,3
500	6164	6298	6208,2	38,57	25,6
1000	6160	6224	6188,4	20,27	54,1
1500	6148	6224	6180,2	23,00	79,4
3000	6128	6206	6160,6	19,25	157,4
10.000	6128	6158	6141,6	11,59	521,4

CES A: swaps=2, no_improve=20, aspiration factor=25%
CES B: swaps=2, no_improve=25, aspiration factor=25%

Table 3: Comparison of two (good) parameter settings for CES on an IBM RS/6000.

generations respectively. This makes CES more than 7 times faster than HSA acknowledging the difference in employed computers. While HSA was run on a VAX 6420 mainframe computer and coded in FORTRAN 77, CES utilizes an IBM RS/6000-320 workstation and VS Pascal. In comparison with 2-Opt and CRAFT, CES generates better solutions with more reliability after 100 generations already, also overcoming the speed-advantage of conventional heuristics (see table 3).

CES appears to be a very efficient, easy to understand heuristic, capable of solving much larger QAPs than presented here in acceptable time on a serial computer. It seems to establish the right balance between exploration of the search space and exploitation of good solutions found. The speed advantage over HSA clearly comes from the fact that CES uses no additional local hillclimbing algorithm to improve the generated solutions. Experiments, where the final solution was further processed by a 2-Opt algorithm, generally led to no notable improvement. Optimizing the final result with Simulated Annealing could perhaps be worth trying. Also, like Simulated Annealing, CES is sensitive to strategy parameter settings. Two good settings are compared in table 3. Note, that none of them is completely dominant, if the results after different generations are compared. So far, strategy parameters have been tuned by experiment. It seems sensible to use another Evolutionary Algorithm for this purpose.

5 Extending the QAP to real-world factory layout

Solving the Quadratic Assignment Problem is only the first step to applying EA to real-world problems such as factory layout. Koopman-Beckmann's model is based upon several assumptions, namely:

- Facilities may be installed at any location.

- They can be independently assigned to locations.

- Material flow between facilities is independent of their location.

- Accurate flow and cost (distance) data are available.

- Costs vary linearly with distance and material units.

- Single product assumption

- The location problem can be solved independently from other strategic decisions such as production program and choice of material handling equipment.

All these assumptions can in practical applications be called into question. For instance, locations may be of unequal size, permitting only a subset of machines to be located at a certain position. Minimal or maximal distances between facilities can occur due to technical interdependencies. Also, only noisy data might be available etc..

Additionally, one can think of other optimization criteria than just minimizing some cost-measure. In a multi-criteria decision making environment aspects like flexibility or security of a layout might be further goals. One is then interested in the set of Pareto-optimal, i.e. non-dominated layout solutions.

Evolutionary Algorithms have successfully been applied to multi-criteria optimization problems /16,17/. Constraints may be incorporated in evolutionary search by the following means:

- clever problem representation and evaluation functions

- intelligent decoding schemes and repair mechanisms to guarantee valid solutions

- use of penalty functions which degrade an individual's performance value according to the violation of constraints

- application of multi-criteria optimization techniques, where the number of violated constraints becomes an additional goal to be minimized.

Certainly, there is a lack of theory and practical experience with respect to many facets of Evolutionary Algorithms today. Additionally, the biological model is imitated on different levels of abstraction depending on the particular algorithm. EA, however, is a rapidly growing field that has already produced impressive results. The Quadratic Assignment Problem is just one of many promising areas for EA in the business sector and Operations Research.

Literature:

/1/ Rechenberg, I.
Evolutionsstrategie. Optimierung technischer Systeme nach Prinzipien der biologischen Evolution.
Stuttgart: Frommann-Holzboog (1973)

/2/ Schwefel, H.-P.
Numerische Optimierung von Computer-Modellen mittels der Evolutionsstrategie.
Basel: Birkhäuser (1977)

/3/ Koopmans, T.C.; Beckmann, M.J.
Assignment Problems and the Location of Economic Activities.
Econometrica 25, 53-76 (1957)

/4/ Kusiak, A.; Heragu, S.S.
The Facility Layout Problem.
EJOR 29, 229-251 (1987)

/5/ Sahni, S.; Gonzales, T.
P-complete Approximation Problem.
ACM Journal 23, 556-565 (1976)

/6/ Burkard, R.E.
Locations with Spatial Interactions: The Quadratic Assignment Problem.
In Mirchandani, P.B.; Francis, R.L. (eds.) Discrete Location Theory
New York et al.: John Wiley & Sons (1990)

/7/ Heragu, S.S. (guest ed.)
Facility Layout (Special Issue).
EJORDT 57 (2), 135-304 (1992)

/8/ Brown, D.E.; Huntley, C.L.; Spillane, A.R.
A Parallel Genetic Heuristic for the Quadratic Assignment Problem.
In Schaffer, J.D. (ed.)
Proceedings of the Third International Conference on Genetic Algorithms, 406-415 (1989)

/9/ Mühlenbein, H.
Parallel Genetic Algorithms, Population Genetics and Combinatorial Optimization.
In Schaffer, J.D. (ed.)
Proceedings of the Third International Conference on Genetic Algorithms, 416-421 (1989)

/10/ Ablay, P.
Optimieren mit Evolutionsstrategien.
Spektrum der Wissenschaft o. Jg. (7), 104-115 (1987)

/11/ Nugent, E.N.; Vollmann, T.E.; Ruml, J.
An Experimental Comparison of Techniques for the Assignment of Facilities to Locations.
Operations Research 16, 150-173 (1968)

/12/ Heragu, S.S.; Alfa A.S.
Experimental Analysis of Simulated Annealing Based Algorithms for the Layout Problem.
EJORDT 57 (2), 190-202 (1992)

/13/ Lin, S.
Computer Solution of the Travelling Salesman Problem.
Bell Syst., Tech. Journal 44, 2245-2269 (1965)

/14/ Armour, G.C.; Buffa, E.S.
A Heuristic Simulation Approach to the Relative Allocation of Facilities.
Management Science 9, 294-309 (1963)

/15/ Heragu, S.S.; Kusiak, A.
Efficient Models for the Facility Layout Problem.
EJOR 53, 1-13 (1991)

/16/ Kursawe, F.
A Variant of Evolution Strategies for Vector Optimization.
In Schwefel, H.-P.; Männer, R. (eds.)
Parallel Problem Solving from Nature, 1st Workshop PPSN I, 193-197 (1991)

/17/ Schaffer, J.D.
Multiple Objective Optimization with Vector Evaluated Genetic Algorithms.
In Grefenstette, J.J. (ed.)
Proceedings of an International Conference on Genetic Algorithms and Their Applications, 93-100 (1985)

Tabu Search und Lin–Kernighan

Erwin Pesch
Faculty of Economics and Business Administration, KE, University of Limburg,
P.O. Box 616, NL–6200 MD Maastricht

Tabu Search ist neben Simulated Annealing eine weitere lokale Suchstrategie zur Lösung kombinatorischer Optimierungsprobleme, derart, daß aufgrund einer zuvor definierten Nachbarschaftsstruktur gewisse Lösungsmodifikationen erlaubt sind, die auch zu vorübergehenden Qualitätsverschlechterungen führen dürfen. In diesem Vortrag soll deutlich gemacht werden, daß der Algorithmus von Lin und Kernighan eine frühe Anwendung von Tabu Search auf Probleme der kombinatorischen Optimierung darstellt. Die Nachbarschaftsstruktur der Lin–Kernighan Idee ist etwas komplizierter; es handelt sich um eine sog. eingebettete Nachbarschaftsstruktur. Der Lin–Kernighan Algorithmus gehört zu einer Klasse komplexerer Tabu Search Strategien, den sog. Ejection Chain Strategien (Glover). Es werden verschiedene Anwendungen der Idee von Lin und Kernighan vorgestellt, Gemeinsamkeiten zu Tabu Search hervorgehoben und die Idee der Ejection Chain Strategie mit eingebetteten Nachbarschaftsstrukturen dargelegt.

DAS TRAVELING SALESMAN PROBLEM MIT PERMUTIERTEN VERTEILUNGSMATRIZEN UND QUASI-2-KONVEXITÄT

Egon Seiffart, Magdeburg

Zusammenfassung: Betrachtet wird das Traveling Salesman Problem (TSP; Rundreiseproblem) von einer speziellen Klasse von Matrizen, den sogenannten permutierten Verteilungsmatrizen. $C = [c_{ij}]$ wird Verteilungsmatrix genannt, wenn für alle $i<p$, $j<q$: $c_{ij} + c_{pq} \le c_{iq} + c_{pj}$, $(i,j = 1,\ldots,m)$ gilt. C erfüllt die sogenannte "Monge"-Bedingung. C wird permutierte Verteilungsmatrix genannt, wenn eine Permutation p so existiert, daß $C^p = [c_{ip(j)}]$ eine Verteilungsmatrix ist. Die zulässige Lösungsmenge des TSP wird in einen Graphen (Strukturgraphen) so eingebettet, daß die Zielfunktion die Eigenschaft der Quasi-2-Konvexität hat. Auf Grund der so eingeführten Struktur können effiziente (polynomiale) Lösungsmöglichkeiten für zugrundegelegte spezielle Problemklassen abgeleitet werden. Abschließend wird die Klasse der symmetrischen Produktmatrizen betrachtet, bei denen $c_{ij} = a_i . b_j$ gilt.

Abstract: In this paper we consider the traveling salesman problem of a special class of matrices, the so-called permuted distribution matrices. We say that C is a distribution matrix if the following condition is satisfied: that we have for all $i<p$, $j<q$: $c_{ij}+c_{pq} \le c_{iq}+c_{pj}$, $(i,j = 1,2..,m)$. We say that C is a permuted distribution matrix if there exists a permutation p such that $C^p = [c_{ip(j)}]$ is a distribution matrix. We define structural relations between neighbourhood graphs and the Quasi-2-Convexity of these problems. Finaly, we consider a class of traveling salesman problems with a symmetric product matrix C, where $c_{ij}=a_i . b_j$.

1. Bei der Entwicklung von effizienten Lösungsalgorithmen in der diskreten Optimierung ist die Untersuchung der Struktur des Lösungsbereiches von besonderer Bedeutung. In der vorliegenden Arbeit wird das Traveling Salesman Problem (TSP) für eine spezielle Klasse von Matrizen - den sogenannten permutierten Verteilungsmatrizen - (permutierte "Monge"-Matrizen) - hinsichtlich seiner Struktur mit Hilfe der Quasikonvexität untersucht, um effiziente (polynomiale)

Lösungsmöglichkeiten abzuleiten. Für eine Permutation der Elemente der Menge $M = \{1,2,\ldots,m\}$ wird die Schreibweise

$$p = [p_1 p_2 \ldots p_m] = \begin{pmatrix} 1 & 2 & \ldots & m \\ p_1 & p_2 & \ldots & p_m \end{pmatrix}$$

benutzt. $P_m = P(M)$ bezeichnet die Menge aller Permutationen der Elemente von M. Grundlage für die folgenden Betrachtungen bildet das folgende allgemeine Permutationsproblem:

$$\min \{\, F(p) \;/\; p = [p_1 \ldots p_m] \in P_m \,\} \tag{1}$$

Dabei bezeichnet P_m den zulässigen Lösungsbereich und F eine eindeutige Abbildung von P_m in den R^1. Im folgenden wird eine Permutation auch schlechthin als Lösung bezeichnet. Eine zyklische Permutation der Länge r ist eine Permutation, die die Form

$$p^{zr} = \begin{pmatrix} p_1 p_2 \ldots p_{r-1} p_r p_{r+1} \ldots p_m \\ p_1 p_3 \ldots p_r \; p_1 p_{r+1} \ldots p_m \end{pmatrix} = (p_1 p_2 \ldots p_r) \quad \text{mit } 2 \le r \le m \text{ hat. Es sei } p^e =$$

$[1\ 2\ \ldots m]$ die identische Permutation. Für eine beliebige Permutation p bedeutet $p(i) = j$, daß i in j durch p abgebildet wird. Für zwei beliebige Permutatinen p, $\bar{p}$ existiert eine eindeutige Permutation p^* so daß $p = \bar{p}.p^*$ gilt. Dabei wird festgelegt $\bar{p}.p^*(i)$ bezeichnet $\bar{p}(p^*(i))$ und es gilt $p^{-1}(j) = i$, wenn $p(i) = j$. Es gilt $p.p^{-1} = p^{-1}.p = p^e$. p^{-1} wird als inverse Permutation zu p bezeichnet. Mit P_{zr} wird die Menge aller zyklischen Permutationen der Länge r $\;(2 \le r \le m)$ bezeichnet. P_{mz} ist somit die Menge aller zyklischen Permutationen der Länge m oder die Menge aller Touren (Rundreisen). Eine zyklische Permutation der Form $(p_1 p_2 \ldots p_s \ldots p_r)$ mit $\max\{p_1, \ldots, p_s, \ldots p_r\} = p_s$ wird pyramidal genannt, wenn für die Permutationselemente folgende Ungleichungen $p_1 < p_2 < \ldots < p_s > \ldots > p_r$ gelten. Unter einer Inversion einer Permutation p wird das Auftreten eines Spaltenpaares $\begin{pmatrix} i \\ j \end{pmatrix}, \begin{pmatrix} i' \\ j' \end{pmatrix}$ mit $i < i'$, $j > j'$ oder umgekehrt verstanden. Mit $I(p)$ wird die Menge aller Inversionen einer Permutation p benannt. Mit $d(p,\bar{p})$ wird der Inversionsabstand zwischen p und $\bar{p}$ bezeichnet. $d(p,\bar{p})$ ist durch die Anzahl von Spaltenpaaren gegeben, die in p in umgekehrter Anordnung als in $\bar{p}$ auftreten, d.h. der Inversionsabstand charakterisiert die kleinste Zahl von Nachbarvertauschungen um die Permutation p in $\bar{p}$ zu überführen oder umgekehrt. Bekannte Lemmata sind:

Lemma 1: Sei $p, p^*, \bar{p} \in P_m$ mit $\bar{p} = p.p^*$, so folgt $d(p,\bar{p}) = |I(p^*)|$.

(Beweis: s. /4/,/10/)

Lemma 2: Sei $p_s = [p_1^s, p_2^s, \ldots, p_m^s] \in P_m$ und $\bar{p} \in P_{zm}$, so folgt

$$p = p_s^{-1}.\bar{p}.p_s \in P_{zm}.$$

(Beweis: s. /3/)

Als klassische Permutationsprobleme sind das Zuordnungsproblem (ZOP) und das Rundreiseproblem (TSP) bekannt. Im folgenden werden beide Probleme wie folgt formuliert:

Zuordnungsproblem:Gegeben: Matrix $C = [c_{ij}] \in R^{m^2}$

Gesucht: $p^* = [p_1^* \ldots p_m^*] \in P_m$ mit

$$F(p^*) = \sum_{i=1}^{m} c_{ip_i^*} = \min \left\{ \sum_{i=1}^{m} c_{ip_i} / p \in P_m \right\} \quad (ZOP) \quad (2)$$

Das bedeutet, aus jeder Zeile und jeder Spalte der Matrix C ist genau ein Element so auszuwählen, daß die Gesamtsumme der ausgewählten Elemente minimal ist.

Rundreiseproblem:Gegeben: Matrix $C = [c_{ij}] \in R^{m^2}$

Gesucht: $p^* = [p_1^* \ldots p_m^*] \in P_{zm}$ mit

$$F(p^*) = \sum_{i=1}^{m} c_{ip_i^*} = \min \left\{ \sum_{i=1}^{m} c_{ip_i} / p \in P_{zm} \right\} \quad (TSP) \quad (3)$$

Das bedeutet, daß gegenüber dem ZOP nur zyklische Permutationen der Zyklenläng m zugelassen sind. Im folgenden wird das TSP für spezielle Klassen von Matrizen C betrachtet. Dazu werden die folgenden Definitionen festgelegt

Definition 1: $C = [c_{ij}]$ wird "Monge" Matrix oder Verteilungsmatrix genannt, wenn für alle $i<p$, $j<q$: $c_{ij}+c_{pq} \leq c_{iq}+c_{pj}$, $(i,j,p,q = 1,\ldots, m)$ gilt.

Definition 2: $C = [c_{ij}]$ist eine permutierte "Monge" Matrix (permutierte Verteilungsmatrix), wenn eine Permutation p^* so existiert, daß $C^{p^*} = [c_{ip^*_{(i)}}]$ eine "Monge" Matrix ist.

Es gelten die folgenden Resultate (Beweis: s. /2/):

Lemma 3: Wenn C eine "Monge" Matrix ist, dann ist $p^* = p^e = [1 \ldots m]$ eine optimale Lösung des ZOP für C.

Lemma 4: Wenn C eine permutierte "Monge" Matrix ist, wobei C^{p^*} eine "Monge" Matrix ist, dann ist p^* optmale Lösung des ZOP für C.

Es erfolgt o.B.d.A. eine Spezialisierung auf eine spezielle Klasse von permutierten Produktmatrizen in Normalform:[*]

Definition 3: $C = [c_{ij}]$ wird Produktmatix genannt, wenn zwei m-dim. Vektoren $a=[a_1,\ldots,a_m]$ und $b=[b_1,\ldots,b_m]$, $a,b \in R^m$, ganzzahlig, so gegeben sind, daß $c_{ij} = a_i \cdot b_j$ für alle $i,j=1,\ldots,m$ gilt. $C=[c_{ij}]$ wird Produktmatrix in Normalform genannt, wenn darüberhinaus $a_1 \leq a_2 \leq \ldots \leq a_m$ gilt.

Im weiteren werden o.B.d.A. nur Produktmatrizen in Normalform betrachtet. Zur Verdeutlichung dieses Sachverhaltes werden fortan Problem (2) mit (4) und Problem (3) mit (5) bezeichnet.In /2/ bzw. /5/ wird bewiesen, daß das TSP über der Klasse der Produktmatrizen $\mathcal{NP}$ -hard ist. Für viele Spezialfälle von Produktmatrizen existieren polynomiale Lösungsalgorithmen (s. /2/).

[*] Alle angef. Resultate gelten auch für beliebige perm. "Monge" Matr..

Es gilt der folgende Satz:

Satz 1: Es sei $p_s=[p_1,p_2,\ldots p_m] \in P_m$ mit $a_{p_1^s} \geq a_{p_2^s} \geq \ldots \geq a_{p_m^s}$ und $\bar{p} \in P_{zm}$ eine Tour des Problem (3) und $p^* \in P_{zm}$ eine optimale Lösung von (5). Dann Ist $p =p_s^{-1}.\bar{p}.p_s$ eine Tour der Normalform (5), und es gilt: $\bar{p}^* = p_s.p^*.p_s^{-1}$ ist eine optimale Lösung des Problems (3)

Der Beweis dieses Satzes geht aus den Betrachtungen in /3/ s. 82 ff. unmittelbar hervor.Das Problem (3) geht in das Problem (5) über, wenn die Zeilen und Spalten von C entsprechend der Permutation p_s^{-1} permutiert und anschließend die Indizes neu numeriert werden.

In /6/,/7/,/8/ wird für kombinatorische Optimierungsproleme das Konzept der Quasikonvexität entwickelt, indem die zulässige Lösungsmenge in einen geeigneten Graphen (Strukturgraphen oder Nachbarschaftsgrahen) so eingebettet wird, daß die Zielfunktion die Eigenschaft der Quasikonvexität hat. Sind entsprechende Voraussetzungen erfüllt, so kann das zugrundeliegende Problem effizient (polynomial) über einen einfachen Greedy-Algorithmus gelöst werden. Im folgenden wird diese Lösungsgrundlage als bekannt vorausgesetzt, und es werden bezüglich globaler-, lokaler- und quasistrenger lokaler Optimallösungen au - Platzgründen nur die strenge Quasikonvexität,-Quasikonkavität und -Quasimonotonie der Zielfunktion zugrundegelegt. Mit diesen Voraussetzungen kann das folgende Lösungsvorgehen für das Problem (1) - realisiert werden (s. /7/, /8/): Wenn das Permutationsproblem (1) streng quasikonvex (-konkav,-monoton) über einen Strukturgraphen mit polynomialer Nachbarschaftsstruktur ist, genügt es, zur Lösung des Problems eine lokale (quasistrenge lokale) Optimallösung zu bestimmen, die über einen polynomialen Abstiegs- (Aufstiegs-) Algorithmus zu erhalten ist. Sei $G(P_m,U)$ ein ungerichteter Graph (Nachbarschaftsgraph, Strukturgraph) , bei dem die Knoten die Permutationen darstellen. Die Kantenmenge U ist durch eine spezielle Nachbarschaftsstruktur der folgenden Art gegeben: $U = \{(p,\bar{p}) \in P_m^2 / \bar{p} \in N(p,G)\}$, wobei die Abbildung $N(p,G)$ die Menge aller Nachbarpermutationen von $p \in P_m$ beschreibt. Dabei sei der Graph $G(P_m,U)$ zusammenhängend und schlingenfrei, d.h. zwei beliebige Knoten von G sind durch eine Kette verbunden und p ist zu sich selbst nicht gleichzeitig Nachbar. Eine Kette ist eine Folge $p^1,p^2,\ldots,p^k$ von Nachbarpermutationen $p^i \in G$ $(i=1,\ldots,k)$ und der Eigenschaft $(p^i,p^{i+1}) \in U$ $(i=1,\ldots,k-1)$. Die Menge der Knoten einer solchen p^1 und p^k verbindenden Kette wird mit $K[p^1,p^k,G]$ bezeichnet. Eine Kette heißt einfach, wenn in ihr nicht zweimal derselbe Knoten auftritt. Weiter sei $N_{max}(G) = \max\{|N(p,G)|, p \in P_m\}$. Die Größe d charakterisiere die Dimension von $N_{max}(G)$. Falls $N_{max}(G) = O(d^k)$

ist, so wird N(p,G) eine Nachbarschaft k-ter Ordnung genannt (polynomial). Wird P_m in den obigen Darlegungen durch P_{zm} ersetzt , so entsteht ein entsprechender allgemeiner Nachbarschaftsgraph zu dem TSP (3) bzw. (5). Es sei bemerkt, daß solche Graphen ganz beliebig gebildet werden können. Im folgenden wird das Lösungskonzept der Quasikonvexität erweitert, indem zur bisher bekannten Quasikonvexität (Quasi-1-Konvexität) die Quasi-2-konvexität neu definiert wird. Aus Platzgründen wird nur auf die strenge Quasi-2-Konvexität eingegangen.

Definition5: Eine Zielfunktion des Problems (1) ist streng quasi-2-konvex auf $G(P_m,U)$, wenn sie entweder streng quasi-1-konvex ist oder es existieren genau zwei verschiedene quasistrenge lokale Optimallösungen $\bar{p},\bar{\bar{p}} \in P_m$, so daß für alle $p \in P_m, p \neq \bar{p},\bar{\bar{p}}$, eine p und $\bar{p}$ oder (und) p und $\bar{\bar{p}}$ verbindende Kette $\bar{K}$ bzw. $\bar{\bar{K}}$ mit folgenden Eigenschaften existiert:[*]

$$\bar{K}[p,\bar{p},G] = [p=\bar{p}^1,\bar{p}^2,\ldots,\bar{p}^k=\bar{p}] \text{ mit } F(\bar{p}^i) > F(\bar{p}^{i+1}) \text{ für } i=1,\ldots\bar{j}-1 \text{ und}$$
$$F(\bar{p}^i) = F(\bar{p}^{i+1}) \text{ für } i=\bar{j},\ldots,\bar{k}-1 ;$$

$$\bar{\bar{k}}[p,\bar{\bar{p}},G] = [p=\bar{\bar{p}}^1,\bar{\bar{p}}^2,\ldots,\bar{\bar{p}}^k=\bar{\bar{p}}] \text{ mit } F(\bar{\bar{p}}^i)>F(\bar{\bar{p}}^{i+1}) \text{ für } i=1,\ldots\bar{\bar{j}}-i \text{ und}$$
$$F(\bar{\bar{p}}^i) = F(\bar{\bar{p}}^{i+1}) \text{ für } i=\bar{\bar{j}},\ldots\bar{\bar{k}}-1 \text{ mit } \bar{j} \in\{1,2,\ldots,\bar{k}\} \text{ und } \bar{\bar{j}} \in\{1,2,\ldots,\bar{k}\}.$$

[*] $\bar{p},\bar{\bar{p}}$ sind zwei verschiedene quasistrenge Optimallösungen, wenn alle Ketten, die $\bar{p}$ und $\bar{\bar{p}}$ in G verbinden, ein $p^* \in P_m, p^* \neq \bar{p},\bar{\bar{p}}$ mit $F(p^*) > \max\{F(\bar{p}),F(\bar{\bar{p}})\}$ enthalten.

Wenn ein Permutationsproblem der Form (1) über einen Graphen G streng quasi-2-konvex ist, so kann das folgende Lösungsvorgehen gewählt werden. Als Ausgangslösung wird eine beliebige Permutation $p \in P_m$ gewählt. Es werden zwei lokale Optimallösungen $\bar{p},\bar{\bar{p}}$ jeweils aus der Menge der beiden verschiedenen quasistrengen lokalen Optimallösungen ermittelt. Die lokale Optimallösung p^o mit $F(p^o) = \min \{F(\bar{p}),F(\bar{\bar{p}})\}$ ist die gesuchte minimale Lösung. Falls die Nachbarschaftsstruktur von polynomialer Ordnung ist, führt ein entsprechender Abstiegsalgorithmus mit polynomialen Aufwand jeweils zu einem der zwei lokalen Lösungen $\bar{p}$ bzw. $\bar{\bar{p}}$. Der Gesamtalgorithmus ist polynomial, wenn er gewährleistet, daß zwei verschiedene lokale Optimallösungen $\bar{p}$, $\bar{\bar{p}}$ getrennt über einen Abstieg ermittelt werden können.

Zur weiteren Untersuchung der Probleme (4) und (5) werden spezielle Nachbarschaftsgraphen eingeführt bzw. definiert(s./4/,/6/,/10/):

Für den Vertauschungsgraphen $G_v(m)=G(P_m,U_v)$ gilt:

$$U_v= \{ (p,\bar{p}) \in P_m^2 / \bar{p} = p.(j-1\ j), 2 \leq j \leq m \}$$

(j-1 j) ist eine zyklische Permutation der Indizes j-1 und j. Der Vertauschungsgraph G_v ist also ein Graph, der als Kanten nur Permutationpaare umfaßt, die sich in zwei benachbarten Positionen durch jeweilige Vertauschungen der Permutationselemente unterscheiden. So sind z.B. die Knoten mit den Permutationen $p^1 = [i_1 \ldots i_k i_{k-1} \ldots i_m]$ und $p^2 = [i_1 \ldots i_{k-1} i_k \ldots i_m]$ benachbart. G_v ist ein zusammenhängender Graph, hat den Umfang m!, den Durchmesser $\frac{1}{2} \cdot m(m-1)$, der Gürtel beträgt 6 für m = 3 und 4 für m > 3. Die Wertigkeit jedes Knoten in G_v beträgt W(m) = m-1, d.h. jeder Knoten hat m-1 Nachbarn. Bemerkung: Der bereits eingeführte Inversionsabstand $d(p,\bar{p})$ bezieht sich direkt auf den Graphen G_V und kann auch wie folgt bezeichnet werden: $d(p,\bar{p})$ = d(p, $\bar{p}, G_V$).

Für den Transpositionsgraphen $G_B^2(m)$ = $G(P_m, U_B^2)$ gilt: $U_B^2 = \{(p,\bar{p}) \in P_m / \bar{p} = p \cdot p^z, p^z \in P_{z2}\}$. Der Transpositionsgraph $G_B^2(m)$ ist also ein Graph, der als Knoten Permutationen $p \in P_m$ enhält und der als Kanten nur Permutationspaare enthält, die durch Vertauschung zweier beliebiger Permutationselemente hervorgehen. $G_B^2(m)$ ist zuammenhängend, hat den Umfang m!, den Durchmesser m-1, und Gürtel 4 für m > 2. Die Wertigkeit jedes Knoten beträgt $W(m) = \frac{1}{2} \cdot m \cdot (m-1)$.

Bezogen auf das TSP (3) bzw. (5) wird der Doppeltranspositionsgraph $G_{TSP}^2(m)$
= $G(P_{zm}, U_{TSP})$ neu definiert: Es gilt: $U_{TSP}^2 = \{(p,\bar{p}) \in P_{zm}^2 / \bar{p} = p \cdot p^{z_1} \cdot p^{z_2}; p^{z_1}, p^{z_2} \in P_{z2}; \bar{p} \in P_{zm}\}$. Der Doppeltranspositionsgraph G_{TSP}^2 ist also ein Nachbarschaftsgraph der als Knoten Rundreisen (Touren) $p \in P_{zm}$ enthält und der als Kanten nur Tourenpaare enthält, die durch zweimalige Zweiervertauschung von drei oder vier beliebigen Permutationselementen hervorgehen. Es kann gezeigt werden, daß $G_{TSP}^2(m)$ zusammenhängend ist, den Umfang (m-1)! und den Durchmesser $\lfloor \frac{1}{2}(m-1) \rfloor$ hat. Die Wertigkeit jedes Knoten beträgt $W(m) = \binom{m}{3} + \binom{m}{4}$, d.h die Nachbarschaft ist von polynomialer Ordnung (s. /9/).

2. Aus den vorhergehenden Resultaten können die folgenden Ergebnisse abgeleitet werden:In /4/ ist das folgende Lemma bewiesen:

Lemma 5: Es sei C eine Produktmatrix in Normalform, dann ist das ZOP quasi-1-konvex auf G_V.

Eine Verschärfung dieser Aussage ist durch folgenden Satz gegeben:

Satz 2: Es sei C eine beliebige Produktmatrix, dann ist das ZOP streng quasi-1-konvex auf $G_B^2(m)$.(Beweis: s. /9/).

In /2/ ist das folgende Lemma bewiesen:

Lemma 6: Es sei C eine permutierte "Monge" Matrix, dann hat C eine optimale Tour $\bar{p} = p^o \cdot p^*$ welche FUNDAMENTAL, PYRAMIDAL und DICHT bezüglich p^o ist.

In /2/ sind entsprechende Definitionen gegeben. Aus den angeführten Lemmatas können die folgenden Ergebnisse abgeleitet werden:

Satz 3: Sei 1. $\bar{p} = p^o.p^*$; $\bar{p} \in P_{zm}$; $p^o,p^* \in P_m$;

        2. p^o eine optimale Lösung von (4);

        3. p_i^c, $i=1,\ldots,r$ seien die Zyklen von p^o in der Hauptproduktdarstellung und

        4. $\bar{p}$ sei fundamental, pyramidal und dicht bezueglich p^o

Dann gilt: $\bar{p}$ hat die Inversionsdistanz $d(p^o,\bar{p},G_V) = r-1$ (minimale Wegordnung). Für alle anderen $p \in P_{zm}$, die nicht der Voraussetzung 4. genügen, gilt: $d(p^o,p,G_v) > r-1$.

Folgerung: Eine optimale Rundreise $\bar{p}$ des Problems (5) ist in der Menge der Rundreisen P_{zm}^{r-1} inimaler Wegordnung $d(p,p,G_V) = r-1$ enthalten.

Als Gesamtergebnis kann folgender Satz angegeben werden:

Satz 4: Das Taveling Salesman Problem einer (symmetrischen) Produktmatrix in Normalform (Problem (5)) ist streng quasi-2-monoton auf G_{TSP}^2 (d.h. streng quasi-2-konvex und - quasi-2-konkav).

(Beweis: s. /9/). Nach Satz 4 kann somit das oben angegebene allgemeine Lösungsvorgehen realisiert werden.

Abschließend werden die auf der Grundlage der angegebenen Lösungskonzeption gewonnenen Ergebnisse für eine spezielle Klasse von Produktmatrizen, nämlich den symmetrischen Produktmatizen angegeben. Vorgegeben sei eine beliebige Produktmatrix in Normalform mit der Zusatzbedingung: $b = \lambda.a$, $\lambda \in R^1$, d.h. eine symmetrische Produktmatrix in Normalform. Das entsprechende Problem (5) werde nachfolgend als Problem (6) bezeichnet. Bei einem TSP mit symmetrischer Produktmatrix in Normalform gilt die folgende Beziehung: Sei $(i_1 \ldots i_m)$ eine Tour, dann hat die Tour $(i_m \ldots i_1)$ den gleichen Ziefunktionswert. Hieraus folgt, daß aus einer lokalen Optimallösung $p_o = (i_1^o \ldots i_m^o)$ durch entsprechende Umkehrung $p_o^{-1} = (i_m \ldots i_1)$ eine 2. lokale Optimallösung aus der anderen quasistrengen lokalen Lösungsmenge als die zu der p_o gehört, entsteht. Es gilt der folgende Satz:

Satz 5: Für ein TSP der Form (6) gilt:

        (a): $\lambda \in R^1$, $\lambda < 0$

            m gerade $(m \geq 4)$: $p_o = (2\ 4\ldots m-2\ m\ m-1\ m-3\ldots3\ 1)$

            m ungerade $(m \geq 5)$: $p_o = (2\ 4\ldots m-1\ m\ m-2\ldots3\ 1)$.

        (b): $\lambda \in R^1$, $\lambda < 0$

            m gerade $(m \geq 4)$: $p_o = (1\ m-1\ 3\ m-3\ 5\ldots4\ m-2\ 2\ m)$

            m ungerade $(m \geq 5)$: $p_o = (1\ m-1\ 3\ m-2\ 5\ldots2\ m)$.

(Beweis: s. /9/).

<u>Literatur:</u>

/1/ Bandt, U.
     Spezielle Strukturuntersuchungen des Rundreiseproblems für Pro-
     duktmatrizen.
     Diplomarbeit, TU Magdeburg, (1992)
/2/ Lawler, E.L.; Lenstra, J.K. u.a.
     The Traveling Salesman Problem.
     John Wiley & Sons, New York, (1985)
/3/ Lugowski, H.; Weinert, H.
     Grundzüge der Algebra.
     B.G. Teubner Verlagsgesellschaft, Leipzig (1968)
/4/ Muchow, D.
     Zur Quasikonvexität in der diskreten Optimierung.
     Dissertation A, TU Magdeburg, (1989)
/5/ Sarvanov, V.I.
     On the complexity of minimizing a linear form on a set of cyclic
     permutation (in Russian).
     Dokl.Akad. Nauk SSSR 253,533-534. Translation.
     Soviet Math. Dokl. 22,118-120 (1980)
/6/ Seiffart, E.
     Quasikonvexe Funktionen in der Permutationsoptimierung.
     Wiss. Zeitschrift TH Magdeburg,29,85-88,(1985)
/7/ Seiffart, E.
     Spezielle kombinatorische Optimierungsprobleme und Quasikonvexi-
     tät -Ein Überblick-.
     Operation Research Proceedings 1991.
     Springer-Verlag Berlin Heidelberg S.453-460,(1992)
/8/ Seiffart, E.
     Kombinatorische Optimierungsprobleme und Quasikonvexität.
     Wiss. Zeitschrift TU Magdeburg,36,Heft5/6,S.156-159,(1992)
/9/ Seiffart, E.
     Das Traveling Salesman Problem mit permutierten "Monge"-Matrizen
     und Quasi-2-konvexität.
     Preprint,92, TU Magdeburg, (1992)
/10/ Werner, F.
     Zur Struktur und näherungsweisen Lösung ausgewählter konbinatori-
     scher Optimierungsprobleme.
     Dissertation B, TU Magdeburg, (1989)

Unscharfe Produktionsfunktionen

Unscharfe Erweiterung "klassischer" Produktionsfunktionen
und ihre Anwendung auf F&E-Projekte

Jürgen Bode
Universität Köln
Severinswall 52 (priv.)
W–5000 Köln 1

Die Entwicklung von *Produktionsfunktionen* als Modelle der Input-Output-Beziehungen von Produktionen ist eine der Hauptaufgaben der betriebswirtschaftlichen *Produktionstheorie*. Die meisten Ansätze (insbesondere die bekannten Produktionsfunktionen "Typ A" bis "Typ E") gehen von deterministischen industriellen Produktionen aus. Es sind jedoch häufig Unsicherheitsfaktoren in Produktionsprozessen zu beobachten. Dies gilt sowohl für die Erzeugung materieller Sachgüter (z.B. Bearbeitungstoleranzen, vage Prognosen über die Entwicklung rechtlicher Rahmenbedingungen in Großprojekten) als auch für immaterielle Outputs (z.B. Informationsproduktion in Beratungs- und F&E-Projekten), mit denen sich die jüngere Produktionstheorie zunehmend beschäftigt *(Produktion von Dienstleistungen, Produktion von Informationen)*.

In der Vergangenheit wurden daher vereinzelt stochastische Produktionsfunktionen zur Darstellung unvollkommener Information in der Produktion vorgeschlagen. Die strenge Axiomatik der Wahrscheinlichkeitstheorie macht ihre praktische Anwendung jedoch äußerst schwierig. Die unscharfe Mengenlehre *(fuzzy set theory)* unterliegt dagegen weniger anspruchsvollen Annahmen.

Ziel des Vortrags ist die Darstellung einer unscharfen Produktionsfunktion *("soft" production function)* unter Verwendung der unscharfen Mengenlehre. Indeterminierte Produktionen (z.B. F&E-Projekte) werden als flexibler Plan in Form eines mehrstufigen Input-Output-Modells abgebildet. Das Modell spannt einen *fuzzy graph* auf, in dem die Möglichkeits- oder Glaubwürdigkeitsgrade bestimmter Situationen als Zugehörigkeitswerte unscharfer Mengen dargestellt werden. Vage Kenntnisse über Input-Output-Mengen (z.B. der notwendige Einsatz an Arbeitszeit) werden durch Fuzzy-Zahlen repräsentiert.

Es werden verschiedene Funktionen für den statischen und dynamischen mehrstufigen Mehrproduktfall vorgestellt. Sie sind eine Verallgemeinerung der Produktionsfunktionen nach KLOOCK (Typ D) und nach KÜPPER (Typ E) und können deshalb als die Typen $\tilde{D}$ und $\tilde{E}$ bezeichnet werden. Die deterministischen Funktionen sind als Sonderfälle in dem unscharfen Modell enthalten. Die Bedingungen der Lösbarkeit der Modelle unter Verwendung der von der *fuzzy set theory* entwickelten erweiterten algebraischen Operatoren werden diskutiert.

Fuzzy Reasoning for Solving Fuzzy Multiobjective Linear Programs

Robert Fullér

Department of Operations Research, Computer Center, Eötvös Loránd
University, H-1502 Budapest 112, P.O.Box 157

We propose a new solution principle to Fuzzy Multiobjective Linear
Programs (FMLP) of the form

$$\text{maximize} \qquad (\tilde{c}_{11}x_1+\ldots+\tilde{c}_{1n}x_n,\ldots,\tilde{c}_{k1}x_1+\ldots+\tilde{c}_{kn}x_n)$$

$$\text{subject to} \qquad \tilde{a}_{11}x_1+\ldots+\tilde{a}_{1n}x_n \ < \ \tilde{b}_1$$
$$\ldots\ldots\ldots\ldots\ldots$$
$$\tilde{a}_{m1}x_1+\ldots+\tilde{a}_{mn}x_n \ < \ \tilde{b}_m$$

where $x \in R^n$ is a vector of decision variables, all coefficients with
tilde are fuzzy quantities, the operations addition and multiplication
by scalar of fuzzy sets are defined by Zadeh's extension principle,
and $<$ is a certain fuzzy relation given by the decision-maker.
We interpret FMLP as multiple extended fuzzy reasoning schemes (MEFR),
where the antecedents of the scheme correspond to the constraints of
the FMLP and the facts of the scheme are the objectives of the FMLP.
Then the solution process consists of two steps: first, for
every decision variable $x \in R^n$, we compute the maximizing fuzzy set,
MAX(x), via sup-min convolution of the antecedents/constraints and
the facts/objectives, then an (optimal) solution to FMLP problem is
any point which produces a maximal element of the set $\{MAX(x) | x \in R^n\}$.
We show that our solution process for a classical (crisp) MLP problem
results in a solution in the classical sense.
Furthermore, we show how to extend the proposed solution principle to
the non-linear case, where all the coefficients can be fuzzy sets. We
illustrate our approach by some simple examples.

Unterstützung zielorientierten Entscheidungen
mit Hilfe der Fuzzy Logic

Ileana Hamburg
Wissenschaftszentrum NRW
Institut Arbeit und Technik
Gelsenkirchen

Der Produktionsprozeß muß sich immer den jeweiligen Marktanforderungen anpassen. In der gegenwärtigen Wettbewerbslage ist zunehmend nicht nur Qualität und Preis sondern auch die Fähigkeit der Unternehmen, kundenspezifische Produktanforderungen zu realisieren und zugleich kurze Lieferzeiten zu garantieren entscheidend. Eine Möglichkeit, den wachsenden Rationalisierungsdruck auch im Maschinenbau zu bewältigen, ist die Reorganisation der Arbeit zwecks Integration von verschiedenen Aufgaben und zunehmender Einsatz rechnerunterstützter Hilfsmittel für technische und organisatorische Aufgaben.

In den letzten Jahren wurden für die rechnerische Unterstützung neben den algorithmischen (numerischen) Methoden immer mehr wissensbasierte Softwaretechniken angewand. Diese ermöglichen die Erfassung und Benutzung außer dem in Richtlinien, Normen und Handbüchern existierenden objektivierten Wissen auch die eigenen (oder firmenspezifischen) praktischen Erfahrungen der Benutzer. Durch Wissensverarbeitung können die Ergebnisse der Berechnungen auf Plausibilität überprüft und interpretiert, sowie entsprechende qualitative Entscheidungen getätigt werden.

Schwierigkeiten bleiben jedoch in der Bewertung der Ziele und der zielorientierte Steuerung der Entscheidungsprozesse, um die Ziele gemäß ihrer Nutzbarkeit zu erreichen.

Das Konzept, das hier kurz beschrieben wird, basiert im wesentlichen auf dem Abschätzen der Auswirkungen der Entscheidungen auf die vorher festgelegten Ziele. Die Beziehungen zwischen den Zielen müssen daraufhin ausgewertet werden: Welche Ziele sind miteinander vereinbar, welche konkurrieren oder schließen sich gegenseitig aus ? Die Bedeutung der einzelnen Zielen sind durch Prioritäten (Nutzenwerte) gekennzeichnet und vom Benutzer festgelegt werden.

Nach einer kurzen Beschreibung der Methoden der Fuzzy Logic zum Auswerten von Entscheidungen und zum Modellieren der Angaben und Aktionen werden in diesem Aufsatz zwei Beispiele aus dem Maschinenbau beschrieben.

Das erste Beispiel ist ein Prototyp eines Systems zur ziel- und qualitätsorientierten Auswahl von Profilbiegeverfahren (Universität Dortmund).

Der zweite Prototyp (System für die interaktive Auslegung von Maschinenelementen) hilft dem Konstrukteur von Getrieben bei der Auswahl vom Werkstoff, Wärmebehandlung und Verzahnungstyp (Normverzahnung oder Verzahnung mit verschiedenen Profilverschiebungen) und wurde prototypisch am Institut Arbeit und Technik Gelsenkirchern implementiert. Einige Gründe für profilverschobene Verzahnungen sind: den nachteiligen Unterschnitt am Zahnfuß zu verhindern, den durch das Gleiten entstehenden Verschleiß an den Zahnflanken zu reduzieren, zu verstärken des Zahnfußes. Verschiedene Werkstoffe und Oberflächebehandlungen haben verschiedenen qualitativen Einfluß z.B. auf die Tragfähigkeit. Das System ermöglicht dem Benutzer die Wissensbasis um eigenes Konstruktionswissen (also auch Ziele) zu erweitern, die Prioritäten der Zielen (wie kostengünstige Getriebe mit günstigem Geräusch- und Schwingungsverhalten zu entwerfen) zu bestimmen und berechnet den Gesamtnutzen einer Entscheidung.

Fuzzy Sets in der Versicherungstechnik

Robert J. P. Holz

Lehrstuhl für Versicherungswissenschaft

Universität Karlsruhe (TH), Kronenstr. 34 / Postfach 6980, 7500 Karlsruhe 1

Summary:

In the present paper an approach enabling us to quantify new risks with no existent loss experience is developed. We thereby identify the risk by means of fuzzy cartesian products applied to already existing tariffs. Subsequently we evaluate the risk with a premium adequate to the identification, and we can interpret the obtained premium as a Bayes estimator.

The relevance of existing tariffs for calculating new risks can be retained as a fuzzy set on existing tariffs. Using a measure of fuzziness we can employ this fuzzy set as a criterion for the insurability of a risk on one hand as well as for the stipulation of a safety loading which is adequate to the relevance on the other hand.

Zusammenfassung:

Es wird ein Verfahren aufgezeigt, welches neuartige Risiken, für die noch keine Schadenerfahrung vorhanden ist, quantifizierbar macht. Hierbei wird das Risiko mittels unscharfer cartesischer Produkte anhand bestehender Tarifsysteme zunächst identifiziert und dann mit einer der Risikoidentifikation adäquaten Prämie so bemessen, daß sich die gewonnene Prämie als Bayes-Schätzer interpretieren läßt.

Die Relevanz der bestehenden Tarifsysteme für die Kalkulation des neuartigen Risikos läßt sich als unscharfe Menge über Tarifsystemen festhalten. Mit einem Unschärfemaß kann diese unscharfe Menge einerseits als Kriterium für die Versicherbarkeit des Risikos und andererseits für die Festlegung eines der Relevanz entsprechenden Sicherheitszuschlags in der Prämie herangezogen werden.

1. Einleitung

Die Versicherungstechnik befaßt sich mit den Verfahrens- und Arbeitsweisen zur Produktion von Versicherungsschutz. Eines ihrer Hauptprobleme ist die Konstruktion angemessener Tarife[1], d.h. insbesondere die Quantifizierung der aus Versicherungsverträgen entstehenden Verpflichtungen. Hierzu wird mittels statistischer Verfahren zunächst nach sogenannten Tarifmerkmalen gesucht, die den Schadenursachenkomplex[2] charakterisieren und besonders starken Erklärungsgehalt für die Schadenerwartung[3] haben. Anhand der Ausprägungen dieser Merkmale werden die Risiken[4] zu Risikoklassen ähnlicher Schadenerwartung gruppiert. Die Zusammenhänge verdeutlicht folgende Abbildung:

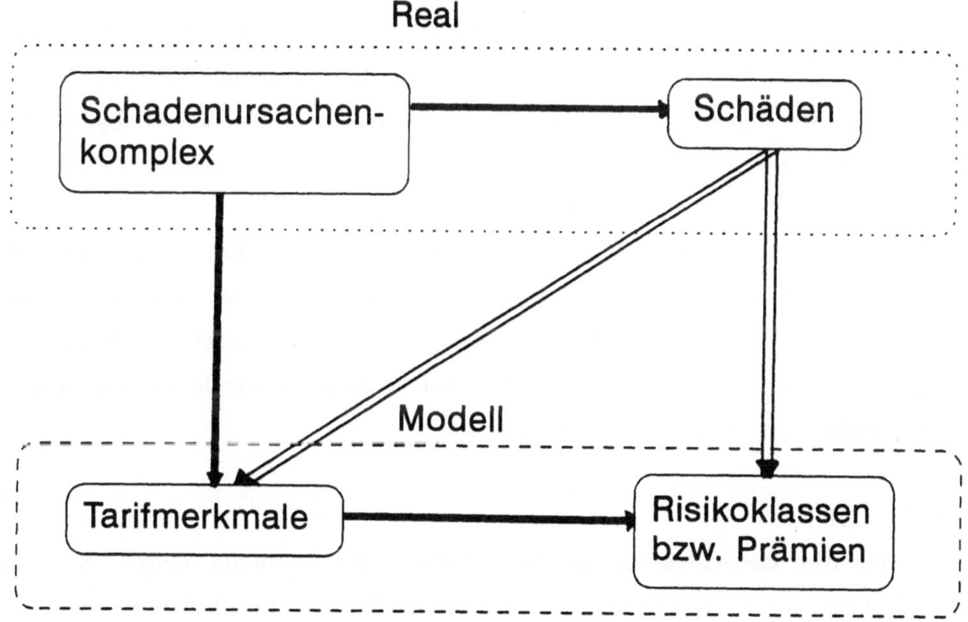

---

[1] Die Begriffe Tarif und Prämie werden im folgenden synonym für das Äquivalent der reinen Schadenkosten, d.h. die Nettorisikoprämie, verwendet.

[2] Der für die einem Versicherungsvertrag zuordbaren Schäden verantwortliche Schadenursachenkomplex ist durch die im Versicherungsvertrag festgelegten "versicherten Gefahren" (z.B. Unfall, Feuer usw.) und dem "versicherten Bereich" (Personen, Sachen oder Interessen) eindeutig festgelegt. Der Schadenursachenkomplex muß hierbei nicht explizit bekannt sein. (Vgl. E. Helten [4]).

[3] Die Schadenerwartung steht hier exemplarisch für alle denkbaren Schadenmerkmale, insbesondere auch für die Schadenverteilung.

[4] Unter einem Risiko verstehen wir hier nach D. Farny [2] die Verteilung der unsicheren Schadenereignisse. Wir werden den Begriff Risiko, dem allgemeinen Sprachgebrauch entsprechend, auch für die die Verteilung induzierende Zufallsvariable bzw. den der Verteilung zugrundeliegenden Vertrag verwenden.

Das skizzierte Verfahren versagt immer dann, wenn neuartige Risiken[1], die außerhalb des expliziten statistischen Erfahrungsbereichs des Versicherers liegen, zu bewältigen sind.

Der Beitrag zeigt auf, wie aus dem Zusammenspiel von Wahrscheinlichkeits- und Fuzzy Set-Theorie einerseits Entscheidungshilfen zur Frage der Versicherbarkeit neuartiger Risiken resultieren und diese Risiken andererseits schätzbar werden. Hierzu werden die Risiken anhand bestehender Tarife mittels unscharfer Mengen[2] identifiziert und anschließend der Risikoidentifikation entsprechend quantifiziert. Die resultierenden Prämien lassen sich hierbei als Bayes-Schätzer interpretieren.

2.   Risikoidentifikation

Versicherungstarifsysteme lassen sich als Abbildung $T{:}\Omega \rightarrow \wp$ $(\wp{\subset}\mathbf{R}_+)$, $\Omega{:}=(\Omega_1{\times}..{\times}\Omega_n)$ endlich, interpretieren, wobei die Mengen Ω_i für die einzelnen Tarifmerkmale mit Ausprägungen $\omega_i\epsilon\Omega_i$ ($i=1,..,n$ und $n\epsilon\mathbf{N}$) stehen. T ordnet dann jeder Tarifmerkmalskombination $\omega{:}=(\omega_1,..,\omega_n) \epsilon \Omega$ eine **Prämie** $T(\omega)$ zu.

Wir werden nun bestehende Tarifsysteme dazu verwenden neuartige Risiken zu identifizieren. Hierzu wird die Relevanz von Tarifsystemen bzw. der ihnen zugrundeliegenden Schadenursachenkomplexe für ein neuartiges Risiko als unscharfe Menge über Tarifsystemen festgehalten und mittels unscharfer cartesischer Produkte die Merkmale des neuartigen Risikos mit den Tarifmerkmalen der Tarifsysteme verglichen.

Definition (2.1):

Unter dem **unscharfen cartesischem Produkt** zweier unscharfer Mengen A', B' über Grundräumen X_1, X_2 verstehen wir die durch die Zugehörigkeitsfunktion

$$\mu(x_1,x_2) := \min\{\mu_{A'}(x_1),\mu_{B'}(x_2)\}, \ (x_1,x_2) \epsilon (X_1{\times}X_2),$$

festgelegte unscharfe Menge[3].

---

[1]Unter neuartigen Risiken verstehen wir Verteilungen von Schadenereignissen, die aus Schadenverursachungssystemen resultieren, für die noch keine Schadenerfahrung vorhanden ist.

[2]Zur Definition der unscharfen Menge vergleiche die hierzu grundlegende Arbeit von L.A. Zadeh [6].

[3]Hier und im folgenden werden als Repräsentanten der logischen und- bzw. oder-Verknüpfung der nicht interaktive min- bzw. max-Operator verwendet. Eine allgemeinere Festlegung mit geeigneten t- bzw. s-Normen (zur Definition dieser vgl. etwa H.-J. Zimmermann [7]) ist ohne weiteres möglich.

Ausgehend von unscharfen Mengen über den Tarifmerkmalen Ω_i (i=1,..,n) eines Tarifsystems T kann nun sukzessive der Übereinstimmungsgrad der Charakteristika des neuartigen Risikos mit den die Tarife $T(\omega)$, $\omega \in \Omega$, bestimmenden Merkmalsausprägungen ω festgelegt werden. Damit lassen sich aber gleichzeitig Zugehörigkeitsgrade für das Risiko zu den Tarifen $T(\omega)$ des Tarifsystems angeben, die allerdings noch nicht die Relevanz von T berücksichtigen.

In der folgenden Definition werden nun in Anlehnung an das sogenannte Erweiterungsprinzip[1] zunächst unscharfe Prämien für ein neuartiges Risiko festgelegt.

Definition (2.2):

Sei $S:=\{T^{(1)},..,T^{(n)}\}$ ($n \in N$) eine Menge von Tarifsystemen $T^{(i)}:\Omega^{(i)} \to \wp^{(i)}$ mit Tarifen $\wp^{(i)}:=\{t^{(i)}_1,..,t^{(i)}_{ni}\}$, $m^{(i)}:\Omega^{(i)} \to [0,1]$ eine die Übereinstimmung der Charakteristika eines Risikos X mit denen des Tarifsystems $T^{(i)}$ wiedergebende Zugehörigkeitsfunktion ($n_i \in N$, i=1,..,n) und R' eine unscharfe Menge über S deren Zugehörigkeitsgrade $\mu_{R'}(i)$ (i=1,..,n) die Relevanz der einzelnen Tarifsysteme für X festhalten.

a)   Unter einer **unscharfen Prämie zu $T^{(i)}$ und X** verstehen wir die unscharfe Menge $\wp^{(i)'} := \{(t^{(i)}_1,\mu^{(i)}_1),..,(t^{(i)}_{ni},\mu^{(i)}_{ni})\}$ ($n_i \in N$), wobei

$$\mu^{(i)}: \wp^{(i)} \to [0,1] \quad mit$$

$$\mu^{(i)}_j := \max_{\omega^{(i)} \in \Omega^{(i)}: T^{(i)}(\omega)^{(i)} = t^{(i)}_j} m^{(i)}(\omega^{(i)}), \quad j=1,..,n_i,$$

die Zugehörigkeitsfunktion zu $\wp^{(i)'}$ sei.

b)   Unter einer **unscharfen Prämie zu S und X** verstehen wir eine unscharfe Menge S' mit Zugehörigkeitsfunktion

$$\mu_{S'}: \wp := \bigcup_{i=1}^{n} \wp^{(i)} \to [0,1],$$

$$t \to \max_{i \in \{1,..,n\}: p^{(i)} \in \wp^{(i)}, p^{(i)} = t} \min[\mu_{\wp^{(i)'}}(p^{(i)}), \mu_{R'}(i)].$$

---

[1]Vergleiche zur Definition des Erweiterungsprinzips etwa H.-J. Zimmermann [7].

Eine unscharfe Prämie identifiziert also ein neuartiges Risiko auf der Grundlage bestehender Tarifsysteme an deren Prämien. Entsprechend der Identifikation soll nun eine angemessene Prämie für das neuartige Risiko bestimmt werden.

3. Risikoquantifizierung

Interpretiert man die Zugehörigkeitsfunktion $\mu_S : \wp \to [0,1]$ einer unscharfen Prämie als a priori-Verteilung über $\wp$ und sind die Prämien $p \in \wp$ solche, die nach dem Verlustfunktionen-Prinzip[1] berechnet wurden, so läßt sich für das neue Risiko eine Prämie in Form eines Bayes-Schätzers ermitteln.

Sei dazu $L : \mathbf{R}^2 \to \mathbf{R}$ eine Verlustfunktion, deren Wert an der Stelle (x,a) als der Verlust interpretiert werde, den wir erleiden, wenn x die Realisierung des Risikos X und $a = H(X)$ die für X kalkulierte Prämie ist. Eine entscheidungstheoretisch sinnvolle Festlegung der Prämie $H(X)$ ist dann die Bestimmung dieser als minimierende Entscheidung der Abbildung

$$a \to \int L(x,a)\, \mathbf{P}^X(dx) = EL(X,a) \,. \tag{3.1}$$

Mit der Verlustfunktion $L(x,a) = (x-a)^2$ erhält man so bekanntermaßen die Prämie $H(X) = E(X)$, sofern diese existiert.

Sei nun angenommen, daß jeder Tarif des Grundraumes unserer unscharfen Prämie S' nach (3.1) bzgl. paarweise verschiedener Verteilungen $\mathbf{P}_\vartheta$ berechnet ist, wobei $\vartheta \in \Gamma$, Γ endlich, die Prämien in $\wp$ und damit die verschiedenen Verteilungen indiziere. In Erweiterung des obigen Ansatzes kann dann, in formaler Analogie zu einem Bayesschen Entscheidungsmodell[2], die Prämie für das neuartige Risiko mittels Minimierung der Abbildung

$$a \to \sum_{\vartheta \in \Gamma} \mu_{S'}(\vartheta) \int L(x,a)\, \mathbf{P}_\vartheta(dx) \tag{3.2}$$

gewonnen werden. Diese läßt sich dann ersichtlich als Bayes-Schätzer bzgl. der als a priori-Verteilung verstandenen Zugehörigkeitsfunktion $\mu_{S'}$ interpretieren, wenn deren Summe zu 1

---

[1] Vgl. W.-R. Heilmann [3].

[2] Das Bayessche Entscheidungsmodell als Grundlage zur Prämiefindung findet man ausführlich in W.-R. Heilmann [3] behandelt.

normiert ist[1]. Mit der quadratischen Verlustfunktion erhält man so die Prämie

$$P := \sum_{\vartheta \in \Gamma} \frac{\mu_{S'}(\vartheta)}{\sum_{\kappa \in \Gamma} \mu_{S'}(\kappa))} \int x \boldsymbol{P}_\vartheta \, (dx) \qquad (3.3)$$

also eine Konvexkombination der Vergleichstarife.

4. Versicherbarkeit und Sicherheitszuschläge

Um zu einer Entscheidbarkeit zu kommen, ob das neue Risiko auf der Basis der Ver-gleichsmöglichkeiten in Form bestehender Tarife kalkulierbar ist, die Vergleichsmöglichkeiten also in gewisserweise brauchbar für die Tarifierung des neuartigen Risikos sind, wollen wir zunächst ein Unschärfemaß einführen, das den Informationsgehalt einer unscharfen Menge insofern mißt, als es die "Abweichung" von scharfen Mengen angibt.

Eine von vielen Möglichkeiten[2] zur Festlegung eines solchen **Unschärfemaßes** ist

$$hgt: \mathscr{F}(\Omega) \rightarrow [0,1],$$

$$A' \rightarrow \bigvee_{\omega \in \Omega} \mu_{A'}(\omega),$$

wobei $\mathscr{F}(\Omega)$ die Menge aller unscharfen Mengen über dem Grundraum Ω und $\bigvee$ der Supremums-Operator sei.

Als Kriterium für die Versicherbarkeit eines neuen Risikos auf Grundlage der Ver-gleichsmöglichkeiten könnte dann beispielsweise hgt(R') > c (cϵ[0,1]) gelten, d.h. es wird eine Mindestübereinstimmung des Schadenursachenkomplexes mindestens eines Tarifsystems mit dem des neuartigen Risikos vorgegeben.

---

[1]Für die (3.2) minimierende Entscheidung ist es jedoch unerheblich ob

$$\sum_{\vartheta \in \Gamma} \mu_{S'}(\vartheta) = 1$$

ist oder ob die Summe einen anderen Wert in $\boldsymbol{R}_+$ annimmt; es resultiert ersichtlich immer die gleiche Prämie.

[2]Vergleiche hierzu etwa H.-J. Zimmermann [7].

Die Informationslage läßt sich außerdem mit dem beschriebenen Unschärfemaß durch einen ihr entsprechenden relativen Sicherheitszuschlag $\delta := (1-\text{hgt}(R'))$ berücksichtigen.[1]

<u>Literatur:</u>

[1]   **J.O. Berger:** Statistical decision theory and Bayesian analysis, Springer (1985).

[2]   **D. Farny:** Versicherungsbetriebslehre, VVW (1989).

[3]   **W.-R. Heilmann:** Grundbegriffe der Risikotheorie, VVW (1987).

[4]   **E. Helten:** Das Risiko und seine Kalkulation; in H.-L. Müller-Lutz, R. Schmidt: Versicherungswissenschaftliches Studienwerk, Studienheft 21, Gabler (1984).

[5]   **R. Holz:** Sicherheitszuschläge für das Irrtumsrisiko, Preprint 2/92, Universität Karlsruhe (TH), Lehrstuhl für Versicherungswissenschaft.

[6]   **L.A. Zadeh:** Fuzzy sets, Inform. Control 8, 338-353 (1965).

[7]   **H.-J. Zimmermann:** Fuzzy set theory - and its applications, Kluwer (1991).

---

[1]Einen weiteren Ansatz zur Berücksichtigung der Unwissenheit bzgl. der wahren Verteilung eines neuartigen Risikos in dessen Prämie findet man in R. Holz [5]. Dieser ermöglicht die explizite Angabe von Sicherheitszuschlägen für das Irrtumsrisiko.

FUZZY CONTROL -
ZUM VERGLEICH VON UNSCHARFER UND KLASSISCHER REGELUNG

Prof. Dr. Ulrich D. HOLZBAUR
Dipl.-Wirtsch.-Ing. Thomas PIERI
FH Aalen, Beethovenstr. 1, D-7080 Aalen

Das Spektrum der Einsatzbereiche der Steuerung mit unscharfen Daten umfaßt Steuerungsaufgaben im betriebswirtschaftlichen wie auch im technischen Bereich. Der Vorteil wird dabei in einer einfacheren und anschaulicheren Formulierung und in höherer Robustheit gesehen.

Für eine klassische Aufgabe der Stabilisierung eines instabilen Systems (am Beispiel des inversen Pendel mit Trägerwagen, shuttle-problem) werden die Ergebnisse verschiedener Regelungsansätze ausgewertet und Vorteile und Grenzen der Fuzzy-Control dargestellt.

Die Beurteilung der verschiedenen Kontrollansätze geschieht dabei nach Kriterien wie

- Robustheit gegenüber
    - Änderungen im Systemverhalten (Drift, Reibung)
    - Parameteränderungen (Pendellänge)
    - externen Einflüssen (Rauschen, Stoß)

- Stabilität und Einschwingverhalten im Kernbereich,
- Stabilisierung im Grenzbereich
- Darstellbarkeit und Robustheit der Einstellparameter
- Aufwand für die Erstellung des Kontrollgesetzes
- Stabilität gegenüber Änderungen, Adaptivität

Die häufig in der Literatur behauptete Überlegenheit der Fuzzy Control gegenüber klassischer Regelungstechnik (mit den dort verwendeten Einstellheuristiken) wird für das betrachtete Modell analysiert.
Daraus ergeben sich Einsatzkriterien und Grenzen für Fuzzy-Controller sowie Erweiterungsmöglichkeiten wie z.B. um einen "supervisor-" Regelsatz.

THE CONTEXT MODEL FROM THE VIEWPOINT OF LOGIC

Frank Klawonn, Braunschweig

Jörg Gebhardt, Braunschweig

Rudolf Kruse, Braunschweig

Abstract: The context model was introduced as a commom framework for calculi which handle uncertain and vague knowledge like Bayes-, Dempster-Shafer-Smets-, and possibility theory in order to provide a clear semantic background, in which the concepts of these theories can be interpreted and compared. The context model is based on set-theoretic view of the knowledge to be modelled. Context logic transfers the ideas of the context model to logical calculi like probabilistic or possibilistic logic.

Interpreting possibilistic logic in the sense of context logic, we can provide a well-defined semantics for the numbers used in possibilistic logic. Context logic enables us to understand connections between Prolog extensions based on many-valued (fuzzy) and on possibilistic logic.

Zusammenfassung Das Kontext-Modell beschreibt einen formalen Rahmen, in dem Kalküle zur Handhabung von unsicherem und vagem Wissen auf der Basis einer fundierten Semantik interpretiert und verglichen werden können. Dem Kontext-Modell liegt eine mengentheoretische Sichtweise des zu modellierenden Wissens zugrunde. Die Kontext-Logik überträgt die Grundideen des Kontext-Modells zur Betrachtung von logischen Kalkülen wie der probablistischen oder der possibilistischen Logik.

Die Interpretation der possibilistischen Logik im Sinne der Kontext-Logik erlaubt uns eine sinnvolle Interpretation der in der possibilistischen Logik verwandten Zahlen. Die Kontext-Logik ermöglicht auch das Aufzeigen von Zusammenhängen zwischen auf mehrwertiger (unscharfer) und auf possibilistischer Logik basierender Erweiterungen der Programmiersprache Prolog.

1 INTRODUCTION

Knowledge based system are often based on a logical calculus, that provides a convenient framework for the formulation of the knowledge in the form of rules and facts. When uncertain or vague knowledge has to be integrated into the knowledge base, a logic that can handle these phenomena must be chosen as a language, in which the knowledge is expressed.

In possibilistic, many-valued and fuzzy logic numbers are used to express uncertainty in the validity of a logical formula or to express states of gradual truth. But, in general, no precise meaning of these numbers is defined. Context logic provides a model, in which these numbers can be interpreted.

In section 2 we describe the semantic background of context logic. Section 3 provides the connections between context logic and possibilistic logics. In section 4 we consider Prolog–extensions to many valued logics from a purely formal point of view, in order to show in section 5, how these Prolog–extensions are related to possibilistic and context logic.

2   CONTEXT LOGIC

The context model /6,7,8,11/ was developed for the representation of vagueness and uncertainty from a purely measure-theoretic point of view in a set-theoretic environment in order to provide a formal framework, in which a comparison of approaches like Bayes theory, Shafer's evidence theory, the transferable belief model and possibility theory is feasible. This model emphasizes the importance for clear semantics of the applied concepts. The first step of the design of a theory should be the description of an interpretation for the formal environment. This automatically determines which methods are applicable or which additional assumptions are needed. A heuristic approach, in which we only assume that vagueness and uncertainty are expressed by numbers somehow, cannot provide any rules for the operations on these numbers, since no meaning is fixed. It is not sufficient to say that a number expresses f.e. our belief in a statement. In this manner, we would have no idea how to choose our numbers carefully.

The main idea of the context model is to introduce a set of weighted contexts C, where each context $c \in C$ supports a set of competing observations on the domain under consideration. The weights of the contexts can be interpreted as a quantification of the importance of each context.

In the following we will modify and generalize the definitions of the context model in order to apply it to a logical framework. We consider only first order predicate calculus and the propositional calculus. A generalization to other first order languages can be carried out straight forward.

Definition 2.1 *Let L be the set of (closed) well formed formulae (wff's) of a first order predicate language L and let $\mathcal{C} = (C, \mathcal{A}, P)$ be a probability space with σ-algebra $\mathcal{A}$ together with a mapping $\mu : C \to 2^L$ s.t.*

(i) for all $c \in C$: $\mathrm{TH}(\mu(c)) = \{\varphi \in L \mid \mu(c) \vdash_L \varphi\} = \mu(c)$

(ii) for all $c \in C$: $\perp \notin \mu(c)$, (where $\perp \leftrightarrow \varphi \wedge \neg\varphi$)

(iii) for all $\varphi \in L$: $\{c \in C \mid \varphi \in \mu(c)\} \in \mathcal{A}$.

Then $(\mathcal{C}, \mu)$ is called a context evaluation of L.

$\mu(c)$ represents the set of formulae that are known in context $c \in C$. It is assumed that all possible deductions are carried out in c (condition (i)), that $\mu(c)$ is consistent (condition (ii)), and that we can attach a number $P_\mu(\varphi)$ to each formula $\varphi \in L$ due to the measurability condition (iii) via

$$P_\mu(\varphi) = P(\{c \in C \mid \varphi \in \mu(c)\}).$$

The space C is to be understood as a normalized measure space (space of weighted elements) and not necessarily in a probabilistic interpretation.

A context evaluation describes an expert's knowledge about a certain domain. Usually neither the probability space C nor all the numbers $P_\mu(\varphi)$, $\varphi \in L$, are known. In general only lower bounds for $P_\mu(\varphi)$ for some $\varphi \in L$ can be specified. For the rest of the formulae $\psi \in L$ we may assume by default a lower bound of zero. Dealing with lower bounds corresponds to the classical approach, when no uncertainty and vagueness is involved, in the following sense. The stated facts have a lower bound of one and all other propositions have a (default-)lower bound of zero. Some of these bounds will be improved (to 1) by deriving new facts from the known axioms. This inference of new facts is carried out by some proof procedure.

In context logic this means that the set of facts (axioms) corresponds to a mapping $a : L \to [0, 1]$ giving lower bounds $a(\varphi)$ for $P_\mu(\varphi)$ ($\varphi \in L$). Usually only a partial mapping is specified, which can be extended to L by setting $a(\varphi) = 0$, if $a(\varphi)$ was undetermined.

This motivates the following definition.

Definition 2.2 *A mapping $a : L \to [0, 1]$ from a first order language L to the unit interval is called base evaluation.*

Definition 2.3 *Let $a : L \to [0, 1]$ be a base evaluation of L.*

(i) A context evaluation (C, μ) of L, where $C = (C, \mathcal{A}, P)$ is a probability space, is compatible with a if

$$\text{for all } \varphi \in L : a(\varphi) \le P_\mu(\varphi)$$

(ii) The mapping $\text{Th}_a : L \to [0, 1]$ is given by

$$\text{Th}_a(\varphi) = \inf\Big\{ P_\mu(\varphi) \mid \quad C = (C, \mathcal{A}, P) \text{ and}$$
$$(C, \mu) \text{ is a context evaluation compatible with } a \Big\},$$

where $\inf \emptyset = 1$.

We restrict ourselves to the semantic part of context logic in this paper. For investigations on the syntactic part and proof procedures within context logic we refer to /10/.

3   CONTEXT LOGIC AND POSSIBILISTIC LOGIC

Possibility Theory /3/ is related to fuzzy set theory, but with a different interpretation of fuzzy sets. Possibilistic Logic /1,4/ can be defined as follows.

Definition 3.1 *Let L be a first order language. A possibility measure on L is a mapping $\Pi : L \to [0,1]$, s.t.*

(i) $\Pi(\bot) = 0$

(ii) $\Pi(\top) = 1$

(iii) *For all $\varphi, \psi \in L : \Pi(\varphi \vee \psi) = \max\{\Pi(\varphi), \Pi(\psi)\}$*

(iv) *If $(\exists x \varphi(x)) \in L$, then $\Pi(\exists x \varphi(x)) = \sup\{\Pi(\varphi(a)) \mid a \in D\}$, where D represents the domain for the individual constants of L.*

(v) *For all $\varphi, \psi \in L : \left(\vdash_L (\varphi \leftrightarrow \psi) \Rightarrow \Pi(\varphi) = \Pi(\psi) \right).$*

The necessity measure N corresponding to the possibility measure Π is defined as

$$N : L \to [0,1], \quad \varphi \mapsto 1 - \Pi(\neg\varphi).$$

N also satisfies conditions (i), (ii), and (v) of 4.1, but the dual axioms of (iii) and (iv), i.e. the axioms obtained by replacing $\wedge$ for $\vee$, min for max, $\forall$ for $\exists$, and inf for sup, respectively.

Dubois et al. /1/ discuss, what is derivable, if certain lower or upper bounds for the necessity or the possibility measure are known. Possibilistic Logic in this sense can be viewed as a special case of the Context Model with restrictions for the context evaluations.

Definition 3.2 *A context evaluation $\left((C, \mathcal{A}, P), \mu\right)$ of a first order language L is nested, if there exists a subset $C_0 \subseteq C$, s.t.*

(i) $P(C_0) = 1$

(ii) *for all $c, d \in C_0$: $\left(\mu(c) \subseteq \mu(d) \text{ or } \mu(d) \subseteq \mu(c)\right).$*

The restriction to nested contexts yields a new definition for Th_a.

Definition 3.3 *Let a be a base evaluation of L. The mapping $\mathrm{Th}_a^{(\mathrm{poss})} : L \to [0,1]$ is given by*

$$\mathrm{Th}_a^{(\mathrm{poss})}(\varphi) = \inf\Big\{ P_\mu(\varphi) \mid \ C = (C, \mathcal{A}, P) \ and$$

$$(\mathcal{C}, \mu) \ is \ a \ nested \ context \ evaluation \ compatible \ with \ a \Big\}.$$

A nested context evaluation reflects the idea, that there are no contradicting possible worlds, but only worlds being more specific than other, in the sense that they contain more theorems. On a very strict level, only those formulae known for sure, are taken into account, but on a more speculative level more formulae are thought of as possible. In this way, the nested worlds can be weighted accordingly. Possibilistic logic is exactly the restriction to nested context evaluations. This is described in the next three theorems.

Theorem 3.4 *Let N be a necessity measure on L. Then there is a nested context evaluation* $\Big((C, \mathcal{A}, P), \mu\Big)$ *s.t.*

$$N = P_\mu.$$

Theorem 3.5 *Let* $\Big((C, \mathcal{A}, P), \mu\Big)$ *be a nested context evaluation of L. Then P_μ is a necessity measure.*

Theorem 3.6 *Let a be a base evaluation of L. If there is at least one nested context evaluation compatible with a, then $\mathrm{Th}_a^{(\mathrm{poss})}$ is a necessity measure on L.*

4 PROLOG–EXTENSIONS TO MANY–VALUED LOGICS

Possibilistic and context logic are non–truthfunctional logics. This means, that the truthvalue of non–elementary propositions can in general not be computed, if we only know the truthvalues of the elementary propositions. In possibilistic and context logic, for example, the value $N(\varphi \vee \psi)$ or $\mathrm{Th}_a(\varphi \vee \psi)$ is not uniquely determined by $N(\varphi)$ and $N(\psi)$, or $\mathrm{Th}_a(\varphi)$ and $\mathrm{Th}_a(\psi)$, respectively. We know consider truth–functional logics with truthvalues in the unit interval. In order to elucidate the relations between truth–functional logics and possibilistic and context logic we will generalize the concept of Horn clauses to two different many–valued or fuzzy logics.

Let $\mathcal{A}$ denote the set of atoms (atomic formulas) and let $\mathcal{H}$ be the set of Horn clauses. (For the definitions of Horn clauses, atoms, interpretations, etc. we refer to /12/.) A Horn clause is a closed logical formula of the form

$$\forall x_1 \ldots \forall x_n(\varphi_1 \wedge \ldots \wedge \varphi_m \to \psi)$$

where $\varphi_1, \ldots \varphi_m, \psi$ are atoms. That means, $\varphi_1, \ldots \varphi_m, \psi$ represent predicates in which at most the free variables $x_1 \ldots x_n$ appear.

Definition 4.1 *A fuzzy Prolog program p is a fuzzy set of Horn clauses, i.e. $p : \mathcal{H} \to [0, 1]$.*

Definition 4.2 *A fuzzy interpretation is an ordinary interpretation, except that instead of the truth-values true and false numbers of the unit interval are assigned to predicates.*

Definition 4.3 *Let I be a fuzzy interpretation. Let $f_\wedge, f_\to : [0,1] \times [0,1] \to [0,1]$. Then we can assign to each well formed formula, containing only the logical connectives $\wedge$ and $\to$ and the quantor $\forall$, a truthvalue, denoted $I(\varphi)$, by using the following rules:*

- $I(\varphi_1 \wedge \varphi_2) = f_\wedge(I(\varphi_1), I(\varphi_2))$

- $I(\varphi_1 \to \varphi_2) = f_\to(I(\varphi_1), I(\varphi_2))$

- $I((\forall x)(\varphi_0(x))) = \inf\{I(\varphi_0(x|d)) \mid d \in D\}$, *where D is the domain of the interpretation I.*

If $f_\wedge(\alpha, \beta) = \max\{\alpha + \beta - 1, 0\}$ and $f_\to(\alpha, \beta) = \min\{1 - \alpha + \beta, 1\}$, then we write I_L.
If $f_\wedge(\alpha, \beta) = \min\{\alpha, \beta\}$ and

$$f_\to(\alpha, \beta) = \begin{cases} 1 & \text{if } \alpha \leq \beta \\ \beta & \text{otherwise} \end{cases}$$

then we write I_G.

The letter L stands for Lukasiewicz, since we interpret the implication and conjunction in the sense of Lukasiewicz logic. G stands for Gödel, because we use the Gödel implication (and the corresponding conjunction min).

Definition 4.4 *Let p be a fuzzy Prolog program. A fuzzy interpretation I is compatible with p ($I \bowtie p$) if for all $\varphi \in \mathcal{H}$ $p(\varphi) \leq I(\varphi)$ holds.*

Definition 4.5 *Let p be a fuzzy Prolog program. Let $\mathcal{C}$ denote the set of closed well formed formulas of the form $(\forall x_1 \ldots \forall x_n)(\varphi)$, where $\varphi \in \mathcal{A}$ and φ contains only the free variables $x_1, \ldots, x_n$. Let $X \in \{G, L\}$. The mapping th_p^X is defined by*

$$\text{th}_p^X : \mathcal{C} \to [0,1], \quad \varphi \mapsto \inf\{I_X(\varphi) \mid I_X \bowtie p\}.$$

The mapping th_p is the fuzzy set of formulas that can be derived from p. Note, that we defined th_p^X from a semantical point of view. A proof procedure that guarantees soundness and completeness is decribed in /9/.

5 CONTEXT LOGIC AND PROLOG–EXTENSIONS

A fuzzy Prolog program can be viewed as a base evaluation, i.e. as a lower bound for a context evaluation or a necessity measure. The following theorem shows, that the interpretation of a fuzzy Prolog program p on the basis of Lukasiewicz logic yields a lower bound for the interpretation of the fuzzy Prolog program in the sense of a base evaluation as a lower bound for a context evaluation.

Theorem 5.1 *Let p be a fuzzy Prolog program. Then for all $\varphi \in \mathcal{C}$*

$$\mathrm{th}_p^L(\varphi) \leq \mathrm{Th}_p(\varphi)$$

holds.

In the case of possibilistic logic, or equivalently in the case of nested context logic, we obtain that the interpretation of a fuzzy Prolog program in the sense of Gödel's logic yields the same result as possibilistic logic, i.e. the fuzzy sets of derivable formulas coincide.

Theorem 5.2 *Let p be a fuzzy Prolog program. Then for all $\varphi \in \mathcal{C}$*

$$\mathrm{th}_p^L(\varphi) = \mathrm{Th}_p^{(\mathrm{poss})}(\varphi)$$

holds.

6 CONCLUSIONS

Context logic provides a formal framework in which uncertainty handling in logics can be interpreted on the basis of clear semantics. With the restriction to nested context evaluations, context logic provides a model for an interpretation of possibilistic logic, where the unit interval is more than an ordinal scale as proposed in /5/.

Generally, for the numbers used as truthvalues in fuzzy logic no exact meaning of what a truthvalue α, where $0 < \alpha < 1$, means, is specified. Lukasiewicz logic restricted to Horn clauses can be seen as a careful interpretation of context logic, staying always on the safe side (Theorem 5.1).

Theorem 5.2 shows, that the logic based on the Gödel implication (and restricted to Horn clauses) corresponds to nested context logic, which was proven to be equivalent to possibilistic logic (section 3). Thus we have three different logical calculi which lead to the same results. Therefore, we can use the semantic background of context logic to interpret other logics, but can still make use of proof procedures designed for other logics like resolution for possibilistic logic /2/ or generalized modus ponens for fuzzy logic, as long as their soundness with respect to context logic is guaranteed.

Literature:

/1/ Dubois, D.; Lang, J.; Prade, H.
     Fuzzy Sets in Approximate Reasoning, Part 2: Logical Approaches.
     Fuzzy Sets and Systems 40, 203-244 (1991)

/2/ Dubois, D.; Prade, H.
     Necessity Measures and the Resolution Principle.
     IEEE Trans. Syst. Man and Cybern. 17, 474–478 (1987)

/3/   Dubois, D.; Prade, H.
      Possibility Theory.
      New York, Plenum Press (1988)

/4/   Dubois, D.; Prade, H.
      An Introduction to Possibilistic and Fuzzy Logics.
      In: Smets, P.; Mamdani, E.H.; Dubois, D,; Prade, H. (eds.)
      Non-Standard Logics for Automated Reasoning.
      London, Academic Press, 287-326 (1988)

/5/   Dubois, D.; Prade, H.
      Epistemic Entrenchment and Possibilistic Logic.
      Artificial Intelligence 50, 223-239 (1991)

/6/   Gebhardt, J.; Kruse, R.
      The Context Model - A Uniform Approach to Vagueness and Uncertainty.
      Proc. 4th IFSA Congress: Computer, Management & System Science, Brussels,
      82-85.(1991)

/7/   Gebhardt, J.; Kruse, R.
      A Possibilistic Interpretation of Fuzzy Sets by the Context Model.
      Proc. IEEE International Conference on Fuzzy Systems 1992. IEEE, San Diego,
      1089–1096 (1992)

/8/   Gebhardt, J.; Kruse, R.
      The Context Model: An Integrating View of Vagueness and Uncertainty.
      Intern. Journ. Approximate Reasoning (to appear)

/9/   Klawonn, F.
      Prolog Extensions to Many–Valued Logics.
      Proc. 14th Seminar on Fuzzy Set Theory 1992

/10/ Klawonn, F.; Gebhardt, J.; Kruse, R.
      Logical Approaches to Uncertainty and Vagueness in the View of the Context
      Model.
      Proc. IEEE International Conference on Fuzzy Systems 1992. IEEE, San Diego,
      1375–1382 (1992)

/11/ Kruse, R.; Gebhardt, J.; Klawonn, F.
      Reasoning with Mass Distributions and the Context Model.
      In: Kruse, R.; Siegel, P. (eds)
      Symbolic and Quantitative Approaches to Uncertainty.
      Berlin, Springer, 81–85 (1991)

/12/ Lloyd, J.W.
      Foundations of Logic Programming (2nd ed.).
      Berlin: Springer (1987)

Some problems of linear programming with fuzzy coefficients

Jaroslav Ramík
Faculty of Business and Management
Silesian University Opava
73340 KARVINA, CSFR

In this paper, we investigate a special class of four fuzzy relations for ranking fuzzy numbers in LP problems, particularly, for ranking fuzzy numbers of a common shape. We start with ranking of ordinary sets A, B in the Euclidean k-dimensional space E_k defining the following four crisp relations $\leq_i$, $i = 1,2,3,4$:

$$
\begin{aligned}
A \leq_1 B \quad &\text{if} \quad \forall\, x \in A \;\text{and}\; \forall\, y \in B: \; x \leqq y, \\
A \leq_2 B \quad &\text{if} \quad \forall\, x \in A \qquad \exists\, y \in B: \; x \leqq y, \\
A \leq_3 B \quad &\text{if} \quad \forall\, y \in B \qquad \exists\, x \in A: \; x \leqq y, \\
A \leq_4 B \quad &\text{if} \quad \exists\, x \in A \;\text{and}\; \exists\, y \in B: \; x \leqq y.
\end{aligned}
$$

We generalize crisp relations $\leq_i$ to fuzzy relations (A, B being fuzzy sets):

$$
\begin{aligned}
r_1(A,B) &= \sup\, \{d \in \,<0,1>; \; [A]_{1-d} \leq_1 [B]_{1-d}\}, \\
r_2(A,B) &= \sup\, \{d \in \,<0,1>; \; [A]_{1-d} \leq_2 [B]_{1-d}\}, \\
r_3(A,B) &= \sup\, \{d \in \,<0,1>; \; [A]_{1-d} \leq_3 [B]_{1-d}\}, \\
r_4(A,B) &= \sup\, \{d \in \,<0,1>; \; [A]_d \leq_4 [B]_d\}.
\end{aligned}
$$

Now, we investigate analogical concepts for fuzzy relations as e.g. reflexity, symmetrie, antisymmetrie, transitivity, etc.

Further on, we investigate some properties of the fuzzy relations r_i, considering fuzzy numbers of a common shape, i.e. fuzzy numbers generated by the same membership function n, n being a normalized fuzzy set on E_1 with quasiconcave and symmetric membership function. We say that u and v are fuzzy numbers of a common shape if there are real numbers $\bar{u}$, $\bar{v}$ and positive numbers s_u, s_v such that the membership functions satisfy

$$
u(t) = n\!\left(\frac{t - \bar{u}}{s_u}\right), \quad v(t) = n\!\left(\frac{t - \bar{v}}{s_v}\right), \quad t \in E_1.
$$

In the last part of the paper we extend the approach to interactive fuzzy numbers of a common shape, considering the following relation:

$$
r(a,b) = \sup_{u \leq v} N\!\left(\frac{u - \bar{a}}{s_a}, \; \frac{v - \bar{b}}{s_b}\right), \quad \text{here}
$$

$N(x,y) = \min\, \{n(A_1x + B_1y), \; n(A_2x + B_2y)\}$ is a basic canonical fuzzy number of dimension two, A_i, $B_i \in E_i$, being real parameters.

Mathematische Optimierung mit Fuzzy Daten

Heinrich Rommelfanger   Institut für Statistik und Mathematik
                             J. W. Goethe-Universität Frankfurt a. M.
                             6000 Frankfurt a. M., Mertonstr. 17

Wird ein reales Entscheidungsproblem in Form eines mathematischen Optimierungsmodells abgebildet, so muß der Entscheidungsträger in der Lage sein, allen Koeffizienten der Zielfunktion(en) und der Restriktionsfunktionen und allen Restriktionsgrenzen eine eindeutig bestimmte reelle Zahl zuzuordnen. In vielen praktischen Anwendungsfällen reichen die Informationen des Entscheidungsträgers nicht aus, um diesen hohen Anforderungen zu genügen. Insbesondere Daten, die erst in der Zukunft realisiert werden, lassen sich zumeist nur größenordnungsmäßig prognostizieren. Dabei existieren i. a. nicht nur Vorstellungen über Bandbreiten für diese vagen Daten, sondern auch über unterschiedliche Realisierungschancen der in Betracht kommenden Werte. Solche unsicheren Daten lassen sich adäquat durch Fuzzy Sets modellieren. Es liegt daher nahe, vage Daten in mathematischen Optimierungsmodellen durch Fuzzy-Größen auszudrücken.

Die Literatur weist mittlerweile eine Vielzahl von Verfahren zur Lösung von Fuzzy-Optimierungsmodellen auf. In diesem Beitrag soll ein kritischer Überblick über die verschiedenen Lösungsmethoden gegeben werden. Wegen ihrer überragenden praktischen Bedeutung sollen dabei schwerpunktmäßig lineare Fuzzy-Optimierungsmodelle untersucht und die folgenden Punkte angesprochen werden:

- Lösung von linearen Optimierungsmodellen mit flexiblen Restriktionsgrenzen
- Modellierung von Fuzzy-Größen
- Erweiterte Addition der Fuzzy-Ziele bzw. der linken Seiten der Fuzzy-Restriktionen
- Ungleichheitsrelationen zwischen Fuzzy-Größen
- Behandlung von Fuzzy-Zielen
- Ermittlung einer Kompromißlösung

Anschließend wird auf Ansätze zur Lösung von Fuzzy-Optimierungsmodellen mit linear gebrochenen Zielfunktionen, von nicht-linearen und stochastischen Fuzzy-Optimierungsmodellen eingegangen.

NETZPLANTECHNIK MIT FUZZY-DATEN

Heinrich Rommelfanger, Frankfurt am Main
Michael Schüpke, Frankfurt am Main

Zusammenfassung: In diesem Beitrag wird ein neuer Weg zur Berechnung von Ereigniszeitpunkten und Pufferzeiten in Netzplänen mit Fuzzy-Intervallen vorgestellt. Er bietet gegenüber den bisher bekannten Fuzzy-Netzplan-Verfahren den Vorzug, daß die Definitionen aus deterministischen Netzplan-Methoden einfach übertragen werden können.

Summary: In this paper, we present a new method for determinating starting dates and slack times in project network models with fuzzy intervals. Compared with the wellknown fuzzy network techniques in literature, the new approach has the advantage, that all the definitions of classical network procedure may easily be extended.

1. Einleitung

Die Netzplantechnik ist ein erfolgreiches Instrument zur Analyse, Planung, Koordination und Kontrolle komplexer zeitabhängiger Vorhaben, das sich auch bei der Durchführung von Großprojekten in der Praxis bewährt hat. Dies gilt allerdings nur unter der Annahme, daß der Planungsverantwortliche sowohl eine genaue Vorstellung von der Ablaufstruktur hat als auch eine exakte zeitliche Bewertung der Ablaufelemente geben kann. Insbesondere die Dauer der einzelnen Vorgänge ist häufig zum Planungszeitpunkt nicht genau bekannt, sondern wird als zukunftsorientierte Größe geschätzt. Dabei handelt es sich zumeist aber nicht um Schätzungen im stochastischen Sinne, sondern um stark subjektiv geprägte Erfahrungswerte, die bei ähnlichen Vorgängen aus zurückliegenden Projekten mit mehr oder weniger gut vergleichbaren Rahmenbedingungen gewonnen wurden. Teilweise handelt es sich sogar nur um verbal geäußerte Zeitangaben von Experten wie "ungefähr 4 Stunden sind üblich" oder "deutlich mehr als zwei aber weniger als drei Stunden". Da die Fuzzy Set-Theorie die Möglichkeit bietet, vage und linguistisch formulierte Daten mathematisch zu modellieren, liegt der Gedanke nahe, Netzpläne mit Fuzzy-Komponenten aufzustellen.

In diesem Beitrag wird zunächst aufgezeigt, wie vage Daten in Netzplänen mit Fuzzy-Zahlen bzw. Fuzzy-Intervalle modelliert werden könen. Anschließend wird gezeigt, daß die Formeln in deterministischen Modellen zur Berechnung frühester und spätester Ereigniszeitpunkte auf unscharfe Zeitangaben übertragen werden können. Anhand eines numerischen Beispiels wird verdeutlicht, daß die auf diese Weise berechneten unscharfen spätesten Ereigniszeitpunkte wenig sinnvoll sind. Daher wird ein neues Verfahren zu deren Berechnung vorgestellt und diskutiert. Mit dieser neuen Methode lassen sich wie bei den klassischen Netzplanalgorithmen die kritischen Wege direkt erkennen. Abschließend werden Vorschläge zur Definition unscharfer Pufferzeiten und deren Verwendung diskutiert.

2. Modellierung vager Daten mittels Fuzzy-Größen

Eine nicht exakt bestimmte Vorgangsdauer läßt sich zumindestens näherungsweise dadurch genauer beschreiben, indem man gewisse Anforderungskriterien festlegt und dann versucht, die diesen Kriterien genügende Dauer durch ein Intervall einzugrenzen. Solche Charakteristika könnten für eine Vorgangsdauer D sein

- die übliche Zeitdauer $D^1 = [\underline{d}, \overline{d}]$, d.h. die am ehesten erwartete Zeitdauer,

- die als "realistisch" anzusetzende Zeitdauer $D^\varepsilon = [\underline{d}^\varepsilon, \overline{d}^\varepsilon]$, d. h. mit den in dem entsprechenden Intervall liegenden Zeitwerte muß gerechnet werden,
- die überhaupt mögliche Zeitdauer.

Am schwierigsten ist sicherlich, daß Zeitintervall für das letzte Kriterium festzulegen. Da man aber in den meisten Anwendungsfällen nicht mit allen Eventualitäten rechnen darf, um überhaupt eine sinnvolle Lösung zu erhalten, liegt es nahe, sich auf die realistischen Zeitwerte zu beschränken. Interpretiert man nun D^ε als ε-Niveau-Menge und D^1 als Gipfelplateau der unscharf beschriebenen Vorgangsdauer $\tilde{D}$, so erhält man eine näherungsweise Beschreibung der unscharfen Menge $\tilde{D}$, indem man ihre Zugehörigkeitsfunktion durch den Polygonenzug von $(\underline{d}^\varepsilon, \varepsilon)$ über $(\underline{d}, 1)$, $(\overline{d}, 1)$ nach $(\overline{d}^\varepsilon, \varepsilon)$ beschreibt, wobei ε eine beliebig wählbare Zahl aus dem Intervall $]0, 1[$ ist, die, um ihre inhaltliche Bedeutung widerzuspiegeln, nicht zu groß sein sollte, vgl Abb. 1.

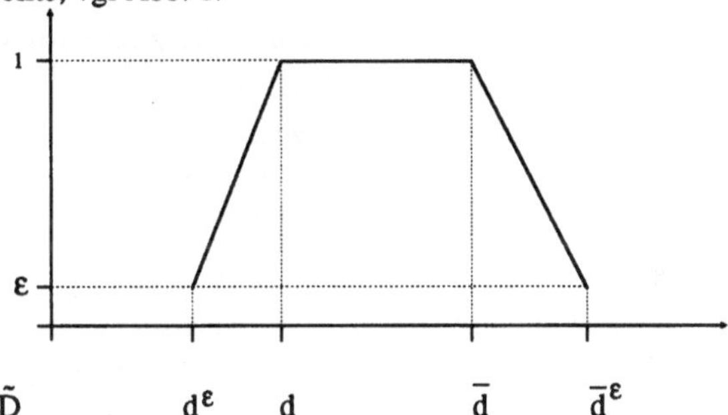

Abb.1: Zugehörigkeitsfunktion von $\tilde{D}$

Selbstverständlich ist auch die Festlegung der Intervallgrenzen $\underline{d}^\varepsilon$, $\underline{d}$, $\overline{d}$ und $\overline{d}^\varepsilon$ in der Praxis schwierig. Da aber im Gegensatz zu deterministischen Netzplänen und auch im Vergleich zur Verwendung von Zeitintervallen die Zeitdauer hier nicht hart festgelegt wird, sondern nur eine größenordnungsmäßige Beschreibung ohne ein abruptes Abgrenzen vorliegt, sind kleinere Fehler leichter tolerierbar.

Benutzen wir die Buchstaben $\underline{\delta}$ und $\overline{\delta}$ zur Bezeichnung der Spannweiten von $\tilde{D}$ auf ε-Nivcau, so läßt sich in Anlehnung an die abgekürzte Schreibweise von L-R-Fuzzy-Intervallen die in Abbildung 1 beschriebene Fuzzy-Größe $\tilde{D}$ des "ε-Typs" symbolisieren mit $\tilde{D} = (\underline{d}, \overline{d}, \underline{\delta}, \overline{\delta})^\varepsilon$.

3. Grundlagen klassischer Netzplanverfahren

Im Rahmen einer Strukturanalyse zum Aufbau eines Netzplanes zerlegt man ein Projekt in Vorgänge, Ereignisse und Anordnungsbeziehungen. Zu jedem Vorgang v gehört ein Anfangsereignis Anf(v) und ein Endereignis End(v), in denen das Projekt einen wohldefinierten Zustand aufweisen muß. Die Abfolge der Vorgänge im Projekt kann dann beschrieben werden durch die Anordung der Ereignisse mit Hilfe der Begriffe Vor- bzw. Nachereignis.

Bezeichnen wir mit E die Menge der Ereignisse und mit V die Menge der Vorgänge eines Projektes, so heißt ein Ereignis $e_1 \in E$ *Vorereignis* von $e_2 \in E$, falls es einen Vorgang v gibt mit $e_1 = $ Anf(v) und $e_2 = $ End(v). Gleichzeitig wird dann e_2 auch als *Nachereignis* von e_1 bezeichnet. Mit P_e sei die *Menge der Vorereignisse* und mit S_e die *Menge der Nachereignisse* eines Ereignisses e symbolisiert.

Der Projektablauf läßt sich übersichtlich durch einen Netzplan, d. h. einen gerichteten Graphen ohne Zyklen, beschreiben, dessen Knoten den Ereignissen und dessen gerichtete Pfeile den Vorgängen entsprechen.

Zur Vereinfachung der Darstellung werden die Knoten und damit die Ereignisse mit natürlichen Zahlen durchnumeriert, wobei darauf zu achten ist, daß $i < j$ füralle $i \in P_j$ und $i < j$ für alle $j \in S_i$.

Ein Vorgang mit Anf(v) = i und End(v) = j läßt sich dann auch abkürzen mit (i, j) und seineVerlaufsdauer mit d_{ij}.

In deterministischen Netzplänen läßt sich der *früheste Zeitpunkt* t_j für das Eintreten eines Ereignisses j berechnen als

$$t_j = \begin{cases} \text{Max } \{t_i + d_{ij} \mid j \in P_j\} & \text{für} \quad P_j \neq \varnothing \\ t_0 & \text{für} \quad P_j = \varnothing \end{cases} \tag{1}$$

wenn t_0 den frühesten Startpunkt des Projektes bezeichnet.

Der früheste Zeitpunkt zur Beendigung des Projektes ist dann

$$t_w = \text{Max } \{t_i \mid i \in E\}. \tag{2}$$

Bei richtiger Numerierung der Knoten ist dann w die größte natürliche Zahl, die in diesem Netzplan vergeben wurde, und damit gleich der Anzahl der Knoten.

Analog läßt sich der *späterlaubteste Eintrittszeitpunkt* T_i für ein Ereignis i, der so definiert ist,daß der vorgegebene Fertigstellungszeitpunkt T_w für das Projekt noch eingehalten wird, berechnen nach

$$T_i = \begin{cases} \text{Min } \{T_j - d_{ij} \mid j \in S_i\} & \text{für} \quad S_i \neq \varnothing \\ T_w & \text{für} \quad S_i = \varnothing \end{cases} \tag{3}$$

Das Intervall $[t_i, T_i]$ beschreibt dann die *gesamte Pufferzeit* $PZ_i = T_i - t_i$ für das Ereignis i, d.h. jeder in i endende Vorgang kann in $[t_i, T_i]$ abschließen und jeder in i beginnende Vorgang kann in diesem Intervall starten, ohne das gesetzte Fertigstellungsdatum T_w zu gefährden.

Nach Konstruktion folgt aus $t_w \leq T_w$, daß auch für jedes Ereignis $i \in E$ gilt: $t_i \leq T_i$.

Offensichtlich gibt PZ_i nur eine *minimale* Pufferzeit an, die für jeden von i startenden Vorgang (i, j), $j \in S_i$ gilt. Dagegen berechnet sich die *Pufferzeit* jedes einzelnen Vorgangs (i, j) individuell nach der Formel

$$PZ_{ij} = (T_j - (t_i + d_{ij}) \geq PZ_i \tag{4}$$

Gilt bei Vorgabe von $t_w \leq T_w$ für einen Vorgang (i, j) die Pufferzeit $PZ_{ij} = 0$, so handelt es sich um einen *kritischen* Vorgang, dessen Verlängerung automatisch eine Verlängerung des Projektes im gleichen Umfang nach sich zieht.

Da dann auch $PZ_i = 0$ und $PZ_j = 0$ gelten, sind i und j *kritische* Ereignisse.

Ist $t_w = T_w$, so existiert ein kritischer Weg von 1 nach w, der nur aus kritischen Vorgängen besteht und nur kritische Ereignisse als Knoten aufweist.

Zur Berechnung der Ereigniszeitpunkte, der Pufferzeiten, der kritischen Wege, usw. existieren eine Vielzahl von Rechenalgorithmen, die hauptsächlich auf graphentheoretische Verfahren oder auf der linearen Programmierung basieren, vgl. z.B. /3/, /4/ und die dort angegebene Literatur.

4. Berechnung unscharfer Ereigniszeiten

Ist nicht für alle Vorgänge (i, j) eines Netzplans die Zeitdauer exakt als reelle Zahl d_{ij} bestimmbar, sondern läßt sie sich bei einigen Vorgängen lediglich durch ein Fuzzy-Intervall $\tilde{D}_{ij} = (\underline{d}_{ij}, \overline{d}_{ij}, \underline{\delta}_{ij}, \overline{\delta}_{ij})^{\varepsilon}$

beschreiben, so sind auch die Zeitpunkte der nachfolgenden Ereignisse unscharf.

Da die unscharfe Menge $\tilde{D}_{ij}$ •   für $\underline{d}_{ij} = \overline{d}_{ij}$ eine Fuzzy-Zahl und

           •   für $\underline{d}_{ij} = \overline{d}_{ij} = d_{ij}$ und $\underline{\delta}_{ij} = \overline{\delta}_{ij} = 0$ die reelle Zahl d_{ij} darstellt,

wollen wir allgemein annehmen, daß die Zeitdauer jedes Vorgangs und die Zeitpunkte aller Ereignisse durch Fuzzy-Intervalle des obigen Typs beschrieben werden. Dies soll auch für den Startzeitpunkt gelten, der - über die formale Darstellung hinaus - in der Planungsphase oft nur vage festgelegt wird.

Die Formeln (1) - (3) lassen sich direkt in unscharfe Größen $\tilde{D}_{ij}$, $\tilde{t}_i$, $\tilde{T}_i$ übertragen:

$$\tilde{t}_j = \begin{cases} \tilde{\text{Max}} \{\tilde{t}_i \oplus \tilde{D}_{ij} \mid i \in P_j\} & \text{für} \quad P_j \neq \varnothing \\ \tilde{t}_0 & \text{für} \quad P_j = \varnothing \end{cases} \tag{5}$$

$$\tilde{t}_w = \tilde{\text{Max}} \{\tilde{t}_i \mid i \in E_j\} \tag{6}$$

$$\tilde{T}_i = \begin{cases} \tilde{\text{Min}} \{\tilde{T}_j - \tilde{D}_{ij} \mid j \in S_i\} & \text{für} \quad S_i \neq \varnothing \\ T_w & \text{für} \quad S_i = \varnothing \end{cases} \tag{7}$$

wenn $\oplus$, $\ominus$, $\tilde{\text{Max}}$ und $\tilde{\text{Min}}$ die erweiterten Operationen im Sinne des Zadehschen Erweiterungsprinzips symbolisieren.

Für Fuzzy-Intervalle $\tilde{A} = (\underline{a}, \overline{a}, \underline{\alpha}, \overline{\alpha})^\varepsilon$ und $\tilde{B} = (\underline{b}, \overline{b}, \underline{\beta}, \overline{\beta})^\varepsilon$ des ε-Typs lassen sich die erweiterte Addition und die erweiterte Subtraktion einfach durchführen gemäß den Formeln

$$\tilde{A} \oplus \tilde{B} = (\underline{a} + \underline{b}, \overline{a} + \overline{b}, \underline{\alpha} + \underline{\beta}, \overline{\alpha} + \overline{\beta})^\varepsilon \tag{8}$$

$$\tilde{A} \ominus \tilde{B} = (\underline{a} - \overline{b}, \overline{a} - \underline{b}, \underline{\alpha} + \overline{\beta}, \overline{\alpha} + \underline{\beta})^\varepsilon \tag{9}$$

Da die Zugehörigkeitsfunktionen von Fuzzy-Intervallen des ε-Typs zwischen den Niveaus ε und 1 nur approximativ festgelegt sind, reicht es unserer Ansicht nach aus, die Extremwertbestimmungen mittels der nachfolgenden Näherungsformeln durchzuführen.

$$\tilde{\text{Max}}(\tilde{A}, \tilde{B}) = \tag{10}$$

$$(\text{Max}(\underline{a}, \underline{b}), \text{Max}(\overline{a}, \overline{b}), \text{Max}(\underline{a}, \underline{b}) - \text{Max}(\underline{a} - \underline{\alpha}, \underline{b} - \underline{\beta}), \ \text{Max}(\overline{a} + \overline{\alpha}, \overline{b} + \overline{\beta}) - \text{Max}(\overline{a}, \overline{b}))^\varepsilon$$

$$\tilde{\text{Min}}(\tilde{A}, \tilde{B}) = \tag{11}$$

$$(\text{Min}(\underline{a}, \underline{b}), \text{Min}(\overline{a}, \overline{b}), \text{Min}(\underline{a}, \underline{b}) - \text{Min}(\underline{a} - \underline{\alpha}, \underline{b} - \underline{\beta}), \ \text{Min}(\overline{a} + \overline{\alpha}, \overline{b} + \overline{\beta}) - \text{Min}(\overline{a}, \overline{b}))^\varepsilon .$$

Diese Vorgehensweise hat den zusätzlichen Vorteil, daß alle auftretenden Fuzzy-Intervalle vom ε-Typ sind.

Möchte man sich mit diesem Näherungsproblem nicht zufrieden geben, so bietet sich die Verwendung genauerer Näherungsformeln an, bei denen weitere Zugehörigkeitsniveaus herangezogen werden. Da die dann nachfolgend berechneten Ereigniszeitpunkte nicht mehr vom ε-Typ sind, wird auch hier die Berechnung komplizierter. Ein möglicher Rechenalgorithmus mit weiteren Zugehörigkeitsfunktionen ist die Vertex-Methode von Dong/Shah /1/.

Zur Veranschaulichung der Vorgehensweise betrachten wir den Netzplan in Abbildung 1 mit den in Tabelle 1 angegebenen Vorgangsdauern:

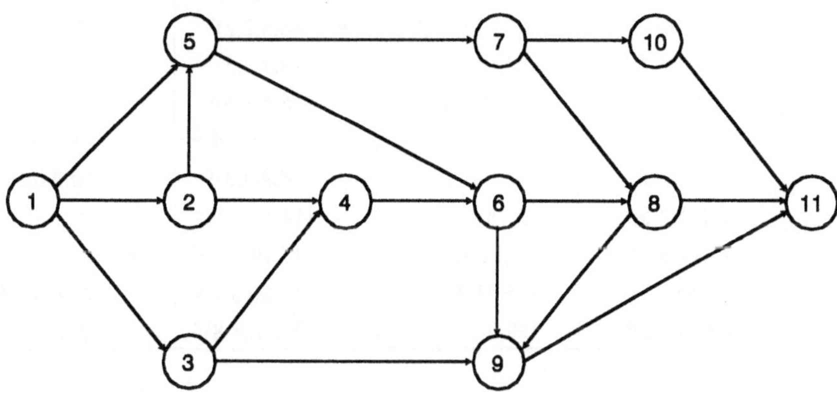

Abb. 2: Netzplan

Tab. 1: Vorgangszeiten

i,j	$\tilde{D}_{ij}$		$\tilde{X}_{ij}$		$P\tilde{Z}_{ij}$
1,2	$(2,3,0,1)^{\varepsilon}$	*	$(0,0,0,1)^{\varepsilon}$	*	$(0,0,0,0)^{\varepsilon}$
1,3	$(3,3,0,0)^{\varepsilon}$		$(3,3,2,2)^{\varepsilon}$		$(3,3,2,1)^{\varepsilon}$
1,5	$(5,6,2,3)^{\varepsilon}$		$(0,0,0,0)^{\varepsilon}$		$\mathbf{(0,0,0,0)^{\varepsilon}}$
2,4	$(1,2,0,0)^{\varepsilon}$		$(7,7,2,3)^{\varepsilon}$	*	$(4,4,1,1)^{\varepsilon}$
2,5	$(2,3,1,1)^{\varepsilon}$		$(3,3,1,2)^{\varepsilon}$		$(0,0,0,0)^{\varepsilon}$
3,4	$(2,3,0,1)^{\varepsilon}$	*	$(6,6,2,2)^{\varepsilon}$		$(3,3,2,1)^{\varepsilon}$
3,9	$(5,7,1,2)^{\varepsilon}$		$(12,12,4,4)^{\varepsilon}$		$(9,9,4,3)^{\varepsilon}$
4,6	$(3,4,1,1)^{\varepsilon}$		$(9,9,3,3)^{\varepsilon}$		$(3,3,2,1)^{\varepsilon}$
5,6	$(4,6,1,2)^{\varepsilon}$	*	$(7,7,2,2)^{\varepsilon}$	*	$(1,1,0,0)^{\varepsilon}$
5,7	$(3,3,1,0)^{\varepsilon}$		$(5,6,2,3)^{\varepsilon}$		$\mathbf{(0,0,0,0)^{\varepsilon}}$
6,8	$(2,3,0,0)^{\varepsilon}$		$(12,13,4,5)^{\varepsilon}$		$(1,1,0,0)^{\varepsilon}$
6,9	$(4,5,2,3)^{\varepsilon}$		$(13,14,3,3)^{\varepsilon}$		$(2,2,0,0)^{\varepsilon}$
7,8	$(1,1,0,0)^{\varepsilon}$		$(13,15,4,5)^{\varepsilon}$		$(5,6,1,2)^{\varepsilon}$
7,10	$(9,11,2,4)^{\varepsilon}$		$(8,9,3,3)^{\varepsilon}$		$\mathbf{(0,0,0,0)^{\varepsilon}}$
8,9	$(3,3,1,1)^{\varepsilon}$		$(18,21,5,6)^{\varepsilon}$	*	$(1,1,0,0)^{\varepsilon}$
8,11	$(4,5,1,2)^{\varepsilon}$		$(18,21,5,6)^{\varepsilon}$		$(6,6,2,1)^{\varepsilon}$
9,11	$(5,7,1,2)^{\varepsilon}$		$(17,19,5,6)^{\varepsilon}$	*	$(1,1,0,0)^{\varepsilon}$
10.11	$(5,6,1,1)^{\varepsilon}$		$(17,20,5,7)^{\varepsilon}$		$\mathbf{(0,0,0,0)^{\varepsilon}}$

Tab. 2: Ereigniszeiten

Knoten	$\tilde{t}_i$	$\tilde{T}_i$ Dubois/Prade		$\tilde{T}_i$ neue Methode		$P\tilde{Z}_i$
1	$(0,0,0,1)^{\varepsilon}$	$(-4,4,13,14)^{\varepsilon}$		$\mathbf{(0,0,0,1)^{\varepsilon}}$		$(0,0,0,0)^{\varepsilon}$
2	$(2,3,0,2)^{\varepsilon}$	$(-1,7,12,13)^{\varepsilon}$		$(3,3,1,2)^{\varepsilon}$	*	$(0,0,0,0)^{\varepsilon}$
3	$(3,3,0,1)^{\varepsilon}$	$(2,11,13,13)^{\varepsilon}$	*	$(6,6,2,2)^{\varepsilon}$		$(3,3,2,1)^{\varepsilon}$
4	$(5,6,0,2)^{\varepsilon}$	$(5,13,12,12)^{\varepsilon}$		$(9,9,3,3)^{\varepsilon}$	*	$(3,3,2,1)^{\varepsilon}$
5	$(5,6,2,3)^{\varepsilon}$	$(2,9,11,13)^{\varepsilon}$		$\mathbf{(5,6,2,3)^{\varepsilon}}$		$(0,0,0,0)^{\varepsilon}$
6	$(9,12,2,5)^{\varepsilon}$	$(9,16,11,11)^{\varepsilon}$		$(12,13,4,4)^{\varepsilon}$	*	$(1,1,0,0)^{\varepsilon}$
7	$(8,9,3,3)^{\varepsilon}$	$(5,12,11,13)^{\varepsilon}$		$\mathbf{(8,9,3,3)^{\varepsilon}}$		$(0,0,0,0)^{\varepsilon}$
8	$(11,15,2,5)^{\varepsilon}$	$(12,18,11,11)^{\varepsilon}$		$(14,16,4,5)^{\varepsilon}$	*	$(1,1,0,0)^{\varepsilon}$
9	$(14,18,3,7)^{\varepsilon}$	$(15,21,8,10)^{\varepsilon}$		$(17,19,5,6)^{\varepsilon}$	*	$(1,1,0,0)^{\varepsilon}$
10	$(17,20,5,7)^{\varepsilon}$	$(16,21,7,9)^{\varepsilon}$		$\mathbf{(17,20,5,7)^{\varepsilon}}$		$(0,0,0,0)^{\varepsilon}$
11	$(22,26,6,8)^{\varepsilon}$	$(22,26,6,8)^{\varepsilon}$		$\mathbf{(22,26,6,8)^{\varepsilon}}$		$(0,0,0,0)^{\varepsilon}$

Wie das vorstehende Zahlenbeispiel eindrucksvoll veranschaulicht, wurden die mittels der erweiterten Rechenoperationen berechneten Ereigniszeitpunkte schrittweise immer unschärfer, und zwar auf allen Zugehörigkeitsniveaus

Besonders deutlich wird dies bei den spätesten Ereigniszeitpunkten, da diese erst auf dem "Rückweg" berechnet werden, wobei bei der Berechnung der frühesten Ereigniszeitpunkte die schrittweise angesammelte Unschärfe schon in den Projektendzeitpunkt $\tilde{T}_w = \tilde{t}_w$ eingeht. Zur Vermeidung, daß die Unschärfe der Daten $\tilde{D}_{ij}$ doppelt gezählt wird, schlagen DUBOIS/PRADE /2, S. 63/ vor, den spätesten Ereigniszeitpunkt $\tilde{T}_w$ unabhängig von $\tilde{t}_w$ zu definieren. Dieser Lösungsvorschlag wurde auch in allen weiteren Arbeiten über Fuzzy-Netzpläne übernommen, vgl. /4, S. 140-144/. Seltsamerweise wird in der Literatur nicht kritisiert, daß bei der Berechnung der spätesten Ereigniszeitpunkte $\tilde{T}_i$ negative Zeitwerte auftreten, auch wenn dies in den Zahlenbeispielen zumeist dadurch kaschiert wird, daß $\tilde{T}_w$ bedeutend größer als $\tilde{t}_w$ gewählt wird. Dieses Problem ist damit zu erklären, daß die erweiterte Subtraktion zu unschärferen Werten führt als die erweiterte Addition, wie in Tabelle 2 veranschaulicht wird. Ebenfalls wird in der Literatur über Fuzzy-Netzpläne nicht das uns nicht verständliche Resultat diskutiert, daß die spätesten Ereigniszeitpunkte umso unschärfer werden, je früher die Ereignisse liegen; unserer Ansicht nach müßte dies gerade umgekehrt gelten.

Eine Lösung dieser Problematik kann in der Beobachtung liegen, daß im Gegensatz zu reellen Zahlen weder bei reellen Intervallen noch bei Fuzzy-Intervallen die Subtraktion die Umkehrung der Addition ist. Betrachten wir dazu das nachfolgende Beispiel:
Die unbekannte reelle Zahl x mit x + 2 = 5 läßt sich eindeutig bestimmen als x = 5 - 2.
Dagegen werden

- die Intervallgleichung $x + [2, 4] = [5, 10]$ bzw.
- die Fuzzy-Gleichung $\tilde{X} \oplus (2,4,1,2)^\varepsilon = (5,10,2,4)^\varepsilon$

gelöst durch $x = [3, 6]$ bzw. $\tilde{X} = (3,6,1,2,)^\varepsilon$ und nicht durch Subtraktionsbildung

$$[5, 10] - [2, 4] = [1, 8] \text{ bzw.}$$
$$(5,10,2,4)^\varepsilon \ominus (2,4,1,2)^\varepsilon = (1,8,4,5)^\varepsilon, \text{ vgl. Formel (9).}$$

Zur Berechnung der unscharfen spätesten Ereigniszeitpunkte sollte daher nicht die erweiterte Subtraktion und damit Formel (7) angewendet werden, sondern die folgende Bestimmungsgleichung

$$\tilde{T}_i = \begin{cases} \underset{j \in S_i}{\text{Min}} \{\tilde{X} \mid \tilde{X} \oplus \tilde{D}_{ij} = \tilde{T}_j\} & \text{für} \quad S_i = \varnothing \\ \tilde{T}_w & \text{für} \quad S_i = \varnothing \end{cases} \tag{12}$$

Für das Fuzzy-Intervall $\tilde{D}_{ij}$ und $\tilde{T}_j$ vom ε-Typ, d.h. $\tilde{D}_{ij} = (\underline{d}_{ij}, \overline{d}_{ij}, \underline{\delta}_{ij}, \overline{\delta}_{ij})^\varepsilon$ und $\tilde{T}_j = (\underline{T}_j, \overline{T}_j, \underline{\tau}_j, \overline{\tau}_j)^\varepsilon$ ist die Berechnung von $\tilde{X}$ einfach, denn es gilt

$$\tilde{X}_{ij} = (\underline{T}_j - \underline{d}_{ij}, \overline{T}_j - \overline{d}_{ij}, \underline{\tau}_j - \underline{\delta}_{ij}, \overline{\tau}_j - \overline{\delta}_{ij})^\varepsilon. \tag{13}$$

Dieses neue Verfahren weist nicht die Ungereimtheiten der Berechnungsweise (7) auf, denn es führt weder zu negativen Zeitangaben noch werden die spätesten Ereigniszeitpunkte in Richtung des Startpunktes zu immer unschärfer. Damit entfallen auch die in der Fuzzy-Netzplan-Literatur vorgetragenen Gründe gegen die Wahl von $\tilde{t}_w$ als spätester Projektzeitpunkt,
Offensichtlich kann aber die Berechnung der spätesten Ereigniszeitpunktes $\tilde{T}_i$ mittels der Formel (12) und (13) dann unmöglich werden, wenn der gewählte späteste Projektpunkt $\tilde{T}_w$ weniger unscharf ist als

ein Zeitpunkt $\tilde{t}_i \oplus \tilde{D}_{iw}$ mit $i \in P_w$. Dabei wird die Unschärfe eines Fuzzy-Intervalls bestimmt durch die beiden Spannweiten und die Länge des Gipfelplateaus.

Um eine Lösung dieses Problems zu erarbeiten, betrachten wir für den Netzplan in Abbildung 2 die Berechnung von $\tilde{X}_{34}$:

Gemäß (12) ist $\tilde{X}_{34}$ zu berechnen als Lösung der Gleichung $\tilde{X}_{34} \oplus (2, 3, 0, 1)^\varepsilon = (9, 9, 2, 3)^\varepsilon$.

Dies ist aber nicht möglich, da die formale Berechnung nach (13) zu dem unsinnigen Ergebnis $\tilde{X}_{34} = (7, 6, 2, 2)^\varepsilon$ führt, da die rechte Gipfelplateaugrenze nicht kleiner als die linke sein darf.

Um hier den spätesterlaubten Startzeitpunkt für den Vorgang (3, 4) sinnvoll festzulegen, soll $\tilde{X}_{34}$ so verändert werden, daß $\tilde{X}_{34}^{neu} \oplus (2,3,0,1)^\varepsilon$ möglichst gut mit $(9, 9, 2, 3)^\varepsilon$ übereinstimmt unter der Bedingung, daß $\tilde{X}_{34} \oplus (2, 3, 0, 1)^\varepsilon \leq_\varepsilon (9, 9, 2, 3)^\varepsilon$ im Sinne der ε-Präferenz, vgl. /5, S. 76/:

$$\tilde{A} = (\underline{a},\bar{a},\underline{\alpha},\bar{\alpha})^\varepsilon \leq_\varepsilon \tilde{B} = (\underline{b},\bar{b},\underline{\beta},\bar{\beta})^\varepsilon \Leftrightarrow \underline{a} \leq \underline{b} \text{ und } \bar{a} \leq \bar{b} \text{ und } \underline{a} - \underline{\alpha} \leq \underline{b} - \underline{\beta} \text{ und } \bar{a} + \bar{\alpha} \leq \bar{b} + \bar{\beta}. \quad (14)$$

Nach dieser Zielsetzung ist $\tilde{X}_{34}^{neu} = (6,6,1,2)^\varepsilon$ zu wählen.

Es sind aber noch extremere Problemfälle denkbar. Betrachten wir dazu als Beispiel die Aufgabe
$$\tilde{X}_{ij} \oplus (4,6,3,3)^\varepsilon = (12,12,2,1)^\varepsilon,$$

für die wir formal mit (13) die Fuzzy-Größen $\tilde{X}_{ij} = (8,6,-1,-2)^\varepsilon$, berechnen. Die Lösung ist aber weder definiert noch inhaltlich sinnvoll, da negative Spannweiten nicht erlaubt sind.

In Einklang mit der vorstehenden Zielsetzung, bietet sich als spätesterlaubter Startzeitpunkt für den Vorgang (i,j) an $\tilde{X}_{ij}^{neu} = (4,4,0,0)^\varepsilon$.

Die vorstehend angesprochenen Probleme lassen sich unter Beachtung der gestellten Zielsetzung lösen, wenn die Formeln (12) und (13) ersetzt werden durch

$$\tilde{T}_i = \begin{cases} \text{Min}\{\tilde{X}_{ij} \mid j \in S_i\} & \text{für} \quad S_i \neq \varnothing \\ \tilde{T}_w & \text{für} \quad S_i = \varnothing \end{cases} \quad (15)$$

wobei $\tilde{X}_{ij} = (\underline{x}_{ij}, \bar{x}_{ij}, \underline{\xi}_{ij}, \bar{\xi}_{ij})^\varepsilon$ berechnet wird als

$$\underline{x}_{ij} = \text{Min}(\underline{T}_j - \underline{d}_{ij}, \bar{T}_j - \bar{d}_{ij}) - \text{Max}(\bar{\delta}_{ij} - \bar{\tau}_j, 0) \quad (16)$$

$$\bar{x}_{ij} = \bar{T}_j - \bar{d}_{ij} - \text{Max}(\bar{\delta}_{ij} - \bar{\tau}_j, 0) \quad (17)$$

$$\underline{\xi}_{ij} = \text{Max}(0, \underline{\tau}_j - \underline{\delta}_{ij} - \text{Max}(0, (\underline{T}_j - \underline{d}_{ij}) - (\bar{T}_j - \bar{d}_{ij})) - \text{Max}(\bar{\delta}_{ij} - \bar{\tau}_j, 0) \quad (18)$$

$$\bar{\xi}_{ij} = \text{Max}(0, \bar{\tau}_j - \bar{\delta}_{ij}). \quad (19)$$

Da es bei Entscheidungen von Bedeutung sein kann, ob die $\tilde{X}_{ij}$ - bzw. die $\tilde{T}_i$ - Werte mittels der exakten Form (8) berechnet wurden, oder ob hilfsweise die Korrekturformeln (16)-(19) benutzt werden mußten, sollen die mit den Hilfsformeln berechneten Werte mit einem * versehen werden, vgl. die Tabelle 1 und 2.

Bei Anwendung dieses neuen Ansatzes entfällt auch die unverständliche und bisher wenig überzeugend Konstruktion von Kritikalitätskriterien, vgl. /4, S. 166-178/. Denn - wie im deterministischen Fall - ist ein Pfad dann *kritisch*, wenn bei Wahl des spätesten Ereignispunktes $\tilde{T}_w = t_w$ für alle Ereignisse auf diesem Pfad gilt $\tilde{t}_i = \tilde{T}_i$.

5. Unscharfe Pufferzeiten

Auch bei der Definition und der Berechnung von Pufferzeiten ist bei Netzplänen mit unscharfen Zeitgrößen zu beachten, daß bei Fuzzy-Intervallen die Subtraktion i.a. nicht die Umkehrung der Addition ist. Die Definitionen in Abschnitt 3 dürfen daher nicht direkt formal erweitert werden, sondern müssen zunächst umgeformt werden in

$$PZ_i + t_i = T_i \quad \text{bzw.} \quad PZ_{ij} + (t_i + d_{ij}) = T_j.$$

Die *Fuzzy-Pufferzeit* für ein Ereignis $i \in E$ ist dann definiert als

$$\tilde{P}Z_i + \tilde{t}_i = \tilde{T}_i \tag{20}$$

und die *Fuzzy-Pufferzeit* für einen Vorgang (i, j) als

$$\tilde{P}Z_{ij} + (\tilde{t}_i + \tilde{D}_{ij}) = \tilde{T}_j. \tag{21}$$

Da konstruktionsbedingt $\tilde{T}_i$ weniger unscharf sein kann als $\tilde{t}_i$ bzw. $\tilde{T}_j$ weniger unscharf sein darf als $\tilde{t}_i + \tilde{D}_{ij}$, können auch hier die oben in Abschnitt 4 ausführlich behandelten Probleme bei der formalen Berechnung von $\tilde{P}Z_i$ bzw. $\tilde{P}Z_{ij}$ auftreten. Auch hier bietet sich ein Lösungsweg mit analogen Formeln zu (15) - (19).

6. Schlußfolgerungen

Die Verwendung von Fuzzy-Zeitdaten ermöglicht eine realistische Abbildung der real vorliegenden Projektdaten in einen Netzplan. Mittels der Rechnungen (8) - (11) bzw. (15) - (19) lassen sich die unscharfen frühesten und spätesterlaubten Eintrittszeitpunkte einfach berechnen. Da die Vorgehensweise analog dem klassischen Verfahren konzipiert ist, lassen sich leicht Algorithmen zur Erkennung der kritischen Pfade entwickeln. Ist ein kritischer Pfad ermittelt, so wird man gezielt Informationen über die Vorgänge auf dem kritischen Pfad ermitteln, um die Zeitspanne genauer beschreiben zu können. Ein Vorteil des Fuzzy-Netzplan-Ansatzes besteht darin, daß kostspielige Informationen nicht für alle Vorgänge zu Beginn des Entscheidungsprozesses ermittelt werden, sondern daß dies gezielt für die Engpässe geschieht.

Literatur.

/1/ Dong, W.M.; Wong, F.S.: Fuzzy weighted averages and implementation of the extension principle. Fuzzy Sets ans Systems, 21, 183-199 (1987)

/2/ Dubois, D.; Prade, H.: Possibility Theory - An approach to computerized Proceeding of Uncertainty. New York London: Plenum Press 1988

/3/ Hillier, F.S.; Liebermann, G.J.: Operations Research. München Wien: Oldenbourg Verlag 1988

/4/ Rabetge, C.: Fuzzy Sets in der Netzplantechnik. Wiesbaden: Deutscher Universitäts Verlag 1991

/5/ Rommelfanger, H.: Entscheiden bei Unschärfe - Fuzzy Decision Support-Systeme. Berlin: Springer Verlag 1988

FUZZY-Entscheidungsmodelle zur Organisationsplanung

Thomas Spengler, Frankfurt am Main

Zusammenfassung: Es werden lineare Entscheidungsmodelle zur Organisationsstruktur- und Stellenplanung formuliert, die als Vektoroptimierungsmodelle konzipiert sind. Die Kompromißlösungen lassen sich sowohl im deterministischen als auch im unscharfen Fall durch Anwendung des (modifizierten) iterativen Verfahrens FULPAL von Rommelfanger /8/ generieren.

Abstract: This paper presents linear decision models for planning the organizational structure and positions. These models are constructed as multi objective-models and the compromise solutions may be generated by applying the (modified) procedure named FULPAL from Rommelfanger /8/.

1. Einführung

Organisationsplanungen lassen sich in den Bereich der Organisationsstruktur- und den Bereich der Stellenplanung differenzieren /9/. Durch Organisationsstrukturplanungen werden organisatorische *Grob*strukturen generiert und ausgewählt, während die auf ihnen aufbauenden Stellenplanungen ihrer konkreten Ausgestaltung dienen. In der vorliegenden Arbeit werden Entscheidungsmodelle zur isolierten Organisationsstruktur- und zur simultanen Organisationsstruktur- und Stellenplanung formuliert. Dabei gehen wir zunächst vom Vorliegen deterministischer Daten aus. Anschließend wird gezeigt, an welchen Stellen Unschärfen in die Ansätze integriert werden können.

2. Organisationsstrukturplanung

Im Zuge der Organisationsstrukturplanung werden die dem Sachziel(bündel) der Organisation entsprechenden Globalaufgaben zu Teilaufgaben geringerer Komplexität [sog. Elementaraufgaben /3/] disaggregiert und über die Bildung vertikaler Aufgabenketten Aufgabenhierarchien [(alternative) Organisationsstrukturen] generiert. Wir betrachten das Beispiel eines Betriebes, der chemische und pharmazeutische Produkte für den europäischen und für den Übersee-Markt herstellt. Für diesen Betrieb lassen sich z.B. die folgenden 12 Elementaraufgaben k (k=1,...,12) definieren:

Beschaffung von Produktionsfaktoren-'Pharma' für Europa [k=1], Beschaffung von Produktionsfaktoren-'Chemie' für Europa [k=2], Beschaffung von Produktionsfaktoren-'Pharma' für Übersee [k=3], Beschaffung von Produktionsfaktoren-'Chemie' für Übersee [k=4], Produktion von Pharmaka für Europa [k=5], Produktion von Chemikalien für Europa [k=6], Produktion von Pharmaka für Übersee [k=7], Produktion von Chemikalien für Übersee [k=8], Absatz von Pharmaka in Europa [k=9], Absatz von Chemikalien in Europa [k=10], Absatz von Pharmaka in Übersee [k=11], Absatz von Chemikalien in Übersee [k=12].

Die 12 Elementaraufgaben lassen sich jeweils in verschiedenen vertikalen Aufgabenketten l (l=1,...,L_k) anordnen und diese wiederum können zu unterschiedlichen Aufgabenhierarchien gebündelt werden. In den beiden folgenden Abbildungen werden zwei potentielle Aufgabenhierarchien aufgezeigt:

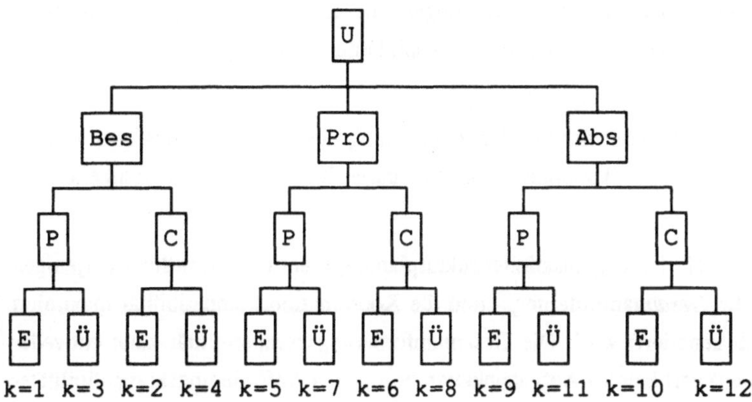

Abb. 1: Organisationsstruktur 1

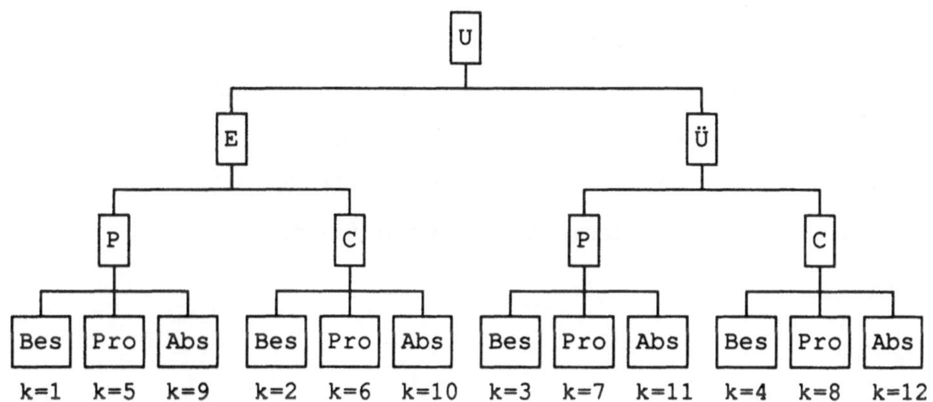

Abb. 2: Organisationsstruktur 2

Legende: U=Unternehmensleitung; Bes=Beschaffung; Pro=Produktion;
Abs=Absatz; P=Pharma; C=Chemie; E=Europa; Ü=Übersee

Während bei der Organisationsstruktur 1 der zweithöchste hierarchische Rang funktional gegliedert ist (Beschaffung, Produktion, Absatz), unterliegt der zweithöchste Rang der anderen Alternative einer divisionalen Gliederung (Europa, Übersee). Des weiteren können wir den Graphiken entnehmen, daß dieselben Elementaraufgaben in unterschiedlichen vertikalen Aufgabenketten eingeordnet werden können; so z.B. die Aufgabe k=1, bei der der *Beschaffungsaspekt* einmal auf der zweithöchsten [Abb. 1] und dann auf der untersten Ebene der Aufgabenhierarchie [Abb. 2] positioniert ist. Es ist unmittelbar einsichtig, daß die Anzahl potentieller Organisationsstrukturen sehr rasch mit der 'Länge' der vertikalen Aufgabenketten und der Anzahl der Elementaraufgaben wächst [/1/, /2/, /7/, /9/]. Der Organisationsplaner wird in realen Situationen gezwungen sein nur einige (besonders relevante) Alternativen in den Kalkül aufzunehmen. Um unter diesen eine Auswahl treffen zu können, muß er sie bewerten. Da man i.d.R. die korrespondierenden Kosten und Erlöse nicht angeben kann, werden Ersatzkriterien benötigt [vgl. auch /6/]. Wir wollen hier die Anforderungs- und die Koordinationskompatibilität verwenden, die auf das Intervall [0,1] normiert und wie folgt definiert sind [zu deren Messung vgl. /9/]:

Anforderungskompatibilität := Vereinbarkeit der Anforderungen, die eine Elementaraufgabe an einen durchschnittlich befähigten Aufgabenträger stellt, mit dessen Fähigkeiten und Möglichkeiten zur Erledigung dieser Aufgabe.

Koordinationskompatibilität := Vereinbarkeit der mit der Realisierung einer Organisationsform verbundenen Koordinationserfordernisse mit den ökonomisch legitimierbaren Koordinationsmöglichkeiten der Organisation.

Das nun darzustellende Grundmodell der Organisationsstrukturplanung dient der Ermittlung derjenigen Organisationsstruktur, bei der die *Gesamt*anforderungs- und die Koordinationskompatibilität maximiert (bzw. der optimale Kompromiß generiert) wird. Die Gesamtanforderungskompatibilität kann entweder der Summe der auf (die einzelnen) vertikale(n) Aufgabenketten bezogenen Anforderungskompatibilitäts-koeffizienten entsprechen oder bei Synergieeffekten auch davon abweichende Werte annehmen.

Bezeichnet man mit

$\underline{F}$:= {f|f=1,...,F; f ist eine Organisationsalternative}

Φ_f^A := die Gesamtanforderungskompatibilität bei Wahl der Organisationsalternative f

Φ_f^K := Koordinationskompatibilität bei Wahl der Organisationsalternative f

x_f := die Organisationsalternative f wird gewählt (x_f=1) oder nicht gewählt (x_f=0),

dann läßt sich das Grundmodell der Organisationsstrukturplanung wie folgt darstellen:

Zielfunktionsvektor:

$$\begin{pmatrix} \sum\limits_{f \in \underline{F}} \Phi_f^A \cdot x_f \\[2ex] \sum\limits_{f \in \underline{F}} \Phi_f^K \cdot x_f \end{pmatrix} \overset{!}{=} \max \qquad\qquad [1]$$

<u>*u.d.N.:*</u>

Ausschlußbedingung für die Organisationsformen:

$$\sum\limits_{f \in \underline{F}} x_f = 1 \qquad\qquad [2]$$

Variablenbedingungen:

$$x_f \in \{0,1\} \qquad \forall\ f \in \underline{F} \qquad\qquad [3]$$

Eine in stärkerem Maße differenzierte Beurteilung alternativer Organisationsstrukturen läßt sich beispielsweise dadurch erreichen, daß man auch (a) einzelne Sektoren und/oder (b) *horizontale* Aufgabenketten hinsichtlich ihrer Koordinationskompatibilität oder (c) *vertikale* Aufgabenketten hinsichtlich ihrer Anforderungskompatibilität beurteilt. Unter Beachtung der folgenden Symbole

$\underline{K}$:= {k|k=1,...,K; k ist eine Elementaraufgabe}

$\underline{L}_k$:= {l|l=1,...,L_k; l ist eine vertikale Aufgabenkette, bei der die Elementaraufgabe k erledigt wird}

$\underline{S}_f$:= {s|s=1,...,S_f; s ist ein Sektor, der zur Organisationsalternative f gehört}

$\underline{S}_{kf}$:= {s|s=1,...,S_{kf}; s ist ein Sektor, der zur Organisationsalternative f gehört und in dem die Elementaraufgabe k erledigt wird}

$\underline{K}_{sf}$:= {k|k=1,...,K_{sf}; k ist eine Elementaraufgabe, die im zur Organisationsalternative f gehörenden Sektor s erledigt wird}

$\underline{M}_f$:= {m|m=1,...,M_f; m ist eine horizontale Aufgabenkette, die zur Organisationsalternative f gehört}

Φ^A_{lksf} := Anforderungskompatibilität bei Implementation der vertikalen Aufgabenkette l bzgl. Elementaraufgabe k im Sektor s der Organisationsalternative f

Φ^K_{sf} := Koordinationskompatibilität bei Implementation des zur Organisationsalternativen f gehörenden Sektors s

Φ^K_{mf} := Koordinationskompatibilität bei Implementation der zur Organisationsalternativen f gehörenden horizontalen Aufgabenkette m

x_{lksf} := im zur Organisationsform f gehörenden Sektor s wird bzgl. Elementaraufgabe k die vertikale Aufgabenkette l gebildet (x_{lksf}=1) oder nicht gebildet (x_{lksf}=0)

x_{sf} := der zur Organisationsform f gehörende Sektor s wird implementiert (x_{sf}= 1) oder nicht implementiert (x_{sf}=0)

x_{mf} := die zur Organisationsform f gehörende horizontale Aufgabenkette m wird implementiert (x_{mf}= 1) oder nicht implementiert (x_{mf}=0)

ist im Falle (a) der Zielfunktionsvektor [1] um die Teilzielfunktion

$$\sum_{f\in\underline{F}}\ \sum_{s\in\underline{S}_f}\ \Phi^K_{sf}\cdot x_{sf}\ \overset{!}{=}\ \max \tag{4}$$

und der Restriktionenraum um die

Vollständigkeitsbedingungen für die Organisationsform:

$$\sum_{s\in\underline{S}_f} x_{sf}\ =\ |\underline{S}_f|\ x_f\qquad \forall\ f\in\underline{F} \tag{5}$$

und um die *Variablenbedingungen:*

$$x_{sf}\ \in\ \{0,1\}\qquad \forall\ f\in\underline{F};\ s\in\underline{S}_f \tag{6}$$

zu ergänzen. Im Falle (b) sind die Zielfunktion

$$\sum_{f\in\underline{F}}\ \sum_{m\in\underline{M}_f}\ \Phi^K_{mf}\cdot x_{mf}\ \overset{!}{=}\ \max \tag{7}$$

und die Restriktionen

$$\sum_{m\in\underline{M}_f} x_{mf}\ =\ |\underline{M}_f|\ x_f\qquad \forall\ f\in\underline{F} \tag{8}$$

$$x_{mf}\ \in\ \{0,1\}\qquad \forall\ f\in\underline{F};\ \forall\ m\in\underline{M}_f \tag{9}$$

in das Modell aufzunehmen. Im Falle (c) werden die sich gegenseitig ausschließenden Organisationsalternativen über den Restriktionenraum in mehrere Bestandteile zerlegt, indem dem Modell erklärt wird, aus welchen Sektoren sich die verschiedenen Organisationsstrukturen und aus welchen vertikalen Aufgabenketten sich die jeweiligen Sektoren zusammensetzen. Außerdem wird die vollständige Verteilung der einzelnen Elementaraufgaben auf vertikale Aufgabenketten sichergestellt. Der Kalkül wird somit durch die Nebenbedingungen [5] und [6], die Zielfunktion

$$\sum_{k\in\underline{K}} \sum_{f\in\underline{F}} \sum_{l\in\underline{L}_k} \sum_{s\in\underline{S}_f} \Phi^A_{lksf} \cdot x_{lksf} \stackrel{!}{=} \max \qquad [10]$$

und folgende Restriktionen erweitert:

Vollständigkeits- und Ausschlußbedingungen für die Elementaraufgaben:

$$\sum_{l\in\underline{L}_k} \sum_{f\in\underline{F}} \sum_{s\in\underline{S}_{kf}} x_{lksf} = 1 \qquad \forall \; k\in\underline{K} \qquad [11]$$

Bedingungen für die Sektorbildung:

$$\sum_{k\in\underline{K}_{sf}} \sum_{l\in\underline{L}_k} x_{lksf} = |\underline{K}_{sf}| \, x_{sf} \qquad \forall \; s\in\underline{S}_f; \; \forall \; f\in\underline{F} \qquad [12]$$

Variablenbedingungen:

$$x_{lksf} \in \{0,1\} \qquad \forall \; f\in\underline{F}; \; k\in\underline{K}; \; l\in\underline{L}_k; \; s\in\underline{S}_f \qquad [13]$$

Doch selbst wenn man das Modell wie soeben skizziert ergänzt, kann es nach wie vor immer nur zur Evaluation potentieller organisatorischer Strukturrahmen herangezogen werden, deren konkrete Ausgestaltung weiteren Teilplanungen vorbehalten bleibt, da Probleme der funktionalen und segmentalen Differenzierung nur über Stellenplanungen [vgl. auch /4/, /5/] gelöst werden können. Wir werden nun ein Modell zur simultanen Organisationsstruktur- und Stellenplanung formulieren.

3. Simultane Organisationsstruktur- und Stellenplanung

Zur Formulierung dieses Modells benötigen wir zusätzlich die folgenden Symbole:

$\underline{P}$:= $\{p|p=1,...,P;$ p ist ein Rang in der *Stellen*hierarchie$\}$

$\underline{I}_{fp}$:= $\{i|i=1,...,I_{fp};$ die Stellenart i ist auf dem hierarchischen Rang $p\in\underline{P}$ angesiedelt und gehört zur Organisationsform $f\in\underline{F}\}$

$\overset{*}{\underline{I}}_{fp}$:= $\{i^*|i^*=1,...,\overset{*}{I}_{fp};$ die zur Organisationsform $f\in\underline{F}$ gehörende Stellenart i^* ist auf dem hierarchischen Rang $p\in\underline{P}$ angesiedelt und anderen Stellentypen nachgeordnet, die auf dem Rang p+1 angesiedelt sind$\}$

$\overset{*}{\underline{I}}_{ifp}$:= die Menge aller Stellenarten $i^*\in\overset{*}{\underline{I}}_{f,p-1}$, die der auf Rang p angesiedelten Stellenart $i\in\underline{I}_{fp}$ direkt unterstellt sind

$\underline{K}'_f$:= $\{k'|k'=1,...,K'_f;$ die Aufgabenart k' ist bei der Organisationsform $f\in\underline{F}$ zu erledigen$\}$

$\underline{K}'_{ifp}$:= $\{k'|k'=1,...,K'_{ifp};$ Aufgaben der Art k', die auf Stellen vom Typ $i\in\underline{I}_{fp}$ erledigt werden können$\}$

$\underline{I}_{k'fp}$:= $\{i|i=1,...,I_{k'fp};$ Stellen vom Typ i, auf denen Aufgaben der Art k' erledigt werden können$\}$

Φ^C_{ifp} := periodisierte Kosten der Einrichtung und Unterhaltung von Stellen der Art $i\in\underline{I}_{fp}$ einschließlich Personalkosten

$A_{k'f}$:= Gesamtumfang von Aufgaben der Art $k'\in\underline{K}'_f$

$t_{k'ifp}$:= zur Erledigung einer Einheit von Aufgaben der Art k' auf Stellen der Art $i\in\underline{I}_{fp}$ benötigte Zeit

t_{i^*fp} := die Zeit, die man für die Ausübung der Vorgesetztenfunktion bzgl. einer auf dem Rang p angesiedelten Stelle vom Typ i* bei der Organisationsform f im Durchschnitt benötigt

$\bar{X}_{ifp}$:= maximal zulässige Zahl an (Parallel-) Stellen der Art $i\in\underline{I}_{fp}$

δ_{ifp} := die maximale Zahl an Stellen, die einer Stelle der Art $i \in I_{fp}$ nachgeordnet werden können [Kontrollspanne]

x_{ifp} := Anzahl der Stellen vom Typ $i \in I_{fp}$ [Entscheidungsvariable]

$y_{k'ifp}$:= Anteil am Gesamtumfang der Aufgabenart k', der Stellen vom Typ $i \in I_{fp}$ übertragen werden kann [Entscheidungsvariable]

Das Modell strebt die Maximierung der Anforderungs- und der Koordinationskompatibilität sowie die Minimierung der periodisierten Stellenkosten (bzw. bei Zielkonflikt den *optimalen* Kompromiß) an und gewährleistet über den Restriktionenraum, daß lediglich eine Organisationsform gewählt und nur für diese in ausreichendem Umfang Basis- und Vorgesetztenstellen zur Verfügung gestellt und die zu erledigenden Aufgaben den Stellen vollständig zugewiesen werden. Bei den Aufgabenarten k' handelt es sich mitunter um andere (stärker differenzierte) Aufgabenarten als die im Zuge der Organisationsstrukturplanung betrachteten. Das Modell lautet wie folgt:

Zielfunktionsvektor:

$$\begin{pmatrix} \sum\limits_{f \in \underline{F}} \Phi_f^A \cdot x_f \\ \sum\limits_{f \in \underline{F}} \Phi_f^K \cdot x_f \\ \sum\limits_{f \in \underline{F}} \sum\limits_{p \in \underline{P}} \sum\limits_{i \in \underline{I}_{fp}} -\Phi_{ifp}^C \cdot x_{ifp} \end{pmatrix} \overset{!}{=} \max \tag{14}$$

<u>u.d.N.:</u> [2], [3] sowie

Vollständigkeits- und Ausschlußbedingungen für die Aufgabenverteilung:

$$\sum\limits_{p \in \underline{P}} \sum\limits_{i \in \underline{I}_{k'fp}} y_{k'ifp} = x_f \qquad \forall \, k' \in \underline{K}_f'; \; \forall \, f \in \underline{F} \tag{15}$$

Abstimmung von Stellenbedarf und Stellenausstattung:

$$\sum\limits_{k \in \underline{K}_{ifp}'} \frac{t_{k'ifp} \cdot A_{k'f}}{T} \cdot y_{k'ifp} \leq x_{ifp} \qquad \forall \, f \in \underline{F}; \; \forall \, i \in \underline{I}_{fp}; \; p=1 \tag{16}$$

$$\sum\limits_{k \in \underline{K}_{ifp}'} \frac{t_{k'ifp} \cdot A_{k'f}}{T} \cdot y_{k'ifp} + \sum\limits_{i* \in \underline{I}_{ifp}^*} \frac{t_{i*f,p-1}}{T} \cdot x_{i*f,p-1} \leq x_{ifp}$$
$$\forall \, f \in \underline{F}; \; \forall \, i \in \underline{I}_{fp}; \; \forall \, p \geq 2 \tag{17}$$

Kontrollspannenbedingungen:

$$\sum\limits_{i* \in \underline{I}_{ifp}^*} x_{i*f,p-1} \leq \delta_{ifp} \cdot x_{ifp} \qquad \forall \, f \in \underline{F}; \; \forall \, i \in \underline{I}_{fp}; \; \forall \, p \geq 2 \tag{18}$$

Parallelstellenbedingungen:

$$x_{ifp} \leq \bar{x}_{ifp} \qquad \forall \, f \in \underline{F}; \; \forall \, p \in \underline{P}; \; \forall \, i \in \underline{I}_{fp} \tag{19}$$

Variablenbedingungen:

$$y_{k'ifp} \geq 0 \qquad \forall \, f \in \underline{F}; \; \forall \, k' \in \underline{K}_f'; \; \forall \, p \in \underline{P}; \; \forall \, i \in \underline{I}_{fp} \tag{20}$$

$$x_{ifp} \in \mathbb{N}_0 \qquad \forall \, f \in \underline{F}; \; \forall \, p \in \underline{P}; \; \forall \, i \in \underline{I}_{fp} \tag{21}$$

Über diesen simultanen Planungsansatz wird u.a. ermittelt, wie die Globalaufgabe der Unternehmung in Elementaraufgaben differenziert werden soll, auf welchen Stellentypen diese erledigt werden, wieviele Parallelstellen implementiert werden und wie groß die Kontrollspannen (im Optimum) sein sollen. Dieser Ansatz kann - ebenso wie das Modell zur isolierten Organisationsstrukturplanung - über das von Rommelfanger /8/ konzipierte (leicht modifizierte) iterative Verfahren FULPAL gelöst werden /9/.

4. Integration terminologischer und relationaler Unschärfe

Bisher sind wir - sieht man einmal von der Generierung der Kompromißlösung über FULPAL ab - von deterministischen Daten und Relationen ausgegangen. In realen Planungssituationen wird der Entscheidungsträger jedoch häufig nur zu einer größenordnungsmäßigen Angabe relevanter Daten in der Lage sein (*terminologische* Unschärfe). Daneben kann die Zielerreichung mitunter dadurch erhöht werden, daß Restriktionsgrenzen nicht strikt, sondern lediglich innerhalb klar abgegrenzter Toleranzintervalle eingehalten werden (*relationale* Unschärfe). Dies gilt selbstverständlich auch für Organisationsplanungen /9/:

(a) Im Bereich der Organisationsstrukturplanung wird man in vielen Fällen die Kompatibilitätskoeffizienten (vgl. [1], [4], [7], [10]) nur in Form unscharfer Mengen angeben können. Die Integration von Unschärfen in den Restriktionenraum würde dagegen keinerlei Sinn ergeben, da dieser ausschließlich aus *technischen* Nebenbedingungen besteht.

(b) Bei Stellenplanungen besteht die Möglichkeit, die periodisierten Stellenkosten (vgl. [14]), die Aufgabenerledigungszeiten sowie den Aufgabengesamtumfang, die (maximalen) Kontrollspannen und die Parallelstellenobergrenzen als vage Größen in den Kalkül eingehen zu lassen. Nicht zuletzt dadurch werden relational unscharfe Formulierungen der Restriktionen [16]-[19] sinnvoll.

Literatur:

/1/   *Albach, Horst:*
      Zur Theorie der Unternehmensorganisation.
      Zeitschrift für handelswissenschaftliche Forschung, Jg. 11, 238-259 (1959).

/2/   *Drumm, Hans Jürgen:*
      Organisationsplanung. In: Handwörterbuch der Organisation, hrsg. von E. Frese, 3. völlig neu gestaltete Aufl.
      Stuttgart: Poeschel, 1589-1602 (1992).

/3/   *Kosiol, Erich:*
      Die Unternehmung als wirtschaftliches Aktionszentrum.
      Reinbek bei Hamburg: Rowohlt (1972).

/4/   *Kossbiel, Hugo:*
      Kontrollspanne und Führungskräfteplanung. In: Grundfragen der betrieblichen Personalpolitik, hrsg. von W. Braun et al.
      Wiesbaden: Gabler, 89-111 (1972).

/5/ *Kossbiel, Hugo:*
Überlegungen zur Verbindung von Stellen- und Personalplanung.
Unveröffentlichtes Vortragsmanuskript, Hamburg (1980).

/6/ *Laux, Helmut/Liermann, Felix:*
Grundlagen der Organisation. 2., durchges. Aufl.
Berlin, Heidelberg, New York: Springer (1990).

/7/ *Morgenstern, Oskar:*
Prolegomena to a Theory of Organization. In: Rand Corporation, RM-734.
Santa Monica (1951).

/8/ *Rommelfanger, Heinrich:*
Entscheiden bei Unschärfe. Fuzzy Decision Support-Systeme.
Berlin, Heidelberg, New York: Springer (1988).

/9/ *Spengler, Thomas:*
Lineare Entscheidungsmodelle zur Organisations- und Personalplanung.
Dissertation, Frankfurt am Main (1992).

Steuerung industrieller Windsichter mit Hilfe von Fuzzy Logic

Karsten Stäritz
Volker Thommes
Forschungsinstitut für Rationalisierung
Pontdriesch 14/16
5100 Aachen

Windsichten ist ein Stofftrennverfahren, welches in der Zementindustrie und der Kohleaufbereitung häufig Verwendung findet. Hierbei kommt es darauf an, einen vorgegebenen Materialstrom so in zwei unterschiedliche Ströme zu Trennen, daß der eine Strom möglichst nur Feinanteile und der andere möglichst nur die Grobanteile der aufgegebenen Kornzusammensetzung enthalten soll. Ziel ist es eine gute Trennschärfe zu erhalten. Dieses Problem konnte bisher mit konventionellen Methoden nicht zufriedenstellend gelöst werden. Bei einer üblichen Bauart, dem Zyklonwindsichter variieren die folgenden Rohstoffparameter: Feuchte des Aufgabegutes, Korngrößenverteilung des Aufgabegutes, spezifisches Gewicht, sowie die Stoffart. Diese Größen sind nicht exakt zu quantifizieren, sodaß sich eine unscharfe Charakterisierung dieser Größen anbietet. Regelgrößen im Windsichter sind die Betriebsbedingungen Durchsatzmenge, Drehzahl des Streutellers, Ventilatordrehzahl sowie Gegenflügelsystemdrehzahl. Messungen der Korngrößenverteilung von Aufgabegut, Grobgut und Feingut sind mit hohem Aufwand verbunden. Es erscheint plausibel, zur Regulierung der Betriebsparameter eine Steuerung mittels Fuzzy Logic vorzunehmen.

Unter Anwendung von Fuzzy Control wird eine Steuerungslogik entwickelt, die nicht verlangt, daß das Betriebspersonal über umfangreiche mathematische Kenntnisse verfügt, jedoch mit ihren Erfahrungen und Anweisungen zur Steuerung mit beiträgt.

Anwendung von Methoden aus dem Bereich der Fuzzy Sets zur Datenanalyse

Richard Weber
Lehrstuhl für Unternehmensforschung
RWTH Aachen
Templergraben 64
5100 Aachen

Die Analyse und Auswertung von Daten, die bei realen Prozeßverläufen anfallen, stellt eine wesentliche Problemstellung bei der Entscheidungsfindung in komplexen Situationen dar. Beispiele für entsprechende Anwendungen sind unter anderem im finanzwirtschaftlichen, im medizinischen und im Umweltschutzbereich zu finden. Daneben ist auch in zahlreichen Problemstellungen aus dem betrieblichen Umfeld das Problem der Auswertung gemessener Daten von hoher Bedeutung.

In vielen der genannten Bereiche kommt es vor, daß der Anwender durch die Fülle der bei einer Entscheidung vorhandenen Daten nicht dazu in der Lage ist, die relevanten Informationen aus den vorliegenden Größen zu erkennen. Damit geht diese Information für eine Entscheidung verloren bzw. kann nicht optimal eingesetzt werden.

In solchen Fällen kann eine geeignete Vergröberung des unter Umständen zu detailliert angegebenen Datenmaterials dazu führen, daß die zugrundeliegenden Strukturen besser erkannt und damit eher in den Prozeß der Entscheidungsfindung eingesetzt werden können. Zur Erreichung dieses Ziels können geeignete Methoden aus dem Bereich der Fuzzy Sets herangezogen werden.

In diesem Vortrag werden unterschiedliche Ansätze zur Datenanalyse mit Verfahren der Fuzzy Set Theorie vorgestellt und vergleichend beschrieben. Es werden insbesondere Verbindungen zu induktiven Wissensakquisitionsmethoden und neuronalen Netzen aufgezeigt.

Product forms as a solution base for queueing systems

By Ivo J.B.F. Adan and Jaap Wessels, Eindhoven.

Abstract: A class of queueing networks has a product-form solution. It is interesting to investigate which queueing systems have solutions in the form of linear combinations of product forms. In this paper it is investigated when the equilibrium distribution of one or two-dimensional Markovian queueing systems can be written as linear combination of products of powers. Also some cases with extra supplementary variables are investigated.

1. Introduction

Many queueing problems may be modeled as random walks on multi-dimensional grids. Although, in principle, it is possible to study the transient behavior of such models, one usually concentrates on the analysis of the equilibrium behavior. Under certain ergodicity conditions, the equilibrium distribution is the unique normalized solution of the equilibrium equations. These equations may be viewed as partial difference equations. In the theory of partial differential equations, which are the continuous analogue of partial difference equations, a classical solution approach is the method of separation of variables. This method tries to solve partial differential equations by a linear combination of product forms. It seems natural to investigate whether it is also possible to solve equilibrium equations by a linear combination of product forms, and if so, under which conditions such solutions are feasible.

It is well-known that for a class of queueing systems the equilibrium equations can be solved by a product-form solution, see e.g. the paper of Baskett et al. [7]. Traditionally, this product-form solution is found by a sensible guess or by using balance arguments. It will be shown that this solution may also be found by directly trying to solve the equations by a product of powers. It then appears that the boundary conditions are crucial for the existence of a product-form solution. To look for solutions in the form of linear combinations of products seems to be a natural continuation of this research. In the last few years it has been found that there are several queueing problems which can be solved by a linear combination of product-form solutions. In some cases (like queueing systems of the type $E_k\,|\,E_r\,|\,c$) finitely many terms are needed, but in other cases (like the shortest queue problem) infinitely many terms are necessary. The approach used to find such solutions consists of first characterizing the product forms satisfying the conditions in the inner region and then using the products in this set to build up a linear combination that also satisfies the conditions at the boundaries of the state space. The present paper gives an overview of the results in this direction.

Queueing problems of the type $E_k\,|\,E_r\,|\,c$ can be described as a random walk on a multi-dimensional grid which is unbounded in one direction only. It turns out that the set of product forms satisfying the inner conditions is finite. However, this set is sufficiently rich in the sense that it is possible to construct a linear combination of products in this set, which also satisfies the boundary conditions. For queueing systems which can be described on a two-dimensional grid which is unbounded in both directions, it turns out that the set of products satisfying the inner conditions is infinite. It contains a countable subset, a linear combination of which also satisfies the boundary conditions. The construction of this linear combination is of a compensation type: after introducing the first term, new terms are subsequently added to compensate for the error of the previous term on one of the two boundaries. The conditions under which this linear combination provides a solution (i.e. it converges) can be formulated in terms of the random behavior in the interior points. For higher dimensional random walks on grids which are unbounded in more than two directions, the conditions under which this approach works, appear to be severe (as is shown in the paper by Van Houtum [12] in this volume).

This paper is organized as follows. Section 2 investigates product form networks as the solution of a set of partial difference equations with boundary conditions. Section 3 treats the queueing system $E_k | E_r | c$ and section 4 gives the general theory for two-dimensional systems. Section 5 gives some further results and conclusions.

2. Product form networks

The results in this paper may be viewed as an attempt to investigate under which conditions a linear combination of product forms provides a solution. The method used to construct such a linear combination essentially consists of first finding the product forms satisfying the inner conditions and then, by confronting these solutions with the boundary conditions, building a linear combination that also satisfies the boundary conditions. The most trivial outcome of this method is that there is a product form satisfying the inner, as well as the boundary conditions. In fact, it is well-known that for a class of queueing networks the equilibrium probabilities have a product form (see [7]). In this section we investigate the solution of some simple networks by using the approach mentioned above.

Let us consider an open queueing network with stations $1, \cdots, N$. In station i new jobs arrive according to a Poisson stream with rate λ_i and the service times are exponentially distributed with parameter μ_i, $i = 1, \cdots, N$. A job departing from station i is routed to station j with probability p_{ij} and leaves the network with probability p_{i0}, $i, j = 1, \cdots, N$. This network can be described by a continuous time Markov process with states $\underline{n} = (n_1, \cdots, n_N)$ where n_i denotes the number of jobs in station i, $i = 1, \cdots, N$. Let $\{p(\underline{n})\}$ be the equilibrium distribution. The equilibrium equations state that:

$$p(\underline{n}) \left[\sum_{i=1}^{N} \mu_i \varepsilon_i(\underline{n}) + \sum_{i=1}^{N} \lambda_i \right] = \sum_{i=1}^{N} \sum_{j=1}^{N} p(\underline{n} + \underline{e}_i - \underline{e}_j) \mu_i \varepsilon_j(\underline{n}) p_{ij} \tag{1}$$

$$+ \sum_{i=1}^{N} p(\underline{n} - \underline{e}_i) \varepsilon_i(\underline{n}) \lambda_i + \sum_{i=1}^{N} p(\underline{n} + \underline{e}_i) \mu_i p_{i0} \qquad (\underline{n} \geq 0),$$

where $\varepsilon_i(\underline{n}) = 1$ if $n_i > 0$ and 0 otherwise, and $e_i = (0, \cdots, 0, 1, 0, \cdots, 0)$ with the 1 on place i. We try to solve these equations by a product $p(\underline{n}) = \alpha_1^{n_1} \cdots \alpha_N^{n_N}$. Insertion of this product in (1) and then dividing the equation by common factors yields

$$\sum_{i=1}^{N} \mu_i \varepsilon_i(\underline{n}) + \sum_{i=1}^{N} \lambda_i = \sum_{i=1}^{N} \sum_{j=1}^{N} \frac{\alpha_i}{\alpha_j} \mu_i \varepsilon_j(\underline{n}) p_{ij} + \sum_{i=1}^{N} \varepsilon_i(\underline{n}) \frac{\lambda_i}{\alpha_i} + \sum_{i=1}^{N} \alpha_i \mu_i p_{i0} \qquad (\underline{n} \geq 0). \tag{2}$$

It appears that this set of equations is highly dependent. For $\underline{n} = \underline{0}$ equation (2) reduces to

$$\sum_{i=1}^{N} \lambda_i = \sum_{i=1}^{N} \alpha_i \mu_i p_{i0} \tag{3}$$

and for the boundary state $\underline{n} = k\underline{e}_j$ with $k > 0$ we get

$$\mu_j + \sum_{i=1}^{N} \lambda_i = \sum_{i=1}^{N} \frac{\alpha_i}{\alpha_j} \mu_i p_{ij} + \frac{\lambda_j}{\alpha_j} + \sum_{i=1}^{N} \alpha_i \mu_i p_{i0} \qquad (j = 1, \cdots, N). \tag{4}$$

It is easily verified that each equation in the set (2) can be expressed as a linear combination of the equations (3)-(4). Subtraction of (3) from (4) and then multiplying the equation with α_j gives

$$\alpha_j \mu_j = \sum_{i=1}^{N} \alpha_i \mu_i p_{ij} + \lambda_j \qquad (j = 1, \cdots, N). \tag{5}$$

The sum of the equations (5) yields equation (3). Hence the set of equations (2) can be produced by linear combinations of the equations (5). Under mild conditions the equations (5) have a unique solution (remark that $\alpha_j \mu_j$ can be interpreted as the throughput of station j).

For open Markovian networks we have found that the set of equations resulting from substitution of a product of powers in the equilibrium equations is spanned up by a small set of basic equations, which are related to a subset of the boundary conditions. The solution of the basic equations is straightforward. Closed Markovian networks appear to have the same property. Hence the boundary conditions seem to be crucial for the existence of product-form solutions. It would be interesting to investigate which boundary conditions imply a product-form solution. To illustrate such investigation, we consider the example of two independent $M|M|1$ queues, where we modify the boundary behavior by assuming that server i works with rate γ_i whenever the other one is idle, $i = 1, 2$. For $\gamma_1 = \mu_1$ and $\gamma_2 = \mu_2$ we have seen that this problem can be solved by a product form. The case $\gamma_1 = \gamma_2 = \mu_1 + \mu_2$ corresponds to the situation where the idle server helps the busy one. This model is referred to as the coupled processor model, see e.g. Fayolle and Iasnogorodski [10] and Konheim et al. [14]. It is well-known that this model has no product-form solution, but in fact, constitutes a hard problem. So, clearly, perturbation of boundary conditions is subtle. To investigate for which values of γ_i the problem can be solved by a product $\alpha^m \beta^n$, we substitute this product into the equilibrium equations, yielding that

$$\lambda_1 + \lambda_2 = \alpha \gamma_1 + \beta \gamma_2 \qquad (n_1 = n_2 = 0); \tag{6}$$

$$\gamma_1 + \lambda_1 + \lambda_2 = \alpha \gamma_1 + \beta \mu_2 + \lambda_1/\alpha \qquad (n_2 = 0, \, n_1 > 0); \tag{7}$$

$$\gamma_2 + \lambda_1 + \lambda_2 = \beta \gamma_2 + \alpha \mu_1 + \lambda_2/\beta \qquad (n_1 = 0, \, n_2 > 0); \tag{8}$$

$$\mu_1 + \mu_2 + \lambda_1 + \lambda_2 = \alpha \mu_1 + \beta \mu_2 + \lambda_1/\alpha + \lambda_2/\beta \qquad (n_1, \, n_2 > 0). \tag{9}$$

Equation (9) can be expressed as a linear combination of (6)-(8) iff $\gamma_1 + \gamma_2 = \mu_1 + \mu_2$. Subtraction of (6) from (7) and (8) gives

$$\alpha \gamma_1 = \alpha \beta (\mu_2 - \gamma_2) + \lambda_1 ; \tag{10}$$

$$\beta \gamma_2 = \alpha \beta (\mu_1 - \gamma_1) + \lambda_2 . \tag{11}$$

Equation (6) is the sum of (10) and (11). Hence, if $\gamma_1 + \gamma_2 = \mu_1 + \mu_2$, then the equations (6)-(9) can be expressed as a linear combination of the basic equations (10) and (11). The solution of (10)-(11) is straightforward. The finding that $\gamma_1 + \gamma_2 = \mu_1 + \mu_2$ implies a product-form solution has also been reported by Fayolle and Iasnogordski in [10].

It is well-known that the $M \mid M \mid c$ system has a geometric queue length distribution. In the next section we show that replacing the exponential distributions by sums of exponential distributions does not seriously affect the solution structure.

3. Queueing systems of the type $E_k \mid E_r \mid c$

The $E_k \mid E_r \mid c$ system is a typical example of a problem the analysis of which is more complex than the simple formulation suggests. The equilibrium equations become almost intractable if one attempts to solve them by using multi-dimensional generating function techniques, see e.g. Mayhugh and McCormick [15], Heffer [11] and Poyntz and Jackson [16]. It appears, however, that the $E_k \mid E_r \mid c$ system can be solved completely by the method which uses linear combinations of products. The analysis has been worked out in [6]. Below the solution method will be demonstrated for the $M \mid E_r \mid 1$ system. At the end of this section we summarize the results for the $E_k \mid E_r \mid c$ queue and comment on possible extensions.

Consider a single server system where jobs arrive according to a Poisson stream with rate λ. The service times are Erlang-r distributed with mean $r\mu^{-1}$. The state of this system can be described by the number of service stages in the system. Let p_n be the equilibrium probability for state $n = 0, 1, \cdots$. The equilibrium equations state that:

$$p_0\lambda = p_1\mu ; \tag{12}$$

$$p_n(\lambda + \mu) = p_{n+1}\mu \qquad (n = 1, \cdots, r-1) ; \tag{13}$$

$$p_n(\lambda + \mu) = p_{n-r}\lambda + p_{n+1}\mu \qquad (n \geq r) . \tag{14}$$

The equations (12)-(13) are the boundary conditions, the equations (14) form the inner conditions. We first try to find a sufficiently rich solution base of products α^n satisfying (14) and then use this base to construct a linear combination which also satisfies (12)-(13). Substituting $p_n = \alpha^n$ in (14) yields

$$\alpha^r(\lambda + \mu) = \lambda + \alpha^{r+1}\mu . \tag{15}$$

Only roots with $|\alpha| < 1$ are useful, since the sum of α^n over all n must be finite (necessary for normalization). Using Rouché's theorem it follows that equation (15) has r simple roots $\alpha_1, \cdots, \alpha_r$ inside the unit circle, provided $\lambda < r\mu^{-1}$, which, clearly, is an utilization condition. For each choice of c_i,

$$p_n = \sum_{i=1}^{r} c_i\alpha_i^n \qquad (n = 0, 1, \cdots) \tag{16}$$

satisfies (14). Substitution of (16) into (13) leads to $r-1$ homogeneous linear equations for c_i. These equations have a nonnull solution and can be solved explicitly by exploiting their VanderMonde-type structure. Due to the dependence of the equilibrium equations, equation (12) is automatically satisfied. Hence normalization of (16) produces the equilibrium distribution.

This method also works for the $E_k \mid E_r \mid c$ system. The waiting process for this system can be described by the vector $\underline{n} = (n_{-1}, n_0, n_1, \cdots, n_c)$ where n_{-1} is the number of remaining arrival stages,

n_0 the number of waiting jobs and n_i, $i = 1, \cdots, c$, the number of remaining service stages for server i. In [6] it has been shown that the equilibrium probability $p(\underline{n})$ can be expressed as

$$p(\underline{n}) = \sum_{j=1}^{r^c} c_j \alpha_{-1,j}^{n_{-1}} \alpha_{0,j}^{n_0} \cdots \alpha_{c,j}^{n_c} \qquad (n_i > 0, \; i = 1, \cdots, c) \tag{17}$$

for suitably chosen coefficients c_j and factors $\alpha_{-1,j}, \cdots, \alpha_{c,j}$. This result is also valid for nonidentical servers. In case of identical servers, the required number of terms in (17) decreases to $\binom{c+r-1}{r-1}$. To some extent, a similar approach is followed by Bertsimas [8] for the more general $C_k | C_r | c$ system. He proves that the probabilities for states with all $n_i > 0$, $i = 1, \cdots, c$, can be written as a linear combination of terms which are geometric in n_0. Expression (17) refines Bertsimas' result, namely (17) shows that the terms are geometric in $n_{-1}, n_1, \cdots, n_c$ as well.

The analysis can be extended to the model with feedback and multiple Erlang input streams. The method also works for some simple closed Erlang networks, and extensions to more general network structures may be feasible. So far, attempts to analyse open Erlang networks failed. These failures, however, are not quite understood yet.

In this section we studied the $E_k | E_r | c$ system which can be described as a random walk on a $c+1$-dimensional grid which is unbounded in the n_0-direction only. In the next section we concentrate on the analysis of random walk on a two-dimensional grid which is unbounded in both directions.

4. The compensation approach for two-dimensional random walks

Recently, it has been shown in the papers [1, 5] and [9] that a countable linear combination of product forms provides a solution for different practical models, which can be described as a two-dimensional random walk. In each case the construction of the linear combination is of a compensation-type: after introducing the main term, products are added one by one so as to alternately compensate for the error on the two boundaries. In [3] the main conditions under which this approach works are investigated. The analysis will briefly be outlined below.

We consider a continuous time Markov process on the pairs (m, n) of nonnegative integers for which the transition rates are constant in the interior points and also on each of the two axes. Transitions are restricted to neighboring states. The transition-rate diagram is depicted in figure 1. Let $\{p_{m,n}\}$ be the equilibrium distribution, which we suppose to exist. This distribution is the unique normalized solution of the set of equilibrium equations. We attempt to construct a solution by combining products of the form $\alpha^m \beta^n$ satisfying the inner conditions. It is easily verified that $\alpha^m \beta^n$ satisfies the equilibrium equations in points (m, n) with $m, n > 1$ iff α and β are roots of the quadratic equation

$$\alpha\beta q = \alpha^2 q_{-1,1} + \alpha q_{0,1} + q_{1,1} + \beta q_{1,0} + \beta^2 q_{1,-1} + \alpha\beta^2 q_{0,-1} + \alpha^2\beta^2 q_{-1,-1} + \alpha^2\beta q_{-1,0}. \tag{18}$$

We are going to use the products in this set to build a linear combination also satisfying the boundary conditions. Let us start with an arbitrary product $\alpha_0^m \beta_0^n$ with α_0, β_0 satisfying (18) and suppose that $\alpha_0^m \beta_0^n$ violates the equilibrium equations in the points $(0, n)$ and $(1, n)$ with $n > 1$. These equations form the vertical boundary conditions. To satisfy these conditions we try to find α, β, c_1 with α, β satisfying (18) such that the sum $\alpha_0^m \beta_0^n + c_1 \alpha^m \beta^n$ satisfies the vertical boundary conditions. By inserting this sum

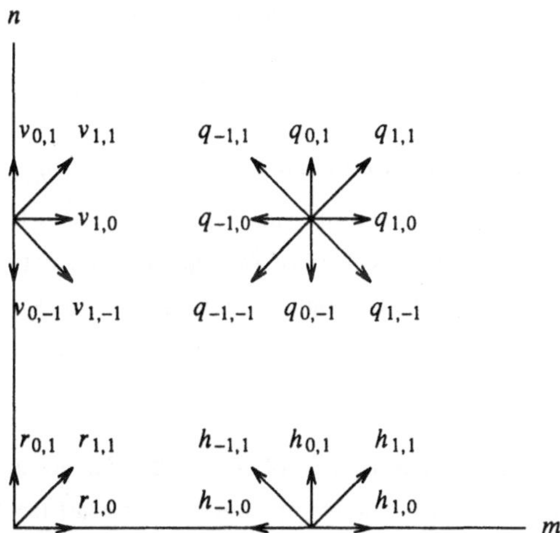

Figure 1: *Transition-rate diagram for a Markov process with constant rates and transitions restricted to neighboring states. $q_{i,j}$ is the transition rate from (m, n) to $(m+i, n+j)$ with m, $n > 0$ and a similar notation is used for the transition rates on each of the two axes.*

into the boundary conditions, it is immediately clear that we are forced to take $\beta = \beta_0$ and thus $\alpha = \alpha_1$ where α_1 is the other root of (18) with $\beta = \beta_0$. Then we can divide the conditions by the common factor β_0^{n-1} yielding two equations for c_1 which have, in general, no solution. Therefore we introduce an extra coefficient by considering $\alpha_0^m \beta_0^n + c_1 \alpha_1^m \beta_0^n$ for m, $n > 0$ and $e_0 \beta_0^n$ for $m = 0$, $n > 0$. Inserting this form into the vertical boundary conditions leads to two equations for c_1 and e_0 which can readily be solved. The addition of $c_1 \alpha_1^m \beta_0^n$ leads to a new error on the horizontal boundary, since this term violates the horizontal boundary conditions. To compensate for this error we add $d_1 c_1 \alpha_1^m \beta_1^n$ where β_1 is the other root of (18) with $\alpha = \alpha_1$. However $d_1 c_1 \alpha_1^m \beta_1^n$ violates the vertical boundary conditions, so we have to add again a term, and so on. Thus compensation of $\alpha_0^m \beta_0^n$ generates an infinite sequence of compensation terms. An analogous sequence is generated by starting the compensation of $\alpha_0^m \beta_0^n$ on the horizontal boundary. The resulting sum is depicted in figure 2.

$$\cdots + d_{-1} c_{-1} \alpha_{-1}^m \beta_{-1}^n + d_{-1} c_0 \alpha_0^m \beta_{-1}^n + d_0 c_0 \alpha_0^m \beta_0^n + d_0 c_1 \alpha_1^m \beta_0^n + d_1 c_1 \alpha_1^m \beta_1^n + \cdots$$

Figure 2: *The final sum of compensation terms. By definition $c_0 = d_0 = 1$. Sums of two terms with the same β-factor satisfy the vertical boundary conditions (V) and sums of two terms with the same α-factor satisfy the horizontal boundary conditions (H).*

Let $x_{m,n}(\alpha_0, \beta_0)$ be the infinite sum of compensation terms. Set

$$x_{m,n}(\alpha_0, \beta_0) = \sum_{i=-\infty}^{\infty} d_i (c_i \alpha_i^m + c_{i+1} \alpha_{i+1}^m) \beta_i^n \qquad (m, n > 0).$$

The compensation on the boundaries requires to introduce new coefficients in the sums on the axes, so

$$x_{0,n}(\alpha_0, \beta_0) = \sum_{i=-\infty}^{\infty} d_i e_i \beta_i^n \quad (n > 0); \qquad x_{m,0}(\alpha_0, \beta_0) = \sum_{i=-\infty}^{\infty} c_i f_i \alpha_i^m \quad (m > 0).$$

The α_i and β_i are generated recursively from (18) and the coefficients c_i, d_i, e_i and f_i are generated recursively from the boundary conditions. The infinite sum $x_{m,n}(\alpha_0, \beta_0)$ is a formal solution of the equilibrium equations. The question is for what values of α_0, β_0 this sum converges. For convergence of $x_{m,n}(\alpha_0, \beta_0)$ for fixed m, n we require that α_i and β_i converge to zero as i tends to infinity. It can be shown that the condition

$$q_{0,1} = q_{1,1} = q_{1,0} \tag{19}$$

is necessary and sufficient for convergence to zero of α_i and β_i. For normalization of $x_{m,n}(\alpha_0, \beta_0)$ we require that $|\alpha_i|$, $|\beta_i| < 1$ for all i. This requirement forces us to start the generation of compensation terms with a product $\alpha_0^m \beta_0^n$ satisfying the horizontal or vertical boundary conditions. Such pairs of α_0, β_0 are called feasible. The random behavior on the boundaries implies that there are at most four feasible pairs. Now our main result states that, if condition (19) holds, then for all points (m, n), except for a (possibly empty) subset of points near the origin,

$$p_{m,n} = \sum_{(\alpha_0, \beta_0)} x_{m,n}(\alpha_0, \beta_0),$$

where (α_0, β_0) runs through the set of at most four feasible pairs.

In this section we sketched the analysis of random walks on the first quadrant by using the compensation approach. It appears that the essential condition for the approach is constituted by the requirement that there may be no transitions to the North, North-East and East in the inner points (see (19)). In the final section we comment on possible extensions.

5. Conclusions and extensions

It has been shown that the concept of constructing solutions in the form of linear combinations of product forms is very useful for several queueing problems. This paper has presented recent results in this area. Clearly more research remains to be done here.

With respect to possible extensions, there are several interesting directions. One direction consists of replacing the E_k, E_r in the $E_k|E_r|c$ queue by more general distributions such as mixtures of Erlang distributions. Another interesting direction is to generalize the compensation approach to random walks on more general forms of the state space (see the analysis of the asymmetric shortest queue problem in [2] and an interesting variant of this problem in [13] and [4]) or with more complex random behavior. The extension to higher dimensional random walks is investigated in the paper of Van Houtum [12].

References

1. ADAN, I.J.B.F., WESSELS, J., AND ZIJM, W.H.M., "Analysis of the symmetric shortest queue problem," *Stochastic Models*, vol. 6, pp. 691-713, 1990.

2.   ADAN, I.J.B.F., WESSELS, J., AND ZIJM, W.H.M., "Analysis of the asymmetric shortest queue problem," *Queueing Systems*, vol. 8, pp. 1-58, 1991.

3.   ADAN, I.J.B.F., WESSELS, J., AND ZIJM, W.H.M., "A compensation approach for two-dimensional Markov processes," *Adv. Appl. Prob.*, 1992 (to appear).

4.   ADAN, I.J.B.F., WESSELS, J., AND ZIJM, W.H.M., "A note on "The effect of varying routing probability in two parallel queues with dynamic routing under a threshold-type scheduling","" *IEICE Transactions* , 1992 (to appear).

5.   ADAN, I.J.B.F., HOUTUM, G.J. VAN, WESSELS, J., AND ZIJM, W.H.M., "A compensation procedure for multiprogramming queues," Memorandum COSOR 91-13, Eindhoven University of Technology, Dep. of Math. and Comp. Sci., 1991 (submitted for publication).

6.   ADAN, I.J.B.F., WAARSENBURG, W. A. VAN DE, AND WESSELS, J., "Analysing $E_k | E_r | c$ queues," Memorandum COSOR 92-27, Eindhoven University of Technology, Dep. of Math. and Comp. Sci., 1992 (submitted for publication).

7.   BASKETT, F., CHANDY, K.M., MUNTZ, R.R., AND PALACIOS, F.G., "Open, closed and mixed networks of queues with different classes of customers," *J.ACM*, vol. 22, pp. 248-260, 1975.

8.   BERTSIMAS, D., "An analytic approach to a general class of $G | G | s$ queueing systems," *Opns. Res.*, vol. 38 , pp. 139-155, 1990.

9.   BOXMA, O.J. AND HOUTUM, G.J. VAN, "The compensation approach applied to a 2×2 switch," Memorandum COSOR 92-28, Eindhoven University of Technology, Dep. of Math. and Comp. Sci., 1992 (submitted for publication).

10.   FAYOLLE, G. AND IASNOGORODSKI, R., "Two coupled processors: the reduction to a Riemann-Hilbert problem," *Z. Wahrsch. Verw. Gebiete*, vol. 47, pp. 325-351, 1979.

11.   HEFFER, J.C, "Steady-state solution of the $M | E_k | c$ (∞, FIFO) queueing system," *INFOR* , vol. 7, pp. 16-30, 1969.

12.   HOUTUM, G.J. VAN, ADAN, I.J.B.F., WESSELS, J., AND ZIJM, W.H.M., "The compensation approach for 3-dimensional Markov processes," in *Operations Research Proceedings 1992*, Springer-Verlag, Berlin, 1993. Appears in this volume.

13.   KOJIMA, T., , M. NAKAMURA, , I. SASASE, AND MORI, S., "The effect of varying routing probability in two parallel queues with dynamic routing under a threshold-type scheduling," *IEICE Transactions* , vol. E 74, pp. 2772-2778, 1991.

14.   KONHEIM, A.G., MEILIJSON, I., AND MELKMAN, A., "Processor-sharing of two parallel lines," *J. Appl. Prob.*, vol. 18, pp. 952-956, 1981.

15.   MAYHUGH, J.O. AND MCCORMICK, R.E., "Steady state solution of the queue $M | E_k | r$," *mgmt. Sci.*, vol. 14, pp. 692-712, 1968.

16.   POYNTZ, C.D. AND JACKSON, R.R.P., "The steady-state solution for the queueing process $E_k | E_m | r$," *O. R. Quart.*, vol. 24, pp. 615-625, 1973.

Entwicklung und Validierung der Schließmethode zur Analyse offener Warteschlangennetze

Gunter Bolch, Hermann Jung und Malte Gaebell, Erlangen

Zusammenfassung

Bei der approximativen Analyse offener Warteschlangennetze gilt es die Genauigkeit der berechneten Leistungsgrößen zu verbesssern. Zu diesem Zweck sollen die zahlreichen Verfahren für geschlossene Netze mit ihren jeweiligen Erweiterungen genutzt werden, indem offene Warteschlangennetze "geschlossen" und die weiteren Analysen mit Hilfe der besten Lösungsverfahren für geschlosssene Netze durchgeführt werden. Die Anwendung dieser Vorgehensweise wird erläutert und anhand von Beispielnetzen validiert.

Abstract

Function of the approximate analysis of open queuing systems is to improve the accuracy of the calculated performance data. For this purpose, the various methods for the closed systems shall be used: Open systems will be closed and further analysis carried out by means of the best algorithm for closed systems. The application of this method will be explained and validated with example systems.

1. Einleitung

Warteschlangennetze sind ein weitverbreitetes Hilfsmittel zur Modellierung und Leistungsbewertung komplexer Rechenanlagen. Die wesentlichen Elemente der Soft- und Hardware eines Rechensystems werden vereinfacht als ein Netz von Wartesystemen (Knoten) dargestellt und die dynamischen Abläufe im System wahrscheinlichkeitstheoretisch erfaßt.

Ein Wartesystem besteht aus einer oder mehreren Bedieneinheiten und einer Warteschlange für die auf Bearbeitung wartenden Aufträge. Es wird charakterisiert durch die Verteilung der Zwischenankunftszeiten (A) und der Bedienzeiten (B), die Anzahl der parallelen Server (m) und die Abarbeitungsstrategie für die Auftäge in der Warteschlange (Kurzschreibweise A/B/m-Modell).

Man unterscheidet offene, geschlossene und gemischte Netze. Bei offenen Netzen werden die Aufträge von einer Quelle in das System geschickt und verlassen nach vollständiger Abarbeitung das Netz in Richtung Senke. Dagegen besitzen geschlossene Netze keine Außenwelt, so daß eine feste Anzahl von Aufträgen im System zirkuliert. Gemischte Warteschlangennetze besitzen sowohl offene als auch geschlossene Auftragsklassen.

An der Universität Erlangen-Nürnberg ist das Programmpaket PEPSY (Performance Evaluation and Prediction SYstem) entwickelt worden, das die Leistungsbewertung von Warteschlangenmodellen ermöglicht. Es sind zahlreiche exakte und approximative Analyseverfahren in dem System implementiert worden, deren Anwendbarkeit sich nach den jeweiligen Knotentypen des zu untersuchenden Warteschlangennetzes richtet. Gerade bei geschlossenen Netzen eröffnet sich dem Anwender eine Vielzahl von verschiedenen approximativen Analysealgorithmen, während bei der Analyse offener Netze nur wenige und nicht so leistungsfähige Verfahren zur Verfügung stehen.

Aus dieser Motivation heraus werden im Rahmen der vorliegenden Arbeit die offenen Warteschlangennetze "geschlossen", so daß eine Analyse mit den genauesten Verfahren für geschlossene Netze möglich ist. Neben der Hoffnung, mit dieser Schließmethode die Genauigkeit der berechneten Leistungsgrößen zu verbessern, hätte man gerade bei mehrklassigen Netzen mit ausschließlich M/M/m-Knoten die Möglichkeit, die exakte Mittelwertanalyse gegenüber den herkömmlichen approximativen Verfahren zu benutzen. Nach der anschließenden Vorstellung des Schließvorgangs folgen die Ergebnisse der Valdierung bei Ein- und Mehrklassensystemen mit Empfehlungen für den praktischen Einsatz.

2. Die Methode des Schließens

Um die offenen Netze mit Hilfe der Algorithmen für geschlossene Netze analysieren zu können, ersetzt man beim gegebenen, offenen Netz mit einer Quelle und allgemeinen Bedienzeitverteilungen die Außenwelt durch einen . /G/1-Knoten :

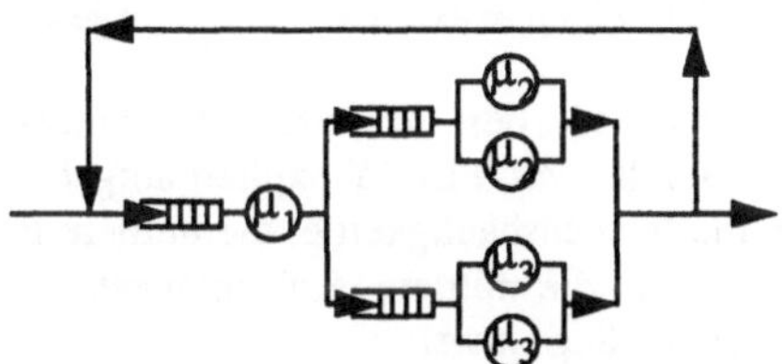

Abb. 2.1a : das gegebene, offene Warteschlangennetz vor dem Schließvorgang

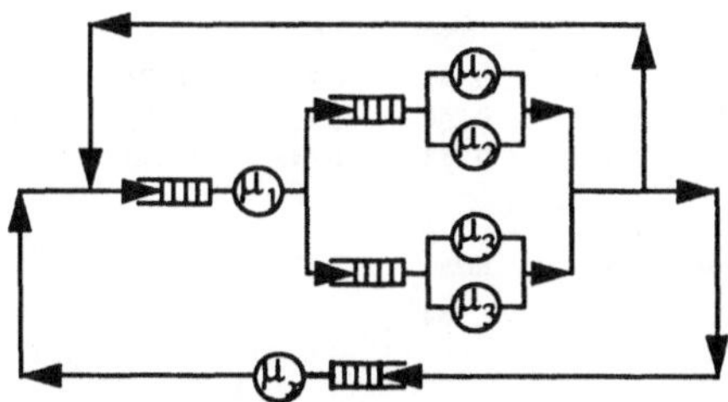

Abb. 2.1b : geschlossenes Warteschlangennetz mit zusätzlichem . /G/1-Knoten nach dem Schließvorgang

Die neuen Knotengrößen entnimmt man dem offenen Netz :

die Bedienrate μ_x des neuen Knotens entspricht der von der einen Quelle kommenden Ankunftsrate λ_{0i}. Für Mehrklassennetze folgt daraus, daß μ_{xr} in jeder Auftragsklasse gleich, nämlich dem R-fachen Wert der einheitlichen Ankunftsrate λ_{0ir} ist. Es gilt : $\mu_{xr} = R \cdot \lambda_{0ir}$ (mit r=1,...,R und R: Anzahl der Auftragsklassen im Netz)

der Variationskoeffizient c_{B_x} des Bedienprozesses ist der des Ankunftsprozesses vom offenen Netz und, wenn das Übergangsverhalten in Form von Besuchshäufigkeiten angegeben ist, setzt man $e_x = 1$, ansonsten wählt man die Übergangswahrscheinlichkeiten so, daß der neue Knoten direkt anstelle der Außenwelt plaziert wird.

Die Auslastung des neuen Knotens muß allerdings sehr hoch sein, damit dieser den Ankunftsprozeß des gegebenen offenen Netzes gut genug wiedergibt. Entscheidend ist dafür die Anzahl der Aufträge K_{closed} in dem neuen, geschlossenen Netz : Mit einer sehr hohen Auftragsanzahl erreicht man am neuen Knoten eine Gesamtleistungs-Auslastung von $\rho_x = 1$. Bei Mehrklassennetzen ist diese gleichmäßig gut auf jede Klasse verteilt (z.B. bei Dreiklassennetzen zu je $\rho_{xr} = 1/3$).

3. Wahl der Auftragsanzahl im geschlossenen Netz

Wie schon vorher angedeutet, resultiert die Genauigkeit der Wiedergabe eines Ankunftsprozesses aus der Höhe der Auslastung und diese wiederum aus der Auftragsanzahl im neuen geschlossenen Netz. Exemplarisch wird dieser Sachverhalt anhand eines Produktformnetzes erläutert :

Das offene M/M/m-FCFS-Beispielnetz aus Abb.2.1, welches zuvor mit dem exakten Analyseverfahren des BCMP-Theorems [BCMP75] analysiert worden ist, wird geschlossen und bei unterschiedlicher Auftragsanzahl K_{closed} so oft mit der exakten Mittelwertanalyse für geschlossene Netze analysiert, bis die Ergebnisse der beiden exakten Verfahren im jeweiligen Netz übereinstimmen.

Am Beispiel der Ausgabedateien des Warteschlangennetzes wird diese Vorgehensweise exemplarisch durchgespielt. Bei den von PEPSY explizit aufgeführten Leistungsgrößen handelt es um den Durchsatz lambda, die Besuchshäufigkeit e, die mittlere Bedienzeit 1/mue, die Auslastung rho, die mittlere Verweilzeit mvz, die mittlere Auftragsanzahl maa, die mittlere Wartezeit mwz, sowie die mittlere Warteschlangenlänge mwsl.

1. Analyse des offenen Netzes 2.1a mit dem Verfahren des BCMP-Theorems :

BCMP - Theorem	lambda	e	1/mue	rho	mvz	maa	mwz	mwsl
Knoten 1	5.525	1.105	0.143	0.789	0.673	3.745	0.535	2.956
Knoten 2	1.657	0.331	0.250	0.207	0.261	0.433	0.011	0.019
Knoten 3	3.867	0.773	0.333	0.645	0.570	2.205	0.237	0.916

charakteristische Netzgrößen :

BCMP - Theorem	lambda	mvz	maa
	5.000	1.277	6.384

2. Analyse des geschlossenen Netzes 2.1b m.H.d. Mittelwertanalyse bei $K_{closed} = 5$ Aufträgen :

Mittelwertanalyse	lambda	e	1/mue	rho	mvz	maa	mwz	mwsl
Knoten 1	4.492	1.105	0.143	0.642	0.292	1.310	0.149	0.668
Knoten 2	1.348	0.331	0.250	0.168	0.255	0.344	0.005	0.007
Knotem3	3.145	0.773	0.333	0.524	0.405	1.273	0.071	0.225
Knoten x	4.066	1.000	0.200	0.813	0.510	2.073	0.310	1.260

charakteristische Netzgrößen :

Mittelwertanalyse	lambda	mvz	maa
	4.066	1.230	5.000

3. ... bei $K_{closed} = 10$ Aufträgen :

Mittelwertanalyse	lambda	e	1/mue	rho	mvz	maa	mwz	mwsl
Knoten 1	5.252	1.105	0.143	0.750	0.463	2.433	0.320	1.683
Knoten 2	1.576	0.331	0.250	0.197	0.260	0.409	0.010	0.015
Knoten 3	3.676	0.773	0.333	0.613	0.501	1.843	0.168	0.617
Knoten 4	4.753	1.000	0.200	0.951	1.118	5.315	0.918	4.364

charakteristische Netzgrößen :

Mittelwertanalyse	lambda	mvz	maa
	4.753	2.104	10.000

4. ... bei $K_{closed} = 60$ Aufträgen :

Mittelwertanalyse	lambda	e	1/mue	rho	mvz	maa	mwz	mwsl
Knoten 1	5.525	1.105	0.143	0.789	0.673	3.745	0.535	2.956
Knoten 2	1.657	0.331	0.250	0.207	0.261	0.433	0.011	0.019
Knoten 3	3.867	0.773	0.333	0.645	0.570	2.205	0.237	0.916
Knoten x	5.000	1.000	0.200	1.000	10.72	53.62	10.52	52.62

charakteristische Netzgrößen :

Mittelwertanalyse	lambda	mvz	maa
	5.000	12.00	60.00

Wie man anhand dieser Ausgabedateien sehen kann, bedarf es in dem geschlossenen Netz einer sehr großen Anzahl von Aufträgen, um für die alten Knoten identische Werte im Vergleich zum offenen Netz zu berechnen. Der zusätzliche Knoten lagert dabei alle übrigen Aufträge und simuliert somit bei höchster Auslastung den alten Ankunftsprozeß.

Im Beispielfall hat das offene Netz eine mittlere Auftragsanzahl von $\overline{k_{open}} = 6.384$. Beim geschlossenen Netz erkennt man zwar bei $K_{closed} = 10$ Aufträgen erste Annäherungen an die gewünschten Werte - die Auslastung des neuen Knotens liegt bei $\rho_x = 0.951$ -, doch es dauert bis $K_{closed} = 60$, dem fast 10-fachen Wert der mittleren Auftragszahl im offenen Netz, daß bei $\rho_x = 1.0$ die Ergebnisse der Mittelwertanalyse mit denen des Verfahrens nach BCMP identisch sind.

Bei je weiteren 30 Analysen mit M/M/1-FCFS, bzw. M/M/m-FCFS -Knoten ließ sich ebenfalls eine Konvergenz aller Leistungsgrößen mit steigender Auftragsanzahl K_{closed} gegen die exakt berechneten Werte des offenen Netzes feststellen :

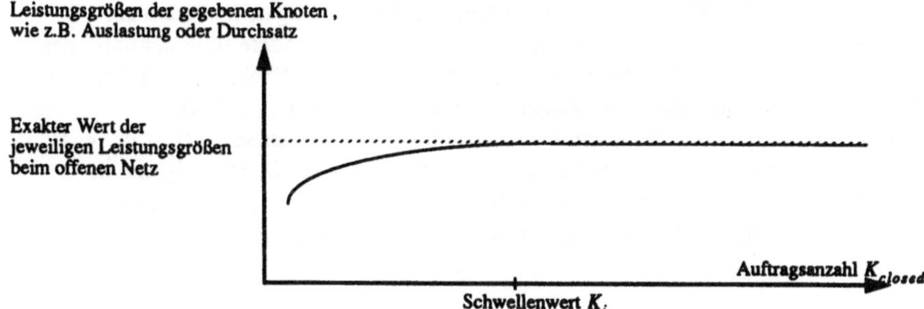

Abb. 2.2 : Konvergenz der Leistungsgrößen mit steigender Auftragsanzahl

Es spielt somit ab einem gewissen Schwellenwert K_i für die alten Knoten keine Rolle mehr, ob noch höhere Auftragszahlen gewählt werden, die berechneten Leistungsgrößen bleiben mit Ausnahme derer des zusätzlichen Knotens gleich. Letzterer hält bei weiteren Aufträgen diese in seiner Warteschlange zurück, so daß lediglich seine Leistungsgrößen, wie die mittlere Verweilzeit, die mittlere Auftragsanzahl, die mittlere Wartezeit oder die mittlere Warteschlangenlänge, Auswirkungen zeigen.

Bei den verwendeten M/M/1- und M/M/m-FCFS-Netztypen entsprechen spätestens beim 10-fachen Wert der mittleren Auftragsanzahl des offenen Netzes die berechneten Leistungsgrößen denen des offenen Netzes.

Weil man aber in der Praxis nicht erst das offene Warteschlangennetz analysieren, sondern gleich mit dem geschlossenen arbeiten möchte, ist es notwendig, Richtwerte für K_{closed} anzugeben. Bei mittleren Auftragszahlen $\overline{k_{open}}$ zwischen 0.2 und 20 empfiehlt es sich bei der Mittelwertanalyse $K_{closed} = 100$ zu wählen, wobei die Rechenzeit ähnlich der von BMCP ist. Bei höheren Auftragszahlen K_{closed} kann eventuell die Mittelwertanalyse wegen des hohen Speicherbedarfs überfordert sein und keine Ergebnisse mehr liefern. Zudem verhält sich die Konvergenz der berechneten Leistungsgrößen in Abhängigkeit von K_{closed} sowieso von Verfahren zu Verfahren unterschiedlich, wie die folgenden Kapitel noch zeigen werden.

Die Ergebnisreihen mit M/M/1-FCFS- und M/M/m-FCFS-Knoten zeigen jedenfalls die Legitimation für einen solchen Schließvorgang, da die neu berechneten Leistungsgrößen identisch mit denen des offenen Netzes sind. Interessant wird der Vergleich bei den Nichtproduktformnetzen: Für sie gibt es nicht die Möglichkeit einer exakten Analyse, so daß hier die approximativen Lösungen hinsichtlich ihrer Genauigkeit miteinander verglichen werden.

4. Validierung und Bewertung der Schließmethode

Um die Qualität des neu entwickelten Schließverfahrens beurteilen zu können, werden im folgenden offene Warteschlangennetze mit allgemeinen Bedienzeit- und Ankunftszeitverteilungen untersucht. Dabei besteht eine Beispielreihe aus jeweils 30 repräsentativ aufgestellten, verschiedenen Nichtproduktformnetzen, die ausschließlich Knoten eines bestimmten Typs verwenden. Der Netztyp richtet sich dabei nach

- der Anzahl der Auftragsklassen (1 oder m , mit $1 \leq m \leq 5$),

- der Anzahl der Bedieneinheiten pro Bedienstation (1 oder m, mit $1 \leq m \leq 5$) und

- der Wahl des Variationskoeffizienten c_{B_i} vom Bedienprozeß. Die wichtigste und auch am leichtesten handhabbare Verteilung ist die im vorherigen Kapitel verwendete Exponential- oder Markov-Verteilung (M) mit $c_{B_i} = 1$. Verteilungen, deren Variationskoeffizient $c_{B_i} < 1$ ist, approximieren wir mit Hilfe der Erlang-Verteilung (E), während wir bei $c_{B_i} > 1$ die Hyperexponential-Verteilung (H) verwenden. Bei deterministischen Prozessen (D) ist $c_{B_i} = 0$, d.h. die Bedienprozesse variieren nicht, sondern haben einen konstanten Wert. Allgemeine Verteilungen (G) haben keinerlei Einschränkungen bezüglich der Variationskoeffizienten. Der maximale Bereich für die Koeffizienten der Beispielnetze ist $0 \leq c_{B_i}^2, c_{A_{0i}}^2 \leq 5$.

Weitere Kriterien für die Wahl der Beispielnetze sind :

die Warteschlangendisziplin FCFS,
die Anzahl der Knoten pro Netz liegt zwischen 2 und 10 ,
die Bedienraten sind zwischen 1 und 20 und
die externen Ankunftsraten zwischen 1 und 10.

Hinsichtlich der Auftragszahl im geschlossenen Netz, die eine Konvergenz der Leistungsgrößen bewirken soll (Kapitel 3), zeigt sich, daß keine einheitlichen Richtwerte für alle Verfahren existieren:

Während bei dem Verfahren von Marie [Mari79] schon ein Richtwert von K_{closed} = 300 ausreicht, damit bei allen untersuchten Netzen die Abweichung unter $1/1000$ liegt, empfiehlt es sich bei der SCAT-Approximation [Bard79], das geschlossene Netz mit K_{closed} = 10000 pro Auftragsklasse zu analysieren. Der Richtwert für die Summationsmethode [Hahn90] bei Einklassennetzen beträgt K_{closed} = 5000, bei Mehrklassennetzen K_{closed} = 500. Die Konvergenz ist dann zwar möglicherweise noch nicht abgeschlossen,doch ist der dadurch entstehende Fehler lediglich einige $1/1000$ groß. Bei einer höheren Auftragszahl, in der Größenordnung der anderen Verfahren, benötigt man mehrere Stunden Rechenzeit, so daß bei derartigem Aufwand die Simulation genauere Ergebnisse liefert.

Als Bewertungsgrundlage dient die Simulation der offenen Nichtproduktformnetze mit einem 5%-igen Konfidenzintervall. Die miteinander verglichenen, besten Analysealgorithmen sind die Verfahren von Kühn [Kühn79] und Chylla [Chyl86], sowie die Maximum-Entropie-Methode [Huet90] für das offene Netz und das Verfahren von Marie, eine SCAT-Approximation und die Summationsmethode für das geschlossene Netz. Als weitere Analysemöglichkeit wird der Test auf Robustheit durchgeführt, bei dem die Nichtproduktformnetze mit ihren nichtexponentiell verteilten Bedienzeiten durch entsprechende Warteschlangennetze mit exponentiell verteilten Bedienzeiten angenähert werden, um so Produktformlösungen zu ermöglichen. Aufgrund der Ergebnisse bei M/M/1- und M/M/m-Knoten aus Kapitel 3 sind die Robustheitswerte beider Netze, des offenen und des geschlossenen, identisch.

Es wird die relative prozentuale Abweichung (r.p.Abw.) betrachtet, die betrachteten Werte als Testgröße sind dabei die der mittleren Auftragsanzahl pro Knoten $\overline{k}_i$:

$$\text{r.p.Abw.} = \frac{\text{SIM-Wert} \quad - \quad \text{Verfahren x -Wert}}{\text{SIM -Wert}} * 100$$

Im Anschluß folgen die Ergebnis-Tabellen der Validierung, bei denen die durchschnittlichen prozentualen Abweichungen der mittleren Auftragsanzahl je nach Knotentyp und Verfahren übersichtshalber aufgeführt werden. In den gekreuzten Feldern ist das jeweilige Verfahren bei dem verwendeten Knotentyp nicht anwendbar und bei den leerstehenden Feldern sind die Berechnungen so schlecht, daß sie nicht explizit aufgeführt werden. Die besten Approximationen sind leicht grundiert gekennzeichnet.

Die verwendeten Knotentypen bei Einklassennetzen sind G/E/1 , G/H/1 , G/D/1 , G/G/1 , G/E/m , G/H/m oder G/G/m, während bei mehreren Auftragsklassen Knoten vom Typ M/M/1 -g.B. , M/M/m -g.B. , M/M/1 -v.B. , M/M/m -v.B. , G/E/1 , G/H/1 , G/E/m oder G/H/m getestet werden. Dabei bedeuten 'g.B.', bzw. 'v.B.', daß die Bedienraten an einem beliebigen Knoten für jede Auftragsklasse gleich, bzw. verschieden sind. Im ersten Fall spricht man auch von Produktformknoten.

TABELLE 1. Relative prozentuale Abweichung von $\bar{k}_i$ bei E i n k l a s s e n n e t z e n

Verfahren \ Netztyp	G/E/1	G/H/1	G/D/1	G/G/1	G/E/m	G/H/m	G/G/m
Verfahren von Kühn	4.4	14.3	8.9	12.6			
Maximum-Entropie-Methode	5.0	30.4	10.3	17.6			
Verfahren von Chylla	5.6	18.4	11.3	14.3	3.1	15.0	15.8
Test auf Robustheit	23.8	24.4	69.2	13.8	9.1	15.0	9.1
Verfahren von Marie	6.8	17.5		14.2			
SCAT-Approximation	10.0	12.7	20.7	15.5	4.5	11.5	11.6
Summationsmethode	9.2	12.6	19.7	15.6	3.0	6.1	10.1

TABELLE 2. Relative prozentuale Abweichung von $\bar{k}_i$ bei M e h r k l a s s e n n e t z e n

Verfahren \ Netztyp	M/M/m g.B.	M/M/1 v.B.	M/M/m v.B	G/E/1	G/H/1	G/E/m	G/H/m
Verfahren von Chylla	9.1	19.4	15.8	15.6	32.1	11.6	37.1
Maximum-Entropie-Methode		7.9		12.8	31.4		
Test auf Robustheit	15.9 *			54.0	37.7	22.5	24.6
SCAT-Approximation	2.8	3.1	10.1	19.9	17.4		
Summationsmethode	1.3	18.3	12.5	21.2	21.0	11.7	13.1

* : mit Hilfe der exakten Mittelwertanalyse am geschlossenen Netz berechnet. Allerdings war der Speicher des verwendeten Rechners zu klein, so daß bei der hier maximal möglichen Auftragszahl die Konvergenz der Leistungsgrößen noch nicht abgeschlossen war (Abb. 2.2). Im Idealfall mit einem größeren Speicher wäre der Wert gleich null.

5. Zusammenfassung und Ausblick

Die Idee zu der vorliegenden Arbeit ist, die Außenwelt des offenen Netzes mit einem zusätzlichen, voll ausgelasteten ./G/1-Knoten zu ersetzen, der also mit seinem Bedienprozeß den Ankunftsprozeß des gegebenen Netzes darstellt. Bei der Validierung dieser Schließmethode mittels der Analyse offener Warteschlangennetze ergeben sich hinsichtlich der Genauigkeit der 'geschlossenen' Verfahren einige Verbesserungen gegenüber den herkömmlichen Verfahren von Kühn und Chylla, sowie der Maximum-Entropie-Methode.

Die ersten Beispielreihen mit Produktformknoten zeigen die Identität der in beiden Fällen (sowohl offen wie auch geschlossen) exakt berechneten Leistungsgrößen und geben damit die Legitimation für das weitere Vorgehen. Schwierigkeiten gibt es bei der Wahl der Auftragsanzahl im geschlossenen Netz, wobei sich der Richtwert für K_{closed} nach dem anschließenden Analyseverfahren und nach der Anzahl der Aufträge im gegebenen offenen Netz richtet.

Die Ergebnisse der Validierung im Einklassenfall empfehlen den Schließvorgang lediglich bei Single-Server-Netzen mit ausschließlich G/H/1-Knoten oder aber bei Multiple-Server-Netzen mit vorwiegend G/H/m-Knoten und jeweils anschließender Analyse durch die Summationsmethode.

Das bedeutet, daß bei anderen Single-Servern der Approximationsfehler des Kühn- oder Chylla-Verfahrens wesentlich geringer ist als die der 'geschlossenen' Verfahren. Dagegen sind bei Multiple-Server-Knoten selbst Erlang-verteilte Bedienprozesse der Schließmethode nicht hinderlich - die durchschnittliche Abweichung beim Chylla-Verfahren ist ähnlich der der Summationsmethode. Je größer der Anteil hyperexponentiell-verteilter Knoten am Gesamtsystem ist, desto lohnenswerter wird hier das Schließen des Netzes.

Bei Mehrklassennetzen sind die Verbesserungen durch die Schließmethode weit größer:

Weil im PEPSY-System bei der Berechnung von offenen M/M/m-Netzen mit gleichen Bedienraten für jede Auftragsklasse keine exakten Analyseverfahren zur Verfügung stehen, verwendet man bei derartigen Netzen die approximative Berechnung des Chylla-Verfahrens. Mit Hilfe der Schließmethode ergeben sich jetzt weitere Möglichkeiten einer genaueren Analyse : Ein Rechner mit sehr viel Speicherplatz liefert mit Hilfe der Mittelwertanalyse exakte Lösungen und bei einem kleineren Speicher bietet sich die etwas schnellere und fast exakte Approximation der Summationsmethode an, die aber im Vergleich mit anderen Analysealgorithmen auch immer noch zu viel Zeit benötigt. Für den praktischen Einsatz wird die SCAT-Approximation empfohlen, die ebenfalls gegenüber dem Chylla-Verfahren eine deutliche Genauigkeitsverbesserung erzielt und deren Rechenzeit von unter fünf Minuten noch vertretbar ist. Gleiches gilt für Markov-Knoten mit verschiedenen Bedienraten in den Auftragsklassen.

Analog zu den Einklassennetzen erkennt man bei den nicht exponentiell-verteilten Netztypen mit mehreren Auftragsklassen, daß ebenfalls hier die hyperexponentiell-verteilten Prozesse wesentlich besser von den 'geschlossenen' Verfahren analysiert werden - bei G/H/1-Netztypen von der relativ schnellen SCAT-Approximation und bei G/H/m-Netztypen von der etwas zeitaufwendigeren Summationsmethode.

Erlang-verteilte Single-Server werden von der Maximum-Entropie-Methode am genauesten approximiert, während bei entsprechenden Multiple-Servern die Berechnungen des Chylla-Verfahrens und der Summationsversion ähnlich gut sind, d.h. je größer der Anteil hyperexponentiell-verteilter Knoten am Gesamtsystem ist, desto lohnenswerter wird auch hier das Schließen des Netzes.

Bei gemäßigt gewählten Variationskoeffizienten (zwischen 0.5 und 3) erzielt der Test auf Robustheit, der beim offenen und beim geschlossenen Netz die identischen Werte berechnet, auch gute Berechnungen. Dabei ist er eine nützliche Alternative zu allen übrigen approximativen Verfahren.

Aufgrund der guten Ergebnisse dieser Validierung ist die Schließmethode mit den weiterentwickelten "geschlossenen" Verfahren eine nützliche Alternative zu den herkömmlichen "offenen" Algorithmen. In Hinblick auf gemischte Netze ist die Möglichkeit einer Transformation in ein geschlossenes Netz zu prüfen, bei dem dann lediglich die offenen Auftragsklassen geschlossen werden. Eine Erweiterung auf andere Knotentypen wäre ebenfalls interessant. Im Rahmen dieser Arbeit konnten nur die FCFS-Knoten berücksichtigt werden.

6. Literaturverzeichnis

[Bard79]   Bard,Y.; "Some Extensions to Multiclass Queuing Network Analysis", 4. Int. Symp. on Modeling and Performance Evaluation of Computer Systems, Vol.1,Wien, Feb.1979

[BCMP75]   Baskett, F., Chandy, K.M.., Muntz, R.R., Palacois, G.F.; "Open, Closed and Mixed Networks of Queues with Different Classes of Customers", Journal of ACM, Vol.25, No.2, pp.126-134, 1975

[Bolc89]   Bolch, G.; "Leistungsbewertung von Rechensystemen mittels analytischer Warteschlangenmodelle", B.G.Teubner, Stuttgart, 1989

[Chyl86]   Chylla, P.; "Zur Modellierung und approximativen Leistungsanalyse von Vielteilnehmer-Rechensystemen", Dissertation an der Fakultät für Mathematik und Informatik der TU München, 1986

[Foer89]   Foerster, C.; "Implementierung und Validierung von Mittelwertapproximationen", Studienarbeit am Lehrstuhl für Betriebssysteme (IMMD IV), Universität Erlangen-Nürnberg, 1989

[Hahn90]   Hahn, T.; "Erweiterung und Validierung der Summationsmethode",Diplomarbeit am Lehrstuhl für Betriebssysteme (IMMD IV), Universität Erlangen-Nürnberg, 1990

[Huet90]   Hütter, T.; "Erweiterung des Programmsystems PEPSY um die EPF-, Maximum-Entropie- und die Kühn-Methode",Diplomarbeit am Lehrstuhl für Betriebssysteme (IMMD IV), Universität Erlangen-Nürnberg, 1990

[Kirs90]   Kirschnik, M.; "Entwurf und Implementierung eines Simulationsprogramms zur Analyse allgemeiner Warteschlangenmodelle",Studienarbeit am Lehrstuhl für Betriebssysteme (IMMD IV),Universität Erlangen-Nürnberg, 1990

[Kühn79]   Kühn, P.J.; "Approximate Analysis of General Queuing Networks by Decomposition", IEEE Transactions on Communications, Vol.-Com27, No.1, pp113-126, Jan.1979

[Mari79]   Marie, R.A.; "An Approximate Analytic Method for General Queueing Networks", to appear in IEEE, TSE, 1979

[ReLa80]   Reiser, M., Lavenberg, S.S.; "Mean Value Analysis of Closed Multichain Queuing Networks", CACM, Vol.27, No.2, April 1980, pp. 313-322

[Schw79]   Schweitzer, P.; " Approximate Analysis of Multiclass Closed Networks of Queues", Proc. Int. Conf. on Stochastic Control and Optimization, Amsterdam, 1979

Correlation Properties of Queueing Networks

Hans Daduna
Institut für Mathematische Stochastik
Universität Hamburg
Bundesstraße 55
2000 Hamburg 13

Ryszard Szekli
Mathematical Institute
Wroclaw University
50-384 Wroclaw
Pl. Grunwaldzki 2/4
Poland

Queueing Network applications in modeling, e.g., Flexible Manufacturing Systems usually depend on using "Product-form" models. For open networks the product-form structure means (roughly) that, in equilibrium at a fixed time instant the queue lengths at different nodes behave as if they are independent.

Because all the nodes of the networks are usually strongly interacting, the interaction forces being carried by the cycling customers, these product form results are surprising, because all the existing correlations in the network seem to disappear. In fact Jackson's result only deals with one dimensional (marginal in time) distributions of multidimensional (in space) vectors in equilibrium.

If one is interested in multidimensional (in time) equilibrium distributions then strong dependencies emerge - even when considering only one node. The same problems arise in investigating the transient behavior of such networks- in space as well as in time there are strong dependencies to find. (The problems for closed networks are similar.) Although some intuitive reasoning can be given how the correlations in time or in space should be, and a lot of computer simulations have been carried out to study the correlation structure of queueing network processes, theoretical results which confirm these intuitions are only very rare. Most existing results are concerned with the internal structure of the traffic processes.

We sketch some of these results and present some results for open and closed networks, which may be summarized as follows:

"In space" we may have negative correlations or positive correlations, while "over time" we have found only possitive correlations. The term "correlation" here stands for any of the used concept of dependencies which partially are developed already for other special applications.

As a byproduct we obtain from these results exact bounds for probabilities of multidimensional vectors describing the network's behaviour in terms of their (independent) marginals.

NEW GENERATORS OF NORMAL AND POISSON DEVIATES
BASED ON THE TRANSFORMED REJECTION METHOD

Wolfgang Hörmann,   WU Wien, Augasse 2-6, A-1090

Abstract: The transformed rejection method uses inversion to sample from the dominating density of a rejection algorithm. But in contrast to the usual method it is enough to know the inverse distribution function $F^{-1}(x)$ of the dominating density. This idea can be applied to various continuous (e.g. normal, Cauchy and exponential) and discrete (e.g. binomial and Poisson) distributions with high acceptance probabilities. The resulting algorithms are short, simple and fast. Even more important is the fact that the quality of the method when used in combination with a linear congruential uniform generator is high compared with the quality of the ratio of uniforms method. In addition transformed rejection can be easily employed for correlation induction.

Zusammenfassung: Die Transformierte Verwerfung verwendet Inversion um Zufallszahlen aus der "Hutfunktion" eines Verwerfungsalgorithmus zu erzeugen. Anders als bei der gewöhnlichen Verwerfungsmethode genügt es, die inverse Verteilungsfunktion des "Hutes" zu kennen. Verschiedene stetige und diskrete Verteilungen wie Normal-, Cauchy-, Exponential-, Poisson- und Binomialverteilung können mit dieser Methode erzeugt werden. Die entsprechenden Algorithmen sind kurz, einfach und schnell. Noch wichtiger scheint, daß Ihre Qualität in Kombination mit linearen Kongruenzgeneratoren besser ist als die der Quotientenmethode. Die transformierte Verwerfung eignet sich auch gut, um stark korrelierte Zufallszahlen zu erzeugen.

1. Introduction

There are a lot of papers in literature dealing with the generation of independent non-uniform random deviates but unfortunately most of them are mainly concerned with the execution times of the proposed algorithms which are in most cases measured on only one computer in combination with only one uniform random number generator. In some papers the average number of uniform random numbers required to deliver one random deviate and the time complexity of different algorithms are compared whereas questions dealing with the quality of algorithms in combination with certain uniform random number generators are almost entirely neglected. We are convinced that shortness, simplicity and portability of algorithms are of main importance in random-deviate generation, especially as experience (even with published algorithms) shows that it is extremely difficult to find mistakes with small influence on the distribution. Therefore we think it justified to analyze the properties of a simple method called transformed rejection. The basic idea of it was already suggested in [15]. In the following sections we will demonstrate the many nice properties of transformed rejection and we hope that this will help to increase the use of this method in applications.

2. The method

Transformed rejection as explained in [15] is a combination of the acceptance-rejection and of the inversion principle. If we use the rejection method to generate random numbers with density function f we need a dominating density or hat function h and a real number α with $f(x) \le h(x)/\alpha$, $\forall x$. Then we generate a random number X from the dominating density and a uniform random number V. If $V \le \alpha f(X)/h(X)$ then X is accepted as a random number from the density f, otherwise X is rejected and the procedure starts again; X is accepted with probability α.

For the transformed rejection method we start with the inverse distribution function $G(u)(0 \le u \le 1)$ of the dominating distribution, i.e. $G(u) = H^{-1}(u)$ where $H(x) = \int_{-\infty}^{x} h(t)\, dt$. To sample from this distribution we simply generate a uniform random number U and take $X = G(U)$. As the dominating density h at point X is $h(X) = (G^{-1})'(X) = 1/G'(U)$ the acceptance condition can be transformed into $V \le \alpha f(G(U))G'(U)$ and the evaluation of the dominating density is not necessary any longer. Now we can give the basic algorithm for transformed rejection (a reformulation of the algorithm in [15]).

Algorithm Transformed Rejection (TR):

   1: Generate two uniform random numbers U and V.

   2: If $V \le \alpha f(G(U))G'(U)$ return $G(U)$, else go to 1.

The same method can be presented under a different point of view which is based on its relation to the inversion method. To generate random numbers with density f take a function G which is close to the inverse distribution function corresponding to f; use rejection to generate random numbers X with density $f(G(x))G'(x)$ and return $G(X)$. If G is close to the inverse distribution function of the desired distribution then $f(G(x))G'(x)$ is close to the density of the (0,1) uniform distribution. Explained in this way the method is called "exact-approximation" in [13] and "almost-exact inversion" in [6].

If G is chosen properly there is a large rectangle between the curve $\alpha f(G(u))G'(u)$ and the u-axis. As the evaluation of the acceptance condition is slow the rectangle can be used as a squeeze function to avoid that computation with high probability. In the sequel we shall restrict ourselves to the case that G is symmetric in order to avoid repetitions. For this case it is more convenient to define G on the interval (-0.5,0.5); (the modifications for asymetric G are straightforward). The following algorithm utilizes the idea of squeezes, $(-u_r, u_r) \times (0, v_r)$ denotes a rectangle below the curve $\alpha f(G(u))G'(u)$.

Algorithm Transformed Rejection with Squeeze (TRS):

   1: Generate two uniform random numbers U and V, set $U \leftarrow U - 0.5$.

   2: If $|U| \le u_r$ and $V \le v_r$ return $G(U)$.

   3: If $V \le \alpha f(G(U))G'(U)$ return $G(U)$, else go to 1.

The expected number of evaluations of the acceptance condition necessary to deliver one non-uniform deviate is $1/\alpha$ for Algorithm TR and is reduced to $(1 - 2u_r v_r)/\alpha$ for Algorithm TRS whereas the expected number of uniform random numbers required (called N in the sequel) remains $2/\alpha$ for both algorithms. To reduce N to $(2 - 2u_r v_r)/\alpha$ we decompose the quadrangle $(-0.5, 0.5) \times (0, 1)$ into 4 rectangles and use the idea of decomposition together with the "recycling" of uniform random numbers (cf. for example [6]) and obtain:

Algorithm Transformed Rejection with Decomposition (TRD):

1: Generate a uniform random number V. If $V \leq 2u_r v_r$ return $G(V/v_r - u_r)$.

2: If $V \geq v_r$ generate a uniform random number U in (-0.5,0.5),

   otherwise set $U \leftarrow V/v_r - (u_r + 0.5)$, $U \leftarrow \text{sign}(U)\,0.5 - U$,

   and generate a uniform random number V in $(0, v_r)$.

3: If $V \leq \alpha f(G(U))G'(U)$ return $G(U)$, else go to 1.

3. Application to the normal and the Poisson distribution

The transformed rejection method seems to be applicable to any continuous distribution. To use it for discrete distributions it is only necessary to replace the density function by the histogramm and to return $\lfloor G(\cdots) \rfloor$ instead of $G(\cdots)$ in the above algorithms. The choice of G of course depends on the desired distribution; the class $G(u) = \left(\frac{2a}{1/2-|u|} + b\right) u + c$ and $G'(u) = \frac{a}{(1/2-|u|)^2} + b$ (which was first suggested in [15] for the normal distribution) can be used for any distribution that has a bounded density function with subquadratic tails. It is very flexible and yields high acceptance probabilities for a variety of distributions like normal, t-, gamma, Poisson and the binomial distribution (cf. [8] and [9]). As an illustration we will give the details for the normal and the Poisson distribution. In the next section we will compare the transformed rejection algorithms for these two distributions with algorithms suggested in literature.

To apply the above algorithms to the normal distribution it is necessary to determine the optimal values for the parameters (the values of a and b given in [15] are not the best possible), which was done by numerical search. Table 1 contains everything necessary to implement the algorithms of above for the normal distribution.

Table 1: Normal distribution

$G(x)$	$\left(\frac{2a}{1/2-|x|} + b\right) x$	
$a = 0.062794$	$b = 2.530885$	$c = 0$
$\alpha = 0.8904302215$	$u_r = 0.4359971734$	$v_r = 0.9296123611$
Acceptance condition	$\left(V \cdot \exp(G(U)^2/2) - \alpha b/\sqrt{2\pi}\right)(1/2 - |U|)^2 \leq \alpha a/\sqrt{2\pi}$	

To show the good fit of the hat function Figure 1 contains the curve $\alpha f(G(U))G'(U)$ together with the rectangle $(-u_r, u_r) \times (0, v_r)$ on the left hand side, the density function with the hat function asociated with $G(u)$ on the right hand side, both for the normal distribution.

Figure 1

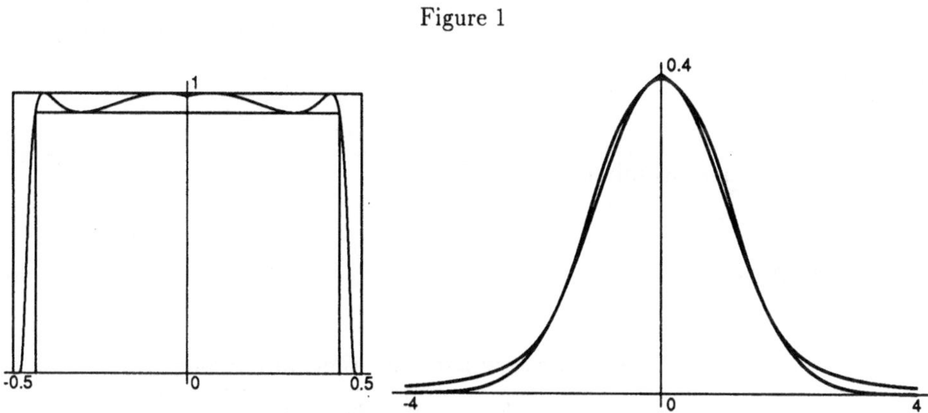

For the Poisson distribution it is not difficult to compute a table similar to Table 1 for a fixed value of the Poisson-parameter μ. But in most applications we need a Poisson random number generator that works for arbitrary μ. Therefore it is necessary that we can compute the parameters of the transformed rejection algorithm for a certain μ in a short set-up step. So we computed optimal values for a, b and c for many μ by numerical search and approximatexd these optimal values by simple functions of μ. As there are simple and short Poisson generators that are very fast for small μ we decided to approximate the parameters of G only for $\mu \geq 10$. For these approximations of a, b and c (cf. Table 2) we calculated the exact values of u_r, v_r and α and found easy lower bounds depending on μ which are also given in Table 2. The asymptotical validity of these lower bounds can be seen easily, for finite values of μ the validity was checked by extensive numerical calculations.

Table 2: Poisson distribution, approximations valid for $\mu \geq 10$

c	$\mu + 0.445$
b	$0.931 + 2.53\sqrt{\mu}$
a	$-0.059 + 0.02483b$
$1/\alpha$	$1.1239 + 1.1328/(b - 3.4)$
u_r	0.43
v_r	$0.9277 - 3.6224/(b - 2)$
Acceptance condition	$\log(v/\alpha/(a/(0.5 - |u|)^2 + b) \leq -\mu + \lfloor G(u) \rfloor \log(\mu) - \log(\lfloor G(u) \rfloor!)$

The acceptance condition in Table 2 is obtained by taking the logarithm on both sides of the standard inequality. $\log(k!)$ can be evaluated easily in a separate function with help of the Stirling approximation for $k \geq 10$; for $k < 10$ the exact values should be stored in a table. For μ large cancellation can occur when evaluating the acceptance condition but experience has shown that for the suggested algorithm the influence of cancellation is negligible for $10 \leq \mu \leq 10^7$ if 64 bit floating point numbers are used. Of course there are various methods to plug the Stirling approximation directly into the acceptance condition which are slightly faster and numerically a bit more stable (cf. [9]) but as we already stated in the introduction we think that simplicity and portability are more important for standard applications.

4. Comparison with existing algorithms

4.1 Simplicity and speed

Table 3: Normal generators: Execution times in μ-seconds

	reference	DEC		PC-386		number of C-statements	N
		A	B	A	B		
NTRS		5.0	8.6	125	260	9	2.25
R.o.U	[12] and [6]	6.0	10.4	142	305	10	2.74
sine-cosine	[3]	7.8	9.5	116	176	10	1
Polar	[6] p. 235	6.0	8.1	113	190	12	1.27
NTRD		4.1	6.3	102	181	14	1.34
ACR	[7]	3.3	5.8	81	171	35	1.49
KR	[11]	3.7	7.3	91	221	60	2.16

Table 3 compares the transformed rejection normal generators NTRS and NTRD with several of the fastest normal generators designed for a high level language implementation (cf. [11] and [7]). All of them were coded in C and tested on a DECstation 5000/240 and on a PC 386/25 with Turbo C. Uniform generator A is the C-implementation of a LCG with modulus 2^{32} taking 0.86 μ-seconds on DEC and 20 on the PC, uniform generator B is a multiple recursive generator taking 2.83 μ-seconds on DEC and 80 on the PC. It is difficult to give a measure for the simplicity of an algorithm, as a crude approximation we used the number of C-statements of our implementations. The results of Table 3 show that the transformed rejection algorithms compare very well with the best existing normal generators if we take both code length and speed into account. In addition Table 3 demonstrates that a short algorithm need not be slow as especially on the PC some of the short methods have practically the same speed as the two longer ones.

For the Poisson distribution the simple and short inversion procedure with search from the origin has one serious drawback: The execution time grows linearly with μ. Therefore rejection algorithms with uniformly bounded execution times were suggested in literature (eg. [2], [5] and [10]) which have values of N much larger than 2 or are very complicated. As in the normal case the transformed rejection algorithms compare very well with these existing algorithms as far as code length, speed of the algorithms and number of uniforms required are concerned. For details see [9].

4.2 Quality

The quality of non-uniform random number generators is difficult to analyse as it depends mainly on the quality of the uniform number generator used. Therefore most authors simply state that the proposed method is "exact" which means that truly uniform and independent random numbers (i.e. "ideal" random numbers which are not available on a computer) are transformed into an independent sample of the desired distribution. Of course this is true for the transformed rejection method as well. A heuristic statement concerning the quality of different non-uniform random number generators says: A method has good quality if it uses a low amount of uniform random numbers (i.e. N is close to 1). This assertion is supported by the consideration that all uniform pseudo-random numbers have a better resolution in low dimensions than in higher ones. The results of [1] indicate that in combination with linear congruential generators (LCGs) the assertion above is a simplification but not entirely wrong.

Looking at Table 3 we see that N is quite low for Algorithm TRD. This is true not only for the normal distribution but for any application of TRD as long as the transformation G is selected with care. We think that this is an important advantage of the transformed rejection method over competing methods which are as simple and as flexible like ordinary rejection or the ratio of uniforms method. Both methods have no standard trick like Algorithm TRD to reduce N below 2.

In the case that non-uniform random numbers are generated by transforming pseudo-random numbers generated by a LCG it is possible to make some statements about the one-dimensional approximation of the desired distribution. The empirical results of [1], Section 3, lead to one important conclusion: The ratio of uniforms method approximates the one-dimensional distribution much worse than other methods like inversion or rejection; therefore the ratio of uniforms method combined with a LCG should not be used for applications that need a good one-dimensional resolution. This result is especially important for the transformed rejection method as any ratio of uniforms algorithm can be replaced by a transformed rejection algorithm with G as suggested above.

4.3 Correlation induction

In many simulation experiments variance reduction can be obtained by inducing positive (common random numbers) or negative (antithetic variates) correlation between the random deviates generated (see simulation text books e.g. [4]). The highest (or lowest) correlation possible can always be obtained with the inversion method but it is also possible to obtain correlation induction with rejection methods as demonstrated in [10] and [14]. Algorithm TRS is especially well suited to install correlation induction facilities as it is so close to the inversion method. Therefore the monotonicity is already at hand and it is only necessary to establish synchronization by using two random number streams: The first one for the two random numbers necessary for the first acceptance-rejection experiment, the second stream if the first pair was rejected. So we changed our normal and Poisson algorithms of above following the guidlines of [14] but using only two random numbers from the first stream instead of four for one random deviate. The resulting algorithms called NTRSCI and PTRSCI had only six lines of additional code and almost the same speed as the standard algorithms.

To test NTRSCI we generated positive correlated normal-exponential pairs using NTRSCI for the normal and inversion with the appropriate synchronization (generating but not using a second uniform random number) for the exponential distribution. The resulting correlation was close to 0.62 which is about two thirds of 0.9 which is the maximal correlation obtainable for normal-exponential pairs. On the other hand NTRSCI is more than four times faster (and much shorter) than the normal inversion algorithm.

For the Poisson distribution we compared algorithm PTRSCI and the simple inversion method to generate antithetic variates for many values of μ between 15 and 10000. The correlation obtained with PTRSCI was between -0.66 and -0.89 compared with -0.98 to -1.00 for inversion but simple inversion is horrible inefficient for large μ (eg. more than ten times slower than PTRSCI for $\mu = 100$). In a second experiment we tested the ability of PTRSCI to induce positive correlation between Poisson random variables with different μ via common random numbers. The correlations obtained are given in Table 4 (note that for $\mu < 10$ PTRSCI uses the simple inversion algorithm), the theoretical obtainable correlations are all above 0.98. The results show that it is possible to induce high correlation with transformed rejection algorithms, typically between 65 and 90 percent of the highest possible. Whether the higher speed and the simplicity of TRSCI justify the loss of correlation depends on the application.

Table 4: Correlation induced by PTRSCI via common random numbers

μ_2	5	15	50	100	500	5000
$\mu_1 = 5$	1.00	0.62	0.67	0.68	0.70	0.71
	$\mu_1 = 15$	1.00	0.74	0.74	0.73	0.73
		$\mu_1 = 50$	1.00	0.81	0.80	0.80
			$\mu_1 = 100$	1.00	0.83	0.83

<u>5. Conclusion</u>

We investigated the properties of the normal and Poisson transformed rejection algorithms. We are convinced that their very promising properties like simplicity and speed, low number of uniforms required and good correlation induction possibilities demonstrate the advantages of transformed rejection which are not at all restricted to these two examples. Therefore we think that transformed rejection algorithms would deserve a place in all random variate generation libraries.

References

[1] Afflerbach, L. and Hörmann, W.
Nonuniform random numbers: a sensitivity analysis for transformation methods.
in: International Workshop on ... , U. Dieter and G. Ch. Pflug, ed., Lecture Notes in Econom.
Math. Systems, Springer-Verlag, New York (1992)

[2] Ahrens, J. H. and Dieter, U.
Computer generation of Poisson deviates from modified normal distributions.
ACM Transactions on Mathematical Software 8, 163-179 (1982)

[3] Box, J. E. P. and Muller, M. E.
A note on the generation of random normal deviates. Ann. Math. Statist. 29, 610-611 (1958)

[4] P. Bratley, B. L. Fox and L. E. Schrage
A Guide to Simulation. Springer-Verlag, New York (1983)

[5] Devroye, L.
The computer generation of Poisson random variables. Computing 26, 197-207 (1981)

[6] Devroye, L.
Non-Uniform Random Variate Generation. Springer-Verlag, New York (1986)

[7] Hörmann, W. and Derflinger, G.
The ACR method for generating normal random variables. OR Spektrum 12, 181-185 (1990)

[8] Hörmann, W. and Derflinger, G.
The transformed rejection method ... , an alternative to the ratio of uniforms method.
Manuskript, Institut f. Statistik, Wirtschaftsuniversität Wien, (1991)

[9] Hörmann, W.
The transformed rejection method for generating Poisson random variables.
Insurance: Mathematics and Economics, (to appear)

[10] Kachitvichyanukul, V., Cheng, S. J. and Schmeiser, B. W.
Fast Poisson and binomial algorithms for correlation induction.
Journal of Statistical Computation and Simulation 29, 17-33 (1988)

[11] Kinderman, A. J. and Ramage, J. G.
Computer generation of normal random variables.
Journal of the American Statistical Association 71, 893-896 (1976)

[12] Kinderman, A. J. and Monahan, F. J.
Computer generation of random variables using the ratio of uniform deviates.
ACM Transactions on Mathematical Software 3, 257-260 (1977)

[13] Marsaglia, G.
The exact-approximation method for generating random variables in a computer.
Journal of the American Statistical Association 79, 218-221 (1984)

[14] Schmeiser, B. and Kachitvichyanukul, V.
Noninverse correlation induction: guidelines for algorithm development.
Journal of Computational and Applied Mathematics 31, 173-180 (1990)

[15] Wallace, C. S.
Transformed rejection generators for gamma and normal pseudo-random variables.
Australian Computer Journal 8, 103-105 (1976)

THE COMPENSATION APPROACH FOR THREE OR MORE
DIMENSIONAL RANDOM WALKS

G.J. van Houtum, I.J.B.F. Adan, J. Wessels and W.H.M. Zijm, Eindhoven

Abstract. In this paper we investigate for which random walks with three or more dimensions the compensation approach can be used to determine the equilibrium distribution. As we will see, the compensation approach is not appropriate for the symmetric shortest queue system with three queues, but for the 2×3 buffered switch it is. By using this compensation approach, we show that for the 2×3 buffered switch the equilibrium distribution can be expressed as a linear combination of six series of binary trees of product-form (geometric) distributions.

1. Introduction

In another paper in this volume, Adan and Wessels [2] give an overview of the class of queueing systems for which the equilibrium distribution can be written as a linear combination of product forms. In some cases (like Jackson networks) the equilibrium distribution can be expressed as a linear combination of a finite number of product forms, while in other cases (like the two-dimensional shortest queue problem) an infinite number of product forms is needed. In this paper we focus on the latter problems.

In [1] Adan et al. develope a *compensation approach* for two-dimensional, ergodic random walks on the lattice of the first quadrant, with the following properties:

(i)   only transitions to neighbouring states occur;

(ii)   *semi-homogeneity*: the same transition rates occur for all interior points, and similarly for all points on the horizontal boundary and for all points on the vertical boundary;

(iii) transitions from interior points to the North, North-East and East are not permitted, i.e. for the transitions rates $q_{i,j}$ for the interior points ($q_{i,j}$ is the rate for a transition in the direction (i,j)), it is required that

$$q_{0,1} = q_{1,1} = q_{1,0} = 0 \,. \tag{1}$$

By using the compensation approach it is shown that for such a random walk the equilibrium distribution can be written as a linear combination of at most four series of product forms.

For a two-dimensional, semi-homogeneous, ergodic random walk with transitions to neighbouring states only, it appears that condition (iii) is sufficient for succesfully applying the compensation approach; if an infinite number of product forms is needed to construct the equilibrium distribution, then this condition (1) is also necessary. In this paper we try to find the analogue of condition (iii) for the three or more dimensional case. An idea about when the compensation approach works and when not, can be obtained by analyzing the ratios of the equilibrium probabilities for neighbouring states. Let us consider a three-dimensional problem, for example. If the compensation approach can be used to determine the equilibrium distribution $\{p_{m,n,r}\}$, then this equilibrium distribution is a linear combination of product forms, i.e.

$$p_{m,n,r} = \sum_i c_i \alpha_i^m \beta_i^n \gamma_i^r \,,$$

and therefore the sequences of ratios $p_{m+1,n,r}/p_{m,n,r}$ have the same limit for all n and r:

$$p_{m+1,n,r}/p_{m,n,r} \to \alpha_{\max} := \max_i \alpha_i \,, \text{ if } m \to \infty;$$

a similar property holds for the ratios $p_{m,n+1,r}/p_{m,n,r}$ and $p_{m,n,r+1}/p_{m,n,r}$.

In the sections 2 and 3 we consider the three-dimensional versions of the symmetric shortest queue system with two queues and the 2×2 buffered switch, which both belong to the class of two-dimensional problems for which the equilibrium distribution can be determined by using the compensation approach. Analyzing the ratios of the equilibrium probabilities learns that the compensation approach is not appropriate for the symmetric shortest queue problem with three queues, but it may be appropriate for the 2×3 buffered switch. In section 4 we confirm our conjecture: by using the compensation approach we show that for the 2×3 buffered switch the equilibrium distribution can be written as a linear combination of six series of binary trees of product forms. Finally, in section 5 we present the analogue of condition (iii) for three or more dimensional random walks.

2. The symmetric shortest queue system with three queues

Consider the shortest queue system with three identical parallel servers, each with exponentionally distributed service times with parameter 1. At this system jobs arrive according to a Poisson stream with intensity 3ρ, $0 < \rho < 1$, (ρ is the average workload) and on arrival a job always joins the shortest queue. The behavior of this symmetric shortest queue system is described by a Markov process with states (m,n,r), where m denotes the number of jobs in the shortest queue (including the job being served), n denotes the difference between the second shortest and the shortest queue and r denotes the difference between the longest and the second shortest queue. This Markov process is a semi-homogeneous, ergodic random walk with transitions to neighbouring states only. For later reference, we list the transition rates $q_{i,j,k}$ for the interior points:

$$q_{1,-1,0} = 3\rho, \quad q_{-1,1,0} = q_{0,-1,1} = q_{0,0,-1} = 1, \tag{2}$$

and $q_{i,j,k} = 0$ for all other directions (i,j,k), $i,j,k \in \{-1,0,1\}$.

Let $\{p_{m,n,r}\}$ be the equilibrium distribution of the Markov process. By truncating the state space and using successive approximations to compute the solution of the equilibrium equations of the truncated process, we get accurate approximations for the equilibrium probabilities $p_{m,n,r}$ with m, n and r not too large. For the case $\rho = 0.8$, we used this technique to compute the ratios of the equilibrium

$\rho=0.8$	$r=0$				$r=1$				$r=2$				$r=3$			
n	0	1	2	3	0	1	2	3	0	1	2	3	0	1	2	3
$m=0$	1.55	0.64	0.48	0.46	0.82	0.49	0.46	0.46	0.48	0.44	0.45	0.46	0.45	0.44	0.46	0.46
1	0.62	0.53	0.51	0.50	0.55	0.50	0.50	0.50	0.48	0.49	0.50	0.50	0.47	0.49	0.50	0.50
2	0.53	0.51	0.51	0.51	0.52	0.51	0.51	0.51	0.50	0.51	0.51	0.51	0.50	0.51	0.51	0.51
3	0.51	0.51	0.51	0.51	0.51	0.51	0.51	0.51	0.51	0.51	0.51	0.51	0.51	0.51	0.51	0.51
4	0.51	0.51	0.51	0.51	0.51	0.51	0.51	0.51	0.51	0.51	0.51	0.51	0.51	0.51	0.51	0.51
5	0.51	0.51	0.51	0.51	0.51	0.51	0.51	0.51	0.51	0.51	0.51	0.51	0.51	0.51	0.51	0.51

Table 1. The ratios $p_{m+1,n,r}/p_{m,n,r}$ for the 3-dimensional symmetric shortest queue system.

$\rho=0.8$	$r=0$				$r=1$				$r=2$				$r=3$			
m	0	1	2	3	0	1	2	3	0	1	2	3	0	1	2	3
$n=0$	0.89	0.37	0.32	0.31	0.28	0.17	0.15	0.15	0.20	0.18	0.18	0.19	0.19	0.18	0.19	0.19
1	0.16	0.12	0.12	0.11	0.13	0.12	0.12	0.12	0.14	0.14	0.14	0.14	0.14	0.15	0.15	0.15
2	0.12	0.12	0.12	0.12	0.12	0.12	0.12	0.12	0.14	0.14	0.14	0.14	0.14	0.14	0.14	0.14
3	0.12	0.12	0.12	0.12	0.12	0.12	0.12	0.12	0.13	0.13	0.13	0.13	0.14	0.14	0.14	0.14
4	0.12	0.12	0.12	0.12	0.12	0.12	0.12	0.12	0.13	0.13	0.13	0.13	0.14	0.14	0.14	0.14
5	0.12	0.12	0.12	0.12	0.12	0.12	0.12	0.12	0.13	0.13	0.13	0.13	0.14	0.14	0.14	0.14

Table 2. The ratios $p_{m,n+1,r}/p_{m,n,r}$ for the 3-dimensional symmetric shortest queue system.

$\rho=0.8$	$n=0$				$n=1$				$n=2$				$n=3$			
m	0	1	2	3	0	1	2	3	0	1	2	3	0	1	2	3
$r=0$	0.80	0.42	0.37	0.36	0.25	0.19	0.18	0.18	0.21	0.20	0.19	0.19	0.21	0.21	0.21	0.21
1	0.17	0.10	0.09	0.09	0.12	0.11	0.11	0.11	0.12	0.12	0.12	0.12	0.13	0.13	0.13	0.13
2	0.12	0.11	0.11	0.11	0.11	0.11	0.11	0.11	0.12	0.12	0.12	0.12	0.12	0.12	0.12	0.12
3	0.11	0.11	0.11	0.11	0.12	0.12	0.12	0.12	0.12	0.12	0.12	0.12	0.12	0.12	0.12	0.12
4	0.12	0.12	0.12	0.12	0.12	0.12	0.12	0.12	0.12	0.12	0.12	0.12	0.12	0.12	0.12	0.12
5	0.12	0.12	0.12	0.12	0.12	0.12	0.12	0.12	0.12	0.12	0.12	0.12	0.12	0.12	0.12	0.12

Table 3. The ratios $p_{m,n,r+1}/p_{m,n,r}$ for the 3-dimensional symmetric shortest queue system.

probabilities, which are listed in the tables 1, 2 and 3. As we see in table 1, the sequences $p_{m+1,n,r}/p_{m,n,r}$ have the same limit for all n and r; and similarly for the sequences $p_{m,n,r+1}/p_{m,n,r}$ (see table 3). However, for the sequences $p_{m,n+1,r}/p_{m,n,r}$ the limit seems to increase if r increases (see table 2). For other workloads ρ the ratios of the probabilities have the same behavior. This behavior suggests that for the three-dimensional symmetric shortest queue system the equilibrium distribution probably is not a linear combination of product forms and therefore the compensation approach is probably not appropriate for this system.

3. The 2×3 clocked buffered switch

Buffered switches are being used in parallel data processing networks to route messages and to resolve conflicts. A $k \times s$ clocked buffered switch is a switching system with k input and s output ports. Such a system is modeled as a discrete time queueing system with s parallel servers and k types of arriving jobs. The 2×2 buffered switch has been succesfully analyzed by using the compensation approach (see [3]). By using a uniformization technique, Jaffe [4] analyzed the *symmetric* 2×2 switch (i.e. a switch with identical arrival rates for the two types of jobs and identical routing probabilities). In this section and the next one, we consider the 2×3 switch. This system is not very interesting from a practical point of view, however, it surely is from a mathematical point of view, since the 2×3 switch is described by a three-dimensional random walk for which the compensation approach works. To shorten the analysis, we restrict ourselves to the *symmetric* case. All results can be extended to the asymmetric case.

The symmetric 2×3 clocked buffered switch is modeled as a discrete time queueing system with 3 parallel servers and 2 types of arriving jobs (see figure 1). Jobs of type i, $i=1,2$, arrive according to a Bernoulli stream with rate p, $0 < p \leq 1$, i.e. every time unit (clock cycle) the number of arriving jobs of type i is one with probability p and zero with probability $1-p$. Jobs always arrive at the beginning of a time unit and once a job of type i has arrived, it joins the queue at server j with probability $1/3$, $j=1,2,3$. A server serves exactly one job per time unit, if one present. Jobs are served according to FCFS service discipline.

The behavior of the 2×3 switch is described by an irreducible, aperiodic Markov chain with states (m,n,r), $m,n,r \geq 0$, where m, n and r denote the numbers of waiting jobs at the servers 1, 2 and 3 at the end of a time unit. Again, we have a semi-homogeneous random walk with transitions to neighbouring states only. The fact that we have discrete instead of continuous time does not affect the analysis of the equilibrium distribution. The non-zero transition probabilities $q_{i,j,k}$ for the interior points are given by:

$$q_{1,-1,-1} = q_{-1,1,-1} = q_{-1,-1,1} = p^2/9 \,, \quad q_{-1,0,0} = q_{0,-1,0} = q_{0,0,-1} = 2p^2/9 \,,$$

$$q_{-1,-1,0} = q_{-1,0,-1} = q_{0,-1,-1} = 2p(1-p)/3 \,, \quad q_{-1,-1,-1} = (1-p)^2 \,. \tag{3}$$

For the other states each transition probability can be written as a sum of the probabilities $q_{i,j,k}$. The sets of transitions at the boundary planes, at the axes and at the origin are "projections" of the set of transitions in the interior. For example, for a state $(m,n,0)$, $m,n>0$, at the boundary plane $r=0$ the transition probability for each direction $(i,j,1)$ equals $q_{i,j,1}$ and the transition probability for each direction $(i,j,0)$ equals $q_{i,j,0} + q_{i,j,-1}$. This remarkable property is called the *projection property*. Due to this property we can easily derive formulae for the equilibrium (marginal) distributions of the component (projected) chains.

Let $\{p_{m,n,r}\}$, $\{p_m^{(1)}\}$, $\{p_n^{(2)}\}$ and $\{p_r^{(3)}\}$ be the equilibrium distributions of the full Markov chain and the three component chains, which describe the numbers of jobs present at one particular server. By symmetry we have

$$p_{m,n,r} = p_{m,r,n} = p_{n,m,r} = p_{n,r,m} = p_{r,m,n} = p_{r,n,m} \,, \quad m \geq 0, \, n \geq 0, \, r \geq 0, \tag{4}$$

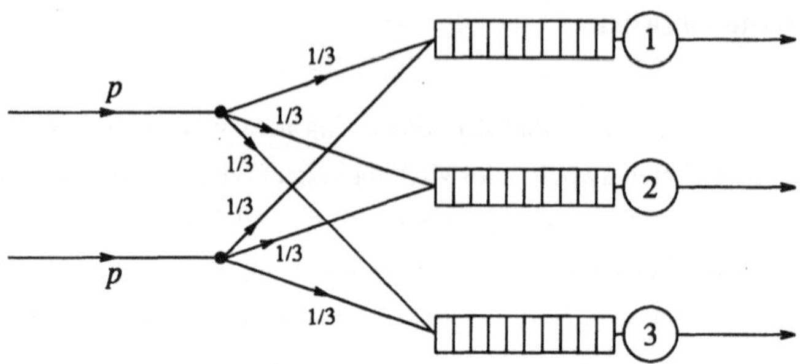

Figure 1. The 2×3 buffered switch.

$p=1$	$r=0$				$r=1$				$r=2$				$r=3$			
n	0	1	2	3	0	1	2	3	0	1	2	3	0	1	2	3
$m=0$	0.50	0.09	0.05	0.04	0.09	0.00	0.00	0.00	0.05	0.00	0.00	0.00	0.04	0.00	0.00	0.00
1	0.27	0.15	0.07	0.05	0.15	0.10	0.04	0.02	0.07	0.04	0.00	0.00	0.05	0.02	0.00	0.00
2	0.25	0.22	0.15	0.07	0.22	0.22	0.14	0.07	0.15	0.14	0.10	0.04	0.07	0.07	0.04	0.00
3	0.25	0.24	0.22	0.15	0.24	0.24	0.22	0.14	0.22	0.22	0.22	0.14	0.15	0.14	0.14	0.10
4	0.25	0.25	0.24	0.22	0.25	0.25	0.24	0.22	0.24	0.24	0.24	0.22	0.22	0.22	0.22	0.22
5	0.25	0.25	0.25	0.24	0.25	0.25	0.25	0.24	0.25	0.25	0.25	0.24	0.24	0.24	0.24	0.24
6	0.25	0.25	0.25	0.25	0.25	0.25	0.25	0.25	0.25	0.25	0.25	0.25	0.25	0.25	0.25	0.25
7	0.25	0.25	0.25	0.25	0.25	0.25	0.25	0.25	0.25	0.25	0.25	0.25	0.25	0.25	0.25	0.25

Table 4. The ratios $p_{m+1,n,r}/p_{m,n,r}$ for the symmetric 2×3 buffered switch.

and the distributions $\{p_m^{(1)}\}$, $\{p_n^{(2)}\}$ and $\{p_r^{(3)}\}$, which are marginal distributions of $\{p_{m,n,r}\}$, are identical. Each component chain is a random walks on $\mathbb{Z}_+$ with a negative drift: for all $i \geq 0$ the transition probability for a transition from i to $i+1$ is equal to $(p/3)^2$, while the probability for the opposite transition is equal to $(1-p/3)^2$, which is larger than $(p/3)^2$. This implies that each component chain is ergodic and we obtain the following geometric distribution for $\{p_m^{(1)}\}$, $\{p_n^{(2)}\}$ and $\{p_r^{(3)}\}$:

$$p_m^{(1)} = p_m^{(2)} = p_m^{(3)} = \left[1 - \frac{(p/3)^2}{(1-p/3)^2}\right]\left[\frac{(p/3)^2}{(1-p/3)^2}\right]^m , \quad m \geq 0. \tag{5}$$

Since all component chains are ergodic, the full Markov chain is also ergodic and its equilibrium distribution $\{p_{m,n,r}\}$ is the unique solution of the equilibrium equations and the normalizing equation.

In the same way as for the symmetric shortest queue system, we computed the ratios of the equilibrium probabilities to check whether the compensation approach may be appropriate to find $\{p_{m,n,r}\}$. BY symmetry, we only have to analyze the ratios $p_{m+1,n,r}/p_{m,n,r}$. For the case $p=1$ these ratios are listed in table 4. As we see, for all fixed n and r the sequence $p_{m+1,n,r}/p_{m,n,r}$ has limit 0.25. This limit is reached very fast as soon as $m > \max[n,r]$. Notice that the compensation approach may be appropriate to determine the equilibrium distribution. Finally, we remark that the limit 0.25 is equal to the factor of the geometric distribution for the component chains (see (5)). The factor of the geometric distribution in (5) appears to be the maximum α-, β- and γ-factor in the linear combination of product forms which is found for the equilibrium distribution $\{p_{m,n,r}\}$ in the next section.

4. The compensation approach for the 2×3 buffered switch

By using the compensation approach for the 2×3 buffered switch, we generate binary trees of product forms, which are called *formal solutions*. The equilibrium distribution $\{p_{m,n,r}\}$ appears to consist of an infinite linear combination of such formal solutions. The main ideas with respect to the compensation approach are explained below.

A formal solution consists of an infinite linear combination of product forms $\alpha^m \beta^n \gamma^r$, which all are solutions of the equilibrium equations for the interior of the state space. We can restrict ourselves to product forms with real factors α, β and γ with $0 < \alpha, \beta, \gamma < 1$. Substituting a product form in the equilibrium equation for the interior shows that each product form is a solution of the following *quadratic equation*:

$$\alpha\beta\gamma = q_{1,-1,-1} \beta^2\gamma^2 + q_{-1,1,-1} \alpha^2\gamma^2 + q_{-1,-1,1} \alpha^2\beta^2 + q_{-1,0,0} \alpha^2\beta\gamma + q_{0,-1,0} \alpha\beta^2\gamma + q_{0,0,-1} \alpha\beta\gamma^2$$

$$+ q_{0,-1,-1} \alpha\beta^2\gamma^2 + q_{-1,0,-1} \alpha^2\beta\gamma^2 + q_{-1,-1,0} \alpha^2\beta^2\gamma + q_{-1,-1,-1} \alpha^2\beta^2\gamma^2 . \tag{6}$$

The first term of a formal solution, called the *start term*, is chosen such that it also satisfies the equilibrium equations for one of the boundaries $m=0$, $n=0$ and $r=0$. The other terms are called *compensation terms*, since they are added to compensate for an error of a previous term on of the three boundaries.

By symmetry we can restrict ourselves to formal solutions starting on the boundary $r=0$. Let us consider the construction of such a formal solution, denoted by $x_{m,n,r}(\alpha,\beta,\gamma)$. Here α, β and γ are the factors of the start term, which we want to satisfy the equilibrium equations for the interior and the boundary $r=0$. It appears that α and β have to be chosen such that (α,β) satisfies the quadratic equation (6) for fixed $\gamma=1$ (i.e. such that (α,β) satisfies the equilibrium equation for the interior points of the Markov chain that describes the joint behavior of the queues at the servers 1 and 2). Further, we have to set $\gamma = f(\alpha,\beta)$, where

$$f(x,y) := \frac{q_{1,-1,-1}\, x^2 y^2}{q_{-1,1,-1}\, y^2 + q_{-1,-1,1}\, x^2 + q_{-1,0,0}\, xy + q_{-1,0,-1}\, xy^2 + q_{-1,-1,0}\, x^2 y + q_{-1,-1,-1}\, x^2 y^2} . \tag{7}$$

For fixed α and β, $f(\alpha,\beta)$ represents the product of the two solutions for γ of the quadratic equation (6); similarly for fixed α and γ and for fixed β and γ (use the symmetry to prove this).

For the start term of the formal solution $x_{m,n,r}(\alpha,\beta,\gamma)$ we take $c_1 \alpha_1^m \beta_1^n \gamma_1^r$ with $\alpha_1 = \alpha$, $\beta_1 = \beta$, $\gamma_1 = \gamma$ and $c_1 = (1-\alpha_1)(1-\beta_1)(1-\gamma_1)$. This start term satisfies the equilibrium equations for the interior and the boundary $r=0$, but it violates the equations for the boundaries $n=0$ and $r=0$. To compensate for the errors on these two boundaries, we add two compensation terms to the initial term. We add $c_2 \alpha_2^m \beta_2^n \gamma_2^r$ such that this second term, together with the first term, satisfies the equilibrium equations for the interior and the boundary $m=0$. It appears that the choice $\alpha_2 = f(\beta_1,\gamma_1)/\alpha_1$, $\beta_2 = \beta_1$, $\gamma_2 = \gamma_1$, $c_2 = -c_1(1-\alpha_2)/(1-\alpha_1)$ (so $c_2 = -(1-\alpha_2)(1-\beta_2)(1-\gamma_2)$) suffices. For the compensation on the boundary

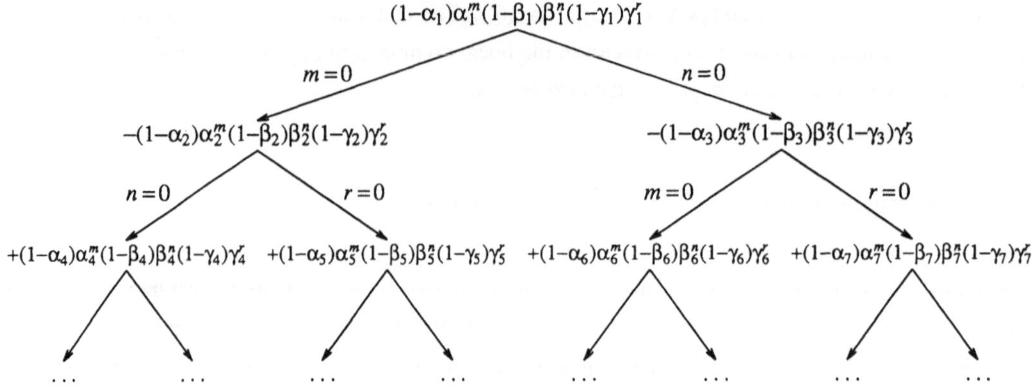

Figure 2. The construction of a binary tree of product forms starting on the boundary $r=0$.

$n=0$, we add the term $c_3\alpha_3^m\beta_3^n\gamma_3^r$ with $\alpha_3=\alpha_1$, $\beta_3=f(\alpha_1,\gamma_1)/\beta_1$, $\gamma_3=\gamma_1$ and $c_3=-c_1(1-\beta_2)/(1-\beta_1)$. The second term as well as the third term compensates an error of the first term, but they both introduce two new errors: the second term on the boundaries $n=0$ and $r=0$ and the third term on the boundaries $m=0$ and $r=0$. Just as for the first term, each compensation term needs two new compensation terms. Repeating the above procedure leads to the construction of the binary tree pictured in figure 2.

For all α, β and γ, the binary tree $x_{m,n,r}(\alpha,\beta,\gamma)$ appears to be absolutely convergent in all states (m,n,r) with $\delta(m)+\delta(n)+\delta(r)\geq 2$. Here, $\delta(i):=0$ for $i=0$ and $\delta(i):=1$ for all $i\geq 1$. The following theorem states that $\{p_{m,n,r}\}$ is the sum of six series of binary trees of product forms.

Theorem. *For all $m\geq 0$, $n\geq 0$, $r\geq 0$, $\delta(m)+\delta(n)+\delta(r)\geq 2$, define*

$$y_{m,n,r} := \sum_{i=1}^{\infty}(-1)^{i+1}\,x_{m,n,r}(\tilde{\alpha}_i,\tilde{\beta}_i,\tilde{\gamma}_i)\ , \tag{8}$$

where $\tilde{\alpha}_1 = f(1,1)=(p/3)^2/(1-p/3)^2$, $\tilde{\beta}_1 = f(\tilde{\alpha}_1,1)$, $\tilde{\gamma}_1 = f(\tilde{\alpha}_1,\tilde{\beta}_1)$ and for all $i\geq 2$,

$$\tilde{\alpha}_i = f(\tilde{\beta}_{i-1},1)/\tilde{\alpha}_{i-1}\ ,\tilde{\beta}_i = \tilde{\beta}_{i-1}\ ,\tilde{\gamma}_i = f(\tilde{\alpha}_i,\tilde{\beta}_i)\ ,\quad \text{if } i \text{ even,}$$

$$\tilde{\alpha}_i = \tilde{\alpha}_{i-1}\ ,\tilde{\beta}_i = f(\tilde{\alpha}_{i-1},1)/\tilde{\beta}_{i-1}\ ,\tilde{\gamma}_i = f(\tilde{\alpha}_i,\tilde{\beta}_i)\ ,\quad \text{if } i \text{ odd.}$$

Then

$$p_{m,n,r} = y_{m,n,r} + y_{m,r,n} + y_{n,m,r} + y_{n,r,m} + y_{r,m,n} + y_{r,n,m}\ ,\quad m,n,r\geq 0,\ \delta(m)+\delta(n)+\delta(r)\geq 2, \tag{9}$$

$$p_{m,0,0} = p_{0,m,0} = p_{0,0,m} = (1-\tilde{\alpha}_1)\tilde{\alpha}_1^m - \sum_{\substack{n\geq 0,\ r\geq 0 \\ n+r\geq 1}} p_{m,n,r}\ ,\quad m\geq 1, \tag{10}$$

$$p_{0,0,0} = 1 - \sum_{\substack{m\geq 0,\ n\geq 0,\ r\geq 0 \\ m+n+r\geq 1}} p_{m,n,r}\ . \tag{11}$$

The theorem can be proved by showing that the solution defined by (9)-(11) satisfies all equilibrium equations, for which one has to use the fact that the solution in the theorem is defined in such a way that it satisfies the expressions for the two-dimensional marginal distributions (see also [3], in which the Main Theorem has been proved along the same lines).

5. Condition for applying the compensation approach to three or more dimensional random walks

Consider an ergodic, N-dimensional, semi-homogeneous random walk with transitions to neighbouring states only. Let the transition rates for the interior points be given by $q_{i_1, \ldots, i_N}$. We would like to know for which cases the compensation approach works. The compensation approach that we described for the 2×3 buffered switch can be extended to N-dimensional random walks which satisfy the projection property and the following property:

$$q_{i_1, \ldots, i_N} > 0 \quad \Rightarrow \quad i_k + i_l \leq 0 \text{ for all } k, l \in \{1, \ldots, N\}, k \neq l. \tag{12}$$

So, for an N-dimensional random walk with the projection property, condition (12) is sufficient. This condition appears to be also necessary if an infinite number of product forms is needed to construct the equilibrium distribution. Condition (12) originates from the requirement that the compensation approach also has to work for each two-dimensional marginal distribution. For the case $N = 2$, condition (12) is equivalent with condition (1). Unfortunately, condition (12) is rather severe; if $q_{i_1, \ldots, i_N} > 0$, then $i_k = 1$ implies $i_l = -1$ for all $l \neq k$. For an N-dimensional random walk *without* the projection property, condition (12) will also be necessary (and maybe also sufficient), if an infinite number of product forms is needed. It follows from (2) that the three-dimensional symmetric shortest queue system violates condition (12), which confirms the suspicion stated at the end of section 3.

References

1. ADAN, I.J.B.F., WESSELS, J., AND ZIJM, W.H.M., "A compensation approach for two-dimensional Markov processes," *Adv. Appl. Prob.*, 1992. To appear.

2. ADAN, IVO J.B.F. AND , JAAP WESSELS, "Product forms as a solution base for queueing systems," in *Operations Research Proceedings 1993*, Springer-Verlag, Berlin, 1993. To appear in this volume.

3. BOXMA, O.J. AND VAN HOUTUM, G.J., "The compensation approach applied to a 2x2 switch ," Memorandum COSOR, Eindhoven University of Technology, Dept. of Math. and Comp. Sci., 1992. Submitted for publication.

4. JAFFE, S., "The equilibrium distribution for a clocked buffered switch," *Probab. Engineer. Inform. Sci.*, 1992. To appear.

350

QUEUEING SYSTEMS ON A CIRCLE

Dirk P. Kroese, Enschede

Volker Schmidt, Ulm

Abstract: We consider queueing systems where arriving customers drop at random on a finite graph (e.g. on a circle). This means that, besides service times, traveling times appear. If customers arrive according to a time-homogeneous Poisson process, using a regeneration argument, we show that the usual condition "mean service time less than the mean interarrival time" is sufficient for stability. When customers drop on a circle, we consider the steady-state behaviour of the number and the locations of customers that are waiting for service.

Zusammenfassung Wir betrachten Warteschlangensysteme, bei denen die ankommenden Kunden zufällig auf einem endlichen Graphen (z.B. auf einer Kreislinie) positioniert werden. Neben den Bedienungszeiten treten somit noch Wegezeiten auf. Wir zeigen, daß die Bedingung "mittlere Bedienungszeit < mittlere Zwischenankunftszeit" hinreichend für die Stabilität solcher Systeme ist, falls die Ankunftszeitpunkte der Kunden einen homogenen Poisson-Prozeß bilden. Für den Fall, daß der betrachtete Graph eine Kreislinie ist, untersuchen wir stationäre Charakteristiken der Anzahl und der räumlichen Anordnung der Kunden, die auf ihre Bedienung warten.

1. The Model

We consider a class of queueing systems, where the arrival epochs T_n of customers form a homogeneous Poisson point process on the non-negative halfline, i.e. the interarrival times $T_{n+1} - T_n$ are independent and exponentially distributed random variables with distribution function $A(x) = P(T_{n+1}-T_n < x)$ having the form $A(x) = 1-e^{-ax}$, $x \geq 0$, where $\frac{1}{a} = \int x\, dA(x)$ is the mean interarrival time.

The arriving customers are dropped on a certain graph G. We assume that G is connected having finitely many edges and finite total length. A single server either serves a customer or walks on the graph towards the customer, if there is any, that he intends to serve next. We consider two different traveling disciplines: (i) The *polling server* who travels on the graph with constant speed α^{-1} along a given route which does not depend on the actual state of the system (in particular, it does not depend on the number of customers being actually present in the system and not on their positions) and which has the property that, before revisiting a certain given point of the graph, say zero, the server walks along the whole graph and needs a fixed finite walking time for returning to zero (plus the service times of those customers, he eventually meets on his way). (ii) The *Brownian server*, who carries out a Brownian motion along a route on the graph which is assumed to have the same properties as in the polling-server case. We assume that the Brownian motion has drift zero and variance parameter σ^2 and that it is stochastically independent of the remaining random mechanism of the system.

The case when the server moves according to a Brownian notion with non-zero drift will be the subject of a further research. Then, the server can be interpreted as a polling one whose movement is disturbed from the outside.

Queueing models with traveling times have found application in telecommunication (e.g. local area networks) and reliability (inspection policies).

For simplicity, we will assume that the distribution π on the σ-algebra of Borelian subsets of G, according to which arriving customers choose their positions on G, is uniform. We remark, however, that it is possible to consider more general π (see /7/). The consecutive positions chosen by the arriving customers are assumed to be i.i.d. G-valued random variables which are independent of everything else. At their positions, the customers will wait until they are visited by the server who travels on the graph. Whenever the server encounters a customer, he stops his walk and serves the customer. The consecutive service times are i.i.d. non-negative random variables with general distribution function F. They are also assumed to be independent of the other random components of the system. When a service is completed, the customer is removed from the graph, after which the server resumes his journey. We analyze this non-standard class of queueing systems by describing the positions of waiting customers at time t by the atoms of a random counting measure W_t on G, where we assume that at time t = 0 we start with the empty state, i.e. $W_0(G) = 0$. Furthermore, for convenience, we assume that the trajectories of the measure-valued stochastic process $(W_t; t \geq 0)$ are left continuous having right-hand limits.

2. Stability Condition

In this section we investigate the question under what conditions the distribution of W_t weakly converges to a limit distribution (of a proper random counting measure W) when time t tends to infinity, i.e.

$$W_t \xrightarrow[t \to \infty]{d} W \ . \tag{1}$$

It turns out that, both for the polling and Brownian servers, the condition

$$ae_1 < 1 \tag{2}$$

is sufficient for stability, where $e_1 = \int x\, dF(x)$ denotes the expectation of service times. Note that condition (2) is in accordance with the corresponding stability condition for the "usual" M/GI/1 queue. Nevertheless, the classical results for the M/GI/1 queue can not be used directly because in our model, besides service items, traveling times appear. Furthermore, note that in the stability condition (2) the traveling speed α^{-1} of the polling server as well as the variance parameter σ^2 of the Brownian server do not appear. Moreover at the first sight, it might be surprising that condition (2) does not depend neither on the size nor on the structure of the graph (in particular, for the polling server, it does not depend on the amount of time which the server needs for revisiting the point "zero" of the graph). An explanation for this is that for large graphs (or, equivalently, for slow servers) the graph "fills up" with a lot of customers, and hence the server does not loose much time traveling to the next customer. Thus, the reason why (1) follows from (2) is the intuitively clear fact that the ratio between traveling times and service times becomes arbitrarily small when there are more and more customers on the graph, i.e. the traveling times are asymptotically negligible. However, a formal proof seems not to exist in the literature (see e.g. /3/ and /4/ where the problem of stability has been left open). For the polling server, assuming that G is a circle and π uniform, in /6/ it has been shown that, if $ae_1 < 1$, the process $(W_t;\ t \geq 0)$ is regenerative with regeneration periods that have absolutely continuous distribution and finite expection, where a certain majorizing process has been constructed possessing these properties. Speaking more precisely, an auxiliary M/GI/∞ queue with infinitely many servers has been found which works slower than the polling system and, consequently, each empty point (i.e. an arrival epoch at which the system is empty) of the auxiliary M/GI/∞ is simultaneously an empty point of the polling system. From this it follows that the distribution of W_t weakly converges to a certain limit distribution as $t \to \infty$ (see e.g. /2/). Moreover, it is not difficult to see that, by the arguments used in /6/, an analogous stability theorem can be proved for polling servers on a more general graph G. By using a different majorization, together with a certain coupling argument, the stability theorem proved in /6/ was extended in /7/ to a general (non-uniform) distribution π of positioning arriving customers and, simultaneously, to the case when the server moves on the circle according to a Brownian motion. Unfortunately, in proving stability of the Brownian server we were not able to find equally elegant arguments as in the polling-server case, but the actual proof is relatively complicated. On the other hand, from the approach to stability used in /7/, the stability theorem immediately follows which has been stated in /5/ for polling servers on a line. Note that, as a method of proof, in /5/ the Moustafa-Foster criterion for a certain discrete-state embedded Markov chain has been used, where the service time distribution is assumed to be absolutely continuous. Using Foster's criterion, in /1/ a stability theorem has been proved for the polling server on the circle assuming that π is a discrete distribution with finitely many atoms.

3. Stationary Characteristics

We assume now that G is a circle with circumference one. Consequently, we can identify G with the unit interval $[0,1]$, where the point $x \in [0,1]$ means the distance measured from the actual position of the server. For determining characteristics of the stationary counting measure W, it is useful to introduce a new "clock" which stops whenever the server is busy. It is easy to show (see /6/, /7/) that also with respect to this new clock, both the polling server and the Brownian server are stable provided that (2) holds.

Let Q denote the corresponding stationary counting measure on $[0,1]$. It can be represented as a limit of conditional distributions. Namely.

$$\lim_{t \to \infty} E\{e^{-W_t f} \mid \text{server is idle at time t}\}$$

$$= E\, e^{-Qf}, \tag{3}$$

where $W_t f = \int_0^1 W_t(dx)\, f(x)$ and f is a suitably chosen test function. Moreover, define the random measure Q^O by

$$\lim_{t \to \infty} E\{e^{-W_t f} \mid \text{server is busy at time t}\}$$

$$= E\, e^{-Q^O f}. \tag{4}$$

Because (see /6/, /7/)

$$\lim_{t \to \infty} P \,(\text{server is idle at time t}) = 1-ae_1, \tag{5}$$

for determining the stationary random measure W, it suffices to determine the random measures Q and Q^O. At least for the polling server and π uniform, this problem can be solved much easier than to determine W directly, because in this case the Laplace functional $E\, e^{-Q^O f}$ of Q^O can be determined by that of Q via the following functional equation

$$0 = (1-ae_1)\, E\, e^{-Qf}(\alpha^{-1}\, Qf' - \beta) + ae_1\, E\, e^{-Q^O f}\left((e^{f(O)}-1)\, \frac{\beta\, L_F(\beta)}{1-L_F(\beta)} - \beta\right), \tag{6}$$

where f is a continuously differentiable function on $[0,1]$ with $f(0+) = 0$, $\beta = a\int_0^1 dx(1-e^{-f(x)})$, and L_F denotes the Laplace-Stieltjes transform of F. Moreover, $E\,e^{-Qf}$ can be expressed by the solution of a certain integral equation (see Theorem 4.1 in /6/). In this way, analytical formulas can be obtained for the first-order and second-order moment measures of W. In particular, for mean meansure $EQ(dx)$ we have

$$EQ(dx) = \frac{a\alpha}{1-ae_1}\,(1-x)\,dx \tag{7}$$

in the polling-server case (see /6/) and

$$EQ(dx) = \frac{a\,\sigma^{-2}}{1-ae_1}\,x(1-x)\,dx \tag{8}$$

in the Brownian-server case (see /7/). For expected total number $EW([0,1])$ of customers on the circle, this gives

$$EW([0,1]) = ae_1 + \frac{a^2 e_2 + \alpha\,a}{2(1-ae_1)} \tag{9}$$

and

$$EW([0,1]) = ae_1 + \frac{a^2 e_2 + \frac{1}{3\,\sigma^2}\,a}{2(1-ae_1)} \tag{10}$$

respectively, where $e_2 = \int x^2\,dF(x)$ denotes the second moment of service times. Note that in distinction to (2), the expectations in (9) and (10) depend not only on the arrival intensity a and on the distribution of service times, but also on the traveling speed α^{-1} of the polling server and on the variance parameter σ^2 of the Brownian server, respectively. If $\alpha^{-1} \to \infty$ and $\sigma^2 \to \infty$, respectively, then the expected total number $EW([0,1])$ of customers on the circle converges to that in the usual M/GI/1 queue.

Clearly, one can consider also other performance measures than the number of customers in the system, e.g. the waiting time of customers. For some special cases (constant service times, scanning-server systems) results of this type can be found in /4/ and /5/.

4. Literature:

/1/ Altman , E.; Konstantopoulos, P.; Liu, Z.
Some qualitative properties in polling systems . Preprint.
INRIA Centre Sophia Antipolis (1991)

/2/ Asmussen, S.
Applied Probability and Queues.
J. Wiley & Sons, New York (1987)

/3/ Bertsimas, D.J; van Ryzin, G.
A stochastic and dynamic vehicle routing problem in the euclidean plane.
Operations Research 39, 601-615 (1991)

/4/ Coffman, Jr. E.G.; Gilbert, E.N.
Polling and greedy servers on a line.
Queueing Systems -Theory and Apllications 2, 115-145 (1987)

/5/ Coffman, Jr. E.G.; Stolyar, A.
Polling on a line: General service times. Preprint
AT&T Bell Laboratories, Murray Hill (1991)

/6/ Kroese, D.P.; Schmidt, V.
A continuous polling system with general service times.
Ann. Appl. Probability 20 (1992)

/7/ Kroese, D.P.; Schmidt, V.
Queueing systems on a circle.
Zeitschrift f. Operations Research 37 (1993)

Average optimal strategies in stochastic games with complete information

Heinz-Uwe Küenle, Technische Universität Cottbus
Fakultät 1, Mathematik/Informatik/Naturwissenschaften
Karl-Marx-Str. 17, Postfach 102/I, O-7500 Cottbus

In this contribution Markov games are considered in which the first player knows the current state but the second player knows the current state and the current action of the first player. Such Markov games are called Markov games with complete information or minimax decision models. By means of a Bellman equation a sufficient condition for the average optimality of a stationary deterministic strategy is given. Furthermore, Howard's strategy improvement known for Markov decision models is generalized to Markov games.

Markov games with complete information can be used to compute good strategies for Markov decision problems with transition probabilities and stage cost depending of an unknown parameter. In this case one interprets the problem as a game against nature where the decision-maker is the first player and nature is the second player which chooses the unknown parameter. We treat especially problems where decisionmaker's actions are equivalent to translations of the state. Many inventory, cash balance, replacement, and harvesting problems have this property.
For a class of such problems it is shown that the decisionmaker has an optimal (σ, S) strategy, that is a strategy which translates the state in S if it has reached the set σ. An algorithm for the computation of such strategies is given.

COMPARISON OF TWO APPROXIMATIONS FOR THE LOSS PROBABLILITY IN FINITE-BUFFER QUEUES

Henk Tijms, Vrije Universiteit
Dept. of Econometrics
1081 HV Amsterdam, The Netherlands

Abstract

This lecture deals with two related approximations that were recently proposed for the loss probability in finite-buffer queues. The purpose of the lecture is two-fold. First, to provide better insight and more theoretical support for both approximations. Second, to show by an experimental study how well both approximations perform. An interesting empirical finding is that in many cases of practical interest the two approximations provide upper and lower bounds on the exact value of the loss probability. This lecture is based on joined work with professor M. Miyazawa (Science University of Tokyo).

Nichtparametrische Regression: Weitere Ansätze zur Kernglättung und Modellspezifikation

R. Fahrion, Heidelberg

Zusammenfassung:

In dieser Arbeit werden Fejér-Glätter als Spezifikation für Kern-Schätzer vom Nadaraya-Watson Typ vorgeschlagen. Diese lösen den trade-off zwischen Grad der Glattheit und einem hinreichend guten Ausgleich der Datenextrema besser als die bisher bekannten Kernglätter. Weiterhin werden ultrasphärische Polynome für die Behebung der schlechteren Ausgleichsgüte an den Rändern des Datenbereichs empfohlen. Eine weitere Möglichkeit zur expliziten Bestimmung der Modellspezifikation bei gegebener Datenmenge (univariater Fall) besteht in der Suche nach einer geeigneten Basisdarstellung, die im Rahmen eines Sukzedenzprinzips krümmungsminimal im Sinne dividierter Differenzen zweiter Ordnung ist. Der Suchprozeß ist in einem grafikgestützten Softwaresystem mit Turbo Pascal implementiert worden. Das System erlaubt den komfortablen Zugriff auf die Zeitreihen der VGR, für welche die Spezifikation ihres funktionalen Zusammenhangs zwischen abhängiger und unabhängigen Variablen gewünscht wird.

Abstract

First of all this paper deals with Fejér-smoothers used in kernel estimators of Nadaraya-Watson type. The trade-off between degree of smoothness and a sufficient regression quality of extremal data points is better solved as with the well-known kernel smoothers. The ultraspheric polynomials will be proposed for improving the fitting quality at the margins of the data domain. The explicit model specification may be searched by a stepwise semiparametric process. This has been implemented with graphical support in a Turbo Pascal environment. The system permits a convenient access to the time series of the VGR (overall accounting in economics), and searches for a functional specification between the time series variables under consideration.

1. Einleitung und Übersicht

Ausgangspunkt dieser Arbeit ist die Aufgabe, für den univariaten Fall Datenpunkte $\left\{(x_i, y_i)\right\}_{i=1}^{n}$ in einem noch näher zu definierenden Sinne auszuglätten. Gesucht ist eine nichtparametrische Modellspezifikation $m(x)$, die für x_i den Wert y_i erklärt. Wir konzentrieren uns auf univariate

Regressionsglätter der Form $m(x) = \dfrac{1}{n}\sum_{i=1}^{n} W_{ni}(x) \cdot y_i$ (Nadaraya (1964)). In der statistischen Praxis haben sich bisher besonders Kernglätter durchgesetzt, während Splinefunktionen im Bereich der Approximation und Interpolation dominieren. Hier werden Fejér-Glätter als Erweiterung zur Spezifikation von Kernglättern vorgeschlagen, die den genannten trade-off zwischen Glattheitsforderung und hinreichendem Ausgleich der Datenextrema besser lösen als die bekannten Kernglätter. Fejér-Polynome haben die Eigenschaft, in einer Bandbreite $O\left(\frac{1}{n}\right)$ einen Wert $O(n)$ anzunehmen, und außerhalb des Bandbreitenintervalls vernachlässigbar klein zu sein. Die 'Spitzen' der Fejér-Polynome werden auf die x_i-Werte positioniert, so daß ein besseres Ausgleiten der Datenextrema gewährleistet ist. In Abschnitt 3 wird gezeigt, daß Glättungskurven als Orthogonalreihen ebenfalls eine gute Anpassungsqualität aufweisen. In der Literatur sind meines Wissens bisher nur Legendrepolynome bekannt, die im Zusammenhang mit lokaler Durchschnittsbildung zur Kernglättung verwendet wurden (siehe Hinweise bei Härdle (1990a), S.53). Unter Berücksichtigung einer Gewichtungsfunktion $\omega_{\alpha,\beta}(x) = (1-x)^{\alpha}(1+x)^{\beta}$ lassen sich eine ganze Klasse von Orthogonalreihen-Glättern mit sehr guten Glattheitseigenschaften erzeugen. Beispielsweise haben Tschebyscheff-Glätter $(\alpha = \beta = -\frac{1}{2})$ bessere Anpassungseigenschaften an den Rändern als Legendrepolynome $(\alpha = \beta = 0)$.

In Abschnitt 4 werden wir ein anderes Vorgehen wählen, um eine glatte Datenanpassung zu erhalten. Ausgehend von einer Menge von elementaren Basisfunktionen, wird in einem Sukzedenzprinzip eine Basisdarstellung gesucht, die im Sinne dividierter Differenzen zweiter Ornung krümmungsminimal ist. Die auf diese Weise gefundene Modellspezifikation ist 'parametrisch' mit konkret ermittelten Linearfaktoren, allerdings mit dem wesentlichen Unterschied zu einer parametrischen nichtlinearen Regression, daß die Spezfikation nicht vorgegeben werden muß. Die funktionale Form der Glättungskurve wird vielmehr in diesem sequentiellen Suchprozeß durch bestmögliche Krümmungsanpassung bestimmt. Der Suchprozeß ist in einem grafikunterstützenden Softwaresystem mit Turbo Pascal realisiert worden. Das System erlaubt den bequemen Zugriff auf eine Auswahl von Zeitreihen der VGR, für welche die nichtparametrische Modellspezifikation anschließend bestimmt werden kann. Zum Abschluß dieser Arbeit wird über Fallbeispiele berichtet.

2. Glättung mit Fejér-Kernen

Die prinzipielle Zielsetzung bei den bisher bekannten Kernglättern besteht in der Konzentrierung auf die Datenpunkte in einer Umgebung eines betrachteten x-Werts. Es lassen sich weitere Kerne angeben, die meines Wissens bisher im Zusammenhang mit nichtparametrischer Kernglättung nicht verwendet wurden. Es sind Fejér-Kerne, die im Gegensatz zu den 'bauchigen' Epanechnikov-Kernen innerhalb einer Bandbreite $O\left(\frac{1}{n}\right)$ Funktionswerte der Größenordnung $O(n)$ annehmen und außerhalb der Umgebung vernachlässigbar klein sind. Für die genaue Spezifikation der Fejér-Kerne wird auf Fahrion (1992) verwiesen. Setzen wir nun in den Glättern vom Nadaraya-Watson Typ $K(u) = F_N(u)$, $N \geq 3$, so erhalten wir einen weiteren nichtparametrischen Kernglätter, den wir als Fejér-Glätter bezeichnen wollen. Für die Beispieldaten (Härdle 1990a, S.303) sind in Bild 1 und 2 für zwei Beispielsituationen die Fejér-Glätter den Nadaraya-Watson-Glättern gegenübergestellt.

Gerade bei größerem h_n wird deutlich, daß der Fejér-Kernglätter bei hinreichender Glattheit die Datenextrema besser nachzieht und damit den trade-off zwischen Glattheit und lokaler Variation besser auswiegt.

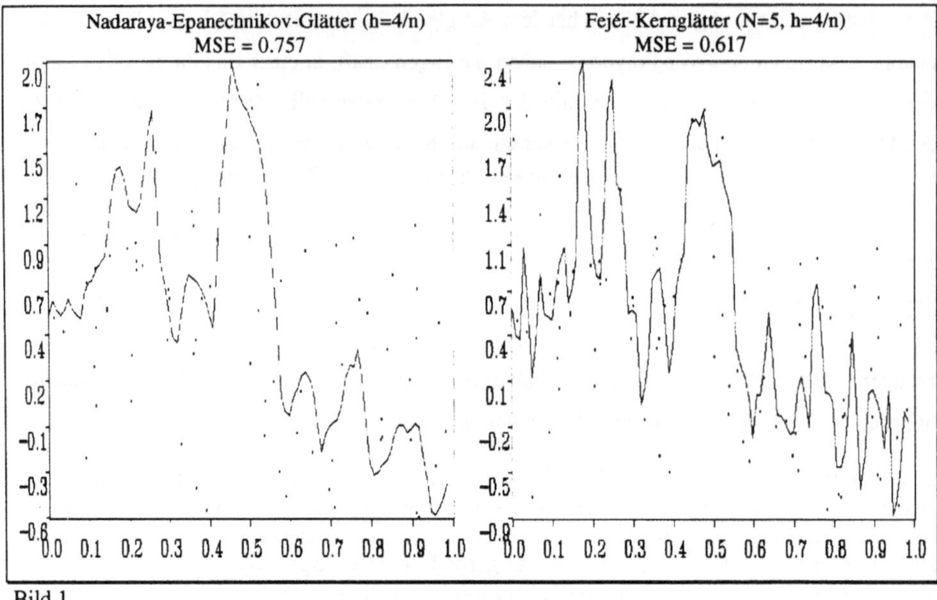

Bild 1

Was die Festlegung einer bestmöglichen Bandbreite h angeht, sind für den allgemeinen Fall der nichtparametrischen Regression eine ganze Reihe von theoretischen Untersuchungen gemacht worden. Da wir den Nadaraya-Watson Typ ebenso für die Fejér-Kerne beibehalten, gelten auch die statistischen Eigenschaften, die für den Nadaraya-Watson Glätter aus der Literatur bekannt sind: Konsistenz und ein beschränkter MSE bei hinreichend klein gewähltem h. Allerdings ist für die näherungsweise Berechnung des MSE die Kenntnis der Kerndichte und der (unbekannten) Varianz erforderlich. Dies ist zweifelsohne ein Nachteil der Nadaraya-Watson Glätter, der sich nicht nur bei der Bestimmung des MSE, sondern auch bei der Berechnung von Konfidenzintervallen zeigt.

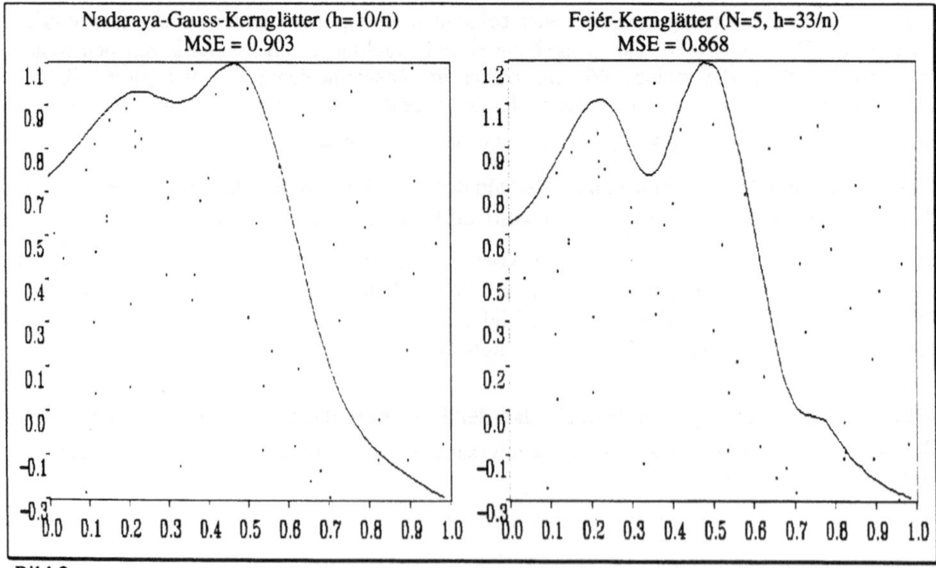

Bild 2

3. Verbesserung der Schätzgüte an den Rändern des Datenbereichs durch spezielle Orthogonalreihen-Glätter

Orthogonalreihen sind meines Wissens bisher nur wenig für Glättungsdarstellungen verwendet worden. Bekannt sind Legendre-, Laguerre- und Hermitepolynome. Wir wollen daher in diesem Abschnitt darauf hinweisen, daß durch Jacobi-Polynome, auf der Grundlage der Rodrigues-Formel, die Gesamtheit der Glättungsdarstellungen durch Orthogonalreihen erfaßt werden kann. Speziell Tschebyscheff-Polynome haben sehr gute Approximationseigenschaften an den Rändern eines betrachteten Datenbereichs. Die Verwendung dieser Polynome für die Kerndarstellung in Glättern des Nadaraya-Watson-Typs führt zu einer Verbesserung der schlechten Anpassung in den 'Halbumgebungen' um die Randpunkte. Für Einzelheiten zur Bestimmung der Tschebyscheff-Polynome wird auf Fahrion (1992) verwiesen.

In Bild 3 ist der Nadaraya-Glätter mit Epanechnikov-Kern demjenigen mit Tschebyscheff-Kern gegenübergestellt ($N=12$, $h = {}^{10}\!/_n$). Man erkennt die bessere Repräsentation der Daten vor allem am rechten Rand. Die starke Glättung im linken Teil des rechten Streudiagramms ist durch den Grad 12 bedingt. Während beim Epanechnikov-Kern der mittlere Wert der Datenpunkte (y-Werte) in einer Linksumgebung des rechten Intervallrandpunkts deutlich unterschätzt wird, versucht der Tschebyscheff-Kern den Mittelwert der Umgebungspunkte besser zu erreichen. Dies ist auf die sehr guten Approximationseigenschaften der Tschebyscheff-Polynome an den Bereichsrändern zurückzuführen.

4. Auffinden einer nichtparametrischen Modellspezifikation (NIMOS)

Für eine Art Hybridansatz zwischen nichtparametrischer und parametrischer Regression läßt sich ein Sukzedenzprinzip für die Ermittlung der funktionalen Spezifikation zwischen einer abhängigen Variablen y und einer oder mehreren unabhängigen Variablen x angeben. Wenn wir einen allgemeinen nichtlinearen Regressionsansatz

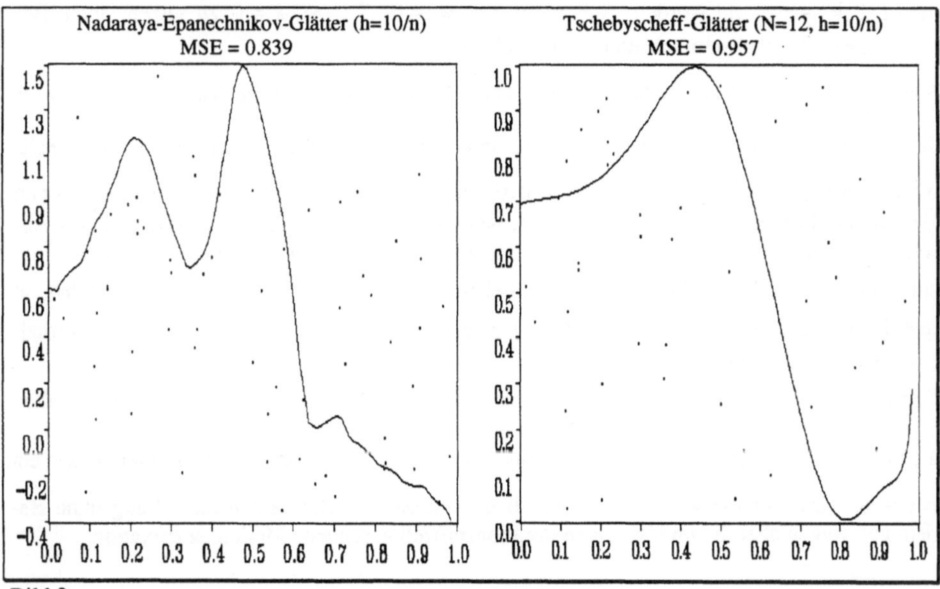

Bild 3

$$(1) \qquad b_0(y_i) = \sum_{j=1}^{K} a_j b_j(x_i), \quad i = 1,\ldots,n$$

für die Datenpaare $\{(x_i, y_i)\}_{i=1}^{n}$ und $b_j \in C^{\infty}_{[x_{min}, x_{max}]}$ betrachten, so stellt sich die Frage nach

(a)   der funktionalen Form der $b_j(x)$, $j = 0,\ldots,K$,

(b)   der Anzahl K der Basisfunktionen für eine datenadäquate Regressions-Kurve.

Im Unterschied zur parametrischen Regression, wo wir die $b_j(x)$, $j = 0,\ldots,n$, und K explizit vorgeben müssen, gehen wir nun so vor, daß die $b_j(x)$ sukzessive in die Funktionsdarstellung (1) aufgenommen werden. Das entscheidende Kriterium für die Berücksichtigung eines $b_j(x)$ ist die bestmögliche Anpassung an die „Krümmung" der y-Werte. Hier liegt eine gewisse Analogie zur Theorie der Spline-Funktionen vor, da Splines hinsichtlich der Anpassung an die zweite Ableitung der zu bestimmenden Ausgleichsfunktion optimal sind, allerdings mit dem wesentlichen Unterschied, daß die funktionale Form des Ausgleichsplines gegeben ist. Als Maß für die näherungsweise Bestimmung der Krümmung verwenden wir für jeweils drei Datenstützpunkte x_{i-1}, x_i, x_{i+1} dividierte zweite Differenzen, $i = 1,\ldots,n-1$. Das Sukzedenz-Prinzip für die Aufnahme der $b_j(x)$ wird in den folgenden Schritten beschrieben:

<u>Schritt 1:</u> Für die Basisfunktionen $b_j(x)$ eignen sich zunächst die elementaren Potenzfunktionen $b_j(x) = x^j$, die im Falle nichtnegativer dividierter zweiter Differenzen $D^2 b_j[x_{i-1}, x_i, x_{i+1}]$, $i = 1,\ldots, n-1$, in Betracht gezogen werden können. Aber auch andere Basisfunktionen wären möglich für die Darstellung (1). Sei also $B = \{b_0(x),\ldots,b_N(x)\}$ eine Menge solcher elementarer Basisfunktionen. Für den Initialisierungsprozeß nehmen wir an, daß bereits eine erste 'grobe' Anpassung mit einer Basisfunktion erfolgt sei: $\hat{m} = a_o b_\mu$ mit $\mu \in \{1,\ldots,N\}$ geeignet. Weiterhin sei für die Regressionsbeziehung $y_i = \hat{m}(x_i) = a_0 b_\mu(x_i)$, $i = 1,\ldots,n$, das korrigierte Bestimmtheitsmaß $\overline{R}_a^2$ bestimmt worden. Außerdem sind $m_a = 0$, $S_a := \infty$, $k := 0$ zu setzen, deren Bedeutung aus den nächsten Schritten ersichtlich ist.

<u>Schritt 2:</u> In einer Wiederholungsschleife über $j = 0,1,\ldots,N$ wird die Menge B sukzessive durchlaufen, $\hat{m}(x) := m_a + a_j b_j(x)$ gesetzt und $S := \sum_{i=1}^{n-1} D^2 \hat{m}[x_{i-1}, x_i, x_{i+1}]$ berechnet. Falls $S > S_a$ wird j erhöht, d.h. die nächste Basisfunktion genommen. An dieser Stelle kommt nun ein parametrischer Ansatz zur Ausführung, weshalb wir auch von dem zu Beginn dieses Abschnitts erwähnten Hybridansatz zwischen nichtparametrischer und parametrischer Regression sprechen können. Falls nämlich $S \leq S_a$ ist, haben wir eine weitere Basisfunktion gefunden, so daß die momentane Regressionsfunktion $\hat{m}(x)$ eine Verbesserung in ihrem Krümmungsverhalten aufweist. Wir setzen $k := k+1$.

<u>Schritt 3:</u> Wir führen nun für $\hat{m}(x)$ eine klassische Kleinstquadratschätzung durch und erhalten als Lösung der Aufgabe $\|y - \hat{m}\|_2 \to \min$ eine Folge $\{\hat{a}_\mu\}_{\mu=0}^{k}$ von Schätzkoeffizienten, sowie ein neues $\overline{R}^2$. Die Schätzkoeffizienten sind für die angestrebte Regressionsdarstellung ohne Bedeutung, zeigen aber die im bisherigen Iterationsprozeß gefundene Modellspezifikation.

<u>Schritt 4:</u> Für den Vergleich der Regressionsgüte der aktuell gefundenen Funktionsdarstellung mit derjenigen des vorhergehenden Iterationsschritts können wir die übliche F-Statistik

$$F = \frac{1}{n-k} \frac{\left(\hat{a}^k - \hat{a}^{k-1}\right) V^{-1} \left(\hat{a}^k - \hat{a}^{k-1}\right)}{\hat{a}^k \hat{a}^{k-1}}$$ nicht verwenden, da die Schätzvektoren $\hat{a}^k$ aus verschie-

denen Iterationsstufen k eine unterschiedliche Dimension haben können. Es bietet sich aber an, den F-Test bezüglich des Bestimmtheitsmaßes durchzuführen. Dazu wäre

$$F = \frac{1}{n-k} \left(\frac{\overline{R}^2 - \overline{R}_a^2}{1 - \overline{R}^2} \right)$$ zu berechnen und mit dem kritischen F-Wert $F_{krit}(n,k)$ in Beziehung zu

setzen. Außerdem ist für den nächsten Iterationsschritt $\overline{R}_a^2 := \overline{R}^2$ zu setzen.

<u>Schritt 5:</u> Falls $F \leq F_{krit}(n,k)$, so ist die aktuelle Modellspezifikation $m_a := \hat{m}$, sonst wird aus dem aktuellen b_j und einem b_μ, $\mu \in \{1, \ldots, j-1\}$ das 'Produkt' $b_k(x) = b_j(x) b_\mu(x)$ erzeugt und zum aktuellen $\hat{m}(x)$ hinzugenommen: $\hat{m}(x) := \hat{m}(x) + a_k b_k(x)$. Danach wird k erhöht und die Schritte 3 und 4 werden erneut durchgeführt.

<u>Schritt 6:</u> Die aktuelle Modellspezifikaition m_a wird (zur Kontrolle) ausgewiesen. Falls $j < N$ lassen sich noch weitere Basisfunktionen hinsichtlich eines Beitrags zur Glattheit der gesuchten funktionalen Form überprüfen. Wir erhöhen j in der Wiederholungsschleife und fahren mit der Ausführung der Schritte 2 bis 6 fort. Ist $j = N$, so ist m_a die gesuchte funktionale Form.

5. Fallbeispiele für die Spezifikation des Erklärungszusammenhangs

Mit dem in Turbo-Pascal realisierten Softwaresystem NIMOS (NIchtparametrische MOdell-Spezifikation) kann sehr komfortabel auf die Zeitreihen der VGR, wie sie vom Deutschen Institut für Wirtschaftsforschung in Berlin zu Verfügung gestellt werden, zugegriffen werden. Im Rahmen einer Diplomarbeit (Gothein (1988)) ist eine Klassifikation der Zeitreihen mit graphischen Präsentationsmöglichkeiten vorgenommen worden. Wiederum muß wegen Details auf Fahrion (1992) verwiesen werden.

Mit der Option 'Auswahl' des Hauptmenüs wird VGRNIMOS.EXE[1] gestartet. Menügeführt kann der Benutzer seine gewünschten Zeitreihen auswählen. Die Zeitreihendaten und die Zeitreihentitel werden in die ASCII-Dateien VGRTEXT.OUT und VGRDATEN.OUT gestellt. Danach ist eine, hier nicht näher erklärte, formatbedingte Konvertierung erforderlich (NIMOSDAT.SCR). Eine bereits existierende *.SCR-Datei kann auch direkt in den Hauptspeicher geladen werden. Eine weitere Auswahloption führt den internen exec-Aufruf NIMOS.EXE aus und führt die im letzten Abschnitt beschriebene Bestimmung des Modellzusammenhangs zwischen den aktivierten Zeitreihenvariablen durch. Die in einer ASCII-Datei abgelegte Funktionsform wird anschließend in eine Prozedur des Pascal-Programmes STARTGRA.PAS aufgenommen. Für die Erstellung eines Funktionsplots muß START-GRA.PAS kompiliert werden. Dies erfolgt wiederum durch einen internen exec-Aufruf, indem die Kommandozeilenversion des Turbo-Pascal Kompilierers aktiviert wird: TPC.EXE /m STARTGRA[.PAS]. Es wird hierbei die EXE-Datei STARTGRA.EXE erzeugt, die direkt ausgeführt werden kann. Es wird dann ein Funktionsplot wie in Bild 4 erzeugt. Die einzelnen

---

[1] Bei der Durchführung der Programmierarbeiten unterstützte mich M. Koch.

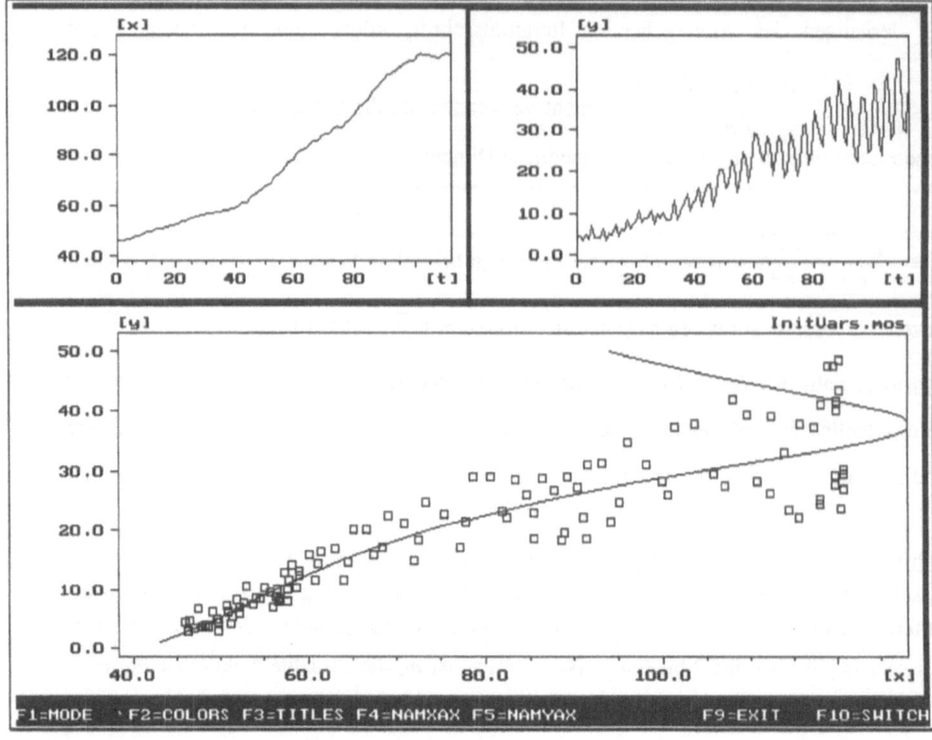

Bild 4

Diagramme lassen sich in ihrer Größe verändern und umpositionieren, so daß stets ein frei wählbares Druckbild-Layout erzeugt werden kann.

Für zwei Beobachtungsreihen $y = y(t)$, $x = x(t)$, $t = 1,\ldots,n$, $n = 112$, soll exemplarisch gezeigt werden, wie Näherungen für den regressiven Zusammengang $y = f(x)$ aussehen können. Für $k = 3$ Durchläufe erhält man die Näherungen

Stufe k	Näherung der Modellspezifikation	$\overline{R}^2$
1	$\dfrac{1}{\sqrt{y}} = 0.145 - 1.436\,955 \cdot 10^{-3}\,x$	0.834
2	$\dfrac{1}{y^2} = 5.839\,76 \cdot 10^{-4} - 8.627\,711\,4 \cdot 10^{-5}\sqrt{x}$	0.884
3	$\dfrac{1}{y^4} = 4.130\,722\,707\,7 \cdot 10^{-7} - 1.331\,404\,418\,5 \cdot 10^{-7}\sqrt{x}$ $+ 1.082\,464\,137\,9 \cdot 10^{-8}\,x$	0.933

Dieses Beispiel soll hier lediglich das Sukzedenzprinzip verdeutlichen, ohne jeglichen Anspruch an die Vollständigkeit des Erklärungszusammenhangs. Dennoch seien abschließend noch einige Anmerkungen zur vielleicht fehlenden Interpretierbarkeit gemacht: Bei der Bestimmung einer funktionalen Spezifikation nach dem Sukzedenzprinzip haben wir die Problemsituation 'measurement without theory', denn wir gelangen zu der Ausgleichskurve ohne Berücksichtigung theoretischer Zusammenhänge, wie sie aus der Wirtschaftstheorie bekannt sind. Im parametrischen Falle gehen wir üblicherweise von einer Funktionsspezifikation aus, deren Parameter nach der Schätzung Interpretationsmöglichkeiten bieten. Beispielsweise lassen sich die Schätzkoeffizienten α und β in Produktionsfunktionen der Form $Y = \alpha_0 K^\alpha A^\beta$ als Elastizitäten interpretieren, während bei der mit dem Sukzedenzprinzip gewonnen Funktion die Koeffizienten weitgehend keine Interpretation im Sinne wirtschaftstheoretischer Maßzahlen zulassen. Dies ist zweifelsohne ein Nachteil, allerdings sollte man bedenken, daß der Ausgangspunkt der Betrachtungen hier die nichtparametrische Regression war, mit der primären Zielsetzung einer Regressionsdarstellung, die durch bestmögliche Glattheit und gute Anpassung an die Beobachtungsdaten ausgezeichnet ist. Daher stellt sich für jedes Ausgleichsproblem die grundsätzliche Frage, ob für die betrachteten Problemvariablen ein theoretischer Ansatz für die Spezifikation des Kausalzusammenhangs existiert. In diesem Falle sollte man eine parametrische Regression durchführen, auch wenn die Datenanpassung schlechter ist als bei der Verwendung nichtprametrischer Glättungsverfahren. Das Sukzedenzprinzip stellt vielleicht eine Art Kompromiß zwischen nichtparametrischer Glättung und parametrischer Regression dar. Die Interpretation der Schätzkoeffizienten ist zwar nicht möglich, dennoch könnte man z.B. die Bestimmung einer Elastizität durch symbolische Differentiation der gefundenen Regressionskurve nach den entsprechenden erklärenden Variablen finden. Auch eine näherungsweise Berechnung durch numerische Differentiation wäre denkbar, um Elastizitätseigenschaften zu ermitteln. Jedenfalls sollte man in methodischer Hinsicht eine Fragestellung stets von mehreren Seiten angehen, um ein möglichst hohes Maß an empirischer Evidenz zu gewinnen. Es wäre zu begrüßen, wenn die in dieser Arbeit ausgeführten methodischen Vorgehensprinzipien nicht nur zur Erhöhung der Methodenvielfalt beitragen würden, sondern auch Anlaß für das methodisch unterschiedliche Herangehen an die empirische Messung von Problemzusammenhängen sind.

7. Literaturhinweise

Epanechnikov V. (1969): Nonparametric estimates of a multivariate probability density. Theory of Probability and its Applications 14, 153-158.

Fahrion R. (1992): Nichtparametrische Regression: Weitere Ansätze zur Kernglättung und Modellspezifikation. Disk.schrift Nr.184, Wirtschaftswissenschaftliche Fakultät, Universität Heidelberg.

Gothein W. (1988): Softwareentwicklungen zur statistisch-ökonometrischen Analyse – unter Berücksichtigung der Neustrukturierung und Implementierung der Daten der VGR-Diplomarbeit, Wirtschaftswissenschaftliche Fakultät, Universität Heidelberg.

Härdle W. (1990a): Applied nonparametric regression. Econometric Society Monographs No. 19, Cambridge University Press, Cambridge, New York.

Härdle W. (1990b): Smoothing Techniques. With Implementation in S. Springer Series in Statistics, Springer Verlag New York, Berlin u.a.

Nadaraya E.A. (1964): On estimating regression. Theory of Probability and its Applications 10, 186-190.

Lastprognose in der Energiewirtschaft mittels Neuronaler Netze

Richard F. Hartl, Technische Universität Wien
Thomas Staffelmayr, Technische Universität Wien
Gerold Petritsch, EVN (Energieversorgung Niederösterreich), Maria Enzersdorf

Zusammenfassung: In dieser Arbeit wird das Problem der kurzfristigen Lastprognose bei einem Energieversorgungsunternehmen (EVU) betrachtet. Es soll die Last des jeweils folgenden Tages vorhersagt werden, wobei als Eingangsgrößen der Tagestyp, die Wettervorhersage und die Last der Vortage Verwendung finden. Es wird untersucht, ob durch die Fähigkeit neuronaler Netze, eventuell vorliegende Nichtlinearitäten des Problemes zu erkennen, die Resultate ähnlich gut sind wie bei klassischen Methoden oder sogar verbessert werden können.

Es werden 2 verschiedene Ansätze untersucht wobei bei beiden als Netzwerkarchitektur das Assoziationsnetzwerk (Multi-Layer-Perceptron) gewählt wird. Ohne die Möglichkeiten der Modellierung im Rahmen dieser Topologien voll ausgeschöpft zu haben, liegen damit die Resultate schon in der Nähe jener der klassischen ökonometrischen Methoden. Das Verfahren scheint also grundsätzlich konkurrenzfähig zu sein.

Abstract: This paper considers the short run forecasting problem for an energy supplyer. Using type of the day, weather data and the demand of the previous days as inputs, the demand for electrical energy for the next day is to be predicted. The purpose it to investigate whether the ability of neural nets of recognizing nonlinear relationships leads to results comparable to classical methods.

Two different models are investigated both of them based on the multi layer perceptron. Without having persued all possibilities of modelling the results obtained so far are close to those of the classical methods. Thus the approach seems to be competitive.

Einleitung

Bei der EVN ist das Planungspaket EnerPULS mit dem Prognoseprogramm PROKAL im Einsatz, das mittels Kalmanfilter die Last des jeweils folgenden Tages vorhersagt, wobei als Eingangsgrößen der Tagestyp, die Wettervorhersage und die Last der Vortage Verwendung finden.

Der Zweck der vorliegenden Untersuchung war es nun herauszufinden, ob durch Anwendung neuronaler Netze eine ähnliche Prognosegüte erzielbar ist, oder ob durch die Fähigkeit neuronaler Netze, eventuell vorliegende Nichtlinearitäten des Problemes zu erkennen, die Resultate sogar verbessert werden können. Die praktische Durchführung dieser Untersuchung erfolgte im Rahmen einer Diplomarbeit /1/ am Institut für Ökonometrie und Operations Research der Technischen Universität Wien, in Zusammenarbeit mit der EVN (Energieversorgung Niederösterreich).

Mit dem Instrumentarium der Neuralen Netze werden hier zwei grundsätzlich verschiedene nichtlineare Modelle zur Lastprognose aufgestellt, wobei versucht wird, den Energieverbrauch im

Raum Niederösterreich in Abhängigkeit von Kalender- und Wetterdaten beziehungsweise von vergangenen Messungen zu modellieren (z.B. Wochentag, Uhrzeit, Lufttemperatur ...).

Beim ersten Modell werden die Schwankungen des Energieverbrauchs um einen Mittelwert, für eine bestimmte Uhrzeit, als Funktion des Wochentages und des Wetters erklärt. Beim zweiten werden die Messungen als Zeitreihe betrachtet, und eine h - Schritt Prognose durchgeführt.

Die elektrische Last

Die zu prognostizierende Größe ist die elektrische Last eines Versorgungsgebietes, jeweils als halbstündliche Mittelwerte (in MW). über die Zeit und wird in Megawattstunden (MWh) gemessen.

Die Last unterliegt (u.a.) folgenden Einflüssen (siehe auch Fig. 2 und 3):

Jahresschwankung: Die saisonale Komponente entsteht durch die unterschiedlichen Lebens- und Arbeitsgewohnheiten in den Jahreszeiten. Insbesondere Schul- und Betriebsferien machen sich bemerkbar, sowie die unterschiedliche Tageslänge und die Sommerzeit-Umstellung.

Wochenschwankung: Die zyklische Komponente entsteht durch höheren Energiebedarf an Werktagen, und geringerem an Samstagen und Sonntagen. Sie ist sehr regelmäßig, wird aber durch Feiertage bzw. "Fenstertage" empfindlich gestört. Ferner ist sie in der Sommerzeit stärker ausgeprägt als in der Winterzeit.

Tagesschwankung: Im Laufe des Tages werden durch den Beginn von Betriebstätigkeiten um etwa 8 Uhr und durch das Kochen zwischen 11 und 12 Uhr Spitzen erreicht. Nachmittags läßt sich je nach Witterung ein mehr oder minder ausgeprägtes Absinken des Energieverbrauches feststellen. Ab etwa 18 Uhr wächst er wieder bis zur Abendspitze an. Lokale Spitzen in der Nacht werden durch die Zuschaltung der steuerbaren Last verursacht.

Wettereinflüsse: Unter den Wettereinflüssen schlägt sich die Temperatur, vor allem durch elektrische Beheizung, am stärksten auf den Stromverbrauch nieder. Zusammen mit der saisonalen Komponente ergibt sich daraus ein deutlicher Niveauunterschied zwischen Sommer- und Winterzeit. Ebenfalls von Bedeutung ist die zur Beleuchtung benötigte Energie, aus der sich der Einfluß von Sonnenscheindauer und Bewölkungsdichte ableiten. Einflüsse wie Luftfeuchtigkeit und Niederschlagsmenge wirken sich eher indirekt aus. Temperatur und Windgeschwindigkeit wirken einzeln und gemeinsam auch zeitverzögert, indem sie die Abkühlung oder Erwärmung von Gebäuden beschleunigen oder verlangsamen.

Trend: Zusätzlich ist, als langfristiger Trend, eine Zunahme des Energieverbrauchs von etwa 5 % im Jahr zu beobachten.

Das Uhrzeitmodell

In diesem Ansatz wird für jedes der 48 täglichen Zeitintervalle ein eigenes Netz trainiert und für die Prognose verwendet. Die zugrundeliegende Idee ist es hier, die Last in jedem halbstündigen Zeitintervall als nichtlineare Funktion des Tagestyps und der Wetterwerte zu erklären.

Als Inputvariablen liegen also die Wetterwerte und Tageskodierungen vor. Die Outputunit liefert die Lastprognose für das entsprechende Zeitintervall. Die Prognose des Lastverlaufs für einen oder mehrere ganze Tage erfolgt dann durch die Aneinanderreihung der Prognosewerte der verschiedenen Netze, von denen jedes für ein bestimmtes Zeitintervall 'zuständig' ist.

Modelldefinition

Das Modell der Last y am Tag n im Zeitintervall i wird durch

$$y^{[i]*}_n = F^{[i]}(\underline{x}_n) \, , \, i = 1{:}48, \tag{$*$}$$

beschrieben, wobei $i=1$ für 0.00 bis 0.30 Uhr bzw. $i=48$ für 23.30 bis 24.00 Uhr steht. Weiters ist

$y^{[i]*}_n$ die Lastprognose für das Zeitintervall i am Tag n,

$F^{[i]}$ die IO-Funktion des Netzes zum Zeitintervall i,

$\underline{x}_n$ den Inputvektor $(n, \underline{T}_n, \underline{W}_n)$ bestehend aus einer Tagesnummer n, einer Kodierung $\underline{T}_n$ des Tagestyps des Tages n und den Wetterwerten $\underline{W}_n$ am Tag n

$y^{[i]}_n$ die für das Zeitintervall i am Tag n tatsächlich gemessene Last.

Zur Beurteilung der Prognosegüte wurde die mittlere absolute Abweichung, der MAD (Mean Absolute Deviance), des relativen Fehlers herangezogen:

$$MAD = 1/N * \Sigma_n \left(|y^{[i]*}_n - y^{[i]}_n| \, / \, y^{[i]}_n \right).$$

Beschreibung des Netzwerks

Dieses Modell wurde in Form eines backpropagation Netzwerks realisiert.

Die acht verschiedenen in Niederösterreich gemessenen Wetterwerte wurden linear auf das Intervall [0,1] abgebildet, und bilden die Wetterkomponente $\underline{W}_n$ des Inputvektors $\underline{x}_n$. Sie sollen den Einfluß des Wetters auf den Energieverbrauch modellieren.

Um die wöchentliche Schwankung zu modellieren, wurden neun binäre Variablen eingeführt, um die betrachteten Tagestypen zu kodieren. Ihnen entsprechen die sieben Wochentage, sowie die Tagestypen "Feiertag" und "Fenstertag". Von den ersten acht hat immer genau eine den Wert 1, die restlichen den Wert 0.

Die Inputunit "Fenstertag" nimmt den Wert 1 an, wenn die Tage davor und danach Sonn- oder Feiertage sind, sonst 0.

Um den linear steigenden Trend des Stromverbrauchs zu modellieren, wurde eine Tagesnummerierung als zusätzlicher Parameter miteinbezogen. Der entsprechende Wertbereich wurde ebenfalls linear auf das Intervall [0,1] abgebildet.

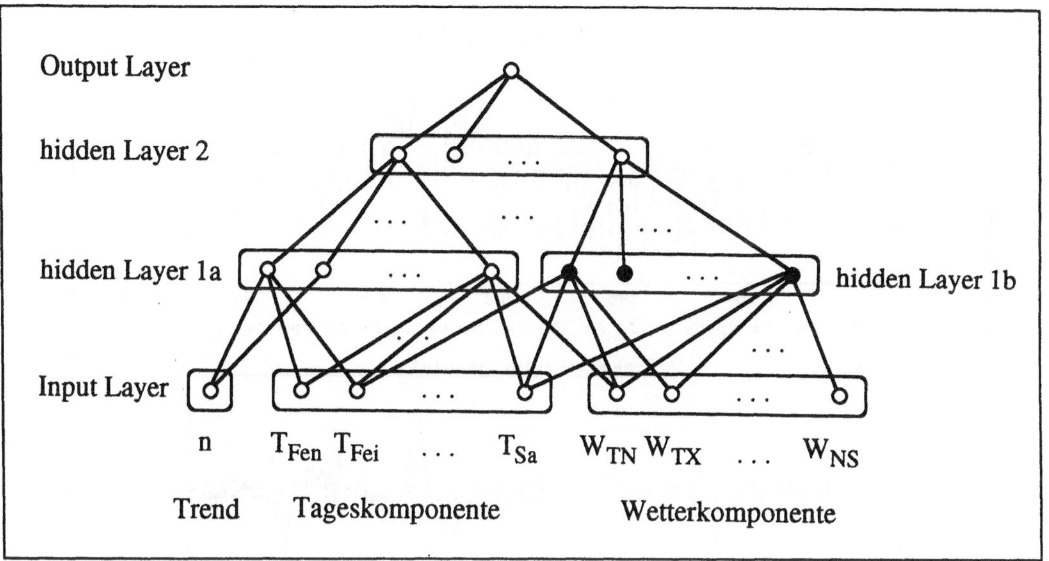

FIG. 1: *Netzwerkarchitektur.*

Für die Units der Input- und Outputlayer wurde als lineare Transferfunktion die identische Funktion gewählt. Der erste hidden Layer besteht aus zwei Gruppen von Units: die eine mit sigmoider, die andere mit sinusoider Transferfunktion (letztere in Abb. 1 durch schattierte "Neuronen" angedeutet). Es hat sich bei den Untersuchungen gezeigt, daß dies eine Verbesserung der Resultate bringt. Diese Methode wurde schon von Varfis & Versino /3/ erfolgreich angewandt. Der zweite hidden Layer besteht ausschließlich aus Units mit sigmoider Transferfunktion. Alle möglichen Verbindungen zwischen je zwei aufeinanderfolgenden Layern wurden hergestellt.

Testresultate

Fig. 2 zeigt den täglichen Energieverbrauch von 12:00 bis 12:30 Uhr für den Zeitraum dem die Lerndaten entstammen, sowie den erzeugten Prognosefehler. Dieser stellt die Anpassungsgüte des Netzes (Nr. 25) an die Lerndaten dar, für die ein MAD von 1,99 % erzielt wurde.

Fig. 3 zeigt die entsprechenden Werte für die Testdaten, an denen die eigentliche Prognosegüte, mit einem MAD von 2,98 %, gemessen werden kann.

Die Resultate der Zusammensetzung aller 48 Netzwerke zur Prognose der Woche vom 1.7 bis 7.7.1990 sind in Fig. 4 dargestellt. Es ergab sich dabei ein MAD von 2,88 %.

Beurteilung

Eine detaillierte Untersuchung der Ergebnisse zeigte, daß die Prognosefehler an Sonn- und Feiertagen, sowie während der Ferienzeiten am schlechtesten ist. Die Prognose um Feiertagen gilt allgemein als schwierig, und die Ferienzeiten wurden bei der Modellbildung vorläufig nicht berücksichtigt.

Angesichts der vorgenommenen Vereinfachungen sind die erzielten Resultate jedoch durchaus zufriedenstellend. Renesnicek /2/ gibt für den MAD seiner Lastprognosen mittels Kalman-Filter Werte zwischen 2,20 % und 2,65 % an, die sich auf Prognosehorizonte von einem Tag beziehen.

370

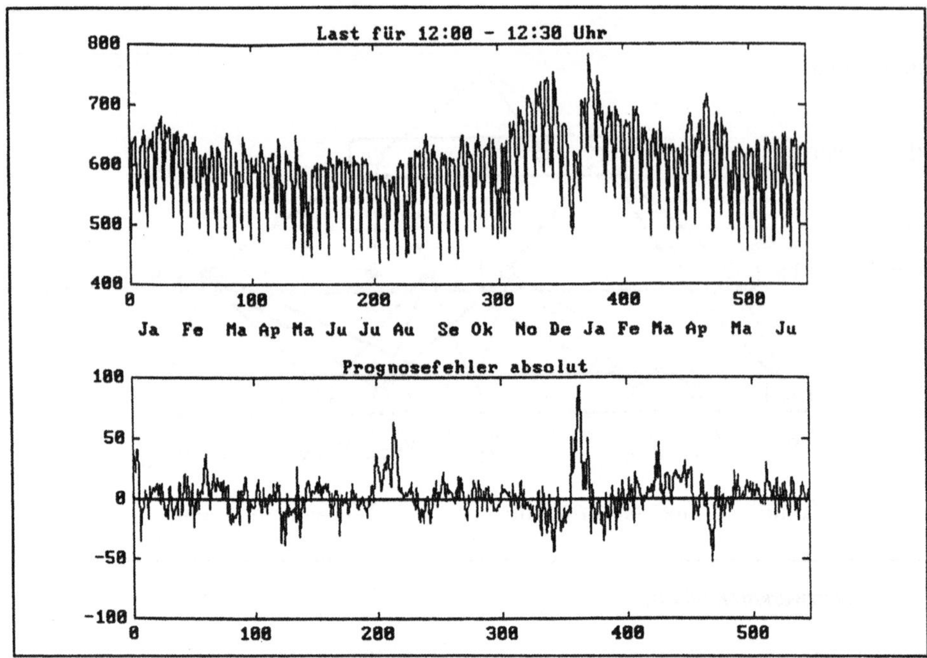

FIG. 2: *Lastwerte (in MWh) für die Zeit von 12:00 bis 12:30 der Lernphase (vom 1.1.1989 bis 30.6.1990) und Prognosefehler.*

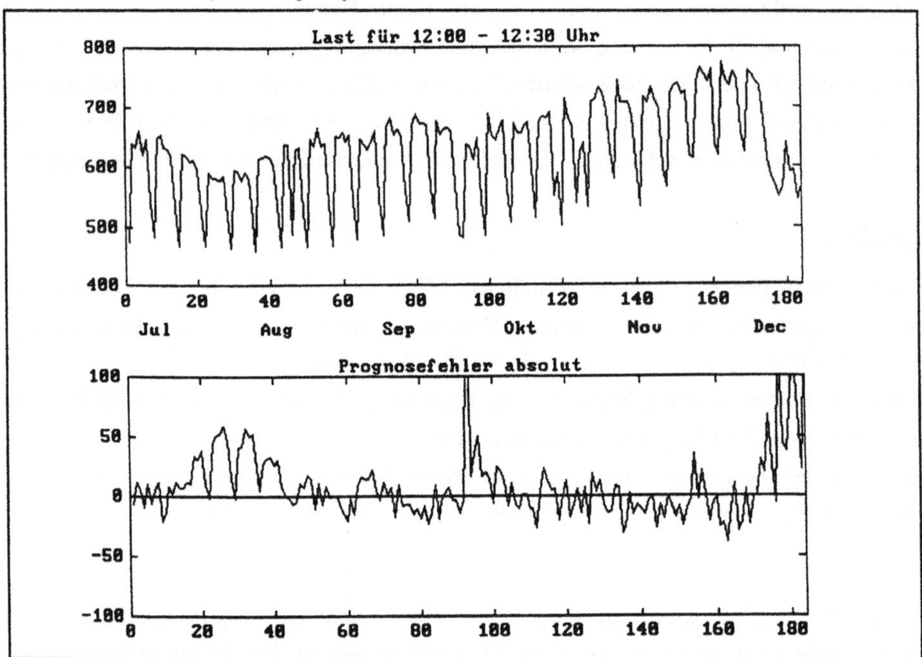

FIG. 3: *Lastwerte (in MWh) für die Zeit von 12:00 bis 12:30 der Testphase (vom 1.7. bis zum 31.12.1990) und Prognosefehler.*

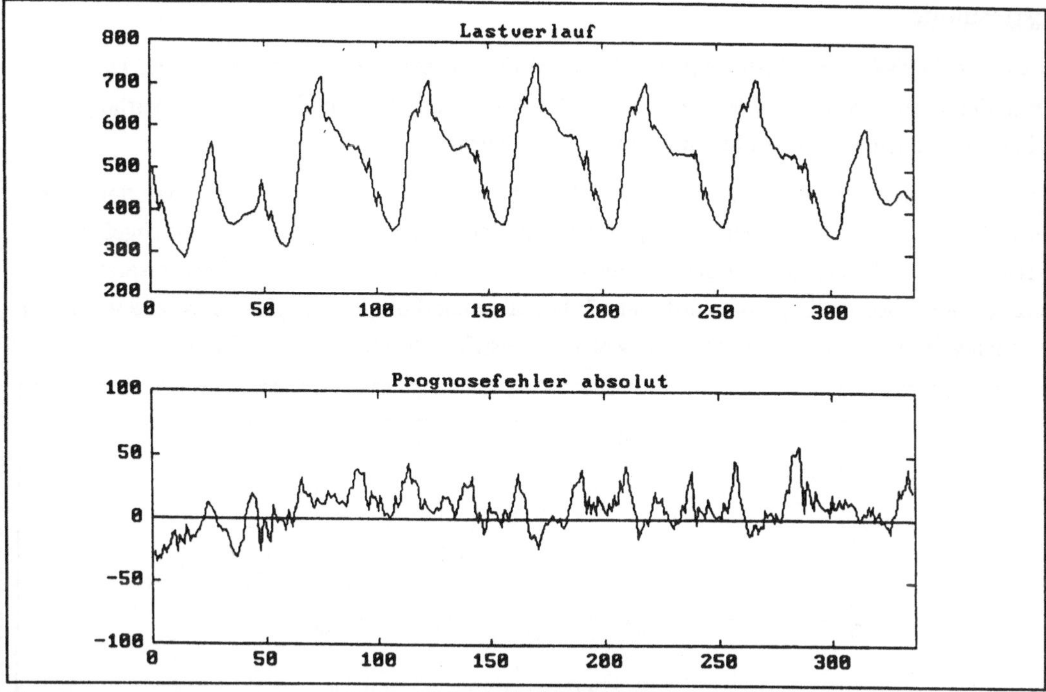

FIG. 4: *Lastverlauf (in MWh) vom 1. bis 7.7.1990 und absoluter Prognosefehler.*

Das Zeitreihenmodell

Im nun beschriebenen Modell sollen Messungen der Last zu vergangenen Zeitpunkten direkt in die Prognose einfließen. Ziel ist es hier, den Energieverbrauch für ein zukünftiges Zeitintervall als nichtlineare Funktion des Tagestyps, der Wetterwerte und vergangener Lastmessungen darzustellen. Im Gegensatz zum 'Uhrzeitmodell' wird die Last hier nicht für jede Uhrzeit separat modelliert, sondern einheitlich und unabhängig von der Uhrzeit. Damit wird ein ganzheitliches Modell entwickelt, das am ehesten der menschlichen Denkweise entspricht.

Die stärkste Motivation zur Untersuchung dieses Ansatzes war die Arbeit von A. Varfis & C. Versino /3/. Dort wurde ein ähnliches Modell zur Prognose einer ökonomischen Zeitreihe mit Erfolg angewendet.

Das Modell für die 1-Schritt Prognose läßt sich wie folgt formalisieren:

$$y^*_i = F(\underline{x}_i, y_{i-1}, \ldots, y_{i-48})$$

wobei als Input $\underline{x}_i$ die gleichen Wetterdaten $\underline{W}_n$ und Tagestypkomponenten $\underline{T}_n$ (des entsprechenden Tages) wie beim Uhrzeitmodell (*) herangezogen wurden. Wegen des kleineren Prognosehorizontes wurde jedoch auf eine Modellierung des Trends n verzichtet.

Als weitere erklärende Variablen wurden die Lastwerte der vergangenen 24 Stunden verwendet. Diese 48 Werte wurden wiederum linear auf das Intervall [0,1] abgebildet, und der Inputlayer für diese Lastkomponente $\underline{Y}_i$ um 48 Units erweitert.

Testresultate

Es wurden 200000 Lernschritte mit den Daten vom 10.6 bis 30.6.1990 durchgeführt. Daraufhin wurde der Energieverbrauch der darauffolgenden Wochemittels 1-Schritt Prognose vorhergesagt, wobei der erzeugte Prognosefehler im Mittel 2,78 % betrug.

Dieses Prognosemodell bietet aber auch die Möglichkeit der Iteration. Die prognostizierten Werte werden dabei an den Inputlayer zurückgeleitet, und der nächste Iterationsschritt durchgeführt. So werden nach und nach die tatsächlich gemessenen Werte durch prognostizierte ersetzt. Diese Iteration der 1-Schritt Prognose wurde nun 7*48 mal wiederholt, um die gleiche Woche wie zuvor zu prognostizieren. Die Prognosegüte verschlechterte sich dadurch jedoch auf 5,15 %.

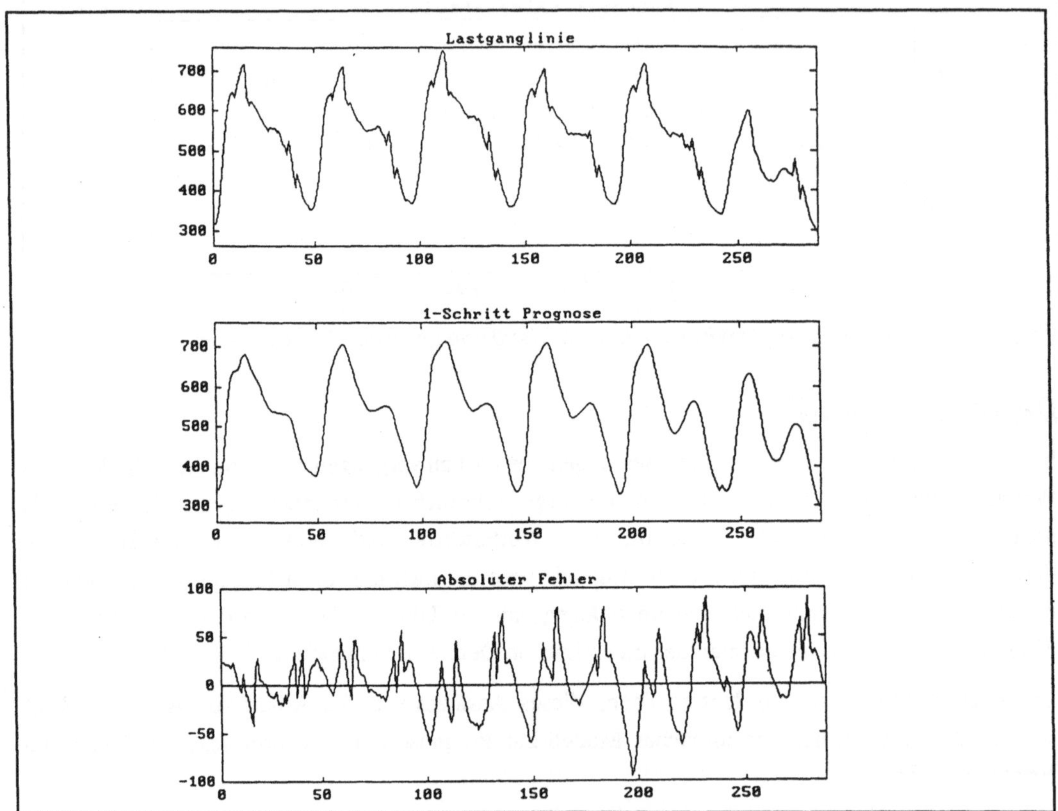

<u>FIG. 5:</u> *Lastwerte (in MWh) für die Testwoche (vom 1.7. bis zum 7.7.1990) und iterierte 1-Schritt Prognose.*

In Fig. 5 erkennt man, daß die 1-Schritt Prognose sowie deren Iteration eine Glättung der Lastspitzen bewirken. Die Last zu bestimmten Tageszeiten wird dabei etwa gleichmäßig gut prognostiziert, dazwischen findet jedoch eine - nicht erwünschte - splineartige Interpolation statt.

Zusammenfassung und Ausblick

Das Uhrzeitmodell ist etwas schwerfällig und berücksichtigt keine kurzfristigen Änderungen des Lastverlaufs. Durch die individuelle Modellierung der verschiedenen Zeitintervalle scheint es aber zur Prognose der Lastspitzen und auch zur mittelfristigen Prognose (bis zu einem Jahr) gut geeignet zu sein.

Das Zeitreihenmodell in der derzeitigen Fassung kappt die Spitzen. Dafür ist die Lastprognose im Mittel gut, und deren Iteration stabil.

In beiden Fällen sind Verbesserungen durch gezielte Datenauswahl und bessere Netzwerkarchitektur zu erzielen. Insbesondere könnten durch geeignete Kombination der Stärken der beiden Ansätze genutzt werden, d.h. die gute Nachbildung des Lastverlaufes durch das Uhrzeitmodell und die erstaunlich stabile Iteration sowie die kompakte Form des Zeitreihenmodells. Vorstellbar wäre zu diesem Zweck ein erweitertes Zeitreihenmodell mit "stetiger" oder aber binärer Kodierung der Uhrzeit, wie sie für die Tagestypen, also zur Modellierung der wöchentlichen Schwankung, verwendet wurde.

Die Nachteile des Zeitreihenmodells könnten vermutlich durch die Anwendung der Cochrane-Orcutt-Transformation vermieden werden. Dabei gehen die "autoregressiven Komponenten" des Lastverlaufes nicht durch explizite Modellierung verzögerter Lastwerte, sondern durch autoregressive Transformation sowohl der endogenen als auch der exogenen Variablen ein, was sich bei ökonometrischen Lastprognose - Modellen als sehr günstig erwies (siehe Petritsch /4/).

Die Modellierung nichtlinearer Abhängigkeiten hat sich hier als einfach erwiesen. Der Vorteil der Neuralen Netze ist der, daß sie 'von selbst' die vorhandenen Nichtlinearitäten zu approximieren versuchen. Zusätzlich sei betont, daß hier die vorliegenden Rohdaten direkt verwendet werden konnten. Im Gegensatz zu anderen statistischen Methoden ist hier keinerlei Aufbereitung des Datenmaterials, wie etwa Trend- oder Saisonbereinigung, notwendig gewesen.

Die hier erzielten Resultate zeigen, daß durch die nichtlineare Modellierung der komplexen Zusammenhänge mittels neuraler Netze - trotz zunächst grober Vereinfachungen - eine Prognosegüte nahe der ausgefeilter statistischer Methoden erreicht werden kann. Es besteht sogar die Hoffnung, daß - nach Optimierung der Netzwerkarchitektur, der Dimensionierung und der Datenauswahl - die Prognosegüte herkömmlicher Verfahren übertroffen werden kann.

Literatur:

/1/ **Thomas Staffelmayr** (1992): "Die Eignung Neuraler Netze zur Lastprognose in Energieversorgungsunternehmen". Diplomarbeit an der Technischen Universität Wien, technisch-naturwissenschaftliche Fakultät.

/2/ **Franz Renesnicek** (1989): "Das Kalman-Filter, implementiert auf einem Personal-Computer zur Unterstützung der Prognose elektrischer Last". Diplomarbeit an der Universität Wien, sozial- und wirtschaftswissenschaftliche Fakultät, 1989.

/3/ **A. Varfis & C. Versino** (1990): "Neural Networks for Economic Time Series Forecasting". Proc. Neural Networks for Statistical and Economic Data, Dublin, Ireland, December 1990.

/4/ **Gerold Petritsch** (1986): "ORAKEL: Bedarfprognose elektrischer Last mit Regression und Karhunen-Loève-Transformation". Dissertation an der Technischen Universität Wien, technisch-naturwissenschaftliche Fakultät.

NICHTPARAMETRISCHE MAXIMUM-LIKELIHOOD-INFERENZ MIT A-PRIORI-RESTRIKTIONEN

Stefan Huschens, Heidelberg

Gerhard Stahl, Heidelberg

Zusammenfassung:

A-priori-Restriktionen $\mathbf{P}(X \in I_j) = \pi_j$ ($j = 1,\ldots,m$) für die Verteilung einer reellwertigen Zufallsvariablen X, wobei $\pi = (\pi_1, \pi_2, \ldots, \pi_m)$ ein Vektor mit $\pi_j \geq 0$ ($j = 1,\ldots,m$) und $\sum_j \pi_j = 1$ ist und $(I_1, I_2, \ldots, I_m)$ eine Zerlegung von $\mathbf{R}$ ist, führen zu nichtparametrischen Verteilungsfamilien

$$\Theta_\pi = \{F \mid \mathbf{P}_F(X \in I_j) = \pi_j \ (j = 1,\ldots,m)\}.$$

$\mathbf{P}_F$ bezeichnet die Wahrscheinlichkeit, falls F die Verteilungsfunktion von X ist. Allgemeinere Formen des Vorwissens über die Verteilung von X können durch nichtparametrische Verteilungsfamilien $\Theta_\Pi = \mathbb{U}_{\pi \in \Pi} \, \Theta_\pi$ modelliert werden, wobei $\Pi \subseteq \{\mathbf{y} \in \mathbf{R}^m \mid y_j \geq 0, \ \sum_j y_j = 1\}$. Π kann beispielsweise durch ein lineares Ungleichungssystem $\mathbf{A}\pi \geq \mathbf{b}$ bestimmt sein; dies ermöglicht die Modellierung vager A-priori-Restriktionen, z. B. $\pi_1 \geq \pi_2 \geq \ldots \geq \pi_m$ oder $a_j \leq \pi_j \leq b_j$ ($j = 1,\ldots,m$).

Für unabhängige und identisch verteilte Beobachtungen $X_i \sim F^\circ \in \Theta_\Pi$ wird der nichtparametrische ML-Schätzer F_{ML} für F° bezüglich Θ_Π bestimmt. Asymptotische Eigenschaften von F_{ML} und die Schätzung von Momenten von F° werden diskutiert.

Abstract:

A priori-restrictions $\mathbf{P}(X \in I_j) = \pi_j$ ($j = 1,\ldots,m$) for the distribution of a real-valued random variable X, where $\pi = (\pi_1, \pi_2, \ldots, \pi_m)$ is a vector with $\pi_j \geq 0$ ($j = 1,\ldots,m$) and $\sum_j \pi_j = 1$ and $(I_1, I_2, \ldots, I_m)$ is a partition of $\mathbf{R}$, lead to nonparametric distribution families

$$\Theta_\pi = \{F \mid \mathbf{P}_F(X \in I_j) = \pi_j \ (j = 1,\ldots,m)\}.$$

$\mathbf{P}_F$ denotes the probability when F is the distribution function of X. More general kinds of prior knowledge about the distribution of X may be described by nonparametric distribution families $\Theta_\Pi = \mathbb{U}_{\pi \in \Pi} \, \Theta_\pi$, where $\Pi \subseteq \{\mathbf{y} \in \mathbf{R}^m \mid y_j \geq 0, \ \sum_j y_j = 1\}$. Let Π be defined by linear inequalities $\mathbf{A}\pi \geq \mathbf{b}$. For example, this includes vague prior restrictions as $\pi_1 \geq \pi_2 \geq \ldots \geq \pi_m$ or $a_j \leq \pi_j \leq b_j$ ($j = 1,\ldots,m$). The nonparametric ML-estimator F_{ML} for F° with respect to Θ_Π is derived for the case of independent and identically distributed $X_i \sim F^\circ$. Asymptotic properties of F_{ML} and the estimation of moments of F° are discussed.

1. Nichtparametrische Modellierung von Vorwissen

Im folgenden werden A-priori-Restriktionen für die Verteilungsfunktion F^o einer reellwertigen Zufallsvariablen X durch nichtparametrische Teilmengen Θ von $\mathbf{F}$, der Menge aller Verteilungsfunktionen, charakterisiert. Dabei wird eine feste Zerlegung $I = (I_1, I_2, \ldots, I_m)$ von $\mathbf{R}$ in nichtleere und paarweise disjunkte Intervalle I_j $(j = 1, \ldots, m)$ vorausgesetzt.

Durch die Festlegung eines Gewichtungsvektors $\pi = (\pi_1, \pi_2, \ldots, \pi_m)$ als Element aus

$$\mathbf{S}_m := \{\mathbf{y} \in \mathbf{R}^m \mid y_j \geq 0 \ (j = 1, \ldots, m), \ \textstyle\sum_j y_j = 1\} \tag{1.1}$$

erhält man mit der Interpretation, daß der Vektor π die Aufteilung der Wahrscheinlichkeitsmasse von $F \in \mathbf{F}$ auf die Intervalle I festlegt, die folgende Klasse von Verteilungsfunktionen

$$\Theta_\pi := \{F \in \mathbf{F} \mid \int_{I_j} dF(x) = \pi_j \ (j = 1, \ldots, m)\}. \tag{1.2}$$

Die A-priori-Restriktion $F^o \in \Theta_\pi \subseteq \mathbf{F}$ repräsentiert also das Vorwissen

$$P(X \in I_j) = \pi_j \quad (j = 1, \ldots, m)$$

über die Verteilung F^o der Zufallsvariablen X.

Allgemeinere nichtparametrische Klassen von Verteilungsfunktionen ergeben sich mit einer Teilmenge $\Pi \subseteq \mathbf{S}_m$ als

$$\Theta_\Pi := \cup_{\pi \in \Pi} \Theta_\pi. \tag{1.3}$$

Eine Verteilungsklasse Θ_Π kann z. B. Vorwissen der Form

$$a_j \leq P(X \in I_j) \leq b_j \quad (j = 1, \ldots, m)$$

oder

$$P(X \in I_1) \geq P(X \in I_2) \geq \ldots \geq P(X \in I_m)$$

abbilden. Allgemeiner kann eine Teilmenge Π von $\mathbf{S}_m$ - und damit bei gegebener Zerlegung I eine Θ_Π-Verteilungsklasse - als Lösungsmenge eines linearen Ungleichungssystems spezifiziert werden,

$$\Pi = \{\pi \in \mathbf{S}_m \mid A\pi \geq b\}.$$

In Analogie zur parametrischen Modellierung, kann die Spezifikation einer Verteilungsklasse Θ_π oder Θ_Π als nichtparametrische Spezifikation der Modellstruktur aufgefaßt werden. Die folgenden Beispiele zeigen, daß mit Hilfe der Θ_Π-Verteilungsklassen verschiedene Grade des Vorwissens modelliert werden können. Eine spezielle Verteilungsfunktion kann durch eine Verteilungsklasse Θ_π beliebig genau approximiert werden, wenn die Anzahl m vergrößert wird und für jedes m eine geeignete Aufteilung I definiert wird. Andererseits ergibt sich die Menge aller Verteilungsfunktionen als Spezialfall von Θ_Π für $\Pi = \mathbf{S}_m$.

2. Nichtparametrische Maximum-Likelihood-Inferenz

2.1 Nichtparametrische ML-Schätzung (MLS)

Ein parametrisches Modell definiert für die Beobachtungen eine indizierte Familie von Verteilungsfunktionen $\mathbf{F}_\Theta = \{F_\theta \mid \theta \in \Theta\} \subseteq \mathbf{F}$ mit $\Theta \subseteq \mathbb{R}^k$. Die Auswahl einer konkreten Verteilungsfunktion F_θ aus $\mathbf{F}_\Theta$ als Maximum-Likelihood-Schätzung (MLS) definiert gleichzeitig die MLS des Parametervektors $\theta \in \Theta$. Entsprechend kann die Likelihoodfunktion äquivalent entweder als Funktion der Verteilungsfunktionen in $\mathbf{F}_\Theta$ oder der Parametervektoren in Θ interpretiert werden,

$$L_{\mathbf{X}}(\theta) = L_{\mathbf{X}}(F_\theta). \tag{2.1}$$

Diese Gleichung verdeutlicht, daß das Maximum-Likelihood-Prinzip nicht auf den parametrischen Kontext beschränkt ist (vgl. /1/, S. 4). Im nichtparametrischen Kontext entspricht $\mathbf{F}_\Theta \subseteq \mathbf{F}$ eine nichtparametrische Klasse von Verteilungsfunktionen $\Theta \subseteq \mathbf{F}$. Im folgenden bezeichnet F^o eine unbekannte Verteilungsfunktion, für die als Vorwissen $F^o \in \Theta \subseteq \mathbf{F}$ bekannt ist.

> **Annahme A1:** X_i ($i = 1,\ldots,n$) seien unabhängige, identisch verteilte Zufallsvariablen mit $X_i \sim F^o \in \Theta \subseteq \mathbf{F}$. $\mathbf{x} = (x_1, x_2, \ldots, x_n)$ sei eine Realisation des Zufallsvektors $\mathbf{X} = (X_1, X_2, \ldots, X_n)$.

Unter der Annahme **A1** ist die Likelihoodfunktion für diskrete Verteilungen $F \in \Theta$ durch

$$L_{\mathbf{X}}(F) = \prod_i \mathbf{P}_F(X_i = x_i) \tag{2.2}$$

definiert. Dabei ist $\mathbf{P}_F$ die Wahrscheinlichkeit, falls $F \in \Theta$ die Verteilungsfunktion von X_i ist.

Übertragungen der MLS auf den nichtdiskreten Fall im nichtparametrischen Kontext führen im allgemeinen zu nicht unerheblichen maßtheoretischen Problemen (vgl. /4/,/6/). Für die Verteilungsklassen $\mathbf{F}$, Θ_π und Θ_Π kann sich die MLS allerdings vollständig auf (2.2) stützen, da für diese Verteilungsklassen das Maximum der Likelihoodfunktion immer auf einer diskreten Verteilung angenommen wird.

Wenn Annahme **A1** erfüllt ist, dann ist die *diskrete Likelihoodfunktion* $L_{\mathbf{X}}$ durch (2.2) für alle $F \in \Theta \subseteq \mathbf{F}$ definiert. Eine Verteilungsfunktion $F_{ML} \in \Theta$, die $L_{\mathbf{X}}$ in Θ maximiert,

$$L_{\mathbf{X}}(F_{ML}) = \max_{F \in \Theta} L_{\mathbf{X}}(F), \tag{2.3}$$

heißt *(diskrete) MLS von F^o bezüglich* Θ. Falls Θ eine nichtparametrische Verteilungsklasse ist, heißt F_{ML} auch *(diskrete) nichtparametrische MLS*. Im Fall $\Theta = \mathbf{F}$ ist wohlbekannt, daß die empirische Verteilungsfunktion F_n die eindeutige MLS von F^o bezüglich $\mathbf{F}$ ist.

2.2 MLS von F^o bezüglich Θ_π

Wir bestimmen in diesem Abschnitt die MLS im Sinne von Gleichung (2.3), wenn die Annahme **A1** mit $\Theta = \Theta_\pi$ gilt und Θ_π durch (1.2) definiert ist. Für $F \in \Theta_\pi$ ergibt sich eine Einsicht in die Struktur der zu maximierenden Likelihoodfunktion $L_{\mathbf{x}}(F)$, indem eine Beobachtung X als Ergebnis eines zweistufigen Zufallsexperimentes aufgefaßt wird, wobei in einer ersten Stufe die Zuordnung auf eines der Intervalle I_j erfolgt und in einer zweiten Stufe die konkrete Realisation im gewählten Intervall I_j bestimmt wird. Dieser Interpretation entspricht die Darstellung

$$F(z) = \mathbf{P}_F(X \le z) = \textstyle\sum_j \pi_j \mathbf{P}_F(X \le z \mid X \in I_j) = \sum_j \pi_j F(z \mid I_j),$$

wobei $\mathbf{P}_F(\cdot \mid X \in I_j)$ die bezüglich des Ereignisses $X \in I_j$ bedingte Verteilung und $F(\cdot \mid I_j)$ die zugehörige Verteilungsfunktion ist. Entsprechend gelten die Mischungsdarstellungen

$$F(\cdot) = \textstyle\sum_j \pi_j F(\cdot \mid I_j) \tag{2.4}$$

für eine Verteilungsfunktion F aus Θ_π und

$$\mathbf{P}_F(X \in A) = \textstyle\sum_j \pi_j \mathbf{P}_F(X \in A \mid X \in I_j)$$

für eine Wahrscheinlichkeit $\mathbf{P}_F(X \in A)$.

Im folgenden bezeichne k_j die Anzahl der Realisationen in I_j ($j = 1,\ldots,m$). Für den Vektor $\mathbf{k} = (k_1,\ldots,k_m)$ treffen wir folgende Annahme.

Annahme A2: Für $\mathbf{k}$ gilt: $k_j > 0$, falls $\pi_j > 0$ ($j = 1,\ldots,m$).

Die Wahrscheinlichkeit, daß Annahme **A2** erfüllt ist, konvergiert für wachsenden Stichprobenumfang gegen Eins.

Die Maximierung der Likelihoodfunktion $L_{\mathbf{x}}$ führt über die zu (2.4) analoge Zerlegung von F_n,

$$F_n(\cdot) = \textstyle\sum_j (k_j/n)\, F_n(\cdot \mid I_j),$$

zur folgenden MLS (/2/).

Satz 2.1: Unter Annahme **A2** ist

$$F_{\mathrm{ML}}(\cdot) := \textstyle\sum_j \pi_j F_n(\cdot \mid I_j)$$

eine eindeutige MLS von F^o bezüglich Θ_π.

Ist Annahme **A2** verletzt, so ist die MLS nicht eindeutig (siehe für diesen Fall /2/).

2.3 MLS von F^o bezüglich Θ_Π

Es sei $\Pi \subseteq \mathbf{S}_m$ und es gelte Annahme **A1** mit $\Theta = \Theta_\Pi$. Wie weiter unten gezeigt wird, kann die nichtparametrische MLS einer Verteilung F^o bezüglich Θ_Π auf zwei getrennte ML-Schätzprobleme zurückgeführt werden: Erstens die bereits in Abschnitt 2.2 behandelte MLS einer Verteilung F^o bezüglich Θ_π mit $\pi \in \Pi$ und zweitens die MLS des Vektors $\pi^0 \in \Pi$, wenn eine Realisation **k** eines multinomialverteilten Zufallsvektor **n**,

$$\mathbf{n} \sim \text{MULT}(\pi^0, n),$$

vorliegt und π^0 geschätzt wird. Dabei wird die Stichprobe **x** als Ergebnis eines zweistufigen Experimentes interpretiert, wobei in der ersten Stufe die Festlegung der Häufigkeiten **k** erfolgt und in der zweiten Stufe entsprechend dieser Häufigkeiten die konkrete Realisation der Beobachtungen innerhalb von **I** erfolgt. Die erste Stufe ist durch einen multinomialverteilten Zufallsvektor charakterisiert, welcher die Häufigkeiten **k** in den Intervallen I_j festlegt, und die zweite Stufe ist durch die bedingten Verteilungen $F^0(\cdot \mid I_j)$ $(j = 1,\ldots,m)$ charakterisiert.

Definition 2.1: **k** sei eine Realisation von $\mathbf{n} \sim \text{MULT}(\pi^0, n)$ mit $\pi^0 \in \Pi$. $\hat{\pi} \in \Pi$ heißt eine *MLS von π^0 bezüglich Π*, falls $\hat{\pi}$ die Likelihoodfunktion $L_{\mathbf{k}}(\pi) := P(\mathbf{n} = \mathbf{k}; \pi, n)$ maximiert, d.h.

$$L_{\mathbf{k}}(\hat{\pi}) = \max_{\pi \in \Pi} L_{\mathbf{k}}(\pi).$$

Im Fall der unrestringierten MLS, d. h. für $\Pi = \mathbf{S}_m$, ist der Vektor der relativen Häufigkeiten $\mathbf{p} = \mathbf{k}/n$ die MLS von π^0 bezüglich $\mathbf{S}_m$.

Die Maximierung der Likelihoodfunktion $L_{\mathbf{k}}(\pi)$ ist äquivalent zur Maximierung des Logarithmus

$$l_{\mathbf{k}}(\pi) = log(L_{\mathbf{k}}(\pi)) = C + \sum_j k_j log(\pi_j),$$

wobei C der Logarithmus des Multinomialkoeffizienten ist, der bzgl. π konstant ist. Da $l_{\mathbf{k}}(\pi)$ stetig ist, wird das Maximum in Π angenommen, falls Π abgeschlossen ist. Die Existenz der MLS $\hat{\pi}$ ist also gesichert, wenn die

Annahme A3: Π ist abgeschlossen

erfüllt ist. Da $l_{\mathbf{k}}(\pi)$ strikt konkav ist, ist das Maximum eindeutig, wenn die

Annahme A4: Π ist konvex

erfüllt ist. Die Annahmen **A3** und **A4** sind beispielsweise dann simultan erfüllt, wenn Π die Lösungsmenge eines linearen Ungleichungssystems ist,

$$\Pi := \{\pi \in \mathbf{S}_m \mid A\pi \geq \mathbf{b}\},$$

oder wenn Π als abgeschlossene ε-Umgebung einer bestimmten Verteilung π^* definiert ist,

$$\Pi := U_\varepsilon(\pi^*) = \{\pi \in \mathbf{S}_m \mid d(\pi, \pi^*) \leq \varepsilon\}.$$

Satz 2.2: Es gelte Annahme **A1** mit $\Theta = \Theta_{\mathrm{II}}$ und die Annahmen **A2**, **A3** und **A4** seien erfüllt. Dann gilt:

Die MLS einer Verteilung $F^o(\cdot) = \sum_j \pi^o{}_j F^o(\cdot \,|\, I_j)$ bezüglich Θ_{II} ist

$$F_{\mathrm{ML}}(\cdot) := \sum_j \hat{\pi}_j F_n(\cdot \,|\, I_j),$$

wobei $\hat{\pi}$ die MLS von π^o bezüglich Π ist.

In /2/ ist auch der Fall behandelt, daß aufgrund einer Verletzung der Annahmen **A2** oder **A4** die Schätzung nicht eindeutig ist. Falls die Annahme **A3** kritisch ist, welche die Existenz einer MLS $\hat{\pi}$ sichert, kann eine Verallgemeinerung in Betracht gezogen werden, die auf einer approximativen MLS (/5/, S. 292) aufbaut, deren Existenz immer gesichert ist (siehe /2/).

2.4 Mittelwertschätzung

Im folgenden bezeichne $\mathbf{E}[X; F]$ den Erwartungswert der Zufallsvariablen X, wenn F die Verteilungsfunktion von X ist.

Wenn F_{ML} eine Schätzung für die Verteilung F^o bezüglich Θ_{π} ist, dann ist es naheliegend, $\mu^o := \mathbf{E}[X; F^o]$ durch $\bar{x}_{\mathrm{ML}} := \mathbf{E}[X; F_{\mathrm{ML}}]$ und nicht durch $\bar{x} := \mathbf{E}[X; F_n]$ zu schätzen. Analog können allgemeinere Mittelwerte $\mathbf{E}[h(X); F^o]$, z. B. mit $h(X) = X^k$, durch $\mathbf{E}[h(X); F_{\mathrm{ML}}]$ anstatt durch $\mathbf{E}[h(X); F_n]$ geschätzt werden (siehe dazu /2/).

Aus der Schätzung F_{ML} für $F^o \in \Theta_{\pi}$ ergibt sich

$$\bar{x}_{\mathrm{ML}} = \bar{x}_{\pi} = \sum_j \pi_j \bar{x}_j,$$

wobei $\bar{x}_j$ der Mittelwert der Beobachtungen im Intervall I_j ist.

Ist F_{ML} die eindeutige MLS von F^o bezüglich Θ_{II}, dann gilt

$$\bar{x}_{\mathrm{ML}} = \bar{x}_{\mathrm{II}} = \sum_j \hat{\pi}_j \bar{x}_j.$$

Somit kann die Mittelwertschätzung von F^o für jede Verteilungsklasse der Form Θ_{II} erstens auf eine MLS $\hat{\pi}$ für den Vektor π^o, für die lediglich die in **p** und Π enthaltene Information erforderlich ist, und zweitens auf die Bestimmung der Mittelwerte $\bar{x}_j$ ($j = 1,\ldots,m$), für die lediglich F_n und **I** benötigt werden, zurückgeführt werden.

Der Schätzer $\bar{x}_{\pi} = \sum_j \pi_j \bar{x}_j$ für den Mittelwert der Grundgesamtheit weist eine formale Analogie zu Schätzern aus der Theorie der nachträglichen Schichtung (post stratification) auf. Allerdings liegt dort ein anderes Modell zugrunde. Die Zufallsvariable X und ein Schichtungsmerkmal J mit den möglichen Ausprägungen $j = 1,\ldots,m$ besitzen eine gemeinsame Verteilung, wobei F die Randverteilung von X charakterisiert und π die Randverteilung von J charakterisiert. F läßt sich somit als Mischung der bedingten Verteilungen, d. h. der Verteilungen des Merkmals X in den jeweiligen Schichten,

$$F = \sum_j \pi_j F^j \quad \text{mit} \quad F^j(\cdot) = F(\cdot \,|\, J = j),$$

darstellen. Ein Schätzer mit der formalen Struktur $\bar{x}_\Pi$ ergibt sich in diesem Rahmen, wenn π_j der Anteile der j-ten Schicht und $\bar{x}_j$ der Mittelwert in der j-ten Schicht ist. Im Modellzusammenhang der nachträglichen Schichtung sind die bedingten Verteilungen nicht auf disjunkten Intervallen definiert und außerdem ist ein endlicher Stichprobenraum auch für X vorausgesetzt. Vgl. dazu /3/, Theorem 1, das zeigt, daß $\sum_j \pi_j F_n^j$ eine MLS für F ist, wobei F_n^j die empirische Verteilung in der j-ten Schicht ist.

Eine Übertragung der hier vorgeschlagenen MLS bezüglich Θ_Π auf den Modellzusammenhang der nachträglichen Schichtung läßt eine nachträgliche Schichtung auch dann als sinnvoll erscheinen, wenn die Verteilung π des Schichtungsmerkmals nur teilweise bekannt ist. Im ungünstigsten Fall, $\Pi = S_m$, spezialisiert sich $\bar{x}_\Pi$ zur üblichen Schätzung $\bar{x}$ ohne Berücksichtigung der Schichtung, im günstigsten Fall ist Π einelementig, $\Pi = \{\pi\}$, und $\bar{x}_\Pi = \sum_j \hat{\pi}_j \bar{x}_j$ spezialisiert sich zu $\bar{x}_\pi = \sum_j \pi_j \bar{x}_j$.

3. Konsistenz, Effizienz und asymptotische Verteilungen

F_{ML} sei eine MLS von F^o bezüglich Θ_Π (Π kann eventuell einelementig sein).

Der folgende Satz zeigt, daß F_{ML} als konsistente (im Sinn der gleichmäßigen Konvergenz $F_{ML} \to F^o$) Verteilungsschätzung für F^o interpretiert werden kann.

Satz 3.1: Es gilt mit Wahrscheinlichkeit 1:

$$\sup_z |F_{ML}(z) - F^o(z)| \to 0 \quad \text{für} \quad n \to \infty.$$

Aus der gleichmäßigen Konvergenz $F_{ML} \to F^o$ folgt nicht notwendig die Konsistenz der Momentschätzung $\bar{x}_{ML}$ für μ^o.

Satz 3.2: Es sei $\mu^o < \infty$. Dann gilt mit Wahrscheinlichkeit 1:

$$\bar{x}_{ML} \to \mu^o \quad \text{für} \quad n \to \infty.$$

Die Beweise der Sätze 3.1 und 3.2 finden sich in /2/.

Im Fall einer MLS bezüglich Θ_π läßt sich für $\bar{x}_\pi$ unter der Annahme $\sigma^{o2} < \infty$ z. B. mit Hilfe des multivariaten zentralen Grenzwertsatzes und der multivariaten Delta-Methode $N(\mu^o, n^{-1} \sum_j \pi_j \sigma_j^2)$ als asymptotische Normalverteilung für $\bar{x}_\pi$ bestimmen (siehe /2/). Der Effizienzgewinn von $\bar{x}_\pi$ gegenüber $\bar{x}$ ergibt sich aus $\mathrm{Var}(\bar{x}) = n^{-1} \sigma^{o2}$ und der Zerlegung

$$\sigma^{o2} = \sum_j \pi_j \sigma_j^2 + \sum_j \pi_j (\mu_j - \mu^o)^2.$$

Dabei ist $\mu_j := \mathrm{E}[X; F^o(\cdot | I_j)]$ und $\sigma_j^2 := \mathrm{E}[X^2; F^o(\cdot | I_j)] - \mu_j^2$.

Im Fall einer MLS bezüglich Θ_{Π} ist die asymptotische Verteilung von $\bar{x}_{\Pi}$ nicht notwendig eine Multinormalverteilung. Die Ursache ist, daß die restringierte MLS $\hat{\pi}$ für π° nur dann eine multinormale Grenzverteilung besitzt, wenn die wahre Verteilung π° im Inneren von Π liegt. In diesem Fall konvergiert für wachsenden Stichprobenumfang n die Wahrscheinlichkeit, daß p im Inneren von Π liegt und somit $\hat{\pi}$ mit p zusammenfällt, gegen 1, so daß der Einfluß der Restriktion asymptotisch verschwindet und sich die für $\hat{\pi}$ übliche asymptotische Normalverteilung ergibt, die auch p besitzt. In diesem Fall wird ein Effizienzgewinn bei endlichen Stichprobenumfängen erzielt, der asymptotisch verschwindet.

Liegt π° dagegen auf dem Rand von Π, so ist wohlbekannt, daß die asymptotische Verteilung von $\hat{\pi}$ nicht normal ist, da die Wahrscheinlichkeit, daß p außerhalb von Π liegt, asymptotisch nicht verschwindet. In diesem Fall kann auch asymptotisch ein Effizienzgewinn erzielt werden. (Nähere Erläuterungen zu dieser Problematik finden sich in /2/).

<u>Literatur:</u>

/1/   Berger, J.O.; Wolpert, R.L.
      The Likelihood Principle (Second Edition).
      Hayward, California: Institute of Mathematical Statistics (1988)

/2/   Huschens, S.; Stahl G.
      Nichtparametrische Maximum-Likelihood-Inferenz mit A-priori-
      Restriktionen.
      Diskussionsschrift Nr. 179 der Wirtschaftswissenschaftlichen Fakultät der Universität Heidelberg (1992)

/3/   Jagers, J.; Odén, A.; Truisson, L.
      Post-stratification and ratio estimation: usages of auxiliary
      information in survey sampling and opinion polls.
      International Statistical Review 53, 221-238 (1985)

/4/   Kiefer, J.; Wolfowitz, J.
      Consistency of the maximum likelihood estimator in the presence of
      infinitely many incidential parameters.
      The Annals of Mathematical Statistics 27, 887-906 (1956)

/5/   Rao, C. R.
      Linear statistical inference and its applications.
      New York: Wiley (1968)

/6/   Scholz, F. W.
      Towards a unified definition of maximum likelihood.
      Canadian Journal of Statistics 8, 193-203 (1980)

Punkt- und Intervallschätzung bei Anwendung von Doppeltests zur Attributprüfung

HDoz. Dr. Andreas Lamers

Stichprobensysteme zur Attributprüfung, die in MIL-STD-105D, ISO 2859 oder DIN 40080 genormt sind, werden weltweit zur Eingangs- oder Ausgangsprüfung von Losen verwendet. Diese Systeme enthalten neben Einfachtests (einfachen Stichprobenplänen) auch Doppeltests, die bei gleicher Macht einen meist geringeren durchschnittlichen Stichprobenumfang (Average sample number, ASN) aufweisen. Weitere Einsparungen beim Stichprobenumfang sind mit abgebrochener Kontrolle ("curtailed sampling", "truncated sampling") möglich, bei der die Auswertung beendet wird, sobald eine Entscheidung getroffen werden kann.

Ein Nachteil des Doppeltests - insbesondere bei abgebrochener Kontrolle - ist, daß eine Punkt- oder Intervallschätzung des Untersuchungsmerkmals mit klassischen Schätzverfahren nicht immer möglich ist, weil die Annahme unabhängiger, identisch verteilter Elementarereignisse zumindest für die zweite Teilstichprobe nicht erfüllt ist. Mit einem neuen, vom Verfasser entwickelten "bedingten" Schätzverfahren sind korrekte Intervallschätzungen möglich, und zwar - im Gegensatz zu bisher bekannten Verfahren - sowohl nach Abschluß als auch während eines laufenden Doppeltests. Zusätzlich können für beliebige Stichprobenergebnisse auch Punktschätzwerte der erwartungstreuen GMS-Schätzfunktion bestimmt werden. Dieses Verfahren, dessen praktische Anwendung im Dialog mit einem Rechner erfolgt, ist dank eines neuen Rekursionsalgorithmus uneingeschränkt PC-tauglich.

Literatur:

GIRSHICK, M. A., F. MOSTELLER, L. J. SAVAGE, Unbiased Estimates for Certain Binomial Sampling Problems with Applications, The Ann. of Math. Statistics, Vol. 17, 1946, S. 13 ff.
GUENTHER, W. C., The Average Sample Number for Truncated Double Sample Attribute Plans, Technometrics, Vol. 13, 1971, S. 811 ff.
JENNISON, C., B. W. TURNBULL, Confidence Intervals for a Binomial Parameter Following a Multistage Test With Application to MIL-STD 105D and Medical Trials, Technometrics, Vol. 25, 1983, S. 49 ff.
UHLMANN, W., Statistische Qualitätskontrolle (2. Aufl.), Stuttgart 1982.
WADSWORTH, H. M. Jr., K. S. STEPHENS, A. B. GODFREY, Modern Methods for Quality Control and Improvement, New York, Chichester 1986.

AUTOMATISCHE SELEKTION OPTIMALER MODELLSTRUKTUREN FÜR DIE IDENTIFIKATION NICHTLINEARER SYSTEME BEI UNSICHERHEIT

Tatjana Lange, Berlin

Zusammenfassung: Im Beitrag wird die "Group Method of Data Handling" (GMDH) als Methode der automatischen Selektion optimaler Modellstrukturen unter dem speziellen Aspekt einer stark eingeschränkten Verfügbarkeit an gemessenen Daten betrachtet. Dazu werden das Grundschemata des algorithmischen Aufbaus der GMDH vorgestellt, die wichtigsten Aspekte der GMDH-Modellierung kurz umrissen und theoretisch-statistische Probleme angesprochen. Ein neues Strukturselektionskriterium für den Fall des Primärdatenmangels wird vorgeschlagen.

Abstract: This contribution deals with the Group Method of Data Handling (MGDH) which is a method of automatic selection of best model structures under the special condition of strong limited availibility of measured data. In this connection the basic pattern of algorithmic structure of GMDH is described, the most important aspects of GMDH modeling are shortly outlined and theoretical-statistical problems are broached. A new structure criterion for the selection of the model structure under condition of limited primary data is proposed.

Group Method of Data Handling

Die Ideen der **Group Method of Data Handling (GMDH)** von IVACHNENKO /1/ finden insbesondere bei der Modellierung komplizierter stochastischer Prozesse und Systeme Anwendung, so z.B.
- bei der Ermittlung der statischen Kennlinie nichtlinearer Systeme in Polynomform,
- bei der Bestimmung dynamischer Modelle nichtlinearer Systeme in Form von Differenzengleichungen,
- bei der Modellierung von stochastischen Saisonprozessen
- bei der Modellierung mittels harmonischer und harmonisch-exponentieller Funktionen (mit in den Parametern nichtlinearen Modellen),
- bei der Aufstellung von Regressionsmodellen.

Die Modelle werden für Prognose-, Steuerungs- und Optimierungszwecke genutzt.

384

Des weiteren wird die GMDH auch in der Clusteranalysis (Mustererkennung), der mathematischen Optimierung und der Versuchsplanung angewandt.

Grundschemata des algorithmischen Aufbaus der GMDH

(a) Aufgabenstellung
Manche Modellierungsaufgaben lassen sich so wie in Bild 1 gezeigt darstellen, indem sie in folgende zwei Teile zerlegt werden:
1. in die Parameterschätzung (a^*),
2. in die Selektion der Modellstruktur (M^*, k^*).

Im weiteren soll die Modellierungsaufgabe, speziell die der automatischen Selektion der Modellstruktur auf Basis der "Group Method of Data Handling" /1/, nur im Zusammenhang mit der Bedingung diskutiert werden, daß die Anzahl der experimentellen Daten stark begrenzt ist. In einem solchen Fall (limitierte Datenmenge) tritt oft eine deutliche Unsicherheit bezüglich der Aufgabe der komplexen Systemmodellierung auf, da grundlegende statistische Annahmen, auf denen die Regressionsanalyse beruht, für die Struktursuche in Frage gestellt sind. Unter solchen Bedingungen ist besonders die Auswahl des Strukturkriteriums für die Selektion der Modellstruktur schwierig.

(b) GMDH-Algorithmus
Wichtige Grundideen der GMDH sind die **stufenweise Erhöhung des Kompliziertheitsgrades der Modelle** und die **Datenteilung**.

Die stufenweise Erhöhung des Kompliziertheitsgrades der Modelle erfolgt, indem aus den Eingangsvariablen x_1, x_2, ... , x_m zunächst einfache Teilmodelle v_{12}, v_{13}, .. , v_{ij} gebildet werden (als Funktionen von meist nur zwei Variablen), von denen gemäß dem Gaborschen Prinzip[1] die besten wiederum als Eingänge für die "höheren" Teilmodelle z_{12}, z_{13}, .. , z_{ij} auf der nächsthöheren Stufe gewählt werden (s. Bild 2).
Die Anwendung der Datenteilung, daß heißt die Aufteilung der Primärdaten in eine Lehr- und eine Prüffolge, bietet die

---

[1] Das Gaborsche Prinzip der unvollendeten Lösung /6/ besteht darin, daß von Stufe zu Stufe des Entscheidungsalgorithmus jeweils eine bestimmte Anzahl F der besten konkurrierenden Teilmodelle für die weitere Selektion übernommen wird. Diese Zahl F nennt man auch den Freiheitsgrad der Entscheidung. Die endgültige Lösung (Auswahl des besten Modells) erfolgt erst auf der letzten Stufe, nachdem das Abbruchkriterium sein Minimum erreicht hat.

Gegeben:

(1) System:

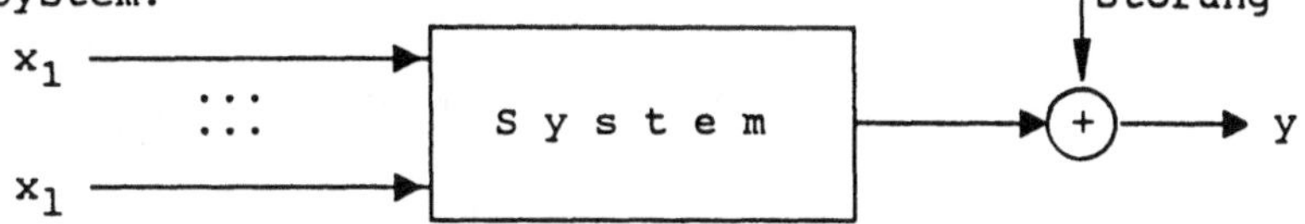

(2) Datentabelle:

	x_1	x_2	...	...	...	x_m	y
1			...	...	...		
2			...	...	...		
.			.	.	.		
.			.	.	.		
1			...	...	...		

(3) Modellansatz   (Kolmogorov-Gabor-Polynom):

$$y = a_0 + \sum_{i=0}^{m} a_i x_i + \sum_{i=0}^{m} \sum_{j=0}^{m} a_{ij} x_i x_j + \ldots + \sum_{i=0}^{m} \ldots \sum_{q=0}^{m} a_{i..q} x_{i..q}$$

Gl. (1)

Gesucht:

- optimale Werte des Koeffizientenvektors a^*
- Anzahl der relevanten Eingangsvariablen M^*
- optimaler Grad des Polynoms k^*

Diese Werte sind mittels eines geeigneten Koeffizienten-
kriteriums Q_C und eines geeigneten Strukturkriteriums Q_S
zu bestimmen.

Bild 1: Die allgemeine Aufgabe der strukturellen Modellierung

Anmerkung:
Soll das Modell eines **dynamischen Systems** bestimmt werden, so ist
es möglich, die Gleichung (1) für ein beispielsweise
eindimensionales System wie folgt zu interpretieren:

$$x_1 = x(k) \ , \ x_2 = x(k-1) \ , \ x_3 = x(k-2) \ , \ \ldots \ , \ x_q = x(k-q+1)$$

$$x_{q+1} = y(k) \ , \ \ldots \ , \ x_{m-1} = y(k-n+1), \ x_m = y(k-n)$$

(2)

wobei   q   - die Anzahl der zeitverzögerten Werte des
                 Eingangssignals und
        (m-q) - die Anzahl der zeitverzögerten Werte des
                 Ausgangssignals sind.

Möglichkeit, die Güte der Prognosefähigkeit des identifizierten
mathematischen Modells zu untersuchen. So können beispielsweise
mit Hilfe der Lehrdaten die Koeffizienten der jeweiligen

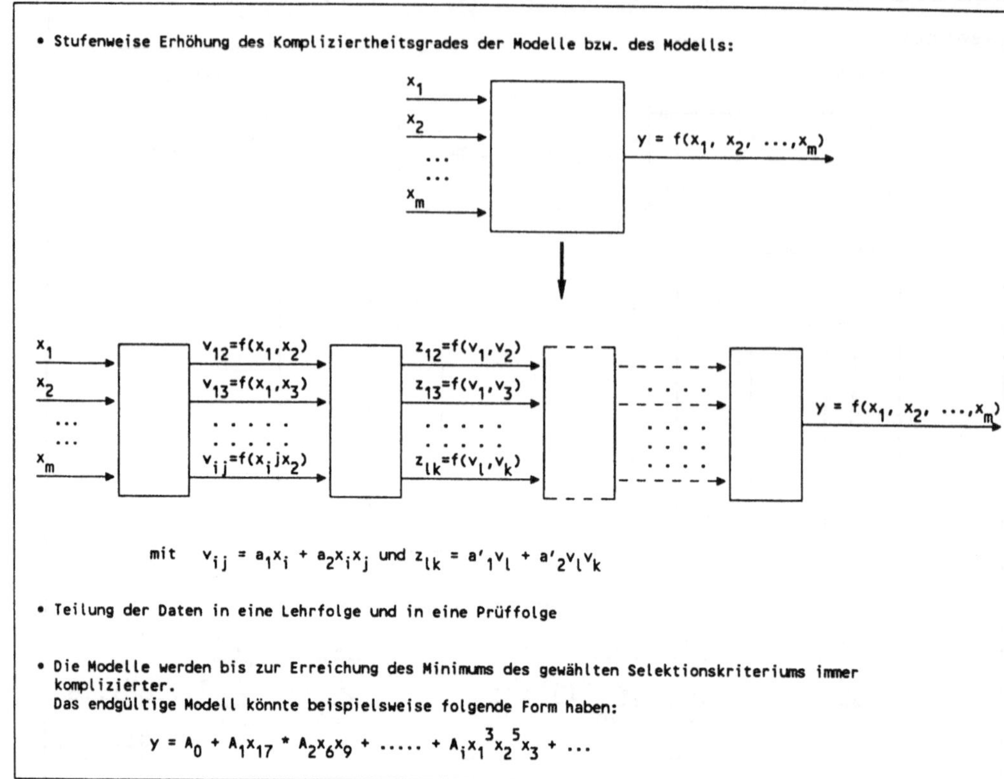

Bild 2: Der GMDH-Algorithmus (vereinfachte Darstellung)

partiellen Beschreibung (Teilmodelle) bestimmt werden, während die Prüfdaten, die nicht zur Bestimmung der Koeffizienten genutzt wurden, als **natürliches äußeres Gütekriterium** zur Überprüfung der Prognosefähigkeit des Modells verwendet werden können. Die Art der Teilung der Daten in Lehr- und Prüfdaten kann unterschiedlich sein, ebenso die Anwendung der Datenteilung selbst.

Für die mehrstufigen GMDH-Algorithmus ist folgendes typisch:

1. Von Stufe zu Stufe werden jeweils nur die besten fünf bis sieben Teilmodelle (Polynome) übernommen.
2. Das beste Teilmodell wird mittels eines sogenannten Verhaltens-Strukturkriteriums selektiert.
3. Diese Verhaltens-Kriterien besitzen ein Minimum auf einer bestimmten Iterationsstufe.

Wichtigste Aspekte der GMDH-Modellierung

• Aspekte der Heuristik:
    - Auswahl der Stützfunktionen

- Auswahl des Selektionskriteriums
- Art der Teilung der Stichprobe
- Art des Aufbaus des Abbruchkriteriums
- Aufbau des Selektionsbaumes

● Numerische Aspekte
- schlechte Kondition der Matrix der Gauß'schen Gleichungen, da

 1. die Eingangsvektoren kollinear sein können (unabhängig von den GMDH-Eigenschaften),

 2. sich die Zwischenvektoren von Stufe zu Stufe annähern (durch die GMDH bedingt),

 3. die Determinante der Matrix bei geringer Datenmenge klein ist (unabhängig von der GMDH).

● Problem des Verlustes von Variablen

● Problem des Auftauchens nicht relevanter Variabler

Theoretisch-statistische Probleme der GMDH-Modellierung

Spezifische theoretische Probleme der GMDH-Modellierung ergeben sich in der Regel im Zusammenhang mit den heuristischen Aspekten der GMDH.
Ein solches Problem ist zum Beispiel die sog. Erreichbarkeit der adäquaten Struktur. Unter dieser Erreichbarkeit der Struktur versteht man die prinzipielle Anwesenheit dieser oder jener Modellstruktur im Selektionsbaum. Mit Hilfe der Strukturselektionskriterien kann diese oder jene Struktur abgeleitet werden, aber nur dann, wenn sie im Selektionsbaum vorhanden ist. Die Erreichbarkeit der Struktur hängt von der Art der Stützfunktion ab. So kann man z.B. bei der Anwendung linearer Stützfunktionen nur lineare Polynome erreichen. Die Stützfunktion des Typs $y = a_1x_i + a_2x_ix_j$ führt z.B. zu einer langsameren Steigerung der Nichtlinearität des Polynoms von Stufe zu Stufe als eine Stütz-Funktion des Typs $y = a_0 + a_1x_i + a_2x_j + a_3x_ix_j + a_4x_i^2 + a_5x_j^2$.
Die Erreichbarkeit der Struktur hängt auch von der Art des Selektionsbaums ab. So wird zum Beispiel bei den sog. kombinatorischen GMDH-Algorithmen die Erreichbarkeit der Struktur durch einen beliebigen Anteil des Kolmogorov-Gaborschen Polynoms gewährleistet.
Ein weiteres Problem, das der **Konvergenz der Modelle**, welches Schwerpunkt der hier kurz dargestellten Untersuchungen ist, könnte

unabhängig von der GMDH als allgemeines statistischen Problem betrachtet werden, aber durch die spezifische Datenteilung ergeben sich bestimmte Besonderheiten.

Das **Problem des Verlustes relevanter Variabler** und das **Problem des Auftauchens nichtrelevanter Variabler**, beide unter der Bedingung des Datenmangels, werden von der Autorin in einem Komplex betrachtet und durch die quantitative Darstellung beider Erscheinungen als Fehler 1.Art und Fehler 2.Art **innerhalb eines Strukturselektionskriteriums** auf das in der Statistik gut bekannte Neyman-Pearson-Problem zurückgeführt /2/ /3/. Dafür wurden von der Autorin einige neue Begriffe eingeführt. So wurde statt des Begriffes "Konvergenz der Modelle" für den Fall des Datenmangels der Begriff "Nähe der Modelle" mathematisch formuliert. Zweitens wurden die Begriffe "Nähe der Modelle bezüglich des Systemausgangs" und "Nähe der Modelle bezüglich der Koeffizienten" sowie "vollständige Nähe der Modelle" in der Sprache der mathematischen Optimierung formuliert. Die Begriffe ermöglichen es, den Wunsch, keine relevanten Variablen bei der Selektion der Modellstruktur zu verlieren und keine nichtrelevanten Variablen aufzunehmen, in **einem** Selektionskriterium zu formulieren /2/ /3/.

Außerdem wurde der Begriff "analytische Selektionskriterien", der auf der Nähe des realen Modells zu einem idealen Modell beruht, eingeführt und ebenso der Begriff "Verhaltens-Selektions-kriterien", der auf der Resistenz der Modellstruktur gegenüber Datenänderungen **innerhalb eines konkreten Datensatzes** basiert.

Diese theoretische Darstellung hat es ermöglicht, einige praktische Probleme zu lösen:

Einerseits wurde es möglich
  (1) "experimentell", d.h. durch Verarbeitung der gemessenen Daten die Unsicherheit der für die Modellierung zur Verfügung stehenden Daten zu schätzen /2/ /4/;
  (2) für die "Modellierung unter Unsicherheitsbedingungen" (also bei zu großer Unsicherheit der vorhandenen Daten) spezielle Verhaltens-Strukturselektionskriterien zu entwickeln /2/ /5/;
  (3) die Qualität der Modellierung bei kurzen Stichproben mit Hilfe der vorhandenen Daten zu schätzen /2/ /3/.

Bezüglich der von der Autorin vorgeschlagenen Kriterien soll besonders auf das Selektionskriterium LDUC - **Local Data's**

Uncertainty Criterion verwiesen werden, das man als Neyman-Pearson-Aufgabe interpretieren kann, wobei das Kompromißniveau dieser Polyoptimierungsaufgabe direkt aus dem konkreten Datensatz berechnet wird:

$$LDUC = tr\left[\frac{\sum\limits_{i}^{B}(y_{Bi} - \hat{y}_{Bi})^2}{B - h}\,(x_B{}'x_B)^{-1}\right] + \sum_{j=1}^{h}(\hat{a}_{Aj} - \hat{a}_{Bj})^2 \qquad (3)$$

mit

A + B – als Summe von zwei Datenstichproben unterschiedlichen Umfangs;

$\hat{y}_B$ – als geschätzter Ausgang des aus der Stichprobe A bestimmten Modells bei Wirken der Eingangsmatrix X_B;

y_B – als gemessene Werte des Ausgangs in der Stichprobe B, wenn die Eingangsmatrix X_B gegeben ist;

h – als Anzahl der Koeffizienten im Modell;

$\hat{a}_A, \hat{a}_B$ – als Koeffizienten derselben Modellstruktur, deren Größe aber aus den Datenstichproben A und B geschätzt wurden.

Dieses Kriterium errinnert einerseits an den mittleren quadratischen Fehler, aber de facto steht es nicht im Zusammenhang mit dem analytischen Modellvergleich.

Das Kriterium beschreibt für jede betrachtete Modellstruktur sowohl die Resistenz des geschätzten Ausgangs als auch der geschätzten Koeffizienten gegenüber Datenänderungen bei einem fest gegebenen Datensatz.

Der erste Summand des Kriteriums spiegelt den Fehler 1.Art wider und der zweite Summand den Fehler 2.Art in der Neyman-Pearson-Aufgabe, da der erste Summand mit der Dispersion der Koeffizientenschätzung und der zweite Summand mit der Nichterwartungstreue (Verschiebung, Bias) verbunden ist. Bei Strukturen, die nichtrelevante Variable enthalten, ist die Dispersion größer als bei Strukturen ohne solche nichtrelevante Variable (bei ein und denselben Datensatz). Dagegen wird die Verschiebung bei Strukturen, die relevante Variable verloren haben, größer als bei Strukturen, die alle relevanten Variablen erfassen (bei ein und denselben Datensatz).

Das für die Modellierung unter Unsicherheit empfohlene **LDCU** verwendet das Prinzip der Datenteilung und gehört deshalb mehr zu den Verhaltenskriterien als zu den analytischen Kriterien.

Weitere von der Autorin vorgeschlagene oder modifizierte Strukturselektionskriterien, Kriterien für die Identifikation von Unsicherheit und Kriterien für die Schätzung der Qualität der Modellierung sowie die Ergebnisse von Simulationsuntersuchungen sind in /2/ /3/ /4/ /5/ dargestellt.

Anderersseits hat es die oben genannten theoretische Herangehensweise der Autorin ermöglicht, eine sehr große Anzahl von aus der Literatur bekannten Strukturkriterien **unter einem Aspekt** zu betrachten, durch den theoretischen Vergleich zu klassifizieren und sie praktischen Anwendungsfeldern zuzuordnen /2/, und erst danach einige Repräsentanten dieser Strukturkriterien mittels Rechnersimulation zu vergleichen.

<u>Literatur:</u>

/1/   Ivachnenko, A.G.
Past, Present and Future of GMDH.
Self-Organizing Methods in Modelling / GMDH Type Algorithms
edited by Stanley J. Farlow
New York and Basel: Marcel Dekker, Inc. (1984)

/2/   Lange, T.
Strukturselektionskriterien für die Modellbildung bei Existenz von Unsicherheit.
Schrift zum Erwerb des Dr.-Ing.habil. (Einreichung in Vorbereitung)

/3/   Lange, T.
New Structure Criteria in GMDH.
The First US/Japan Conference on the Frontiers of Statistical Modeling, Tennessee / USA, May 24-29, 1992
(Proceedings in Vorbereitung)

/4/   Lange, T.
Multi-criterial Decision Approach to Structural Modeling with Uncertainty Conditions.
Syst.Anal.Model.Simul. 6, 147 - 154 (1989)

/5/   Lange, T.; Gnatowski, K.; Umbreit, S.
Zur Wahl geeigneter Kriterien für die Struktursuche bei Modellierungsaufgaben.
Wiss. Z. TH Ilmenau 33, 67 - 78 (1987)

/6/   Gabor, D.
The Proper Priorities of Science and Technology.
University Southhampton, England, 1972

POPULATION PROJECTION METHODS AND MIGRATION

Peter Pflaumer, Kempten

ABSTRACT: The objective of this paper is to examine the effect of migration on the size and the age structure of the population in Germany by applying population projection models.

ZUSAMMENFASSUNG:Mit Hilfe von Bevölkerungsprojektionsmodellen wird untersucht, welchen Einfluß die Höhe und die Altersstruktur der Migration auf die zukünftige Bevölkerungsentwicklung in Deutschland hat.

INTRODUCTION

The future size of the population in Germany depends on future levels of fertility, mortality and migration. Only if our guesses about these future levels are accurate, will the future population coincide with the projected one. However forecasting is a difficult task. Most users of populations forecasts now realize that populations are not perfectly predictable. In past times, causes of errors in population forecasting were mainly based on wrong assumptions about fertiliy trends, but in the future they will mostly be based on wrong assumptions about migrational trends, because the importance of migration will increase. If the population predictions for the developing countries are taken into consideration, it can be presumed that not only Germany, but all industrial countries are on the verge of an overwhelming wave of migration. The concurrence of strong pull factors in the industrial countries and the partly political, partly economical and partly demographical push factors in the developing countries will lead to an increase of migration.

PROJECTION MODEL

The projection model that was used is based on the well–known cohort-component method and leads to a population projection that is broken down into categories of age and sex. This model is based on a projection of the population through its components fertility, mortality and migration. The initial population that is broken down into categories of age and sex is taken as the basis for the model. It is reduced by the number of deaths for each interval in the projection period by means of age- and sex-specific death rates. The number of births will be determined with help from age– specific birth rates for surviving women. The entire birth figure will then become the new birth-cohort in the projection model. And finally, the expected figure for immigrants and emigrants has to be estimated. The following representation of the cohort-component model refers back to Leslie (1945). The projection model is represented by the following recurrence equation:

$$p_{t+1} = Ap_t + i_t$$

The vector p_t represents the number of women and men in each age class at time t. After one projection step, the population p_{t+1}, broken down into age and sex, can be obtained by multiplying p_t with the projection matrix A and adding a net immigration vector i_t , which is adjusted by the number of births and deaths in the corresponding interval. The projection matrix contains age-specific fertility and mortality rates. Details about the projection models can be found in Keyfitz (1977) or Pflaumer (1988b).

EMPIRICAL RESULTS

1. Assumptions

The starting point of the projection will be the population of Germany in 1990 with a total of about 79 million residents. In order to simplify the calculations, the age distribution is summarized in 19 five-year age classes for men and women each . A total fertility rate of 1.4 is assumed for women living in Germany. Life expectancy at birth is estimated at 70 years for men and 77 years for women. It is assumed that immigrants adopt the German fertility rates immediately. This however is an unrealistic assumption. The adoption of the fertility behaviour of the immigration country in general lasts one or two generations. Results of population projections which assume different fertility rates of the native and the foreign population can be found in Pflaumer (1991). The age–specific fertility and mortality rates remain constant during the entire projection period. Net immigration of various sizes that has the population pyramid shown in Pflaumer (1991)is assumed. This population pyramid represents the typical age structure of the guestworker immigrant population of West Germany in the mid 1980's. Statistical cluster analysis was used in order to identify this age distribution (see Pflaumer 1992a). The assumed size of the net immigration in the projections depends on the actual size of net immigration in the last 40 years. Quantiles of the annual net immigration during the last 40 years are illustrated in Table 1.

Table 1: Quantiles of annual net immigration

Quantiles	0%	25%	50%	75%	100%
Net Immigration (1000)	-199.2	68.4	261.3	347.5	574.0

2. Projections to the year 2100

Projections with an annual net immigration of 50,000, 200,000, 600,000 and 1,000,000 were carried out. The results of the projections are represented in Fig. 1. An annual net immigration figure of about 600,000 people would be necessary under the above–mentioned assumptions in order to avoid in the long run a population decline in Germany. The alternative population projections indicate the uncertainty of population forecasts, due to different migration assumptions. After 25 years the population trajectories lie already far apart from each other by millions. In reality, the uncertainty will ,however, still increase through varying fertility and mortality rates. In Fig. 2 the development of the old age dependency ratio (OADR) is demonstrated. The old age dependency ratio is defined as the ratio of people over 60 years to people between 20 and 60 years. If there is no net immigration, the the old age dependency ratio increases in 2030 to 0.7. At a yearly net immigration of 50,000 the old age dependency ratio increases to 0.67 and at 200,000 it increases to 0,6. Thus, positive net immigration reduces the peak burden of the old age security in Germany. However in the long term (long term here means a time span of several centuries) the size of net immigration does not influence the level of the old age dependency ratio, which will be shown in the next section.

3. Stationary populations

The effect of migration on the population of the host country has been the object of several articles in recent years. Espenshade, Bouvier and Arthur (1982) published an article which at first glance demonstrated a surprising result. They showed that, as long as fertility is below replacement level, a constant number of immigrants with unchanging age composition leads in the long run to a stationary population if the immigrants adopt the net maternity rates of the host country. The same result was also derived by Pollard (1973), who used a discrete-time approach. Mitra (1990) and Cerone (1987) generalized these results by removing the restriction of below-replacement reproductive behaviour. They showed that when the net reproduction rate is equal to one, the population grows linearly and that it grows exponentially when the net reproduction rate is greater than one.

In order to investigate the long–term pattern of the population development, a projection time frame of 100 intervals, that is 500 years, was chosen. According to the theoretical considerations, a stationary population will finally result whose size depends on the size of annual net immigration (see Fig. 3). In spite of the young age structure of the annual immigrants, an old age structure for the stationary population results because of low fertility levels. The resulting age structure has the typical urn-shaped population pyramid of a shrinking population (see Fig. 4). The long–term old age dependency ratio does not depend on the size of annual net immigration, since the size of net immigration does not influence the age structure of a stationary population (see Fig. 5). The question whether children can be replaced by immigration, can be answered in the following way. Immigration prevents the extinction of a population at net reproduction rates less than one. In this case immigration is a substitution for children. But immigration does not prevent the ageing of a population in the long term , in which case immigration would not be a substitution for children, since the age structure of the resulting stationary population exhibits the typical urn shape of a shrinking population. A rejuvenation of the age structure is only possible through an increase in fertility.

Assuming a constant number of immigrants and a net reproduction rate which is less than one, the size of the initial population is then the less important for the prediction results, the larger the projection horizon is. In Fig. 6 the development of the population of Germany before (dashed line) and after (solid line) the unification is shown. For both populations an annual net immigration of 200,000 has been supposed.

4. A stochastic version of the projection model

Up until now the uncertainty associated with the projection process was considered by presenting high and low forecast variants of the future population; that is, different projection matrices for the given initial population were chosen. However Keyfitz (1981) criticizes that without some probability statements, high and low projections do not indicate to what degree the medium level can be relied upon as the best choice, nor in which situations to use the high or low variants. A more suitable method of indicating the uncertainty, I think, is to assume that fertility, mortality, and migration are random variables. These assumptions imply that the population size at a certain time is a random variable too. Its distribution and its resulting confidence intervals can be deduced either by theoretical methods (see, e.g., Sykes 1969, Alho and Spencer 1985, Cohen 1986) or by means of simulation methods (see, e.g., Pflaumer 1986, 1988a). An approach of constructing confidence intervals by means of Monte Carlo simulation will now be presented. It is supposed that the elements of the transition matrix and the net immigration vector are random variables. In order to simplify later calculations, it will be assumed here without loss of generality that:

(a) The total fertility rate X_t is a random variable. The change of each age-specific fertility rate is proportional to the change of the total fertility rate.

(b) Correlation exists between two succeeding total fertility rates X_t and X_{t-1} so that $|X_t - X_{t-1}| \leq Z_t$, where Z_t is a random variable which has to be specified. This means that the change of the total fertility rate between t and t+1 cannot exceed z_t, where z_t is a realisation of Z_t.

(c) The expectancy of life is a random variable.

(d) The size of total net immigration in each period is a random variable.

In order to calculate confidence intervals of future population estimates, the distributions of the random variables that go into the model must be specified. A suitable distribution which is easy to specify is a distribution for which the demographer has to estimate a lower and an upper bound and the median. With no a priori information about the distribution being available, a rectangular distribution between the bounds is assumed. These assumptions lead to the following density of a certain input variable Y_t :

$$f(y_t) = \begin{cases} \frac{1}{2}(m_t - a_t), & a_t \leq y_t \leq m_t, \\ \frac{1}{2}(b_t - m_t), & m_t \leq y_t \leq b_t, \\ 0 & \text{otherwise.} \end{cases} \tag{1}$$

By repeatedly projecting the same population n times, taking into account the stochastic nature of fertility, mortality and net immigration, n different population trajectories can be generated, beginning with the year 1990 and ending with the year 2100. Those n observations of population at a certain time are classified into a frequency distribution, out of which the expected value, the variance and confidence intervals can be estimated. An outline of the simulation process is given in Pflaumer (1988a). Forecasts of the population of Germany from 1990 to 2100 are presented in Fig. 7. The following principal assumptions have been made: The total fertility rate X_t , its maximal change Z_t within a period of five years, change in expectation of life until 2100 and annual net immigration are regarded as random variables. The specified values of the lower bounds a_t , the upper bounds b_t , and the medians m_t are shown in Table 2.

The assumptions chosen here (cf. Pflaumer, 1988b, p 87), shall only serve as examples to demonstrate the stochastic model rather than to provide reliable estimates of the medians, and the upper and lower bounds. The forecaster shall of course use those assumptions which he takes to be most likely. The simulation process from 1990 to 2100 has been carried out by a computer for 10,000 trials. As a result, 10,000 different population trajectories have been generated, which have been classified into frequency distributions. The 0.05-quantile and the 0.95-quantile provide the limits of a 0.9-confidence interval. In the year 2050 (projection step 12), for example, the population will be in the range between 50.4 and 59.7 million with a probability of 90%, subject to the condition that the variability of the input variables are in the range that has been assumed. Regarding, however, today's fluctuations of migration, the assumptions about

Table 2: Assumptions

	a_t	m_t	b_t
Total fertility rate X_t	1.2	1.46	1.8
Quinquennial change Z_t	0.0	0.2	0.4
Change in expectation of life until 2100 (years)			
Male	0.0	3.5	7.0
Female	0.0	4.0	8.0
Size of annual net immigration (1000)	0.0	100	200

the migratory input variables are questionable.

In general, the forecast of the total population is not the most important thing in demography, but the relations among the several ages. In Fig. 8 the old age dependency ratio is shown. At the end of the century there will be an appreciable rise in the ratio. The quantiles reflect the uncertainty in the forecasts of the old age dependency ratio.

CONCLUSION

The future development of the population in Germany depends heavily on the prospective development of migration. Because it is very difficult to predict the stream of migration accurately, it is very hard to make reliable population forecasts. In recent times, causes for errors in population forecasting were based mainly on wrong assumptions about fertility trends, whereas in the future they will mostly be based on wrong assumptions about migrational trends. From evaluating the different approaches to considering the uncertainty in population forecasting, I think that projections emanating from stochastic population models are conceptually superior to the projections which result from the conventional practice of showing alternative trajectories, such as the presentation of high, medium and low forecast variants. This study is also an empirical continuation of the investigations of Espenshade, Bouvier and Arthur (1982), Mitra (1990) and Cerone (1987), who showed that, as long as fertility is below-replacement level, a constant number of immigrants with unchanging age structure leads in the long run to a stationary population if the immigrants adopt the fertility rates of the host population. While the comparative static approach of the above mentioned authors only compares the initial population with the final stationary population, the dynamic approach presented here indicates the development of the population from the initial to the stationary stage. It turned out that it takes a long time (several centuries) until stationarity is achieved. Results which are valid in the long term have not to be valid in the short term. In the long run, migration cannot prevent an ageing of the population, when the fertility is below-replacement level. Planners and policy makers are, however, more interested in the development of the population over the next 10 to 20 years. In this period the size of migration influences the age structure of the host population in a certain amount. The higher the size of migration is, the lower the old age dependency ratio is. Thus, positive net immigration will reduce the peak burden of the old age security system in Germany. Nevertheless, due to low fertility, the old age dependency ratio will increase especially in the next 50 years, even though a permanent high net immigration will occur.

REFERENCES

Alho, J.M.; Spencer, B.D.: Uncertain population forecasting, Journal of the American Statistical Association 80, 1985, 306-314.

Cerone, P.: On stable population theory with immigration, Demography 24, 1987, 431-442.

Cohen, J.E.: Population forecasts and confidence intervals for Sweden: A comparison of model-based and empirical approaches, Demography 23, 1986, 105-126.

Espenshade, T.J.; Bouvier, L.F.;Arthur, W.B.: Immigration and the stable model, Demography 19, 1982, 125-133.

Keyfitz, N.: Applied mathematical demography, (John Wiley, New York), 1977.

Keyfitz, N.: The limits of population forecasting, Population and Development Review 7, 1981, 579-593.

Land, K.C.: Methods for national population forecasts: A review, Journal of the American Statistical Association 81, 1986, 888-901.

Leslie, P.H.: On the use of matrices in certain population mathematics, Biometrika 33, 1945, 183-212.

Mitra, S.: Immigration, below-replacement fertility, and long-term national population trends, Demography 27, 1990, 121-129.

Pflaumer, P.: Forecasting the German population with Monte Carlo methods, Economics Letters 21, 1986, 385-390.

Pflaumer, P.: Confidence intervals for population projections based on Monte Carlo Methods, International Journal of Forecasting 4, 1988a, 135-142.

Pflaumer, P.: Methoden der Bevölkerungsvorausschätzung unter besonderer Berücksichtigung der Unsicherheit, (Duncker & Humblot, Berlin), 1988b.

Pflaumer, P.: Demographic consequences of guestworker migration, Proceedings of the Social Statistics Section, (American Statistical Association, Atlanta),1991, 425 - 430.

Pflaumer, P.: Age structures of guestworker migrants in Germany - An application of the cluster analysis, S. Schach and G. Trenkler (eds.): Data analysis and statistical inference - Festschrift in Honour of Friedhelm Eicker. (Eul, Bergisch-Gladbach), 1992a, 503-512.

Pflaumer, P.: Forecasting U.S. population totals with the Box-Jenkins approach, International Journal of Forecasting 8 1992b (to appear) .

Pollard, J.H.: Mathematical models for the growth of human population, (Cambridge, University Press, New York-London), 1973.

Sykes, Z.M.: Some stochastic versions of the matrix model for population dynamics, Journal of the American Statistical Association 44, 1969,111-130.

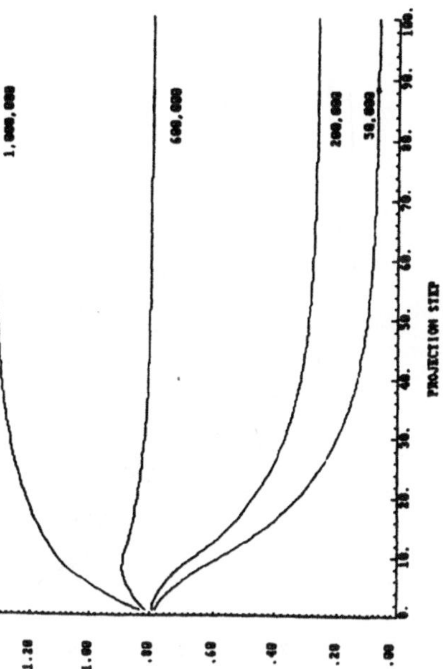

Fig. 3: Stationary Population Sizes

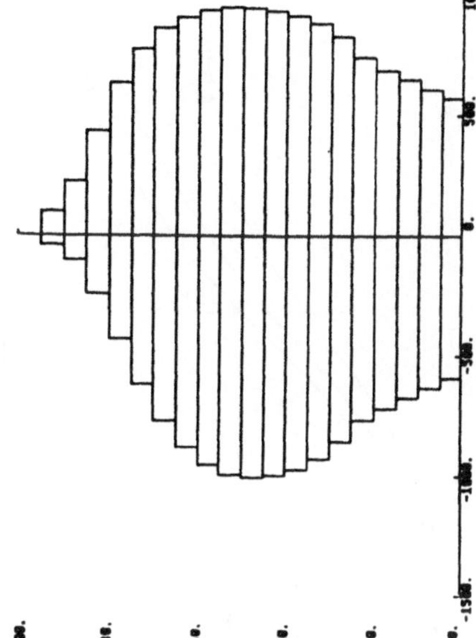

Fig. 4: Age Structure of the Stationary Population

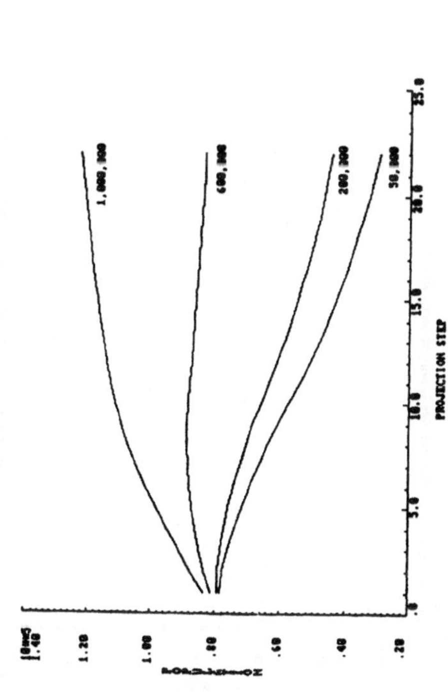

Fig. 1: Population Size under Various Assumptions about the Size of Net Immigration

Fig. 2: Old Age Dependency Ratio (OADR) under Various Assumptions about the Size of Net Immigration

Fig. 5: Stationary Old Age Dependency Ratios (OADR)

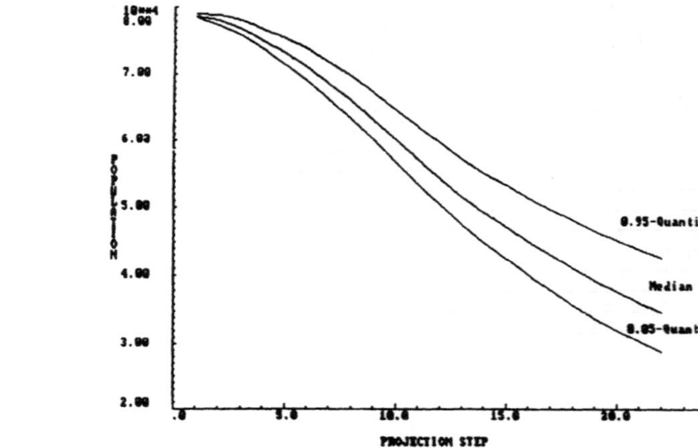

Fig. 6: Development of the Population in Germany before(- - -) and after (⎯) the
Unification with an Annual Net Immigration of 200,000

Fig. 7: Confidence Intervals for the Population Size

Fig. 8: Confidence Intervals for the Old Age Dependency Ratio (OADR)

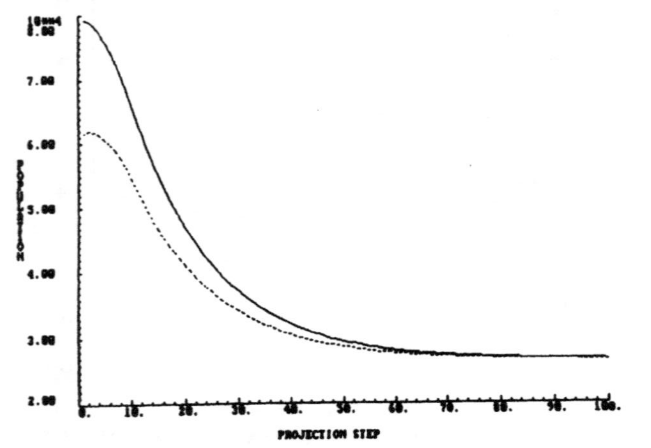

Zur Wirtschaftlichkeitsprüfung von Kassenärzten

Wolfgang Schmid, Abteilung Stochastik, Universität Ulm, Helmholtzstr. 18, D - 7900 Ulm

Hans Wolff, Abteilung Stochastik, Universität Ulm, Helmholtzstr. 18, D - 7900 Ulm

Josef Högel, Klinische Dokumentation, Universität Ulm, Schwabstr. 13, D - 7900 Ulm

Wilhelm Gaus, Klinische Dokumentation, Universität Ulm, Schwabstr. 13, D - 7900 Ulm

Zusammenfassung

Eine wichtige Aufgabe der Kassenärztlichen Vereinigungen und der Krankenkassen stellt die Prüfung der Wirtschaftlichkeit der Behandlungsweise von Kassenärzten dar.

Zur statistischen Beschreibung dieser Problematik führen wir ein Ausreißermodell ein. Als Maß für die Wirtschaftlichkeit werden die Fallkosten, d.h. die Arztkosten der Behandlung eines Patienten innerhalb eines Quartales, herangezogen. Das Auffinden von teuer arbeitenden Ärzten ist im Rahmen dieser Modellbildung gleichbedeutend mit dem Erkennen von Ausreißern.

Es werden verschiedene Methoden zur Identifikation der Ausreißer vorgestellt, nämlich ein Rückwärtsverfahren und ein Vorwärtsverfahren basierend auf robuster Parameterschätzung.

Abstract

An important task of the public health insurance system in Germany is to monitor the economy of a physician's treatment.

In order to describe the problem in a statistical context, an outlier model is introduced. As a measure of economy we use the costs of a case, i.e. the costs of a patient's treatment by a single physician in a quarter of a year. Discovering physicians who are working too expensively is equivalent to the identification of outliers in our model.

Several methods of outlier identification are proposed, namely a consecutive outward testing procedure and a consecutive inward testing procedure based on robust estimators.

1. Einleitung

Äußerlich betrachtet basiert unser Gesundheitssystem auf einem Tausch von Papieren. Während der Arzt vom Patienten einen Krankenschein erhält, auf dem er gemäß dem Bewertungsmaßstab für kassenärztliche Leistungen seine Honorarabrechnung einträgt, bekommt der Patient ein Rezept oder eine Überweisung.

Kassenärzte sind verpflichtet, ihre Patienten nicht nur ausreichend und zweckmäßig, sondern auch wirtschaftlich zu behandeln. Den Kassenärztlichen Vereinigungen und den Krankenkassen obliegt es in gemeinsamen Prüfungsausschüssen, die Wirtschaftlichkeit der Behandlungsweise und der Verordnungsweise der Kassenärzte zu überwachen.

In jedem Quartal werden in Deutschland etwa 75 Millionen Behandlungsausweise (Krankenscheine, Überweisungsscheine, etc.) abgerechnet. Aufgrund dieser enormen Anzahl ist eine durchgehende Einzelfallprüfung nicht praktikabel. Die meisten Kassenärztlichen Vereinigungen, Prüfungsausschüsse und Sozialgerichte, die über Streitigkeiten in Prüfverfahren zu entscheiden haben, sind zur statistischen Vergleichsprüfung übergegangen.

Die derzeitige Form der statistischen Vergleichsprüfung ist allerdings weder aus der Sicht der Kassenärzte noch aus theoretisch-statistischer Sicht voll befriedigend. Eine Übersicht über verschiedene Verfahren findet man bei GAUS /3/. Alternative Ansätze werden von SCHWENDINGER /5/ und YASS /8/ diskutiert.

Ein grundsätzliches Problem bei der statistischen Vergleichsprüfung besteht in der Beurteilung der Wirtschaftlichkeit der ärztlichen Behandlungsweise. Alle derzeit verwendeten statistischen Verfahren halten sich streng an die durch die Kosten gegebene Sortierfolge, d.h. der Arzt mit den im Mittel teuersten Fällen wird zuerst aufgegriffen, dann der in diesem Sinne zweitteuerste Arzt usw.. Ein „teurer" Fall ist ein Fall, für den hohe Fallkosten abgerechnet werden. Im Sinne der Gebührenordnung ist dies also als ein Fall mit großem Behandlungsaufwand zu verstehen. Ein „teurer" Fall muß aber nicht unwirtschaftlich sein und ein „billiger" Fall muß nicht wirtschaftlich sein. Die Fallkosten können lediglich als ein Indiz für die Wirtschaftlichkeit eines Arztes angesehen werden. Trotz dieses Einwandes sollen im Rahmen dieser Arbeit die Fallkosten Grundlage der Wirtschaftlichkeitsprüfung bleiben.
Die Berücksichtigung der Struktur der Patientenschaft des zu prüfenden Arztes ist dabei methodisch noch nicht befriedigend gelöst. So zeigt sich etwa, daß bei Rentnern höhere Kosten auftreten als bei Mitgliedern und Familienangehörigen. Bei den derzeitigen Verfahren werden für Rentner und Nicht-Rentner zwar getrennte Mittelwerte, aber eine gemeinsame und damit zu große Standardabweichung berechnet. Deshalb ist eine Verbesserung des mathematisch-statistischen Verfahrens der Berücksichtigung des Rentneranteils wünschenswert.

In dieser Arbeit stellen wir ein Ausreißermodell zur Beschreibung dieser Problematik vor. Dabei wird insbesondere eine Differenzierung zwischen den beiden Versicherungsgruppen Rentner und Mitglieder/Familienangehörige durchgeführt. Als Maßstab für die Wirtschaftlichkeit der Behandlungsweise werden die Fallkosten herangezogen. Das Auffinden von unwirtschaftlich arbeitenden Ärzten ist gleichzusetzen mit der Identifizierung von oberen Ausreißern.

Während in Abschnitt 2 die statistische Modellierung diskutiert wird, stellen wir in Abschnitt 3 verschiedene Methoden zur Ausreißeridentifikation vor. Den Abschluß der Arbeit bildet ein Anhang, in dem einige theoretische Ergebnisse zusammengefaßt sind.

Aufgrund der Vielschichtigkeit des Problems wäre es letztlich wünschenswert, auf lange Sicht auch Alter, Geschlecht, Allgemein- und Krankheitszustand der Patienten mit in die Vergleichsprüfung einbeziehen zu können.

2. Modellierung

Als Maßstab für die statistische Vergleichsprüfung legen wir im folgenden die Fallkosten zugrunde, d.h. die Kosten, die ein Arzt für die Behandlung eines Patienten in einem Quartal mit der Kassenärztlichen Vereinigung abrechnet.

Bei der Betrachtung der mittleren Fallkosten verschiedener Ärzte treten immer wieder welche auf, deren Kosten vom Großteil der anderen Ärzte abweichen. Unser Ziel besteht darin, diese Ausreißer zu identifizieren, um sie einer separaten Einzelfallprüfung zugänglich zu machen.

Wir gehen zunächst von der folgenden Überlegung aus:

Der Idealfall, alle Ärzte behandeln gleich teuer, ist gegeben durch

$$X_{ijk} = \mu + \beta_j + \varepsilon_{ijk} \quad , \quad k = 1, .., n_{ij} , \quad j = 1, 2, \quad i = 1, .., a , \tag{2.1}$$

wobei

X_{ijk} die Fallkosten des k - ten Patienten der j - ten Versicherungsgruppe beim i - ten Arzt,

μ den Fachgruppendurchschnitt,

β_j die Abweichungen zwischen den Versichertengruppen ($j = 1$: Mitglieder und Familienangehörige, $j = 2$: Rentner),

ε_{ijk} zufällige Abweichungen beim k - ten Patienten der j - ten Versichertengruppe beim i - ten Arzt,

bezeichne. Dabei gibt a die Anzahl der Ärzte in der Fachgruppe an und $n_{ij} > 0$ die Anzahl der Fälle des i-ten Arztes in der j-ten Versicherungsgruppe. Die Zufallsvariablen $\varepsilon_{ijk}, k = 1, .., n_{ij} , j = 1, 2 , i = 1, .., a$, seien unabhängig. Es sei $\varepsilon_{ijk} \sim F_j$ für alle i,j,k. Ferner sei $E(\varepsilon_{ijk}) = 0$ und $\mathrm{Var}(\varepsilon_{ijk}) = \sigma_j^2$. Da bei Rentnern eine größere Streuung der Fallkosten zu beobachten ist wie bei der Gruppe Mitglieder/Familienangehörige, ist es sinnvoll, von unterschiedlichen Varianzen auszugehen. Die Verteilung von ε_{ijk} ist schief, nämlich rechtsschief, da beim Großteil der Patienten nur geringe Fallkosten anfallen und höhere Fallkosten seltener auftreten.

Das Auftreten eventueller Abweichungen wird also durch eine Modellerweiterung, nämlich eine Verschiebung des Erwartungswertes, erklärt. Dies führt auf das Modell

$$X_{ijk} = \mu + \alpha_i^* + \beta_j + \varepsilon_{ijk} . \tag{2.2}$$

(2.2) ist ein Ausreißermodell. Die Größen α_i^* beschreiben den Ausreißereinfluß und werden als deterministisch angesehen. Man bezeichnet (2.2) als Slippage - Modell (BARNETT/LEWIS /1/) und spricht in diesem Zusammenhang von Modellausreißern. Da Ausreißer selten auftreten, wird vorwiegend gelten $\alpha_i^* = 0$. α_i^* wurde unabhängig von der Versichertengruppe gewählt, da es sinnvoll scheint, davon auszugehen, daß sich eine unwirtschaftliche Behandlungsweise eines Arztes nicht nur in einer Versichertengruppe widerspiegelt, sondern in beiden.

(2.2) ist formal gesehen das Modell einer verallgemeinerten zweifachen Varianzanalyse ohne Wechselwirkung (beachte: die Varianzen sind verschieden). Allerdings besteht ein erheblicher Unterschied zur Varianzanalyse, da die Parameter eine andere inhaltliche Bedeutung besitzen. Während bei der Varianzanalyse $(\alpha_1^*, .., \alpha_a^*) \in \mathbb{R}^a$ ist, sind beim Ausreißermodell (2.2) die Größen α_i^* vorwiegend Null und die Ausreißeranzahl, also die Anzahl der Werte ungleich Null, sollte kleiner als $[a/2]$ sein. Ansonsten würden mehr Ausreißer auftreten als korrekte Werte, was dem Begriff Ausreißer nicht mehr entspricht. Es liegt also ein anderer Parameterraum vor.

Um diesen Unterschied deutlicher zu machen, ist die Darstellung

$$X_{ijk} = \mu + \sum_{\tau=1}^{s} \Delta_\tau \, \delta_{v_\tau, i} + \beta_j + \varepsilon_{ijk} \tag{2.3}$$

geeignet. Hierbei ist $\delta_{v,i}$ gleich 1 für $v = i$, ansonsten 0.

s gibt die Anzahl der auftretenden Ausreißer an. Die Ausreißer treten an den Positionen

$v_1, .., v_s$ auf und haben die Größe $\Delta_1, .., \Delta_s$. Dabei sei $1 \le v_1 < .. < v_s \le a$.

Die Prüfeinrichtungen sind daran interessiert, diejenigen Ärzte aufzuspüren, die durch extrem hohe Fallkosten auffallen. Aus diesem Grund geht man vorwiegend von $\Delta_i > 0$ für $i = 1, .., s$ aus.

Diese Überlegungen zeigen, daß das Modell (2.3) gut geeignet ist zur Beschreibung der Ausreißersituation für die vorliegende Problemstellung.

Will man lediglich feststellen, ob überhaupt Ausreißer in der Datenmenge auftreten, so läßt sich das zugehörige Testproblem im Rahmen der Modellbildung (2.3) wie folgt formulieren

$$H: \quad s = 0 \qquad \text{gegen} \qquad K: \quad s > 0 \ . \tag{2.4}$$

Dieses Testproblem ist allerdings bei der Überprüfung auf Wirtschaftlichkeit von untergeordneter Bedeutung, da das Auftreten von Ausreißern erwartet wird. In diesem Zusammenhang liegt das Hauptinteresse darin, die extremen Beobachtungen zu identifizieren.
Die Menge der möglichen Ausreißerpositionen ist gegeben durch

$$S = \bigcup_{\tau=1}^{[a/2]-1} \{ (q_1, .., q_\tau) : 1 \le q_1 < .. < q_\tau \le a \}.$$

Bezeichnet $\underline{v} := (v_1, .., v_s)$ die tatsächlichen Ausreißerpositionen, so lautet das multiple Entscheidungsproblem

$$H_{\underline{q}}: \quad \underline{v} = \underline{q} \qquad \text{für} \quad \underline{q} \in S . \tag{2.5}$$

3. Ausreißeridentifikation

Für die folgenden Betrachtungen legen wir das Ausreißermodell (2.3) zugrunde.

In der Literatur unterscheidet man im wesentlichen zwischen zwei unterschiedlichen Vorgehensweisen zur Identifizierung von Ausreißern, nämlich Vorwärtsverfahren (inward testing) und Rückwärtsverfahren (outward testing) (vgl. BARNETT/LEWIS /1/). Beide Verfahren basieren prinzipiell auf der Analyse von Residuen.

Die geschätzten Residuen sind im vorliegenden Fall gegeben durch

$$r_{ij} = \frac{\overline{X}_{ij.} - \hat{\mu}_j}{\hat{\partial}_j} \quad , \quad j = 1, 2, \quad i = 1, .., a \ . \tag{3.1}$$

Dabei sei $\overline{X}_{ij.} := \frac{1}{n_{ij}} \sum_{k=1}^{n_{ij}} X_{ijk}$. $\hat{\mu}_j$ bezeichne einen Schätzer für $\mu_j := \mu + \beta_j$ und $\hat{\partial}_j^2$ einen Schätzer für σ_j^2.

Die Größe (3.1) basiert also auf dem Vergleich der durchschnittlichen Fallkosten des i-ten Arztes bei der j-ten Versicherungsgruppe mit einem Schätzer für die Gesamtdurchschnittskosten innerhalb dieser Gruppe. Als Normierung fungiert ein Schätzer für die Streuung innerhalb dieser Versicherungsgruppe.

Setzt man

$$\hat{\mu}_j = \overline{X}_{.j.} \qquad \text{bzw.} \qquad \hat{\partial}_j^2 = \frac{1}{n_{.j} - a} \sum_{i=1}^{a} \sum_{k=1}^{n_{ij}} (X_{ijk} - \overline{X}_{ij.})^2 \tag{3.2}$$

mit $\overline{X}_{\cdot j\cdot} := \dfrac{1}{n_{\cdot j}} \sum\limits_{i=1}^{a} \sum\limits_{k=1}^{n_{ij}} X_{ijk}$ und $n_{\cdot j} := \sum\limits_{i=1}^{a} n_{ij}$,

so erhält man die resultierende Prüfgröße auch durch einen varianzanalytischen Ansatz. Hält man j in (2.2) fest, so liegt formal das Modell einer einfaktoriellen Varianzanalyse vor. Die Methode der kleinsten Fehlerquadrate liefert als Schätzer für $\alpha_i^* - \overline{\alpha}_j^*$, wobei $\overline{\alpha}_j^* := \dfrac{1}{n_{\cdot j}} \sum\limits_{i=1}^{a} n_{ij} \alpha_i^*$ sei, die Größe $\overline{X}_{ij\cdot} - \overline{X}_{\cdot j\cdot}$ und als Schätzer für σ_j^2 die Statistik $\hat{\sigma}_j^2$.

Der Nachteil dieser Prüfgröße besteht darin, daß Ausreißer bei der Berechnung der Schätzer aus (3.2) eingehen und diese die Schätzer stark verfälschen können.

Eine Alternative stellen robuste Parameterschätzer dar. Geeignete Größen wären etwa

$$\hat{\mu}_j = \operatorname*{med}_{i} \overline{X}_{ij\cdot} \quad \text{bzw.} \quad \hat{\sigma}_j^2 = \operatorname*{med}_{i} \lvert \overline{X}_{ij\cdot} - \hat{\mu}_j \rvert \ . \tag{3.3}$$

Hierbei steht med für den Median.

Generell können natürlich beliebige Lokalisations-bzw. Dispersionsmaße gewählt werden (z.B. HÖGEL ET AL. /4/, STAUDTE/SHEATHER /7/).

Eingehende Vergleiche verschiedener Identifikationsmethoden für den Fall unabhängiger Zufallsstichproben, wie sie etwa von SIMONOFF /6/ und GATHER/DAVIES /2/ durchgeführt worden sind, haben gezeigt, daß insbesondere Vorwärtsverfahren basierend auf robuster Parameterschätzung und Rückwärtsverfahren geeignete Techniken darstellen.

Diese Ausführungen legen für die vorliegende Problemstellung die folgenden Verfahren nahe:

a) Rückwärtsverfahren

Es sei $\zeta_i := \max\limits_{j=1,2} \dfrac{\overline{X}_{ij\cdot} - \hat{\mu}_j}{\hat{\sigma}_j}$ mit $\hat{\mu}_j$ und $\hat{\sigma}_j$ wie in (3.3) und $R_i := \max\limits_{j=1,2} \dfrac{\sqrt{n_{ij}}\,(\overline{X}_{ij\cdot} - \hat{\mu}_j)}{\sqrt{1 - n_{ij}/n_{\cdot j}}\ \hat{\sigma}_j}$.

Zunächst betrachtet man nur die Ärzte, die die z–niedrigsten Fallkosten bzgl. der Kenngröße ζ_i , $i = 1,..,a$, aufweisen, wobei $z := 1 + [a/2]$. Mit $\mathfrak{A}_1$ bezeichnen wir die Menge aller dieser Ärzte.

In den folgenden Iterationsschritten verwendet man als Schätzer für μ_j und σ_j nur noch die Schätzer aus (3.2), wobei im ersten Schritt nur die Ärzte aus $\mathfrak{A}_1$ berücksichtigt werden. Unter Verwendung dieser Schätzer berechnet man die Größen R_i für die Ärzte, die nicht in $\mathfrak{A}_1$ enthalten sind. Ist der kleinste dieser Werte größer als c, so schließt man, daß alle Ärzte, die nicht zu $\mathfrak{A}_1$ gehören, Ausreißer sind. Ist dieser Wert allerdings kleiner oder gleich c, so wird der zugehörige Arzt als Nicht-Ausreißer klassifiziert und in die Menge $\mathfrak{A}_1$ aufgenommen. Man erhält die Menge $\mathfrak{A}_2$. Mittels den Daten aus $\mathfrak{A}_2$ schätzt man analog wie oben wiederum die Parameter und berechnet hiermit erneut die Größen R_i aus dem Komplement von $\mathfrak{A}_2$. Das Entscheidungsverfahren wird wie oben durchgeführt. Das Verfahren endet, falls bei einem Schritt das kleinste R_i aus der zu betrachtenden Menge größer c ist oder das minimale R_i bei allen möglichen Schritten kleiner oder gleich c war.

Der Vorteil dieses Verfahrens besteht darin, daß zur Parameterschätzung keine Ausreißer verwendet werden. Aus diesem Grund ist dieses Rückwärtsverfahren auch äußerst robust bzgl. dem Maskierungseffekt (siehe BARNETT/LEWIS /1/).

Auf die Wahl des kritischen Wertes c wird im Anhang eingegangen.

b) Vorwärtsverfahren

GATHER/DAVIES /2/ haben gezeigt, daß Vorwärtsverfahren äußerst robust sind, wenn die zugehörigen Modellparameter robust geschätzt werden.

Für den vorliegenden Fall erweisen sich die Schätzer aus (3.3) als besonders geeignet. Ist $\max\{r_{i1}, r_{i2}\} > c^*$, so schließt man, daß der i-te Arzt ein Ausreißer ist.

Die Verteilung von $\max\{r_{i1}, r_{i2}\}$ ist ziemlich kompliziert. Aus diesem Grund wurden kritische Werte mittels Simulationen berechnet.

Im Gegensatz zum obigen Rückwärtsverfahren werden die Parameter beim hier vorgestellten Vorwärtsverfahren nicht sukzessive geschätzt. Dies stellt eine erhebliche Vereinfachung dar. Andererseits kann die Verwendung robuster Schätzer auch ein gewisses Informationsdefizit darstellen.

4. Anhang

Wir legen hier das Modell (2.3) zugrunde. Es sei $n_{ij} \geq 1$ für alle i,j. Dann gilt

$$E(\overline{X}_{ij\cdot}) = \mu + \alpha_i^* + \beta_j \, , \quad \operatorname{Var}(\overline{X}_{ij\cdot}) = \sigma_j^2 / n_{ij} \quad \text{und} \quad E(\overline{X}_{\cdot j\cdot}) = \mu + \overline{\alpha}_j^* + \beta_j$$

$$\text{mit} \quad \alpha_i^* := \sum_{\tau=1}^s \Delta_\tau \, \delta_{v_\tau, i} \quad \text{und} \quad \overline{\alpha}_j^* := \frac{1}{n_{\cdot j}} \sum_{i=1}^a n_{ij} \, \alpha_i^* \, .$$

Ferner ist $\hat{\sigma}_j^2$ aus (3.2) ein erwartungstreuer Schätzer für σ^2, während gilt

$$E\left(\frac{1}{n_{\cdot j}-1} \sum_{i=1}^a \sum_{k=1}^{n_{ij}} (X_{ijk} - \overline{X}_{\cdot j\cdot})^2\right) = \sigma_j^2 + \frac{1}{n_{\cdot j}-1} \sum_{i=1}^a n_{ij} (\alpha_i^* - \overline{\alpha}_j^*)^2 \, .$$

Um einen Test durchführen zu können, benötigen wir eine Aussage über die Verteilung von (3.1). Da wir nur von Momentanforderungen an ε_{ijk} ausgehen wollen und keine Verteilungsannahmen treffen, können wir natürlich auch keine Verteilungsaussage bei endlichem Stichprobenumfang machen, sondern nur für den asymptotischen Fall.
Betrachtet man für j fest das Verhalten von r_{ij} für $n_{ij} \to \infty$ und hält alle anderen Größen $n_{1j}, \dots, n_{i-1j}, n_{i+1j}, \dots, n_{aj}$ fest, so ist dies nicht geeignet, da auch die Verteilung von $r_{i+1\,j}$ von Interesse ist, usw.
Aus diesem Grund gehen wir von $n_{ij} = n_{ij}(n_{\cdot j}) = \lambda_{ij}(n_{\cdot j}) \, n_{\cdot j}$ aus, wobei gelte $\lambda_{ij}(n_{\cdot j}) \underset{n_{\cdot j} \to \infty}{\longrightarrow} \lambda_{ij} \in (0,1)$ und $\sum_{i=1}^a \lambda_{ij} = 1$ sei. Dies bedeutet, daß die einzelnen Stichproben gemeinsam anwachsen und asymptotisch kein Umfang dominiert, sondern das Verhältnis gleich bleibt.

Unter obigen Voraussetzungen gilt unter der Annahme s = 0 für $j \in \{1,2\}$

$$\lim_{n_{\cdot j} \to \infty} P(\sqrt{n_{ij}} \, (\overline{X}_{ij\cdot} - \overline{X}_{\cdot j\cdot}) \leq x) = N(0, \sigma_j^2 (1 - \lambda_{ij}))(x),$$

wobei $N(\mu, \delta)$ die Normalverteilung mit Erwartungswert μ und Varianz δ bezeichne.
Ferner erhält man

$$\hat{\sigma}_j^2 \underset{n_{\cdot j} \to \infty}{\overset{P}{\longrightarrow}} \sigma_j^2 \qquad (\text{ stochastische Konvergenz }).$$

Es sei nun

$$T_{ij} := \frac{\sqrt{n_{ij}}\,(\overline{X}_{ij\cdot} - \overline{X}_{\cdot j\cdot})}{\sqrt{1-n_{ij}/n_{\cdot j}}\;\hat{\partial}_j}$$

Dann folgt für $j \in \{1,2\}$ und $i \in \{1,..,a\}$

$$\lim_{n_{\cdot j} \to \infty} P(T_{ij} \le x) = \Phi(x) .$$

Dabei steht Φ für die Standardnormalverteilung.

Aufgrund der Unabhängigkeit der Zufallsvariablen T_{i1} und T_{i2} ist die asymptotische Verteilung von $R_i := \max\{T_{i1}, T_{i2}\}$ gegeben durch Φ^2, wobei der Grenzübergang analog wie oben zu verstehen ist.

Da das multiple Entscheidungsproblem (2.5) auf eine Folge von Testproblemen zurückgeführt wird, wobei als Prüfgrößen jeweils R_i fungieren, sollte der Gesamtfehler 1.Art kontrolliert werden. Hierfür eignet sich die Methode von Bonferroni.

Literaturverzeichnis

/1/ Barnett, V.; Lewis, T.
Outliers in Statistical Data.
New York, Wiley (1984)

/2/ Gather, U.; Davies, L.
The identification of multiple outliers.
Erscheint in JASA (1992)

/3/ Gaus, W.
Prüfung der Wirtschaftlichkeit der Behandlungs - und Verordnungsweise des Kassenarztes.
Springer - Verlag (1988)

/4/ Högel, J.; Schmid, W.; Gaus, W.
Robustness of the standard deviation and other measures of dispersion.
Zur Publikation eingereicht (1992)

/5/ Schwendinger, S.
Varianzanalysemethoden und ihre Anwendung auf die Wirtschaftlichkeitsprüfung von Kassenärzten.
Diplomarbeit, Universität Ulm (1992)

/6/ Simonoff, J.S.
General approaches to stepwise identification of unusual values in data analysis.
In: Directions of Robust Statistics and Diagnostics, Eds. Stahel/Weisberg, 223 - 241, Springer - Verlag (1991)

/7/ Staudte, R.G.; Sheather, S.J.
Robust Estimation and Testing.
New York, Wiley (1990).

/8/ Yass, M.
Statistische Verfahren zur Überprüfung der Wirtschaftlichkeit der Behandlungsweise der Kassenärzte.
Dissertation, Universität Ulm (1992)

Prognosesoftware

Prof. Dr. Karl Weber
Universität Gießen
Licher Straße 74
D-6300 Gießen

In den vergangenen Jahren nahm die Zahl der in der Literatur diskutierten und auch praktisch zum Einsatz gelangenden Prognosemethoden beträchtlich zu. Dies gilt auch für die auf der Zeitreihenanalyse basierenden Methoden, insbesondere die modernen Verfahren der exponentiellen Glättung (mit Dämpfungsfaktoren), die im Anschluß an die Box-Jenkins-Methodologie konzipierten Verfahren sowie die neueren zeitbereichs- resp. frequenzbereichsorientierten Ansätze.

Mit Ausnahme der konjekturalen - wesentlichen auf der Expertise von Spezialisten aufbauenden - Verfahren lassen sich die modernen Prognosemethoden nur noch computergestützt einsetzen. Dabei kann auf eine wachsende Zahl leistungsfähiger Einzelprogramme und/oder Softwarepakete zurückgegriffen werden.

Der Bericht vermittelt einen Überblick über das Leistungspotiential moderner Prognosesoftware, unter weitestgehender Mitberücksichtigung amerikanischer Programmangebote. Besondere Beachtung wird dabei auf die Evaluation von Softwarepaketen gelegt, die in den letzten 1-2 Jahren neu entwickelt oder nunmehr in wesentlich leistungsfähigeren Versionen angeboten werden. Mitberücksichtigt werden zudem nur Programme, die im praktischen Einsatz getestet werden konnten.

Der Bericht stellt eine Ergänzung der bereits in
Karl Weber, Prognosemethoden und -Software, Idstein (Schultz-Kirchner) 1991
publizierten Untersuchungsergebnisse dar und soll Hochschulinstituten und Unternehmungen die Neubeschaffung von Prognosesoftware erleichtern.

ENTSCHEIDUNGSKRITERIEN BEI PARTIELLER WAHRSCHEINLICHKEITSINFORMATION EINE KLASSIFIKATORISCHE ÜBERSICHT

Hans Wolfgang Brachinger, Fribourg

Zusammenfassung: Gegenstand dieses Aufsatzes sind Entscheidungskriterien zur Lösung von Entscheidungsproblemen bei partieller Wahrscheinlichkeitsinformation. Derartige Kriterien können je nach Rationalitätskonzept und Behandlung der partiellen Wahrscheinlichkeitsinformation unterschieden werden. Auf der Grundlage dieser Unterscheidung wird eine kurze klassifikatorische Übersicht gegeben.

Abstract: This paper is concerned with criteria for solving decision making problems under partial probability information. Such criteria may be differentiated according to their notion of rationality as well as how they treat the partial probability information. On that basis a short classified overview is given.

1. Einleitung

In der entscheidungstheoretischen Literatur unterscheidet man bei Entscheidungen unter Unsicherheit üblicherweise zwischen Entscheidungen bei Ungewissheit oder Unsicherheit im engeren Sinn und Entscheidungen bei Risiko. Von Entscheidungen bei Ungewissheit oder Unsicherheit im engeren Sinn spricht man bekanntlich dann, wenn die Zustandsmenge eines vorliegenden Entscheidungsmodells mehrelementig ist und lediglich bekannt ist, dass irgendeine der Zukunftslagen aus dieser Menge eintreten wird. Von Entscheidungen bei Risiko wird dann gesprochen, wenn die Zustandsmenge eines vorliegenden Entscheidungsmodells nicht nur mehrelementig ist, sondern darüberhinaus eine Wahrscheinlichkeitsverteilung über dieser Zustandsmenge vorliegt.

Diese strenge Zweiteilung von Entscheidungen unter Unsicherheit in Ungewissheits- und Risikosituationen ist aus praktischer Sicht unbefriedigend, und zwar deshalb, weil sich in den meisten Fällen der Praxis die in einer Entscheidungssituation dem Entscheidungsträger tatsächlich verfügbare Wahrscheinlichkeits-Information (WI) weder durch ein Entscheidungsmodell bei Risiko noch durch ein Entscheidungsmodell bei Ungewissheit geeignet modellieren lässt. Im Regelfall liegt nämlich in einer Entscheidungssituation in einem zunächst nur intuitiven Sinn qualitative WI vor. Qualitative WI im intuitiven Sinn ist dadurch gekennzeichnet, dass sie zwar über das blosse Wissen, dass irgendeine bestimmte Menge von Zukunftslagen eintritt, hinausgeht, aber nicht weit genug, als dass es mit angemessenem Aufwand möglich wäre, für das Eintreten aller in dieser Menge zusammengefassten Zukunftslagen präzise Wahrscheinlichkeiten anzugeben.

Beispiele derartiger Entscheidungssituationen liegen etwa dann vor, wenn Investitionsrechnungen auf der Grundlage quasi-sicherer Erwartungen und einer anschliessenden Sensitivitätsanalyse durchgeführt werden. Hierbei werden offenbar bestimmte Scenarien für wahrscheinlicher gehalten als andere.

Operations Research Proceedings 1992
© Springer-Verlag Berlin Heidelberg 1993

Dabei bemüht man sich praktisch nie, die Eintrittswahrscheinlichkeiten dieser Scenarien zu schätzen, weil der damit verbundene Aufwand im Vergleich zum daraus zu erwartenden Ertrag zu hoch erscheint. Qualitative WI liegt auch dann vor, wenn präzise Wahrscheinlichkeiten nur für einen Teil der in einem Entscheidungsmodell erfassten Zukunftslagen bekannt sind oder wenn der Entscheidungsträger für die Eintrittswahrscheinlichkeit einer jeden Zukunftslage zwar keinen präzisen Wert angeben kann, aber sowohl eine Ober- als auch eine Untergrenze für jeden dieser Werte. Auf die Tatsache, dass Entscheidungssituationen, in denen im genannten intuitiven Sinn qualitative WI vorliegt, gerade für die betriebswirtschaftliche Praxis von besonderer Bedeutung sind, wurde bereits sehr früh von ALBACH (1959) und WITTMANN (1959), hingewiesen.

Entscheidungsmodelle, die für eine Modellierung von Entscheidungssituationen, in denen im intuitiven Sinn qualitative WI vorliegt, geeignet sind, wurden erstmalig von FISHBURN (1964, 1965) und SCHNEEWEISS (1964) entwickelt. In der Arbeit von SCHNEEWEISS wurde zum ersten Male die in der Entscheidungstheorie allgemein übliche strenge Zweiteilung in Risiko- und Ungewissheitssituationen aufgebrochen und ein 'Mischtyp III' vorgeschlagen. Unabhängig von diesen beschäftigten sich vor allem FOURGEAUD, LENCLUD und SENTIS (1968) in Frankreich und KOFLER (1968) in seiner Wahrschauer Habilitationsschrift mit Entscheidungsmodellen bei qualitativer WI.

Seit dieser Zeit ist eine Vielzahl von Arbeiten erschienen, die sich mit den Problemen der Modellierung und der Entscheidungsfindung bei qualitativer WI befassen. Es wird insbesondere eine Reihe verschiedener Entscheidungskriterien vorgeschlagen. Eine Betrachtung des Entscheidungsproblems bei qualitativer WI aus dem Blickwinkel des Bernoulli-Paradigmas zeigt, dass auf dieses Informationsniveau zugeschnittene Entscheidungskriterien mit Hilfe zweier Merkmale einfach klassifiziert werden können. Darauf aufbauend wird in dieser Arbeit eine kurze klassifikatorische Übersicht über Entscheidungskriterien bei qualitativer WI gegeben.

2. Entscheidungen bei partieller Wahrscheinlichkeitsinformation

Ausgangspunkt der Entscheidungstheorie bei partieller WI ist das klassische Grundmodell der Entscheidungstheorie $(\mathcal{A}, \mathcal{Z}, u)$, wobei $\mathcal{A} = \{a_i | i = 1, \ldots, n\}$ eine endliche Aktionenmenge, $\mathcal{Z} = \{z_j | j = i, \ldots, m\}$ eine endliche Zustandsmenge sowie $u : \mathcal{A} \times \mathcal{Z} \to \Re$ eine geeignete Nutzenfunktion ist. Eine Risikosituation ist dadurch gekennzeichnet, dass anders als in einer Ungewissheitssituation zusätzliche Information in Form einer Wahrscheinlichkeitsverteilung $\mathbf{p} \in \mathcal{P}_{\mathcal{Z}} := \{\mathbf{p} \in \Re^m | p_j \geq 0, \sum_{j=1}^m p_j = 1\}$ über $\mathcal{Z}$ vorliegt. Die grundliegende Idee der Modellierung von Entscheidungssituationen bei qualitativer WI besteht darin, die vorliegende WI durch eine i.a. mehrelementige echte Teilmenge $\mathcal{P}$ des Verteilungssimplexes $\mathcal{P}_{\mathcal{Z}}$ zu erfassen. Das allgemeine Modell einer Entscheidungssituation bei partieller WI ist somit gegeben mit dem Quadrupel $(\mathcal{A}, (\mathcal{Z}, \mathcal{P}), u)$ mit $\mathcal{P} \subset \mathcal{P}_{\mathcal{Z}}$. Dieses Konzept enthält offensichtlich mit $\mathcal{P} = \mathcal{P}_{\mathcal{Z}}$ und $\mathcal{P} = \{\mathbf{p}\}$ Entscheidungssituationen bei Unsicherheit bzw. bei Risiko als — im Sinne der Mächtigkeit von $\mathcal{P}$ — extreme Spezialfälle.

Ein einfaches Beispiel einer Entscheidungssituation bei partieller WI stellt eine der beiden Entscheidungssituationen dar, die den bekannten Ellsbergschen Wetten zugrunde liegen. In der zweiten

Entscheidungssituation liegt eine Urne vor, in der sich insgesamt 90 Kugeln befinden. Es ist bekannt, dass genau 30 dieser Kugeln rot und die restlichen 60 schwarz oder gelb sind, wobei der Anteil der schwarzen bzw. gelben Kugeln unbekannt ist. Aus dieser Urne wird genau eine Kugel zufällig gezogen. Die Handlungsalternativen stellen Wetten dar darauf, dass einzelne Farben bzw. Farbkombinationen gezogen werden. In dieser Entscheidungssituation liegt offenbar partielle WI vor. Diese ist durch die Menge

$$\mathcal{P} = \{\mathbf{p} | p_1 = \frac{1}{3} \; ; \; p_2 = \lambda \; ; \frac{2}{3} - \lambda \; ; \lambda \in [0, \frac{2}{3}]\} \tag{1}$$

gegeben.

Weitere Beispiele von Entscheidungssituationen bei partieller WI liegen etwa vor, wenn Investitionsentscheidungen auf der Grundlage quasi-sicherer Erwartungen und einer anschliessenden Sensitivitätsanalyse durchgeführt werden. Hier wird offenbar mindestens ein 'Scenario' $z_0 \in \mathcal{Z}$ für wahrscheinlicher gehalten als alle anderen Zustände. Man kann leicht zeigen, dass in solchen Entscheidungssituationen partielle WI vorliegt (vgl. /3/). Solche Entscheidungssituationen mit sensitivitätsanalytischer Wahrscheinlichkeitsstruktur seien mit $(\mathcal{A}, (\mathcal{Z}, z_o), u)$ notiert.

3. Klassifikationsmerkmale

Entscheidungssituationen bei partieller WI nehmen zwischen Entscheidungssituationen bei Unsicherheit und solchen bei Risiko eine intermediäre Stellung ein. Schon bei LUCE und RAIFFA (1959), S. 299 wird die Frage nach der rationalen Lösung solcher Entscheidungsprobleme aufgeworfen. Sie weisen darauf hin, dass Entscheidungssituationen bei partieller WI natürlich wie solche bei Ungewissheit behandelt und nach dem Maximin-Prinzip gelöst werden können. Dabei wird aber offensichtlich die in $\mathcal{P}$ enthaltene Information über die vorliegende Entscheidungssituation nicht ausgenützt. Andererseits ist diese Information zu schwach, um sich unmittelbar auf das Erwartungsnutzenprinzip stützen zu können, welches als das rationale Lösungskonzept von Entscheidungssituationen bei Risiko betrachtet wird. Als erstes Merkmal zur Klassifikation von Entscheidungskriterien bei partieller WI hat demnach die zugrundeliegende Auffassung von Rationalität zu dienen.

Die Grundlegung des Erwartungsnutzenprinzips (ENP) in seiner erweiterten subjektiven Fassung geht bekanntlich zurück auf Savage (1954). Eine genaue Betrachtung der Savage'schen Axiomatik lehrt, dass bei dieser Grundlegung — entgegen der in der betriebswirtschaftlichen Literatur vorherrschenden Auffassung — lediglich von einer Unsicherheitssituation ausgegangen wird, subjektive Wahrscheinlichkeitsverteilung, Nutzenfunktion und Erwartungsnutzenprinzip werden nämlich simultan axiomatisiert. In diesem Sinne hat das Erwartungsnutzenprinzip als *das* rationale Lösungskonzept nicht nur von Risikosituationen, sondern allgemein von Entscheidungssituationen bei Unsicherheit zu gelten. Die Rationalität von Entscheidungskriterien bei partieller WI ist deshalb an diesem Massstab zu messen.

Die verschiedenen Entscheidungskriterien bei partieller WI können danach unterschieden werden, inwieweit sich ihre Auffassung von Rationalität vom Erwartungsnutzenprinzip entfernt. Der *rigorose Neo-Bernoulli-Standpunkt* besagt, dass Entscheidungssituationen bei partieller WI spezielle

Entscheidungssituationen bei Unsicherheit darstellen. Zur Lösung derartiger Entscheidungsprobleme darf *ausschliesslich das Erwartungsnutzenprinzip* herangezogen werden, auch wenn mit $\mathcal{P}$ nur unpräzise WI vorliegt. Eine in diesem Sinn schwächere Rationalitätsauffassung liegt zugrunde, wenn zur Lösung von Entscheidungsproblemen bei partieller WI zwar vom Erwartungsnutzenprinzip ausgegangen wird, in Anbetracht der unpräzisen WI $\mathcal{P}$ aber *zusätzlich ein Sekundärkriterium* herangezogen wird. Daneben kann ein grundsätzlich *alternativer Standpunkt* eingenommen werden: Bei Entscheidungssituationen bei partieller WI handelt es sich nicht um Entscheidungssituationen bei Unsicherheit, wie sie durch die Savage'sche Axiomatik abgesteckt sind. Derartige Entscheidungssituationen sind durch andere informationelle und präferentielle Prämissen gekennzeichnet. Deshalb hat man sich in Entscheidungssituationen bei partieller WI auf ein adäquates Rationalitätskonzept zu stützen, aus dem dann entsprechend *alternative Entscheidungsprinzipien* deduziert werden.

Ein weiteres Merkmal zur Klassifikation von Entscheidungskriterien bei partieller WI stellt die Art und Weise dar, in der mit der vorliegenden WI $\mathcal{P}$ verfahren wird. Hierbei lassen sich im wesentlichen zwei Grundpositionen unterscheiden. Man kann einerseits die Auffassung vertreten, dass die vorliegende WI zu *akzeptieren* ist. Durch sie ist der Informationsstand des Entscheidungsträgers gekennzeichnet, präzisere WI liegt nicht vor und ist mit vertretbarem Aufwand nicht beschaffbar.

Daneben kann auch in dieser Frage eine rigoroser Neo-Bernoulli-Standpunkt eingenommen werden. In Entscheidungssituationen bei Unsicherheit im Savage'schen Sinn gibt es stets genau eine subjektive Wahrscheinlichkeitsverteilung p^* über der Zustandsmenge. Diese ist in der partiellen WI $\mathcal{P}$ enthalten. $\mathcal{P}$ ist deshalb soweit zu präzisieren, bis p^* gefunden ist. In abgeschwächter Form wird vom Entscheidungsträger lediglich eine Reduktion von $\mathcal{P}$ zu einer echten Teilmenge verlangt.

Die verschiedenen Grundpositionen, die zur Lösung von Entscheidungsproblemen bei partieller WI bezüglich Rationalität und Umgang mit $\mathcal{P}$ eingenommen werden können, führen prinzipiell zu sechs Klassen von Entscheidungskritierien. Dies ist in Übersicht 1 dargestellt.

4. Charakterisierung der Entscheidungskriterien

Eine erste wichtige Klasse von Entscheidungskriterien bei partieller WI stellen die sogenannten Dominanzprinzipien dar. Die *Grundidee aller Dominanzprinzipien* besteht darin, vom ursprünglichen Entscheidungsmodell $(\mathcal{A}, (\mathcal{Z}, \mathcal{P}), u)$ bei partieller WI zum Entscheidungsmodell $(\mathcal{A}, \mathcal{P}, u^*)$ bei Unsicherheit mit der Zustandsmenge $\mathcal{P}$ überzugehen. Die neue Nutzenfunktion $u^* : \mathcal{A} \times \mathcal{P} \to \Re$ wird dabei definiert durch $u^*(a, \mathbf{p}) = \sum_{j=1}^{m} u(a, z_j) p_j$. Optimal ist eine Handlungsalternative dann, wenn sie im Sinne einer bestimmten Dominanzbeziehung, etwa im Sinne des gewöhnlichen Dominanzprinzips, alle anderen Alternativen dominiert (vgl. /5/). Das Problem dieser Ansätze besteht darin, dass i.a. keine dominante Aktion existiert und man sich mit der Menge aller im Sinne des jeweiligen Dominanzprinzips effizienten Aktion zufrieden geben muss.

Zur Vermeidung derartiger Mehrdeutigkeiten gibt es einerseits die Möglichkeit, die vorliegende WI $\mathcal{P}$ weiter zu präzisieren bis nur mehr eine einzige Wahrscheinlichkeitsverteilung $p^* \in \mathcal{P}$ über $\mathcal{Z}$ vorliegt und eine Aktion dann als optimal zu betrachten, wenn sie den Erwartungswert bezüglich

Rationalität Wahrscheinlich- keitsinformation	Erwartungsnutzenprinzip	Erwartungsnutzenprinzip und sekundäre Kriterien	Alternativkriterium
Akzeptieren	Dominanzprinzipien	Maximin-Verfahren	Verallgemeinerte Parametrische Ansätze
Präzisieren	Substitutionsverfahren	Reduktionskonzept	(Parametrische Ansätze)

Übersicht: Klassifikation von Entscheidungskriterien bei partieller WI

p^* maximiert. Dies ist die *Grundidee aller Substitutionsverfahren.* Dabei kann man zwischen Wahrscheinlichkeits-Subjektivisten und Wahrscheinlichkeits-Objektivisten unterscheiden. Bei den Wahrscheinlichkeits-Subjektivisten hat die Präzisierung von $\mathcal{P}$ zu erfolgen durch weitere gedankliche Wettexperimente im Sinne der Axiomatik von Savage. Demgegenüber sind die Vorschläge der Wahrscheinlichkeits-Objektivisten dadurch gekennzeichnet, dass nach einem bestimmten objektiven Kriterium aus $\mathcal{P}$ ein einzelner Repräsentant ausgewählt wird. Ein bekannter Vorschlag ist etwa, diejeniger Verteilung in $\mathcal{P}$ zu wählen, welche die Shannonsche Entropie maximiert.

Will man an der Grundidee des Erwartungsnutzenprinzips festhalten ohne vom Entscheidungsträger die Präzisierung seiner partiellen WI zu verlangen, dann gibt es zur Vermeidung des Mehrdeutigkeitsproblems der Dominanzprinzipien andererseits die Möglichkeit, das Erwartungsnutzenprinzip durch ein Sekundärkriterium zu ergänzen. Die *Grundidee der* verschiedenen *Maximin-Verfahren,* die zur Lösung von Entscheidungsproblemen bei partieller WI vorgeschlagen wurden, besteht darin, ähnlich wie bei den Dominanzprinzipien zunächst zu einer Entscheidungssituation $(\mathcal{A}, \mathcal{P}^*, u^*)$ überzugehen, wobei sich die neue Zustandsmenge $\mathcal{P}^*$ von Wahrscheinlichkeitsverteilungen in bestimmter Weise aus $\mathcal{P}$ ergibt. u^* ist dabei analog wie oben definiert. Zur Lösung des Entscheidungsproblems $(\mathcal{A}, \mathcal{P}^*, u^*)$ wird dann das Maximin-Prinzip herangezogen. Der bekannteste Vorschlag eines solchen Maximin-Verfahrens ist das von KOFLER und MENGES (1976) sogenannte MaxEmin-Prinzip, das durch $\mathcal{P}^* = \mathcal{P}$ gekennzeichnet ist.

Der Ansatz, zur Lösung eines Entscheidungsproblems bei partieller WI das Erwartungsnutzenprinzip durch ein Sekundärkriterium zu ergänzen, kann darüberhinaus noch dazu herangezogen werden, die vorliegende WI $\mathcal{P}$ im Sinne des Erwartungsnutzenprinzips hinreichend weit zu reduzieren. Das *Reduktionskonzept* ist dadurch gekennzeichnet, dass zunächst eine im Sinne von Erwartungsnutzenprinzip und Sekundärkriterium optimale Aktion a^* bestimmt wird. Zu a^* wird dann die Menge $\mathcal{P}(a^*)$ der

ENP-zulässigen Wahrscheinlichkeitsverteilungen ermittelt. Bezüglich jeder Verteilung aus $\mathcal{P}(a^*)$ ist a^* optimal im Sinne des Erwartungsnutzenprinzips allein. Schliesslich wird die ursprüngliche WI $\mathcal{P}$ reduziert zur WI $\mathcal{P} \cdot \mathcal{P}^*$. Dise WI repräsentiert den Informationsstand, von dem der Entscheidungsträger bei Benutzung seines Sekundärkriteriums implizit ausgeht. Dieser Informationsstand ist im Sinne des Erwartungsnutzenprinzips dezisiv. Jede Verteilung aus $\mathcal{P} \cdot \mathcal{P}^*$ liefert a^* als ENP-optimale Alternative.

Bei den für Risikosituationen entwickelten Entscheidungskriterien unterscheidet man in der Literatur üblicherweise zwischen dem Erwartungsnutzenprinzip und parametrischen Entscheidungskriterien. Alternativ zu den auf dem Erwartungsnutzenprinzip beruhenden Entscheidungskriterien kann man auch zur Lösung von Entscheidungsproblemen bei partieller WI *parametrische Ansätze* vorschlagen. Derartige Ansätze sind dadurch gekennzeichnet, dass jede Aktion $a \in \mathcal{A}$ auf der Grundlage ihres zugehörigen Nutzenvektors und der partiellen WI $\mathcal{P}$ durch endlich viele Parameter charakterisiert wird. Von diesen Parametern wird angenommen, dass sie diejenigen speziellen Aspekte einer Aktion erfassen, die für eine Entscheidungsfindung allein ausschlaggebend sind.

Der bekannteste parametrische Ansatz zur Lösung von Risikoproblemen ist das (μ, σ)-Prinzip. Eine Verallgemeinerung dieses Prinzips auf den Fall partieller WI wurde von BRACHINGER (1991) vorgeschlagen. Diese Verallgemeinerung ist auf Entscheidungssituationen $(\mathcal{A}, (\mathcal{Z}, z_0), u)$ mit sensitivitätsanalytischer Wahrscheinlichkeitsstruktur gemünzt. Als erster Parameter zur Erfassung des 'erwarteten' Ertrags einer Aktion $a \in \mathcal{A}$ dient die quasi-sichere Auszahlung $u(a, z_o)$. Als zweiter Parameter zur Erfassung des Risikos einer Aktion dient ein Risikomass $R(\cdot)$ bei qualitativer WI. Derartige Risikomasse werden in /2/ im Rahmen einer Risikotheorie bei qualtitativer WI entwickelt. Auf der Grundlage eines *Prinzips der bedingten Risikominimierung* ist unter allen Aktionen, deren quasi-sichére Auszahlung ein bestimmtes Anspruchsniveau besitzt, eine mit minimalem Risiko zu wählen.

Prinzipiell könnte man auch vorschlagen, klassische parametrische Ansätze für Risikosituationen zur Lösung von Entscheidungsproblemen bei partieller WI heranzuziehen. Dazu müsste zunächst wie bei den Substitutionsverahren $\mathcal{P}$ auf eine einzelne Wahrscheinlichkeitsverteilung reduziert werden. Derartige Vorschläge wurden bisher nicht gemacht.

<u>Literatur</u>

/1/ Albach, H.
   Wirtschaftlichkeitsrechnung bei unsicheren Erwartungen.
   Köln: Westdeutscher Verlag (1959)

/2/ Brachinger, H. W.
   Mean-Risk Decision Analysis under Partial Information.
   Chikan, A. (Ed.): Progress in Decision, Utility, and Risk Theory, 193–201 (1991)

/3/ Brachinger H. W.
Entscheidung, Risiko und Sensitivität.
Berlin usw.: Springer Verlag (erscheint 1993)

/4/ Fishburn, P. C.
Decision and Value Theory.
New York: Wiley (1964)

/5/ Fishburn, P. C.
Analysis of Decision with Incomplete Knowledge of Probabilities.
Operations Research 13, 217–237 (1965)

/6/ Fourgeaud, M. M. C.; Lenclud, B.; Sentis, P.
Critère de choix en avenir partiellement incertain.
Revue Francaise d'Informatique et de Recherche Operationelle 3, 9–19

/7/ Huschens, S.
Entscheidungen bei Unsicherheit.
Frankfurt: R. G. Fischer Verlag (1985)

/8/ Kofler, E.; Menges, G.
Entscheidungen bei unvollständiger Information.
Berlin usw.: Springer Verlag (1976)

/9/ Luce, R. D.; Raiffa, H.
Games and Decisions.
New York: Wiley (1957)

/10/ Savage, L. J.
The Foundations of Statistics.
New York: Wiley (1954)

/11/ Schneeweiss, H.
Eine Entscheidungsregel für den Fall partiell bekannter Wahrscheinlichkeiten.
Unternehmensforschung 8, 86–95 (1964)

/12/ Wittmann, W.
Unternehmung und unvollkommene Information.
Köln: Westdeutscher Verlag (1959)

Interaktive Suchstrategien für diskrete Vectoroptimierungsprobleme auf der Basis von Baumstrukturen

Prof. Dr. Walter Habenicht
Universität Hohenheim
Lehrstuhl für Industriebetriebslehre
Postfach 70 05 62
D-7000 Stuttgart 70

Interaktive Lösungskonzepte für Vektoroptimierungsprobleme sollten in der Lage sein, auf die individuellen Anforderungen der Nutzer einzugehen. Hierzu ist es erforderlich, ein breites Spektrum an Informationen über die Menge effizienter Lösungen bereitzustellen und verschiedene Suchstrategien zu unterstützen.

Diskrete Vektoroptimierungsprobleme sind häufig dadurch gekennzeichnet, daß die Menge effizienter Lösungen nicht über Strukturen verfügt, die sich zur Informationsgewinnung und zur Steuerung der Suchprozesse ausnutzen lassen. In diesem Beitrag wird gezeigt, wie auf der Basis einer Baumstruktur, sogenannten Quad-Bäumen, die Informationsbereitstellung für den Nutzer verbessert und verschiedene Suchstrategien unterstützt werden können.

Kompetenz- und Ambiguitätseffekte in experimentellen Märkten

Dipl.-Kfm. Hans-Jürgen Keppe und Prof. Dr. Martin Weber, Lehrstuhl für Allg. BWL und Entscheidungsforschung, Universität Kiel, Olshausenstr. 40-60, 2300 Kiel 1

Kompetenz kann möglicherweise den Einfluß von Ambiguität auf Entscheidungen bei Unsicherheit erklären. In Individualexperimenten haben Heath und Tversky (1991) gezeigt, daß Versuchsteilnehmer eine Präferenz für Lotterien aus Wissensgebieten haben, in denen sie sich kompetent fühlen. Keppe und Weber (1991) haben Paare von komplementären Lotterien gebildet, bei denen jeweils auf ein Ereignis bzw. das Komplementärereignis gesetzt werden konnte. Sowohl die Summe der Sicherheitsäquivalente für ein Paar von Lotterien als auch die Summe der angegebenen Eintrittswahrscheinlichkeiten für beide Ereignisse waren abhängig von der empfundenen Kompetenz. Bei niedriger Kompetenz waren beide Größen kleiner als bei hoher Kompetenz.

Im Vortrag werden Marktexperimente vorgestellt, in denen untersucht wurde, ob Ambiguität und Kompetenz sich auf den Marktpreis, den Umsatz und die Allokation in experimentellen Märkten auswirken. Weber (1989) hat in mehreren Marktexperimenten gefunden, daß der Marktpreis für ambiguitätsbehaftete Lotterien unter dem Marktpreis für äquivalente Risikolotterien lag. Die Resultate dieser Experimente zeigen, daß Kompetenz und Ambiguität sich auf die Allokation auswirken. Weiterhin sind unter Ambiguität die Umsätze deutlich höher als bei Risiko. Die Marktpreise für Ambiguitäts- und Risikolotterien sind hingegen gleich.

Heath, C; Tversky, A. (1991): Preference and Belief: Ambiguity and Competence under Uncertainty, Journal of Risk and Uncertainty, 4, S. 5-28

Keppe, H.-J.; Weber, M. (1991): Judged Knowledge and Ambiguity Aversion, Arbeitsbericht, Institut für Betriebswirtschaftslehre, Universität Kiel

Weber, M. (1989): Ambiguität in Finanz- und Kapitalmärkten, Zeitschrift für betriebswirtschaftliche Forschung, 41, S. 447-471

Ein Test der Choquet-Erwartungsnutzentheorie

Dipl.-Volksw. Lukas Mangelsdorff und Prof. Dr. Martin Weber,
Lehrstuhl für Allg. BWL und Entscheidungsforschung, Universität
Kiel, Olshausenstr. 40-60, 2300 Kiel 1

Es werden Entscheidungen unter Ambiguität betrachtet, d.h. Entscheidungen, bei denen sich der Entscheider über die Wahrscheinlichkeiten unsicher ist. Eine Möglichkeit der Abbildung solcher
Entscheidungen unter Ambiguität besteht darin, auf nicht notwendigerweise additive Wahrscheinlichkeiten, den sogenannten Kapazitäten, zurückzugreifen. Allgemein hat diese Kategorie von
Modellen unter dem Namen "Choquet Expected Utility" Eingang in
die Literatur gefunden. In der vorgestellten Untersuchung wird
die Choquet-Erwartungsnutzentheorie auf ihre empirische Validi-
tät hin überprüft.

Die Theorie wird in ihren Grundzügen dargestellt. Es wird erläutert, wie sich aufgrund von Indifferenzaussagen der Entscheider
die individuell unterschiedlichen Parameter der Theorie bestimmen lassen.

Anschließend wird das Design des Fragebogen-Experimentes vorgestellt. Es dient einerseits zur Ermittlung der individuellen
Parameter und unterwirft andererseits die Theorie einem Test
ihrer Vorhersagekraft.

Die Ergebnisse der Untersuchung zeigen, daß es zunächst gelingt,
Verhalten zu replizieren, welches sich mit der traditionellen
Erwartungsnutzentheorie nicht abbilden läßt (Ellsberg-paradoxes
Verhalten). Die sich aus der Theorie für die Ermittlung der
Kapazitäten ergebenden Implikationen werden nur teilweise bestätigt. Darüber hinaus wird offenkundig, daß die Choquet-Erwartungsnutzentheorie das Entscheidungsverhalten der Experiment-
teilnehmer nicht besser als die traditionelle Erwartungsnutzentheorie vorhersagen kann.

Die Modellierung des Managemententscheidungsprozesses als Grundlage für die Bewertung von entscheidungsunterstützenden Systemen

Heinz Walterscheid

Universität KONSTANZ
Fakultät für Wirtschafts-
wissenschaften und Statistik
Universitätsstraße 10
7750 Konstanz

In den letzten Jahren hat die computerbasierte Entscheidungsunterstützung der Unternehmensführung mit dem Einsatz von marktgängigen Decision Support Systems (DSS) und Prototypen von Expertsystems (ES) eine rasante Entwicklung erfahren. Nach der anfänglichen Euphorie bzgl. der damit verbundenen technischen Möglichkeiten stellt sich nun immer mehr die Frage, ob und wann der Einsatz der oben genannten Systeme effizient und effektiv und somit wirtschaftlich ist. Da eine Bewertung allein am Entscheidungsoutput kaum möglich ist und der Komplexität der Problemstellung nicht gerecht würde, muß der Entscheidungs*prozeß* einer differenzierten Betrachtungsweise hinsichtlich seiner Effizienz und Effektivität unterzogen werden.

Vor diesem Hintergrund gab es in der letzten Zeit sowohl normativ als auch deskriptiv ausgerichtete Ansätze, die zu unterstützende Entscheidungsfindung phasenorientiert zu modellieren.

In diesem Beitrag wird aus der Verbindung dieser Ansätze heraus ein Grundmodell des Managemententscheidungsprozesses entwickelt, das auf dem Phasenschema von Simon (Intelligence, Design, Choice) aufbaut. Dieses Schema wird durch zahlreiche Elemente der klassischen Entscheidungstheorie, bezogen auf die Strukturierung des Entscheidungsfeldes, aufgefüllt, sodaß die prozeßorientierte und die klassische normative Entscheidungstheorie im Sinne der obigen Zielsetzung sinnvoll miteinander verknüpft werden.

Dieses Grundmodell ist nach unterschiedlichen Aspekten in verschiedene Richtungen erweiterbar und ermöglicht detaillierte system- und phasenbezogene Effizienz- und Effektivitätsbetrachtungen, die auf konkrete Eigenschaften von entscheidungsunterstützenden Systemen bezogen werden können. Es kann somit ein wesentlicher Beitrag zur Bewertung des Einsatzes von DSS und ES geleistet werden.

Multikriterielle Analysen: Die AHP-Methode

Prof Dr. Karl Weber
Universität Gießen
Licher Straße 74
6300 Gießen

Zur Durchführung multikriterieller Analysen wird in zunehmendem Maße auf den AHP-Ansatz (Analytic Hierarchy Process) zurückgegriffen.

AHP läuft mehrstufig ab. Zunächst ist - neben der generellen Zielvorgabe - eine leicht überblickbare Hierarchie der zu untersuchenden Systemmerkmale (attributes) aufzubauen. Dabei ist sicherzustellen, daß die innerhalb einzelner Hierarchiestufen ausgewiesenen Attribute sinnvoll miteinander vergleichbar und mit einem Merkmal der vorgelagerten Stufe verkoppelt sind.

In einem nächsten Arbeitsschritt sind die ausgewiesenen Merkmale - für mehrere Alternativsysteme - einem systematischen Gewichtungsprozeß zu unterziehen. Dieser erfolgt auf jeder Hierarchiestufe durch paarweisen Attributsvergleich und führt bei n Merkmalen zum Aufbau einer quadratischen (n,n)-Matrix. Die Wichtungsrelation zwischen Basis-(Zeilen-)Element i und Vergleichs-(Spalten-)Element j wird durch $a_{ij} = w_i/w_j$ angegeben, wobei die Wichtungsrelation a_{ij} zwischen 1 und 9 (resp. 1 und 1/9) liegen darf. Das Gewicht des jeweiligen Basiselements beträgt 1. Insgesamt sind pro Matrix n(n-1)/2 direkte Attributsvergleiche vorzunehmen; die restlichen Vergleichswerte ergeben sich aus der Relation $a_{ji} = 1/a_{ij}$.

Vollständig konsistente Merkmalsgewichtungen sind nur in Ausnahmefällen möglich; deshalb sind die festgelegten Werte einer Konsistenzprüfung zu unterziehen. Diese basiert auf Saaty's Eigenvektormethode und auf der Relation $(A - \lambda_{max})w = 0$, wobei λ_{max} den maximalen Eigenwert der Matrix A bezeichnet. Darauf aufbauend läßt sich der Konsistenzindex $CI = (\lambda_{max} - n)/(n-1)$ ermitteln.

Hierarchiestufenbezogen konsistente Ergebnisse sind nunmehr einem Agglomerationsprozeß zu unterziehen; dieser führt letztlich zur Ausweisung des globalen Bewertungsindexes für das Gesamtsystem und bildet die Grundlage zum Vergleich mit Alternativsystemen.

Zur computergestützten AHP-Analyse stehen leistungsfähige Softwarepakete (AutoMan, Expert Choice, Newtech Expert Choice) zur Verfügung.

A visual interactive modeling environment for optimization problems

Joachim Geidel

Institut für Wirtschaftstheorie und Operations Research, Universität Karlsruhe (TH),
Kaiserstraße 12, D-7500 Karlsruhe 1

For conceptual modeling of optimization problems, a decision support system should offer means for
- modeling the objects and their relationships which are considered relevant,
- specifying which information is needed for solving the problem,
- formulating constraints which must be satisfied by a solution, and
- specifying objectives.

We describe a prototype of a visual interactive modeling environment satisfying these requirements. It is based on a modeling paradigm which has been developed for the knowledge engineering methodology KADS. The environment uses extended entity-relationship diagrams for representing the domain of a problem. For the solution of a problem, one can use optimization algorithms from a method base, or adapt a generic method (e.g. hill-climbing or divide-and-conquer) to the problem at hand. These methods are described as domain-independent task structures which are visualized by hierarchical flowcharts. The adaptation of a generic method consists in identifying their implicit data flows with concepts at the domain layer. The user of the system has full control over the execution of such an adapted strategy. It is also possible that a method includes steps which have to be executed by the user, e.g. deciding upon the value of a variable, if the user wants to perform a "what-if"-analysis. We have integrated a constraint propagation component, which is used for consistency checking and for generating solutions, when no efficient problem solving strategy or optimization method is available. It is planned to integrate the modeling environment with an executable specification language for KADS conceptual models. This would enable the integration of knowledge-based components into quantitative methods and vice versa even at an end-user computing level.

EINE ANWENDUNG DES WISSENSBASIERTEN SYSTEMS SPIRIT IN DER POLIZEILICHEN KRIMINALITÄTSANALYSE

Albrecht Heinrici und Heinz-Peter Reidmacher
FernUniversität Hagen, Fachbereich Wirtschaftswissenschaft,
Postfach 940, 5800 Hagen

Im Bereich der Künstlichen Intelligenz gewinnen vor allem Wissensbasierte Systeme, die die Verarbeitung unsicheren Wissens ermöglichen, immer mehr an Bedeutung. Die bislang entwickelten Expertensysteme sind dabei überwiegend auf eine spezielle Problematik zugeschnitten. Mit SPIRIT (Symmetrical Probabilistic Intensional Reasoning in Inferencenetworks in Transition) wurde das theoretische Konzept für ein wissensbasiertes System entwickelt, das aufgrund von Ereigniskombinationen Wissen induktiv akquiriert und rein probabilistisch für beliebig lokalisierte Aussagen in einem symmetrischen Inferenznetzwerk Schlüsse zieht. Dabei kann SPIRIT verschiedene Themenbereiche bearbeiten.

Um spezielle Analysen aus einem Gebiet mit SPIRIT bearbeiten zu können, wird das Wissensgebiet in Aussagen und Merkmale zerlegt, die sich direkt auf ein Inferenznetzwerk abbilden lassen. Im Bereich der Kriminalistik werden sowohl Merkmale von Verbrechen als auch Tätergewohnheiten im Inferenznetz repräsentiert. SPIRIT verarbeitet beliebig strukturierte, sichere und unsichere Informationen vergangener Kriminalfälle und lernt dadurch Zusammenhänge zwischen den Merkmalen. Das erworbene Wissen läßt die Behandlung verschiedenster Problemstellungen zu. Einerseits ist es möglich, für ein begangenes Verbrechen den Täterkreis einzugrenzen und andererseits sind Prognosen zukünftiger Ziele von Verbrechen denkbar. Die Erfahrungen aus der Bearbeitung dieser Problemstellung werden dargestellt.

Ein wissensbasiertes Entscheidungsunterstützungssystem für den Bildungsentwicklungsplaner am Beispiel für Indonesien

Henry Kartarahardja, Technische Universität Berlin
Michael Müller-Wünsch, Technische Universität Berlin

Zusammenfassung:

Ein wichtiges Instrument zur Bevölkerungsplanung in Entwicklungsländern ist Bildung, da durch eine verbesserte Bildung (höheres Bildungsniveau) der Bevölkerungszuwachs vermindert werden kann. Ein höheres Bildungsniveau hat außerdem positive Auswirkungen auf die Wirtschaft und den Lebensstandard.

Um ein besseres Bildungsniveau zu erreichen, muß die staatliche Ausbildung gut geplant werden. In diesem Papier wird ein Modell beschrieben, welches zur Bildungsplanung im Entwicklungsland Indonesien dient, indem die dortige Bevölkerungsentwicklung prognostiziert wird und daraufhin auf der Basis eines wissensbasierten Systems Strategien und Maßnahmen zur Bildungsentwicklung generiert werden.

Abstract:

Education is a very important instrument in the developing countries. One of the reasons for the lower population growth is the higher education level. The effect of this course of action is a better economic situation and a better standard of living.

To achieve a better level of education, the planning of education must be good forecast. For this purpose, the following model is an instrument for strategic planning and decision making.

1. Problemstellung

Als Entwicklungsland hat die Regierung Indonesiens Probleme mit dem Bevölkerungswachstum und dem nationalen Standard des Bildungswesens. Bildung ist ein wichtiges Instrument in einem Entwicklungsland. Eine Verbesserung der Ausbildung trägt wesentlich zu einer langfristigen Verbesserung der wirtschaftlichen Lage eines Landes, des Lebensstandards der Bevölkerung und darüber hinaus zur Eindämmung eines übermäßigen

Bevölkerungswachstum bei. Ein anderes Problem ist die Verminderung des Analphabetentums, welches durch besondere Maßnahmen (z.B. Anreize zum Besuch von Kursen, Informationsabende für Eltern) bewältigt werden kann.

2. Vorgehensmodell

Abb.1 : Vorgehensmodell-Struktur

Angestrebtes Ziel des Systems ist es, den Entscheidungsträger Vorschläge und Strategien vorzuschlagen, wie das Bildungswesen in Indonesien stetig zu verbessern ist. Diese Maßnahmengenerierung erfolgt im vorzustellenden System wissensbasiert.
Die Basisdaten, auf welchen die wissensbasierte Komponente dieses Systems operiert, werden von einer Simulationskomponente erzeugt. In ihr werden -ausgehend von aktuellen Daten des Bildungswesens wie z.B. Schüleraufkommen, Lehrerzahl, Bevölkerungsentwicklung etc. -die zukünftige Entwicklung des Bildungswesens simuliert bzw. prognostiziert. Durch eine fortlaufende Simulation aktueller Daten können so immer wieder neue Maßnahmen zur Verbesserung des Bildungswesens generiert werden.

3. Systemarchitektur

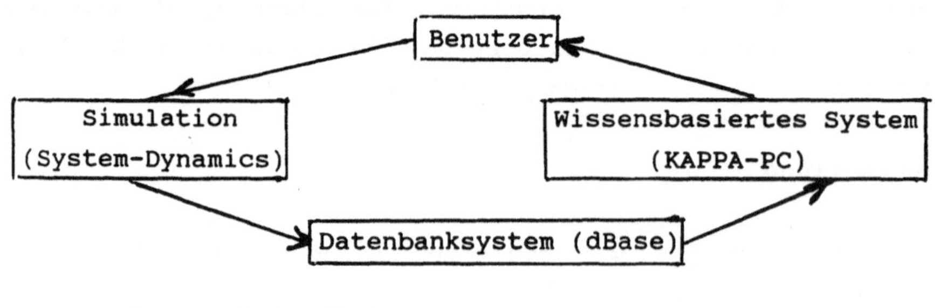

y ——► x : Datenfluß.

Abb.2 : System-Architektur-Diagramm

System Dynamics als Methode hat den Vorteil, daß kausale Zusammenhänge, wie sie in einem Regelkreislauf bestehen, zunächst graphisch entworfen und dann in eine Simulationssprache (DYNAMO) abgebildet werden können.

Als Eingabe erwartet das vorzustellende System aktuelle Ausprägungen von Parametern wie Anzahl der Lehrer bzw. der Absolventen etc. Als Ergebnis liefert die auf einer IBM 4381 laufende Simulationskomponente in einem zeitlich abgestuften Simulationshorizont von ein bis dreißig Jahren Prognosedaten, welche in einer Zwischenablage (dBase) auf einem PC gespeichert werden.

Auf diesen dBase-Ablagen operiert die wissensbasierte Komponente, welche mit Kappa-PC realisiert wurde. Kappa-PC bietet sich als Expertensystemshell an, da sie in Form von Frames Modellierungen sowohl objekt als auch regelbasiert erlaubt. Resolutionen können darüber hinaus sowohl wahlweise daten- (forward-chaining) als auch ziel- (backward-chaining) orientiert ausgeführt werden.

3.1 Simulationsmodell

Die Modellstruktur des Simulationsmodells in System-Dynamics besteht aus vier Modellen, die wie in Abb.3 angegeben, miteinander verbunden sind:

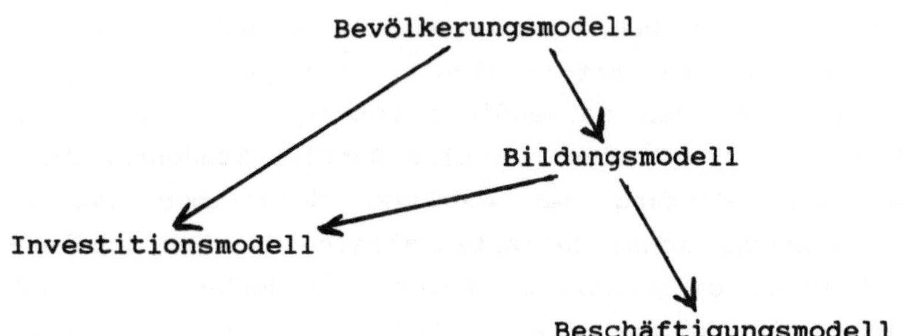

Abb. 3 : Gesamtmodell

Das Bevölkerungsmodell gilt als das Grundmodell, welches die Bevölkerungsanzahl als Grunddatum benötigt. Durch das Bevölkerungsmodell läßt sich auch die Anzahl der Analphabeten berechnen, die durch die Regierungsmaßnahmen vermindert werden soll.

Das Bildungsmodell unterteilt sich in vier Submodelle :
- Grundschulmodell,
- Mittelschulmodell,
- Oberschulmodell und
- Hochschulmodell.

Für jedes Schulniveau ist die Anzahl der Absolventen, der Abbrecher, der Lehrer und der Räume zu berechnen, woraus sich die Zahlen für Arbeitssuchende, das Bildungsniveau und der Schulzugang ergeben (siehe Abb.4).

Aus dem Hochschulmodell erhält man die Anzahl der Lehrerabsolventen und der Absolventen der anderer Fachrichtungen. Wenn man sich mit der Anzahl der Abbrecher und der Schulabsolventen jedes Levels befaßt, die die höhere Schule nicht besuchen, bildet sich ein Beschäftigungsmodell.

Das Investitionsmodell setzt sich aus den Maßnahmenkosten zur Analphabetenverminderung, den Schülerkosten, den Kosten für das Lehrpersonal und den Raumkosten zusammen. Zur Verminderung der Analphabeten führt die Regierung spezielle Maßnahmen durch, z.B. Kurse. Die Kosten hierfür setzen sich zusammen aus den Kosten für das Lehrpersonal und den notwendigen Unterrichtsmaterialien. Die Schülerkosten sind die Kosten für alle Schüler/Studenten in einem Jahr (Verwaltung, Wartung der Gebäude, Schullabor usw.). Die Kosten für das Lehrpersonal betreffen alleine die zur Schüler- und Studentenausbildung eingesetzten Lehrer. Die Raumkosten sind die Baukosten für die Räume, die zusätzlich jedes Jahr benötigt werden.

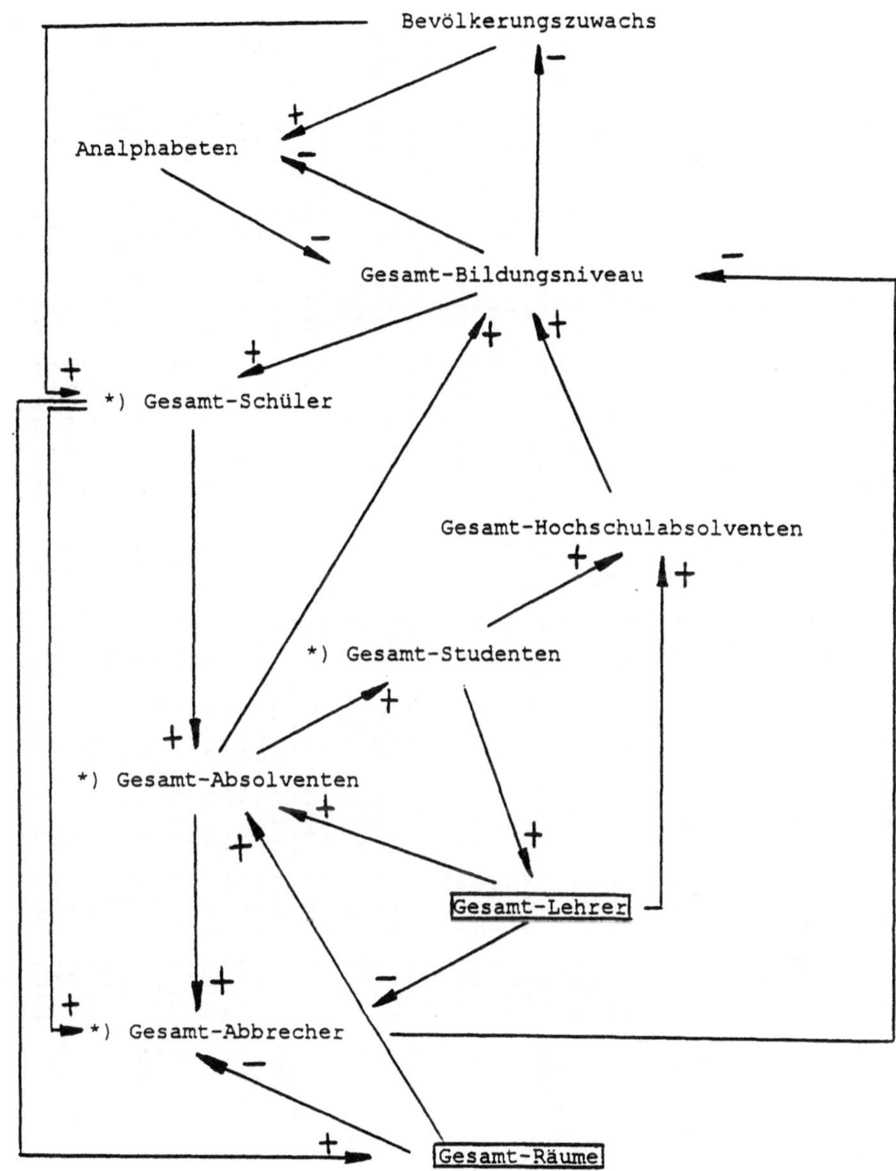

*)   wird in verschiedene Level unterteilt

[ ]   Komponente für Strategien und Entscheidungen

Abb.4: Kausal-loop Diagramm Bevölkerung-Bildung

PAGE- 1 FILE-MED RUN-BASIC 7/23/92 BEISPIEL F ? BENUTZUNG VON VTABLE

TIME	GB AGS BGSL GGAJ ARSU1 GSRK GGLKUS	GEV AGGS GGGR MSAJ ARSU3 MGRK MGLKUS	EK AMS GMSL USAJ ARSU5 JSRK JGLKUS	NEK ABMS BMSR HSAJ ARSU7 HSRK HGLKUS	EGS AOS BOSL GINI ARSU8 GGKOS GKOS	EMS ABOS BOSR GEVZU DGGSR MSKOS SLKOS	GOS AMS JHSL STOT DB4SR OSKOS GILKUS	SA ABHS BHSR ARSU2 D9OSR HSKOS SRKOS	BGS BGSA AGGL ARSU4 DBHSR AAF KMKOS	GMS BMSA AMSL ARSU6 BAAL BILINV	90S 90SA AOSL VHAAL	JST BHSA AHSL
E+00	E+03	E+06	E+03	E+03	E+03	E+03	E+03	E+03	E+03	E+03	E+03	E+03
	E+03	E+03	E+03	E+03	E+03	E+03	E+03	E+03	E+06	E+03	E+03	E+03
	E+03	E+03	E+03	E+03	E+03	E+03	E+03	E+00	E+00	E+00	E+00	E+00
	E-03	E-03	E-03	E-03	E-03	E+03	E+03	E+03	E+03	E+03		
	E+03	E+03	E+03	E+03	E+03	E+00	E+00	E+00	E+00			
	E+09	E+06	E+06	E+06	E+09	E+09	E+09	E+09	E+03	E+03	E+03	
	E+09	E+09	E+09	E+09	E+09	E+09	E+09	E+09	E+06	E+09		
0.000	4831.6	158.35	36769.	99.28	4412.3	2200.9	1338.4	294.44	26445.	6132.1	3499.0	1050.2
	3358.6	1012.8	1657.7	199.29	949.8	156.05	128.72	52.51	6.65	2954.	1697.	1095.0
	1078.6	922.3	376.6	148.03	250.9	88.53	57.5	10500.	15885.	13478.	17329.	25994.
	292.43	158.30	149.86	89.38	190.86	2693.6	2138.0	1157.7	319.27	655.4		
	1012.8	199.29	156.05	52.51	58.03	1570.	8818.5	5963.2	1132.1			
	9.42	61729.	47706.	13585.	1536.7	551.89	679.3	420.1	56.03	23000.	1150.0	
	1617.9	753.2	752.7	230.1	3258.5	3354.	6612.	132.44	57500.	6902.		
1.000	4909.4	171.06	37103.	100.18	4452.4	2203.9	1390.6	309.38	26497.	6439.5	3718.8	1159.9
	3365.3	1014.8	1740.8	209.28	1039.5	165.86	139.83	57.99	10.01	4645.	2670.	1228.8
	1695.1	924.3	390.6	155.96	258.9	94.17	34.6	11621.	17543.	14885.	19138.	28706.
	296.74	170.82	155.75	124.97	198.75	2736.9	2172.4	1159.3	331.72	686.4		
	1014.2	207.06	163.44	56.64	60.43	2479.	7009.4	5546.4	1083.7			
	14.87	49065.	44371.	13004.	1589.8	579.56	743.8	463.9	61.88	21969.	1098.5	
	1642.7	781.2	806.7	338.2	3377.1	3569.	6946.	121.31	55555.	7123.		
2.000	4988.4	173.31	37473.	101.18	4496.7	2210.3	1444.2	326.37	26581.	6669.0	3930.1	1267.3
	3375.9	1018.1	1802.6	216.71	1066.8	175.28	152.09	63.39	13.38	6410.	3701.	1375.9
	1113.3	927.5	406.0	161.82	288.7	99.59	114.3	12735.	19177.	16271.	20920.	31380.
	300.98	170.30	157.88	154.21	206.80	2781.0	2207.4	1162.6	344.51	726.4		
	1017.1	215.05	172.98	62.05	65.20	3662.	5247.3	5294.3	1078.1			
	21.97	36731.	42354.	12937.	1594.9	600.12	786.0	507.2	67.64	20990.	1049.5	
	1669.9	812.1	866.2	457.1	3488.2	3805.	7293.	113.99	53075.	7460.		
3.000	5068.7	176.61	37875.	102.26	4545.0	2219.1	1484.7	343.16	26695.	6841.4	4124.7	1374.9
	3390.4	1022.4	1849.4	222.34	1119.6	183.96	165.25	68.75	16.76	8231.	4788.	1536.2
	1133.0	931.9	422.8	166.26	310.3	104.58	146.6	13838.	20796.	17645.	22687.	34030.
	305.33	172.93	161.18	182.15	214.64	2825.7	2242.9	1167.3	354.16	763.8		
	1021.2	221.07	181.38	67.42	71.93	4805.	4019.5	4787.8	1064.5			
	28.83	28137.	38302.	12774.	1601.7	615.72	924.9	550.0	73.35	20059.	1003.0	
	1699.6	845.6	930.9	586.6	3592.3	4063.	7655.	108.04	50719.	7814.		
4.000	5150.3	179.45	38307.	103.43	4596.9	2230.4	1516.0	358.15	26838.	6976.7	4297.1	1479.8
	3408.5	1027.9	1886.0	226.74	1166.4	191.65	178.18	73.99	20.16	10095.	5926.	1709.6
	1154.4	937.4	441.0	169.73	333.6	109.00	181.7	14919.	22382.	18991.	24417.	36625.
	309.76	176.59	165.82	209.23	222.29	2871.2	2279.0	1173.2	361.63	797.2		
	1026.4	225.73	189.82	72.69	77.56	5904.	3179.6	4197.4	1037.1			
	35.42	22257.	33579.	12445.	1610.3	627.90	859.4	591.9	78.95	19176.	958.8	
	1731.7	831.9	1000.9	726.6	3689.5	4341.	8031.	103.70	48481.	8183.		

Abb. 5: Simulationsergebnis für 4 Jahre

Erläuterung der Abb.5 :

Im Jahr 0 werden die Anfangswerte der System-Komponenten angegeben, z.B. Anfangswert der Bevölkerung (BEV) 168,35 Millionen und die Bildungsinvestition (BILINV) in einem Jahr beträgt 7123 Mrd Rupiah (indonesische Währung).

3.2 Wissensbasiertes System

Das Simulationsergebnis in Abb.5 wird durch das Wissensbasierte System bzgl. der kurzfristigen Planung folgendermaßen analysiert:

	bev	g.s	m.s	o.s	h.s
zaal	stark	–	–	–	–
znek	mittel	–	–	–	–
zs	–	schwach	mittel	mittel	maessig
zl	–	schwach	schwach	schwach	stark
zes	–	schwach	mittel	stark	stark
bil	–	3100	19300	16558	22780
zas	–	schwach	stark	stark	stark
zab	–	schwach	schwach	stark	stark
bsr	–	2385	8578	6623	1340

Abkürzungen:

bev	: Bevölkerung	zes	: Zunahme der Einschulung
g.s	: Grundschule	bil	: Bilde Lehrer
m.s	: Mittelschule	zas	: Zunahme der Absolventen
o.s	: Oberschule	zab	: Zunahme der Abbrecher
h.s	: Hochschule	bsr	: Baue Schulräume
zs	: Zunahme der Schüler	zaal	: Zunahme der Analphabeten
zl	: Zunahme der Lehrer	znek	: Zunahme der nichteingeschulten Kinder

Als Beispiel werden für die obige Analyse folgende Maßnahmen katalogisiert:

Bevölkerung:

- Zur Verminderung der Analphabeten ist mehr Lehrpersonel erforderlich,

- als Anreiz ist über ein höheres Gehalt für oben genanntes
  Lehrpersonal nachzudenken,
- Verbesserung der Lehrmethode für Analphabeten
- Information für die Eltern über die Wichtigkeit von Bildung
- Befreiung von Schulgebühren oder Stipendienvergabe.
Grundschule:
- Es fehlen 3100 Grundschullehrer und 2385 Schulräume,
- Die Abbrecherrate ist aufrecht zu erhalten oder weiter
  abzusenken durch
  - mehr Lehrer und Räume,
  - Fortbildung der vorhandenen Lehrer in Didaktik.

4. Konklusion

Aufgrund der Ergebnisse des System-Dynamics-Modell kann die
wissensbasierte Komponente aufgebaut werden. Mit Hilfe dieses
Systems können Strategien, Maßnahmen und Entscheidungen getroffen
werden, die zur Verbesserung des Bildungsniveaus einer Bevölkerung
führen. Als nachfolgendes Ergebnis dieser Maßnahmen wird ein
Rückgang des Analphabetismus und des Bevölkerungswachstums
erwartet.
Mit Hilfe dieses Computersystems kann die Arbeit der staatlichen
Bildungsplaner Indonesiens unterstützt werden.

Referenz

Forrester, J.W.: Principle of Systems, Cambridge, M.A.
                 M.I.T. Press 1973

Kappa: User's Guide, IntelliCorp, Inc May 1991

Kruse, Kuno: Wer ist zuviel auf der Erde?
             Die Zeit Nr 17 - 17 April 1992

Müller, J. : Integration von Bildung und gesellschaftlicher
             Entwicklung in Indonesien.
             Peter Lang, Frankfurt.M, 1977

Datenschutz in Kooperierenden Expertensystemen: Das Beispiel einer Bankenapplikation

Stefan Kirn

FernUniversität Hagen
Praktische Informatik I
D-5800 Hagen 1

Eine für die zukünftige Informationsverarbeitung wichtige Basistechnologie ist die Verteilte Künstliche Intelligenz. Dort wird derzeit intensiv daran gearbeitet, intelligente Systeme kooperationsfähig zu machen. Grundsätzlich voneinander unabhängige Systeme sollen dabei flexibel (und transparent für den Benutzer) zusammenarbeiten können. Das ist vor allem dann von Interesse, wenn (wie zum Beispiel im Bankenbereich) bereits verschiedene, in verwandten Domänen eingesetzte Expertensysteme verfügbar sind. Werden diese kooperationsfähig gemacht, dann steigt (wegen tendenziell besserer und vollständigerer Ergebnisse) zunächst der Nutzen für den lokalen Anwender. Weit wichtiger ist jedoch, daß kooperationsfähige Systeme ihr Wissen grundsätzlich auch allen anderen Mitarbeitern eines Unternehmens zur Verfügung stellen können. Das eröffnet interessante Möglichkeiten, (üblicherweise nur lokal genutzte) teure wissensbasierte Systeme schneller zu amortisieren, und auf den Wissenstransfer innerhalb des Unternehmens zu beschleunigen.
Aufsatz und Vortrag betrachten kooperative Systeme aus Sicht des Datenschutzes. Dazu wird zunächst der Begriff der Kooperationsfähigkeit eingeführt, um die Möglichkeiten des Einsatzes kooperativer Systeme zu erläutern. Am Beispiel der Bankenapplikation FRESCO wird aufgezeigt, welche Datenschutz-relevanten Aspekte der Einsatz kooperierender Expertensysteme impliziert. Im Mittelpunkt stehen folgende Fragenkomplexe:

(1) Kooperation von Expertensystemen kann dazu führen, daß heute übliche Schutzmechanismen (Beispiel: Kontrolle der Zugriffsberechtigung von Programmen auf die Daten einer Datenbank) unwirksam werden.

(2) Im Gegensatz zu Datenbank- oder Betriebssystemen können wissensbasierte Systeme das in ihren Wissensbasen repräsentierte Wissen nicht gegen unberechtigten Zugriff schützen. Kooperationsfähigkeit macht ihr Wissen bei der Einbindung in Offene Systeme damit grundsätzlich netzweit verfügbar.

(3) Wissen wird erst im Kontext richtig nützlich. Dieser wird in kooperativen Systemen jedoch außerhalb der lokalen Kontrolle aufgebaut. Dieses (wohlbekannte) Problem unkontrollierbarer Wissensverwendung gewinnt durch Punkt (1) in Verbindung mit der Kooperationsfähigkeit der Systeme eine qualitativ ganz neue Dimension.

Der Aufsatz stellt einen ersten Versuch dar, das Problem des Datenschutzes in Anwendungen der Verteilten KI in seinen wesentlichen Aspekten darzustellen. Für einige der dabei anzusprechenden Fragen werden darüberhinaus erste Lösungen entwickelt.

Integrierte wissensbasierte Diagnostik zur Unterstützung des Produktionsmanagements

Hermann Krallmann, Xu Xiaofei, Norbert Gronau, Berlin

Der wirtschaftliche Betrieb von flexiblen Fertigungssystemen bei hoher Anlagenverfügbarkeit und hoher Kapazitätsauslastung setzt den Einsatz von Diagnosesystemen voraus, um frühzeitig Fehler erkennen und im Störungsfall konkrete Hinweise auf den Fehlerort erhalten zu können. Als Aufgaben eines betrieblichen Diagnosesystems lassen sich maschinennahe Überwachung, on-line und off-line Diagnose, Aufzeigen konstruktiver Schwachstellen und Produktionsprozeß-Diagnose nennen [1]. Die betrieblichen Diagnosesysteme haben Anwendungen in den Bereichen Operative Planung, Strategische Produktionsplanung (z.B. Produktionszielplanung, Produktionsmaßnahmenplanung und Produktionsressourcenplanung) sowie der Unternehmensberatung gefunden. Somit ist die Diagnostik eine wesentliche Komponente von rechnergestützten Produktionsmanagementsystemen für Führungskräfte der Produktion. Mit wissensbasierten Methoden können betriebliche Diagnoseaufgaben des Managements besser erfüllt werden.

1. Betriebliche Diagnostik im Rahmen der Rechnerunterstützung am Arbeitsplatz des Produktionsmanagers

Der Leiter eines Betriebsteils oder eines Werks kann als Produktionsmanager gekennzeichnet werden, wenn er für die Aufgaben Konstruktion, Arbeitsplanung, Produktionsplanung und -steuerung, Fertigung und Qualitätssicherung verantwortlich ist. Er trifft bzw. verantwortet Entscheidungen bezüglich der Wirtschaftlichkeit der Produktion (z.B. Auslastung der Produktionseinrichtungen) und bezüglich ihrer strategischen Bedeutung für das Unternehmen (z.B. bei Neuplanung von Fertigungseinrichtungen). Zu seiner Unterstützung liefern ihm die Komponenten der computerintegrierten Produktion Auswertungen, Reports und Berichte, die derzeit stets eine spezielle Sicht auf die Produktion aufweisen. Darauf aufbauend ist ein Konzept für eine problemadäquate (auftragsbezogene, produktbezogene und prozeßbezogene) Rechnerunterstützung am Arbeitsplatz des Produktionsmanagers (im folgenden auch RAP/PM abgekürzt), entwickelt worden [2]. Ein RAP/PM kann, in das strategische und operative Produktionscontrolling des Unternehmens eingebunden, eine transparente Sicht auf die Produktion schaffen und Informationen über den aktuellen Status aller Bereiche der Produktion managementgerecht präsentieren. Zudem besteht die Möglichkeit, diese Informationsdarstellung im Rahmen des Produktionsmanagements interaktiv zu beeinflussen.

Betriebliche Diagnostik spielt in diesem Konzept eine wichtige Rolle. Die Diagnose-Komponente greift wie die anderen Komponenten auf ein betriebswirtschaftliches Modell der Produktion zurück, das grundsätzlich als kennzahlenbasiert bezeichnet werden kann. Die wissensbasierte Diagnostik kann die Entscheidung des Produktionsmanagers unterstützen, indem sie für signifikante Parameterzustände der Produktion mögliche Ursachen ableitet und ggf. Handlungsalternativen anbietet. Das Zusammenwirken der Komponenten des RAP/PM kann verhindern, daß eine Entscheidung ohne Berücksichtigung der gesamtbetriebliche Zielsetzung getroffen wird. Die hierzu erforderliche integrierte wissensbasierte Diagnostik zur Unterstützung des Produktionsmanagements wird im folgenden vorgestellt.

2.   Ansätze der betrieblichen Diagnostik

2.1   Der betriebliche diagnostische Prozeß

Betriebliche Diagnostik ist der Prozeß, der auffällige, meist negative Anzeichen in einem Betrieb auf ihre Ursachen zurückführt. Der diagnostische Prozeß kann in vereinfachter Form in Bild 1 dargestellt werden (vgl. auch im folgenden [3]).

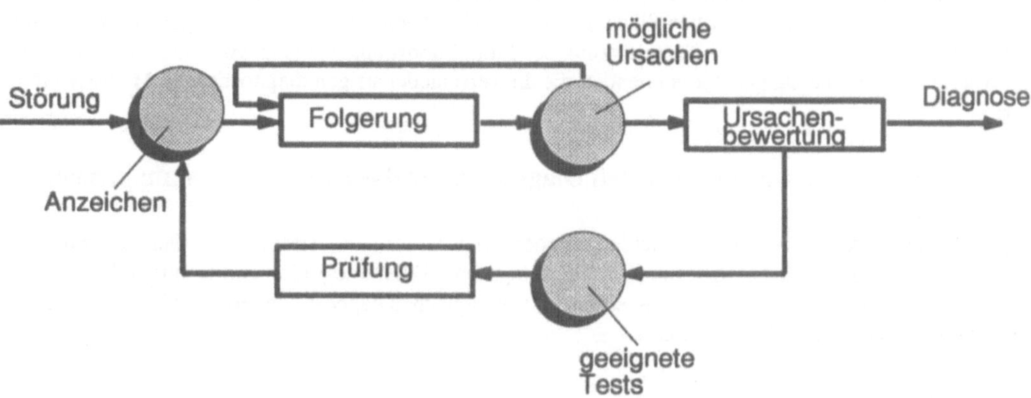

Bild 1:   Diagnostischer Prozeß

Ausgehend von den Anzeichen der betrieblichen Störung zieht der Diagnostiker durch logische Folgerung mögliche Ursachen in Erwägung. Durch Bewertung der Ursachen kann der Diagnostiker mit Unterstützung geeigneter Tests mögliche Ursachen genau festlegen. Die erarbeiteten Tests und Prüfungen werden im Betrieb oder an einem Modell benutzt und führen zu einer weiteren Differenzierung und Ergänzung der bereits identifizierten Anzeichen. Dieser diagnostische Prozeß wird solange wiederholt, bis die gefundenen Ursachen eine Diagnose zulassen.

2.2   Methoden der betriebliche Diagnostik

2.2.1   Modellbasierte und regelbasierte Diagnostik

Bezüglich der Folgerung möglicher Fehlerursachen lassen sich die modellbasierte und die regelbasierte Diagnostik unterscheiden.

In der modellbasierten Diagnostik werden die betrieblichen Strukturen in einem Modell repräsentiert, mit dessen Hilfe unterschiedliche Situationen im Betrieb simuliert werden. Der Diagnostiker schließt auf Grund der Simulationsergebnisse induktiv auf Fehlerursachen. In der regelbasierten Diagnostik wird das Wissen über die betrieblichen Strukturen durch Regeln repräsentiert. Mit deren Hilfe schließt der Diagnostiker auf Grund des branchenspezifischen Wissens von erfahrenen Experten deduktiv auf Fehlerursachen.

2.2.2   Numerische und nichtnumerische Diagnostik

Hinsichtlich der Struktur der herangezogenen Information lassen sich die numerische und die nichtnumerische Diagnostik unterscheiden.

Die numerische Diagnostik folgert Fehlerursachen oft induktiv und auf Grund der Ergebnisse einer numerischen Analyse oder einer numerischen Simulation. Die nichtnumerische Diagnostik legt Diagnoseergebnisse normalerweise auf Grund von Erfahrungen oder persönlichen Eindrücken fest. In regelbasierten Diagnosesystemen werden überwiegend nichtnumerische Diagnostiken benutzt.

2.2.3 Vergleich der diagnostischen Methoden

Die obigen diagnostischen Methoden haben verschiedene Vorteile und Nachteile, die im folgenden problembezogen erörtert werden. Wenn ein den betrieblichen Strukturen entsprechendes Modell erstellt wird, kann die modellbasierte Diagnostik mit Hilfe von Simulationsergebnissen die Fehlerursachen recht genau festlegen. Allerdings ist die Erstellung eines solchen Modells für den gesamten Produktionsbereich zu aufwendig. Mit der Kompliziertheit des Modells steigt der Zeitaufwand der Rechnung. Die regelbasierte Diagnostik ist für die Unterstützung der Strategischen Planung nützlich. Sie erfordert insbesondere wegen des Wissenserwerbs erfahrene Diagnostiker. Zur Unterstützung des Produktionsmanagements wird eine integrierte wissensbasierte betriebliche Diagnostik verwendet, die die verschiedenartigen diagnostischen Methoden integriert.

3. Integrierte wissensbasierten Diagnostik für das Produktionsmanagement

Integration kennzeichnet heute die Entwicklungstendenz in der Informationstechnologie. Für die Produktion im Unternehmen sind Prozeßintegration, Funktionsintegration, Datenintegration und Kommunikationsintegration erforderlich [4]. Die integrierte wissensbasierte betriebliche Diagnostik innerhalb des RAP/PM-Konzeptes weist folgende Charakteristika auf:

Methodenintegration

In der Diagnose-Komponente können verschiedenartige diagnostische Methoden, z.B. modellbasierte Diagnostik, regelbasierte Diagnostik, numerische Diagnostik und nichtnumerische Diagnostik, benutzt werden. Damit die geforderte diagnostische Methodenintegration zustande kommt, ist die Unterstützung durch ein Expertensystem und eine Methodenbank erforderlich. Das Expertensystem wird mit der Methodenbank und der Datenbank verknüpft.

Datenintegration

Die Diagnose-Komponente und die anderen Komponenten des RAP/PM benutzen einen integrierten Informations- und Wissensspeicher aus Datenbank, Methodenbank und Wissensbasis, der für die Konsistenzerhaltung von Daten und Wissen sorgt. Die Diagnosekomponente benutzt und verändert Daten und Wissen zur Folgerung von Fehlerursachen.

Wissensintegration

In der Diagnostik für RAP/PM werden mehrere Wissensrepräsentationsformen angeboten, um die verschiedenartige Methoden zu unterstützen. Die Repräsentationsformen Klassen oder Frames sind für die statische Wissensrepräsentation gut geeignet. Produktionsregeln sind für die dynamische Wissensrepräsentation geeignet.

Architekturintegration

Diese Anforderung entspricht der Prozeßintegration in [4]. Die Diagnose-Komponente ist ein Modul in der integrierten Systemarchitektur des RAP/PM. Sie dient der Entscheidungsvorbereitung und -unterstützung des Produktionsmanagers. Der Einsatz des Diagnose-Moduls ist wegen der engen Verzahnung mit den anderen Modulen nur sinnvoll, wenn die anderen Module zur Verfügung stehen.

Offenes System (Kommunikationsintegration [4])

Die Diagnose-Komponente kann mit anderen Modulen oder externen Systemen kommunizieren. Weil sie auf dem Grundkonzept des RAP/PM basiert, können Diagnosefunktionen durch die Erweiterung von Methodenbank, Wissensbasis und Datenbank ebenfalls erweitert werden.

4. Integrierte Wissensrepräsentation

Durch die Anwendung der verschiedenen diagnostischen Methoden können Diagnoseergebnisse auf hohem Niveau erhoben werden. Nachfolgend wird die benutzte integrierte Wissensrepräsentation vorgestellt.

4.1 Statische Wissensrepräsentation

Für die Beschreibung von Elementen der statischen Umwelt im Betrieb stehen Klassen (oder Objekte), die den Wissensrepräsentationsformen "Frames" ähneln, mit ihren Slots (oder Eigenschaften) zur Verfügung. Eine Klasse besteht aus einer Serie von Instanzen (bzw. Beispielen), die ein konkretes Objekt repräsentieren, oder aus einer Gruppe von anderen Klassen. Die Klassen können in Sub-Klassen unterteilt werden. Die Slots einer Klasse repräsentieren die Eigenschaften der Objekte. Die Eigenschaften einer Klasse können auf die Sub-Klassen vererbt werden. Die Beziehungen von Objekten zueinander werden durch Relationen von Klassen ausgedrückt, mit denen semantische Netze erstellt werden.

4.2 Dynamische Wissensrepräsentation

Das dynamische Verhalten innerhalb der Objekte im Betrieb führt zu Regeln mit der Struktur "Wenn... (Prämissen), dann...(Aktionen)". Der "Prämissen"-Teil der Regel besteht aus Prädikat-Formeln, in denen Slots oder Variablen erscheinen. Sobald die Prämissen der Regel passen, bewirkt der "Aktionen"-Teil die Veränderung der Wissensbasis oder ein Folgerungsergebnis. Jede Regel hat eine Prioritätswert. Die Regel mit hohem Prioritätswert wird vorrangig verarbeitet. Die Inferenz kann in die Richtung "forward" oder "backward" durchgeführt werden. Die Klassen und die Regeln werden in der Wissensbasis gespeichert.

4.3 Numerische Wissensrepräsentation

Zur Unterstützung der modellbasierten und numerischen Diagnose-Methoden wird die numerische Wissensrepräsentation angeboten. Das numerische Wissen für die betriebliche Diagnostik kann im betriebswirtschaftlichen Modell oder im Simulationsmodell repräsentiert werden. Das an Betriebsstrukturen orientierte Modell (z.B. Funktionsmodell) und die Simulationsprogramme können als Bausteine für die Diagnostik in der Methodenbank gespeichert werden. Die Kennzahlen des Betriebs werden in der Datenbank gespeichert. Durch die Schnittstellen zwischen Methodenbank, Datenbank und Wissensbasis können die diagnostischen Analyseprogramme auf die Kennzahlen in der Datenbank und das Wissen über Objekte in der Wissensbasis zugreifen. Diese Programme können auch neue Objekte und Kennzahlen über den Betrieb erzeugen und speichern.

5. Architektur der integrierten Diagnostik im RAP/PM

5.1 Architektur eines RAP/PM

Das System RAP/PM soll mit einer transparenten und aggregrierten Sicht auf die Produktion ein strategisches und operatives Produktionscontrolling des Betriebs ermöglichen und so den Produktionsmanager unterstützen. Dabei sollen modellbezogene, konzeptionelle, funktionale, ergonomische und Architektur-bezogene Anforderungen berücksichtigt werden [2,5].

434

Im Hinblick auf diese Anforderungen und die Gegebenheiten der Produktion ist eine integrierte Systemarchitektur für einen rechnerunterstützten Arbeitsplatz des Produktionsmanagers entwickelt worden, die in Bild 2 gezeigt wird [2].

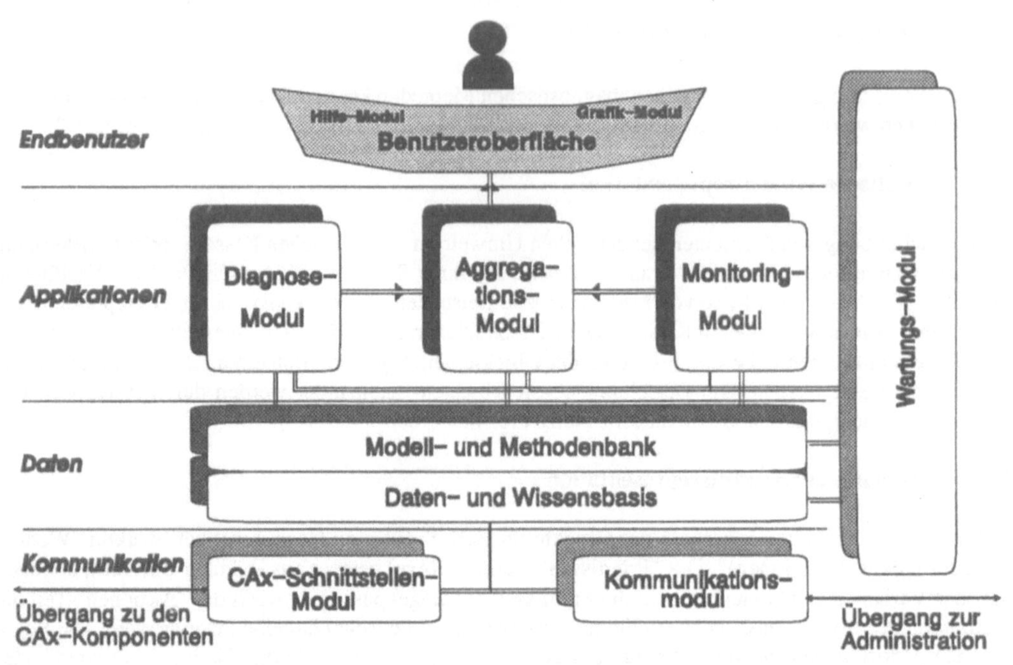

Bild 2:   Architektur des RAP/PM

Die Systemarchitektur des RAP/PM erstreckt sich über vier Schichten bzw. Ebenen: Endbenutzerebene, Applikationsebene, Datenebene und Kommunikationsebene. In jeder Ebene werden einige Module integriert:

In der Endbenutzerebene integriert die Benutzeroberfläche die am Arbeitsplatz des Managers verfügbaren Anwendungen. Sie wird durch Grafik, Berichte, Hilfefunktionen, Mausbedienung, Fenstertechnik und intuitive Dialoggestaltung unterstützt.

Die Applikationsebene bestimmt die Funktionalität des Systems RAP/PM. In diese Ebene werden folgenden Module integriert:

- Das Monitoring-Modul kann die Produktion überwachen und dem Produktionsmanager Berichte über den aktuellen Zustand der Produktion anbieten.

- Das Aggregations/Disaggregations-Modul steht für fallspezifische Aufgebenstellungen zur Verfügung. Dieser Modul kann das gesamte betriebswirtschaftliche Modell untersuchen und auf jeder Aggregationsstufe genau die benötigten Information erhalten.

- Das Diagnose-Modul kann Ursachen für Fehler oder Störungen in der Produktion ableiten und Handlungsalternativen anbieten und dient somit der Entscheidungsunterstützung des Produktionsmanagements.

Die Datenebene ist die Basis des Systems RAP/PM, in der Daten, Wissen und Methoden für die Anwendungen der Applikationsebene verfügbar sind.

- Die Wissensbasis speichert das Wissen über den Betrieb, z.B. Strukturen, Produktion und Management. Das vom Aggregations/Disaggregations-Modul und dem Diagnose-Modul benutzte Wissen wird auch darin gespeichert. Die Wissensbasis wird zur Zeit von einer Expertensystem-Shell verwaltet.

- Die Datenbank speichert die Daten und Kennzahlen des Betriebs. Diesbezügliche Daten über CAD, CAP, CAM, CAQ, PPS und BDE befinden sich auf festgelegten Aggregationsstufen in der Datenbank, um Antwortzeiten zu verkürzen. Regelmäßig findet ein Abgleich mit den aktuellen Daten der Produktion statt, die in den Datenbanken der einzelnen CAx-Komponenten gehalten werden.

- Die Methodenbank speichert bestimmte wiederkehrende Bearbeitungen des betriebswirtschaftlichen Modells wie z.B. verfügbare Methoden für Management-Entscheidungen, Simulationsmethoden für Diagnose und Analyse. Die Methodenbank ist mit Datenbank und Wissensbasis logisch verknüpft.

Die Einbindung des RAP/PM in die Kommunikationsinfrastruktur des Produktionsbereiches und des Unternehmens stellt die Kommunikationsebene her.

- Das CAx-Schnittstellenmodul verbindet die CAx-Komponenten über die im Produktionsbereich benutzten Datenübertragungseinrichtungen mit dem System RAP/PM.

- Das Kommunikationsmodul ist für die Einbindung des rechnerunterstützten Arbeitsplatzes in das administrative Informations- und Kommunikationssystem (Bürokommunikationssystem) des Unternehmens verantwortlich.

Außerhalb dieser vertikalen Ebeneneinteilung existiert ein Wartungsmodul, das Änderungen an den anderen Modulen des Systems RAP/PM erleichtert.

5.2   Architektur des Diagnose-Moduls

Das Diagnose-Modul ist eine notwendige Komponente des RAP/PM. Das Diagnose-Modul weist ein synthetisches Beurteilungselement für die Diagnose auf, damit gute Diagnoseergebnisse erreicht werden. Das Diagnose-Modul soll mit anderen Modulen in der Applikationsebene des RAP/PM direkt verknüpft werden, um die Entscheidung des Produktionsmanagements zu unterstützen. Zur Vereinfachung der Architektur nutzt das Diagnose-Modul die Kapazitäten und die Funktionen der Datenebene des System RAP/PM. Im Diagnose-Modul wird eine Methoden- und Wissenserwerbskomponente integriert. Basierend auf diesen Festlegungen wird eine Architektur für das Diagnose-Modul in Bild 3 gezeigt.

Im Diagnose-Modul werden fünf Elemente integriert. Es handelt sich um einen Editor für den Methoden- und Wissenserwerb, eine Erklärungskomponente für die regelbasierte und nichtnumerische Diagnostik, einen Analyseteil für die modellbasierte und numerische Diagnostik, ein Beurteilungselement für die Ableitung der Diagnoseergebnisse sowie ein Kommunikationselement. Wissen, Daten und Methoden der Diagnostik werden in der Datenebene gespeichert. Im nächsten Abschnitt werden die Elemente des Diagnose-Moduls genauer beschrieben.

6.   Organisation und Implementierung des Diagnose-Moduls

6.1   Elemente des Diagnose-Moduls

Der Editor ist ein Wissens- und Methodenerwerbselement der Diagnose. Das Element wird durch Grafik und Fenstertechnik unterstützt. Durch die Schnittstelle zwischen Editor und Expertensystem, Methodenbanksystem und Datenbanksystem kann der Editor statisches Wissen (z.B. Klassen) und dynamisches Wissen

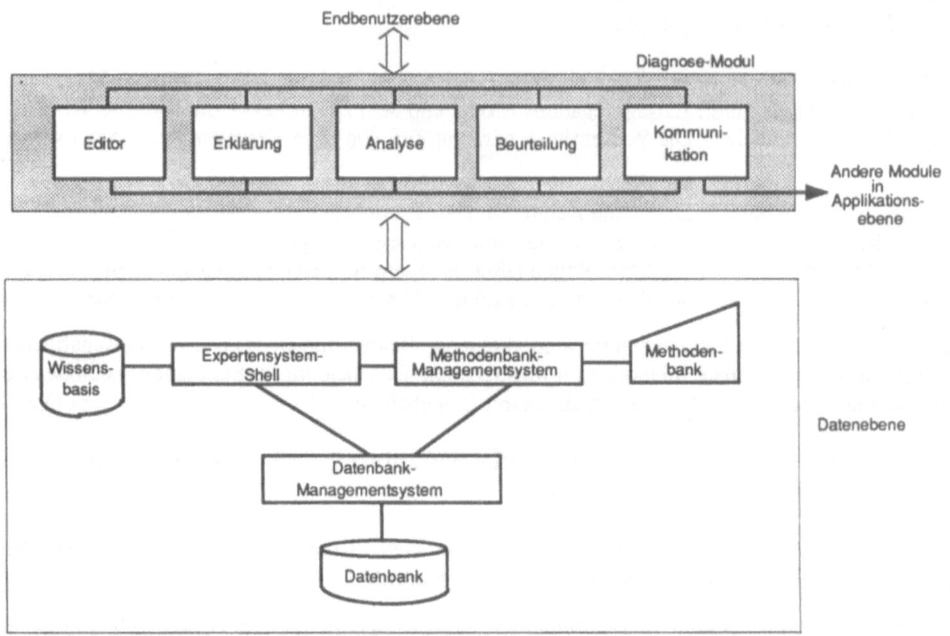

Bild 3: Architektur des Diagnose-Moduls

(z.B. Regeln) editieren und eingeben. Diese Funktion ist erforderlich zur Diagnose des Betriebsmodell und für Simulationszwecke.

Das Erklärungselement beinhaltet die konkrete Anwendungsoberfläche als Dialog-Schnittstelle zwischen Benutzer und Expertensystem. Mit ihr werden die diagnostischen Probleme oder Anzeichen der Störung beschrieben und die Antworten oder Diagnoseergebnisse erklärt. Das Erklärungselement unterstützt die regelbasierte Diagnostik.

Der Analyseteil ist ein die numerische Diagnostik unterstützendes Anwendungsanalyse-Element. Er führt numerische Diagnose-Methoden durch, indem er die Simulationsprogramme in die Methodenbank einzieht, die primären Parameter eingibt und die Ergebnisse analysiert. Die Hauptaufgabe des Analyse-Elements besteht in der Kontrolle der Struktur von Programmen und Methoden. Die konkreten Anwendungsaufgaben werden von den Bausteinen der Methodenbank (z.B. Simulationsprogramme, Modellrechnungen, diagnostische Analyseprogramme usw.) durchgeführt. Die modellbasierte Diagnostik wird durch dieses Element unterstützt.

Das Beurteilungselement verkettet modellbasierte und regelbasierte Diagnostik. Durch Vergleich und Analyse werden die Ergebnisse beider diagnostischen Methoden berücksichtigt und genaue Fehlerursachen und Diagnoseergebnisse abgeleitet. Hierdurch werden die Methoden und die Kriterien für die Bewertung der Diagnosen erstellt.

Das Kommunikationselement verknüpft das Diagnose-Modul mit den anderen Modulen in der Applikationsebene. Es hat die Funktion der Datenkonvertierung für den Datenaustausch und kann die diagnostischen Ergebnisse anderen Modulen direkt senden.

6.2   Unterstützung durch die Datenebene

Das Diagnose-Modul nutzt die Unterstützung der Datenebene im System RAP/PM. In der Wissensbasis sind statische Wissen über Objekte, Fälle und Beziehungen von Objekten, dynamisches Wissen über Regeln und Erklärungsinformationen für Diagnose und Dialog gespeichert. Das Expertensystem unterstützt die regelbasierte Diagnostik. In der Methodenbank sind die Betriebsmodelle, die Simulationsprogramme und die Analyseprogramme für die Diagnose gespeichert. Diese Programme sind die Methoden-Bausteine, die die modellbasierte Diagnostik unterstützen können. In der Datenbank sind die Kennzahlen des Betriebs, die Parameter der Produktion, die Parameter der Berichte sowie Simulationsparameter gespeichert.

6.3   Implementierung des Diagnose-Modul

Nach diesen Vorgaben wird gegenwärtig ein Kennzahlen-orientiertes Diagnose-Modul implementiert. Die Aufgaben des Moduls bestehen in der Überprüfung von Störungsanzeichen des Produktionszustands, der Bewertung möglicher Fehlerursachen und dem Vorschlag geeigneter Therapien. Die Diagnose umfaßt die Bereiche Kapazitätsauslastung, Bestand, Durchlaufzeit, Termintreue, Stückkosten und Qualität.

Im Diagnose-Modul werden regelbasierte und modellbasierte Diagnostik integriert. Die Betriebsstruktur wird durch eine Klassen-Hierachie mit den vier Ebenen Fabrik-, Werkstatt-, Maschinengruppe und Maschine beschrieben. Die Slots der Klassen repräsentieren die Kennzahlen des Betriebs. Das Betriebsmodell wird gemäß dem Beziehungsnetz der Kennzahlen und der Betriebsstruktur aufgebaut. Die diagnostischen Regeln werden durch ein Expertensystem realisiert; die diagnostischen Simulationsmethoden werden durch objektorientierte Programmierung implementiert. Der Diagnose-Prozeß wird aufgrund der Kennzahlen-Werte und ihrer Beziehungen untereinander durchgeführt.

Zweck des Diagnose-Modul des RAP/PM ist es, durch rechtzeitige und richtige Diagnose einen zufriedenstellenden Produktionszustand, repräsentiert z.B. durch angemessene Kapazitätsauslastung, niedrige Bestände, kurze Durchlaufzeiten, gute Termintreue, niedrige Stückkosten und hohe Qualität, sicherzustellen.

7.   Zusammenfassung

Der vorliegende Beitrag beschreibt die Anforderungen und den Aufbau der Integrierten wissensbasierten Diagnostik zur Entscheidungsunterstützung des Produktionsmanagements. Durch Ausnutzung der Integrationseffekte von Wissen, Methoden und Daten wird ein integriertes wissensbasiertes Diagnose-Modul aufgebaut. Durch Verknüpfung der verschiedenartigen diagnostischen Methoden werden Störungsanzeichen des Produktionszustands umfassend geprüft und möglichst genau bewertet. Die Diagnoseergebnisse und Vorschläge zur Therapie unterstützen die Entscheidungen des Produktionsmanagements.

Literatur

[1]   M. Weck: Diagnose in der automatisierten Fertigung, Industrie-Anzeiger 34/1989, S. 27-32.

[2]   N. Gronau: Der rechnerunterstützte Arbeitsplatz des Produktionsmanagers - Ein Werkzeug zur Entscheidungsvorbereitung, CIM Management 1/1992, S. 26-32.

[3]   T. Kretschmar: Wissensbasierte betriebliche Diagnostik, Realisierung von Expertensystemen, Deutscher Universitäts Verlag, Wiesbaden 1990.

[4]   H.-J. Bullinger: Das magische Dreieck, Mensch-Organisation-Technik, Technische Rundschau 31/1990, S. 14-28.

[5]   H.-J. Bullinger u.a.: Chefinformationssysteme (CIS), Office Management 3/1991, S. 6-20.

SPIRIT: PROPAGATION IN EINEM ADAPTIVEN INFERENZSYSTEM

Friedhelm Kulmann
Universität der Bundeswehr Hamburg

Wilhelm Rödder
FernUniversität Hagen

Kurzfassung: Local-Event-Group (LEG)-Netze sind für wissensbasierte Systeme eine gebräuchliche Form der Darstellung und Speicherung von unsicherem Wissen für lokale Gruppen von abhängigen Eigenschaften. In *SPIRIT* wurde diese Form der Wissensrepräsentation gewählt, da es mit ihr auf einfache Weise möglich ist, vorhandenes mit neuem Wissen zu kombinieren. Der Artikel berichtet nach einer Vorstellung des Gesamtkonzeptes, insbesondere dem Ablauf der Propagation, von ersten Erfahrungen mit diesem lernenden System.

Abstract: Experts in probabilistic reasoning use LEG-networks to store knowledge about local dependencies. In *SPIRIT* you are able to adapt your knowledge base in an easy way. The article describes the global conception and gives first experiences with the prototype.

1   Einführung

Die Wahrscheinlichkeitstheorie ist ein geeignetes Mittel sowohl zur Darstellung als auch zur Aktualisierung unsicheren Wissens. Obwohl der Mensch kaum in der Lage ist, Häufigkeiten zu Ereignissen aus einem komplexen Wissensgebiet zu akkumulieren und auszuwerten, zieht er dennoch Schlußfolgerungen aus Abhängigkeiten, die aus solchen Häufigkeiten resultieren [NEA 1989]. Bei der Entwicklung wissensbasierter Systeme gibt es eine Forschungsrichtung, deren Vertreter probabilistische Ansätze nutzen, um unsichere Abhängigkeiten von Eigenschaften oder Ereignissen zu modellieren (vgl. [SPL 1990], [PEA 1988]).

Bekanntlich entstand bereits Ende der 70er Jahre das Expertensystem PROSPECTOR, in dem die Wissensbasis durch ein Inferenznetzwerk mit Kantenbewertungen dargestellt und auf der Basis der Wahrscheinlichkeitstheorie prognostiziert wird (vgl.[DUD 1979]). Spätere und auch aktuelle Veröffentlichungen verweisen auf die Bedeutung der Netzstrukturen in Verbindung mit der Wahrscheinlichkeitstheorie für die Darstellung unsicheren Wissens [LSP 1988]. Pearl [PEA 1988] und Neapolitan [NEA 1989] geben einen Überblick zu verschiedenen Ansätzen.

Das Gesamtkonzept für das wissensbasierte System *SPIRIT*, dessen Wissen über kausale Zusammenhänge in Local-Event-Group (LEG)-Netzen mit zughörigen gemeinsamen Wahrscheinlichkeitsverteilungen abgelegt wird, ist Gegenstand von Kapitel 2.1 dieser Arbeit. Es gehört also wie Bayessche- oder Markov-Netze zu den probabilistischen Ansätzen der Modellierung menschlicher Denkweisen. Kapitel 2.2

skizziert, soweit es zum Verständnis des Kapitels 2.3 erforderlich ist, die Propagation von Informationen in das gesamte LEG-Netz. Eine detailierte Beschreibung und mathematische Fundierung der Vorgehensweise findet der interessierte Leser in [RÖD 1991] oder [RÖM 1992]. In Kapitel 2.3 wird dann aufgezeigt, mit welcher Rate und Akzeptanz Beobachtungen adaptiv vom System übernommen werden können. Da ein erster Prototyp bereits implementiert ist, sind wir in der Lage, in Kapitel 2.4 Ergebnisse für ein einfaches Beispiel aus dem Problemfeld der Klassifikation vorzustellen. Abschließend berichten wir in Kapitel 3 über den aktuellen Stand unserer Forschungsarbeiten und Erweiterungsmöglichkeiten für *SPIRIT*.

2 SPIRIT

2.1 Gesamtkonzept

Wie allgemein in LEG-Netzen werden in dem von uns entwickelten System *SPIRIT* auf der Basis der Wahrscheinlichkeitstheorie verschiedenen Gruppen von Eigenschaften (Tokens) Verteilungen zugeordnet, die den aktuellen Wissensstand über kausale Beziehungen in einem betrachteten Wissensgebiet repräsentieren (vgl.[RÖD 1991]). Im Gegensatz zu bisherigen Entwicklungen müssen weder Struktur des Netzes noch Wahrscheinlichkeiten von einem Experten vorgegeben werden, sondern das System lernt dieses Wissen aus Beobachtungen der Realität. Dabei ist es in der Lage, die Auswirkungen von veränderten Wahrscheinlichkeiten unter Berücksichtigung minimaler Entropiedifferenz in das gesamte Netz zu propagieren (vgl.[RÖM 1992]).

SPIRIT erhält seine Daten für den Aufbau der Wissensbasis und Evidenzen, mit denen eine Prognose erstellt werden soll, im Dialog über die Benutzerschnittstelle. Im sogenannten Lernmodus werden eingegebene Informationen als reale Beobachtungen interpretiert und adaptiv in die Wissensbasis übernommen. Der Prognosemodus erlaubt die temporäre Veränderung der im Netz abgelegten Wahrscheinlichkeiten in Abhängigkeit von evidenten Fakten. Der Benutzer erhält als Antwort auf seine Anfragen bedingte Wahrscheinlichkeiten für beliebig ausgewählte Hypothesen. Durch die besondere Form der Wissensrepräsentation ist es möglich, auch logische Abhängigkeiten der Evidenzen als Eingangsinformation auszuwerten, um zu ausgewählten Hypothesen Prognosewahrscheinlichkeiten zu berechnen. Auch logische Abhängigkeiten innerhalb der Hypothesengruppe werden vom System erkannt und dem Benutzer mitgeteilt (vgl.[REI 1992]).

Der Kern von *SPIRIT*, die Inferenzkomponente, wird in seiner Arbeitsweise im nun folgenden Kapitel 2.2 erläutert.

2.2 Informationsverarbeitung

Es besteht unter bestimmten Voraussetzungen (vgl.[RÖM 1992]) die Möglichkeit, zu einem LEG-Netz eine gemeinsame Verteilung zu ermitteln und veränderte Randverteilungen in dieses vollständige System zu propagieren. Der Speicherplatzbedarf ist jedoch $\mathcal{O}(2^n)$, wächst also exponentiell mit der Anzahl n der Knoten im Netz. Um diesen Speicheraufwand zu reduzieren, wird das bestehende Netz so strukturiert und unter Berücksichtigung minimaler Entropiedifferenz (vgl.[RÖM 1992]) temporär erweitert, daß eine Propagation in linearen Strukturen möglich ist.

Der Prozeß der Informationsverarbeitung besteht aus zwei Phasen, Strukturierung des LEG-Netzes und Popagation von Randverteilungen. Zunächst müssen vom Benutzer beliebige Eigenschaften (Knoten des Netzes) ausgewählt werden, über die Informationen evident sind. Das System ermittelt in der ersten Phase zu dieser Evidenzengruppe aus dem existierenden LEG-Netz eine gemeinsame Wahrscheinlichkeitsverteilung, die mit dem abgelegten Wissen konsistent ist. Ausgehend von der Evidenzengruppe wird im zugehörigen Verbindungsgraphen ('junction graph' s.[JOA 1990]) eine Schichtung des gesamten LEG-Netzes vorgenommen. Man erhält damit eine lineare Struktur, die bei beschriebener Vorgehensweise eine Kette aneinandergereihter Schichten bildet, die jeweils aus genau einem LEG bestehen. Zu jeder Schicht kann mit Hilfe eines Iterationsverfahrens (vgl. [RÖM 1992]) eine Wahrscheinlichkeitsverteilung berechnet werden, die marginal mit den Verteilungen der LEGs aus der Wissensbasis übereinstimmt. Da die Schichten gemeinsame Elemente besitzen, muß ebenfalls garantiert werden, daß die Randverteilungen für die Schnittmengen gleich sind. Sind in einer Schicht k Tokens zusammengefaßt ($k << n$), so ist jetzt der Speicherplatzbedarf ($\mathcal{O}(2^k)$) abhängig von der Anzahl Knoten in einer Schicht.

Der Benutzer wird aufgefordert, die 'neuen' Wahrscheinlichkeitswerte für die Evidenzengruppe einzugeben, aus denen in Abhängigkeit vom aktivierten Modus eine gemeinsame Verteilung berechnet wird. Danach beginnt die zweite Phase, die Propagation von Randverteilungen. Die in der ersten Phase erfolgte Strukturierung ermöglicht den sukzessiven Update aller Werte in der temporär erzeugten LEG-Kette; die Vorgehensweise ist dabei unabhängig vom gewählten Modus. Dieser entscheidet lediglich noch über die Speicherung der neu berechneten Werte, denn nach einem Lernschritt sind die LEGs der Wissensbasis mit der temporären LEG-Kette abzugleichen. Dieses enthält danach die adaptierte Information, und es kann auf dieser Basis prognostiziert werden.

Einige Einzelheiten, die im Lernmodus von Bedeutung sind und das Lernverhalten des Systems beeinflussen, beschreibt das nun folgende Kapitel 2.3.

2.3 Adaption der Wissensbasis

Wie in der Einführung angedeutet sollen die Wahrscheinlichkeiten im LEG-Netz nicht von einem Experten gesetzt werden, sondern **SPIRIT** legt zu Gruppen von Eigenschaften (LEG), zwischen denen eine direkte Abhängigkeit besteht, jeweils gemeinsame Verteilungen ab. Das System ist so konzipiert, daß es lediglich aus der Eingabe von Beobachtungswerten diese Abhängigkeiten ermittelt. Bei der implementierten Version kann ein 'Experte' spezifizieren, zwischen welchen Gruppen von Eigenschaften eine kausale Beziehung besteht und damit eine gemeinsame Verteilung existieren muß. Die Initialisierung erfolgt mit der Gleichverteilung; damit wird ein Zustand des Nichtwissens widergespiegelt und gleichzeitig maximale Entropie zugundegelegt.

Im Lernmodus erwartet das System nun Daten über Beobachtungen, die mit dem bereits vorhandenen Wissen aggregiert und wie in Kapitel 2.2 beschrieben in das gesamte LEG-Netz propagiert werden. Wir erreichen durch die Propagation ins Netz, daß alle bestehenden Daten und kausalen Beziehungen an die neuen Informationen angepaßt werden. Die Aggregation der neuen und vorhandenen Wahrscheinlichkeiten wird von einem Parameter α beeinflußt, der in Abhängigkeit von der Güte der neuen Information und der zu erwartenden Anzahl von Beobachtungen individuell gesetzt werden kann (vgl. [RÖD 1990]). Nach einem Lernschritt, d.h. der Verarbeitung der Information zu einer Evidenzengruppe, befindet sich die Wissensbasis in einen neuen Zustand.

Nach dieser kurzen Beschreibung drängen sich unmittelbar zwei Fragen auf. Erstens, wie schnell ist ein solches Netz in der Lage, Informationen zu adaptieren, und zweitens, wie müssen die oben genannten Strukturen beschaffen sein, damit sie am Ende auch das erwartete Wissen enthalten.

Beide Fragen möchten wir zunächst in Kapitel 2.4 für ein Beispiel beantworten, bevor in einer Art Resumé Modifikationen der beschriebenen Vorgehensweise vorgeschlagen werden.

2.4 Klassifikation - ein Beispiel

Wir betrachten ein Beispiel, das man allgemein unter Klassifikation einordnen kann. Gegeben seien vier Objekte $O \in \{E_1, .., E_4\}$ und vier Merkmale $M \in \{E_5, ..E_8\}$, insgesamt acht Tokens, mit der in Tabelle 1 angegebenen Bedeutung.

E_1	E_2	E_3	E_4	E_5	E_6	E_7	E_8
Singvogel	Ente	Strauß	Pinguin	singen	fliegen	schwimmen	schwarz gefleckt

Tabelle 1: Semantik der Tokens $E_1, .., E_8$

Die Objekte seien durch eine Merkmalskombination eindeutig charakterisiert. In Tabelle 2 ist die Beschreibung aller vier Objekte aufgelistet; '1' ist dabei zu lesen als 'trifft sicher zu', '0' entsprechend als 'trifft sicher nicht zu'.

E_1	E_2	E_3	E_4	E_5	E_6	E_7	E_8
1	0	0	0	1	1	0	0
0	1	0	0	0	1	1	0
0	0	1	0	0	0	0	1
0	0	0	1	0	0	1	1

Tabelle 2: Charakterisierung der vier Objekte $E_1, .., E_4$

Existiert ein LEG, in dem alle acht Tokens enthalten sind, ist es möglich, alle sicheren oder unsicheren kausalen Beziehungen direkt zu speichern. Beobachtungen, auch über Teilsysteme, können in einem Schritt in dieses 8er-System propagiert werden; es existiert gemäß der Terminologie aus Kapitel 2.2 nur eine Schicht. **SPIRIT** ist dann in der Lage, beliebige Anfragen zu dem eingegebenen Wissen zu beantworten. Wenden wir uns der interessanteren Frage zu, wie das System bei unvollständiger Information reagiert; Beobachtungswerte werden immer nur zu einer Teilmenge von Tokens eingegeben, und das Wissen kann dadurch nur partiell adaptiert werden. Weiter soll untersucht werden, ob es möglich ist, auch bei einer auf Randverteilungen reduzierten Speicherung von Werten signifikant zu prognostizieren.

Für die nun folgenden Versuche gehen wir davon aus, daß sequentiell Beobachtungen zu jeweils vier zufällig ausgewählten Tokens aus der Menge $\{E_1, .., E_8\}$ dem System mitgeteilt werden. Um ideale Versuchsvoraussetzungen zu schaffen, erzeugen wir uns vorab eine Beobachtungsdatei mit einer ausreichenden Anzahl von Beobachtungen, die gleichmäßig über alle vier Klassen verteilt sind.

Untersucht wurde das Verhalten bei Vorliegen folgender Strukturen:

Bipartiter Graph Es existieren gemeinsame Verteilungen P über je zwei Tokens. (P_{OM}, $\forall O, \forall M$)

Vollständiges Wissen Es existiert eine gemeinsame Verteilung $P_{E_1,..,E_8}$ über alle acht Tokens.

Erweiterter bipartiter Graph Es existieren gemeinsame Verteilungen P über je drei Tokens. ($P_{OM_1M_2}$, $\forall O, \forall M_1, M_2, M_1 \neq M_2$)

Bei insgesamt 200 eingebenen Beobachtungsfällen der oben beschriebenen Form wurde im Abstand von 10 Beobachtungen in einer Art Momentaufnahme der Zustand des Netzes festgehalten. Durch eine einfache Prognose konnte dann festgestellt werden, wie weit das Netz das vorgegebene Wissen adaptiert hat.

Anhand einiger ausgewählter Beispiele sollen die generellen Unterschiede und das tendenzielle Lernverhalten in den verschiedenen Strukturen beschrieben werden. Prognostiziert man mit $P(E_1) = 1$, d.h. es wurde ein Singvogel beobachtet, so repräsentiert das Netz die bedingte Wahrscheinlichkeit $P(\cdot \mid E_1)$.

Die Erfassung der Prognosewahrscheinlichkeiten nach jeweils 10 Lernschritten ist Grundlage für die nun folgenden Analysen.

Wird gemäß unserer vorgegebenen Beschreibung in Tabelle 2 bei obiger Versuchsanordnung erkennbar, daß $P(E_5 \mid E_1) \to 1$, $P(E_6 \mid E_1) \to 1$, $P(E_7 \mid E_1) \to 0$, $P(E_8 \mid E_1) \to 0$, so wurde die unvollständige Information in der Weise verarbeitet, daß nach Eingabe einer bestimmten Zahl von Beobachtungen das Objekt E_1 (Singvogel) durch die vier Merkmale beschrieben wird. Betrachten wir Abbildung 1, in der exemplarisch der Lernerfolg für das Merkmal E_7 (schwimmen) graphisch dargestellt ist. Man erkennt für alle drei untersuchten Strukturen, daß das Ziel tendenziell mehr oder weniger gut erreicht werden konnte. Serie 2 zeigt den Zustand bei vollständigem Wissen und gibt somit die maximale Adaptionsrate wider. Serie 1 weist offensichtlich das schlechteste Lernverhalten auf, sie entspricht dem bipartiten Graphen. Bemerkenswert ist jedoch, daß bereits bei Erweiterung der Struktur auf bipartite 3er-Systeme (Serie 3) ein beachtlicher Lernerfolg erzielt werden kann.

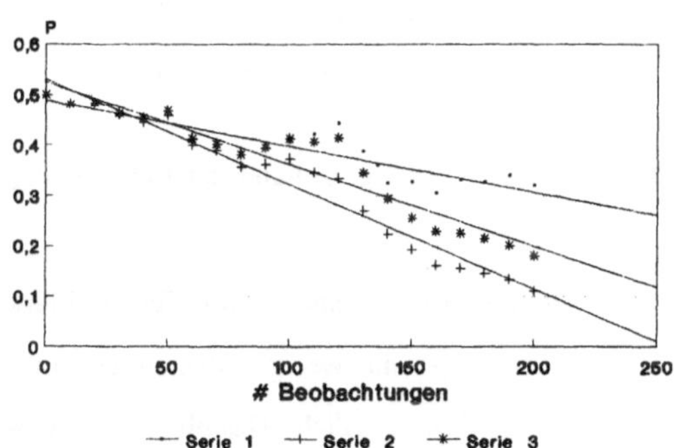

Abbildung 1: Merkmalscharakterisierung aufgezeigt anhand der Entwicklung von $P(E_7 \mid E_1)$

Für eine brauchbare Klassifikation ist ebenfalls eine Abgrenzung zu den übrigen Objekten erforderlich, d.h. $P(E_2 \mid E_1) \to 0$, $P(E_3 \mid E_1) \to 0$, $P(E_4 \mid E_1) \to 0$. Wählen wir für unsere Betrachtungen beispielhaft das Objekt 'Ente' (E_2), das zwar wie der Singvogel fliegen kann (E_6), aber die Sangeskunst nicht beherrscht (E_5), dafür sich jedoch sicher auf dem Wasser bewegt (E_7). Abbildung 2 zeigt das Lernverhalten für $P(E_2 \mid E_1)$ mit Serienbezeichnungen wie in Abbildung 1. Ruft man sich nochmals die in Kapitel 2.2 beschriebene Linearisierung des Netzes in Erinnerung, so wird klar, daß in den beiden bipartiten Strukturen die Differenzierung der Objekte nur über die Merkmale erfolgen kann, da zwischen den Objekten keine Verbindung in Form einer gemeinsamen Verteilung existiert. Serie 1 (bipartiter Graph) scheint zu bestätigen, daß bei 'lockerer' Struktur des Netzes die gewünschte Abgrenzung zu den übrigen Objekten schwer möglich ist; erst nach 200 Beobachtungen wird ein leichter Abwärtstrend bei der Entwicklung der Wahrscheinlichkeitswerte erkennbar. Für den erweiterten 'bipartiten' Graph (Serie 3), in dem ebenfalls keine direkte Verbindung zwischen den Objekten besteht, ist gemäß der Entwicklung der Wahrscheinlichkeitswerte die Differenzierung zu erwarten.

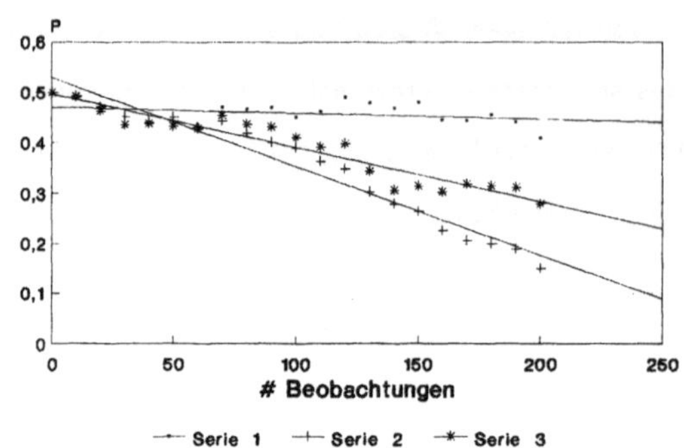

Abbildung 2: Objektabgrenzung aufgezeigt anhand der Entwicklung von $P(E_2 \mid E_1)$

Allgemein ist festzustellen, daß die Prognosewahrscheinlichkeiten für die Merkmale in allen untersuchten Strukturen bis zu den ersten 50 Beobachtungen nur wenig voneinander abweichen. Erst danach werden die Auswirkungen der Komplexität der Struktur deutlich erkennbar. Ein schwacher Trend, insbesondere bei der Objektabgrenzung (vgl. Abb.2), läßt sich nicht beliebig durch eine Erhöhung der Anzahl der Beobachtungen ausgleichen, so daß eine Anreicherung der Struktur unvermeidbar ist.

Die erforderliche Rechenzeit für eine Propagationsvorgang ist abhängig von der Anzahl und Größe der im Netz abgelegten LEGs. Der Speicherplatzbedarf für die LEGs steigt mit der Anzahl der zu speichernden Wahrscheinlichkeitswerte und damit mit der Komplexität der Struktur. Es ist ein Kompromiß für die Optimierung der beiden Größen Speicherplatz und Rechenzeit anzustreben, der durch eine dynamische Struktur gefunden werden kann. Denkbar wäre z.B., daß nach Festlegung der Bedeutung der Knoten im Netz die Gruppierung zu LEGs dynamisch erfolgt, wobei für die Auswahl der Eigenschaften Informationen aus der Folge der Beobachtungen herangezogen werden.

3 Zusammenfassung und Ausblick

Aus den hier nur beispielhaft vorgestellten Untersuchungsergebnissen zum Lernverhalten eines adaptiven Inferenzsystems bei Vorgabe starrer Abhängigkeitsstrukturen konnten wesentliche Erkenntnisse für weitere Forschungsarbeiten mit *SPIRIT* gewonnen werden. Zusammenfassend läßt sich sagen, daß durch Anreicherung der Struktur eine bessere Diskriminierung der Objekte und Merkmale erzielt werden kann. Das bestätigt die von uns geplante Vorgehensweise, Strukturen dort zu erweitern, wo Informationen aus Beobachtungen über komplexe Zusammenhänge vorliegen.

Nächstes Ziel bei der Implementierung von *SPIRIT* wird sein, die skizzierten Ideen algorithmisch umzusetzen und zu programmieren, um so das Lernverhalten des Systems zu verbessern.

Literaturverzeichnis

[DUD 1979] Duda, R.O.; Hart, P.; Konolige, K.; Reboh, R.: "A Computer-based Consultant for Mineral Exploration", Artificial Intelligence Center, SRI International, Menlo Park, CA (1979).

[JOA 1990] Jensen, F.V.; Olesen, K.G.; Andersen, S.K.: "An Algebra of Bayesian Belief Universes for Knowledge-Based Systems", Networks, 20 (1990) 637-659.

[LSP 1988] Lauritzen, S.L.; Spiegelhalter, D.J.: "Local Computations with Probabilities in Graphical Structures and their Application to Expert Systems", Journal of the Royal Statistical Society, B 50 (1988) 157-224.

[NEA 1989] Neapolitan, R.E. : "Probabilistic Reasoning in Expert Systems", (John Wiley & Sons, New York, 1989).

[PEA 1988] Pearl, J. : "Probabilistic Reasoning in Intelligent Systems: Networks of Plausible Inference", (Morgan Kaufmann, Palo Alto, CA, 1988).

[REI 1992] Reidmacher, H.-P.: "Logisches Schließen bei Unsicherheit - Inferenzen in einer probabilistischenWissensbasis bei induktiv und deduktiv erlernten Informationen", Dissertation, FernUniversität Hagen (1992).

[RÖD 1990] Rödder, W. : "Lernende EDV-Systeme zur kostenoptimalen Stichprobenprüfung", (VDI-Verlag, Düsseldorf, 1990).

[RÖD 1991] Rödder, W. : "Symmetrical, Probabilistic Reasoning in Inference Networks in Transition", The World Congress on Expert Systems, Orlando, Florida, December 16-19 (1991).

[RÖM 1992] Rödder, W.; Meyer, C.-H.: "Propagation in Inferenznetzen unter Berücksichtigung des Prinzips der minimalen relativen Entropie", Proc. DGOR Jahrestagung, Aachen, 9.-11. September (1992).

[SPL 1990] Spiegelhalter, D.J.; Lauritzen, S.L. : "Sequential Updating of Conditional Probabilities on Directed Graphical Structures", Networks, 20 (1990) 579-605.

Propagation in Inferenznetzen unter Berücksichtigung des Prinzips der minimalen relativen Entropie

Carl-Heinz Meyer und Wilhelm Rödder, Hagen

Kurzfassung In diesem Artikel wird ein Algorithmus angegeben, mit dem die Propagation in einem Inferenznetz unter Ausnutzung des Prinzips der minimalen relativen Entropie effizient durchgeführt werden kann. Hierzu wird auf ein aus der Statistik bekanntes Verfahren zurückgegriffen, das auf die hier behandelte Problemstellung modifiziert angewendet werden kann.

Abstract In this paper we present an algorithm which allows efficient updating of an arbitrary LEG-Net with respect to the principle of minimum relative entropy. We use a well known statistical method, which will be modified due to our problem definition.

1 Einleitung

Bei der Repräsentation von unsicherem Wissen in Expertensystemen haben sich Modelle, die auf der Wahrscheinlichkeitstheorie basieren, als geeignet erwiesen. Diese Modelle verwenden eine Wahrscheinlichkeitsverteilung über die zu betrachtenden Aussagen, die durch neu hinzukommende Informationen aktualisiert wird. Da der Aufwand für die Berechnung und Speicherung einer gemeinsamen Verteilung jedoch mit der Anzahl der Aussagen exponentiell wächst, ist es notwendig, eine Repräsentationsform zu wählen, in der nicht alle Wahrscheinlichkeiten benötigt werden. Diese Notwendigkeit führte zu der Entwicklung von sog. Netzwerk-Modellen, in denen anstelle einer gemeinsamen Verteilung über alle Aussagen lediglich Verteilungen über Teilmengen betrachtet werden. Diese Teilmengen zusammen mit den zugehörigen Verteilungen werden als **LEG's** (Local Event Groups) bezeichnet. Eine Menge von LEG's, die untereinander über ihre Schnittmengen verknüpft sind, heißt dann **LEG-Netz**.

Nach einigen Vorbemerkungen zur Notation und Konventionen bzgl. einer effizienten Formalisierung werden in Abschnitt 2 zunächst die Begriffe LEG-Netz, Entropie und relative Entropie kurz eingeführt (definiert). In Abschnitt 3 wird dann ein Algorithmus vorgestellt, mit dem es möglich ist, ein beliebiges LEG-Netz zu aktualisieren. Abschließend erfolgt noch ein kurzes Beispiel, um die einzelnen Schritte des Verfahrens zu verdeutlichen.

2 Notation und Definitionen

Gegenstand der nachfolgenden Ausführungen sind endliche Mengen von diskreten Zufallsvariablen mit binärem Wertebereich. Die Variablen selbst werden mit Großbuchstaben bezeichnet, (z.B. E, T, S), deren Werte mit Kleinbuchstaben. Mengen von Zufallsvariablen werden mit fetten Großbuchstaben bezeichnet (z.B. $\mathbf{E}, \mathbf{T}, \mathbf{S}$). Für Mengen über Mengen von Zufallsvariablen werden große kalligraphische Buchstaben wie z.B. $\mathcal{E}, \mathcal{T}, \mathcal{S}$ verwendet. Bei gemeinsamen Verteilungen mit Wahrscheinlichkeiten über alle Ausprägungen von Zufallsvariablen wird anstelle von $P(E_1 = \tilde{e}_1, \ldots E_n = \tilde{e}_n), \forall \tilde{e}_i \in \{e_i, \bar{e}_i\}$ kurz $p(e)$ geschrieben. Für Randverteilungen, die durch Aufsummieren (Marginalisierung) gebildet werden, wird die Schreibweise: $p(e, \cdot)$ benutzt.

Beispiel Es seien E_1, E_2, E_3 binäre Zufallsvariable mit Wertebereich $W_{E_i} = \{\bar{e}_i, e_i\}$ und es seien $V = \{E_1, E_2, E_3\}, S = \{E_1, E_2\}, T = \{E_3\}$ gegeben. Dann wird anstelle der 2^3 Gleichungen:

$$P(E_1 = \bar{e}_1, E_2 = \bar{e}_2, E_3 = \bar{e}_3) \;=\; P(E_1 = \bar{e}_1, E_2 = \bar{e}_2)P(E_3 = \bar{e}_3)$$
$$P(E_1 = \bar{e}_1, E_2 = \bar{e}_2, E_3 = e_3) \;=\; P(E_1 = \bar{e}_1, E_2 = \bar{e}_2)P(E_3 = e_3)$$
$$\vdots \qquad\qquad = \qquad\qquad \vdots$$
$$P(E_1 = e_1, E_2 = e_2, E_3 = e_3) \;=\; P(E_1 = e_1, E_2 = e_2)P(E_3 = e_3)$$

die Kurzform: $p(v) = p(s)p(t)$ verwendet.

Für die weiteren Ausführungen sind noch die Begriffe *Entropie, relative Entropie* sowie *Hypergraph* von Bedeutung. Daher folgen zunächst einige Definitionen:

Definition 2.1 *Gegeben sei eine diskrete W-Verteilung P über der Grundmenge Ω. Dann heißt*

$$H(P) = -\sum_{\omega \in \Omega} p(\omega) \log p(\omega)$$

die **Entropie** *von P*

Definition 2.2 *Gegeben seien 2 diskrete W-Verteilungen P und Q über der gleichen Grundmenge Ω. Dann heißt*

$$H(P,Q) := \sum_{\omega \in \Omega} p(\omega) \log \frac{p(\omega)}{q(\omega)}$$

die **relative Entropie** *zwischen P und Q*

Die relative Entropie besitzt einige Eigenschaften, die allgemein auch für Metriken gelten, wie z.B.: $H(P,Q) \geq 0$ und $H(P,Q) = 0 \Leftrightarrow P = Q$. Eine andere häufig benutzte Bezeichnung für $H(P,Q)$ ist daher auch *informationstheoretischer Abstand*.

Definition 2.3 *Gegeben sei eine endliche Menge V sowie eine Menge $\mathcal{E} = \{E_1, \ldots, E_m\} \subseteq \mathcal{P}(V)$. Dann heißt das Paar $H = (V, \mathcal{E})$* **Hypergraph**, *wenn die folgenden Bedingungen erfüllt sind:*

1. $E_i \neq \emptyset, \quad \forall E_i \in \mathcal{E}$

2. $\bigcup_{i=1}^{m} E_i = V$

Die Elemente von V bzw. $\mathcal{E}$ heißen dann Knoten bzw. Hyper-Kanten.
Der zu H gehörige **Verbindungs-Graph** *$C(H)$ besitzt als Knoten die Hyperkanten von H. Zwischen 2 Knoten von $C(H)$ ist genau dann eine Kante, wenn diese einen nichtleeren Schnitt besitzen.*

Ein Hypergraph ist also ein verallgemeinerter ungerichteter Graph in dem Sinne, daß eine Kante auch mehr als 2 Knoten verbinden kann. Mit Hilfe des zugehörigen Verbindungs-Graphen (vgl. [4], Anm. von Jensen) lassen sich bestimmte Struktureigenschaften von normalen Graphen, wie z.B. Bäume, Ketten etc., auf Hypergraphen übertragen. Im folgenden wird angenommen, daß die betrachteten Hypergraphen reduziert sind, d.h. keine Hyperkante ist Teilmenge einer anderen Hyperkante.

Definition 2.4 *Es sei H=$(\mathbf{V}, \mathcal{E})$ ein Hypergraph, dessen Knotenmenge $\mathbf{V} = \{E_1, \ldots, E_n\}$ aus binären Zufallsvariablen E_i besteht. Es sei über jeder Hyperkante $E \in \mathcal{E}$ von H eine gemeinsame Verteilung P_E über alle $E_i \in E$ definiert. Existiert dann eine gemeinsame Verteilung über alle Knoten, bzgl. der die P_E Randverteilungen sind, so heißt das Tripel $(\mathbf{V}, \mathcal{E}, P_{\mathcal{E}})$ LEG-Netz. Die Elemente von $\mathcal{E}$ heißen LEG's.*

Die Forderung bzgl. der Existenz einer gemeinsamen Verteilung kann nicht durch die schwächere Bedingung, daß die einzelnen LEG's konsistent auf ihren Schnittmengen sind, ersetzt werden. Es lassen sich nämlich einfache Beispiele mit konsistenten Schnittmengen konstruieren, zu denen keine gemeinsame Verteilung existiert (vgl. hierzu [5]). Weiterhin folgt aus der Existenz einer gemeinsamen Verteilung (natürlich!) nicht die Eindeutigkeit derselben. Der hier beschrittene Weg beruht darauf, unter den vielen möglichen Verteilungen diejenige zu wählen, deren Entropie maximal unter den durch das LEG-Netz gegebenen Nebenbedingungen ist. Formal ist daher die Lösung des folgenden Maximierungsproblems gesucht:

$$- \sum_{v \in \mathbf{V}} p(v) \log p(v) \to \max!$$

s.t.

$$p(e, \cdot) = p_E(e), \quad \forall E \in \mathcal{E}$$

Die Lösung $P(\mathbf{V})$ wird im weiteren die dem LEG-Netz *zugeordnete* gemeinsame Verteilung genannt. Für einen beliebigen Hypergraphen wird die Lösung normalerweise mit dem aus der Statistik bekannten Iterative-Proportional-Scaling-Verfahren (kurz IPS-Verfahren) erzeugt, für das der folgende Satz gilt: (zum Beweis siehe z.B. [2] oder [3])

Satz 2.1 *Gegeben sei ein LEG-Netz $(\mathbf{V}, \mathcal{E}, P_{\mathcal{E}})$. Dann konvergiert die nachfolgende Iteration gegen die zugeordnete Verteilung von $(\mathbf{V}, \mathcal{E}, P_{\mathcal{E}})$:*

$$p^0(v) := \frac{1}{2^{|\mathbf{V}|}}$$

Für $n=0,1,2,\ldots$:

$$
\begin{aligned}
r &:= n \bmod |\mathcal{E}| \\
p^{n+1}(v) &:= p^n(v) \frac{p(e_r)}{p^n(e_r, \cdot)}
\end{aligned}
$$

Falls der zugehörige Verbindungs-Graph eine Kette ist, kann die zugeordnete Verteilung explizit angegeben werden. Angewendet auf Ketten gilt ein Spezialfall der *Formel von Malvestuto* (zum Beweis siehe [6])

Satz 2.2 *Gegeben sei ein LEG-Netz $(\mathbf{V}, \mathcal{T}, P_{\mathcal{T}})$, mit $\mathcal{T} = \{\mathbf{T}_1, \ldots, \mathbf{T}_l\}$, dessen zugehöriger Verbindungs-Graph eine Kette ist. Dann gilt für die zugeordnete Verteilung $P(\mathbf{V})$:*

$$p(v) = \frac{\prod_{i=1}^{l} p(t_i)}{\prod_{i=1}^{l-1} p(s_i)}, \quad wobei\ \mathbf{S}_i = \mathbf{T}_i \cap \mathbf{T}_{i+1}$$

Wie bereits in der Einleitung erwähnt, kann die Hinzunahme neuer Information als Änderung der Verteilung über einer Teilmenge von Aussagen interpretiert werden. Im einfachsten Fall ist dem Benutzer der Wert von bestimmten Zufallsvariablen E mit Sicherheit bekannt und es sind die Wahrscheinlichkeitswerte der übrigen Zufallsvariablen $H := \mathbf{V} \setminus E$ gesucht. Die Prognose erfolgt dann durch einfache Berechnung der *bedingten* Verteilung $P(H|E)$. Besteht hingegen Unsicherheit über die Werte von E, so wird anstelle der bedingten Verteilung die Verteilung $P^*(\mathbf{V})$ mit dem geringsten informationstheoretischen Abstand zu $P(\mathbf{V})$ bei gegebenem $P'(E)$ gewählt (vgl. hierzu [7]).

Satz 2.3 *Mit den obigen Vor. und Bezeichnungen gelte: Es sei* $p(e, \cdot) \rightsquigarrow p'(e)$ *für eine beliebige Teilmenge* $\mathbf{E} \subseteq \mathbf{V}$ *geändert. Dann gilt für* $P^*(\mathbf{V})$:

$$p^*(\mathbf{v}) = p(\mathbf{v}) \frac{p'(\mathbf{e})}{p(\mathbf{e}, \cdot)},$$

Bemerkung 2.1 *Aus Satz 2.3 wird ersichtlich, daß das IPS-Verfahren in jedem Schritt die relative Entropie zwischen* P^n *und* P^{n+1} *minimiert. Diese Eigenschaft wird an späterer Stelle noch benötigt.*

3   Die Propagation in LEG-Netzen

Problemstellung   Es sei $(\mathbf{V}, \mathcal{E}, P_{\mathcal{E}})$ ein LEG-Netz mit zugeordneter Verteilung $P(\mathbf{V})$ und $E \subseteq \mathbf{V}$ eine beliebige Teilmenge mit einer (z.B. aus Beobachtungen, Statistiken, Schätzungen des Benutzers etc...) vorgegebenen Verteilung $P'(E)$.

Gesucht ist ein in Bezug auf $P_{\mathcal{E}}$ aktualisiertes LEG-Netz, dessen zugeordnete Verteilung $P^*(\mathbf{V})$ einen minimalen informationstheoretischen Abstand zu $P(\mathbf{V})$ besitzt.

Idee   Eine prinzipiell denkbare Vorgehensweise wäre nun, das in Satz 2.1 beschriebene Iterationsverfahren direkt auf das LEG-Netz anzuwenden und die zugeordnete Verteilung vollständig über alle Knoten zu ermitteln. Mit dieser Verteilung könnte nun entsprechend Satz 2.3 die gesuchte Verteilung P^* berechnet werden. Aus dieser ergibt sich durch Marginalisierung das neue LEG-Netz.

Bei dieser Vorgehensweise wird allerdings (zumindest vorübergehend) die gemeinsame Verteilung über *alle* Knoten verwendet. Der folgende Algorithmus vermeidet diesen Nachteil, indem anstelle der gemeinsamen Verteilung ein temporäres LEG-Netz konstruiert wird, dessen Verbindungs-Graph eine Kette ist. Diese Kette wird in der nachfolgenden Iteration sequentiell über alle LEG's aktualisiert, wobei die Grenzverteilung identisch mit der zugeordneten Verteilung von $(\mathbf{V}, \mathcal{E}, P_{\mathcal{E}})$ ist.

3.1   Propagations-Algorithmus für LEG-Netze

Es sei $C(H)$ der zu $H = (\mathbf{V}, \mathcal{E})$ gehörige Verbindungs-Graph. Zu einer Teilmenge $T \subseteq C(H)$ sei die Menge aller adjazenten Knoten, die nicht in T liegen, mit ∂T bezeichnet.

Initialisierung

1. $T_0 := E \cup \partial(E)$

2. $T_{k+1} := T_k \cup \partial T_k \setminus (\bigcup_{i<k} T_i)$

3. $S_i := T_{i-1} \cap T_i$

4. $p^0(t_k) := \dfrac{1}{2^{|T_k|}}$

Iteration

Für n=0,1,2,...:

$r := n \bmod |\mathcal{E}|$

Bestimme das zugehörige LEG $T_k(E_r)$

$$p^{n+1}(t_k) := p^n(t_k)\frac{p(e_r)}{p^n(e_r,\cdot)}$$

Für alle Nachfolger $i=k+1,\ldots,l$:

$$p'(s_i) \quad := \quad \sum_{s_i' \in T_{i-1}} p^{n+1}(s_i, s_i')$$

$$p^{n+1}(t_i) \quad := \quad p^n(t_i)\frac{p'(s_i)}{p^n(s_i,\cdot)}$$

Für alle Vorgänger: $i=k,\ldots,1$:

$$p'(s_i) \quad := \quad \sum_{s_i' \in T_i} p^{n+1}(s_i, s_i')$$

$$p^{n+1}(t_{i-1}) \quad := \quad p^n(t_{i-1})\frac{p'(s_i)}{p^n(s_i,\cdot)}$$

Aktualisierung

Es seien P_T^∞ die aus der Iteration entstandenen Grenzverteilungen. Setzt man nun:

$$p^*(t_0) := p(t_0)\frac{p'(e)}{p(e,\cdot)}$$

Für $i=1..l$:

$$p'(s_i) \quad := \quad \sum_{s_i' \in T_{i-1}} p^*(s_i, s_i')$$

$$p^*(t_i) \quad := \quad p^\infty(t_i)\frac{p'(s_i)}{p^\infty(s_i,\cdot)}$$

so erhält man durch Marginalisierung über die Hyperkanten von $(\mathbf{V}, T)$ das gesuchte LEG-Netz.

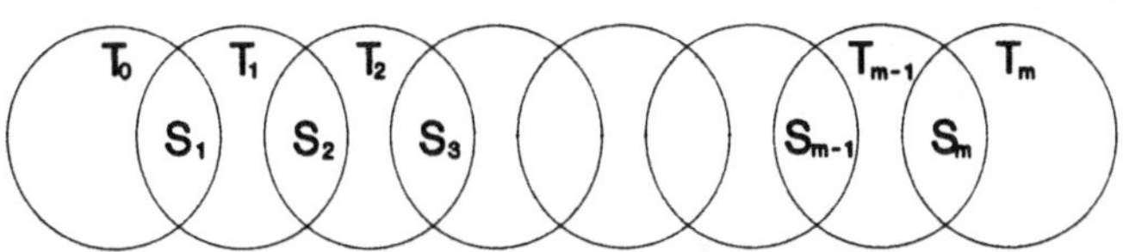

Abbildung 1:

Satz 3.1 *Mit den o.a. Bezeichnungen gilt: Das durch den Propagations-Algorithmus erzeugte LEG-Netz besitzt eine zugeordnete Verteilung $P^*(V)$ mit minimalen informationstheoretischen Abstand zu $P(V)$.*

Beweis: Die Initialisierung erzeugt ein LEG-Netz $(V, \mathcal{T}, P^0)$, dessen zugehöriger Verbindungs-Graph eine Kette ist. (siehe auch Abb. 1). Weiterhin gibt es trivialerweise zu jedem LEG $E \in \mathcal{E}$ mindestens ein T_k mit $E \subseteq T_k$, so daß die Iteration für $p^{n+1}(t_k)$ anwendbar ist.

Es wird zunächst gezeigt: Die durch das Update-Verfahren erzeugten LEG-Netze $(V, \mathcal{T}, P_{\mathcal{T}}^n)$ besitzen zugeordnete Verteilungen, die mit denen durch das IPS-Verfahren erzeugten Verteilungen identisch sind.

Für die $(V, \mathcal{T}, P_{\mathcal{T}}^{n+1})$ zugeordnete Verteilung gilt wegen Satz 2.2:

$$p^{n+1}(v) = \frac{\prod\limits_{i=0}^{m} p^{n+1}(t_i)}{\prod\limits_{i=1}^{m} p^{n+1}(s_i)}$$

Setzt man nun für $p^{n+1}(t_i)$ die entsprechenden Ausdrücke der jeweiligen Zuweisungsvorschriften ein, so ergibt sich:

$$p^{n+1}(v) = \frac{\prod\limits_{i<k}\left[p^n(t_i)\frac{p'(s_{i+1})}{p^n(s_{i+1,\cdot})}\right]\prod\limits_{i>k}\left[p^n(t_i)\frac{p'(s_i)}{p^n(s_i)}\right]p^n(t_k)\frac{p(e_r)}{p^n(e_{r,\cdot})}}{\prod\limits_{i=1}^{m} p^{n+1}(s_i)}$$

$$= \frac{\prod\limits_{i=0}^{m} p^n(t_i)}{\prod\limits_{i=1}^{m} p^n(s_i)}\ \prod\limits_{i=1}^{m}\left(\frac{p'(s_i)}{p^{n+1}(s_i)}\right)\frac{p(e_r)}{p^n(e_{r,\cdot})}$$

Da die einzelnen LEG's konsistent sind, gilt nach einer vollständigen Iteration:

$$p'(s_i) = \sum_{s_i'\in T_{i-1}} p^{n+1}(s_i, s_i') = \sum_{s_i'\in T_i} p^{n+1}(s_i, s_i') = p^{n+1}(s_i) \quad \forall i = 1\ldots m$$

Insgesamt ergibt sich daher:

$$p^{n+1}(v) = \frac{\prod\limits_{i=0}^{m} p^{n+1}(t_i)}{\prod\limits_{i=1}^{m} p^{n+1}(s_i)}\ \frac{p(e_r)}{p^n(e_{r,\cdot})}$$

$$= p^n(v)\frac{p(e_r)}{p^n(e_{r,\cdot})}$$

Bis hierhin ist gezeigt, daß die Iteration gegen ein LEG-Netz $(V, \mathcal{T}, P_{\mathcal{T}}^{\infty})$ konvergiert, dessen zugeordnete Verteilung mit $P(V)$ identisch ist. Wegen Bemerkung 2.1 kann die Verteilung mit minimalem informationstheoretischen

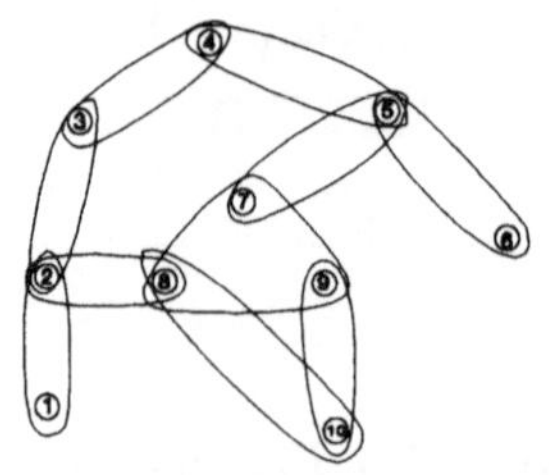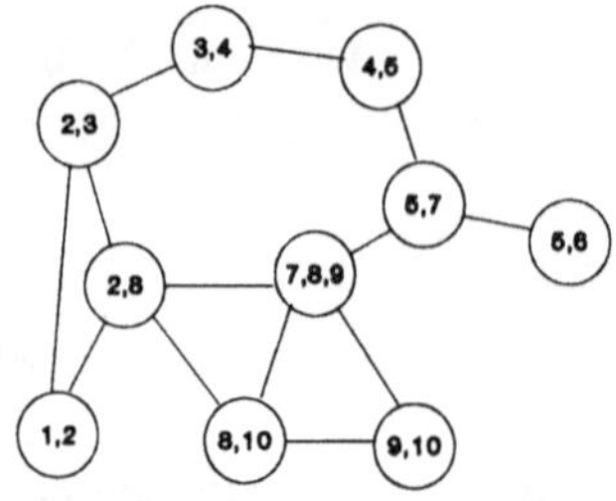

Abbildung 2:

Abstand zu $P(\mathbf{V})$ durch eine Iteration über $(\mathbf{V}, \mathcal{T}, P_{\mathcal{T}}^{\infty})$ berechnet werden. Das hieraus entstehende LEG-Netz $(\mathbf{V}, \mathcal{T}, P_{\mathcal{T}}^{*})$ besitzt dann die gesuchte zugeordnete Verteilung $P^{*}(\mathbf{V})$. ∎

3.2 Ein Beispiel

Gegeben sei das in Abb. 2 dargestellte LEG-Netz mit zugehörigem Verbindungs-Graphen. Es sei $E = \{E_1, E_{10}\}$, d.h. der Benutzer hat Informationen in Form einer Verteilung über die Knoten 1 und 10.

Initialisierung $T_0 = \{1,2,8,9,10\}$ $T_1 = \{2,3,7,8,9\}$ $T_2 = \{3,4,5,7\}$ $T_3 = \{4,5,6\}$
$\Rightarrow S_1 = \{2,8,9\}$ $S_2 = \{3,7\}$ $S_3 = \{4,5\}$ $p^0(t_0) = \frac{1}{32}$ $p^0(t_1) = \frac{1}{32}$ $p^0(t_2) = \frac{1}{16}$ $p^0(t_3) = \frac{1}{8}$

Iteration Betrachtet wird die $n+1$.te Iteration für T_2:

$$
\begin{aligned}
p^{n+1}(\bar{e}_3, \bar{e}_4, \bar{e}_5, \bar{e}_7) &= p^n(\bar{e}_3, \bar{e}_4, \bar{e}_5, \bar{e}_7) \frac{p(\bar{e}_3, \bar{e}_4)}{p^n(\bar{e}_3, \bar{e}_4, \cdot)} \\
p^{n+1}(\bar{e}_3, \bar{e}_4, \bar{e}_5, e_7) &= p^n(\bar{e}_3, \bar{e}_4, \bar{e}_5, e_7) \frac{p(\bar{e}_3, \bar{e}_4)}{p^n(\bar{e}_3, \bar{e}_4, \cdot)} \\
\vdots \quad &= \quad \vdots \\
p^{n+1}(e_3, e_4, e_5, e_7) &= p^n(e_3, e_4, e_5, e_7) \frac{p(e_3, e_4)}{p^n(e_3, e_4, \cdot)}
\end{aligned}
$$

Für den Nachfolger T_3:

$$
\begin{aligned}
p'(e_5) &= p^{n+1}(\bar{e}_3, \bar{e}_4, e_5, \bar{e}_7) + p^{n+1}(\bar{e}_3, \bar{e}_4, e_5, e_7) + \ldots + p^{n+1}(e_3, e_4, e_5, e_7) \\
p'(\bar{e}_5) &= p^{n+1}(\bar{e}_3, \bar{e}_4, \bar{e}_5, \bar{e}_7) + p^{n+1}(\bar{e}_3, \bar{e}_4, \bar{e}_5, e_7) + \ldots + p^{n+1}(e_3, e_4, \bar{e}_5, e_7)
\end{aligned}
$$

$$
\begin{array}{ll}
p^{n+1}(\bar{e}_5, \bar{e}_6) = p^n(\bar{e}_5, \bar{e}_6) \dfrac{p'(\bar{e}_5)}{p^n(\bar{e}_5, \cdot)} & \qquad p^{n+1}(\bar{e}_5, e_6) = p^n(\bar{e}_5, e_6) \dfrac{p'(\bar{e}_5)}{p^n(\bar{e}_5, \cdot)} \\[2ex]
p^{n+1}(e_5, \bar{e}_6) = p^n(e_5, \bar{e}_6) \dfrac{p'(e_5)}{p^n(e_5, \cdot)} & \qquad p^{n+1}(e_5, e_6) = p^n(e_5, e_6) \dfrac{p'(e_5)}{p^n(e_5, \cdot)}
\end{array}
$$

Für die Vorgänger T_1 und T_0: wie oben mit den entsprechenden $P_{T_1}(T_1)$ bzw. $P_{T_0}(T_0)$.

Aktualisierung Entspricht einer Iteration wie oben mit T_0 und $P(E)$.

4 Zusammmenfassung

Anhand des obigen Beispiels ist ersichtlich, daß zum Berechnen von $P^*(\mathbf{V})$ anstelle einer gemeinsamen Verteilung über 10 Knoten lediglich Verteilungen über maximal 5 Knoten benötigt werden. Im konkreten Fall ist die tatsächliche Verminderung des Rechen- und Speicherbedarfs natürlich vom Vernetzungsgrad und der Größe der LEG's abhängig.

Das hier vorgestellte Verfahren kann auch als grundsätzliches Prinzip verstanden werden. Anstelle einer Verbindungs-Kette wäre auch allgemeiner ein sog. *Verbindungs-Baum* als temporäres LEG-Netz denkbar (vgl. auch [1]). Ob es sich lohnt, die hieraus resultierende aufwendigere Initialisierung in Kauf zu nehmen, hängt vom konkret vorgegebenen LEG-Netz und nicht zuletzt von der verwendeten Hardware ab.

Literatur

[1] Goldman, S.A.; Rivest, R.L. *A Non-iterative Maximum Entropy Algorithm*, in: *Uncertainty in Artificial Intelligence 2*, North-Holland, p133-48, 1988

[2] Ireland, C.T.; Kullback, S. *Contingency tables with given marginals* in: *Biometrika*, 55, 1,pp. 179-88, 1968

[3] Lauritzen, S.L. *Lectures on Contingency Tables* 2nd ed. Aalborg University Press, 1982

[4] Lauritzen, S.L.; Spiegelhalter, D.J. *Local computations with probabilities on graphical structures and their applications to expert systems*, in: *Readings in Uncertain Reasoning*, Morgan Kaufmann Publishers, Inc, 1990

[5] Lemmer, J.F; Barth, S.W.; *Generalized Bayesian Updating of incompletely specified distributions*, in: *Large Scale Systems* 5, pp. 51-68, 1983

[6] Malvestuto, F.M. *Decomposing complex contingency tables to reduce storage requirements*, in *Proc., 3rd Intern. Workshop on Scientific and Statistical Database Management*, pp. 66-71, 1986

[7] Shore, J.E.; Johnson, R.W. *Axiomatic Derivation of the Principle of Maximum Entropy and the Principle of Minimum Cross Entropy*, in: *IEEE Trans. Inform. Theory* IT-26, 1, pp. 26-37, 1980

Einsatz von OR-Methoden und Methoden der Wissensverarbeitung in angewandten Projekten am FAW

F. J. Radermacher

FAW Ulm

Postfach 20 60, D - 7900 Ulm

Der Vortrag geht auf verschiedene angewandte Projekte am FAW ein und beschreibt dabei das spezifische Zusammenspiel von eingesetzten Methoden aus den Bereichen Operations Research und wissensbasierte Systeme. Das betrifft im einzelnen

*   das Projekt **GENOA**, das eine durchgängige Architektur vom CAD-Bereich über die Arbeitsplanung bis zur Werkstattsteuerung und NC-Programmierung zum Gegenstand hat und unter anderem auf Methoden zur Lösung von Travelling-Salesman-Problemen zurückgreift;

*   das Projekt **OSIM**, in dem die objektorientierte Berkeley Simulation Library genutzt wird und eine Kopplung von Methoden der objektorientierten Programmierung mit solchen der linearen Optimierung und Graphentheorie erfolgt, und zwar für Analyse-Aufgaben in Fertigungsprozessen. Auf eine laufende Zusammenarbeit mit einem großen Halbzeug-Hersteller wird eingegangen.

*   das Projekt **ZEUS**, in dessen Rahmen eine Methodik zur Elizitierung mehrdimensionaler Präferenzstrukturen entwickelt wurde (FAW Preference Elicitation Tool). Anwendungen betreffen den Bereich der Grundwassermeßnetzplanung in Baden-Württemberg;

*   das Projekt **MIDA**, das auf eine allgemeine Systemarchitektur, inklusive Software-Engineering-Methoden und zentraler Verwaltungskomponente zielt, mit deren Hilfe modellgetrieben Algorithmen auf Daten und Datenbanken angewandt werden. Konkrete Anwendungen erfolgen im Bereich des Scheduling wie der Unternehmenskommunikation (letzteres im Projekt "KIWI 2000", dem größten Verbundprojekt des Landes Baden-Württemberg).

Probabilistische Repräsentation logischer Abhängigkeiten und ihre Relevanz in Expertensystemen

Heinz Peter Reidmacher, Hagen

Zusammenfassung: Zur Repräsentation unsicheren Wissens im Rahmen von Expertensystemen eignen sich insbesondere probabilistische Darstellungsformen wie Bayes-, Markov- und LEG-Netze. Da hierbei der Benutzer sowohl bei der Eingabe einer Anfrage als auch bei der Auswertung eines Prognoseergebnisses mit einer gemeinsamen Verteilung konfrontiert ist, ist eine Transformation von der probabilistischen Repräsentation in eine für den Benutzer verständliche Darstellung notwendig. In diesem Artikel wird ein Zusammenhang zwischen der probabilistischen und logikorientierten Repräsentation von Abhängigkeiten dargestellt sowie exemplarisch auf Anwendungsmöglichkeiten in Expertensystemen hingewiesen.

Abstract: Probabilistic representations as Bayes-, Markov-, and LEG-nets are suitable to represent uncertain knowledge. The disadvantage of such formalisms is that the user is confronted with the joint distribution as well by specifing the premise as by analysing the calculated conclusion. Therefore a transformation of the probabilistic into a more handsome logic representation is necessary. In this article a theoretical connection between probabilistic and logic-oriented representation is derived. We refer to some possible applications in expert systems.

1 Einleitung und Problemstellung

Ein bedeutender Schwerpunkt der Künstlichen Intelligenz sind inzwischen Expertensysteme zur Darstellung unsicherer Abhängigkeiten zwischen Aussagen geworden. Erfahrungen mit den quasi-probabilistischen Systemen wie Prospektor und Mycin haben jedoch gezeigt, daß die alleinige Berücksichtigung von paarweisen Abhängigkeiten nicht ausreicht, um beliebige Zusammenhänge abzubilden /7/. Auf der anderen Seite werden schon seit mehreren Jahren logikbasierte Systeme (z.B. Prolog) eingesetzt, um deduktiv Schlußfolgerungen auf der Basis sicherer Informationen durchzuführen.

Erst in letzter Zeit richtete sich das Forschungsinteresse auch auf wissensbasierte Systeme, die, konzipiert für die Repräsentation unsicheren Wissens, auch in der Lage sind, logische Abhängigkeiten darzustellen. Es bildete sich das Forschungsgebiet der unsicheren Logik, auf dem sehr viele Ansätze wie die possibilistische Logik von Dubois und Prade, die Theorie der Belief-Funktionen von Dempster-Shafer sowie die Defaultlogik und die Zirkumskription zu verzeichnen sind. Einen bedeutenden theoretischen Beitrag lieferte Nilsson, der die Prädikatenlogik erster Ordnung durch die Einführung von Wahrscheinlichkeitsverteilungen über logische Aussagen auf die Berücksichtigung von Unsicherheiten erweitert /5/. Gerade die nicht-monotonen Schlußfolgerungsmechanismen sind jedoch vielmehr als Theorien zur formal-logischen Erklärung unsicherer, logischer Abhängigkeiten und darauf aufbauender Inferenzen anzusehen; als Grundlage praktisch anwendbarer Methoden, die eine effiziente Schlußfolgerung bei unsicherem Wissen erlauben, sind sie nicht zu werten /13/.

Aus diesem Grund hat sich wohl in den praktisch eingesetzten Expertensystemen eine konsequente Behandlung logischer Abhängigkeiten bisher noch nicht durchgesetzt, obwohl dadurch nicht nur die Qualität von Prognoseergebnissen wesentlich verbessert, sondern auch nützliche Informationen zur Steuerung des Dialogs zwischen Benutzer und System erhalten werden könnten.

Will man logische Abhängigkeiten über mehrere Aussagen repräsentieren und bei der Schlußfolgerung berücksichtigen, so ist eine reiche Informationsstruktur notwendig /8/. Schon lange ist die gemeinsame Verteilung (g.V.) über eine Menge von Aussagen als Repräsentationsform bekannt, mit der beliebige Abhängigkeiten dargestellt werden können /2/. Aufgrund des immensen Umfangs der g.V. (bei n Aussagen sind 2^n Wahrscheinlichkeiten abzuspeichern) wurden Konzepte entwickelt, die die Wissensverarbeitung auf einer unvollständig abgespeicherten g.V. erlauben. Bekannte Ansätze in diesem Bereich sind die Bayes-Netze, Markov-Netze sowie die LEG-Netze /4/, /10/, /6/. Gemeinsam ist ihnen, daß zwischen genau den Aussagemengen, über die starke Abhängigkeiten vermutet werden, Randverteilungen repräsentiert werden.

Trotz der mathematischen Vorteile, die eine probabilistische Wissensrepräsentation bietet, sind einerseits die Notwendigkeit, bei der Anfrage die g.V. über die Menge der Evidenzen spezifizieren zu müssen als auch die Analyse der Randverteilung über die Menge der Hypothesen Ansprüche an den Benutzer, die ihn überfordern.

Dieses Problem muß an der Schnittstelle zwischen Benutzer und System, also in der Dialogkomponente gelöst werden. Wünschenswert wäre einerseits die Formulierung eines Prognoseergebnisses über mehrere Hypothesen in Form von logischen Ausdrücken wie 'die Hypothese H_1 ist zu 80% wahr, wenn sie wahr ist, so ist auf jeden Fall die Hypothese H_2 falsch'. Andererseits ist die Spezifizierung einer Prämisse durch die Angabe logischer Regeln für den Anwender wesentlich einfacher. Vom System ist dann eine g.V. zu ermitteln, die genau die eingegebenen Abhängigkeiten widerspiegelt.

Ziel dieses Artikels ist es daher, einen Zusammenhang zwischen einer probabilistischen und einer logikorientierten Darstellung von Abhängigkeiten herzustellen.

2 Probabilistische Wissensverarbeitung auf der Basis von gemeinsamen Verteilungen

Aussagen $E_1, \ldots, E_n$ bezeichnen wir mit Großbuchstaben; $\dot{e}_i \in \{e_i, \bar{e}_i\}$ kennzeichnet die möglichen *Ausprägungen* (*Ereignisse*) e_i und $\bar{e}_i$ (die Aussage E_i ist wahr / falsch). Das Ereignis 'die Aussage E_1 ist wahr **und** E_2 ist falsch' bezeichnen wir mit $e_1 \bar{e}_2 := \{e_1\} \cap \{\bar{e}_2\}$; $\Omega = \{e_i\} \cup \{\bar{e}_i\}$ sei das *sichere Ereignis*. Betrachtet man die Grundaussagen $E := \{E_1, \ldots, E_n\}$ als Zufallsvariable und unterstellt die

Kenntnis der Wahrscheinlichkeiten über alle *Elementarereignisse*

$$\varepsilon \in \mathcal{D}(E) := \{\varepsilon = \dot{e}_1\dot{e}_2\ldots\dot{e}_n \mid \dot{e}_i \in \{e_i, \bar{e}_i\}\},$$

so wird dadurch eine gemeinsame Wahrscheinlichkeitsverteilung auf $\bigotimes_{i=1}^{n} E_i$ induziert, die wir mit $P(E)$ bezeichnen /1/. Diese Repräsentation der g.V. durch alle Wahrscheinlichkeiten $p(\varepsilon)$ wird *Kontingenztafel* genannt /3/ und besteht für drei Aussagen E_1, E_2 und E_3 aus 8 Wahrscheinlichkeiten:

		e_1		$\bar{e}_1$	
e_2		$p(e_1e_2e_3)$	$p(e_1e_2\bar{e}_3)$	$p(\bar{e}_1e_2\bar{e}_3)$	$p(\bar{e}_1e_2e_3)$
$\bar{e}_2$		$p(e_1\bar{e}_2e_3)$	$p(e_1\bar{e}_2\bar{e}_3)$	$p(\bar{e}_1\bar{e}_2\bar{e}_3)$	$p(\bar{e}_1\bar{e}_2e_3)$
		e_3	$\bar{e}_3$		e_3

Die Menge aller möglichen Ereignisse ist die Potenzmenge über alle Elementarereignisse, die wir mit $\mathcal{A}(E)$ bezeichnen; die Wahrscheinlichkeit eines beliebigen Ereignisses $e \in \mathcal{A}(E)$ ist dann definiert durch

$$p(e) := \sum_{\varepsilon \subseteq e} p(\varepsilon).$$

Bekanntlich lassen sich Prognosen auf die Berechnung von bedingten Wahrscheinlichkeiten zurückführen. Bei unsicherer Information in Form einer Randverteilung $X(R)$ $(R \subset E)$ über die Menge der Evidenzen $R = \{R_1, \ldots, R_m\}$ besteht die Prognosewahrscheinlichkeit der Hypothese H aus eine Linearkombination von bedingten Wahrscheinlichkeiten /11/:

$$p(h \mid X(R)) = \sum_{r_i \in \mathcal{D}(R)} x(r_i) \cdot p(h \mid r_i) \tag{1}$$

Bei mehreren Hypothesen $H := \{H_1, \ldots, H_m\}$ ist diese Aktualisierungsformel für alle $h \in \mathcal{D}(H)$ durchführbar, so daß letztlich eine bedingte Randverteilung $P'(H)$ über die Menge der Hypothesen berechnet werden kann, die das Prognoseergebnis bildet. Die Idee, ausgehend von einer (beobachteten) Randverteilung über die Menge der Evidenzen die g.V. über die Menge der Hypothesen zu berechnen, ist charakteristisch für die oben erwähnten probabilistischen Ansätze.

Das Problem, eine g.V. so zu modifizieren, daß sie vorgegebene logische Abhängigkeiten repräsentiert, wird in den nächsten beiden Kapitel behandelt.

3 Probabilistische Darstellung logischer Regeln

Definiert zu man einer Aussage E ein Prädikat $E(x)$ mit der semantischen Bedeutung 'die Aussage E ist bei Instantiierung durch das Objekt x wahr', d.h. $E(x)$ ist genau dann wahr, wenn das Objekt x die Eigenschaft E besitzt, so lassen sich unmittelbar folgende Zusammenhänge ableiten:

$$\begin{aligned} p(e) = 1 &\iff \forall x \ \ E(x) \iff \not\exists x \ \ \overline{E}(x) \\ p(\bar{e}) = 1 &\iff \forall x \ \ \overline{E}(x) \iff \not\exists x \ \ E(x) \end{aligned} \tag{2}$$

Mit (2) folgt direkt

$$p(e \cap f) = 1 \iff \quad \forall x \quad E(x) \wedge F(x) \quad \text{und} \quad p(e \cup f) = 1 \iff \quad \forall x \quad E(x) \vee F(x) \tag{3}$$

und daraus läßt sich auch der Zusammenhang

$$\begin{aligned} \forall x \quad E(x) \longrightarrow F(x) &\iff \quad \forall x \quad \overline{E}(x) \vee F(x) \\ &\iff \quad p(\bar{e} \cup f) = 1 \iff p(e\bar{f}) = 0 \iff e \subset f \end{aligned} \tag{4}$$

ableiten. Folglich gilt für jede g.V. über die Aussagen E und F

$$p(e\bar{f}) = 0 \iff \quad \forall x \quad E(x) \rightarrow F(x).$$

Das folgende Lemma führt diesen Gedankengang auf komplexere Regeln weiter:

Lemma 3.1 *Sei $P(E)$ eine g.V. über eine Menge von Grundaussagen $E = \{E_1, \ldots, E_n\}$. Seien f_j, $g_k \in \mathcal{A}(E)$, $(j \in J, k \in K; J, K \subset \mathbb{N})$ und $F_j(x)$ und $G_k(x)$ die korrespondierenden Prädikate, dann wird die Regel*

$$\forall x \quad \bigwedge_{j \in J} F_j(x) \rightarrow \bigvee_{k \in K} G_k(x) \tag{5}$$

genau dann durch die g.V. $P(E)$ repräsentiert, wenn die Wahrscheinlichkeit des Ereignisses $\bar{r} := \bigcap_{j,k} f_j \bar{g}_k \in \mathcal{A}(E)$ gleich 0 ist.

Beweis:

$$\begin{aligned} \bigwedge_j F_j \rightarrow \bigvee_k G_k &\iff \overline{(\bigwedge_j F_j)} \vee (\bigvee_k G_k) \iff \overline{(\bigwedge_j F_j) \wedge \overline{(\bigvee_k G_k)}} \\ &\iff \overline{(\bigwedge_j F_j) \wedge (\bigwedge_k \overline{G_k})} \iff \overline{\bigwedge_{j,k} F_j \overline{G_k}} \end{aligned}$$

Der logische Ausdruck $\overline{\bigwedge_{j,k} F_j \overline{G_k}}$ ist genau dann wahr, wenn

$$p(\Omega \setminus \bigcap_{j,k} f_j \bar{g}_k) = 1 \quad \text{bzw.} \quad p(\bigcap_{j,k} f_j \bar{g}_k) = 0$$

ist (wegen (2) und (3)). ∎

Wie der Leser leicht verifiziert, läßt sich jede beliebige logische Abhängigkeit durch mehrere Regeln der Form (5) ausdrücken (siehe auch /9/). Im nächsten Kapitel wird explizit die Aktualisierung einer g.V. bei Eingabe einer Regel hergeleitet.

4 Eingabe logischer Regeln

Um eine Regel in eine bereits vorliegende g.V. $P(E)$ zu integrieren, sollten über die in Lemma 3.1 hergeleitete Bedingung hinaus auch die bereits in $P(E)$ abgelegten Abhängigkeiten zwischen den betrachteten

<table>
<tr><td colspan="5">a)   Verteilung $P(\boldsymbol{E})$</td></tr>
<tr><td></td><td colspan="2">e</td><td colspan="2">$\bar{e}$</td></tr>
<tr><td>f</td><td>0.04</td><td>0.11</td><td>0.20</td><td>0.08</td></tr>
<tr><td>$\bar{f}$</td><td>0.24</td><td>0.16</td><td>0.08</td><td>0.09</td></tr>
<tr><td></td><td>h</td><td>$\bar{h}$</td><td colspan="2">h</td></tr>
</table>

<table>
<tr><td colspan="5">b) $P(\boldsymbol{E})$ mit Regel (8)</td></tr>
<tr><td></td><td colspan="2">e</td><td colspan="2">$\bar{e}$</td></tr>
<tr><td>f</td><td>0.05</td><td>0</td><td>0.25</td><td>0.1</td></tr>
<tr><td>$\bar{f}$</td><td>0.3</td><td>0.2</td><td>0.1</td><td>0</td></tr>
<tr><td></td><td>h</td><td>$\bar{h}$</td><td colspan="2">h</td></tr>
</table>

Tabelle 1: Veränderung einer gemeinsamen Verteilung bei Eingabe von zwei Regeln

Aussagen möglichst beibehalten werden. Dieses Ziel wird gewöhnlich durch die Minimierung des informationstheoretischen Abstands der ursprünglichen und der gesuchten g.V. $P'(\boldsymbol{E})$ erreicht:

$$\text{Minimiere} \quad \mathcal{H}(P(\boldsymbol{E}), P'(\boldsymbol{E})) \quad \text{so daß} \quad p'(\bar{r}) = 0 \tag{6}$$

$\bar{r} \in \mathcal{A}(\boldsymbol{E})$ bezeichnet hierbei das aus Lemma 3.1 hergeleitete unmögliche Ereignis zu einer vorgegebenen Regel und $\mathcal{H}$ die relative Entropie /14/. In /12/ wurde nachgewiesen, daß folgende Transformationsvorschrift das Problem (6) löst, falls die eingegebene Regel dem schon vorhandenen Wissen nicht widerspricht:

$$\begin{aligned} p'(\varepsilon) &= 0 & \forall\, \varepsilon \subset \bar{r} & \\ p'(\varepsilon) &= \frac{p(\varepsilon)}{p(r)} & \forall\, \varepsilon \subset r & \end{aligned} \qquad \varepsilon \in \mathcal{D}(\boldsymbol{E}) \tag{7}$$

Beispiel 4.1 :   Wir betrachten eine g.V. über die beiden Symptome E und F, die maßgebend für die Diagnose einer Krankheit H sind (Tabelle 1a)). Dem Experten seien folgende Zusammenhänge zwischen diesen drei Aussagen bekannt:

- Werden beide Symptome E und F beobachtet, so liegt auf jeden Fall die Krankheit H vor.

- Liegt die Krankheit H, aber nicht das Symptom E vor, so muß das Symptom F aufgetreten sein.

Aus den beiden Regeln

$$\forall\, x \quad E(x) \wedge F(x) \to H(x) \quad \text{und} \quad \bar{E}(x) \wedge H(x) \to F(x) \tag{8}$$

lassen sich die unmöglichen Ereignisse $\bar{r}_1 = ef\bar{h}$ und $\bar{r}_2 = \bar{e}\bar{f}h$ ableiten. Aktualisiert man die gegebene g.V. mit dem unmöglichen Ereignis $\bar{r} := \bar{r}_1 \cup \bar{r}_2$ nach Vorschrift (7), so erhält man die in Tabelle 1b) angegebene g.V., die einerseits die Regeln (8) als auch weitgehend die in $P(\boldsymbol{E})$ bereits vorgegebenen Informationen repräsentiert.

Die Eingabe von Regeln ist einerseits im Rahmen der Wissensakquisition ein Mittel, um deduktiv lernen zu können, andererseits ist dadurch die Spezifizierung der g.V. über die Evidenzenmenge bei einer Prognose möglich. $\diamond$

5 Notwendige und Hinreichende Bedingungen für die Hypothese

Zu einer Menge von Evidenzen $E_1, \ldots, E_n$ seien die Elementarereignisse ε_i für $i = 1, .., 2^n$ durchnumeriert. Für die Hypothese H definieren wir

$$I^+(h) := \{i \in \{1, .., 2^n\} \mid p(h \mid \varepsilon_i) = 1\} \quad \text{und} \quad I^-(h) := \{i \in \{1, .., 2^n\} \mid p(h \mid \varepsilon_i) = 0\}.$$

$$\begin{array}{llll}
\text{Offensichtlich gilt:} & p(h \mid \varepsilon_i) = 1 \;\; \forall i \in I^+ \Longrightarrow & p(\varepsilon_i \bar{h}) = 0 \;\; \forall i \in I^+ \\
\Longrightarrow & p(\bigcup_{i \in I^+} \varepsilon_i \bar{h}) = 0 & \Longrightarrow \bigcup_{i \in I^+} \varepsilon_i \subset h & (9) \\
\text{Andererseits gilt:} & p(h \mid \varepsilon_i) = 0 \;\; \forall i \in I^- \Longrightarrow & h \subset \bigcup_{i \notin I^-} \varepsilon_i
\end{array}$$

Aus diesen Gleichungen lassen sich analog zu (4) logische Implikationen über die zugehörigen Prädikate ableiten und damit auch unmittelbar notwendige und hinreichende Bedingungen für die Hypothese ermitteln.

Für den Benutzer bedeutet diese Möglichkeit, daß er das Ziel der Falsifizierung oder Verifizierung einer Hypothese schon dann erreicht, wenn er den entsprechenden logischen Ausdruck, der für $\bar{h}$ bzw. h hinreichend ist, bestätigen kann. Dies ist beispielsweise bei medizinischen Anwendungen sinnvoll, bei denen eine Krankheit falsifiziert werden soll. In dem oben eingeführten Beispiel wurde nach der Aktualisierung mittels Vorschrift (7) eine g.V. erhalten (siehe Tabelle 1b)), die folgende bedingten Wahrscheinlichkeiten repräsentiert:

$$\begin{pmatrix} p(h \mid \bar{e}, \bar{f}) \\ p(h \mid e, \bar{f}) \\ p(h \mid \bar{e}, f) \\ p(h \mid e, f) \end{pmatrix} = \begin{pmatrix} 0 \\ 0.6 \\ 0.\bar{3} \\ 1 \end{pmatrix}$$

Mit (9) erhält man folgende notwendigen und hinreichenden Bedingungen für die Hypothese H:

$$\forall x \quad E(x) \wedge F(x) \longrightarrow H(x) \longrightarrow E(x) \vee F(x)$$

Zur Verifizierung der Hypothese ist lediglich der Wahrheitsgehalt von $E(x) \wedge F(x)$ von Bedeutung; wird die Frage, ob $E(x) \vee F(x)$ wahr ist, verneint, so ist die Hypothese bereits falsifiziert.

6 Zusammenfassung und Ausblick

Die gemeinsame Verteilung als Grundelement einer Wissensbasis bietet dem Anwender die Möglichkeit, komplexe Abhängigkeiten über eine Menge von Evidenzen anzugeben sowie logische Abhängigkeiten über die prognostizierten Hypothesen zu erkennen. Die dargestellten Zusammenhänge zwischen einer probabilistischen und einer logikbasierten Darstellung von Zusammenhängen zeigt, daß die Transformation logischer

Regeln in die probabilistische Repräsentation und vice versa von einer Dialogkomponente selbständig durchgeführt werden können. Der Benutzer ist dadurch nicht mehr mit der, zwar theoretisch wertvollen, aber für ihn schwer verständlichen g.V. konfrontiert. Die in dieser Arbeit aufgeführten Zusammenhänge lassen sich auch auf unsichere Abhängigkeiten erweitern, wobei die logische Implikation auf bedingte Wahrscheinlichkeiten zurückgeführt wird und die Ermittlung der gewünschten g.V. entropieoptimal erfolgt. Ein neuer Aspekt besteht in der Ermittlung von notwendigen und hinreichenden Bedingungen für die Hypothese. Dadurch kann die Prognose einer vorgegebenen Hypothese effizient gestaltet werden, indem vom Benutzer gezielt Informationen erfragt werden. Auch bei dieser Anwendung ist die Berücksichtigung unsicherer Abhängigkeiten denkbar, diese sind jedoch Teil derzeitiger Forschungsarbeiten.

Literaturverzeichnis

/1/ Bauer, H.:" Wahrscheinlichkeitstheorie",   *Walter de Gruyter, Berlin, New York (1991)*

/2/ Duda, R.O.; Hart, P.; Konolige, K.; Reboh, R.:" A Computer-based Consultant for Mineral Exploration",   *Artificial Intelligence Center, SRI International, Menlo Park, CA, September (1979)*

/3/ Lauritzen, S.L.:" Lectures on Contingency Tables",   *Aalberg University Press (1982)*

/4/ Lauritzen, S.L.; Spiegelhalter, D.J.:" Local Computation with Probabilities in Graphical Structures and Their Applications to Expert Systems",   *Journal of the Royal Statistical Society B (1988),* Vol. 50, No.2

/5/ Nilsson, N.J.:" Probabilistic Logic",   *Artificial Intelligence (1986),* Vol.28(1), pp. 71-87

/6/ Pearl, J.:" Probabilistic Reasoning in Intelligent Systems",   *Morgan Kaufmann, San Mateo, California (1988)*

/7/ Pednault, E.P.D.; Zucker; S.W.; Muresan, L.V.:" On the Independence Assumption underlying Subjective Bayesian Updating",   *Artificial Intelligence (1981),* Vol. 16, pp.213-222

/8/ Reidmacher, H.P.; Kulmann, F,; Rödder, W.:" Die Behandlung aller logischen Abhängigkeiten in lernenden Inferenznetzwerken",   *Proceedings DGOR, ÖGOR, GMÖOR, SVOR, Wien (1990)*

/9/ Reidmacher, H.P.:" Logisches Schließen bei Unsicherheit - Inferenzen in einer probabilistischen Wissensbasis bei induktiv und deduktiv erlernten Informationen",   *unveröffentliche Dissertation am FB Wiwi, FeU Hagen (1992)*

/10/ Rödder, W.; Kulmann, F.:" Propagation in Arbitrary Networks",   *Diskussionsbeitrag an FeU Hagen (1991)* Nr. 178

/11/ Rödder, W.; Reidmacher, H.P.:" Learning and Reasoning in Cliques",   *Diskussionsbeitrag an FeU Hagen (1992)* Nr. 177

/12/ Rödder, W., Xu, Lunggui:" Intensionale Darstellung logischer Funktionen über Evidenzen- und Hypothesenmenge",   *Vortrag auf der DGOR Tagung, Aachen, (1992)*

/13/ Sombé, L.:" Schließen bei unsicherem Wissen in der Künstlichen Intelligenz",   *Vieweg Verlag, Braunschweig, Wiesbaden (1992)*

/14/ Shore, J.E.:" Relative Entropy, Probabilistic Inference, and AI",   *in: Kanal et al.: Uncertainty in AI, North-Holland, Amsterdam (1986),* pp.211-215

SPIRIT

Die Behandlung logischer Funktionen in einer probabilistischen Wissensbasis

W. Rödder, Xu Longgui
Fachbereich Wirtschaftswissenschaft, FernUniversität Hagen
Postfach 940, D-5800 Hagen

Kurzfassung: Eine CEG-Complete Event Group ist eine Menge von diskreten Ereignisvariablen mit einer gemeinsamen Wahrscheinlichkeitsverteilung; sie dient in der KI zur Repräsentation unsicheren Wissens. Der Abgleich der Gesamtverteilung bei mimaler relativer Entropie nach Änderung einer oder mehrerer Randverteilungen ist in der W(ahrscheinlichkeits)-Theorie eine bekannte Aufgabe; in einer probabilistischen Wissensbasis wird dieser Vorgang zur Informationseingabe und Prognose verwendet. Die Änderung der Randverteilung ihrerseits wird in der vorliegenden Arbeit so durchgeführt, daß sie einer logischen Funktion über einer evidenten Ereignismenge entspricht. Ebenfalls wird aufgezeigt, wie die Randverteilung auf Hypothesen als logische Funktion interpretierbar ist.

Abstract: A Complete Event Group (CEG) is a set of event variables with a joint probability distribution, representing uncertainty in a knowledge base in the field of AI. In statistics it is a familiar task to calculate the joint distribution at minimal directed divergence according to modified marginals. The modification of marginals here is that of handling a logical function on evident facts. Furthermore a logical interpretation of hypothetical events is given.

1. Einleitung

LEG-Netze (Local Event Group Networks) sind eine Form probabilistischer Wissensrepräsentation über einer Menge von diskreten Ereignisvariablen mittels Hypergraphen. Die Knoten der Hypergraphen stellen Teilmengen von Ereignisvariablen mit (local) Randverteilungen einer zwar unbekannten, aber als existent vorausgesetzten Gesamtverteilung über allen Ereignissen dar; vgl. [3], [4].

Werden nun gewisse Ereignisse 'evident', kann man - eine gewisse Struktur des Hypergraphen vorausgesetzt - die Wahrscheinlichkeit von Hypothesen unter der Bedingung eben dieser evidenten Fakten errechnen. In dieser Arbeit beschränken wir uns auf den Spezialfall einer Complete Event Group (CEG), bei der die gemeinsame Verteilung über allen Ereignissen bekannt ist. RÖDDER, REIDMACHER [10] und RÖDDER [8] zeigen, wie eine solche CEG durch Eingabe beobachteter realer Zusammenhänge zwischen Ereignissen (direktes Lernen) und einem entropie-optimalen Abgleich (indirektes Lernen) mit Informationen gefüttert und zur Beantwortung von hypothetischen Fragen bei evidenten Tatsachen genutzt werden kann. Wie diese Ideen auf LEG-Netze verallgemeinbar sind, findet der Leser in [9], [10].

Das Konzept, in LEG-Netzen zu lernen und zu propagieren, nennen wir SPIRIT. SPIRIT bedeutet Symmetrical Probabilistic Intensional Reasoning in Inference Networks in Transition. Eine Erläuterung der Begriffe erfolgt in der oben angegebenen Literatur, sie sind jedoch zudem bis auf den letzten selbsterläuternd: 'In Transition', d.h. ständigen Veränderungen sind nicht nur die Verteilungen über den Ereignisvariablen, sondern ist auch die Struktur des LEG-Netzes unterworfen. Bei Beobachtungen von bisher unbekannten Zusammenhängen zwischen Ereignissen wird mit einem Bayesschen Update eine neue Randverteilung (Knoten des Hypergraphen) angelegt und das Netz entropie-optimal abgeglichen. Dieser Vorgang entspricht in etwa der Bildung neuer Neuronen und Synapsen im Hirn im frühen Lernstadium eines Kindes.

In der vorliegenden Arbeit behandeln wir die spezielle Frage, wie in einem CEG logische Funktionen über evidenten oder hypothetischen Randverteilungen behandelt werden können. Aus Platzgründen werden die Aussagen nicht bewiesen.

In Kapitel 2 fassen wir kurz einige wahrscheinlichkeitstheoretische Voraussetzungen zusammen, in Kapitel 3 erörtern wir das eigentliche Thema, in Kapitel 4 fassen wir die Ergebnisse zusammen und weisen auf mögliche Verallgemeinerungen der Aussagen aus Kapitel 3 hin.

2. Nomenklatur und wahrscheinlichkeitstheoretische Voraussetzungen

Es sei Ω Elementarereignismenge und $\{ e_1^1, e_1^2, \ldots, e_1^{K_1} \}, \ldots, \{ e_n^1, e_n^2, \ldots, e_n^{K_n} \}$, $e_i^{k_i} \subset \Omega$ Ereignispartitionen von Ω; sie werden auch kurz Ereignisse $1, \ldots, n$ genannt. Um die Notation zu vereinfachen, schreiben wir $1, \ldots, K_1; \ldots ; 1, \ldots, K_n; k_i$. i ist die Ereignisvariable des Ereignisses i mit Ausprägungen k_i; für k_i bezeichnet $\bar{k}_i$ die Negation; den Schnitt $k_i \cap k_j$ nennen wir auch die Konkunktion $k_i k_j$. Mit $N = \{1, \ldots, n\}$ bezeichne A_N die Algebra über die Ereignisse $1, 2, \ldots, n$, abgeschlossen unter Negation und Konjunktion.

$E_N \subset A_N$ ist die Menge der $K_1 \cdot K_2 \cdot \ldots \cdot K_n$ Ereignisse

$$
\begin{aligned}
&K_1 K_2 \ldots K_{n-1} K_n \\
&K_1 K_2 \ldots K_{n-1} K_n{-}1 \\
&\quad \ldots \\
&K_1 K_2 \ldots K_{n-1} 1 \\
&K_1 K_2 \ldots K_{n-1}{-}1 K_n \\
&\quad \ldots \\
&1 \; 1 \ldots 1 \quad 1
\end{aligned}
\tag{1}
$$

Das allgemeine Element von E_N sei $\dot{N} = k_1 k_2 \ldots k_{n-1} k_n$.

Für $I \subset N$ sind A_I, E_I, $\dot{I}$ analog definiert.

Auf A_N sei ein W-Maß P_N angegeben; $p._{\dot{N}}$, $p._{\dot{I}}$ bezeichnen die Wahrscheinlichkeiten von $\dot{N} \in E_N$ bzw. $\dot{I} \in E_I$. $IP._N$ und $IP._I$ sind die Wahrscheinlichkeitsvektoren mit der Komponentenordnung wie in (1). Wenn $I + J = N$ gilt, schreiben wir auch $p._{\dot{N}} = p._{IJ}$. Die Wahrscheinlichkeitsverteilungen auf E_N, E_I nennen wir, wie die W-Maße auf A_N, A_I, ebenfalls P_N, P_I. Die Wahrscheinlichkeiten der Randverteilungen auf E_I, E_J schreiben wir $p._{I\cdot}$, $p._{\cdot J}$.

Bekanntlich ist $H(P_N) := - \sum\limits_{\dot{N}} P._{\dot{N}} \ln P._{\dot{N}}$ die Entropie von P_N und

$$R(P''_N, P'_N) := \sum\limits_{\dot{N}} p''._{\dot{N}} \ln \frac{p''._{\dot{N}}}{p'._{\dot{N}}} \text{ die Relativentropie von } P''_N \text{ bzgl. } P'_N \text{ (vgl. [11]).}$$

In der englischsprachigen Literatur heißt R auch 'directed divergence` (d.d.) von P''_N bzgl. P'_N.

Ein in der Wahrscheinlichkeitstheorie bekanntes Problem ist das der Berechnung eines P^*_N zu P^0_N bei gegebenen Randverteilungen derart, daß $R(P^0_N, P^*_N) \to \min$. Hierzu formulieren wir folgenden

Satz 1

Gegeben sei P^0_N auf E_N mit den zugehörigen Randverteilungen $P^0_{I^r}$, $I^r \subset N$; es sei $J^r := N \setminus I^r$, $r = 1(1)\, r'$; es gelte $p._{\dot{N}} > 0$ für alle $\dot{N}$; $P^*_{I^r}$ seien die gewünschten (veränderten) Randverteilungen, $r = 1(1)r'$.

Die Verteilung P^*_N auf E_N mit minimaler d.d. bzgl. P^0_N ist das Ergebnis der Iteration:

für $n = 0, 1, 2, \ldots$

$$p._{\dot{N}}^{\,n+1} = p._{\dot{I}^r\dot{J}^r}^{\,n+1} = p._{\dot{I}^r\dot{J}^r}^{\,n} \frac{p._{\dot{I}^r}^{*}}{p._{\dot{I}^r}^{0}}, \quad r = r(n) = n(\bmod\ r') + 1 \quad . \tag{2}$$

Ein Beweis zu Satz 1 findet sich in [2]. Für $r' = 1$ degeneriert das Iterationsverfahren und ist nach einem Schritt abgeschlossen.

Die wachsende Zahl von Anwendungen der CEG- - oder LEG-Netze in der KI - siehe [1], [6], [12] - läßt nun _spezielle_ Veränderungen von Randverteilungen wichtig erscheinen. Der Mensch ist kaum in der Lage, evidente Randverteilungen anzugeben oder solche über Hypothesenmengen zu interpretieren. Er möchte eher Inferenzen der folgenden Art behandeln:

- 'Vater von 3 Kindern' $\wedge$ 'im Alter zwischen 18 und 20 Jahren'
  => 'kreditwürdig'?
- 'Bezieht das Frauenmagazin Cosmopolitan' $\vee$ 'Hohes Einkommen'
  => 'Modisch gekleidet' $\wedge$ 'ledig'?

Sowohl in der Prämisse (Evidenzen) als auch in der Konklusion (Hypothesen) möchte der Benutzer einer probabilistischen Wissensbasis also logische Funktionen der Ereignisse behandeln können. Hierbei wollen wir zulassen, daß er über diese logischen Funktionen Wahrscheinlichkeiten angibt, etwa in dem Sinne: Sind wir uns der Prämisse nur zu $x \cdot 100\% = 90\%$ sicher, was folgt dann für die Konklusion?

Im folgenden Kapitel werden wir für ausgewählte logische Funktionen die entropie-optimalen Randverteilungen angeben.

3. Die Behandlung evidenter oder hypothetischer logischer Funktionen
3.1 Die Aufgabenstellung

In diesem Kapitel behandeln wir die Frage, wie $IP^*_{(1,2)}$ mit minimaler d.d. bzgl. gegebenem $P^0_{(1,2)}$ errechnet werden, wenn eine der folgenden logischen Bedingungen erfüllt sein soll:

$$P^*_{k_1 k_2} = x, \quad P^*_{k_1 \vee k_2} = x, \quad P^*_{k_2 => k_1} = x, \quad P^*_{k_2 | k_1} = x. \tag{3}$$

(Aus Gründen vereinfachter Notation wählen wir die Randverteilung auf dem Ereignis 1, 2 statt i_1, i_2 - o.B.d.A.). Daß die bedingte Wahrscheinlichkeit eine natürliche probabilistische Verallgemeinerung des 'modus ponens' ist, diskutiert REIDMACHER in [7], Abschnitt 6.4.2.

Hat man $P^*_{(1,2)}$ berechnet, kann diese Randverteilung oder können so mit logischen Funktionen modifizierte Randverteilungen zum Abgleich von P^0_N zu P^*_N gemäß Formel (2) benutzt werden. Da die Einzelschritte - Modifizierung der Randverteilung und Abgleich nach (2) - 'informationstreu', d.h. entropie-optimal sind, ist es auch P^*_N.

3.2 Mathematische Ergebnisse
Nach den Vorbereitungen in Kapitel 2 und Abschnitt 3.1 sind wir nun in der Lage,

Randverteilungen bei ausgewählten logischen Funktionen zu berechnen.

Satz 2

$P^0_{\{1,2\}}$ sei durch $IP^0_{1\overset{..}{2}}$ auf $E_{\{1,2\}}$ gegeben. Der Vektor

$$
IP^*_{1\overset{..}{2}} = \left\{
\begin{array}{ll}
\dfrac{p^0_{1\overset{..}{2}}}{1 - p^0_{k_1 k_2}}\,(1 - x) & \text{für alle } 1\overset{..}{2} \neq k_1 k_2 \\[4mm]
x & 1\overset{..}{2} = k_1 k_2
\end{array}
\right.
\tag{4}
$$

löst das Optimierungsproblem

$$
IP^{T}_{1\overset{..}{2}}\; IMn\; \frac{p_{1\overset{..}{2}}}{p^0_{1\overset{..}{2}}} \rightarrow \min
\tag{4.1}
$$

$$
\text{s.t.} \quad p_{k_1 k_2} = x \quad 0 \leq x \leq 1
\tag{4.2}
$$

$$
\sum_{1\overset{..}{2}} p_{1\overset{..}{2}} = 1
\tag{4.3}
$$

$$
p_{1\overset{..}{2}} \geq 0 \quad \text{für alle } 1\overset{..}{2}\, .
\tag{4.4}
$$

IMn ist hier der Vektor der dualen Logarithmen von $\dfrac{p_{1\overset{..}{2}}}{p^0_{1\overset{..}{2}}}$.

Den Beweis zu Satz 2 führt man, indem man die (notwendigen und hinreichenden) Kuhn-Tucker-Bedingungen zu (4.1) - (4.4) aufstellt und nachweist, daß sie von (4) erfüllt werden. Die Beweise zu Korrollar 1 und den folgenden Sätzen verlaufen analog.

Korrollar 1

Betrachtet man eine Randverteilung $P^0_{\{1\}}$, gegeben durch IP^0_{1} auf $E_{\{1\}}$ und fordert $P^*_{k_1} = x$, so gilt

$$
IP^*_{1} = \left\{
\begin{array}{ll}
\dfrac{p^0_{1}}{1 - p^0_{k_1}}(1 - x) & 1 \neq k_1 \\[4mm]
x & 1 = k_1
\end{array}
\right. .
\tag{4$'$}
$$

Satz 3

Unter den gleichen Voraussetzungen wie in Satz 2 und mit $p^*_{k_1 \vee k_2} = x$ statt (4.2),
löst der folgende Vektor das Optimierungsproblem:

$$
IP^*_{\substack{.. \\ 12}} =
\begin{cases}
\dfrac{p^o_{\substack{.. \\ 12}}}{\sum\limits_{\substack{. \\ 1 \neq k_1 \\ . \\ 1 \neq k_2}} p^o_{\substack{.. \\ 12}}} (1-x) & \dot{1} \neq k_1 \text{ und} \\[4pt]
& \dot{2} \neq k_2 \\[20pt]
\dfrac{p^o_{\substack{.. \\ 12}}}{1 - \sum} \, x & \dot{1} = k_1 \text{ oder} \\[4pt]
& \dot{1} = k_2
\end{cases}
\tag{5}
$$

Satz 4

Unter den gleichen Voraussetzungen wie in Satz 2 und mit $p^*_{k_2 | k_1} = x$ statt (4.2),
löst der folgende Vektor das Optimierungsproblem:

$$
IP^*_{\substack{.. \\ 12}} =
\begin{cases}
\dfrac{p^o_{\substack{.. \\ 12}}}{\sum\limits_{\substack{. \\ 1 \neq k_1 \\ . \\ 2}} p_{\substack{.. \\ 12}}} (1-a) & \dot{1} \neq k_1 \\[24pt]
\dfrac{p^o_{\substack{k_1 \dot{2}}}}{\sum\limits_{\substack{. \\ 2 \neq k_2}} p_{\substack{k_1 \dot{2}}}} (1-x)a & \dot{1} = k_1 \text{ und} \\[4pt]
& \dot{2} \neq k_2 \\[16pt]
x \cdot a & \dot{1} = k_1 \text{ und} \\[4pt]
& \dot{2} = k_2
\end{cases}
\tag{6}
$$

Hierbei gilt $a = \dfrac{p^{ox}_{k_1 k_2} \cdot p^{o(1-x)}_{k_1 \bar{k}_2}}{p^{ox}_{k_1 k_2} \cdot p^{o(1-x)}_{k_1 \bar{k}_2} + p^o_{\bar{k}_1} x^x (1-x)^{(1-x)}}$

Bemerkung: Die Berechnung von $IP^*_{\substack{.. \\ 12}}$ für $p^*_{k_2 => k_1}$ führt man unmittelbar auf
Negation - und $\vee$ zurück. Aus Platzgründen geben wir die Ausdrücke nicht an.

3.3 Anwendungen der mathematischen Ergebnisse in CEGs

Die folgenden Aufgaben in einem SPIRIT-CEG können nun entropie-optimal behandelt

i) Prognose bei gegebenen logischen Funktionen über (mehreren) evidenten Ereigniszweitupeln.

ii) Regeleingabe durch einen Knowledge-Engineer

iii) Die logische Auswertung von Hypothesenzweitupeln.

i) und ii) sind nach den Abschnitten 3.1 und 3.2 unmittelbar ersichtlich. Während die Berechnung der Randverteilung(en) und Abgleich in i) temporär, nur zur Beantwortung einer gestellten Frage erfolgt, ist sie in ii) endgültig, sie stellt das aktualisierte Wissen dar. Nach i) (oder ii)) soll nun in iii) die Verteilung über der Hypothesenmenge interpretiert werden. Sie sei beispielhaft {3, 4}. Man hat:

$\overset{*}{p}_{k_3 k_4}$ kann unmittelbar in $\overset{*}{P}_{\{3,\ 4\}}$ abgelesen werden,

$\overset{*}{p}_{k_3 v k_4}$ ergibt sich als $1 - \underset{\substack{\dot{3} \neq k_3 \\ \dot{4} \neq k_4}}{\Sigma}\ \overset{*}{p}_{..}{}_{34}$,

$\overset{*}{p}_{k3|k4}$ ist $\dfrac{\overset{*}{p}_{k_3 k_4}}{\overset{*}{p}_{k_4}}$.

Damit ist für ausgewählte logische Funktionen ihre entropie-optimale Behandlung in CEGs dargestellt.

4. Zusammenfassung und Ausblick

In der vorliegenden Arbeit wurde eine CEG-Complete Event Group als Wissensbasis unsicheren Wissens über einer diskreten Ereignismenge vorgestellt. In dieser CEG kann Wissen durch Beobachtung realer Sachzusammenhänge akquiriert und können die Wahrscheinlichkeiten von Hypothesen bei evidenten Fakten berechnet werden.

Als Erweiterung der Wissensverarbeitung einer CEG wurde dann die Behandlung logischer Funktionen vorgeschlagen. Für die ausgewählten zweistelligen Funktionen ∧, ∨, => und für den probabilistischen modus ponens werden Randverteilungen mit minimaler 'directed divergence' errechnet.

Diese Ergebnisse können auf n-stellige logische Funktionen erweitert werden. Erste Ergebnisse für binäre Ereignisse liefert REIDMACHER in [7]. Eine allgemeine Darstellung auch für diskrete Ereignisse ist vorgesehen.

Literature

|1| Barth, S.W.; Norton, S.W.
Knowledge Engineering within a Generalized Bayesian Framework.
in: Uncertainty in AI 2, 103 - 114, North-Holland (1988)

|2| Ireland, C.T.; Kullback, S.
Contingency Tables with given marginals.
Biometrika, 55,1, 179 (1968)

|3| Lemmer, J.F.
Generalized Bayesian updating of incompletely specified
distributions.
Large Scale Systems 5, Elsevier Science Publishers, 51 - 68 (1983)

|4| Lemmer, J.F.
Efficient minimum information updating for Bayesian inferencing in
Expert Systems.
in: Proceedings of the AAAI (1982)

|5| Nilsson, N.J.
Probabilistic Logic.
in: Artificial Intelligence 28, 71 - 87 (1986)

|6| Norton, S.W.
An Explanation Mechanism for Bayesian Inferencing Systems.
in: Uncertainty in AI 2, 165 - 173, North-Holland (1988)

|7| Reidmacher, H.P.
Ph.D. Thesis at the FernUniversität Hagen, Hagen (1992)

|8| Rödder, W.
Symmetrical Probabilistic Intensional Reasoning in Inference
Networks in Transition.
in: Proceedings of The World Congress on Expert Systems I,
530 - 540, Orlando (1991)

|9| Rödder, W.; Kuhlmann, F.
Propagation in Arbitrary Networks.
eingereicht bei Acta Informatica, Springer Verlag

|10| Rödder, W.; Reidmacher, H.P.
SPIRIT - Learning and Intensional Reasoning in Cliques.
Diskussionsbeitrag Nr. 177, FernUni Hagen (1991)

|11| Shore, J.E.
Relative Entropy, Probabilistic Inference, and AI
in: Uncertainty in AI, North-Holland, 211 - 215 (1986)

|12| Slack, T.B.
Advantages and Limitation of Using LEG Nets in a Real Time
Problem.
in: Uncertainty in AI 3, 191 - 197, North-Holland (1989)

Modularer Aufbau von Expertensystemen - dargestellt an einem Hilfsmittel zur Abwicklung von Gefahrguttransporten

Matthias Schumann und Jörg Müller

Georg - August - Universität, Abteilung Wirtschaftsinformatik II

Platz der Göttinger Sieben 7, D - 3400 Göttingen

1 Einleitung

Der praktische Einsatz von Expertensystemen zeigt, daß die Weiterentwicklung und Pflege der Systeme eine außerordentlich schwierige Aufgabenstellung ist, die teilweise dazu führt, daß Projekte mittelfristig eingestellt werden/1/. Dieses trifft speziell für solche Anwendungen zu, bei denen das implementierte Wissen raschen Änderungen oder Erweiterungen unterworfen ist. Dieses mag auch ein Grund dafür sein, daß viele Expertensystem-Projekte über das Prototypstadium nicht hinauskommen.

Will man als Softwareanbieter expertensystembasierte Lösungen vertreiben, so wird man derartige Anwendungen auf die individuellen Kundenwünsche zuschneiden müssen. Dazu wäre es angebracht, zwischen allgemeinen kundenunabhängigen Komponenten einer Wissensbasis und individuellen Wissensbereichen zu trennen. Damit ergibt sich die Anforderung, auch wissensbasierte Systeme zu modularisieren. Dadurch könnte man einerseits verschiedene benutzerindividuelle Systemversionen vorhalten und andererseits den Wartungsaufwand reduzieren, da bei Veränderungen nur noch Einzelmodule betroffen wären. Zur effizienten Systemwartung sind daher sowohl die Abgrenzung der einzelnen Module als auch eine systematische Schnittstellendefinition notwendig. Die diskutierten Ansätze zum Entwickeln wissensbasierter Systeme (z.B. die KADS-Methodologie) berücksichtigen diesen Aspekt allerdings kaum/2/.

Nachfolgend soll deshalb am Beispiel eines Expertensystems, das die Abwicklung von Gefahrguttransporten auf der Straße unterstützt, dargestellt werden, wie ein solches modulares Konzept aufgebaut sein kann. Der Bereich des Gefahrguttransports wurde u.a. deshalb gewählt, weil häufig Änderungen und Erweiterungen der Gesetze (z.B. Gefahrgutverordnung-Straße) stattfinden und damit auch die Wissensbasis für den täglichen Expertensystemeinsatz angepaßt werden muß.

2 Einsatzbereich der Anwendung

Der Transport gefährliche Güter wird durch viele nationale und internationale Gesetze sowie technische Richtlinien geregelt. Um den immer bedeutender werdenden Gefahrguttransport ordnungsgemäß durchzuführen, ist eine große Anzahl an Vorschriften zu beachten. Dabei geht es um die Vorschriften zur Verpackung und Zusammenladung verschiedener Gefahrgüter, die erlaubten Höchstmengen, die genehmigten Transportmittel, die Fahrzeugausrüstung, das Kennzeichnen und Bezetteln der Versandstücke sowie Ladung oder auch die Ausbildung der Fahrzeugführer. Beim Warenversand treten in Unternehmen Schwierigkeiten mit diesen Regelungen auf, da selbst Fachleute aufgrund der komplexen Gesetzeslage einen hohen Zeitaufwand zum Prüfen der Vorschriften aufbringen müssen.

Die GGVS (Gefahrgutverordnung-Straße) ist eine vom Bundesverkehrsministerium erlassene Verordnung und regelt innerhalb der Bundesrepublik Deutschland den Transport gefährlicher Güter auf der Straße/3/. Sie ist in die Anlage A für gefahrstoffbezogene Vorschriften und Anlage B für beförderungsmittelbezogene Vorschriften unterteilt. Alle als gefährlich eingestuften Güter sind aufgrund ihrer Art und der Intensität der von ihnen ausgehenden Gefahr in Klassen der GGVS eingeteilt. Innerhalb dieser Gefahrgutklassen sind die Vorschriften in Randnummern abgelegt, die nach Themengebieten unterteilt werden.

Die Anwendung kann in Kombination mit einem Programmsystem zur Versandabwicklung eingesetzt werden (vgl. Abb. 2/1). Damit läßt sich z.B. in der chemischen Industrie die Disposition der Versandaufträge vollständig ohne aufwendige personelle Eingriffe abgewickeln.

Mit den gleichen Wissensrepräsentationsformen und Datenverarbeitungsmechanismen, wie sie für den Straßentransport verwendet wurden, lassen sich zukünftig auch Schienen-, See- und Lufttransporte sowie gemischte Transportarten im System implementieren.

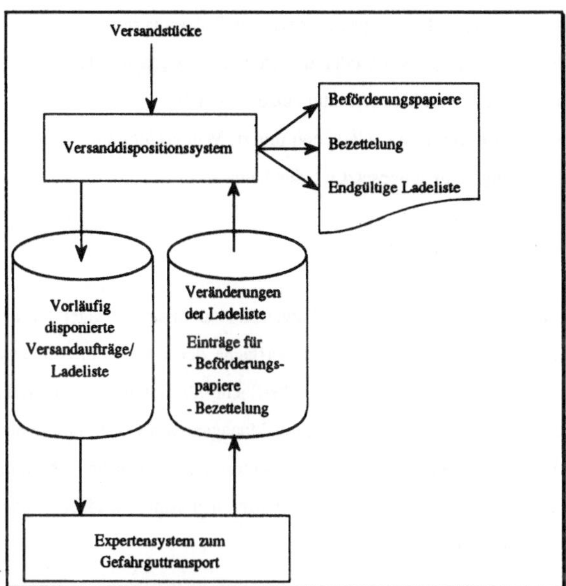

Abbildung 2/1: Einbindung des Expertensystems in die Versandabwicklung

3 Struktur des Gesamtsystems

Nachfolgend wird der modulare Aufbau des Gesamtsystems und die Kopplung der einzelnen Elemente dargestellt.

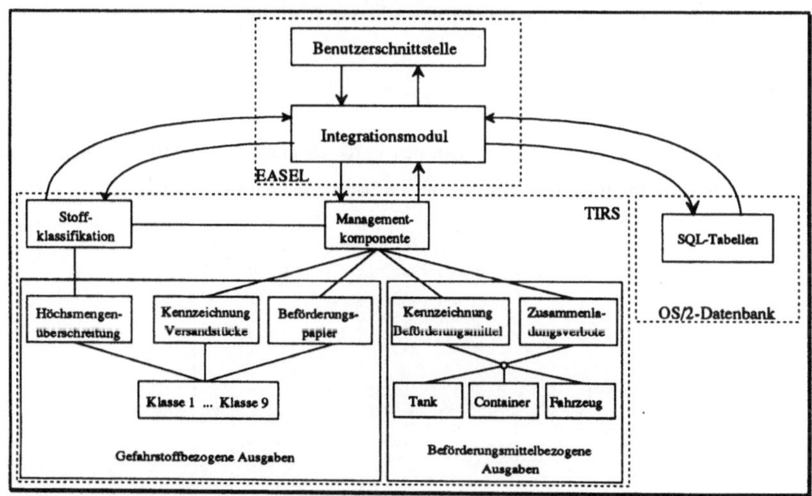

Abbildung 3/1: Integration der Teilsysteme

3.1 Der Expertensystemkern

Die wesentlichen Systemkomponenten wurden mit der Expertensystemshell TIRS implementiert. Die Shell stellt zwei Wissensrepräsentationsformen zur Verfügung:

- Das Expertenwissen kann in Frames abgelegt und durch verschiedene Vererbungsmechanismen miteinander verbunden werden. Hierdurch besteht die Möglichkeit, Frames als semantische Netze zu verknüpfen, sowie Vererbungshierarchien aufzubauen.

- Mit Hilfe von Regeln läßt sich das in den Frames gespeicherte Wissen verändern und ergänzen. Die Inferenzkomponente erlaubt es, Regeln vorwärts, rückwärts oder in beide Richtungen mit Hilfe des sogenannten "opportunistic reasoning" abzuarbeiten und über Prioritäten steuernd einzugreifen/4/.

Erstellte Wissensbasen werden zum Ausführen in C-Code compiliert. Man erhält damit eine Anwendungslibrary, die unabhängig von der TIRS-Entwicklungsumgebung eingesetzt werden kann.

3.2 Die Benutzerschnittstelle

Die Benutzerschnittstelle übernimmt den Dialog mit dem Anwender, indem sie Anfragen an den Benutzer aus dem Expertensystem aufarbeitet. Ebenfalls werden über die Benutzeroberfläche der Zugriff auf die Datenbank sowie ihre Pflege ermöglicht. Diese Funktionen wurden mit der Entwicklungsoberfläche für Benutzerschnittstellen EASEL realisiert. Beim Benutzerdialog wird auf Standardbildelemente des Presentation-Managers von OS/2 zurückgegriffen. Das Expertensystem steuert den Dialogaufbau mit Hilfe von Übergabeparametern. Aufgrund des synchronen Ablaufs der beiden Komponenten ist das Expertensystem in der Lage, die Benutzerangaben eindeutig zuzuordnen. Dadurch konnte auf eine Parametrierung bei der Rückgabe der Daten verzichtet werden.

3.3 Die Datenverwaltung

Um die Wissensbasis nicht mit statischen Texten aus dem GGVS zu belasten, wurden drei Datenbank-Tabellen angelegt. Die erste Tabelle unterstützt den Anwender bei der Eingabe der zu bearbeitenden Stoffe. Die zweite enthält einen Glossar, mit dem der Benutzer während der Bearbeitung Begriffsdefinitionen abfragen kann. Die dritte Tabelle umfaßt den vollständigen Wortlaut zu den Randnummern der GGVS, so daß für Erklärungen nur die Randnummer vom Expertensystem bereitgestellt werden muß und der Inhalt dann aus der Datenbank hinzugefügt wird.

3.4 Das Integrationsmodul

Für die Kommunikation zwischen den einzelnen Komponenten wurde ebenfalls mit EASEL ein Integrationsmodul realisiert. Es enthält Konventionen zur Informationssteuerung, um den Datenaustausch zu vereinfachen.

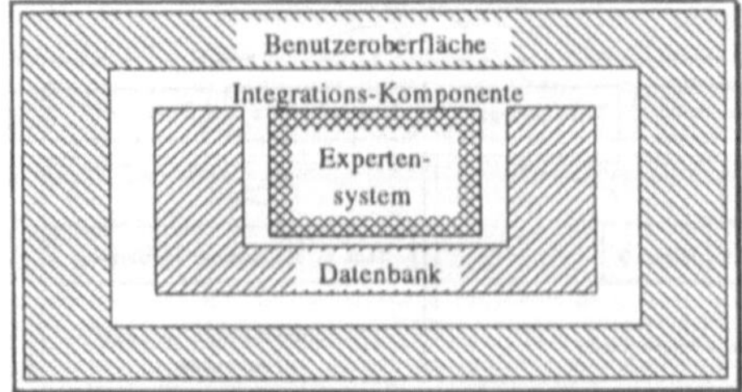

Abb. 3.4/1: Positionierung der Integrationskomponente als Verbindungsglied zwischen den drei Hauptmodulen

3.4.1 Kommunikation mit der Benutzerschnittstelle

Auf Basis der durch das Integrationsmodul bereitgestellten Parameter und Steuercodes wird die Benutzeroberfläche für jeden Interaktionsschritt dynamisch generiert. Ein solcher Interaktionsschritt kann einen Fragetext, eine Handlungsanweisung, eine Erklärung sowie unterschiedlich aufbereitete Antwortfelder umfassen.

3.4.2 Kommunikation mit dem Expertensystemkern

Der Datenaustausch zwischen dem Expertensystemkern und dem Integrationsmodul setzt sich aus zwei Hauptkomponenten zusammen. Zum einen werden Fragen und Ausgaben vom Expertensystem übergeben und zum anderen werden Randnummern zum Aufbau von Erklärungen bereitgestellt. Um im Integrationsmodul die Daten aus dem Expertensystem eindeutig zuordnen zu können, wurden Konventionen zum Aufbau von Übergabeparametern, z.B. für Steuercodes für die Kennzeichnung von Dialogfeldern, getroffen. Die Übergabeparameter sind so gewählt, daß der Bildschirmaufbau speziell auf die Anforderungen der verschiedenen Fragetypen zugeschnitten wird. Wenn beispielsweise aus einer Liste von Eigenschaften genau eine als zutreffend ausgewählt werden soll, benutzt man 'Radio Buttons'. Um mehrere zutreffende Eigenschaften auszuwählen, werden 'Checkboxes' als Dialogelemente aufgebaut.

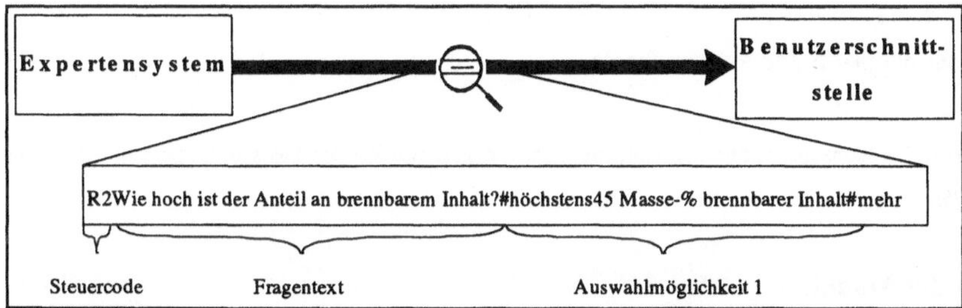

Abb. 3.4.2/1: Beispielhafte Struktur eines Übergabeparameters zwischen dem Expertensystem und dem Integrationsmodul

Bei Ausgaben legt der Steuercode fest, in welches Ausgabe-Fenster der Text geleitet werden soll. Die Parameter für Erklärungen bestimmen zusätzlich, mit welcher Ausgabe bzw. Frage die Erklärung verknüpft werden muß.

3.4.3 Kommunikation mit der Datenbank

Für den Dialog wird die Datenbank-Sprache SQL benutzt. Hierzu generiert das Integrationsmodul dynamisch SQL-Abfragen, die aus Eingaben des Benutzers sowie Tabellen- oder Feldnamen zusammengesetzt werden.

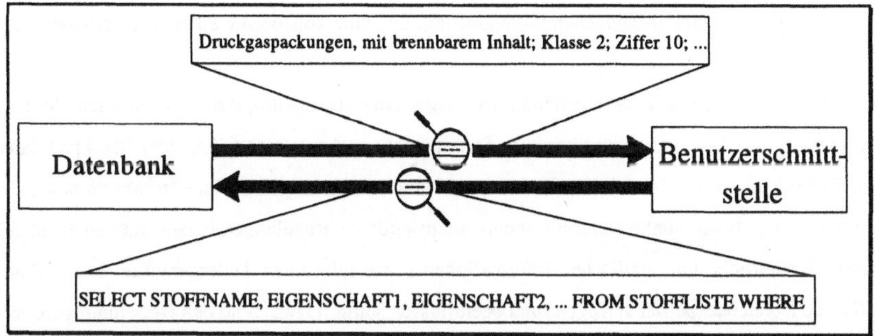

Abb 3.4.3/1: Beispielhafte Struktur eines Übergabeparameters zwischen der Datenbank und dem Intgrationsmodul

Der Anwender bestimmt die Parameter für die Datenbank-Abfrage, indem er z.B. einen Stoff aus einer Stoffliste selektiert und das Integrationsmodul diesen Stoffnamen dann mit Hilfe der String-Addition in ein SQL-Kommando umwandelt. Das Ergebnis der Datenbankabfrage ist eine Variable mit einer Tabellenstruktur. Diese wird in ihre Bestandteile zerlegt. Die Informationen werden einerseits für den Ablauf des Dialoges benötigt und andererseits als 'on-line' Erklärung benutzt. Entsprechend ist der Informationsaustausch zwischen dem Expertensystem und der Datenbank realisiert. Dabei liefert das Expertensystem eine Suchvariable, die dann von dem Integrationsmodul in eine Datenbankabfrage umformuliert wird. Eine Erklärung besteht aus zwei Komponenten, einer Randnummer aus der Wissensbasis und einem Text aus der Datenbasis.

3.5 Die Erklärungskomponente

Da der Expertensystemkern in der Lage ist, jeden seiner Schritte zu begründen, kann diese Eigenschaft benutzt werden, um eine erweiterte Erklärungskomponente aufzubauen. Dazu wird zu jeder Ausgabe oder Frage die relevante Randnummer übergeben. In einem sogenannten 'Experten-Modus' wird nur die Randnummer sichtbar und der Gesetzestext kann bei Bedarf zusätzlich angezeigt werden, während man im 'Standard-Modus' beide Informationen als Erklärung erhält. Die zu erklärende Informationszeile muß der Benutzer lediglich über die graphische Benutzeroberfläche aufrufen. Auf das Glossar kann hier ebenfalls zugegriffen werden.

4 Modulare Konzeption der Wissensbasis

Nachfolgend wird das Konzept veranschaulicht, mit dem die gesamte Wissensbasis in konsistente Bausteine strukturiert werden konnte/5/.

4.1 Struktur der Module

Die einzelnen Module der Wissensbasis sind nach den Themeninhalten der GGVS gegliedert. Je nach Struktur und Größe der in den Teilmodulen abgelegten Vorschriften wurde eine weitere Unterteilung in Wissensbasen für die jeweiligen Gefahrgutklassen vorgenommen. Diese Vorgehensweise erlaubt es, Vorschriften ausgewählter Themenbereiche direkt zu bearbeiten. Außerdem werden die unterschiedlichen Abhängigkeiten der Regelungen untereinander durch Modulschnittstellen berücksichtigt. Vorschriften für weitere Verkehrsträger lassen sich anhand dieses Konzeptes in zusätzlichen Modulen ebenfalls ergänzen, wobei berücksichtigt werden muß, daß sich dabei die gesetzlichen Vorgaben teilweise überschneiden oder widersprechen können.

Durch die Struktur der GGVS ist die Wissensbasis in einen stoffbezogenen und einen beförderungsmittelbezogenen Bereich unterteilt. Aufgrund von Interdependenzen der gesetzlichen Grundlagen ist es zusätzlich notwendig, eine den Ablauf steuernde Komponente einzubringen (Managementkomponente). Um eine konsistente Struktur zu erhalten, sind die Module in drei Ebenen geliedert:

- Die oberste Ebene enthält das Steuerungsmodul (Managementkomponente), das die relevanten Vorschriftenbereiche ermittelt, sowie deren Anwendbarkeit überprüft. Damit folgt es im weiteren Sinne dem Blackboardansatz/6/, da die einzelnen Bereichsexperten (Module für die unterschiedlichen Vorschriften) ihre Informationen in Frames dieser Ebene eintragen. Die Frageinhalte widerum steuern anzuwendende Regelungen in den anderen Teilbereichen. Jedoch sind zusätzlich sämtliche fallspezifischen Informationen sowie relevanten Teilergebnisse über globale Frames permanent für alle Bereichsexperten verfügbar und beeinflussen somit fortwährend den Herleitungsprozeß.
- Die mittlere Ebene repräsentiert allgemeine Vorschriften der GGVS und deren Abhängigkeiten. In ihr werden die

Gültigkeit der Vorschriften für die einzelnen Gefahrgutklassen überprüft und allgemeine Handlungsanweisungen ausgegeben.

Die unterste Ebene untersucht die speziellen stoffbezogenen Vorschriften für die einzelnen Gefahrgutklassen. Es sind dabei sämtliche Regelungen für die jeweiligen Gefahrstoffe zu überprüfen und gegebenenfalls auszuführen. Diese Ebene wird während des Herleitungsprozesses nur erreicht, wenn die Gültigkeit dieses Teilbereichs zuvor von den Bereichsexperten festgestellt wurde.

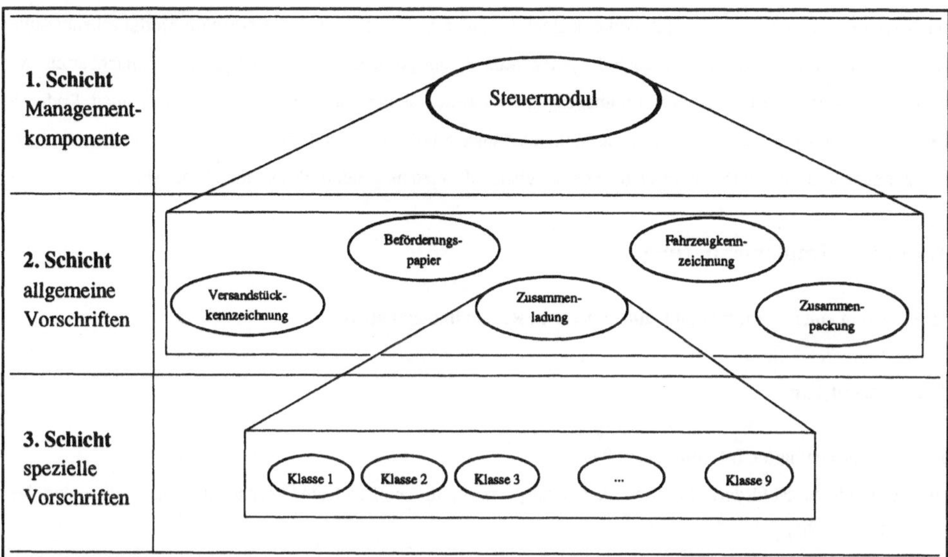

Abbildung 4.1/1: 3-Schichten Modell des Expertensystems

4.2 Struktur des Wissens

Es wird zwischen den speziellen Informationen zu dem jeweiligen Transport, dem fallspezifischen Wissen, und den gesetzlichen Vorschriften, dem bereichsspezifischen Wissen, differenziert/7/.

4.2.1 Fallspezifisches Wissen

Informationen über die transportierten Gefahrstoffe, eingesetzten Verpackungen und Beförderungsmittel sowie bestimmte Verpackungs- und Stoffeigenschaften werden durch das System erhoben und in die zugehörigen globalen Instanzen eingetragen.

Das fallspezifische Wissen muß für alle Module verfügbar sein, da es Einfuß auf alle Hierarchieebenen haben kann. Diese Vorgehensweise ermöglicht es, diese Informationen für sämtliche Module nur einmal und jeweils nur bei Bedarf zu erheben, wodurch das Dialogaufkommen mit dem Benutzer erheblich reduziert wird. In der Ebene der allgemeinen Vorschriften werden zunächst die gesetzlichen Ausschlußkriterien wie Höchstmengenbegrenzungen, Transportzulässigkeit oder Zusammenladeverbote ermittelt, da diese den weitestgehenden Einfluß auf die Gültigkeit der speziellen Vorschriften haben. Gegebenenfalls kann es schon hier zu einer vollständig neuen Zusammenstellung der Ladung oder aber einer Veränderung einzelner Positionen des Versandauftrages kommen, die dann nochmals zu überprüfen sind. Das globale Wissen wird nur an die Vorschriften in der dritten Schicht übergeben, wenn die Voraussetzungen für die Anwendbarkeit dieser Vorschriften erfüllt sind.

4.2.2 Bereichsspezifisches Wissen

Bei dem bereichsspezifischen Wissen repräsentiert jedes Wissenselement eine mögliche Option im Gesetz und wendet dieses mit Bezug auf das fallspezifische Wissen an. Das bereichsspezifische Wissen jeder Wissensebene läßt sich in zwei Teilgebiete aufgliedern. Das stoffspezifische Wissen enthält Vorschriften aus der Anlage A der GGVS. Im beförderungsspezifischen Wissen ist die Anlage B abgebildet. Das bereichsspezifische Wissen wird in lokalen Frames und Regeln zur Verfügung gestellt. Fallspezifisches Wissen ist in den für alle Module verfügbaren globalen Frames abgebildet.

Das bereichsspezifische Wissen ist lokal in den einzelnen Modulen implementiert. Jedes einzelne Modul erkennt außer den direkt bearbeiteten Gefahrgutvorschriften auch die Auswirkungen der gültigen Vorschriften auf die "benachbarten" Module und ruft sie gegebenenfalls auf. Dieses erfolgt über die in der zweiten Schicht implementierten Mechanismen. Dadurch wird ein erheblicher Zeitgewinn erzielt, da z.B. Zusammenladungsverbote des Gefahrgutgesetzes nicht erst in die globalen Frames eingetragen und für sämtliche Bereichsexperten überprüft werden, sondern direkt ausführbar sind.

4.3 Struktur der Implementierung

Das Wissen ist zum einen in Frames und zum anderen in Regeln implementiert.

4.3.1 Framestruktur

Die globalen Frames enthalten Informationen über:

- die verwendeten Beförderungsmittel, den Transportweg, die eingesetzten Verpackungsmaterialien und Verpakkungseigenschaften,

- die zu transportierenden Gefahrstoffe, deren Klassifikation innerhalb der GGVS, Transportmengen und die stoffspezifischen Eigenschaften,

- die Kennzeichnung und Aufschriften für die Versandstücke und Beförderungsmittel,

- Zwischenergebnisse für die Zulässigkeitsprüfung der Transportmengen- und Zusammenladungsvorschriften sowie Steuerungsparameter, die für die Benutzeroberfläche benötigt werden.

Durch Vererbung einzelner Slots wird erreicht, daß der Anwender nur einmal das Beförderungsmittel, die Verpackungsmaterialien und den Transportweg angeben muß. Diese Informationen sind in den Instanzen für die Beförderungsangaben enthalten. Für jedes Gefahrgut wird dynamisch eine globale Instanz erzeugt, in die alle relevanten Daten eingetragen werden. Dieses Konzept ist auf eine beliebige Zahl von Gefahrgütern anwendbar.

Transportweg			Gefahrstoff	
Global	Yes		Global	Yes
Schiene	Ja	vererbt	Schiene	Ja
Strasse	Ja		Strasse	Ja
Binschiff	Nein		Stoffname	
Seeschiff	Nein		Klasse	
Luftfracht	Nein		Ziffer	

Abbildung 4.3.1/1: Beispiel für den Aufbau der Frames und die Vererbung von Slots

Die lokalen Frames einzelner Module enthalten Informationen über:

- die zu überprüfenden Gefahrstoffe,

- die zulässigen Höchsttransportmengen,

- die verwendeten Verpackungen,

- die Zusammenladungsbedingungen und

- die Kennzeichnungsnummern.

Mit ihnen ist es außerdem möglich, zu den gerade bearbeiteten Vorschriften Erklärungen auszugeben, zusätzliche Erläuterungen für jede Frage, die dem Anwender gestellt wird, auf Basis des Gesetzestextes einzublenden und hergeleitete Informationen nachträglich zu interpretieren.

4.3.2 Regelstruktur

Um das Expertensystem änderungsfreundlich zu gestalten, wurden die Regeln innerhalb der einzelnen Module anhand der Gefahrgutverordnungsstruktur gegliedert. Dadurch erreicht man, daß bei einer Fortschreibung der Verordnung nur der Inhalt der Regeln, jedoch nicht ihr struktureller Aufbau geändert werden muß.

Die vorwärtsverketteten Regeln nutzen das "pattern-matching", wodurch all die Gefahrstoffinstanzen synchron in den "conflict-set" gehoben werden, bei denen die Prämissen erfüllt sind. Dies führt dazu, daß jede Randnummer gleichzeitig für alle Gefahrstoffe aus der Ladung überprüft wird, wodurch sich ein erheblicher Zeitgewinn ergibt. Beim Ausführen einer Regel werden die Ergebnisse in globale Frames eingetragen.

5. Ausblick

Die für die Anwendung derzeit durchgeführten und zukünftig geplanten Erweiterungen zeigen, daß die beschriebene Systemstruktur dazu beiträgt Modifikationen für bereits existierende Komponenten zu vermeiden. Bei den Ergänzungen kann man sich auf das Hinzufügen neuer Wissensmodule beschränken. Dieses werden zukünftig die Regelungen für weitere Verkehrsträger im nationalen und internationalen Bereich sein. Darüber hinaus sind auch Veränderungen zu berücksichtigen, die sich durch den europäischen Binnenmarkt ergeben können.

Außerdem wird überlegt, wie sich durch Zugriff auf weitere externe Gefahrstoffdatenbanken das Dialogaufkommen reduzieren läßt. Praxisversuche zeigen, daß es bei einem großen Versandvolumen wichtig ist, die Prüfungen durch das Expertensystem weitgehend zu automatisieren. Daher kann man erwarten, daß das Expertensystem in seiner vollen Ausbaustufe teilweise als Batch-Komponente von Versanddispositionssystemen eingesetzt wird.

Literatur:

/1/ Mertens, P.; Bohowski, V.; Geis, W.; Betriebliche Expertensystem - Anwendungen, 2. Aufl.; Berlin u.a.: Springer, 319 ff. (1990)

/2/ Wielinga, B.; Schreiber, G.; KADS: Model Based KBS Development.; in: Marburger, H. (Hrsg.).; GWAI - 90. Berlin u.a.: Springer, 322 - 333 (1990) und auch: Buyer, C.; Mehling, D.; Computer Aided Knowledge Engeneering. KI 1, 51 - 55 (1991)

/3/ Quester, H.; Gefahrgutvorschriften für den Straßenverkehr: GGVS/ADR mit Anlagen A + B RS 002. Düsseldorf (1990)

/4/ Benchimol, G.; Levine, P.; Pomerol, J.C.; Developing Expert Systems for Business.; Chippenham u.a., North Oxford Academic Publishers, 54 ff. (1986)

/5/ Zur Wissenssegmentierung vgl.: Zelewski, S.; Problemfelder der Expertensystem - Technologie. in: Sprang, S.; Kraemer, W. (Hrsg.); Expertensysteme. Wiesbaden: Gabler 55 - 77, hier S.65 ff. (1991)

/6/ Nii, P.; Blackboard Systems: The Blackboard Model of Problem Solving and the Evolution of Blackboard Architectures.; AI Magazine Summer 1986, 38 - 53 (1986)

/7/ Puppe, F.; Einführung in Expertensysteme. Berlin u.a.: Springer, 12 ff. (1988)

Entscheidungsunterstützungssysteme auf der Basis Neuronaler Netze bei unvollständigem Modell der Anwendungsdomäne

Dipl.-Kfm. Rüdiger Wilbert
Universität Trier, Postfach 3825
FB IV, BWL-Wirtschaftsinformatik
W-5500 Trier

Abstract

Entscheidungsunterstützende Systeme (EUS) sind aus methodischer Perspektive in der Regel dadurch gekennzeichnet, daß sie ein von Experten erstelltes, mehr oder weniger vollständiges, Modell der Anwendungsdomäne in einer möglichst zweckmäßigen Repräsentationsform enthalten. Ist das Wissen über die Elemente, Relationen und Strukturen der Anwendungsdomäne relativ unvollständig, so scheiden zahlreiche Repräsentationsformen und damit zusammenhängende Prozesse zur Unterstützung des Entscheidungsproblems aus. Insbesondere zeigen sich sehr schnell die Grenzen klassischer OR-Techniken sowie bekannter logik-basierter Verfahren von Expertensystemen.

Liegen derartige Problembereiche vor, dann bietet sich der Einsatz künstlich neuronaler Netze an. Die üblichen *Black-Box-Ansätze* mehrschichtiger Neuronaler Netze zeigen allerdings erhebliche Probleme bei der *Transparenz* ihres Systemverhaltens. Demgegenüber stellt gerade die Transparenz und *Erklärbarkeit* der Antworten eines EUS ein wesentliches Akzeptanzkriterium dar.

Daran anknüpfend wird gezeigt, wie auf der Basis von Techniken Neuronaler Netze unvollständiges Expertenwissen zur Konstruktion von transparenten "Grobmodellen" genutzt werden kann. Das Grobmodell kann dann mit Hilfe spezieller neuronaler Lernverfahren auf der Basis empirischer Daten vervollständigt werden ohne die *vorgegebene* Grobstruktur (Modellhypothese) und damit die Modell-Transparenz zu verwischen. Als Beispielanwendung wird ein System zur Kreditwürdigkeitsanalyse gewählt, welches sich leicht einem bestehenden, strukturell ähnlichem, Fuzzy Set-Ansatz gegenüberstellen läßt. Vorteile der künstlich-neuronalen Technik gegenüber dem Fuzzy Set-Ansatz liegen insbesondere darin, daß die schwierige Bestimmung von Zugehörigkeitsfunktionen und kompensatorischen Fuzzy Set-Operatoren - die bei Anwendung dieser Technik und der exemplarisch gewählten Anwendungsdomäne notwendig werden - durch automatisches Lernen ersetzt werden kann.

Zu einer Theorie der Wirtschaftsinformatik

Die Produktionstheorie als Bestandteil einer Theorie der Wirtschaftsinformatik?

Jürgen Bode
Universität Köln
Severinswall 52 (priv.)
W–5000 Köln 1

Die Wirtschaftsinformatik befindet sich als junge Disziplin noch auf der Suche nach ihrem Standort im System der Wissenschaften. Ihre stürmische Entwicklung in jüngster Zeit und das Verlangen nach praktisch verwertbaren Ergebnissen hat ihr bisher nur wenig Zeit gelassen, eine geeignete und allgemein akzeptierte metatheoretische Basis zu entwickeln. Von der Existenz einer *Theorie der Wirtschaftsinformatik* kann — auch in absehbarer Zukunft — keine Rede sein. Dennoch ist die positive Rolle einer fundierten Theorie bei der Suche nach wissenschaftlichen Erkenntnissen in der Wissenschaftstheorie unbestritten ("nichts ist so praktisch wie eine gute Theorie!").

Der Vortrag versteht sich als Anstoß zu einer Diskussion über die Frage, ob die betriebswirtschaftliche *Produktionstheorie* ein Baustein einer solchen Theorie werden könnte. Die Wirtschaftsinformatik beschäftigt sich mit der planvollen Erzeugung von Informationen im Betrieb (z.B. die Erstellung von Softwareprodukten). Betriebliche Erzeugungsprozesse sind aber auch der wesentliche Betrachtungsgegenstand der Produktionstheorie. Traditionell untersucht diese jedoch die industrielle Produktion materieller Sachgüter. Jüngste Entwicklungen weiten ihre Untersuchungsobjekte allerdings auch auf die *Produktion von Dienstleistungen* und die *Produktion von Informationen* aus.

Sollte es gelingen, die Erkenntnisse der Produktionstheorie für die Erzeugung von Informationen fruchtbar zu machen, hätte man die Ergebnisse von Generationen von Forschern aus der Produktionstheorie für die Entwicklung der Wirtschaftsinformatik genutzt. Schon heute nähert sich die Begrifflichkeit vorsichtig an ("Produktion von Software", "Softwarefabrik", "modulare Bauweise"). Dennoch ist die Produktion von Sachgütern nicht mit der Erzeugung von Informationen identisch. Der Vortrag versucht, Gemeinsamkeiten und Unterschiede herauszuarbeiten und ihre produktionstheoretischen Implikationen zu untersuchen. Als Beispiel soll die enge Verknüpfung zwischen Produktionsfunktionen und Verfahren der Planung von Softwareentwicklungsprojekten aufgezeigt werden.

Eine unter anderem produktionstheoretisch fundierte Wirtschaftsinformatik würde

- nicht nur die maschinelle, sondern auch die menschliche Informationsproduktion betrachten (z.B. bei der Untersuchung von Informationserzeugungs- und Kommunikationsprozessen im Büro),

- ihre starke Anbindung an die Ingenieurwissenschaft "Informatik" lockern und ihre Verbindung zu den Wirtschaftswissenschaften betonen,

- durch die Schaffung einer einheitlichen Begrifflichkeit Verständnisprobleme (z.B. mit den "Fachabteilungen") verringern.

Das Experton als Instrument zur Konsensfindung
bei unterschiedlicher Kriterienbewertung

R. Fahrion, Heidelberg

Zusammenfassung: In dieser Arbeit wird auf der Grundlage einer Intervallskalierung ein Vorgehensprinzip vorgeschlagen, wie Einschätzungen von quantitativen und qualitativen Kriterien durch mehrere Experten zu einer repräsentativen Gesamteinschätzung aller Experten verdichtet werden können. Das methodische Instrument bildet das 'Experton', das auf A. Kaufmann (/3/) zurückgeht. Weiterhin wird eine Rangfolge der Kriterien nach dem Grad der Meinungsdivergenz bzw. nach dem Grad der Übereinstimmung erstellt. Eine solche Rangfolge ermöglicht einem Entscheidungsträger, sich auf die ranghöchsten Dissenskriterien zu konzentrieren, um durch eine anschließende Einzelbefragung, oder auch durch erneute Konfrontation mit den bewertungsdivergierenden Kriterien, zu einer entscheidungsrelevanten Kriterienselektion zu gelangen. Es wird ein Software-Prototyp zur Erzeugung von Expertons und der Kriterienrangfolgen vorgestellt. In einer Fallstudie werden für das Problem der Selektion einer bedarfsadäquaten Projektmanagement-Software das Aggregationsproblem für eine sehr große Anzahl von Kriterien gezeigt, sowie verschiedene Auswertungsmöglichkeiten verdeutlicht.

Abstract: In this paper a decision principle is proposed in which way evaluations of quantitive and qualitative criteria by multiple experts may be condensed to a total evaluation which is representative for all experts. The methodical instrument is provided by the 'experton' which goes back to A. Kaufmann (/3/). Furthermore, a ranking of the criteria is generated with respect to the degree of divergence and/or the degree of agreement, respectively. Such a ranking permits the decision maker to concentrate on those criteria with highest ranks in order to attain a relevant criteria selection either by a subsequent single survey or by a renewed confrontation of the experts with the evaluation-divergent criteria. A software prototype for the construction of expertons and the criteria ranking is presented. In a case study, the aggregation problem is demonstrated for the problem of selecting a project management software package when a large number of criteria and various possibilities of evaluation are placed at the experts' disposal.

1. Einleitung und Übersicht

Die Beurteilung von Investitionsprojekten erfolgt in vielen Modellansätzen der Betriebswirtschaftslehre auf der Grundlage von wenigen Aggregatsgrößen monetärer Art, wie z. B. Cash-flow und Kapitalwert. Sie konzentrieren sich auf den Zeitraum hinsichtlich der Amortisation und der Höhe des erwarteten Gewinns einer Investition. Neben den reinen monetären Größen sind heute aber auch qualitative Kriterien, wie Marktstellung, Markteintrittschancen oder Marktpotential von zentraler Bedeutung. Es gibt eine ganze Reihe von Ansätzen zur Beurteilung von nicht-monetären Handlungsalternativen im Rahmen der nutzentheoretischen Methoden zur Entscheidungsfindung bei mehrfacher Zielsetzung. Aufgrund der hierfür erforderlichen, detaillierten Information zur Modellierung der Präferenzen ist es häufig nicht möglich, nutzentheoretische Verfahren zu verwenden, da dann insbesondere auch die Spezifizierung der Abhängigkeiten zwischen den zu beurteilenden Kriterien notwendig ist. Die Nutzentheorie stellt an den Entscheidungsträger in der Praxis zu hohe Forderungen im Hinblick auf die Präzisierung seiner Präferenzstruktur. Daher kommen in der betriebswirtschaftlichen Entscheidungslehre mehr Verfahren der Nutzwertanalyse (Nagel (/5/)) zum Einsatz, mit dem Vorteil des geringeren Informationsbedarfs, aber dem Nachteil einer nicht ausreichenden nutzentheoretischen Fundierung.

Wir wollen in dieser Arbeit Intervall-Skalierungen für die Erfassung von quantitativem wie qualitativem Wissen von Experten (auf möglicherweise verschiedenen Stufen einer Organisationshierarchie) im Hinblick auf deren Einschätzung einer Menge von Beurteilungskriterien, und der anschließenden Aggregation der Einzelbewertungen zu einer repräsentativen Gesamteinschätzung verwenden. Gerade bei divergierenden Einzelbewertungen stellt sich für den Entscheidungsträger die Frage nach der Relevanz derjenigen Kriterien, über welche sich die Einschätzung seiner Fachleute/Experten am deutlichsten unterscheiden. Die Erstellung einer Rangfolge der Kriterien nach dem Grad der Meinungsdivergenz oder nach dem Grad der Übereinstimmung hinsichtlich der Kriterieneinschätzung wäre für ihn von besonderem Vorteil. Er könnte sich dann - insbesondere bei einer sehr großen Anzahl von Beurteilungskriterien - auf diejenigen mit größtem Dissens konzentrieren, und durch anschließende Einzelbefragung seiner Fachleute, oder durch eine erneute Konfrontation mit den Dissenskriterien, zu einer Kriterienselektion gelangen, die ihm die Entscheidungsfindung erleichtert. Das methodische Instrumentarium zur Realisierung dieses Vorgehens liefert im Rahmen der Theorie der unscharfen Mengen das Experton, das auf Kaufmann (/3/) zurückgeht.

Im nächsten Abschnitt wird anhand eines Beispiels aus dem Marketingbereich verdeutlicht, was unter einem Experton zu verstehen ist, und welche Konstruktionsschritte zur Erzeugung eines Expertons erforderlich sind. In Abschnitt 3 wird die Klassifikation der Kriterien aus dem Marketingbeispiel sowohl nach der größten Übereinstimmung, als auch nach dem größten Dissens der Experteneinschätzungen, vorgenommen. Bezüglich der größtmöglichen Einschätzung wird eine Präferenzrelation so operationalisiert, daß ein Vergleich zweier Kriterienbeurteilungen möglich wird. Weiterhin wird eine einfache Metrik für die Vergleichbarmachung von Intervall-Einschätzungen verwendet. Für die Miteinbeziehung des (möglicherweise) unterschiedlichen Stellenwerts der Experten werden gewichtete Distanzmatrizen auf Intervallbasis erzeugt. Eine dritte Variante besteht in der Vorgabe eines Schwellenwerts in den Distanzmatrizen, um die Anzahl der Experten in der repräsentativen Gesamteinschätzung der Kriterien berücksichtigen zu können. Der Vorteil des Expertons liegt in der geringeren Informationsanforderung und in der Möglichkeit der Berücksichtigung mehrerer Experten.

Abschnitt 4 liefert Hinweise zu einem Software-Prototypen, der in Turbo Pascal zur Erzeugung des Expertons, zur Eingabe der Einschätzungsintervalle und zur Bestimmung der Kriterienrangfolge auf dem Bewertungsspektrum zwischen maximalem Dissens und größtmöglicher Übereinstimmung, erstellt wurde. Es schließt sich eine Fallstudie über die Entscheidung für die Wahl einer Projektmanagement-Software an. Auf der Grundlage des Marktspiegels für Projektmanagement-Software von Dworatschek und Hayek (/1/) wird für eine Extraktion von 407 Kriterien, und für drei Experten, das Experton ermittelt, mit dem es dann möglich ist, dasjenige Softwarepaket zu selektieren, das der repräsentativen Gesamteinschätzung der Experten am besten entspricht.

2. Was ist ein Experton?

Für die Einschätzung bzw. Bewertung einer gegebenen Anzahl von Kriterien $K_1, K_2, ..., K_n$ durch einen oder mehrere Experten gibt es die verschiedensten Ansätze, die aus der Entscheidungstheorie und Nutzwertanalyse wohlbekannt sind. Weitgehend verlangen diese Ansätze eine präzise, punktuelle Angabe eines Skalenwerts. Je nach Grad der qualitativen Ausprägung eines Merkmals ist ein Experte häufig nicht in der Lage oder auch nicht willens, sich auf einen eindeutigen Skalenwert festzulegen bzw. festlegen zu lassen. Er würde vielmehr seine Einschätzung mit dem Hinweis ablehnen, daß er nicht in der Lage ist, eine exakte Bewertung vorzunehmen. Läßt man ihm jedoch mehr Spielraum in Form eines Skalenintervalls, der ihm erlaubt, seine Unsicherheit durch die Spanne des Intervalls zum Ausdruck zu bringen, so wird er eher geneigt sein, seine Merkmalsbeurteilung abzugeben.

Im Zentrum dieser Arbeit steht die Frage, wie aus Bewertungen von Merkmalen durch verschiedene Experten ein größtmöglicher Grad an übereinstimmender Beurteilung festgestellt werden kann. Dies ist eine Grundproblematik, die in verschiedensten Entscheidungssituationen auftritt. Beispielsweise stehe ein Unternehmen vor einer größeren Investitionsentscheidung: Die Investitionsalternativen sind im Hinblick auf wichtige Entscheidungsgrößen bekannt, sodaß der Entscheidungsträger seine Experten

(Abteilungsleiter, Projektleiter o. ä.) zur Abgabe von Einschätzungsintervallen veranlassen kann. Naturgemäß werden diese Einschätzungen aufgrund bereichsspezifischer Sichtweisen differieren, sodaß sich für den Entscheidungsträger die Frage sowohl nach dem größtmöglichen Konsens, als auch nach der größtmöglichen Dissonanz im Hinblick auf die Beurteilung der Kriterien stellt. Insbesondere diejenigen Kriterien mit stark differierendem Expertenurteil werden dadurch für den Entscheidungsträger transparent und können dann nochmals auf ihre Formulierung, Abgrenzung und Entscheidungsrelevanz überprüft werden.

Nehmen wir an; von m Experten seien für n Kriterien K_1, K_2, ..., K_n in einer Intervallmatrix vom Typ mxn erfaßt, wo jedes Matrixelement ein Intervall mit einer Unter- und Obergrenze darstellt. Die Intervallangaben seien aus der Menge $\{i \cdot 10^{-1}/i = 0, 1, ..., 10\}$. Analog zum Vorgehen bei Kaufmann (/3/), S. 19, werden die 11 Bewertungsniveaus 0,0.1,...0.9,1.0 in den Matrixspalten für beide Intervallgrenzen ausgezählt. Man erhält eine entsprechende mxn-Intervallstruktur mit den Häufigkeiten des Auftretens eines Bewertungsniveaus für jedes Kriterium (Matrixspalte 1 bis n). Nach Division jedes Häufigkeitswerts mit der Anzahl der Experten (m) erhält man ein entsprechendes Tableau mit Laplace-Wahrscheinlichkeiten $\left[\underline{a}_{ij}, \overline{a}_{ij}\right]$, $i = 0,...,10$; $j = 1,...,m$. Das Experton bestimmt man nun wie folgt:

(a) Setze die Zeile 0 (für das Bewertungsniveau 0) gleich dem Wert 1,

(1)   also $\left[\underline{a}_{oj}^{C}, \overline{a}_{oj}^{C}\right] = [1,1], j = 1,...,n.$

(b) Berechne für jede Spalte j = 1, ..., n und für i = 1, ..., m

$$\underline{a}_{ij}^{C} = 1 - \sum_{k=0}^{i-1} \underline{a}_{kj} \; , i = 1,...,m,$$

$$\overline{a}_{ij}^{C} = 1 - \sum_{k=0}^{i-1} \overline{a}_{kj} \; , i = 1,...,m.$$

Diese Vorschrift ausgeführt, ergibt das Tableau $\left[\underline{a}_{ij}^{C}, \overline{a}_{ij}^{C}\right]$, $i = 1,...,m$; $j = 1,...,n$, der Komplementär-Wahrscheinlichkeiten. Dieses Tableau stellt ein Experton dar. Jede Zeile kann auf dem zugehörigen Bewertungsniveau als repräsentative Gesamteinschätzung der Kriterien K_1, ..., K_n gesehen werden. Das Experton ist in Fahrion (/2/) ausgewiesen.

3. Klassifikation der Kriterien nach maximalem Dissens und größter Übereinstimmung

Bevor wir die Vorgehensweise zur Bestimmung derjenigen Kriterien erläutern, für welche die Expertenbewertung in der Gesamtsicht am stärksten differieren, ist die Form der Erwartungsbildung über einem Experton grundsätzlich zu klären. Da wir die Bewertungsintervalle als Vertrauensintervalle in [0,1] auffassen können, und die Intervallwerte als Realisation der Zufallsvariablen μ_{K_j}, $j = 1, ..., n$, zu verstehen sind, kann für ein Kriterium K_j das Erwartungsintervall durch

$$E\left(K_j\right) := \left[E_u = \sum_{i=0}^{10} \mu_i \underline{w}_{ij}, E_0 = \sum_{i=0}^{10} \mu_i \overline{w}_{ij}\right]$$

festgelegt werden, wobei $\mu_i = i \cdot 10^{-1}$, $i = 0, ..., 10$, die Unsicherheitsniveaus des Expertons, und $[\underline{w}_{ij}, \overline{w}_{ij}]$ die Gesamteinschätzung der Experten für Kriterium j auf dem Unsicherheitsniveau μ_i ist.

Diese Erwartungsintervalle sind nicht direkt vergleichbar im Sinne einer '>'-oder '<'-Relation, wir können aber eine Präferenzrelation ' $\succ$ ' bzw. ' $\prec$ 'durch die folgende Fallunterscheidung (Oder-Sonst-Beziehung) festlegen:

$$
\begin{array}{lllllll}
E(K_i) & \succ & E(K_j) & \text{wenn} & & & \\
\text{ODER} & \{ & E_u(K_i) & > & E_u(K_j) & \text{und} & E_o(K_i) & > & E_o(K_j); \\
& & E_u(K_i) & = & E_u(K_j) & \text{und} & E_o(K_i) & > & E_o(K_j); \\
& & E_u(K_i) & > & E_u(K_j) & \text{und} & E_o(K_i) & = & E_o(K_j) \} \\
\text{SONST} & \{ & E^*(K_i) & = & E_u(K_i) & + & \tfrac{1}{2}(E_o(K_i) & - & E_u(K_i)), \\
& & E^*(K_j) & = & E_u(K_j) & + & \tfrac{1}{2}(E_o(K_j) & - & E_u(K_j)), \\
& & & \text{und} & E^*(K_i) & > & E^*(K_j) \}
\end{array}
$$

K_i hat also eine größere Bedeutung als K_j, wenn $E(K_i) \succ E(K_j)$ im Sinne dieser Fallunterscheidungen gilt. Wenn wir nun die berechneten $E(K_i)$, $i = 1, ..., n$, im Sinne dieser Präferenzrelation absteigend ordnen, so haben wir eine Rangfolge für die Bedeutung der Gesamtbeurteilung der Kriterien gefunden.

Eine zweite Möglichkeit besteht in der Erstellung einer Ähnlichkeitsmatrix für die Erwartungsintervall-Mittelpunkte $E^*(K_i) = E_u(K_i) + \tfrac{1}{2}(E_o(K_i) - E_u(K_i))$. Wir wollen diese Optionen hier nicht weiter verfolgen , sondern uns mit einer anderen Distanzfunktion befassen, die nicht auf den Erwartungswerten $E^*(K_i)$, sondern auf den Einzelintervallen des Expertons operiert. Hierzu betrachten wir m^2 Expertenpaare (Exp-i, Exp-j), $i,j = 1, ..., m$, und bauen für jedes Kriterium K_p, $p = 1, ..., n$, eine mxm-Distanzmatrix

$$
D^{(p)} = \left(d_{ij}^{(p)} \right) = 1/2 \left(g_i \left| \underline{w}_{ip} - \underline{w}_{jp} \right| + \left| \overline{w}_{ip} - \overline{w}_{jp} \right| \right)
$$

auf. Wegen der Betragsbildung sind die Matrizen $D^{(p)}$, $p = 1, ..., n$, symmetrisch. Für jede Matrix $D^{(p)}$ sind daher $\binom{m}{2}$ Elemente zu berechnen (obere Dreiecksmatrix). Je größer die $\left(d_{ij}^{(p)} \right)$ sind, desto stärker weichen die Intervallbewertungen der Experten Exp-i und Exp-j über das Kriterium p ab, desto größer ist deren Dissens über die Einschätzung von Kriterium p.

Um einen unterschiedlichen Stellenwert der Experten in die Analyse mitaufzunehmen, lassen sich gewichtete Distanzmatrizen

$$
D^{(p,g)} = \left(d_{ij}^{(p,g)} \right) = 1/2 \left(g_i \left| \underline{w}_{ip} - \underline{w}_{jp} \right| + g_j \left| \overline{w}_{ip} - \overline{w}_{jp} \right| \right)
$$

berechnen, wobei ein Gewichtungsvektor $g = \left(g_1, g_2, ..., g_m \right)$, mit $0 < g_i \leq 1$, vorzugeben ist.

Entsprechend werden die gewichteten Distanzmatrizen $D^{(2,g)}$, ..., $D^{(n,g)}$ für die Kriterien K_2, K_3, ..., K_n bestimmt. Wir können nun in jeder Distanzmatrix $D^{(p,g)}$ das größte Element bestimmen und haben das zugehörige Expertenpaar, das in seiner Einschätzung über das Kriterium K_p am stärksten differiert. Das größte Element kann mehrfach auftreten, entsprechend viele Expertenpaare wären dann in die weitere Analyse einzubeziehen.

Eine dritte Möglichkeit für die Rangbildung der Kriterien besteht in der Vorgabe eines Schwellenwerts s für die Analyse der Distanzmatrizen $D^{(p,g)}$, p = 1, ..., n. Statt des größten Elements könnte man einen Durchschnittswert aller derjenigen Distanzen berücksichtigen, der nicht kleiner als der Schwellenwert ist. Dies würde einerseits zu einer Abschwächung der Extremabweichungen führen, andererseits eine Miteinbeziehung weiterer Expertenpaare bedeuten, die am repräsentativen Dissens der Experten insgesamt beteiligt sind.

4. Software-Prototyp

Zur schnellen Erzeugung von Expertons und zur Rangung der Kriterien hinsichtlich

- des repräsentativen maximalen Dissens',
- der höchsten Präferenz,

wurde ein Programmsystem in Turbo-Pascal 6.0 entwickelt.

Bei der Eingabe wird nach der Anzahl Experten und nach der Option für die Dokumentation der Einzelschritte gefragt. Anschließend kann der Experte für jedes Kriterium sukzessive seine Intervallbewertung eingeben.

Es wird vorausgesetzt, daß die Kriterien zuvor in einer ASCII-Datei zusammengestellt wurden . Die eingegebenen Intervalle werden als mxn-Matrix (m = Anzahl Experten, n = Anzahl Kriterien) in einer typisierten Datei mit der Dateierweiterung *.EXP abgelegt. Auch kann eine bereits bestehende Intervallmatrix von einer *.EXP-Datei in den Haupspeicher geholt werden. Der Benutzer wird dann zur Eingabe des gewünschten Schwellenwerts aufgefordert. Danach folgt die Ausführung der Berechnungsschritte: (a) Auszählen der Intervalleinträge (Tableau der Häufigkeiten), (b) Laplace-Wahrscheinlichkeiten, (c) Experton, (d) Erwartungsintervalle, (e) Matrix der 'Meinungs'-Distanzen, (f) Rangordnung für die Kriterienpräferenz, (g) Rangordnung der Kriterien für den repräsentativen Dissens der Experten und Feststellung des 'maximalen Dissens', (h) Rangordnung des über dem Schwellenwert liegenden Dissens' (überschwelliger Dissens).

5. Fallstudie: Entscheidung für eine Projektmanagement-Software auf der Grundlage eines Expertons

Das Angebot an Projektmanagement (PM)-Software hat sich in den letzten Jahren aufgrund des wesentlich verbesserten Preis-/Leistungsverhältnisses für Mikrocomputer und Workstations verändert. Im PC-Bereich wird heute PM-Software angeboten, die noch vor zehn Jahren nur auf Großrechnern lauffähig war. PM-Software war bisher aufgrund der Rechenintensität vornehmlich auf Großrechnern lauffähig. Seit dem Erreichen der Leistungsfähigkeit von Großrechnern durch Personalcomputer ist PM-Software auch auf PCs einsetzbar. Ein wichtiger Vorteil ist hierbei die arbeitsplatzbezogene Verwendung der PM-Software. Beispielsweise können die von den Fachabteilungen für die Durchführung eines Projekts abgestellten Mitarbeiter über ihre in einem LAN (local area network) verbundenen Arbeitsplatzrechner stets den aktuellen Projektstand verfolgen oder Änderungen vornehmen. Dies führt insbesondere bei Kleinprojekten zu einer sehr viel besseren Akzeptanz der PM-Software als einem zentral computergestützten Hilfsmittel für die Projektplanung und -verfolgung. Auch ein unternehmenskybernetischer Aspekt entsteht bei dieser direkten Einbindung der Mitarbeiter in das Projektgeschehen. Ein Entscheidungsträger in einem Unternehmen sieht sich heute mit einer großen Zahl von PM-Softwarepaketen konfrontiert, die sich in der Preisspanne zwischen DM 2000,- und DM 100 000,-, bei einem sehr differenzierten Leistungsprofil, bewegen. Zwar sind die einzelnen PM-Systeme meist ordentlich dokumentiert, aber aufgrund der Vielzahl und Verschiedenartigkeit ist ein potentieller Anwender mit der Selektion des für seine Anforderungen geeigneten Systems überfordert. Es gibt allerdings Orientierungshilfen, die von der Gesellschaft für Projektmanagement (GPM) als Mitglied der INTERNET (International Project Management Association) und vom Institut für Projektmanagement und Wirtschaftsinformatik (IPW) der Universität Bremen, in Form eines Marktspiegels für PM-Software erstellt wurden. Die GPM bemüht sich satzungsgemäß um den anwenderfreundlichen Einsatz von PM-Methoden in der Industrie, Verwaltung und Wissenschaft. Das IPW hat in den Jahren 1985-1989 im Rahmen von Lehrprojekten/Diplomarbeiten PM-Software auf Mikrocomputern getestet und eine Bewertung auf der Grundlage eines Kriterienkatalogs vorgenommen. Dieser Katalog ist im Laufe der Jahre sukzessiv erweitert worden und umfaßt heute mehr als 600 Kriterien. Weiterhin enthält der Marktspiegel eine detaillierte Beschreibung und Leistungsprofile der heute auf dem Markt erhältlichen PM-Software-Systeme für Mikrocomputer.

In der Praxis des Projektmanagements unterscheidet man heute im wesentlichen vier Gruppen: (1) Software zur Netzplantechnik mit der Durchführung der progressiven und retrograden Rechnung, unter Einbeziehung der Kosten- und Kapazitätsplanung; (2) Software für Kosten-Controlling und zu Risikoanalysen; (3) Textverarbeitung, Tabellenkalkulation, Datenbanken (integrierte Software), (4) Teachware und CBT (Computer Based Training) für Weiterbildungszwecke. Im Rahmen eines 'Thesenmarkts' wurde zu zwanzig Themen über den Einsatz des Mikrocomputers im Projektmanagement eine Erhebung auf der Basis einer 5-Punkte-Skala durchgeführt (siehe Dworatschek und Hayek (/1/), S. 23 - 29).

Der Kriterienkatalog zur besseren Entscheidungsfindung im Hinblick auf ein bestimmtes Anforderungsprofil wurde bei Dworatschek/Hayek unter der Zielsetzung erstellt, alle Kriterien möglichst operationalisierbar zu gestalten. Daher zeigt die Klassifikation eine sehr tiefe Gliederung mit weitgehend binären Ausprägungen, bis auf einige quantitative Größen (wie z. B. Preis oder Hauptspeichergröße). Dworatschek und Hayek sprechen von Erfahrungen mit anderen Kriterienkatalogen, die vornehmlich globale Merkmale, wie z. B. Einschätzungsgrade betrachten, die für die Kostenplanung kaum operationalisierbar sind. An dieser Stelle sei die Verwendung des methodischen Instruments 'Experton' empfohlen. Dies umso mehr, da die Kriterienbewertungen der Projektmitarbeiter, die aus verschiedenen Fachabteilungen kommen, sehr unterschiedlich sein können. Die Erstellung eines Experton bedeutet jedoch die Zusammenführung dieser individuellen Einschätzungen zu einer repräsentativen Gesamtsicht der Kriterien. Die Möglichkeit der anschließenden Rangbildung nach dem maximalen Dissens (wie in Abschn. 4 ausgeführt) eröffnet dem Entscheidungsträger die Möglichkeit, das Selektions- bzw. Entscheidungsproblem auf wenige kritische Kriterien zu konzentrieren, über die der Dissens zwischen den Fachleuten/Projektmitarbeitern/Personal aus den Fachabteilungen am größten ist.

Wir wollen uns hier auf eine Auswahl von 407 aus den bereits erwähnten 600 Kriterien bei Dworatschek und Hayek (1992), S. 186 - 241, konzentrieren. In zwei Runden wurden diese Kriterien von jeweils drei Mitarbeitern (am Lehrstuhl für Wirtschaftsinformatik, Wirtschaftswissenschaftliche Fakultät der Universität Heidelberg) bewertet.

Das Leistungsprofil für Projektmanagement-Software umfaßt die folgenden Kriteriengruppen (siehe Übersichtsdarstellung bei Dworatschek und Hayek (1992), S. 48):

→ Hersteller und Lieferanten

→ Erforderliche Hardware

→ Allgemeine Informationen zur PM-Software

→ Projektstrukturierung

→ Aspekte der Planung und Terminkontrolle

→ Kostenplanung und -kontrolle

→ Kapazitätsplanung und -kontrolle

→ Art der Dateneingabe und -ausgabe

→ Dokumentation und Schulung

→ Wirtschaftlichkeitsbetrachtungen

Nach der Eingabe der Bewertungsintervalle stand ein 3 x 407-Tableau zur Verfügung, das ausgezählt, und mit dem - wie in Abschnitt 2 beschrieben - ein Experton der Dimension 11 x 407 erzeugt werden konnte. Aus Gründen der Unübersichtlichkeit und des Umfangs verzichten wir hier auf die Ausgabe der Tableaus, und konzentrieren uns vielmehr auf die Rangfolge der Kriterien, im Hinblick auf

→ die höchste gemeinsame Präferenz der drei Experten, wie in Abschnitt 4 ausgeführt,

→ die höchste gemeinsame gemittelte Präferenz der drei Experten durch Berechnung der Mittelpunkte der Erwartungsintervalle und anschließender Sortierung nach der Größe dieser Intervallmittelpunkte,

→ den maximalen Dissens durch Bestimmung des größten Elements in der Distanzmatrix zu jedem Kriterium, und der anschließenden Sortierung (absteigend).

→ den 'überschwelligen' Dissenz bei einem gegebenen Schwellenwert für die Elemente der Distanzmatrizen, durch Mittelung aller Distanzen, die größer oder gleich dem vorgegebenen Schwellenwert sind, sowie anschließender absteigender Sortierung dieser Mittelwerte.

Die vollständigen Listen werden in die ASCII-Dateien *.GEW, *.PRF, *.MXD, *.SWD geschrieben und können auf dem Bildschirm oder Drucker ausgegeben werden. Hier wollen wir uns aus Umfangsgründen auf die Ausgabe der jeweils fünf ersten ranghöchsten Kriterien beschränken.

Der Vergleich der Rangliste hinsichtlich der höchsten Präferenz

Rang	Nummer Kriterium	Klassifikation nach Dworatschek/Hayek	Kriterienbezeichnung [EXPERTON.PRF]
1	397	11.1.1.1	SW-Kaufpreis < 5 TDM
2	375	10.9.2.2	Online-Hilfe: Feldorientiert
3	402	11.1.1.6	Kaufpreis der Benutzer-Handbücher inclusive
4	82	3.4.1.1	Datensicherungsmaßnahmen: Automatische Sicherung
5	56	3.2.6.5	Sprache: In beliebige Software-Sprache übertragbar
⋮	⋮	⋮	⋮

mit der Rangliste der höchsten gemittelten Präferenz

Rang	Nummer Kriterium	Mittelpunkte Erwartungs-intervalle	Klassifikation nach Dworatschek/Hayek	Kriterienbezeichnung [EXPERTON.GEW]
1	93	5.167	3.5.1.6	Module/Funktionen: Kostenplanung
2	27	5.167	2.3.2.3.3.2	Hardware: Farb-Bildschirm
3	28	5.000	2.3.2.3.3.3	Hardware: Grafik-Bildschirm
⋮	⋮	⋮	⋮	⋮
11	400	4.533	11.1.1.4	Anpassungskosten < 1 TDM/Tag
⋮	⋮	⋮	⋮	⋮

zeigt, wie sensitiv die Kriterienselektion und -rangfolge vom Entscheidungskriterium abhängt. Wie man an der Klassifikationsnotation sieht, sind im ersten Fall zwei Kriterien aus der Kriteriengruppe 11 unter

den drei ranghöchsten Kriterien, während im zweiten Fall nur ein Kriterium der Gruppe 11 auf Rang 11 liegt. Außerdem sind die selektierten Kriterienmengen für diese beiden Präferenzprinzipien disjunkt. Dabei muß allerdings berücksichtigt werden, daß sich die etwa fünf Prozent ranghöchsten Kriterien vollständig unterscheiden. Dies deutet auf einen sehr hohen Grad an 'Selektionssensitivität' hin, sodaß für den Entscheidungsträger bei der Beurteilung der repräsentativen Gesamteinschätzung seiner Experten die Wahl des Präferenzkriteriums von besonderer Wichtigkeit ist. Im ersten Fall herrscht unter den Experten größte Einigkeit darüber, daß das PM-Softwarepaket weniger als DM 5000.- kosten soll, im zweiten Fall wird das Vorhandensein eines Programm-Moduls zur Kostenplanung am dringlichsten gesehen.
Sehr viel geringer ist die Selektionssensivität für den maximalen und überschwelligen Dissens. Für die Rangfolge derjenigen Kriterien, über welche die Bewertungen der Experten am stärksten voneinander abweichen, wurden entsprechende Rangfolgen bestimmt. Einzelheiten sind in Fahrion (/2/) ausgeführt. Auch hinsichtlich der Auswertungen mit Schwellenwerten muß aus Umfangsgründen auf Fahrion (/2/) verwiesen werden.

Letztendlich bleibt es bei den hier gezeigten methodischen Möglichkeiten immer noch dem Entscheidungsträger überlassen, wie er die unterschiedlichen Einschätzungen seiner Experten auf der Grundlage eines Experton gewichtet: Interessiert ihn die Dissens-Rangfolge nur für die extremen Abweichungen der Experteneinschätzungen, so wird er die Option 'Maximaler Dissens' wählen, wohingegen er eine Art Grad an Ausgeglichenheit bezüglich verschiedener Meinungsabweichungen über die Option des Schwellenwertes festlegen kann.

Sicherlich ist die Durchschnittsbildung zur Ermittlung des überschwelligen Dissens' weniger informativ, als wenn man etwa eine Gruppierung der Distanzen in eine vorgegebene Anzahl von Gruppen mit gegebener Distanzspanne vornimmt und dann eine gewichtete Durchschnittsbildung über diese Gruppen erzeugt. Auch andere Formen zur Feststellung der Korrelation zwischen den Expertenbewertungen sind denkbar. So können statt der Distanzen auch andere Maße oder Metriken zur Ermittlung der repräsentativen Meinungsabweichung der Experten bezüglich eines Kriteriums herangezogen werden. Diese Möglichkeiten müßten in einer separaten empirischen Untersuchung überprüft werden.

6. Literaturhinweise

/1/ Dworatschek S., Hayek A.
Marktspiegel Projektmanagement Software. Kriterienkatalog und Leistungsprofile, 2. Auflage, Verlag TÜV Rheinland, Köln (1989).

/2/ Fahrion R.
Das Experton als Instrument zur Konsensfindung bei unterschiedlicher Kriterienbewertung. Diskussionsschrift Nr. 180 der Wirtschaftswissenschaftlichen Fakultät , Universität Heidelberg (1992).

/3/ Kaufmann A.
Les Expertons. Traitement informatique de la connaissance. Traité des Nouvelles Technologies, Séries Mathematiques Appliquées.
Hermès, Paris, London, Lausanne (1987).

/4/ Kaufmann A.
Nouvelles logiques pour l'intelligence artificielle.
Hermès, Paris (1987).

/5/ Nagel K.
Nutzen der Informationsverarbeitung. Methoden zur Bewertung von strategischen Wettbewerbsvorhaben, Produktivitätsverbesserungen und Kosteneinsparungen.
2. Auflage, Oldenbourg-Verlag, München (1990).

Kennzahlendatenmodell (KDM)
als Grundlage aktiver Führungsinformationssysteme

Hans-Dieter Groffmann

Universität Tübingen, Lehrstuhl für Wirtschaftsinformatik

Mohlstraße 36, 7400 Tübingen 1

Die zunehmende Komplexität und Dynamik der Umwelt führt dazu, daß sich die Versorgung der Führungskräfte mit aktuellen, qualitativ hochwertigen sowie systematisch vollständigen Informationen kaum noch ohne den Einsatz moderner Informationstechniken erreichen läßt. Ergebnisse empirischer Untersuchungen sowie Erfahrungen im Zusammenhang mit ersten Anwendungen zeigen jedoch, daß ein großer Teil des bedarfsgerechten Informationsangebotes herkömmlicher computergestützter Versorgungssysteme verhaltensbedingt ungenutzt bleibt.

Vor diesem Hintergrund wird in dem Beitrag ein allgemeingültiges Datenmodell betrieblicher Kennzahlen vorgestellt, das die Grundlage neuartiger computergestützter Führungsinformationssysteme bilden kann, die dem Benutzer nicht nur einen äußerst einfachen (natürlichsprachlichen, grafik- oder angebotsorientierten) Zugang zu den im System enthaltenen Informationen ermöglichen, sondern ihm darüber hinaus aktiv (ohne ausdrückliche Anforderung seitens des Benutzers) weitere entscheidungsunterstützende Informationen anbieten können.

Obwohl die Speicherung, die Verwaltung und der Zugriff auf umfangreiche interne und externe Datenbestände die Unternehmen kaum noch vor größere technische Probleme stellt, wird heute zumeist versucht, der steigenden Informationsflut durch Beschränkung auf wenige als wichtig erachtete Informationen zu begegnen, wodurch zugleich der zukünftige Einsatzbereich stark eingeschränkt sein kann. Dies hängt zum einen mit den zugrundeliegenden Datenmodellen und zum anderen mit der Realisierung der Dialogschnittstelle in Form einfacher Menüauswahltechnik zusammen, bei der grundsätzlich alle im Zugriff befindlichen Informationen auch auf dem Bildschirm dargeboten und vom Benutzer ausgewählt werden müssen. Bei einem freien, natürlichsprachlichen Zugang entfällt jedoch der dialogbedingte Zwang zur Informationsreduktion.

Die praktische Umsetzbarkeit des vorgestellten Datenmodells sowie des damit verbundenen Konzeptes der Benutzerschnittstelle aktiver Führungsinformationssysteme wird anhand eines für den Vorstandsvorsitzenden eines konkreten Versicherungsunternehmens prototypisch realisierten Pilotsytems gezeigt.

A SURVEY OF SPECIFICATION FORMALISMS

by

Kees M. van Hee

In the field of Information Systems as well as in Operational Research *models* are made. These models are mainly used for two reasons:

- to *analyze* the system under consideration, i.e. to derive or verify properties of the system

- to *(re-)design* the system, i.e. the model is used as an abstract design of the system

Often a model is used for both purposes.

There are several formalisms to describe models. Most of these formalisms are focussed on specific aspects of a system, for instance the performance. In different areas researchers are trying to integrate formalisms in order to be able to model many different aspects of a system in one formalism. In the talk we will review several formalisms, such as

- specification languages

- process models

- data models

- some OR models

Finally we will sketch an integrated framework based on (high-level) Petri nets, a data model and a Z-like language.

Optimierung organisatorischer Systeme mit Hilfe von Petri-Netzen
- diskutiert am Beispiel einer landwirtschaftlichen Beratungsorganisation -

Ralf Helbig, Institut für Landwirtschaftliche Betriebslehre der Rheinischen
Friedrich-Wilhelm-Universität Bonn, Meckenheimer Allee 174, 5300 Bonn 1

Kurzfassung

Durch die rapiden Innovationsschritte in der Kommunikations- und Informationstechnologie werden die Spitzen im Unternehmen immer häufiger mit Fragen konfrontiert,
die deren Einführung und dadurch bedingte organisatorische Umstrukturierungen betreffen. Allzuoft gibt es für das Management bei derartigen Entscheidungen kaum umfas-
sende Kriterien, die es im Entscheidungsprozeß unterstützt. Ein Experimentieren in
der Praxis wäre zu kostspielig. Folglich werden Informations- und Kommunikations-
technologien oftmals nur suboptimal eingesetzt, da sie entweder nur bisherige
Arbeitsabläufe unterstützen oder nicht optimal in die Organisation integriert sind
und Potentiale ungenutzt bleiben.

Mit den Petri-Netzen wird eine Möglichkeit am Beispiel des überbetrieblichen
Controlling (Arbeitskreise) in der landwirtschaftlichen Beratung eines Bundeslandes
aufgezeigt, wie eine Organisation durch ein Modell im Hinblick auf die Zusammenhänge,
auf ihr Verhalten und auf die Wirkungen von Ressourcenveränderungen untersucht und
optimiert werden kann.

Das Modell wurde mittels des Computerprogramms "Design/CPN" (CPN=Coloured Petri Nets)
umgesetzt. Die Petri-Netze dienten sowohl der Erfassung der kausal-logischen
Zusammenhänge des Systems, als auch der Top-Down-Modellierung. Darüberhinaus ist das
Modell simulationsfähig. Schwachstellen werden somit sowohl aufgrund der
Modellierung, als auch durch das Systemverhalten während der Simulation erkannt.

Um dem Management eine Entscheidungsunterstützung zu geben, wird dieses Netzmodell
weitgehend parametrisiert, eine ansprechende Oberfläche zur Spezifikation der
Parameter generiert und die Simulation animiert, sodaß sofort Schwachstellen, wie
Engpässe, Leerzeiten bei Personal o.ä. sichtbar werden.

Das Modell kann durch die Anzahl der Arbeitskreise und mitglieder, die eingehenden
Informationsmengen und die Informationsfrequenzen spezifiziert werden. Durch die
Variation der Aufgabenverteilung, des Personal- und des Technologieeinsatzes und der
Organisationsstrukturen kann entsprechend der Vorgaben ein Optimum ermittelt werden.

ENTWICKLUNG EINER BIBLIOTHEK WIEDERVERWENDBARER SOFTWAREBAUSTEINE FÜR DIE MATERIALWIRTSCHAFT EINES INDUSTRIEUNTERNEHMENS

Helge Heß, Prof. Dr. A.-W. Scheer
Institut für Wirtschaftsinformatik (IWi), Universität des Saarlandes
Im Stadtwald, D-6600 Saarbrücken 11

Zusammenfassung: Die Wiederverwendung von Software hat sich als einer der wesentlichen Forschungsschwerpunkte herauskristallisiert, um Produktivität und Qualität von Softwareentwicklungen zu steigern. Dieser Beitrag zeigt, wie die Konzepte objektorientierter Entwicklung eingesetzt werden sollten, um Wiederverwendung schon auf der Ebene des Designs einer Anwendung zu realisieren. Insbesondere steht die Zielsetzung im Mittelpunkt, nicht nur wie bisher Standarddatentypen und systemnahe Bereiche (Benutzeroberflächen, Datenbankzugriffe) der Wiederverwendung zugänglich zu machen, sondern domänenspezifische Bausteine für die effiziente Realisierung der fachinhaltlichen Zusammenhänge einer Applikation zu entwickeln. Dies wird für den Bereich der betrieblichen Informationssysteme durch die Entwicklung einer objektorientierten Bausteinbibliothek bzw. eines Frameworks für die Materialwirtschaft von Industrieunternehmen veranschaulicht.

Abstract: Reusability of software is one of the most important research topics for increasing the productivity and quality of software development. This paper demonstrates the use of the features of object-oriented development to reach reusability already at the design level of an application. It will be necessary to reuse not only standard datatypes and classes for areas like user interfaces or database access but to achieve a reuse of domainspecific components for the efficient programming of the domain component of an application. This approach is illustrated for the area of business information systems by the exemplary development of an object-oriented repository of software components respectively a framework for the material management and requirement planning of industrial firms.

1   Wiederverwendung von Software als Ansatz zur Lösung der Softwarekrise

Das Schlagwort von der Softwarekrise skizziert die seit Mitte der Sechziger Jahre gereifte Erkenntnis, daß die bei der Softwareentwicklung verwendeten Konzepte, Methoden und Werkzeuge nicht ausreichend sind, um die anstehenden Aufgaben termingerecht und im Rahmen des genehmigten Budgets zu bewältigen sowie gleichzeitig das angestrebte Qualitätsniveau zu gewährleisten (vgl. /1/). Die Wiederverwendung von Software, worunter ein Entwicklungsprozeß verstanden werden soll, "der nicht jedesmal am Punkt Null aufsetzt, sondern davon ausgeht, daß vorhandene Software dafür verwendet werden kann, um ein neues Softwareprodukt zu entwickeln" (/2/), wird als einer der erfolgversprechendsten Ansätze zur Lösung der Probleme angesehen, die mit der Softwarekrise verbunden sind.

Zur Klassifizierung der Wiederverwendungsansätze hat sich seit einiger Zeit eine Einteilung etabliert, die in *Reusable Patterns* und *Reusable Building Blocks* unterscheidet (vgl. /3/): Reusable Patterns sind als aktive Komponenten zu verstehen, die als Generatoren oder Transformationssysteme die Zielapplikationen erzeugen (d.h. Wiederverwendung von Verfahren zur Herstellung von Software), wohingegen Reusable Building Blocks passive Bausteine kennzeichnen, die nach wohldefinierten Regeln zu Applikationen zusammengesetzt werden. Das in den letzten Jahren große Bedeutung erlangende objektorientierte Paradigma zur Softwareentwicklung bringt eine weitgehende Unterstützung des zweiten Ansatzes mit sich, vom dem somit ein weitaus höheres Erfolgspotential erwartet werden kann und der der nachfolgenden Betrachtung zugrunde gelegt wird.

Für die Vorgehensweise bei der Wiederverwendung (vgl. Abb. 1) bedeutet dies, daß eine Bibliothek alle Design- und Implementierungsergebnisse bereits abgeschlossener Projekte aufnimmt, die auch für nachfolgende Projekte von Bedeutung sein können, wozu u.U. ein Verallgemeinerungsschritt zu durchlaufen ist, um die Nutzbarkeit zu vergrößern.

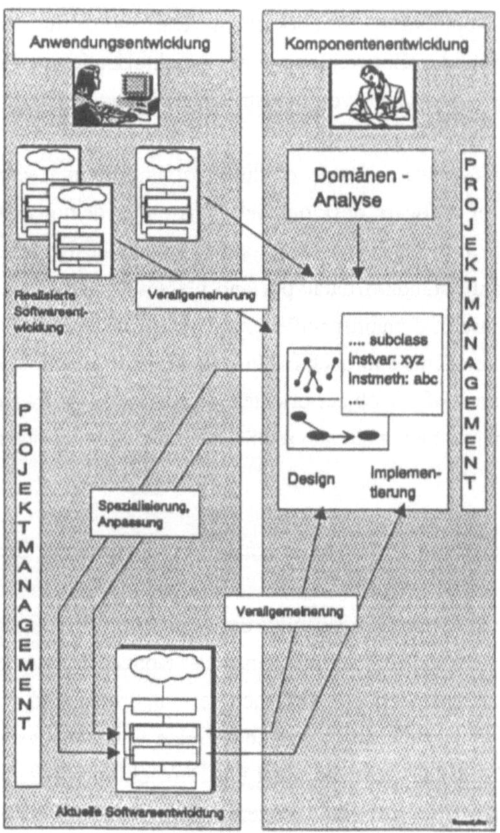

Abb. 1: Grobstruktur des Wiederverwendungsansatzes

Die abgelegten Resultate können von den Entwicklern der aktuellen Projekte genutzt werden, wobei nicht nur eine identische Verwendung, sondern auch Modifikationen und Spezialisierungen zur Anpassung an die aktuellen Projektanforderungen möglich sind. In Weiterentwicklung dieses Ansatzes kann die Bereitstellung wiederverwendbarer Komponenten als eigene Entwicklungsaufgabe definiert werden und insbesondere die überbetriebliche Zusammenarbeit von Unternehmen betrachtet werden. Es ist vorstellbar, daß sich für jeden Anwendungsbereich eine Gruppe hochspezialisierter Softwareanbieter herausbilden wird, deren Ziel es nicht ist, fertige Standardsoftware, sondern Frameworks (vgl. Abschnitt 3) zu liefern, die das Anwendungswissen in Form von Analyse- und Designmodellen (aber auch zugehörigen Implementierungen) bereitstellen.

2 Objektorientierte Entwicklung zur Unterstützung der Wiederverwendung von Software

In diesem Abschnitt wird verdeutlicht, daß objektorientierte Softwareentwicklung als zugrundeliegende Technik enorme Vorteile im Hinblick auf die Wiederverwendung von Software mit sich bringt. (Auf die Beschreibung der Basiskonzepte objektorientierter Entwicklung muß an dieser Stelle verzichtet werden, hier wird auf die umfangreiche Grundlagenliteratur (vgl. /4/, /5/) verwiesen.)

Neben der Verwirklichung einer Reihe von grundlegenden Softwareentwicklungsprinzipien (Änderbarkeit, Erweiterbarkeit, Modularität) durch objektorientierte Entwicklung beruht die Unterstützung der Wiederverwendbarkeit im wesentlichen auf zwei Konzepten:

☐ Die Realisierung des Geheimnisprinzips durch den grundlegenden Charakter eines Objektes führt dazu, daß die internen Daten eines Objektes und deren Repräsentation nach außen vollständig verborgen sind (vgl. Abb. 2). Ein Objekt ist lediglich durch das Senden von Nachrichten zugänglich. Nachrichten führen zur Ausführung von objektspezifischen Methoden, die entweder die Modifikation der internen Daten zur Folge haben, Daten des Objektes an den Absender der Nachricht zurückliefern oder selbst wiederum das Versenden weiterer Nachrichten nach sich ziehen. Dies bedeutet, daß die Änderung der internen Repräsentation eines Objektes für alle Kunden ohne Bedeutung bleibt (solange das Methodenprotokoll (die Menge der akzeptierten Nachrichten) nicht verändert wird).

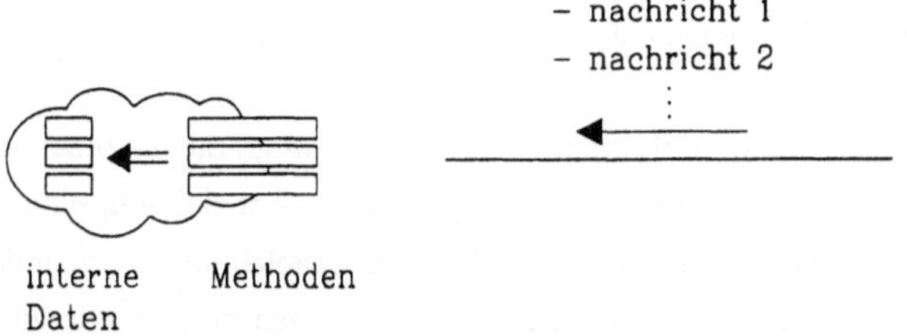

Abb. 2: Realisierung des Geheimnisprinzips

494

❏   Die Definition von Ober-/Unterklassenbeziehungen zwischen Klassen (inklusive der damit
definierten Vererbungsbeziehung) ermöglicht es, Funktionalitäten (durch die Vererbung von
Methoden) und Eigenschaften (durch die Vererbung von Variablen) von bereits existierenden
Klassen auf neu zu definierende Klassen zu übertragen (vgl. Abb. 3). Als wesentlicher Vorteil
folgt daraus, daß bei der Spezialisierung von Oberklassen lediglich die Unterschiede und
Ergänzungen zu spezifizieren sind (Programming by Difference).

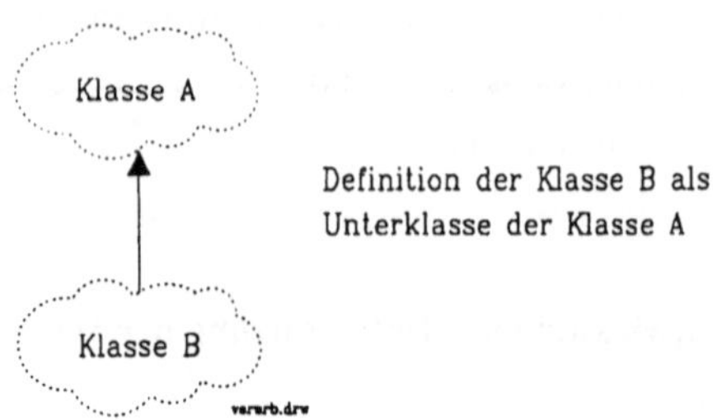

Abb. 3: Vererbungsbeziehung zwischen objektorientierten Klassen

Die Verfügbarkeit des Vererbungskonzeptes macht es möglich (und als anzustrebende Designrichtlinie
auch wünschenswert), die obersten (d.h. allgemeinsten) Positionen einer Vererbungshierarchie mit
sogenannten abstrakten Klassen zu besetzen: Abstrakte Klassen werden nicht benutzt, um zur Laufzeit
des Systems zugehörige Instanzen zu erzeugen, sondern dienen dazu, ein Methodenprotokoll vorzudefi-
nieren, das an alle untergeordneten Klassen vererbt wird und somit wesentlich die Funktionalität eines
Hierarchiebaums bestimmt. Allen Unterklassen obliegt es, den vordefinierten Funktionsumfang klassen-
spezifisch zu interpretieren und für die konkrete Ausgestaltung bzw. Modifikation der Methoden zu
sorgen.

3   Einsatz von Klassenbibliotheken versus Einsatz von Frameworks

Die skizzierte Einfachheit und Eleganz der Wiederverwendung objektorientierter Komponenten legt es
nahe, dem Entwickler zur Effizienzsteigerung erprobte Komponenten zur Verfügung zu stellen und die
aktuelle Entwicklung auf dieser Ausgangsbasis aufbauen zu lassen. Bzgl. der Komplexität und des
Abstraktionsgrades der Komponenten lassen sich zwei Ansätze (die nicht ganz überschneidungsfrei
sind) unterscheiden:

❏   *Klassenbibliotheken* sind als Sammlungen von (programmiersprachenspezifischen) Klassenim-
plementierungen zu verstehen, die in die aktuelle Entwicklung eingepaßt werden können. Die
vordefinierten Klassen sind dabei größtenteils unabhängig voneinander zu verwenden. Zu fast
allen objektorientierten Programmiersprachen werden mittlerweile auch umfangreiche Klassenbibliotheken angeboten.

❏   Dem Konzept des *Frameworks* liegt die Zielsetzung zugrunde, Wiederverwendung auf
Designebene zu realisieren. Ein objektorientierter Framework stellt das abstrakte, programmier-

sprachenunabhängige Design eines Anwendungsbereichs dar. Die vordefinierten Klassen weisen i.a. einen hohen Zusammenhang untereinander auf und beschreiben die Beziehungen und Nachrichtenaustausche innerhalb der untersuchten Domäne (vgl. /6/, /7/). Eine konkrete Applikation ergibt sich aus einem gegebenen Framework, indem neue Klassen (i.a. durch Spezialisierung vordefinierter Klassen) hinzugefügt, Instanzen der Klassen angelegt sowie benötigte Initialisierungen vorgenommen werden. Notationen objektorientierter Designmethoden bieten sich zur Beschreibung eines Frameworks an, wobei die Notwendigkeit einer Standardisierung dieser Beschreibungsmöglichkeiten betont werden muß (vgl. /8/).

Eine Betrachtung der Domänen, die bisher Gegenstand der Entwicklung wiederverwendbarer Komponenten waren, zeigt, daß vornehmlich Standardfunktionalitäten (mathematische Operationen, Statistik, grundlegende Datentypen) und systemnahe Bereiche (Benutzeroberfläche, Datenbankzugriffe) abgedeckt werden. Insbesondere der Bereich der betrieblichen Informationssysteme war bisher nur in ersten Ansätzen (z.B. zur Simulation innerhalb des Fertigungsbereichs (vgl. /9/, /10/)) Zieldomäne der Entwicklung von Klassenbibliotheken bzw. Frameworks. Hier eröffnet sich ein breites Feld der wissenschaftlichen Betätigung, um auch die fachinhaltlichen Zusammenhänge betriebswirtschaftlicher Applikationen der effizienten Entwicklung auf Basis vordefinierter Komponenten zugänglich zu machen.

4 Anwendung auf die Entwicklung betrieblicher Informationssysteme

Am Beispiel der Bereiche Materialwirtschaft und Beschaffung von Industrieunternehmen soll gezeigt werden, daß auch klassische betriebswirtschaftliche Bereiche sinnvolle Domänen der Entwicklung wiederverwendbarer Komponenten darstellen. Es wurde ein Framework entwickelt, der Funktionalitäten anbietet, die sich von der Grunddatenverwaltung über die (programm- und verbrauchsgesteuerte) Materialdisposition, die Lagerverwaltung, die Bestellmengen- und -terminplanung bis hin zur Rechnungsprüfung erstrecken (vgl. Abb. 4). Dies bedeutet nicht, daß funktionale Zerlegung als Ausgangspunkt objektorientierter Entwicklung gesehen wird; die Darstellung dient lediglich als Übersicht über den Funktionsumfang des Frameworks.

Das mit dem Framework gegebene Design des skizzierten Anwendungsbereichs wird dargestellt, indem die Notation der objektorientierten Designmethode Object-Oriented Design (vgl. /11/) verwendet wird. Booch definiert 6 Diagrammtypen, um die statischen und dynamischen Aspekte eines Systementwurfs zu repräsentieren, wovon im folgenden Class- und Object Diagrams genutzt werden:

- **Class Diagrams** zeigen die existierenden Klassen und ihre Beziehungen innerhalb des logischen Entwurfs,

- **Object Diagrams** repräsentieren den Nachrichtenaustausch zwischen den Objekten eines Systems.

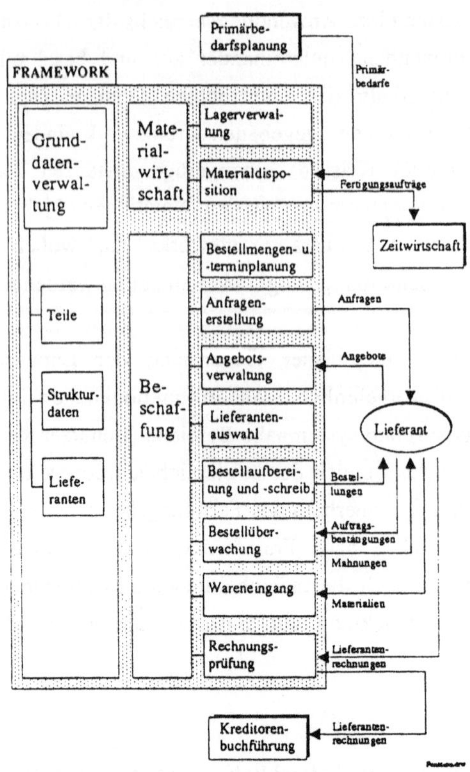

Abb. 4: Funktionsumfang des entwickelten Frameworks

Am Beispiel der programmgesteuerten Materialdisposition soll gezeigt werden, welche Vorgaben der entwickelte Framework anbietet, d.h. welche Klassen definiert wurden und wie die Beziehungen und der vorgedachte Nachrichtenaustausch zwischen den Klassen aussieht. Zielsetzung der programmgesteuerten Materialdisposition ist es, auf der Basis der vorliegenden Primärbedarfe den quantitativen und zeitlichen Bedarf an untergeordneten Baugruppen und Teilen abzuleiten. Dabei bedient man sich der Erzeugnisstrukturen, die in Form von Stücklisten oder Teileverwendungsnachweisen die Zusammenset-zung eines jeden Teils beschreiben. Eine mögliche Vorgehensweise sieht dabei so aus, daß für alle Teile - geordnet nach Dispositionsstufen - und alle Teilperioden des Planungszeitraums die Bruttobedarfe (als Summe aus Primär-, Sekundär-, Zusatz- und verbrauchsgesteuertem Bedarf) berechnet und daraus die Nettobedarfe (unter Beachtung des verfügbaren Bestandes) abgeleitet werden, die letztlich zu Losen zusammengefaßt werden. Die resultierenden Mengen ergeben wiederum unter Beachtung der innerhalb der Erzeugnisstrukturen abgelegten Produktionskoeffizienten und Vorlaufverschiebungen die Sekundär-bedarfe für die untergeordneten Teile (vgl. /12/). Abb. 5 zeigt einen Ausschnitt der dazu innerhalb des Frameworks definierten Klassen (Zur genauen Erläuterung der Notation, vgl. /11/).

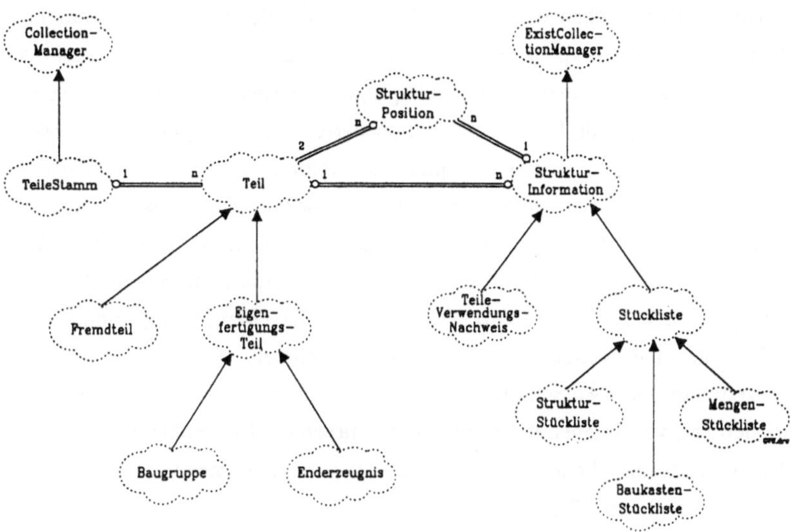

Abb. 5: Class Diagram zur programmgesteuerten Materialdisposition

Die Klasse *TeileStamm* dient zur Verwaltung aller Teile eines Unternehmens, diese werden als Instanzen der Klasse *Teil* abgelegt. Die Klasse *Teil* ist in *Fremdteil* und *EigenfertigungsTeil* und weiter in *Baugruppe* und *Enderzeugnis* spezialisiert. Alle Teile verweisen auf ihre zugehörige Strukturinformation (mit den Unterklassen *Stückliste* und *TeileVerwendungsNachweis*), die in ihren Strukturpositionen die Verweise auf die untergeordneten (bzw. übergeordneten) Teile enthält.

Abb. 6 zeigt den vordefinierten Nachrichtenaustausch zwischen den Klassen, um die angestrebte Funktionalität zu realisieren.

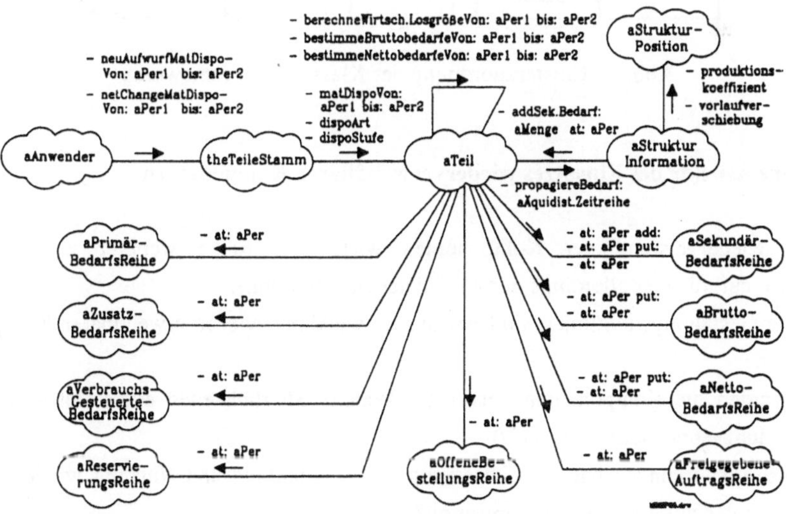

Abb. 6: Object Diagram zur programmgesteuerten Materialdisposition

Der Nachrichtenaustausch zwischen dem Anwenderobjekt und der Instanz von *TeileStamm* stellt die Interaktionsmöglichkeiten dar, um die programmgesteuerte Disposition als Neuaufwurf oder NetChange anzustoßen (vgl. /12/). Als Folge davon werden alle programmgesteuert disponierten Teile aufgefordert, für alle relevanten Teilperioden die Brutto- und Nettobedarfe zu bilden und diese zu Losen zu aggregieren. Die unterschiedlichen dabei eine Rolle spielenden Bedarfe sind als Instanzen eigener Klassen realisiert, auf die jedes Teil verweist und lesenden und schreibenden Zugriff hat (mit Hilfe der Methoden *at: aPeriode*, *at: aPeriode   put: aValue*). Die resultierenden Lose dienen zur Berechnung der Sekundärbedarfe untergeordneter Teile, die zugehörige Strukturinformation eines Teils wird aufgefordert (*propagiereBedarf: aÄquidist.Zeitreihe*), diese Berechnung unter Beachtung der Produktionskoeffizienten und Vorlaufverschiebungen vorzunehmen.

Neben diesem exemplarischen Ausschnitt ist eine Reihe von globalen Sichten auf den entwickelten Framework möglich und von Interesse: Neben der resultierenden Klassenhierarchie macht es Sinn, die definierten Klassen nach inhaltlichen Kriterien zu Clustern zusammenzufassen, um einen besseren Überblick zu gewähren (vgl. Abb. 7).

Abb. 7: Clusterzuordnung der Klassen des Frameworks

5   Weitere Aspekte des Einsatzes wiederverwendbarer Komponenten

Der Einsatz wiederverwendbarer Komponenten wirft eine Reihe weiterer zu beantwortender Fragestellungen auf, die hier allerdings nur aufgelistet werden können:

- Welche Gestaltungsrichtlinien sind bei der Entwicklung wiederverwendbarer Komponenten zu beachten?
- Wie werden die Komponenten verwaltet? Welche Möglichkeiten eines Retrievals erhält der Anwendungsentwickler? (vgl. /13/)
- Welche Auswirkungen hat die Zielsetzung der Entwicklung und Nutzung wiederverwendbarer Komponenten auf die Aufbauorganisation?
- Inwiefern ist das Projektmanagement betroffen?

Literatur:

/1/ Nagl, M.: Softwaretechnik: Methodisches Programmieren im Großen. Berlin et al. 1990.

/2/ Endres, A.: Software-Wiederverwendung: Ziele, Wege und Erfahrungen. In: Informatik-Spektrum, 11 (1988) 2, S. 85-95.

/3/ Biggerstaff, T.J.; Perlis, A.J.: Foreword. In: Transactions on Software Engineering, 10 (1984) 5, S. 474-476.

/4/ Meyer, B.: Objektorientierte Softwareentwicklung. München-Wien 1990.

/5/ Schlüter, P. et al.: Objektorientierte Softwareentwicklung: Konzepte und Terminologie. In: Softwaretechnik-Trends, Mitteilungen der GI-Fachgruppe 'Software-Engineering', 10 (1990) 2, S. 22-44.

/6/ Deutsch, L.P.: Design Reuse and Frameworks in the Smalltalk-80 System. In: Biggerstaff, T.J.; Perlis, A.J. (Hrsg.): Software Reusability, Volume II. Reading et al. 1989, S. 57-71.

/7/ Wirfs-Brock, A. et al.: Reusable Designs - Experiences Designing Object-Oriented Frameworks (PANEL). In: Proceedings of ECOOP/OOPSLA '90, Ottawa 1990, S. 234.

/8/ Heß, H.; Scheer, A.-W.: Methodenvergleich zum objektorientierten Design von Softwaresystemen. In: HMD - Theorie und Praxis der Wirtschaftsinformatik, 29 (1992) 165, S. 117-137.

/9/ Glassey, C.R.; Adiga, S.: Berkeley Library of Objects for Control and Simulation of Manufacturing (BLOCS/M). In: Pinson, L.J.; Wiener, R.S. (Hrsg.): Applications of Object-Oriented Programming. Reading et al. 1990, S. 1-27.

/10/ Zell, M.: Simulationsgestützte Fertigungssteuerung. München 1992. (Veröffentlichung in Vorbereitung)

/11/ Booch, G.: Object-Oriented Design with Applications. Redwood City 1991.

/12/ Scheer, A.-W.: Wirtschaftsinformatik. 3. Aufl., Berlin et al. 1990.

/13/ Heß, H.; Scheer, A.-W.: Retrieval wiederverwendbarer Softwarebausteine. In: Wirtschaftsinformatik, 34 (1992) 2, S. 190-200.

Kritische Erfolgsfaktoren als Methode für Definition und Entwurf
von Management-Informations-Systemen
- dargestellt am Beispiel des privaten Landhandels -

Ulrich Hans Kuron, Institut für Landwirtschaftliche Betriebslehre der Rheinischen
Friedrich-Wilhelms-Universität Bonn, Meckenheimer Allee 174, 5300 Bonn 1

Kurzfassung

Zur Entwicklung und Implementierung computergestützter betriebswirtschaftlicher Informationssysteme sind im Bereich der Wirtschaftsinformatik verschiedenste Entwurfs-
und Entwicklungsverfahren verfügbar, um die einzelnen Phasen im Lebenszyklus einer
Systementwicklung zu unterstützen. Die Planung und Gestaltung benutzeradäquater Systeme hängt insbesondere vom aktiven Einbeziehen der Benutzer in den frühen Phasen
des Lebenszyklus ab. In der Phase der Systemdefinition ist dabei eine Festlegung der
Anforderungen über die Schnittstelle zum Benutzer von zentraler Bedeutung. Hierbei
erfolgt die Ermittlung der Anforderungen über eine Informationsbedarfsanalyse. Deren
Ergebnisse bilden eine wesentliche Voraussetzung für den Systementwurf.

Im Tagungsbeitrag wird die Methode kritischer Erfolgsfaktoren am Anwendungsbeispiel
'privater Landhandel' als ein Ansatz zur Informationsbedarfsanalyse im Rahmen von Systemdefinition und -entwurf diskutiert. Es erfolgt eine Einführung in die Methode,
die dann für das Untersuchungsobjekt 'privater Landhandel' konkretisiert wird. Zur
Festlegung der Anforderungen an das System wird ein Katalog kritischer Erfolgsfaktoren vorgestellt; für eine ausgewählte Gruppe von Faktoren wird der Informationsbedarf
definiert. In einem Informationsmodell wird für einen Teilbereich des Informationssystems die logische Struktur modelliert. Darüber hinaus werden die Untersuchungsergebnisse kritisch betrachtet, Möglichkeiten und Grenzen sowie (Praxis-)Eignung der Methode für Systemdefinition und -entwurf diskutiert.

Die Methode kritischer Erfolgsfaktoren basiert auf Forschungsergebnissen des Massachusetts Institute of Technology (MIT) und wurde als ein Ansatz zur Informationsbedarfsanalyse und benutzeradäquaten Systemgestaltung entwickelt. Dieser Ansatz hat
sich im Bereich des Software-Engineerings etabliert und wird heute als formales Konzept der Informationsbedarfsanalyse zur Planung und Gestaltung computergestützter
Informationssysteme betrachtet; die Methode kann auf verschiedenen Analyseebenen angewandt werden und ist hierfür jeweils zu präzisieren.

Die vorgestellten Ergebnisse beruhen auf einer empirischen Untersuchung in der privaten Landhandelsbranche, die im Rahmen der (Weiter-)Entwicklung handelsbetrieblicher
Informationssysteme für Führungskräfte durchgeführt wurde. Im Mittelpunkt der Untersuchung standen die Möglichkeiten einer unternehmensweiten und -übergreifenden Integration der Informationsverarbeitung und -bereitstellung.

ENTWURF EINES WISSENSBASIERTEN PLANUNGSSYSTEMS ZUR GESTALTUNG EINER KANBAN–GESTEUERTEN FERTIGUNG

Dipl.-Kfm. Dipl.-Inf. Dr. Richard Lackes

Fernuniversität Hagen
Lehrgebiet Produktions- u. Investitionstheorie (Prof. Dr. Fandel)
Feithstr. 140/AVZII
W 5800 Hagen

z.Z.   Betriebswirtschaftliche Abteilung I
Rheinische Friedrich-Wilhelms Universität Bonn
Adenauerallee 24-42
W 5300 Bonn

Kurzfassung: KANBAN-gesteuerte Fertigungssysteme zielen darauf ab, durch Dezentralisierung von Auftragsentscheidungsbefugnissen und Implementierung einer verbrauchsorienteirten pull-Steuerung die Fertigungssteuerung erheblich zu vereinfachen und dabei zugleich die Lagerkosten zu senken und die Fertigungsflexibilität zu erhöhen. Hierzu sind allerdings zuvor Rahmenbedingungen zu definieren und sicherzustellen, die die Funktionsfähigkeit einer KANBAN-Steuerung gewährleisten sollen. Die Gestaltungsparameter sind neben der Festlegung des Layouts, der Segmentierung der Fertigung und der Bestimmung von Seriengrößen insbesondere die optimale Anzahl der in den selbststeuernden Regelkreisen zirkulierenden KANBAN-Karten.

Zur Unterstützung dieser Gestaltungsentscheidung existieren heuristische, mathematisch-analytische und simulative Lösungsverfahren. Erstere gehen häufig sehr pauschal vor und vernachlässigen zugunsten einer geringen Lösungskomplexität eine Reihe von Einflußparametern. Analytische Verfahren sind zwar in der Lage, die Interdependenzen vollständig abzubilden, führen aber zu hochgradig komplexen und analytisch kaum noch lösbaren Entscheidungsmodellen. Praxisnäher aber aus methodischen Gründen umstritten sind Simulationsverfahren.

In diesem Beitrag soll über eine kombinierte Verfahrensmethodik berichtet werden, bei der mittels eines Modellgenerators ein formalisiertes EDV-Simulationsmodell erstellt und über eine expertensystemähnliche Wissensbasis mit entsprechenden Gestaltungsregeln die Analyse der Simulationsergebnisse durchgeführt und und beurteilt wird. Die Ausgabe besteht dann in Beurteilungen und Vorschlägen zur Verbesserung der Gestaltungsparameter in verbaler benutzerorientierter Sprache. Damit sollte dem Planer eine EDV-implementierte Entscheidungsunterstützung zur Verfügung gestellt werden, ohne daß er selbst ein komplexes Simulationsmodell formal aufstellen und analysieren muß.

EINSATZ EINES OR-VERFAHRENS ZUR BEURTEILUNG DER WIRTSCHAFTLICHKEIT DES EINSATZES VON INFORMATIONSSYSTEMEN

Eberhard Stickel, Stuttgart

Zusammenfassung: In vielen Bereichen ist es heute nicht mehr möglich, den Einsatz von Informationstechnik ausschließlich durch direkt realisierbare Kostenreduktionen zu rechtfertigen. Es überwiegen Nutzeffekte qualitativer Art, wie beispielsweise höhere Arbeitsproduktivität sowie Profilverschiebungen hin zu höherwertigen Tätigkeiten. Darüber hinaus wird der Produktionsfaktor 'Information' für die Wettbewerbskraft der Unternehmen immer wichtiger. Die klassischen Verfahren der Investitions- und Wirtschaftlichkeitsrechnung setzen die Kenntnis detaillierter Ein- und Auszahlungsströme voraus. Insbesondere die Einzahlungsströme, die ja letztlich den Nutzen der Investition determinieren, sind jedoch häufig nur unter großen Schwierigkeiten quantifizierbar. Im Rahmen des Beitrags wird auf das hedonistische Verfahren zur Bewertung von Produktivitätszuwächsen und Tätigkeitsverschiebungen eingegangen. Dieses Verfahren beruht auf bestimmten vordergründig einleuchtenden Prämissen und führt auf ein nichtlineares Optimierungsproblem, welches allerdings unter plausiblen Annahmen leicht gelöst werden kann. Dieses Verfahren wurde im Rahmen der Erstellung eines Systems zur computerunterstützten Sachbearbeitung im Kreditgeschäft einer mittleren Sparkasse eingesetzt. Dabei zeigt es sich, daß die Prämissen des Modells zu restriktiv sind, um eine sinnvolle Modellierung der betrieblichen Realität zu gewährleisten. Deshalb wurde das hedonistische Verfahren entsprechend modifiziert und weiterentwickelt. Das so erhaltene Verfahren wurde zwischenzeitlich in konkreten Projekten erfolgreich eingesetzt.

1 Einleitung

Investitionen in moderne Informationstechnologie können in den meisten Bereichen nicht mehr ausschließlich durch sofort realisierbare Kostenreduktionen gerechtfertigt werden. Ihr effizienter Einsatz führt vielmehr zu höherer Arbeitsproduktivität und zu Verschiebungen der Tätigkeitsprofile. Daneben wird die strategische Bedeutung des effizienten Einsatzes der Informationstechnik ein immer bedeutenderer Erfolgsfaktor. Aufgrund der meist hohen erforderlichen Investitionsmittel kommt Verfahren zur Abschätzung der Wirtschaftlichkeit eine große Bedeutung zu (vgl. /11/).

Die klassischen Verfahren der Investitions- und Wirtschaftlichkeitsrechnung sind im allgemeinen nicht direkt anwendbar, da sie detaillierte Ein- und Auszahlungsströme benötigen. Da qualitative Nutzeffekte überwiegen, sind jedoch insbesondere Einzahlungsströme im allgemeinen nur schwer quantifizierbar (vgl. /1, S. 1 ff./).

Sollen strategische Nutzeffekte berücksichtigt werden, treten weitere Schwierigkeiten auf (vgl. /11/). So sind die Auswirkungen strategischer Informationssysteme im Regelfall erst mittel- bis langfristig spürbar. Aufgrund der hohen Dynamik des Wettbewerbs sind entsprechende Investitionen mit einem hohen Risiko behaftet. Erst in jüngerer Zeit werden Ansätze zur Quantifizierung strategischer Nutzeffekte in der Literatur diskutiert (vgl. /2/, /6/, /10/). Insbesondere in /10/ wird dabei ein praktisch verwertbares Verfahren vorgestellt. Die Ansätze in /2/ und /6/ basieren auf dem Studium bestehender Anwendungen und versuchen über Analogieschlüsse eine Übertragung auf die konkret zu beurteilende Situation.

Basis für alle Verfahren ist jedoch zunächst die Abschätzung qualitativer Nutzeffekte (vgl. /10, S. 28-29/, /11/). Dazu werden in /13/ und /14/ mehrere Verfahren analysiert und auf die Realitätsnähe ihrer Prämissen untersucht. Es zeigt sich, daß nur das hedonistische Modell realistische Ergebnisse liefern kann, da es als einziges Verfahren neben Produktivitätszuwächsen auch Verschiebungen der Tätigkeitsprofile berücksichtigt (vgl. /13/). Dieses Verfahren wird im folgenden vorgestellt. Der dritte Abschnitt stellt auf Basis einer Fallstudie Probleme beim Praxiseinsatz vor. Auf die bereits oben erwähnte Erweiterung des Verfahrens wird in Abschnitt 4 eingegangen. Dabei wird ein in /15/ vorgestellter Ansatz weiter verfeinert. Abschnitt 5 enthält eine zusammenfassende Diskussion der Ergebnisse.

2 Das Hedonistische Modell

Die theoretischen Grundlagen des hedonistischen Modells wurden in /12/ entwickelt. In /13/ wurde das Verfahren auf die oben skizzierte Problemstellung der Nutzenbewertung angwandt. Zwischenzeitlich wird das Verfahren auch im deutschsprachigen Raum mit Erfolg eingesetzt (vgl. /4/, /5/, /8/, /15/). Die Prämissen des Modells lauten wie folgt:

1. Das Unternehmen setzt seine vorhandenen personellen Ressourcen in optimaler Weise ein. Mitarbeiter können sofort eingestellt oder freigesetzt werden. Außer einer möglichen Budgetbeschränkung greifen keine weiteren Restriktionen.

2. Es ist möglich, die Beschäftigten des Unternehmens in Mitarbeiterklassen $M_1, \ldots, M_n$ einzuteilen. Die ausgeführten Tätigkeiten lassen sich analog in Tätigkeitsklassen $T_1, \ldots, T_n$ einteilen. Insbesondere hat jede Mitarbeiterklasse eine für sie charakteristische Tätigkeit. Folglich kann eine Gruppe von Beschäftigten auch über ihr Tätigkeitsprofil beschrieben werden.

3. Es sind hinreichend viele Aktivitäten jeder Tätigkeitsklasse vorhanden. Eventuelle Arbeitszeit, die beispielsweise wegen höherer Mitarbeiterproduktivität eingespart wird, kann anderweitig zum Nutzen des Unternehmens eingesetzt werden.

4. Die Mitarbeiter setzen ihre Arbeitskraft in effizienter Weise ein.

Mit diesen Prämissen kann ein formales Optimierungsmodell aufgestellt werden. Dieses wird im folgenden skizziert. Es bezeichne

$$a = (a_1, \ldots, a_n)^{\mathrm{T}} \tag{1}$$

die Aktivitäten, die innerhalb der Unternehmung beziehungsweise innerhalb des zu untersuchenden Teilbereichs anfallen. Der Vektor

$$w = (w_1, \ldots, w_n)^{\mathrm{T}} \tag{2}$$

mit der Komponente w_i bezeichne die zur Verfügung stehende Kapazität der i-ten Mitarbeitergruppe. Dabei wird bei den Vektoren a und w jeweils die gleiche Maßeinheit (etwa Personenjahre, Personenmonate oder Personentage) verwendet. Die $n \times n$ Matrix $T = (t_{ij})$ stellt die Tätigkeitsprofile der Mitarbeiter dar. t_{ij} bezeichnet dabei den Anteil der Tätigkeitsklasse j an der Arbeitszeit eines Mitarbeiters der Gruppe i. Folglich gilt

$$a = T^{\mathrm{T}} w . \tag{3}$$

Der Skalar B stehe für ein eventuell vorhandenes maximales Budget, während

$$c = (c_1, \ldots, c_n)^{\mathrm{T}} \tag{4}$$

als Kostenvektor die Personalkosten eines Mitarbeiter einer bestimmten Gruppe beschreibt. Mit $u = u(a)$ wird schließlich die explizit in den meisten Fällen nicht bekannte Nutzenfunktion bezeichnet. Sie ordnet jedem Aktivitätsniveau a den jeweiligen Nutzen $u(a)$ zu.

Gemäß der erste Prämisse hat die Unternehmung das folgende Optimierungsproblem zu lösen:

$$\max_w u(a) - c^{\mathrm{T}} w \tag{5}$$

unter den Nebenbedingungen

$$a = T^{\mathrm{T}} w , \qquad c^{\mathrm{T}} w \leq B , \qquad w \geq 0 . \tag{6}$$

Zur Lösung dieses Problems bezeichne

$$L(w, \lambda) = u \left(T^{\mathrm{T}} w \right) - c^{\mathrm{T}} w + \lambda (B - c^{\mathrm{T}} w) \tag{7}$$

die zugehörige Lagrange-Funktion. Berücksichtigt man zusätzlich, daß in praktischen Anwendungen im Optimum sicher $w > 0$ gilt (also sind von jeder betrachteten Mitarbeiterklasse auch tatsächlich Mitarbeiter vorhanden), so sind die Optimalitätsbedingungen nach dem Theorem von Kuhn und Tucker (vgl. dazu /9, S. 138/) gegeben durch:

$$T\mathrm{grad}\left(u\left(T^\mathrm{T}w\right)\right) - (1+\lambda)c = 0; \tag{8}$$

$$c^\mathrm{T}w - B \leq 0; \tag{9}$$

$$\lambda(c^\mathrm{T}w - B) = 0; \tag{10}$$

$$w \geq 0; \tag{11}$$

$$\lambda \geq 0. \tag{12}$$

Dabei bezeichnet

$$\mathrm{grad}\left(u\left(a\right)\right) = \left(\tfrac{\partial u}{\partial a_1}, \ldots, \tfrac{\partial u}{\partial a_n}\right)^\mathrm{T} \tag{13}$$

den Gradienten der Funktion $u(a)$.

Greift die Budgetrestriktion nicht $(c^\mathrm{T}w - B < 0)$, so ergibt sich die erwartete Gleichgewichtsbedingung

$$T\mathrm{grad}\left(u\left(T^\mathrm{T}w\right)\right) = c. \tag{14}$$

Im Gleichgewicht entspricht dann der Grenznutzen den Grenzkosten. Sonst entspricht der Grenznutzen im Gleichgewicht einem positiven Vielfachen der Grenzkosten.

Wie bereits erwähnt, ist die Funktion u im allgemeinen nicht explizit bekannt. Im Vektor grad(u) beschreibt die i-te Komponente den Grenznutzen der i-ten Aktivität für die Unternehmung. Gemäß den Prämissen entspricht dies also dem Wert, den diese Aktivität für das Unternehmen besitzt.

Nimmt man an, daß die Matrix T invertierbar ist, kann man den Nutzen, den die einzelnen Aktivitäten für die Unternehmung haben, bestimmen, obwohl die Nutzenfunktion u explizit nicht bekannt ist. Man erhält dann

$$\mathrm{grad}\left(u\left(a\right)\right) = T^{-1}(1+\lambda)c. \tag{15}$$

Sinnvollerweise sollte man $\mathrm{grad}\left(u\left(a\right)\right) \geq 0$ voraussetzen. Dies bedeutet, daß keine Aktivität für die Unternehmung einen negativen Grenznutzen besitzt. Sonst besteht ein Widerspruch zur ersten Prämisse, die ja eine optimale Aktivitätenallokation fordert. Man erhält daraus die Abschätzung

$$\mathrm{grad}\left(u\left(a\right)\right) = (1+\lambda)T^{-1}c \geq T^{-1}c, \tag{16}$$

so daß mit $T^{-1}c$ eine untere Abschätzung der hedonistischen Preise gegeben ist. Damit kann auf die explizite Berechnung von λ verzichtet werden. Es sei der Vollständigkeit halber darauf hingewiesen, daß die in der Literatur (vgl. /13, S. 21/ und /8, S. 438-439/) verwendete Abschätzung für λ fehlerhaft ist. Ein Gegenbeispiel findet man in /15, S. 757/.

Nach Einführung des CSB-Systems ergibt sich infolge der Verschiebungen der Tätigkeitsprofile und der eintretenden Produktivitätszuwächse eine modifizierte Matrix $T_M = (t_{ij}^M)$. Um den Wert des CSB-Systems im hedonistischen Modell zu errechnen, wird zunächst die Größe

$$\Delta A = w^\mathrm{T}\left(T_M - T\right) \tag{17}$$

bestimmt. Sie charakterisiert die Verschiebungen des Aktivitätsniveaus nach Einführung des CSB-Systems. Bewertet man diese Größe nun mit dem Vektor der hedonistischen Preise, so erhält man den inkrementellen Nutzen V_λ des Informationssystems. Genauer gilt

$$V_\lambda = w^\mathrm{T}(T_M - T)\mathrm{grad}\left(u\left(a\right)\right) = (1+\lambda)w^\mathrm{T}\left(T_M - T\right)T^{-1}c. \tag{18}$$

Gilt $V_{\hat\lambda} > 0$ für ein $\hat\lambda \geq 0$, so gilt offenbar $V_\lambda > 0$ für alle $\lambda \geq 0$. V_0 ist dann eine untere Abschätzung für den Nutzen des CSB-Systems und kann den entsprechenden Kosten gegenübergestellt werden. Dabei ist zu beachten, daß dieser Nutzen in jeder Periode realisiert werden kann, während die Kosten im Regelfall einmalig anfallen. Dies gilt mit Ausnahme des periodischen

Pflegeaufwands und der Wartung der Systemhardware. Es ist möglich, unter Zugrundelegung eines geeigneten Abzinsungsfaktors $(1+i)^{-1}$ den Barwert des periodisch wiederkehrenden Nutzens zu errechnen und diesen dann den Kosten gegenüberzustellen (vgl. /8, S. 439/). Bezeichnet V den Mehrnutzen nach Einführung des Systems, W die jährlich anfallenden Wartungskosten und I die erforderliche Investition, so ergibt sich bei einer Nutzungsdauer von n Jahren ein Barwert B von

$$B = \left(\sum_{k=0}^{n-1} (V - W)(1 + i)^{-k} \right) - I\,. \tag{19}$$

Gilt $B > 0$, so bringt das CSB-System in jedem Fall einen positiven Gesamtnutzen für das Unternehmen. Gilt $B < 0$, so ist eine abschließende Beurteilung nicht möglich, da eventuelle strategische Vorteile, wie Verbesserung der Wettbewerbskraft u.ä., noch überhaupt nicht berücksichtigt worden sind. Ebenso ergibt sich nach Einführung des Systems im Regelfall eine neue optimale Allokation der Arbeitskräfte. Dies eröffnet eventuell weitere Kostensenkungspotentiale (mittelfristige Freisetzung von Arbeitnehmern). Andererseits werden die resultierenden Strukturverschiebungen zu Forderungen der Arbeitnehmer nach Höhergruppierung führen. Gleichung (19) verdeutlicht nochmals den Hauptzweck der hedonistischen Methode: Qualitative Nutzeffekte werden in Form von Einzahlungsströmen quantifiziert, so daß die klassischen Verfahren der Investitionsrechnung anwendbar werden.

3 Der Einsatz des Verfahrens in der Praxis

Mit dem oben diskutierten hedonistischen Verfahren soll im folgenden der Nutzen eines Systems zur computerunterstützten Sachbearbeitung im Kreditgeschäft einer Sparkasse mittlerer Größe (Bilanzsumme 1989: 8 Mrd. DM) abgeschätzt werden. In Anlehnung an /3, S. 19 ff./ werden dabei die folgenden Klassen von Beschäftigten unterschieden:

SD: spezialisierter dispositiver Sachbearbeiter (Filialleiter, leitender Kundenberater); entspricht M_1.

ED: einfacher dispositiver Sachbearbeiter (Kundenberater); entspricht M_2.

SA: spezialisierter ausführender Sachbearbeiter (Kundenbediener am Schalter, Sachbearbeiter im Backoffice-Bereich); entspricht M_3.

EA: einfacher ausführender Sachbearbeiter (Kassierer, Sekretariatstätigkeit, Bürohilfstätigkeit); entspricht M_4.

Dispositiven Sachbearbeitern werden Aufgaben eines bestimmten fachlich eingegrenzten Aufgabenbereiches übertragen. Sie erhalten bei deren Abwicklung Beurteilungsspielräume sowie Handlungs- und Entscheidungskompetenzen. Beim spezialisierten dispositiven Sachbearbeiter kommen bestimmte Managementaufgaben wie Planung, Steuerung und Kontrolle im Rahmen seines Verantwortungsbereiches hinzu. Für die ausführende Sachbearbeitung ist die Arbeit nach vorgegebenen Anweisungen charakteristisch. Dominierend sind insbesondere wiederkehrende Prüf- und Kontrolltätigkeiten sowie die Vor- und Nachbereitung von Geschäftsvorfällen. Der spezialisierte ausführende Sachbearbeiter ist dabei generell mit Tätigkeiten höherer Komplexität betraut als ein einfacher ausführender Sachbearbeiter. Für die Tätigkeitsmatrix $\bar{T} = (t_{ij})$ wurde durch detaillierte Zeitaufschreibungen

$$T = \begin{pmatrix} 0.26 & 0.21 & 0.27 & 0.20 \\ 0.22 & 0.24 & 0.22 & 0.26 \\ 0 & 0 & 0.38 & 0.50 \\ 0 & 0 & 0.03 & 0.80 \end{pmatrix} \tag{20}$$

ermittelt. Jede Zeile entspricht einer Mitarbeiterklasse. Jede Spalte entspricht einer Tätigkeitsklasse, wobei auf der Diagonalen jeweils die charakteristische Tätigkeit der jeweiligen Mitarbeiterklasse steht. Es zeigt sich, daß dispositive Sachbearbeiter einen wesentlichen Teil ihrer Arbeitszeit mit niederwertigeren Tätigkeiten verbringen. Dies soll durch die Einführung des CSB-Systems geändert werden. Die Werte für den Kostenvektor c wurden unter Berücksichtigung entsprechender Zuschläge aus dem Bundesangestelltentarif (BAT) entnommen (vgl. /15, S. 752/). Es ergab sich

$$c^{\mathrm{T}} = (\,120.000, 100.000, 80.000, 60.000\,)\,. \tag{21}$$

Man erhält für den Vektor der hedonistischen Preise in DM nach (16):

$$x^{\mathrm{T}} = (\,375.163, -111.547, 117.647, 70.588\,)\,. \tag{22}$$

Dies stellt offenbar ein unsinniges Ergebnis dar. Man muß wohl davon ausgehen, daß die Prämissen des hedonistischen Modells nicht erfüllt sind. Eine detaillierte Untersuchung ergab, daß keine Budgetrestriktion, sondern Verfügbarkeitsrestriktionen der Form $w_i \leq v_i$ vorlagen. Es war für das Institut nicht möglich, am Arbeitsmarkt in genügender Zahl dispositive Sachbearbeiter zu finden. Ausschlaggebend dafür ist unter anderem sicherlich das niedrige Gehaltsniveau bei öffentlich rechtlichen Instituten, welches durch den BAT relativ fest vorgegeben ist. Diese Rahmenbedingungen mußten als mittelfristig unveränderbar akzeptiert werden. Der Mitarbeitereinsatz war insoweit durchaus als optimal zu bezeichnen.

4 Modifikation des hedonistischen Verfahrens

Es sollen nun außer einer eventuellen Budgetrestriktion explizit weitere Restriktionen im Modell berücksichtigt werden. Wir betrachten jetzt das Optimierungsproblem

$$\max_w\ u(a) - c^{\mathrm{T}}w \tag{23}$$

unter den Nebenbedingungen

$$a = T^{\mathrm{T}}w\,, \qquad g(w) \leq 0\,, \qquad w \geq 0\,. \tag{24}$$

Dabei sei $g : R^n \longrightarrow R^m$ konvex und hinreichend glatt. Wir nehmen zusätzlich an, daß

$$\mathrm{grad}(g_i(w)) \geq 0 \qquad \forall i = 1, \ldots, m \tag{25}$$

gilt. Dies ist bei Budgetrestriktionen $c^{\mathrm{T}}x - B \leq 0$ und Verfügbarkeitsrestriktionen der Form $w_i \leq v_i$ immer der Fall. Unter Verwendung der Kuhn-Tucker-Bedingungen erhält man bei Vorliegen der Slater-Bedingung (vgl. /10, S. 131 ff./) und unter Berücksichtigung von $w > 0$ und $\lambda_i \geq 0$ für $i = 1, \ldots, m$ die Abschätzung

$$T\mathrm{grad}\,(u(a)) = c + \sum_{i=1}^{m} \lambda_i \mathrm{grad}\,(g_i(w)) \geq c\,. \tag{26}$$

Dies führt auf das lineare Programm

$$\min_{x \geq 0}\ V(x) = w^{\mathrm{T}}(T_M - T)\,x \tag{27}$$

mit den Nebenbedingungen

$$Tx \geq c\,, \qquad x_1 \geq \ldots \geq x_n \geq 0\,. \tag{28}$$

Bei der Lösung dieses Problems ist man nicht an den Werten des optimalen Vektors x^* interessiert sondern ausschließlich am Wert der Zielfunktion $V(x^*)$ im Minimum. Dieser Wert gibt offenbar eine Untergrenze für den Wert des CSB-Systems an. Die letzte Nebenbedingung in (28) schränkt den zulässigen Bereich weiter ein. Es wird unterstellt, daß höherwertige Aktivitäten einen höheren hedonistischen Preis besitzen. Dies dürfte sicherlich mit der Realität übereinstimmen. Innerhalb des zulässigen Bereichs liegt der unbekannte Vektor h der hedonistischen Preise mit dem Zielfunktionswert $V(h) \geq V(x^*)$. Folglich wird versucht, die unbekannte Größe $V(h)$, die für den Nutzen des Systems steht, nach unten abzuschätzen.

Wir wenden dieses Optimierungsproblem auf auf den Fall des bereits behandelten CSB-Systems an. Für die Ermittlung der Tätigkeitsmatrix T_M, die das Profil nach Einführung des CSB-Systems charakterisiert, kann auf entsprechende Untersuchungen in der Literatur (vgl. etwa /7, S. 71/) zurückgegriffen werden. Die Schätzproblematik wird detailliert in /5/ und /15, S. 752 f./ diskutiert. Es ergab sich

$$T_M = \begin{pmatrix} 0.46 & 0.26 & 0.17 & 0.10 \\ 0.25 & 0.44 & 0.18 & 0.11 \\ 0 & 0 & 0.72 & 0.24 \\ 0 & 0 & 0.11 & 0.84 \end{pmatrix}. \tag{29}$$

Die Lösung des Optimierungsproblems ergibt dann unter Verwendung von $w = (1,3,3,2)^T$ (Untersuchungseinheit war eine Filiale des Instituts) den Wert

$$V(x^*) = 82.979 \text{ DM}. \tag{30}$$

Es bleibt anzumerken, daß das eben skizzierte Optimierungsproblem natürlich nur eine untere Abschätzung liefern kann. Dabei ist es schwierig beziehungsweise unmöglich, über die Güte dieser Abschätzung vernünftige Aussagen zu machen. Häufig können jedoch zusätzliche Informationen zu einer Verbesserung des Schätzwertes herangezogen werden. Allerdings wird dies immer nur unter Berücksichtigung des konkreten Untersuchungsumfelds möglich sein. Es wird verwendet, daß $\lambda_i = 0$ gilt, falls die i-te Restriktion nicht greift.

Dies soll anhand des CSB-Systems verdeutlicht werden. Eine detaillierte Untersuchung ergab, daß keine Budgetrestriktion, wohl aber zwei Verfügbarkeitsrestriktionen für Mitarbeiter aus den Tätigkeitsgruppen SD und ED vorlagen. Es gilt also $w_1 \leq v_1$ und $w_2 \leq v_2$. Aufgrund der Linearität der Nebenbedingungen ist die Slater-Bedingung natürlich erfüllt. Man erhält nun in Analogie zu Abschätzung (26) die Beziehung

$$T\text{grad}\,(u\,(a)) = c + \begin{pmatrix} \lambda_1 \\ \lambda_2 \\ 0 \\ 0 \end{pmatrix}. \tag{31}$$

Das Optimierungsproblem

$$\min_{x \geq 0} V(x) = w^T (T_M - T)\, x \tag{32}$$

mit den Nebenbedingungen

$$Tx + \begin{pmatrix} \lambda_1 \\ \lambda_2 \\ 0 \\ 0 \end{pmatrix} = c, \qquad x_1 \geq \ldots \geq x_n \geq 0, \qquad \lambda_1, \lambda_2 \geq 0. \tag{33}$$

ergibt dann wieder mit $w = (1,3,3,2)^T$ die Lösung

$$V(x^*) = 156.290 \text{ DM}. \tag{34}$$

Dieser Wert ist erwartungsgemäß höher als der Wert in (30). Erneut ist zu beachten, daß diese Größe prinzipiell in jeder Periode des Systemlebenszyklus realisiert werden kann.

5 Zusammenfassung

Methoden zur Bewertung der Wirtschaftlichkeit des Einsatzes der modernen Informationstechnik sind unverzichtbar. Die klassischen Methoden der Investitionsrechnung sind nicht direkt einsetzbar. Vielmehr bedarf es der Entwicklung von Modellen, welche qualitative Effekte in geeignete Zahlungsströme abbilden. Zu diesem Zweck wurde das hedonistische Verfahren entwickelt. Die entsprechenden Prämissen des Modells erweisen sich im Praxiseinsatz als sehr restriktiv. Deshalb wurde im vorliegenden Aufsatz eine praxistaugliche Erweiterung vorgestellt. Ebenso wurde gezeigt, wie weitere Informationen über den Untersuchungsgegenstand in das Modell eingebracht werden können. Natürlich sind derartige Modellrechnungen immer um Sensitivitätsanalysen zu ergänzen. Dies stellt unter Berücksichtigung der heute verfügbare Software für lineare Programme allerdings kein Problem dar. Als problematisch erweist sich immer noch die Ermittlung der modifizierten Strukturmatrix T_M, welche die Tätigkeitsprofile nach Einführung des Informationssystems beschreibt. Hilfreich sind hier Ergebnisse durchgeführter und repräsentativer Untersuchungen (siehe etwa /7/; insbesondere kann man die dortigen Resultate auch als zu realisierende Vorgabe verstehen) oder der Einsatz von Simulationstechniken (siehe dazu /5/).

Literatur

/1/ Anselstetter, R.
Betriebswirtschaftliche Nutzeffekte der Datenverarbeitung.
Berlin: Springer-Verlag (1984)

/2/ Clemons, E.
Evaluation of Strategic Investments in Information Technology.
Communications of the ACM 1, 22-36 (1991)

/3/ Czech, D., Schumm-Garling, U., Weiß, G.
Rationalisierte Sachbearbeitung im Bankgewerbe.
Frankfurt: Campus-Verlag (1988)

/4/ Deiss, G., Heymann, M.
Die Investition in Bürokommunikation - Wesen und Wege einer Rechtfertigung.
ZfB 58 H. 10, 1072-1089 (1988)

/5/ Eiperle, G.
Gestaltung der Bürokommunikation durch Vorgangssimulation - eine Fallstudie.
Information Management 2, 42-49 (1992)

/6/ Gongla, P., Sakamoto, G., Bach-Hock, A., Goldweic, P., Ramos, L., Sprowls, R. C., Kim, C.-K.
S*P*A*R*K*: A knowledge-based system for identifying competitive uses of information technology.
IBM Systems Journal 28 H. 4, 628-645 (1989)

/7/ IBM (Hrsg.)
Management der individuellen Informationsverarbeitung.
Stuttgart (1987)

/8/ Janko, W. H., Pönighaus, R., Taudes, A.
Der Nutzen von Büroautomation - Eine Fallstudie.
Angewandte Informatik 10, 436-445 (1989)

/9/ Kall, P.
Mathematische Methoden des Operations Research. 1. Aufl.
Stuttgart: Teubner-Verlag (1976)

/10/ Liang T.-P., Tang, M.-J.
VAR-Analysis: A Framework for Justifying Strategic Information System Projects.
DataBase, 23 H. 1, 27-35 (1992)

/11/ Nagel, K.
Nutzen der Informationsverarbeitung.
München: Oldenbourg-Verlag (1988)

/12/ Rosen, S.
Hedonic Prices and Implicit Markets: Product Differentiation in Pure Competition.
Journal of Political Economy 1, 34-55 (1974)

/13/ Sassone, P. G.
Cost Benefit Analysis of Information Systems: A Survey of Methodologies.
Technical Paper Georgia Inst. of Technology (1986).

/14/ Sassone, P. G., Schwartz, A. P.
Cost-Justifying OA.
Datamation, February 15, 83-88 (1986)

/15/ Stickel, E.
Eine Erweiterung des hedonistischen Verfahrens zur Ermittlung der Wirtschaftlichkeit des Einsatzes von Informationstechnik.
ZfB 62 H. 7, 743-759 (1992)

REENGINEERING ALS ANSATZ ZUR SOFTWAREINTEGRATION

Clifford T.Y.Tjiok, Tübingen

Zusammenfassung: Die Softwarekrise der Sechziger Jahre erscheint mittlerweile dichotom: als Softwareentwicklungskrise und als Softwarewartungskrise. Die vorliegende Arbeitet soll einen Beitrag zur Integration von Softwarealtsystemen in eine integrierte IS-Architektur der Unternehmung leisten. Neben der technischen Durchführung des Reengineering von Softwarealtsystemen liegt der Fokus der Betrachtung auf dem Ansatz der ökonomischen Durchführbarkeit des Software Reengineering.

Abstract: The Software Crisis of the Sixties has matured twofold: into a Software Development Crisis and into a Software Maintenance Crisis. This paper is intended to contribute to the integration of legacy systems into corporate IS-architecture. The focus of this work is on technical performance of Reengineering legacy systems, as well as on approaching feasibility of Software Reengineering in economical terms.

1. Softwarealtsysteme und Integration

Angesichts der zunehmend komplexeren und dynamischeren Umwelt, nimmt die Bedeutung einer strategisch gestalteten, integrierten Informationssystemarchitektur (IS-Architektur) zu. Sie besteht aus einzelnen unternehmensweit, bereichsbezogen oder funktionsbezogen eingesetzten heterogenen und verteilten Softwaresystemen, die auf unterschiedlichen Hardwareplattformen existieren können. Die Integration bezieht sich nach /12/ auf Daten und Funktionen. Als Vorteile der integrierten IS-Architektur gelten Transparenz der Betriebsabläufe, Flexibilität der Leistungserstellung, höhere Datenaktualität, sowie schnellere Reaktionszeiten, die sich gegenüber Mitbewerbern als Wettbewerbsvorteile einsetzen lassen. Diesem Sollkonzept stehen in der betrieblichen Realität weitgehend starre, unzureichend oder nicht flexibel konzipierte Softwaresysteme gegenüber, die nach /22/ Einsatzzeiträume bis zu zwanzig Jahren aufweisen können. Der Änderungsdienst an diesen historisch gewachsenen Softwarealtsystemen gestaltet sich häufig schwierig und konstituiert die Softwarewartungskrise. Für den Terminus *Softwarealtsystem* findet sich in der Literatur auch der Ausdruck *Software-Altlast* /22/ (dieser Ausdruck soll hier aufgrund der begrifflichen Nähe zur Entsorgungsterminologie vermieden werden) und der aus der angelsächsischen Literatur /7/ stammende, passendere Begriff *legacy system* (im Sinne von Erbschaft, Vermächtnis). Der Begriff *legacy system* charakterisiert am ehesten das in Softwarealtsystemen enthaltene unternehmensspezifische Wissen als Investition einer Unternehmung. Softwarealtsysteme haben in erheblichem Maße zur DV-technischen Durchdringung von Unternehmungen beigetragen. Mathis /17/ geht davon aus, daß die Entwicklung eines Anwendungssystem häufig die Ablösung eines Softwarealtsystems bedeutet, und damit auf der Basis existierender Anwendungen erfolgen kann. Aus diesem Grund erscheint ein Ansatz sinnvoll, bei dem die integrierte IS-Architektur durch Verbindung und

Weiterentwicklung von Softwarealtsystemen mit neuen Softwaresystemen erreicht werden soll. Die Weiterentwicklung kann sich auf die Integration von Daten- und Funktionsbasis ausdehnen und heterogene Systemsoftware- und Hardwareplattformen in Verbindung mit unterschiedlichen Arten der Daten- und Funktionsverteilung (wie in /16/ beschrieben) beinhalten.

2. Von der Wartung zum Software Reengineering

2.1 Wartung von Softwarealtsystemen

Unter Softwarewartung wird der Änderungs- und Anpassungsdienst für bestehende Anwendungssysteme verstanden. Das Softwarelebenszykluskonzept hat den Schwerpunkt auf der Softwareerstellung in den Phasen Analyse, Design, Codierung und Test. In Anlehnung an /8/ und /21/ lassen sich vier Arten der Softwarewartung unterscheiden:

- die Anpassung eines Softwaresystems an veränderte Umweltbedingungen (adaptive maintenance)
- die Behebung von Fehlern im Softwaresystem (corrective maintenance)
- die Funktionserweiterung oder Optimierung (perfective maintenance)
- die präventive Wartung mit dem Ziel der Wartungserleichterung (preventive maintenance).

Die Wartungskosten für Softwarealtsysteme erreichen nach /21/ einen Anteil von etwa 60-70% an den gesamten Softwarekosten. Die Wartung bindet die Engpaßfaktoren menschliche Arbeit und Kapital und beeinträchtigt die Entwicklung neuer Anwendungssysteme. Ein Befund der durch die empirische Untersuchung von van Genuchten /6/ bekräftigt wird: Unterbrechungen der Tätigkeiten innerhalb der Softwareentwicklung durch Arbeiten zur Wartung des Systems beeinträchtigen den eigentlichen Entwicklungsvorgang. Softwarealtsysteme unterliegen im Zeitverlauf einer allmählichen Anpassung an neue Anforderungen und Erweiterungen der Funktionalität, die in der ursprünglichen Konzeptionsphase nicht vorgesehen waren. Wartungsaktivitäten konzentrieren sich nach /7/ auf Änderungen der Implementierung, wobei diese Änderungen auf der Spezifikationsebene unzureichende oder fehlende Berücksichtigung finden. Entwurfsbasis und Implementierung des bestehenden Systems werden inkonsistent.

2.2 Reengineering von Softwarealtsystemen

Ansätze zur Überwindung der Entwicklungskrise werden unter dem Begriff Forward Engineering subsumiert, der sich auf die Neuerstellung von Softwaresystemen bezieht. Terminologisch abzugrenzen sind die Begriffe Reengineering, Reverse Engineering, Restrukturierung und Redokumentation. Während Softwarewartung für den Anpassungs- und Änderungsdienst verwendet wird, ist Software Reengineering der umfassendere Begriff. In Anlehnung an /3/ und /23/ beinhaltet *Software Reengineering* Aktivitäten zur Analyse und Änderung eines Softwarealtsystems, um es in einer neuen Form, die bestimmten

Qualitätskriterien und Standards entspricht, in einer anderen Sprache, oder auf einer anderen Hard- und Softwareplattform wieder zu implementieren. Das Präfix *Re* drückt die Wiederholung des Engineeringvorgangs aus. Der Begriff *Reverse Engineering* stammt ursprünglich aus der Analyse von Hardwaresystemen, bei der aus dem fertigen Produkt (z.B. Schaltkreis oder Prozessor) die Produktspezifikation abgeleitet wird. Im Softwarebereich bezieht sich *Reverse Engineering* entsprechend auf die werkzeuggestützte Analyse von Programmcode zur Ableitung der Programmbeschreibung auf einer höhreren Abstraktionsebene (Design Recovery), ohne daß Implementierungsänderungen vorgenommen werden. In der Literatur findet sich nach /22/ für werkzeuggestütztes (Computer aided) Reverse Engineering auch die Abkürzung CARE. *Reverse* bedeutet in diesem Zusammenhang die Umkehrung des Engineeringvorgangs. Bei der *Restrukturierung* wird ein Softwaresystem so verändert, daß der Programmkontrollfluß den Richtlinien der strukturierten Programmierung entspricht, dabei ändert sich die Programmkomplexität. Durch die Restrukturierung werden Programmfunktionalität und die Semantik nicht verändert. Durch Redokumentation wird unzureichend oder nicht dokumentierter Programmcode teilweise oder vollständig so nachdokumentiert, daß er die Programmverständlichkeit (Program Understanding) nach /5/ erleichtert.

3. Technische Durchführung des Reengineering von Softwarealtsystemen

a) Istanalyse

Bei der Istanalyse soll in zwei Stufen Bottom-Up vorgegangen werden. In der ersten Stufe wird das Softwarealtsystem durch Restrukturierung und gegebenenfalls durch Redokumentation in eine Form gebracht, die das Programmverständnis erleichtert. Die erste Stufe bringt eine Veränderung der Implementierung ohne Beeinträchtigung der Funktionalität mit sich und kann nach /3/ bereits für die Wartung Verbesserungen bedeuten. In der zweiten Stufe wird das eigentliche Reverse Engineering vorgenommen. Dabei sollen auf der physikalischen Grundlage des Softwarealtsystems in Form von deklarativen Programmteilen und Datenbankbeschreibungen ein Datenmodell, sowie aus dem Ausführungsteil des Programms das Prozeßmodell abgeleitet werden. Werkzeuge finden sich im kommerziellen Umfeld u.a. mit dem Bachman Re-Engineering Product Set /1/, mit der Application Development Workbench (ADW) Design Workstation /9/ und mit DOMINO-CARE von SNI AG /22/. Einen Überblick vermitteln /7/ und /11/. Im wissenschaftlichen Umfeld können exemplarisch der Programmer's Apprentice-Ansatz von Rich und Waters /19/, sowie das ESPRIT-Projekt REengineering, DOcumentation and Validation of Systems (REDO) /20/ genannt werden. Das Ergebnis des Reverse Engineering sind das Daten- und Prozeßmodell des Softwarealtsystems. Hinsichtlich der werkzeuggestützten Ableitung des Prozeßmodells existieren nach /7/ teilweise technische Unzulänglichkeiten, die umfangreiche manuelle Nacharbeit erforderlich machen können. Dennoch ist die Bedeutung des Reverse Engineering erheblich: veraltete oder fehlende Entwurfsmodelle können rekonstruiert werden.

b) Formulierung des Sollkonzepts

Das durch die Istanalyse gewonnene Daten- und Prozeßmodell wird so verändert, daß es den Anforderungen der Fachabteilung entspricht. Durch Top-Down-Vorgehensweise kann das ursprüngliche Modell an veränderte Geschäftsprozesse und -daten angepaßt werden. An dieser Stelle erfolgt die Einbettung in die integrierte IS-Architektur der Unternehmung. Das Sollkonzept wird losgelöst von der Implementierungsbasis formuliert und läßt den Wechsel der Hardware- und Softwaresystemplattform zu.

c) Implementierung des Sollkonzepts

Das Sollkonzept kann durch einen Forward Engineering-Ansatz auf der Zielplattform implementiert werden. Die technische Durchführung des Reengineering von Softwarealtsystemen zeigt folgende Abbildung.

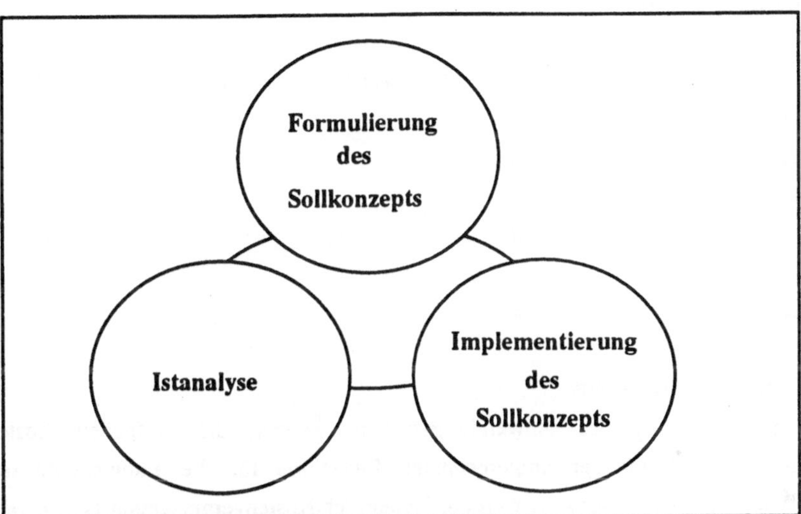

Abb. 1: Reengineering von Softwarealtsystemen

4. Ökonomische Durchführbarkeit des Software Reengineering

Die Durchführung des Reengineering von Softwarealtsystemen muß ökonomisch sinnvoll sein. Ein Ansatz zur Untersuchung der Durchführbarkeit kann auf zwei Dimensionen beruhen. Die DV-technisch orientierte Dimension *Änderungsdienst* beinhaltet Kriterien, die sich auf die Pflege des Anwendungssystems, die Systemflexibilität und die Wartbarkeit beziehen. Die betriebswirtschaftlich orientierte Dimension *Bedeutung des Anwendungssystems* umfaßt solche Kriterien, die die Nutzung und den strategischen Nutzen erfassen sollen.

4.1 Änderungsdienst

Der Änderungsdienst ist anhand von Kriterien zu bewerten, die nach situativer Erfordernis zu gewichten sind. Zur Flexibilität der Architektur zählt die Wiederverwendbarkeit einzelner Komponenten, sowie der Grad der Definition von Schnittstellen, z.B. für Electronical Data Interchange, oder für Remote Procedure Calls. Zur Bewertung des Änderungsdienstes können insbesondere statistische Kriterien herangezogen werden, um Anwendungssysteme nach /14/ quantitativ zu beschreiben. Die Änderungshäufigkeit läßt sich über die Stabilitätsmaße von Yau und Collofello (Program Design Stability und Logical Stability Measure) beschreiben. Der Wartungsaufwand kann mit der Gompertzfunktion abgebildet werden. Für den Änderungs- und Testaufwand können das Komplexitätsmaß von McCabe und das Volumenmaß von Halstead herangezogen werden. Das Fehlerverhalten kann durch die Rayleigh-Funktion und mit Zuverlässigkeitsmaßen (z.B. Mean Time Between Failure) beschrieben werden.

	stark	mittel	schwach
Definitionsgrad von Schnittstellen	X		
laufende Kosten	X		
Änderungshäufigkeit	X		
Wartungsaufwand	X		
Änderungs- und Testverhalten	X		
Fehlerverhalten	X		

4.2 Bedeutung des Anwendungssystems

Zur Beurteilung der Bedeutung des Anwendungssystems können die laufenden Kosten des Anwendungssystems basierend auf der umgerechneten Investition für die Entwicklung und der Aufzeichnung der Wartungskosten analysiert werden. Neben der Kostenverursachung ist die Höhe des Beitrags des Anwendungssystems zum Umsatz zu ermitteln. Die Nutzung soll durch die Anzahl von Benutzern der Fachabteilung ausgedrückt werden. Die Stellung des Anwendungssystems als Bestandteil der Unternehmensstrategie oder der Bereichsstrategie ist qualitativ zu bestimmen.

	stark	mittel	schwach
laufende Kosten	X		
Beitrag zum Umsatz	X		
Bestandteil der Unternehmens- oder Bereichsstrategie	X		

4.3 Das Systemänderungsdienst-Systembedeutungs-Portfolio

Das Portfolio als Analysemethode stammt ursprünglich aus dem finanzwirtschaftlichen Bereich und hat nach /13/ starke Verbreitung innerhalb der strategischen Planung der Unternehmung gefunden. Die Anordnung der beiden Dimensionen Änderungsdienst und Bedeutung des Anwendungssystems dient der

Information und der Ableitung von Handlungsalternativen für das Reengineering von Softwarealtsystemen.

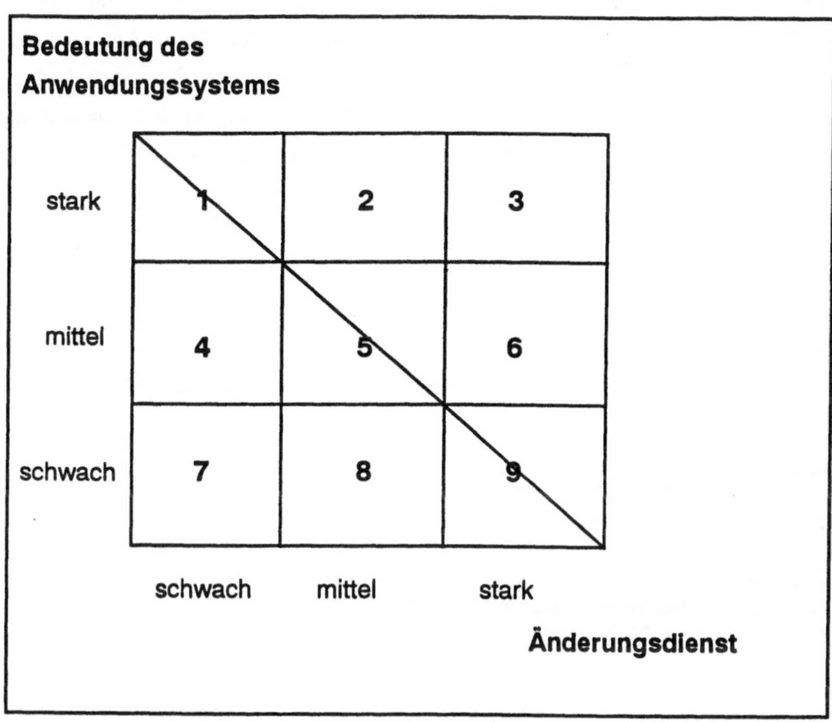

Abb. 2 Systemänderungsdienst-Systembedeutungs-Portfolio

4.4 Handlungsalternativen

a) Die Felder 2, 3, 6 haben Priorität A. Der Bedeutung des Awendungssystems stehen Unzulänglichkeiten im Änderungsdienst entgegen. In dieser kritischen Zone besteht unmittelbarer Handlungsbedarf im Sinne des Reengineering des Softwarealtsystems.

b) In den Feldern 1, 5, 9 mit Priorität B ist der Handlungsbedarf individuell zu ermitteln, z.B. durch Anwendung einer Stärken-Schwächen-Analyse oder einer Nutzwertanalyse.

c) Die Felder 4, 7, 8 bilden zusammen eine Zone der Stabilität mit Priorität C ohne unmittelbaren Handlungsbedarf, es fällt nur ein geringer Änderungsdienst an, während das Anwendungssystem nur geringe Bedeutung für die Unternehmung hat. Für diese Zone sind weitere detaillierte Analysen durchzuführen, die für diese Anwendungen strategische Perspektiven aufzeigen.

5. Ausblick

Die Gründe für ein Reengineering von Softwarealtsystemen sind vielfältig. An erster Stelle ist das Bestreben zu nennen, die bisherigen Investitionen sowohl in Hard- als auch in Softwaresysteme nicht durch Neuentwicklungen zu gefährden. Mit dem Investitionsschutz eng verbunden ist die technologische

Zurückhaltung beim erstmaligen Einsatz von Softwaretechnologien, gerade wenn nur unzureichende Erkenntnisse über die Integrierbarkeit neuer Softwaretechnologien mit der bestehenden Umgebung bestehen. Ob eine vollständige Neuentwicklung ökonomisch und technisch sinnvoller als das Reengineering von Softwarealtsystemen ist, bleibt für jeden Fall durch detaillierte Analysen zu klären. Reengineering ist nicht als unmittelbarer Lösungsansatz für die Probleme der Softwareentwicklung und -wartung zu verstehen, sondern vielmehr als Rahmenansatz zur Überwindung der Softwarewartungskrise: Reengineering leistet einen Beitrag zur Evolution der integrierten IS-Architektur.

<u>Literatur:</u>

/1/   Bachman Information Systems.
BACHMAN/Database Administrator for DB2, Forward and Reverse Engineering Guide, Release 3.10 (1991)

/2/   Buschmann, E.; Frerk, G.; Neugebauer, G. u.a.
Der Software-Markt in der Bundesrepublik Deutschland.
GMD-Studie Nr.167, Sankt Augustin (1989)

/3/   Chikofsky, E.J.; Cross, J.H.
Reverse Engineering and Design Recovery: A Taxonomy.
IEEE Software, Januar 1990, 13-17 (1990)

/4/   Clark, J.D.
Reverse Engineering of Data Models for IEW/ADW.
IEEE Computer Society, Technical Committee on Software Engineering, Subcommittee on Reverse Engineering, Reverse Engineering Newsletter, Januar 1992, 5-7 (1992)

/5/   Corbi, T.A.
Program understanding. Challenge for the 1990s.
IBM Systems Journal, Jg.28, Nr.2, 294-306 (1989)

/6/   van Genuchten, M.
Why is Software late?
IEEE Transactions on Software Engineering, Jg.17, Nr.6, 582-591 (1991)

/7/   Hanna, M.A.
Getting back to requirements proving to be a difficult task.
Software Magazine, October 1991, 49-64 (1991)

/8/   Hartmann, J.; Robson D.J.
Techniques for Selective Revalidation.
IEEE Software, Januar 1990, 31-36 (1990)

/9/   KnowledgeWare.
Application Development Workbench, Design Workstation, Workstation Basics, Version 1.6.02 (1991)

/10/ Kozaczynski, W.
A Suzuki Class in Software Reengineering.
IEEE Software, Januar 1991, 97-98 (1991)

/11/ Krallmann, H; Wöhrle, G.
Marktübersicht CARE-Tools
Wirtschaftsinformatik, 34. Jg., Heft 2, 181-189 (1992)

/12/ Krcmar, H.
Datenintegration und Funktionsintegration, in /18/

/13/ Kreikebaum, H.
Strategische Unternehmensplanung, 3.erw.Aufl.
Stuttgart, Berlin, Köln: Kohlhammer (1989)

/14/ Lehner, F.
Nutzung und Wartung von Software.
München, Wien: Carl Hanser Verlag (1989)

/15/ Lientz, B.P.; Swanson, E.B.
Software Maintenance Management.
Reading (Mass.), Menlo Park (Ca.), New York: Addison-Wesley(1980)

/16/ Martin, J.; Kathleen, K. ;Leben, J.
Systems Application Architecture. Common Communication Support. Distributed Applications.
London, Sydney, Toronto: Prentice Hall (1992)

/17/ Mathis, R.F.
The Last 10 Percent.
IEEE Transactions on Software Engineering, Jg.12, Nr.6, 705-712 Juni (1986)

/18/ Mertens, P. u.a. (Hrsg.).
Lexikon der Wirtschaftsinformatik
Berlin, Heidelberg, New York: Springer-Verlag (1990)

/19/ Rich, C; Waters, R.
The Programmer´s Apprentice
Reading (Mass.), Menlo Park (Ca.), New York: Addison-Wesley(1990)

/20/ Richter, L.
Wiederbenutzbarkeit und Restrukturierung oder Reuse, Reengineering und Reverse Engineering
Wirtschaftsinformatik, 34. Jg., Heft 2, 127-136 (1992)

/21/ Schneidewind, N.F.
The State of Software Maintenance.
IEEE Transactions on Software Engineering, Vol.13, No. 3, S.303- 309 (1987)

/22/ Wiegmann, B.
DOMINO-CARE (Computer Aided Reverse Engineering)- Erfahrungen aus einem Pilotprojekt.
Wirtschaftsinformatik, 34. Jg., Heft 2, 146-155 (1992)

/23/ Yu, D.
A View On Three R´s (3Rs): Reuse, Re-engineering, and Reverse-engineering.
ACM Sigsoft, Software Engineering Notes, Jg.16, Nr.3, Juli 1991, 69 (1991)

Verzeichnis der Autoren und Referenten